工科数学分析

GONGKE SHUXUE FENXI

第二版　下册

主　编：刘安平　罗文强

副主编：李　星　黄　刚

黄精华　刘鲁文

郭万里

中国地质大学出版社

ZHONGGUO DIZHI DAXUE CHUBANSHE

图书在版编目(CIP)数据

工科数学分析(下册)/刘安平,罗文强主编. —2版. —武汉:中国地质大学出版社,2018.12 (2023.8重印)

ISBN 978-7-5625-4365-7

Ⅰ.①工…
Ⅱ.①刘…②罗…
Ⅲ.①数学分析-高等学校-教材
Ⅳ.①O17

中国版本图书馆CIP数据核字(2018)第169030号

工科数学分析
第二版 下册

刘安平 罗文强 主 编
李 星 黄 刚 黄精华 刘鲁文 郭万里 副主编

责任编辑:王凤林 郑济飞 策划编辑:毕克成 段连秀 郑济飞 责任校对:张咏梅

出版发行:中国地质大学出版社(武汉市洪山区鲁磨路388号) 邮政编码:430074
电 话:(027)67883511 传真:(027)67883580 E-mail:cbb@cug.edu.cn
经 销:全国新华书店 http://cugp.cug.edu.cn

开本:787毫米×960毫米 1/16 字数:450千字 印张:22.75
版次:2010年12月第1版 2018年12月第2版 印次:2023年 8月第9次印刷
印刷:湖北睿智印务有限公司 印数:20 001—21 000册

ISBN 978-7-5625-4365-7 定价:50.00元

目　录

第二篇　微积分

第 8 章　无穷级数 …………………………………………………… (1)

8.1　数项级数的收敛与发散 ……………………………………… (1)

8.1.1　基本概念 ……………………………………………… (1)

8.1.2　收敛级数的性质 ……………………………………… (5)

习题 8.1 ……………………………………………………… (7)

8.2　正项级数 ……………………………………………………… (8)

8.2.1　有界性准则 …………………………………………… (9)

8.2.2　比较判别法 …………………………………………… (10)

8.2.3　比值判别法 …………………………………………… (13)

8.2.4　根值判别法 …………………………………………… (15)

8.2.5　积分判别法 …………………………………………… (16)

习题 8.2 ……………………………………………………… (17)

8.3　一般级数 ……………………………………………………… (19)

8.3.1　交错级数 ……………………………………………… (19)

8.3.2　绝对收敛与条件收敛 ………………………………… (20)

8.3.3　绝对收敛级数的性质 ………………………………… (21)

习题 8.3 ……………………………………………………… (24)

8.4　函数项级数的基本概念 ……………………………………… (26)

8.4.1　函数项级数的概念 …………………………………… (26)

8.4.2　函数项级数的一致收敛性 …………………………… (27)

8.4.3　一致收敛级数的性质 ………………………………… (30)

习题 8.4 ……………………………………………………… (31)

8.5 幂级数及其收敛性 …… (32)
8.5.1 幂级数的收敛半径与收敛区间 …… (33)
8.5.2 收敛半径的求法 …… (35)
8.5.3 幂级数的性质 …… (38)
习题 8.5 …… (42)
8.6 Taylor 级数 …… (43)
8.6.1 基本定理 …… (43)
8.6.2 将函数展开为幂级数 …… (46)
习题 8.6 …… (51)
8.7 周期函数的 Fourier 级数 …… (52)
8.7.1 正交三角函数系 …… (52)
8.7.2 Fourier 级数 …… (54)
8.7.3 Dirichlet 收敛定理 …… (55)
8.7.4 正弦级数和余弦级数 …… (57)
习题 8.7 …… (59)
8.8 任意区间上的 Fourier 级数 …… (60)
8.8.1 区间$[-\pi,\pi]$上的 Fourier 级数 …… (60)
8.8.2 区间$[-l,l]$上的 Fourier 级数 …… (62)
习题 8.8 …… (65)
8.9 Fourier 级数的复数形式 …… (66)
习题 8.9 …… (69)
总习题 8 …… (69)
第 9 章 多元函数的微分学 …… (74)
9.1 n 维欧氏空间 …… (74)
9.1.1 n 维欧氏空间 $\mathbf{R}^n$ …… (74)
9.1.2 邻域 …… (75)
9.1.3 内点、外点、边界点、聚点 …… (76)
9.1.4 开集 …… (76)
9.1.5 闭集 …… (76)

9.1.6 区域…………………………………………………………………………(76)
习题9.1 …………………………………………………………………………(77)
9.2 多元函数的极限与连续…………………………………………………(77)
9.2.1 多元函数的概念…………………………………………………………(77)
9.2.2 二元函数的几何意义……………………………………………………(78)
9.2.3 等高线和等位面…………………………………………………………(78)
9.2.4 极限与连续………………………………………………………………(79)
习题9.2 …………………………………………………………………………(80)
9.3 偏导数和全微分…………………………………………………………(81)
9.3.1 偏导数……………………………………………………………………(81)
9.3.2 全微分……………………………………………………………………(83)
9.3.3 可微性与连续性、偏导数存在性的关系 ……………………………(83)
习题9.3 …………………………………………………………………………(86)
9.4 复合函数微分法和高阶全微分…………………………………………(87)
9.4.1 复合函数求导法…………………………………………………………(87)
9.4.2 一阶全微分形式不变性…………………………………………………(89)
9.4.3 高阶偏导数和高阶全微分………………………………………………(90)
习题9.4 …………………………………………………………………………(92)
9.5 方向导数与梯度…………………………………………………………(93)
9.5.1 方向导数…………………………………………………………………(93)
9.5.2 梯度………………………………………………………………………(95)
习题9.5 …………………………………………………………………………(96)
9.6 隐函数微分法……………………………………………………………(97)
9.6.1 函数隐藏于一个方程的情形……………………………………………(97)
9.6.2 函数隐藏于方程组的情形………………………………………………(99)
9.6.3 隐函数存在定理 ………………………………………………………(101)
习题9.6……………………………………………………………………………(104)
9.7 多元函数的Taylor公式 ………………………………………………(105)
习题9.7……………………………………………………………………………(107)

9.8 多元函数的极值 ………………………………………………………… (107)
9.8.1 多元函数极值 ………………………………………………………… (107)
9.8.2 极值的必要条件 ……………………………………………………… (107)
9.8.3 极值的充分条件 ……………………………………………………… (108)
9.8.4 最大值和最小值 ……………………………………………………… (111)
习题 9.8 ……………………………………………………………………… (112)
9.9 多元函数的条件极值 ……………………………………………………… (113)
9.9.1 条件极值 ……………………………………………………………… (113)
9.9.2 Lagrange 乘数法 ……………………………………………………… (113)
习题 9.9 ……………………………………………………………………… (116)
9.10 向量值函数的导数……………………………………………………… (117)
9.10.1 向量值函数…………………………………………………………… (117)
9.10.2 向量值函数的极限和连续性………………………………………… (118)
9.10.3 向量值函数的导数…………………………………………………… (119)
习题 9.10 …………………………………………………………………… (120)
9.11 偏导数的几何应用……………………………………………………… (121)
9.11.1 空间曲线的切线与法平面…………………………………………… (121)
9.11.2 曲面的切平面与法线………………………………………………… (123)
习题 9.11 …………………………………………………………………… (125)
总习题 9 ……………………………………………………………………… (126)
第 10 章 重积分 ……………………………………………………………… (128)
10.1 二重积分的概念…………………………………………………………… (128)
10.1.1 曲顶柱体的体积……………………………………………………… (128)
10.1.2 平面薄片的质量……………………………………………………… (129)
10.1.3 二重积分的定义……………………………………………………… (130)
10.1.4 二重积分的性质……………………………………………………… (131)
习题 10.1 …………………………………………………………………… (133)
10.2 二重积分的计算法……………………………………………………… (135)
10.2.1 二重积分的直角坐标计算法………………………………………… (135)

10.2.2 二重积分的极坐标计算法…………………………………………………… (140)
10.2.3 二重积分的一般换元法…………………………………………………… (142)
习题 10.2 …………………………………………………………………………… (145)
10.3 广义二重积分……………………………………………………………… (148)
习题 10.3 …………………………………………………………………………… (149)
10.4 三重积分的概念及计算…………………………………………………… (150)
10.4.1 三重积分的概念…………………………………………………………… (150)
10.4.2 三重积分的直角坐标计算法……………………………………………… (151)
10.4.3 三重积分的柱坐标计算法………………………………………………… (154)
10.4.4 三重积分的球坐标计算法………………………………………………… (156)
习题 10.4 …………………………………………………………………………… (158)
10.5 重积分的应用……………………………………………………………… (161)
10.5.1 体积……………………………………………………………………… (161)
10.5.2 物体的质心……………………………………………………………… (162)
10.5.3 转动惯量………………………………………………………………… (164)
10.5.4 引力……………………………………………………………………… (165)
习题 10.5 …………………………………………………………………………… (168)
总习题 10 …………………………………………………………………………… (169)
第 11 章 含参变量积分 …………………………………………………………… (171)
11.1 含参变量的常义积分……………………………………………………… (171)
习题 11.1 …………………………………………………………………………… (175)
11.2 含参变量的反常积分……………………………………………………… (175)
11.2.1 含参变量反常积分的一致收敛性……………………………………… (175)
11.2.2 含参变量反常积分的性质………………………………………………… (180)
习题 11.2 …………………………………………………………………………… (184)
总习题 11 …………………………………………………………………………… (184)
第 12 章 第一型曲线积分和曲面积分 ………………………………………… (186)
12.1 第一型曲线积分 …………………………………………………………… (186)
12.1.1 第一型曲线积分的定义与性质………………………………………… (186)

12.1.2 第一型曲线积分的计算…… (188)
习题 12.1 …… (191)
12.2 第一型曲面积分…… (192)
12.2.1 曲面面积…… (192)
12.2.2 第一型曲面积分的定义和性质…… (195)
12.2.3 第一型曲面积分的计算…… (195)
习题 12.2 …… (201)
总习题 12 …… (202)
第 13 章 第二型曲线积分和曲面积分 …… (203)
13.1 第二型曲线积分…… (203)
13.1.1 第二型曲线积分的概念和性质…… (203)
13.1.2 第二型曲线积分的计算…… (205)
13.1.3 两类曲线积分的联系…… (208)
习题 13.1 …… (210)
13.2 Green 公式 …… (211)
13.2.1 Green 公式 …… (211)
13.2.2 Green 公式的应用 …… (213)
习题 13.2 …… (216)
13.3 平面曲线积分与路径无关的条件、保守场 …… (217)
13.3.1 平面曲线积分与路径无关的条件…… (217)
13.3.2 原函数与全微方程…… (221)
13.3.3 保守场与势函数…… (224)
习题 13.3 …… (225)
13.4 第二型曲面积分…… (226)
13.4.1 曲面的侧…… (226)
13.4.2 第二型曲面积分的概念…… (228)
13.4.3 第二型曲面积分的计算…… (230)
13.4.4 两类曲面积分的联系…… (233)
习题 13.4 …… (235)

13.5 Guass 公式、通量和散度 …………………………………………… (236)
13.5.1 Guass 公式 ………………………………………………… (236)
13.5.2 通量和散度 ………………………………………………… (239)
习题 13.5 ………………………………………………………… (243)
13.6 Stokes 公式、环流量和旋度 ……………………………………… (244)
13.6.1 Stokes 公式 ……………………………………………… (244)
13.6.2 环流量和旋度 ……………………………………………… (249)
习题 13.6 ………………………………………………………… (250)
13.7 Hamilton 算子 ……………………………………………………… (252)
13.7.1 Hamilton 算子的运算规则 ………………………………… (252)
13.7.2 几个基本公式 ……………………………………………… (253)
13.7.3 例子 ………………………………………………………… (253)
习题 13.7 ………………………………………………………… (255)
*13.8 向量的外积与外微分形式 ………………………………………… (255)
13.8.1 向量的外积 ………………………………………………… (256)
13.8.2 外微分形式及外微分 ……………………………………… (257)
13.8.3 场论基本公式的统一形式 ………………………………… (259)
习题 13.8 ………………………………………………………… (261)

第三篇 常微分方程

第 14 章 常微分方程 ……………………………………………………… (262)
14.1 微分方程的基本概念 ……………………………………………… (262)
习题 14.1 ………………………………………………………… (265)
14.2 一阶微分方程 ……………………………………………………… (266)
14.2.1 变量可分离方程 …………………………………………… (266)
14.2.2 齐次微分方程 ……………………………………………… (268)
14.2.3 一阶线性微分方程 ………………………………………… (269)
14.2.4 恰当方程 …………………………………………………… (272)
14.2.5 一阶方程的初等变换法和积分因子法 …………………… (273)
14.2.6 一阶微分方程初值问题解的存在与唯一性 ……………… (279)

14.2.7　一阶微分方程的幂级数解法举例……………………………… (280)
习题 14.2 ……………………………………………………………… (281)
14.3　二阶微分方程……………………………………………………… (283)
14.3.1　可降阶的二阶微分方程…………………………………………… (283)
14.3.2　二阶线性微分方程………………………………………………… (286)
14.3.3　二阶常系数线性微分方程………………………………………… (293)
14.3.4　几种特殊的二阶变系数线性微分方程…………………………… (301)
习题 14.3 ……………………………………………………………… (304)
14.4　n 阶微分方程 …………………………………………………… (306)
14.4.1　可降阶的 n 阶线性微分方程 ………………………………… (306)
14.4.2　n 阶线性微分方程 …………………………………………… (310)
14.4.3　n 阶常系数线性方程 ………………………………………… (311)
14.4.4　n 阶 Euler 方程 ……………………………………………… (313)
习题 14.4 ……………………………………………………………… (314)
总习题 14 ……………………………………………………………… (315)
第 15 章　线性微分方程组 ………………………………………… (317)
15.1　常系数线性微分方程组的初等解法……………………………… (317)
15.2　常系数线性方程组的算子解法…………………………………… (319)
15.3　变系数线性方程组解法举例……………………………………… (321)
总习题 15 ……………………………………………………………… (322)
参考文献……………………………………………………………… (324)
习题答案与提示……………………………………………………… (325)

第二篇　微积分

本篇介绍微积分学，内容包括一元函数微积分学(上册)、多元函数微积分学和级数(下册).

第 8 章　无穷级数

无穷级数是表示函数及进行数值运算的一个重要工具，在理论上及实际问题中都有广泛的应用. 本章的主要内容是数项级数、幂级数和 Fourier 级数.

首先介绍数项级数的一些基本概念，如级数的收敛与发散、收敛级数的基本性质，以及各种数项级数收敛与发散的判别法，为后面进一步研究函数项级数，特别是幂级数、Fourier 级数作准备. 我们接着将讨论函数项级数，主要讨论幂级数和 Fourier 级数，这是许多实际问题及理论中经常遇到的级数. 本章将研究这两类级数的收敛性质及应用.

8.1　数项级数的收敛与发散

8.1.1　基本概念

人们认识事物在数量方面的特征，往往有一个由近似到精确的过程. 在这种认识过程中会遇到由有限个数量相加到无穷个数量相加的问题.

例如计算半径为 R 的圆的面积 A，具体做法如下：作圆的内接正六边形，算出这六边形的面积 a_1，它是圆面积 A 的一个粗糙的近似值. 为了比较精确地计算出 A 的值，我们以这个正六边形的每一边为底作一个顶点在圆周上的等腰三角形，算出这六个等腰三角形的面积之和 a_2. 那么 a_1+a_2(即内接正十二边形的面积)就是

A 的一个较好的近似值.同样地,在这正十二边形的每一边上分别作一个顶点在圆周上的等腰三角形,算出这十二个等腰三角形的面积之和 a_3.那么 $a_1+a_2+a_3$(即内接正二十四边形的面积)是 A 的一个更好的近似值.如此继续下去,内接正 3×2^n 边形的面积就逐步逼近圆面积:

$$A\approx a_1, A\approx a_1+a_2, A\approx a_1+a_2+a_3,\cdots,$$
$$A\approx a_1+a_2+\cdots+a_n.$$

如果内接正多边形的边数无限增多,即 n 无限增大,则和 $a_1+a_2+\cdots+a_n$ 的极限就是所要求的圆面积 A.这时和式中的项数无限增多,于是出现了无穷多个数量一次相加的数学式子.

一般地,如果给定一个数列 $a_1,a_2,\cdots,a_n,\cdots$,则由这数列构成的表达式

$$a_1+a_2+a_3+\cdots+a_n+\cdots \tag{8.1}$$

称为数项无穷级数,简称为数项级数,记为 $\sum\limits_{n=1}^{\infty}a_n$,即

$$\sum_{n=1}^{\infty}a_n=a_1+a_2+a_3+\cdots+a_n+\cdots,$$

其中第 n 项 a_n 称为级数(8.1)的一般项.

上述级数的定义只是一个形式上的定义,怎样理解无穷级数中无穷个数量相加呢?联系上面关于计算圆面积的例子,我们可以从有限项的和出发,观察它们的变化趋势,由此来理解无穷多个数量相加的含义.

作(常数项)级数(8.1)的前 n 项的和

$$S_n=a_1+a_2+a_3+\cdots+a_n=\sum_{i=1}^{n}a_i, \tag{8.2}$$

S_n 称为级数(8.1)的部分和.当 n 依次取 $1,2,3,\cdots$时,它们构成一个新的数列

$$S_1=a_1, S_2=a_1+a_2, S_3=a_1+a_2+a_3,\cdots,$$
$$S_n=a_1+a_2+\cdots+a_n,\cdots.$$

根据这个数列有没有极限,我们引进无穷级数(8.1)的收敛与发散的概念.

定义 8.1　如果级数 $\sum\limits_{n=1}^{\infty}a_n$ 的部分和数列$\{S_n\}$有极限 S,即

$$\lim_{n\to\infty}S_n=S,$$

则称无穷级数 $\sum\limits_{n=1}^{\infty}a_n$ 收敛,这时极限 S 叫做这级数的和,并写成

$$S=a_1+a_2+\cdots+a_n,+\cdots;$$

如果$\{S_n\}$没有极限,则称无穷级数 $\sum\limits_{n=1}^{\infty}a_n$ 发散.

显然,当级数收敛时,其部分和 S_n 是级数的和 S 的近似值,它们之间的差值 $r_n = S - S_n = a_{n+1} + a_{n+2} + \cdots$ 叫做级数的余项. 用近似值 S_n 代替 S 所产生的误差是这个余项的绝对值,即误差是 $|r_n|$.

例 8.1　无穷级数

$$\sum_{n=1}^{\infty} aq^n = a + aq + aq^2 + \cdots + aq^n + \cdots \tag{8.3}$$

叫做等比级数(又称为几何级数),其中 $a \neq 0$,q 叫做级数的公比. 试讨论级数(8.3)的收敛性.

解　如果 $q \neq 1$,则部分和

$$S_n = a + aq + aq^2 + \cdots + aq^{n-1} = \frac{a - aq^n}{1-q} = \frac{a}{1-q} - \frac{aq^n}{1-q}.$$

当 $|q| < 1$ 时,由于 $\lim\limits_{n\to\infty} q^n = 0$,从而 $\lim\limits_{n\to\infty} S_n = \dfrac{a}{1-q}$,因此这时级数(8.3)收敛,其和为 $\dfrac{a}{1-q}$.

当 $|q| > 1$ 时,由于 $\lim\limits_{n\to\infty} q^n = \infty$,从而 $\lim\limits_{n\to\infty} S_n = \infty$,这时级数(8.3)发散.

如果 $|q| = 1$,则当 $q = 1$ 时,$S_n = na \to \infty$,因此级数(8.3)发散;当 $q = -1$ 时,级数(8.3)成为

$$a - a + a - a + \cdots,$$

显然 S_n 随着 n 为奇数或为偶数而等于 a 或等于零,从而 S_n 的极限不存在,这时级数(8.3)发散.

综合以上结果,我们得到:如果等比级数(8.3)的公比的绝对值 $|q| < 1$,则级数收敛;如果 $|q| \geqslant 1$,则级数发散.

例 8.2　证明级数

$$\sum_{n=1}^{+\infty} \frac{1}{(3n-2)(3n+1)} = \frac{1}{1 \cdot 4} + \frac{1}{4 \cdot 7} + \frac{1}{7 \cdot 10} + \cdots \tag{8.4}$$

收敛,并求和.

证　因为 $u_n = \dfrac{1}{(3n-2)(3n+1)} = \dfrac{1}{3}\left(\dfrac{1}{3n-2} - \dfrac{1}{3n+1}\right)$,

级数(8.4)的部分和为

$$\begin{aligned} S_n &= \frac{1}{3}\left[(1 - \frac{1}{4}) + (\frac{1}{4} - \frac{1}{7}) + (\frac{1}{7} - \frac{1}{10}) + \cdots + (\frac{1}{3n-2} - \frac{1}{3n+1}\right] \\ &= \frac{1}{3}(1 - \frac{1}{3n+1}). \end{aligned}$$

所以 $S = \lim\limits_{n\to+\infty} S_n = \dfrac{1}{3}$,所以此级数收敛,它的和是 $\dfrac{1}{3}$.

例 8.3　证明级数 $\sum_{n=1}^{\infty}\ln(1+\frac{1}{n})$ 发散.

证　部分和为 $S_n=\sum_{k=1}^{n}\ln(1+\frac{1}{k})=\sum_{k=1}^{n}[\ln(k+1)-\ln k]$

$$=\ln(n+1)-\ln 1=\ln(n+1)\to\infty\quad(n\to\infty),$$

因此,该级数发散.

从定义 8.1 可知,级数和数列有着密切的联系.给定级数 $\sum_{n=1}^{\infty}a_n$,就有部分和数列 $\left\{S_n=\sum_{i=1}^{n}a_i\right\}$;反之,给定数列 $\{S_n\}$,就有以 $\{S_n\}$ 为部分和数列的级数

$$S_1+(S_2-S_1)+\cdots+(S_n-S_{n-1})+\cdots=S_1+\sum_{n=2}^{\infty}(S_n-S_{n-1})$$
$$=\sum_{n=1}^{\infty}a_n,$$

其中,$a_1=S_1$,$a_n=S_n-S_{n-1}(n\geqslant 2)$,按定义,级数 $\sum_{n=1}^{\infty}a_n$ 与数列 $\{S_n\}$ 同时收敛或同时发散,且在收敛时,有 $\sum_{n=1}^{\infty}a_n=\lim\limits_{n\to\infty}S_n$,即 $\sum_{n=1}^{\infty}a_n=\lim\limits_{n\to\infty}\sum_{i=1}^{n}a_i$.因此,有关数列极限的一些结果都可以平行的移到对应的级数 $\sum_{n=1}^{\infty}a_n$ 上来.反之亦然.下面根据数列极限的 Cauchy 准则,给出判别数项级数是否收敛的 Cauchy 准则.

定理 8.1(Cauchy 准则)　级数 $\sum_{n=1}^{\infty}a_n$ 收敛的充分必要条件是:$\forall\varepsilon>0$,$\exists N$,$\forall m,n>N$,$m>n$,有

$$|a_{n+1}+a_{n+2}+\cdots+a_m|<\varepsilon.\tag{8.5}$$

证　必要性.设级数 $\sum_{n=1}^{\infty}a_n$ 收敛,则其部分和数列 $\{S_n\}$ 有极限.根据数列极限存在的 Cauchy 准则,$\forall\varepsilon>0$,$\exists N$,$\forall m,n>N$,有

$$|S_m-S_n|<\varepsilon.\tag{8.6}$$

不妨设 $m>n$,则有

$$|(a_1+a_2+\cdots+a_m)-(a_1+a_2+\cdots+a_n)|<\varepsilon,$$

由此得到式(8.5).

充分性.设条件(8.5)成立,则式(8.6)成立,根据数列极限存在的 Cauchy 准则知,极限 $\lim\limits_{n\to\infty}S_n$ 存在,故级数 $\sum_{n=1}^{\infty}a_n$ 收敛.

例 8.4　证明级数 $\sum_{n=1}^{\infty}\frac{1}{n^2}$ 收敛.

证　对于任意的自然数 $m>n$,有

$$\left|\frac{1}{(n+1)^2}+\frac{1}{(n+2)^2}+\cdots+\frac{1}{m^2}\right|\leqslant\frac{1}{n(n+1)}+\frac{1}{(n+1)(n+2)}$$

$$+\cdots+\frac{1}{(m-1)m}=\left(\frac{1}{n}-\frac{1}{n+1}\right)+\left(\frac{1}{n+1}-\frac{1}{n+2}\right)+\cdots$$

$$+\left(\frac{1}{m-1}-\frac{1}{m}\right)=\frac{1}{n}-\frac{1}{m}\leqslant\frac{1}{n}.$$

因此,$\forall\varepsilon>0$,取 $N=[\frac{1}{\varepsilon}]$,则当 $m,n>N$ 时,就有

$$\left|\frac{1}{(n+1)^2}+\frac{1}{(n+2)^2}+\cdots+\frac{1}{m^2}\right|<\varepsilon.$$

由 Cauchy 准则知,级数 $\sum_{n=1}^{\infty}\frac{1}{n^2}$ 收敛.

8.1.2　收敛级数的性质

根据无穷级数收敛、发散以及和的概念,可以得出收敛级数的几个基本性质.

性质 8.1　若级数 $\sum_{n=1}^{\infty}a_n$ 收敛,k 为任一常数,则级数 $\sum_{n=1}^{\infty}ka_n$ 也收敛,并且有

$$\sum_{n=1}^{\infty}ka_n=k\sum_{n=1}^{\infty}a_n.$$

证　设级数 $\sum_{n=1}^{\infty}a_n$ 的部分和为 S_n,由假设 $\lim_{n\to\infty}S_n=S$,S 为一有限数. 又设级数 $\sum_{n=1}^{\infty}ka_n$ 的部分和为 S'_n,显然 $S'_n=aS_n$,再按数列极限性质知道

$$\lim_{n\to\infty}S'_n=\lim_{n\to\infty}aS_n=aS,$$

这就是　$\sum_{n=1}^{\infty}ka_n=k\sum_{n=1}^{\infty}a_n.$

性质 8.2　若级数 $\sum_{n=1}^{\infty}a_n$ 和 $\sum_{n=1}^{\infty}b_n$ 都收敛,则级数 $\sum_{n=1}^{\infty}(a_n\pm b_n)$ 也收敛,并且有

$$\sum_{n=1}^{\infty}(a_n\pm b_n)=\sum_{n=1}^{\infty}a_n\pm\sum_{n=1}^{\infty}b_n,$$

利用数列极限的运算法则即可获得证明.

性质 8.3　在级数中去掉、加上或改变有限项,不会改变级数的收敛性.

证　我们只需证明“在级数的前面部分去掉或加上有限项,不会改变级数的收

敛性”,因为其他情形(即在级数中任意去掉、加上或改变有限项的情形)都可以看成在级数的前面部分先去掉有限项,然后再加上有限项的结果.

将级数

$$a_1+a_2+\cdots+a_k+a_{k+1}+\cdots+a_{k+n}+\cdots$$

的前 k 项去掉,则得到级数

$$a_{k+1}+a_{k+2}+\cdots+a_{k+n}+\cdots.$$

于是新得到的级数的部分和为

$$\sigma_n=a_{k+1}+a_{k+2}+\cdots+a_{k+n}=S_{k+n}-S_k,$$

其中 S_{k+n} 是原来级数的前 $k+n$ 项的和. 因为 S_k 是常数,所以当 $n\to\infty$ 时,σ_n 与 S_{k+n} 或者同时具有极限,或者同时没有极限.

类似地,可以证明在级数的前面加上有限项,不会改变级数的收敛性.

性质 8.4 若级数 $\sum\limits_{n=1}^{\infty}a_n$ 收敛到 S,则将其项任意地结合后(不改变其次序)得到的级数

$$\begin{aligned}&(a_1+a_2+\cdots+a_{i_1})+(a_{i_1+1}+\cdots+a_{i_2})+\cdots\\&\quad+(a_{i_n+1}+\cdots+a_{i_{n+1}})+\cdots\end{aligned}\tag{8.7}$$

仍收敛且其和为 S.

证 设 $S_n=\sum\limits_{k=1}^{n}a_k$,已知 $\lim\limits_{n\to\infty}S_n=S$. 设级数(8.7)的部分和为 P_n. 则有

$$\begin{aligned}P_1&=a_1+a_2+\cdots+a_{i_1}=S_{i_1},\\P_2&=(a_1+a_2+\cdots+a_{i_1})+(a_{i_1+1}+\cdots+a_{i_2})=S_{i_2},\\&\vdots\\P_n&=(a_1+a_2+\cdots+a_{i_1})+(a_{i_1+1}+\cdots+a_{i_2})+\cdots\\&\quad+(a_{i_{n-1}+1}+\cdots+a_{i_n})=S_{i_n},\end{aligned}$$

由此可见,数列 $\{P_n\}$ 实际上就是数列 $\{S_n\}$ 的一个子列,因此

$$\lim_{n\to\infty}P_n=S.$$

注意,这个命题的逆命题不成立. 例如级数

$$(1-1)+(1-1)+\cdots$$

收敛于零,但去掉括号后的级数

$$1-1+1-1+\cdots$$

却是发散的.

根据性质 8.4 可得如下的推论:

推论 8.1 如果加括号之后的级数发散,则原级数也发散.

性质 8.5(级数收敛的必要条件)　若级数 $\sum_{n=1}^{\infty} a_n$ 收敛,则它的一般项 a_n 趋于零,即

$$\lim_{n\to\infty} a_n = 0.$$

证　设 $\sum_{n=1}^{\infty} a_n = S$,即 $S_n = \sum_{k=1}^{n} a_k \to S(n\to\infty)$,于是

$$\lim_{n\to\infty} a_n = \lim_{n\to\infty}(S_n - S_{n-1}) = \lim_{n\to\infty} S_n - \lim_{n\to\infty} S_{n-1} = 0.$$

由性质 8.5 可知,如果级数的一般项不趋于零,则该级数必定发散. 例如,级数

$$\frac{1}{2} - \frac{2}{3} + \frac{3}{4} - \cdots + (-1)^{n-1}\frac{n}{n+1} + \cdots,$$

它的一般项 $u_n = (-1)^{n-1}\frac{n}{n+1}$ 当 $n\to\infty$ 时不趋于零,因此该级数是发散的.

注意　级数的一般项趋于零并不是级数收敛的充分条件. 有些级数虽然一般项趋于零,但仍然是发散的. 例如,调和级数

$$1 + \frac{1}{2} + \frac{1}{3} + \frac{1}{4} + \cdots + \frac{1}{n} + \cdots, \tag{8.8}$$

虽然它的一般项 $u_n = \frac{1}{n} \to 0(n\to\infty)$,但是它是发散的. 现在我们用反证法证明如下:

假若级数(8.8)收敛,设它的部分和为 S,且 $S_n \to S(n\to\infty)$. 显然,对级数的部分和 S_{2n},也有 $S_{2n} \to S(n\to\infty)$. 于是

$$S_{2n} - S_n \to S - S = 0 \quad (n\to\infty).$$

但另一方面

$$S_{2n} - S_n = \frac{1}{n+1} + \frac{1}{n+2} + \cdots + \frac{1}{2n} > \underbrace{\frac{1}{2n} + \frac{1}{2n} + \cdots + \frac{1}{2n}}_{n\text{项}} = \frac{1}{2},$$

故 $S_{2n} - S_n \not\to 0(n\to\infty)$,与假设(8.8)收敛矛盾,矛盾说明级数(8.8)必定发散.

习题 8.1

(A)

1. 回答下列问题.

(1)数项级数的部分和是什么?

(2)数项级数的收敛与发散怎样定义?

(3)若级数为 $\sum_{n=1}^{\infty} a_n$,则其部分和 $S_n = \sum_{k=1}^{n} a_k (n = 1,2,\cdots)$ 是一个数列,反过来,你能用 S_n 把原来级数表示出来吗?

(4) 一般项 $a_n \to 0(n \to \infty)$ 是不是级数 $\sum_{n=1}^{\infty} a_n$ 收敛的充分条件?若不是,你能举一个例子说明吗?

2. 根据级数收敛与发散的定义判定下列级数的收敛性.

(1) $\sum_{n=1}^{\infty} \frac{1}{4n^2-1}$;

(2) $-\frac{8}{9}+\frac{8^2}{9^2}-\frac{8^3}{9^3}+\cdots+(-1)^n\frac{8^n}{9^n}+\cdots$;

(3) $\frac{1}{3}+\frac{1}{\sqrt{3}}+\frac{1}{\sqrt[3]{3}}+\cdots+\frac{1}{\sqrt[n]{3}}+\cdots$;

(4) $(\frac{1}{2}+\frac{1}{3})+(\frac{1}{2^2}+\frac{1}{3^2})+(\frac{1}{2^3}+\frac{1}{3^3})+\cdots+(\frac{1}{2^n}+\frac{1}{3^n})+\cdots$;

(5) $\sin\frac{\pi}{6}+\sin\frac{2\pi}{6}+\cdots+\sin\frac{n\pi}{6}+\cdots$;

3. 证明:若 $\sum_{n=1}^{\infty} a_n$ 收敛,但 $\sum_{n=1}^{\infty} b_n$ 发散,则 $\sum_{n=1}^{\infty}(a_n+b_n)$ 发散.

4. 如果 $\sum_{n=1}^{\infty} a_n$ 与 $\sum_{n=1}^{\infty} b_n$ 都发散,试问 $\sum_{n=1}^{\infty}(a_n+b_n)$ 一定发散吗?如果这里的 a_n、$b_n(n=1,2,\cdots)$ 都是非负数,则能得出什么结论?

(B)

1. 求下列级数的和.

(1) $\sum_{n=1}^{\infty} \frac{(-1)^{n-1}}{n(n+2)}$; (2) $\sum_{n=1}^{\infty} \arctan\frac{1}{2n^2}$;

2. 利用 Cauchy 收敛准则判别下列级数的收敛性.

(1) $\frac{\sin x}{2}+\frac{\sin 2x}{2^2}+\cdots+\frac{\sin nx}{2^n}+\cdots$;

(2) $\sum_{n=1}^{\infty} \frac{(-1)^{n+1}}{n}$;

(3) $1+\frac{1}{2}-\frac{1}{3}+\frac{1}{4}+\frac{1}{5}-\frac{1}{6}+\cdots$;

8.2 正项级数

对于一个给定的级数 $\sum_{n=1}^{\infty} a_n$,要想求出它的部分和 S_n 的表达式,一般来说是不容易的,有时甚至就求不出来.因此,根据收敛的定义来判断一个级数是否收敛,除了少数情况外,往往是很困难的,需要采用简单易行的判定收敛或发散的方法.本节我们将讨论各项都是正数或零的级数,这种级数称为正项级数.这种级数特别重要,以后将看到许多级数的收敛性问题都可归结为正项级数的收敛性问题.

8.2.1 有界性准则

设正项级数 $\sum_{n=1}^{\infty} a_n (a_n \geqslant 0)$,则这个级数的部分和为 S_n.显然,数列 $\{S_n\}$ 是一个单调增加数列:

$$S_1 \leqslant S_2 \leqslant \cdots \leqslant S_n \leqslant \cdots.$$

如果数列 $\{S_n\}$ 有界,即 S_n 总不大于某一常数 M.根据单调有界收敛定理,级数 $\sum_{n=1}^{\infty} a_n$ 必收敛于和 S,且 $S_n \leqslant S \leqslant M$.反之,如果正项级数 $\sum_{n=1}^{\infty} a_n$ 收敛于和 S,即 $\lim_{n\to\infty} S_n = S$,根据有极限的数列是有界数列的性质可知,数列 $\{S_n\}$ 有界.由此我们得到如下重要结论.

定理 8.2(有界性准则) 正项级数 $\sum_{n=1}^{\infty} a_n$ 收敛的充分必要条件是:它的部分和数列 $\{S_n\}$ 有界.

由定理 8.2 可知,如果正项级数 $\sum_{n=1}^{\infty} a_n$ 发散,则它的部分和数列 $S_n \to +\infty (n \to \infty)$,因此 $\sum_{n=1}^{\infty} a_n = +\infty$.

例 8.5 证明级数 $\sum_{n=1}^{\infty} \frac{1}{n^2+n+1}$ 收敛.

证 显然 $\frac{1}{n^2+n+1} \leqslant \frac{1}{n^2+n} \leqslant \frac{1}{n^2}$,

因此 $$\sum_{k=1}^{n} \frac{1}{k^2+k+1} \leqslant \sum_{k=1}^{n} \frac{1}{k^2}.$$

由例 8.4 知,级数 $\sum_{n=1}^{\infty} \frac{1}{n^2}$ 收敛,再由定理 8.2 可推出部分和 $\sum_{k=1}^{n} \frac{1}{k^2}$ 有界,从而部分和 $\sum_{k=1}^{n} \frac{1}{k^2+k+1}$ 也有界.再利用定理 8.2 即知级数 $\sum_{n=1}^{\infty} \frac{1}{n^2+n+1}$ 收敛.

要想确定一个正项级数的部分和数列是否有界有时也并不是一件简单的事,因此,上述准则本身也许并不实用,然而,这个准则却是本节要介绍的几个判别法的理论基础.

8.2.2 比较判别法

根据定理 8.2,可得关于正项级数的一个基本的判别法.

定理 8.3(比较判别法) 设 $\sum\limits_{n=1}^{\infty} a_n$ 与 $\sum\limits_{n=1}^{\infty} b_n$ 是两个正项级数,且 $a_n \leqslant b_n (n=1, 2, \cdots)$,则

(1)当级数 $\sum\limits_{n=1}^{\infty} b_n$ 收敛时,级数 $\sum\limits_{n=1}^{\infty} a_n$ 也收敛;

(2)当级数 $\sum\limits_{n=1}^{\infty} a_n$ 发散时,级数 $\sum\limits_{n=1}^{\infty} b_n$ 也发散.

证 设 $S_n = \sum\limits_{k=1}^{n} a_k, P_n = \sum\limits_{k=1}^{n} b_k$,则由假设知,对每一个 n 有

$$0 \leqslant S_n \leqslant P_n.$$

当 $\sum\limits_{n=1}^{\infty} b_n$ 收敛时,数列 $\{P_n\}$ 有界,从而数列 $\{S_n\}$ 是有界的. 根据有界性准则,级数 $\sum\limits_{n=1}^{\infty} a_n$ 收敛.

反之,设级数 $\sum\limits_{n=1}^{\infty} a_n$ 发散,则级数 $\sum\limits_{n=1}^{\infty} b_n$ 发散. 因为若级数 $\sum\limits_{n=1}^{\infty} b_n$ 收敛,由上面已证明的结论,将有级数 $\sum\limits_{n=1}^{\infty} a_n$ 也收敛,与假设矛盾.

例 8.6 判定级数 $\sum\limits_{n=1}^{\infty} \dfrac{3+\sin^3(n+1)}{2^n+n}$ 的收敛性.

解 因为 $0 < \dfrac{3+\sin^3(n+1)}{2^n+n} < \dfrac{4}{2^n}$,

而级数 $\sum\limits_{n=1}^{\infty} \dfrac{4}{2^n} = 4\sum\limits_{n=1}^{\infty} \dfrac{1}{2^n}$ 是收敛的几何级数,因此原级数收敛.

例 8.7 判定级数 $\sum\limits_{n=1}^{\infty} \dfrac{1}{\sqrt{n(n+1)}}$ 的收敛性.

解 因为 $\dfrac{1}{\sqrt{n(n+1)}} > \dfrac{1}{n+1} \geqslant \dfrac{1}{2n}$,

而级数 $\sum\limits_{n=1}^{\infty} \dfrac{1}{2n}$ 发散,因此原级数发散.

从上面的例子可以看到,比较判别法的使用就是将所考虑的级数与一个已知

敛散性的级数进行比较. 在例 8.6 中用到了几何级数 $\sum\limits_{n=1}^{\infty}\frac{1}{2^n}$ 的收敛性，在例 8.7 中则用到了调和级数 $\sum\limits_{n=1}^{\infty}\frac{1}{n}$ 的发散性. 下面我们将推广一下，考虑以一般的几何级数 $\sum\limits_{n=1}^{\infty}aq^{n-1}$ 及 p -级数 $\sum\limits_{n=1}^{\infty}\frac{1}{n^p}$ 为标准级数进行比较，就可以导出一些很方便的判别级数敛散性的方法.

对于几何级数 $\sum\limits_{n=1}^{\infty}aq^{n-1}$，我们已经知道，它在 $|q|<1$ 时收敛，在 $|q|\geqslant 1$ 时发散. 现在来研究 p -级数 $\sum\limits_{n=1}^{\infty}\frac{1}{n^p}$ 的敛散性.

例 8.8　设 $p>0$ 为常数，则 p -级数

$$\sum_{n=1}^{\infty}\frac{1}{n^p}=1+\frac{1}{2^p}+\frac{1}{3^p}+\cdots+\frac{1}{n^p}+\cdots, \tag{8.9}$$

当 $p>1$ 时收敛，当 $p\leqslant 1$ 时发散.

证　当 $p\leqslant 1$ 时，有　$\frac{1}{n^p}\geqslant\frac{1}{n}$　$(\forall n\geqslant 1)$

而级数 $\sum\limits_{n=1}^{\infty}\frac{1}{n}$ 发散，据比较判别法可知，级数(8.9) 发散.

设 $p>1$，因为当 $n-1\leqslant x\leqslant n$ 时，有 $\frac{1}{n^p}\leqslant\frac{1}{x^p}$，所以有

$$\begin{aligned}\frac{1}{n^p}&=\int_{n-1}^{n}\frac{1}{n^p}\mathrm{d}x\leqslant\int_{n-1}^{n}\frac{1}{x^p}\mathrm{d}x\\&=\frac{1}{p-1}\left[\frac{1}{(n-1)^{p-1}}-\frac{1}{n^{p-1}}\right]\quad(n=2,3,\cdots)\end{aligned}$$

考虑级数 $\sum\limits_{n=2}^{\infty}\left[\frac{1}{(n-1)^{p-1}}-\frac{1}{n^{p-1}}\right]$，　(8.10)

(8.10)的部分和

$$\begin{aligned}S_n&=(1-\frac{1}{2^{p-1}})+(\frac{1}{2^{p-1}}-\frac{1}{3^{p-1}})+\cdots+\left[\frac{1}{n^{p-1}}-\frac{1}{(n+1)^{p-1}}\right]\\&=1-\frac{1}{(n+1)^{p+1}},\end{aligned}$$

由于 $\lim\limits_{n\to\infty}S_n=\lim\limits_{n\to\infty}\left[1-\frac{1}{(n+1)^{p-1}}\right]=1$，故级数(8.10) 收敛. 由比较判别法知，级数(8.9) 在 $p>1$ 时收敛.

为了应用上的方便，下面给出比较判别法的极限形式.

定理 8.4(比较判别法的极限形式)　设 $\sum_{n=1}^{\infty} a_n$ 和 $\sum_{n=1}^{\infty} b_n$ 都是正项级数,满足 $\lim_{n\to\infty}\frac{a_n}{b_n}=l, b_n>0$,则

(1)当 $0<l<+\infty$ 时,级数 $\sum_{n=1}^{\infty} a_n$ 和 $\sum_{n=1}^{\infty} b_n$ 同时收敛或同时发散;

(2)当 $l=0$ 时,若级数 $\sum_{n=1}^{\infty} b_n$ 收敛,则级数 $\sum_{n=1}^{\infty} a_n$ 收敛;

(3)当 $l=+\infty$ 时,若级数 $\sum_{n=1}^{\infty} b_n$ 发散,则级数 $\sum_{n=1}^{\infty} a_n$ 发散.

证　(1)设 $0<l<+\infty$,由极限定义可知,对 $\varepsilon=\frac{l}{2}>0$,存在自然数 N,当 $n>N$ 时,有

$$l-\frac{l}{2}<\frac{a_n}{b_n}<l+\frac{l}{2},\quad 或\frac{l}{2}<\frac{a_n}{b_n}<\frac{3l}{2},\quad 即\frac{l}{2}b_n<a_n<\frac{3l}{2}b_n .$$

根据比较判别法知,级数 $\sum_{n=1}^{\infty} a_n$ 和 $\sum_{n=1}^{\infty} b_n$ 同时收敛或同时发散.

(2)设 $l=0$,存在自然数 N,当 $n>N$ 时,有

$$\frac{a_n}{b_n}<1,\quad 即\ a_n<b_n .$$

根据比较判别法知,若级数 $\sum_{n=1}^{\infty} b_n$ 收敛,则级数 $\sum_{n=1}^{\infty} a_n$ 收敛.

(3)设 $l=+\infty$,存在自然数 N,当 $n>N$ 时,有

$$\frac{a_n}{b_n}>1,\quad 即\ a_n>b_n .$$

再次利用比较判别法知,若级数 $\sum_{n=1}^{\infty} b_n$ 发散,则级数 $\sum_{n=1}^{\infty} a_n$ 发散.

比较判别法的极限形式,在两个正项级数的一般项均趋于零的情况下,其实是比较它们的一般项作为无穷小量的阶.定理表明,当 $n\to\infty$ 时,如果 u_n 是与 v_n 同阶或是比 v_n 高阶的无穷小,而级数 $\sum_{n=1}^{\infty} v_n$ 收敛,则级数 $\sum_{n=1}^{\infty} u_n$ 收敛;如果 u_n 是与 v_n 同阶或是比 v_n 低阶的无穷小,而级数 $\sum_{n=1}^{\infty} v_n$ 发散,则级数 $\sum_{n=1}^{\infty} u_n$ 发散.

例 8.9　判别级数 $\sum_{n=1}^{+\infty}\sin\frac{1}{n}$, $\sum_{n=1}^{+\infty}\sin\frac{1}{n^2}$, $\sum_{n=1}^{+\infty}\sin(\sin\frac{1}{n^2+1})$ 的敛散性.

解　因为 $\lim\limits_{x\to 0}\dfrac{\sin x}{x}=1$，故 $\lim\limits_{x\to 0}\dfrac{\sin\dfrac{1}{n}}{\dfrac{1}{n}}=1$，$\lim\limits_{x\to 0}\dfrac{\sin\dfrac{1}{n^2}}{\dfrac{1}{n^2}}=1$，$\lim\limits_{x\to 0}\dfrac{\sin(\sin\dfrac{1}{n^2+1})}{\dfrac{1}{n^2+1}}=1$，所以 $\sum\limits_{n=1}^{+\infty}\sin\dfrac{1}{n}$ 发散，$\sum\limits_{n=1}^{+\infty}\sin\dfrac{1}{n^2}$ 收敛，$\sum\limits_{n=1}^{+\infty}\sin(\sin\dfrac{1}{n^2+1})$ 收敛.

例 8.10　判别级数 $\sum\limits_{n=1}^{+\infty}\ln(1+\dfrac{1}{n})$，$\sum\limits_{n=1}^{+\infty}\ln(1+\dfrac{1}{n^2})$，$\sum\limits_{n=1}^{+\infty}(1-\cos\dfrac{1}{n})$，$\sum\limits_{n=1}^{+\infty}\tan\dfrac{1}{n}$，$\sum\limits_{n=1}^{+\infty}\tan\dfrac{1}{n^2}$ 以及 $\sum\limits_{n=1}^{+\infty}\arctan\dfrac{1}{n}$，$\sum\limits_{n=1}^{+\infty}\arctan\dfrac{1}{n^2}$ 的收敛性.

解　因为当 $x\to 0$ 时，$\ln(1+x)\sim x$，$1-\cos x\sim\dfrac{x^2}{2}$，$\tan x\sim x$，$\arctan x\sim x$，而 $\sum\limits_{n=1}^{\infty}\dfrac{1}{n}$ 发散，$\sum\limits_{n=1}^{\infty}\dfrac{1}{n^2}$ 收敛，所以 $\sum\limits_{n=1}^{+\infty}\ln(1+\dfrac{1}{n})$，$\sum\limits_{n=1}^{+\infty}\arctan\dfrac{1}{n}$ 和 $\sum\limits_{n=1}^{+\infty}\tan\dfrac{1}{n}$ 发散，$\sum\limits_{n=1}^{+\infty}\ln(1+\dfrac{1}{n^2})$，$\sum\limits_{n=1}^{+\infty}(1-\cos\dfrac{1}{n})$，$\sum\limits_{n=1}^{+\infty}\tan\dfrac{1}{n^2}$，$\sum\limits_{n=1}^{+\infty}\arctan\dfrac{1}{n^2}$ 均收敛.

8.2.3　比值判别法

用比较判别法时，需要适当地选取一个已知其收敛性的级数 $\sum\limits_{n=1}^{\infty}b_n$ 作为比较的基准. 最常选用作基准级数的是等比级数和 p-级数.

将所给正项级数与等比级数比较，我们能得到在实用上很方便的比值判别法和根值判别法.

定理 8.5(D'Alembert 比值判别法)　设 $\sum\limits_{n=1}^{\infty}a_n$ 是正项级数，且 $\forall n, a_n>0$. 又设

$$\lim_{n\to\infty}\frac{a_{n+1}}{a_n}=r\quad(0\leqslant r\leqslant+\infty).\tag{8.11}$$

则当 $r<1$ 时，级数 $\sum\limits_{n=1}^{\infty}a_n$ 收敛；当 $r>1$ 时，级数 $\sum\limits_{n=1}^{\infty}a_n$ 发散.

证　首先设 $r<1$. 任取一个数 q，使得 $r<q<1$. 由于 $\lim\limits_{n\to\infty}\dfrac{a_{n+1}}{a_n}=r<q$，故由极限的性质知，存在正整数 N，当 $n\geqslant N$ 时有不等式

$$\frac{a_{n+1}}{a_n}<q.$$

因此有　$a_{N+1}<a_Nq,\ a_{N+2}<a_{N+1}q<a_Nq^2,\ a_{N+3}<a_{N+2}q<a_Nq^3,\cdots$.

由于等比级数(公比 $q<1$) $a_N q + a_N q^2 + a_N q^3 + \cdots$ 是收敛的,因而级数 $a_{N+1} + a_{N+2} + a_{N+3} + \cdots$ 收敛,从而级数 $\sum_{n=1}^{\infty} a_n$ 收敛.

其次设 $r>1$. 此时不论 r 是大于 1 的实数,还是 $r=+\infty$,只要 n 足够大,例如从 $n=N$ 开始,$\frac{a_{n+1}}{a_n}$ 就大于 1,用类似于前面的方法可推出

$$\frac{a_{n+1}}{a_n} > 1 \quad (n > N),$$

从而有 $a_n > a_N > 0 \quad (n>N)$.

这里 a_N 是一个正的定数,故 a_n 不可能趋于零. 由级数收敛的必要条件知,级数 $\sum_{n=1}^{\infty} a_n$ 发散.

当 $r=1$ 时级数可能收敛也可能发散. 例如 p-级数(8.9),不论 p 为何值都有

$$\lim_{n\to\infty} \frac{a_{n+1}}{a_n} = \lim_{n\to\infty} \frac{\frac{1}{(n+1)^p}}{\frac{1}{n^p}} = 1,$$

但我们知道,当 $p>1$ 时级数收敛,当 $p\leqslant 1$ 时级数发散. 因此只根据 $r=1$ 不能判定级数的敛散性.

例 8.11 研究级数 $\sum_{n=1}^{\infty} \frac{1}{n!}$ 的收敛性.

解 令 $a_n = \frac{1}{n!}$,则有

$$\frac{a_{n+1}}{a_n} = \frac{\frac{1}{(n+1)!}}{\frac{1}{n!}} = \frac{n!}{(n+1)!} = \frac{1}{n+1},$$

因此

$$\lim_{n\to\infty} \frac{a_{n+1}}{a_n} = 0 < 1,$$

根据 D'Alembert 判别法知,级数 $\sum_{n=1}^{\infty} \frac{1}{n!}$ 收敛.

对于给定的正数 a,我们可以用类似的方法证明级数 $\sum_{n=1}^{\infty} \frac{a^n}{n!}$ 收敛,并由此推出其一般项趋于零,即

$$\lim_{n\to\infty} \frac{a^n}{n!} = 0,$$

特别对于级数 $\sum_{n=1}^{\infty} na^n$,则有

$$\lim_{n\to\infty}\frac{(n+1)a^{n+1}}{na^n}=\lim_{n\to\infty}a\frac{n+1}{n}=a,$$

因此，当 $0\leqslant a<1$ 时，级数 $\sum\limits_{n=1}^{\infty}na^n$ 收敛，从而有

$$\lim_{n\to\infty}na^n=0$$

这是我们利用比值判别法，通过级数理论得到某些数列的极限.

例 8.12　考察下列级数的敛散性.

(1) $\sum\limits_{n=1}^{\infty}\frac{x^n}{n}\quad(x>0)$；　　(2) $\sum\limits_{n=1}^{\infty}\frac{x^n}{n^2}\quad(x>0)$.

解　(1)由于 $\dfrac{a_{n+1}}{a_n}=\dfrac{\frac{x^{n+1}}{(n+1)}}{\frac{x^n}{n}}=x\dfrac{n}{n+1}$，

因此，对于任意给定的 $x>0$，有

$$\lim_{n\to\infty}\frac{a_{n+1}}{a_n}=x.$$

由比值判别法知，当 $0<x<1$ 时，级数收敛；当 $x>1$ 时，级数发散；当 $x=1$ 时，比值判别法失效，但此时级数是调和级数 $\sum\limits_{n=1}^{\infty}\frac{1}{n}$，它是发散的.

(2)由于 $\dfrac{a_{n+1}}{a_n}=\dfrac{\frac{x^{n+1}}{(n+1)^2}}{\frac{x^n}{n^2}}=x\left(\dfrac{n}{n+1}\right)^2\to x\quad(n\to\infty)$，

可见当 $0<x<1$ 时，级数收敛；当 $x>1$ 时，级数发散；当 $x=1$ 时，比值判别法失效，但此时级数为 $\sum\limits_{n=1}^{\infty}\frac{1}{n^2}$，它是收敛的.

8.2.4　根值判别法

定理 8.6(Cauchy 根值判别法)　设 $\sum\limits_{n=1}^{\infty}a_n$ 是正项级数，且

$$\lim_{n\to\infty}\sqrt[n]{a_n}=r\quad(0\leqslant r\leqslant+\infty).$$

则当 $r<1$ 时，级数 $\sum\limits_{n=1}^{\infty}a_n$ 收敛；当 $r>1$ 时，级数 $\sum\limits_{n=1}^{\infty}a_n$ 发散.

证　首先设 $r<1$. 任取一个数 q，使得 $r<q<1$. 由 $\lim\limits_{n\to\infty}\sqrt[n]{a_n}=r$ 知，存在正整数 N，当 $n\geqslant N$ 时有

$$\sqrt[n]{a_n}<q,$$

即
$$a_n < q^n \quad (n > N).$$

由于等比级数 $\sum\limits_{n=1}^{\infty} q^n (0 < q < 1)$ 是收敛的,由比较判别法知,级数 $\sum\limits_{n=1}^{\infty} a_n$ 收敛.

其次设 $r>1$.此时存在正整数 N,当 $n \geqslant N$ 时,有
$$\sqrt[n]{a_n} > 1,$$
所以 a_n 不可能趋于零,级数收敛的必要条件不满足,故级数 $\sum\limits_{n=1}^{\infty} a_n$ 发散.

注意,当 $r=1$ 时,Cauchy 根值判别法失效.

例 8.13　判别级数 $\sum\limits_{n=1}^{\infty} \left(\dfrac{n+2}{4n+1}\right)^{\frac{n}{3}}$ 的收敛性.

解　因为 $\lim\limits_{n\to\infty} \sqrt[n]{u_n} = \lim\limits_{n\to\infty} \sqrt[n]{\left(\dfrac{n+2}{4n+1}\right)^{\frac{n}{3}}} = \lim\limits_{n\to\infty} \sqrt[3]{\dfrac{n+2}{4n+1}} = \sqrt[3]{\dfrac{1}{4}} < 1$,
根据 Cauchy 根值判别法知,原级数收敛.

例 8.14　讨论级数 $\sum\limits_{n=1}^{\infty} 2^n x^{2n} (x \geqslant 0)$ 的收敛性.

解　容易看出　$\sqrt[n]{2^n x^{2n}} = 2x^2 \to 2x^2 (n\to\infty)$,

由 Cauchy 根值判别法知,当 $2x^2<1$,即 $0 \leqslant x < \dfrac{1}{\sqrt{2}}$ 时,原级数收敛;当 $2x^2>1$,即 $x>\dfrac{1}{\sqrt{2}}$ 时,原级数发散;当 $2x^2=1$,即 $x=\dfrac{1}{\sqrt{2}}$ 时,级数的一般项为 $2^n\left(\dfrac{1}{\sqrt{2}}\right)^{2n}=1$,不趋于零,因此原级数发散.

8.2.5　积分判别法

定理 8.7(积分判别法)　设函数 $f(x)$ 在 $[N,+\infty)$ 上非负且单调减少,其中 N 是某个自然数,令 $a_n=f(n)$,则级数 $\sum\limits_{n=1}^{\infty} a_n$ 与反常积分 $\int_N^{+\infty} f(x)\mathrm{d}x$ 同敛散.

证　因为 $f(x)$ 在 $[N,+\infty)$ 上单调减少,故有
$$\int_k^{k+1} f(x)\mathrm{d}x \leqslant a_k \leqslant \int_{k-1}^{k} f(x)\mathrm{d}x \quad (k \geqslant N+1),$$
在上式中依次取 $k=N+1,N+2,\cdots,n$ 后相加可得
$$\int_{N+1}^{n+1} f(x)\mathrm{d}x \leqslant \sum_{k=N+1}^{n} a_k \leqslant \int_N^n f(x)\mathrm{d}x,$$
因 $a_k \geqslant 0, f(x) \geqslant 0$,故级数 $\sum\limits_{k=1}^{\infty} a_k$ 与积分 $\int_N^{+\infty} f(x)\mathrm{d}x$ 或者收敛或者取值 $+\infty$.

于是当 $n \to \infty$ 时,上式为$\int_{N+1}^{+\infty} f(x)\mathrm{d}x \leqslant \sum_{k=N+1}^{+\infty} a_k \leqslant \int_{N}^{+\infty} f(x)\mathrm{d}x$.

由此可见,$\sum_{n=1}^{\infty} a_n$ 收敛 $\Leftrightarrow \int_{N}^{+\infty} f(x)\mathrm{d}x$ 收敛.

例 8.15　讨论级数 $\sum_{n=2}^{\infty} \frac{1}{n\ln^q n}(q>0)$ 的敛散性.

解　令 $f(x)=\frac{1}{x\ln^q x}$,则 $f(x)$在$[2,+\infty)$上非负且单调减少,由

$$\int_2^{+\infty} \frac{\mathrm{d}x}{x\ln^q x} = \int_2^{+\infty} \frac{\mathrm{d}(\ln x)}{\ln^q x} = \int_{\ln 2}^{+\infty} \frac{\mathrm{d}t}{t^q} \quad (t=\ln x),$$

可见,上述积分当 $q>1$ 时收敛,当 $q\leqslant 1$ 时发散.由积分判别法知,级数 $\sum_{n=2}^{\infty} \frac{1}{n\ln^q n}$ 也在 $q>1$ 时收敛,在 $q\leqslant 1$ 时发散.

习题 8.2

(A)

1. 回答下列问题.

(1)什么叫正项级数?它的部分和数列有什么特点?

(2)p-级数 $\sum_{n=1}^{\infty} \frac{1}{n^p}$ 在什么条件下收敛?在什么条件下发散?

(3) 设 $a_n \leqslant b_n (n=1,2,\cdots)$,如果 $\sum_{n=1}^{\infty} b_n$ 收敛,能否断言 $\sum_{n=1}^{\infty} a_n$ 也收敛?试举例说明.

(4) 设 $a_n \geqslant 0$,且数列 $\{n a_n\}$ 有界,级数 $\sum_{n=1}^{\infty} a_n^2$ 收敛吗?

2. 用比较判别法讨论下列级数的敛散性.

(1) $\sum_{n=1}^{\infty} \frac{1}{n^2+3}$;　　(2) $\sum_{n=1}^{\infty} 2^n \sin\frac{\pi}{3^n}$;

(3) $\sum_{n=1}^{\infty} \frac{1}{\sqrt{1+n^2}}$;　　(4) $\sum_{n=1}^{\infty} \frac{1}{n2^n}$.

3. 用比较判别法的极限形式讨论下列级数的敛散性.

(1) $\sum_{n=1}^{\infty} \frac{5n+1}{(n+2)n^2}$;　　(2) $\sum_{n=1}^{\infty} \frac{2^n+n}{3^n}$;　　(3) $\sum_{n=1}^{\infty} (1-\cos\frac{1}{n})$;

(4) $\sum_{n=1}^{\infty} \frac{(1+\frac{1}{n})^n}{n^2}$;　　(5) $\sum_{n=1}^{\infty} \frac{1}{1+a^n}(a>0)$;　(6) $\sum_{n=1}^{\infty} \frac{1}{n\sqrt[n]{n}}$.

4.用比值判别法讨论下列级数的敛散性.

(1) $\sum_{n=1}^{\infty} np^n (0 < p < 1)$；(2) $\sum_{n=1}^{\infty} \frac{x^n}{n!}(x > 0)$；(3) $\sum_{n=1}^{\infty} \frac{n^2}{n!}$；

(4) $\sum_{n=1}^{\infty} \frac{n!}{n^n}$；(5) $\sum_{n=1}^{\infty} \frac{2^n n!}{n^n}$；(6) $\sum_{n=1}^{\infty} \frac{3^n n!}{n^n}$.

5.用根值判别法讨论下列级数的敛散性.

(1) $\sum_{n=1}^{\infty} \frac{1}{n^n}$；(2) $\sum_{n=1}^{\infty} \frac{2^n}{(n+1)^n}$；

(3) $\sum_{n=1}^{\infty} \frac{5^n}{n^{n+1}}$；(4) $\sum_{n=1}^{\infty} \frac{n^2}{\left(n+\frac{1}{n}\right)^n}$.

(B)

1.用所学过的判别法讨论下列级数的敛散性.

(1) $\sum_{n=1}^{\infty} n\left(\frac{3}{4}\right)^n$；(2) $\sum_{n=1}^{\infty} \frac{1+\cos n}{n^2}$；(3) $\sum_{n=2}^{\infty} \frac{1}{(\ln n)^k}$；

(4) $\sum_{n=1}^{\infty} \frac{1}{n(\ln n)^2}$；(5) $\sum_{n=1}^{\infty} \frac{(n!)^2}{2n^2}$；(6) $\sum_{n=1}^{\infty} \sqrt{\frac{1+n}{n}}$；

(7) $\sum_{n=1}^{\infty} \frac{1}{n^{\ln n}}$；(8) $\sum_{n=1}^{\infty} \frac{1}{(\ln n)^{\ln n}}$；

(9) $\sum_{n=1}^{\infty} \frac{a^n}{1+a^{2n}}$，$a$ 为非负实数；

(10) $\sum_{n=1}^{\infty} \left(\frac{b}{a_n}\right)^n$，其中 $a_n \to a(n \to \infty)$，a_n, b, a 均为正数.

2.若正项级数 $\sum_{n=1}^{\infty} a_n$ 收敛，证明 $\sum_{n=1}^{\infty} a_n^2$ 也收敛；但反之不然，举例说明.

3.若级数 $\sum_{n=1}^{\infty} a_n$ 与 $\sum_{n=1}^{\infty} b_n$ 都收敛，证明 $\sum_{n=1}^{\infty} |a_n b_n|$，$\sum_{n=1}^{\infty} (a_n + b_n)^2$ 也收敛.

4.设数列 $\{n a_n\}$ 收敛，级数 $\sum_{n=1}^{\infty} n(a_n - a_{n-1})$ 收敛，证明级数 $\sum_{n=1}^{\infty} a_n$ 收敛.

5.设正项级数 $\sum_{n=1}^{\infty} a_n$ 收敛，证明正项级数 $\sum_{n=1}^{\infty} \frac{\sqrt{a_n}}{n}$ 也收敛.

8.3 一般级数

上节我们讨论了正项级数的收敛性问题，关于一般数项级数的收敛性判别问题要比正项级数复杂，本节只讨论某些特殊类型级数的收敛性问题.

8.3.1 交错级数

若级数的各项符号正负相间，即

$$a_1 - a_2 + a_3 - a_4 + \cdots (-1)^{n+1} a_n + \cdots \quad (a_n > 0, n = 1,2,\cdots), \tag{8.12}$$

称(8.12)为交错级数.

定理 8.8(Leibniz 判别法) 设交错级数(8.12)满足条件

(1) $a_n \geqslant a_{n+1}, n=1,2,\cdots$;

(2) $\lim\limits_{n\to\infty} a_n = 0$.

则此级数收敛，且其和 $S \leqslant a_1$，其余项 r_n 的绝对值

$$|r_n| = \left|\sum_{k=n+1}^{\infty} (-1)^{k-1} a_k\right| \leqslant a_{n+1}. \tag{8.13}$$

证 先证明前 $2n$ 项的和 S_{2n} 的极限存在. 为此把 S_{2n} 写成两种形式：

$$S_{2n} = (a_1 - a_2) + (a_3 - a_4) + \cdots + (a_{2n-1} - a_{2n})$$

及

$$S_{2n} = a_1 - (a_2 - a_3) - (a_4 - a_5) - \cdots - (a_{2n-2} - a_{2n-1}) - a_{2n}.$$

根据条件(1)知道，所有括号中的差都是非负的. 由第一种形式可见数列 $S_{2n} \leqslant a_1$. 于是根据单调有界数列必有极限的准则知道，当 n 无限增大时，S_{2n} 趋于一个极限 S，并且 S 不大于 a_1：

$$\lim_{n\to\infty} S_{2n} = S \leqslant a_1.$$

再证明前 $2n+1$ 项的和 S_{2n+1} 的极限也是 S. 事实上，我们有

$$S_{2n+1} = S_{2n} + a_{2n+1}.$$

由条件(2)知 $\lim\limits_{n\to\infty} a_{2n+1} = 0$，因此

$$\lim_{n\to\infty} S_{2n+1} = \lim_{n\to\infty}(S_{2n} + a_{2n+1}) = S.$$

由于级数的前偶数项的和与奇数项的和趋于同一极限 S，故级数 $\sum\limits_{n=1}^{\infty} (-1)^{n-1} a_n$ 的部分和 S_n 当 $n \to \infty$ 时具有极限 S. 这就证明了级数 $\sum\limits_{n=1}^{\infty} (-1)^{n-1} a_n$ 收敛于和 S，且 $S \leqslant a_1$.

最后，不难看出余项 r_n 可以写成

$$r_n = \pm(a_{n+1} - a_{n+2} + \cdots),$$

其绝对值
$$|r_n| = a_{n+1} - a_{n+2} + \cdots,$$

上式右端也是一个交错级数,它也满足收敛的两个条件,所以其和小于级数的第一项,也就是说

$$|r_n| \leqslant a_{n+1}.$$

证明完毕.

例 8.16 证明级数

$$\sum_{n=1}^{\infty} (-1)^{n-1} \frac{1}{n} = 1 - \frac{1}{2} + \frac{1}{3} - \cdots + (-1)^{n-1} \frac{1}{n} + \cdots$$

收敛并估计其余项.

证 此级数是交错级数,且 $a_n = \frac{1}{n}(n=1,2,\cdots)$ 单调减少趋于零.

根据 Leibniz 判别法,它收敛,且其余项的估计式为

$$|r_n| = \left|\sum_{k=n+1}^{\infty} (-1)^{k-1} a_k\right| \leqslant \frac{1}{n+1}.$$

例 8.17 级数 $\frac{3}{1!} - \frac{3^2}{2!} + \frac{3^3}{3!} - \frac{3^4}{4!} + \frac{3^5}{5!} - \cdots + (-1)^{n-1}\frac{3^n}{n!} + \cdots$ 收敛还是发散?

解 容易验证,当 $n \geqslant 3$ 时,$\frac{3^{n+1}}{(n+1)!} = \frac{3}{n+1} \cdot \frac{3^n}{n!} < \frac{3^n}{n!}$,即 $a_n = \frac{3^n}{n!}(n=2,3,\cdots)$ 单调减少. 又

$$0 < \frac{3^n}{n!} = \frac{3}{1} \cdot \frac{3}{2} \cdot \frac{3}{3} \cdot \cdots \cdot \frac{3}{n} \leqslant \frac{27}{n}$$

及 $\lim\limits_{n\to\infty}\frac{27}{n} = 0$,由极限的夹逼准则知 $\lim\limits_{n\to\infty}\frac{3^n}{n!} = 0$.

根据 Leibniz 判别法,此级数收敛,且它的和不超过 3.

8.3.2 绝对收敛与条件收敛

现在我们讨论一般的级数

$$a_1 + a_2 + \cdots + a_n + \cdots.$$

它的各项为任意实数. 如果级数 $\sum\limits_{n=1}^{\infty} a_n$ 的各项的绝对值所构成的正项级数 $\sum\limits_{n=1}^{\infty} |a_n|$ 收敛,则称级数 $\sum\limits_{n=1}^{\infty} a_n$ **绝对收敛**;如果级数 $\sum\limits_{n=1}^{\infty} a_n$ 收敛,而级数 $\sum\limits_{n=1}^{\infty} |a_n|$ 发散,则称级数 $\sum\limits_{n=1}^{\infty} a_n$ **条件收敛**. 容易知道,级数 $\sum\limits_{n=1}^{\infty} (-1)^{n-1} \frac{1}{n^2}$ 绝对收敛,而级数

$\sum_{n=1}^{\infty}(-1)^{n-1}\frac{1}{n}$ 条件收敛.

级数绝对收敛与级数收敛有以下重要关系：

定理 8.9　如果级数 $\sum_{n=1}^{\infty}|a_n|$ 绝对收敛,则级数 $\sum_{n=1}^{\infty}a_n$ 必定收敛.

证　设 $\sum_{n=1}^{\infty}|a_n|$ 收敛. 根据 Cauchy 收敛准则,$\forall\varepsilon>0$,$\exists N$,当 $m>n>N$ 时,有

$$|a_{n+1}|+|a_{n+2}|+\cdots+|a_m|<\varepsilon.$$

由此可得

$$|a_{n+1}+a_{n+2}+\cdots+a_m|\leqslant|a_{n+1}|+|a_{n+2}|+\cdots+|a_m|<\varepsilon.$$

再由 Cauchy 收敛准则知,级数 $\sum_{n=1}^{\infty}a_n$ 本身收敛.

由这个定理易知级数 $\sum_{n=1}^{\infty}\frac{\cos n}{n^2}$,$\sum_{n=1}^{\infty}\frac{\sin n}{n^2}$ 都是收敛的.

应当注意,定理 8.9 的逆定理不成立,即从 $\sum_{n=1}^{\infty}a_n$ 收敛,不能断言 $\sum_{n=1}^{\infty}|a_n|$ 也收敛. 例如级数 $\sum_{n=1}^{\infty}(-1)^{n-1}\frac{1}{n}$ 就是这样一个例子.

例 8.18　讨论级数 $\sum_{n=1}^{\infty}(-1)^{n-1}\frac{1}{n^p}(p>0)$ 的绝对收敛性和条件收敛性.

解　我们知道,级数

$$\sum_{n=1}^{\infty}\left|(-1)^{n-1}\frac{1}{n^p}\right|=\sum_{n=1}^{\infty}\frac{1}{n^p}.$$

当 $p>1$ 时收敛,当 $p\leqslant1$ 时发散. 因此原级数当 $p>1$ 时绝对收敛.

当 $p\leqslant1$ 时,由于 $\left\{\frac{1}{n^p}\right\}$ 单调减少趋于零,根据 Leibniz 判别法,交错级数 $\sum_{n=1}^{\infty}(-1)^{n-1}\frac{1}{n^p}$ 是收敛的,所以当 $p\leqslant1$ 时原级数条件收敛.

8.3.3　绝对收敛级数的性质

下面给出绝对收敛级数的两个性质.

定理 8.10　绝对收敛级数在任意重排后,仍然绝对收敛且和不变.

证　首先考虑正项级数 $\sum_{n=1}^{\infty}a_n$ 的情形. 设

$$S=\sum_{n=1}^{\infty}a_n,\quad S_n=\sum_{k=1}^{n}a_k,$$

并设级数 $\sum_{n=1}^{\infty} a'_n$是重排后所构成的级数,其部分和记为 $S'_n = \sum_{k=1}^{n} a'_k$.

任意固定 n,取 m 足够大,使 $a'_1, a'_2, \cdots, a'_n$各项都出现在 $S_m = a_1 + a_2 + \cdots + a_m$中,于是得

$$S'_n \leqslant S_m \leqslant S.$$

这说明部分和数列 $\{S'_n\}$有上界,而 $\sum_{n=1}^{\infty} a_n$ 是正项级数,故$\{S'_n\}$是单调增加的. 根据单调有界收敛定理,有

$$\lim_{n\to\infty} S'_n = S' \leqslant S.$$

另一方面,如果把原来的级数 $\sum_{n=1}^{\infty} a_n$ 看成是级数 $\sum_{n=1}^{\infty} a'_n$重排后所构成的级数,则有

$$S \leqslant S'.$$

因此必定有

$$S = S'.$$

现在设 $\sum_{n=1}^{\infty} a_n$ 是一般的绝对收敛级数. 令

$$b_n = \frac{1}{2}(a_n + |a_n|) \quad (n = 1, 2, \cdots),$$

显然,$b_n \geqslant 0$ 且 $b_n \leqslant |a_n|$,而 $\sum_{n=1}^{\infty} |a_n|$收敛,由正项级数的比较判别法知,级数 $\sum_{n=1}^{\infty} b_n$ 收敛,从而级数 $\sum_{n=1}^{\infty} 2b_n$ 也收敛. 于是由 $a_n = 2b_n - |a_n|$.

$$\sum_{n=1}^{\infty} a_n = \sum_{n=1}^{\infty}(2b_n - |a_n|) = \sum_{n=1}^{\infty} 2b_n - \sum_{n=1}^{\infty} |a_n|.$$

若级数 $\sum_{n=1}^{\infty} a_n$ 重排位置后的级数为 $\sum_{n=1}^{\infty} a'_n$,则相应地,$\sum_{n=1}^{\infty} b_n$ 重排变为 $\sum_{n=1}^{\infty} b'_n$,而 $\sum_{n=1}^{\infty} |a_n|$改变为 $\sum_{n=1}^{\infty} |a'_n|$. 由前面对正项级数证得的结论知

$$\sum_{n=1}^{\infty} b_n = \sum_{n=1}^{\infty} b'_n, \quad \sum_{n=1}^{\infty} |a'_n| = \sum_{n=1}^{\infty} |a_n|.$$

所以

$$\sum_{n=1}^{\infty} a'_n = \sum_{n=1}^{\infty} 2b'_n - \sum_{n=1}^{\infty} |a'_n| = \sum_{n=1}^{\infty} 2b_n - \sum_{n=1}^{\infty} |a_n| = \sum_{n=1}^{\infty} a_n.$$

定理证毕.

在给出绝对收敛级数的另一个性质以前,我们先来讨论级数的乘法运算.

设有收敛级数 $\quad \sum_{n=1}^{\infty} a_n = A, \quad \sum_{n=1}^{\infty} b_n = B.$

先按照有限和的乘法规则，作两级数各项所有可能的乘积 a_ib_k，将它们排成无穷矩阵

$$\begin{array}{|cccccc}
a_1b_1 & a_1b_2 & a_1b_3 & \cdots & a_1b_i & \cdots \\
a_2b_1 & a_2b_2 & a_2b_3 & \cdots & a_2b_i & \cdots \\
\vdots & \vdots & \vdots & \vdots & \vdots & \vdots \\
a_kb_1 & a_kb_2 & a_kb_3 & \cdots & a_kb_i & \cdots \\
\vdots & \vdots & \vdots & \vdots & \vdots & \vdots
\end{array}$$

这些乘积可按各种顺序求和而得到级数，最常见的**对角线法**：

$$\begin{array}{cccccc}
a_1b_1 & a_1b_2 & a_1b_3 & \cdots & a_1b_i & \cdots \\
\swarrow & \swarrow & \swarrow & & \swarrow & \\
a_2b_1 & a_2b_2 & a_2b_3 & \cdots & a_2b_i & \cdots \\
\swarrow & \swarrow & & & & \\
a_3b_1 & a_3b_2 & a_3b_3 & \cdots & a_3b_i & \cdots \\
\vdots & \vdots & \vdots & & \vdots & \\
a_kb_1 & a_kb_2 & a_kb_3 & \cdots & a_kb_i & \cdots \\
\vdots & \vdots & \vdots & \vdots & \vdots & \vdots
\end{array}$$

和**正方形法**：

$$\begin{array}{ccccc|c}
\underline{a_1b_1|} & a_1b_2| & a_1b_3 & \cdots & a_1b_i & \cdots \\
\underline{a_2b_1} & \underline{a_2b_2|} & a_2b_3 & \cdots & a_2b_i & \cdots \\
\vdots & \vdots & \vdots & \vdots & \vdots & \vdots \\
a_kb_1 & a_kb_2 & a_kb_3 & \cdots & a_kb_i & \cdots \\
\hline
\vdots & \vdots & \vdots & \vdots & \vdots & \vdots
\end{array}$$

将上面排列好的数列用加号连起来，就组成一个无穷级数，称按对角线排列所组成的级数

$$a_1b_1+(a_1b_2+a_2b_1)+\cdots+(a_1b_n+a_2b_{n-1}+\cdots+a_nb_1)+\cdots$$

为两级数 $\sum\limits_{n=1}^{\infty}a_n$ 与 $\sum\limits_{n=1}^{\infty}b_n$ 的 **Cauchy 乘积.**

定理 8.11(绝对收敛级数的乘法)　设级数 $\sum\limits_{n=1}^{\infty}a_n$ 与 $\sum\limits_{n=1}^{\infty}b_n$ 都绝对收敛，其和分别为 A 与 B，则他们的 Cauchy 乘积

$$a_1b_1+(a_1b_2+a_2b_1)+\cdots+(a_1b_n+a_2b_{n-1}+\cdots+a_nb_1)+\cdots=A\cdot B \tag{8.14}$$

且绝对收敛.

证 考虑把级数(8.14)去掉括号后所成的级数

$$a_1b_1 + a_1b_2 + a_2b_1 + \cdots + a_1b_n + \cdots, \tag{8.15}$$

由级数的性质 8.4 及比较判别法知,若级数(8.15)绝对收敛且其和为 S,则级数(8.14)也绝对收敛且其和为 S. 因此,只要证明级数(8.15)绝对收敛且其和为 $S=AB$ 即可.

(ⅰ)先证级数(8.15)绝对收敛.

令 S_m 表示级数(8.15)的前 m 项分别取绝对值后所作成的和,又设

$$\sum_{n=1}^{\infty}|a_n| = A^*, \quad \sum_{n=1}^{\infty}|b_n| = B^*,$$

则显然有

$$S_m \leqslant (|a_1|+|a_2|+\cdots|a_m|)\cdot(|b_1|+|b_2|+\cdots|b_m|) \leqslant A^* \cdot B^*.$$

(ⅱ)再证级数(8.15)的和 $S = A\cdot B$.

将级数(8.15)的项重排并加上括号,使它成为按正方形法排列所组成的级数:

$$a_1b_1 + (a_1b_2 + a_2b_2 + a_2b_1) + \cdots + (a_1b_n + a_2b_n + \cdots + a_nb_n + a_nb_{n-1} + \cdots + a_nb_1) + \cdots. \tag{8.16}$$

根据定理 8.9 及级数收敛的性质 8.4 可知,对于绝对收敛级数(8.15)来说,这样做法不会改变其和,而级数(8.16)的前 n 项和恰好为

$$(a_1 + a_2 + \cdots + a_n)\cdot(b_1 + b_2 + \cdots + b_n) = A_n \cdot B_n,$$

故有 $S=\lim\limits_{n\to\infty}(A_n\cdot B_n)=A\cdot B$.

定理证毕.

习题 8.3

(A)

1. 回答下列问题.

(1) 什么叫交错级数?

(2) 什么是级数的绝对收敛性和条件收敛性?

(3) 两级数的乘积是怎样定义的? 在什么条件下两级数的乘积级数必定收敛?

2. 对下列是非题,对的给出证明,错的举出反例.

(1) 若 $a_n > 0$,则 $a_1 - a_1 + a_2 - a_2 + a_3 - a_3 + \cdots$ 收敛;

(2) 若 $\sum\limits_{n=1}^{\infty}a_n$ 收敛,则 $\sum\limits_{n=1}^{\infty}(-1)^n a_n$ 也收敛;

(3) 若 $\sum_{n=1}^{\infty} a_n^2$ 收敛，则 $\sum_{n=1}^{\infty} a_n^3$ 绝对收敛；

(4) 若 $\sum_{n=1}^{\infty} a_n$ 收敛，则 $\sum_{n=1}^{\infty} a_n^2$ 收敛；

(5) 若 $\sum_{n=1}^{\infty} a_n$ 不收敛，则 $\sum_{n=1}^{\infty} a_n$ 不绝对收敛；

(6) 绝对收敛级数也是条件收敛；

(7) 若 $\sum_{n=1}^{\infty} a_n$ 不是条件收敛的，则 $\sum_{n=1}^{\infty} a_n$ 发散；

(8) 若 $\sum_{n=1}^{\infty} a_n$ 收敛，且 $\lim_{n\to\infty} \frac{b_n}{a_n} = 1$，则 $\sum_{n=1}^{\infty} b_n$ 也收敛.

3. 讨论下列级数的敛散性(包括绝对收敛、条件收敛、发散).

(1) $\sum_{n=1}^{\infty} (-1)^{n-1} \frac{1}{\sqrt{n}}$；　(2) $\sum_{n=1}^{\infty} (-1)^{n-1} \frac{1}{3^n}$；　(3) $\sum_{n=1}^{\infty} (-1)^{n-1} \frac{1}{n(n+1)}$；

(4) $\sum_{n=1}^{\infty} (-1)^{n-1} \frac{1}{2n-1}$；　(5) $\sum_{n=1}^{\infty} (-1)^{n-1} \frac{1}{\ln n}$；　(6) $\sum_{n=1}^{\infty} (-1)^{n-1} \frac{\ln n}{\sqrt{n}}$.

4. 证明：若级数 $\sum_{n=1}^{\infty} a_n$ 及 $\sum_{n=1}^{\infty} b_n$ 皆收敛，且 $a_n \leqslant c_n \leqslant b_n (n = 1,2,\cdots)$. 则 $\sum_{n=1}^{\infty} c_n$ 也收敛. 若级数 $\sum_{n=1}^{\infty} a_n$ 及 $\sum_{n=1}^{\infty} b_n$ 皆发散，试问级数 $\sum_{n=1}^{\infty} c_n$ 的收敛性如何？

5. 已知级数 $\sum_{n=1}^{\infty} a_n^2$ 与 $\sum_{n=1}^{\infty} b_n^2$ 皆收敛，证明级数 $\sum_{n=1}^{\infty} a_n b_n$ 绝对收敛.

6. 设常数 $k > 0$，讨论级数 $\sum_{n=1}^{\infty} (-1)^n \frac{k+n}{n^2}$ 的敛散性(包括绝对收敛与条件收敛).

(B)

1. 若级数 $\sum_{n=1}^{\infty} a_n$ 收敛，并且 $\lim_{n\to\infty} \frac{a_n}{b_n} = 1$，能否断定 $\sum_{n=1}^{\infty} b_n$ 也收敛？研究 $\sum_{n=1}^{\infty} \frac{(-1)^n}{\sqrt{n}}$ 和 $\sum_{n=1}^{\infty} \left[\frac{(-1)^n}{\sqrt{n}} + \frac{1}{n}\right]$ 的敛散性.

2. 设 $\lim_{n\to\infty} n^p u_n = A$，证明：

(1) 当 $p > 1$ 时，级数 $\sum_{n=1}^{\infty} u_n$ 绝对收敛；

(2) 当 $p=1$,且 $A\neq 0$ 时,级数 $\sum\limits_{n=1}^{\infty}u_n$ 发散;

(3) 问当 $p=1$ 且 $A=0$ 时,级数 $\sum\limits_{n=1}^{\infty}u_n$ 能否收敛?

3. 试利用比较判别法证明定理 8.8.

8.4 函数项级数的基本概念

8.4.1 函数项级数的概念

如果给定一个定义在区间 I 上的函数列

$$u_1(x),u_2(x),u_3(x),\cdots,u_n(x),\cdots$$

则由这函数列构成的表达式

$$u_1(x)+u_2(x)+u_3(x)+\cdots+u_n(x)+\cdots \tag{8.17}$$

称为定义在区间 I 上的**(函数项)无穷级数**,简称**(函数项)级数**.

对每一个确定的值 $x_0\in I$,函数项级数(8.17)成为常数项级数

$$u_1(x_0)+u_2(x_0)+u_3(x_0)+\cdots+u_n(x_0)+\cdots, \tag{8.18}$$

这个级数(8.18)可能收敛也可能发散.如果(8.18)收敛,我们称点 x_0 是函数项级数(8.17)的收敛点;如果(8.18)发散,我们称点 x_0 是函数项级数(8.17)的发散点.函数项级数(8.17)的所有收敛点的全体称为它的**收敛域**,所有发散点的全体称为它的发散域.

对应于收敛域内的任意一个数 x,函数项级数成为一收敛的常数项级数,因而有一确定的和 S.这样在收敛域上函数项级数的和是 x 的函数 $S(x)$,通常称 $S(x)$ 为函数项级数的**和函数**,这函数的定义域即是级数的收敛域,并写成

$$S(x)=u_1(x)+u_2(x)+u_3(x)+\cdots+u_n(x)+\cdots,$$

把函数项级数(8.17)的前 n 项的部分和记作 $S_n(x)$,则在收敛域上有

$$\lim_{n\to\infty}S_n(x)=S(x).$$

我们仍把 $r_n(x)=S(x)-S_n(x)$ 叫做函数项级数的余项(当然,只有 x 在收敛域上 $r_n(x)$ 才有意义),于是有

$$\lim_{n\to\infty}r_n(x)=0.$$

例 8.19 几何级数

$$\sum_{n=1}^{\infty}x^n=1+x+x^2+\cdots+x^n+\cdots$$

的收敛域是 $|x|<1$,发散域是 $|x|\geqslant 1$.当 $|x|<1$ 时,其和函数为

$$\sum_{n=1}^{\infty} x^n = \frac{1}{1-x}.$$

8.4.2　函数项级数的一致收敛性

我们知道,有限个连续函数的和仍然是连续函数,有限个函数的和的导数及积分也分别等于它们的导数及积分的和.但是对于无穷多个函数的和是否也具有这些性质呢?换句话说,无穷多个连续函数的和 $S(x)$是否仍然是连续函数?无穷多个函数的导数及积分的和是否仍然分别等于它们的和函数的导数及积分呢?下面来看一个例子.

例 8.20　函数项级数

$$x+(x^2-x)+(x^3-x^2)+\cdots+(x^n-x^{n-1})+\cdots$$

的每一项都在[0,1]上连续,其前 n 项之和为 $S_n(x)=x^n$,因此和函数为

$$S(x)=\lim_{n\to\infty}S_n(x)=\begin{cases}0, & 0\leqslant x<1,\\ 1, & x=1.\end{cases}$$

这和函数 $S(x)$在 $x=1$ 处间断.由此可见,函数项级数的每一项在$[a,b]$上连续,并且级数在$[a,b]$上收敛,其和函数不一定在$[a,b]$上连续.也可以举出这样的例子,函数项级数的每一项的导数及积分所组成的级数的和并不等于它们的和函数的导数及积分.这就提出了这样一个问题:对什么级数,能够从级数每一项的连续性得出它的和函数的连续性,从级数的每一项的导数及积分所组成的级数之和得出原来级数的和函数的导数及积分呢?要回答这个问题,就需要引入下面的函数项级数的一致收敛性概念.

设函数项级数

$$u_1(x)+u_2(x)+u_3(x)+\cdots+u_n(x)+\cdots$$

在区间 I 上收敛于和 $S(x)$,也就是对于区间 I 上的每一个值 x_0,数项级数 $\sum\limits_{n=1}^{\infty}u_n(x_0)$ 收敛于 $S(x_0)$,即级数的部分和所组成的数列

$$S_n(x_0)=\sum_{i=1}^{n}u_i(x_0)\to S(x_0)\quad (n\to\infty),$$

按照数列极限的定义,对于任意给定的正数ε,以及区间 I 上的每一个值x_0,都存在一个自然数 N,使得当 $n>N$ 时,有不等式

$$|S(x_0)-S_n(x_0)|<\varepsilon,$$

即

$$|r_n(x_0)|=\left|\sum_{i=n+1}^{\infty}u_i(x_0)\right|<\varepsilon.$$

这个数 N 一般来说不仅依赖于ε,而且也依赖于 x_0,我们记它为 $N(x_0,\varepsilon)$.如

果对于某一函数项级数,能够找到这样一个自然数 N,它只依赖于 ε 而不依赖于 x_0,也就是对区间 I 上的每一个值 x_0 都能适用 $N(\varepsilon)$,对这类级数我们给一个特殊的名称以区别于一般的收敛级数,这就是下面的一致收敛的定义.

定义 8.2 设有函数项级数 $\sum\limits_{n=1}^{\infty}u_n(x)$,如果对于任意给定的正数 ε,都存在着一个只依赖于 ε 的自然数 N,使得当 $n>N$ 时,对区间 I 上的一切 x,都有不等式

$$|r_n(x)|=|S(x)-S_n(x)|<\varepsilon$$

成立,则称函数项级数 $\sum\limits_{n=1}^{\infty}u_n(x)$ 在区间 I 上**一致收敛**于和 $S(x)$,也称函数序列 $\{S_n(x)\}$在区间 I 上一致收敛于 $S(x)$.

以上函数项级数一致收敛的定义在几何上可解释为:只要 n 充分大($n>N$),在区间 I 上所有曲线 $y=S_n(x)$将位于曲线 $y=S(x)+\varepsilon$ 与 $y=S(x)-\varepsilon$ 之间.

例 8.21 研究级数

$$\frac{1}{(x+1)}+\left(\frac{1}{x+2}-\frac{1}{x+1}\right)+\cdots+\left(\frac{1}{x+n}-\frac{1}{x+n-1}\right)+\cdots$$

在区间$[0,+\infty)$上的一致收敛性.

解 级数的前 n 项的和 $S_n(x)=\dfrac{1}{x+n}$,因此级数的和

$$S(x)=\lim_{n\to\infty}S_n(x)=\lim_{n\to\infty}\frac{1}{x+n}=0\quad(0\leqslant x<+\infty),$$

于是,余项的绝对值

$$|r_n(x)|=|S(x)-S_n(x)|=\frac{1}{x+n}\leqslant\frac{1}{n}\quad(0\leqslant x<+\infty),$$

对于任给 $\varepsilon>0$,取自然数 $N\geqslant\dfrac{1}{\varepsilon}$,则当 $n>N$ 时,对于区间$[0,+\infty)$上的一切 x,有

$$|r_n(x)|<\varepsilon,$$

根据定义,所给级数在区间$[0,+\infty)$上一致收敛于 $S(x)\equiv0$.

例 8.22 研究例 8.20 中的级数

$$x+(x^2-x)+(x^3-x^2)+\cdots+(x^n-x^{n-1})+\cdots$$

在区间$(0,1)$内的一致收敛性.

解 这级数在区间$(0,1)$内处处收敛于和 $S(x)\equiv0$,但并不一致收敛.事实上,这个级数的部分 $S_n(x)=x^n$,对于任意一个自然数 n,取 $x_n=\dfrac{1}{\sqrt[n]{2}}$,于是

$$S_n(x_n)=x_n^n=\frac{1}{2},$$

但 $S(x_n)=0$,从而

$$|r_n(x_n)| = |S(x_n) - S_n(x_n)| = \frac{1}{2}.$$

所以,只要取 $\varepsilon<\frac{1}{2}$,不论 n 多么大,在(0,1)内总存在这样的点 x_n,使得 $|r_n(x_n)|>\varepsilon$,因此所给级数在(0,1)内不一致收敛. 这表明虽然函数序列 $S_n(x)=x^n$ 在(0,1)内处处收敛于 $S(x)=0$,但 $S_n(x)$ 在(0,1)内各点处收敛于零的快慢程度是不一致的.

但对于任意正数 $r<1$,这级数在$[0,r]$上一致收敛. 这是因为当 $x=0$ 时,显然

$$|r_n(x_n)| = x^n < \varepsilon;$$

当 $0<x\leqslant r$ 时,要使 $x^n<\varepsilon$(不妨设 $\varepsilon<1$),只要 $n\ln x<\ln\varepsilon$ 或 $n>\frac{\ln\varepsilon}{\ln x}$,而$\frac{\ln\varepsilon}{\ln x}$在$(0,r]$上的最大值为$\frac{\ln\varepsilon}{\ln r}$,故取自然数 $N\geqslant\frac{\ln\varepsilon}{\ln r}$,则当 $n>N$ 时,对$[0,r]$上的一切 x 都有 $x^n<\varepsilon$.

上述例子也说明了一致收敛性与所讨论的区间有关. 以上二例都是直接根据定义来判定级数的一致收敛性的,现在介绍一个在使用上较方便的判别法.

定理 8.12(Weierstrass 判别法)　如果函数项级数 $\sum_{n=1}^{\infty}u_n(x)$ 在区间 I 上满足条件:

(1) $|u_n(x)|\leqslant a_n$　$(n=1,2,3,\cdots)$;

(2) 正项级数 $\sum_{n=1}^{\infty}a_n$ 收敛.

则函数项级数 $\sum_{n=1}^{\infty}u_n(x)$ 在区间 I 上一致收敛.

证　由条件(2),对于任意给定的 $\varepsilon>0$,根据 Cauchy 收敛准则存在自然数 N,使得当 $n>N$ 时,对任意的自然数 p,都有

$$a_{n+1}+a_{n+2}+\cdots+a_{n+p}<\frac{\varepsilon}{2},$$

而由条件(1),对任何 $x\in I$,都有

$$|u_{n+1}(x)+u_{n+2}(x)+\cdots+u_{n+p}(x)|\leqslant|u_{n+1}(x)|+|u_{n+2}(x)|+\cdots$$
$$+|u_{n+p}(x)|\leqslant a_{n+1}+a_{n+2}+\cdots+a_{n+p}<\frac{\varepsilon}{2},$$

令 $p\to\infty$,则由上式可得

$$|r_n(x)|\leqslant\frac{\varepsilon}{2}<\varepsilon.$$

因此函数项级数 $\sum_{n=1}^{\infty}u_n(x)$ 在区间 I 上一致收敛.

例 8.23 证明级数 $\sum_{n=1}^{\infty}\frac{x^n}{n^2}$ 在区间$[-1,1]$上一致收敛.

证 对每一个 $x\in[-1,1]$,有

$$\left|\frac{x^n}{n^2}\right|\leqslant\frac{1}{n^2}\quad(n=1,2,\cdots),$$

而 $\sum_{n=1}^{\infty}\frac{1}{n^2}$ 收敛,由定理 8.12 知,级数 $\sum_{n=1}^{\infty}\frac{x^n}{n^2}$ 在$[-1,1]$上一致收敛.

8.4.3 一致收敛级数的性质

定理 8.13(和函数的连续性) 设级数 $\sum_{n=1}^{\infty}u_n(x)$ 在区间$[a,b]$上一致收敛于 $S(x)$,且每项 $u_n(x)$ 都在$[a,b]$上连续,则和函数 $S(x)$ 也在$[a,b]$上连续.

证 我们证明 $S(x)$ 在$[a,b]$上的任一点 x_0 处连续. 令 $S_n(x)=\sum_{k=1}^{n}u_k(x)$. 由于级数在$[a,b]$上一致收敛,故对 $\forall\varepsilon>0$, $\exists N=N(\varepsilon)$,使得

$$|S(x)-S_N(x)|<\frac{\varepsilon}{3}\quad(\forall x\in[a,b]).$$

因 $u_n(x)(n=1,2,\cdots)$在$[a,b]$上连续,故 $S_N(x)$也在$[a,b]$上连续. 因此对上述 ε, $\exists\delta>0$,当$|x-x_0|<\delta$, $\forall x\in[a,b]$时,有

$$|S_N(x)-S_N(x_0)|<\frac{\varepsilon}{3}\quad(\forall x\in[a,b]).$$

于是,当$|x-x_0|<\delta$,就有

$$\begin{aligned}|S(x)-S(x_0)|&\leqslant|S(x)-S_N(x)|+|S_N(x)-S_N(x_0)|\\&\quad+|S_N(x_0)-S(x_0)|<\frac{\varepsilon}{3}+\frac{\varepsilon}{3}+\frac{\varepsilon}{3}=\varepsilon.\end{aligned}$$

这就证明了 $S(x)$在 x_0 点连续.

定理 8.14(积分极限定理) 设级数 $\sum_{n=1}^{\infty}u_n(x)$ 在区间$[a,b]$上一致收敛于 $S(x)$,且每项 $u_n(x)$ 都在$[a,b]$上连续,则级数 $\sum_{n=1}^{\infty}u_n(x)$ 在区间$[a,b]$上可以逐项积分,即

$$\sum_{n=1}^{\infty}\int_a^b u_n(x)\mathrm{d}x=\int_a^b S(x)\mathrm{d}x=\int_a^b\sum_{n=1}^{\infty}u_n(x)\mathrm{d}x.$$

证 由定理 8.13 知,$S(x)$ 是$[a,b]$上的连续函数,因而是可积的. 由假设,级数 $\sum_{n=1}^{\infty}u_n(x)$ 在$[a,b]$上一致收敛,故对 $\forall\varepsilon>0$, $\exists N$,当 $n>N$ 时, $\forall x\in[a,b]$ 有

$$|S_n(x)-S(x)|<\frac{\varepsilon}{b-a}$$

成立. 于是当 $n>N$,有

$$\left|\int_a^b S_n(x)\mathrm{d}x-\int_a^b S(x)\mathrm{d}x\right|\leqslant\int_a^b|S_n(x)-S(x)|\mathrm{d}x<\varepsilon,$$

所以
$$\int_a^b S(x)\mathrm{d}x=\lim_{n\to\infty}\int_a^b S_n(x)\mathrm{d}x=\sum_{n=1}^{\infty}\int_a^b u_n(x)\mathrm{d}x.$$

定理 8.15(逐项求导定理)　设级数 $\sum\limits_{n=1}^{\infty}u_n(x)$ 满足下列三个条件:

(1) 在区间 $[a,b]$ 上一致收敛于 $S(x)$;

(2) $u_n(x)(n=1,2,\cdots)$ 在 $[a,b]$ 上有连续的导函数;

(3) 由导函数构成的级数 $\sum\limits_{n=1}^{\infty}u'_n(x)$ 在区间 $[a,b]$ 上一致收敛.

则和函数 $S(x)$ 在区间 $[a,b]$ 上有连续的导数,且可逐项求导:

$$S'(x)=\left(\sum_{n=1}^{\infty}u_n(x)\right)'=\sum_{n=1}^{\infty}u'_n(x),\quad x\in[a,b].$$

证　由条件(2)、(3)知,级数 $\sum\limits_{n=1}^{\infty}u'_n(x)$ 满足定理 8.13 的条件. 若记 $\sigma(x)=\sum\limits_{n=1}^{\infty}u'_n(x)$,则 $\sigma(x)$ 在区间 $[a,b]$ 上连续.

下面证明 $S'(x)=\sigma(x)$ 在 $[a,b]$ 上成立. 由定理 8.14 知, $\forall x\in[a,b]$, 有

$$\int_a^x\sigma(t)\mathrm{d}t=\sum_{n=1}^{\infty}\int_a^x u'_n(x)\mathrm{d}x=\sum_{n=1}^{\infty}[u_n(x)-u_n(a)]=S(x)-S(a),$$

由 $\sigma(x)$ 的连续性,在上式两端求导,即得

$$S'(x)=\sigma(x).$$

习题 8.4

(A)

1. 回答下列问题.

(1) 什么叫级数 $\sum\limits_{n=1}^{\infty}u_n(x)$ 的收敛域和发散域?

(2) 级数 $\sum\limits_{n=1}^{\infty}u_n(x)$ 在区间 I 上一致收敛于 $S(x)$ 的定义是怎样的?

(3) 一致收敛级数有哪些重要的性质?

2. 试利用 Weierstrass 判别法证明下列级数在指定区间上的一致收敛性.

(1)$\sum\limits_{n=1}^{\infty}\dfrac{\cos nx}{2^n}$, $-\infty<x<+\infty$; (2)$\sum\limits_{n=1}^{\infty}\dfrac{\sin nx}{n^2}$, $-\infty<x<+\infty$;

(3)$\sum\limits_{n=1}^{\infty}\dfrac{x^n}{n^{3/2}}$, $x\in[-1,1]$; (4)$\sum\limits_{n=1}^{\infty}\dfrac{(-1)^n(1-\mathrm{e}-nx)}{n^2+x^2}$,$0\leqslant x<+\infty$.

3.按定义讨论下列级数在指定区间上的一致收敛性.

(1)$\sum\limits_{n=1}^{\infty}(-1)^{n-1}\dfrac{x^2}{(1+x^2)^n}$, $-\infty<x<+\infty$;

(2)$\sum\limits_{n=1}^{\infty}(1-x)x^n$, $0<x<1$.

(B)

1.证明级数 $\sum\limits_{n=1}^{\infty}x^2\mathrm{e}-nx$ 在$[0,+\infty)$上一致收敛.

2.证明:如果级数 $\sum\limits_{n=1}^{\infty}|u_n(x)|$ 在$[a,b]$上一致收敛,则级数 $\sum\limits_{n=1}^{\infty}u_n(x)$ 在$[a,b]$上也一致收敛.

8.5 幂级数及其收敛性

本节研究一种特殊的函数项级数—幂级数.称形如

$$\sum_{n=0}^{\infty}a_n(x-x_0)=a_0+a_1(x-x_0)+a_2(x-x_0)^2+\cdots+a_n(x-x_0)^n+\cdots \tag{8.19}$$

的级数为**幂级数**,其中 x_0 是任意给定的实数,$a_n(n=0,1,2,\cdots)$称为幂级数的系数.例如

$$1+x+x^2+\cdots+x^n+\cdots,$$

$$1+(x-1)+\frac{1}{2!}(x-1)^2+\cdots+\frac{1}{n!}(x-1)^n+\cdots$$

都是幂级数.

当我们令 $X=x-x_0$ 时,则由级数(8.19)得到

$$\sum_{n=0}^{\infty}a_nX^n. \tag{8.20}$$

显然,研究级数(8.19)的性质可以转化为研究级数(8.20)的性质.以下我们就来研究形如(8.20)的幂级数的收敛性.

8.5.1　幂级数的收敛半径与收敛区间

现在我们来讨论：对于一个给定的幂级数，它的收敛域与发散域是怎样的？当 x 取数轴上哪些点时幂级数收敛，取哪些点时幂级数发散？这就是幂级数的收敛性问题. 先看几个例子：

例 8.24　幂级数 $\sum_{n=0}^{\infty}\frac{x^n}{n!}$ 在整个数轴上处处收敛.

证　任意给定 $x\neq 0$，则有

$$\lim_{n\to\infty}\left|\frac{\dfrac{x^{n+1}}{(n+1)!}}{\dfrac{x^n}{n!}}\right| = \lim_{n\to\infty}\frac{|x|}{n+1} = 0.$$

故当 $x\neq 0$ 时级数绝对收敛，当 $x=0$ 时也绝对收敛.

例 8.25　级数 $\sum_{n=0}^{\infty} r^n x^n (r>0)$ 的收敛域为开区间 $\left(-\frac{1}{r},\frac{1}{r}\right)$.

证　当 $x=0$ 时，级数显然绝对收敛；当 $x\neq 0$ 时，由

$$\lim_{n\to\infty}\left|\frac{r^{n+1}x^{n+1}}{r^n x^n}\right| = |rx|$$

及比值判别法知，当 $|rx|<1$ 时级数绝对收敛；而当 $|rx|>1$，即 $|x|>\frac{1}{r}$ 时级数发散；当 $|x|=\frac{1}{r}$ 时，级数显然发散. 所以级数 $\sum_{n=0}^{\infty} r^n x^n$ 的收敛域为开区间 $\left(-\frac{1}{r},\frac{1}{r}\right)$.

例 8.26　幂级数 $\sum_{n=0}^{\infty} n!x^n$ 只在 $x=0$ 处收敛，而在其他任何点处发散，因此其收敛域为单点集 $\{0\}$.

上面的例子代表了幂级数收敛范围的三种可能：

(1) 在整个数轴 $(-\infty,+\infty)$ 上收敛；

(2) 收敛范围是某个关于原点对称的有限区间 $(-R,R)$（或再加上端点）；

(3) 只在 $x=0$ 点收敛.

下面的定理将证明，幂级数 $\sum_{n=0}^{\infty} a_n x^n$ 的收敛域就是包含原点 $x=0$ 在内的一对称区间（开的、闭的，或半开半闭的），这个区间可以是 $(-\infty,+\infty)$，也可以退缩为 $x=0$ 的一个点.

定理 8.16（Abel 第一定理）　如果级数 $\sum_{n=0}^{\infty} a_n x^n$ 在 $x=x_0\,(x_0\neq 0)$ 处收敛，则

适合不等式$|x|<|x_0|$的一切x使这幂级数绝对收敛.反之,如果级数$\sum\limits_{n=0}^{\infty}a_nx^n$当$x=x_0$时发散,则适合不等式$|x|>|x_0|$的一切$x$使这幂级数发散.

证　(1)先证$x=x_0$是幂级数的收敛点,即级数

$$a_0+a_1x_0+a_2x_0^2+\cdots+a_nx_0^n+\cdots$$

收敛.根据级数收敛的必要条件,这时有

$$\lim_{n\to\infty}a_nx_0^n=0,$$

于是存在一个常数M,使得

$$|a_nx_0^n|\leqslant M\quad(n=0,1,2,\cdots).$$

这样级数$\sum\limits_{n=0}^{\infty}a_nx^n$的一般项的绝对值

$$|a_nx^n|=\left|a_nx_0^n\frac{x^n}{x_0^n}\right|=|a_nx_0^n|\left|\frac{x}{x_0}\right|^n\leqslant M\left|\frac{x}{x_0}\right|^n.$$

因为当$|x|<|x_0|$时,等比级数$\sum\limits_{n=0}^{\infty}M\left|\frac{x}{x_0}\right|^n$收敛(公比为$\left|\frac{x}{x_0}\right|^n<1$),所以级数$\sum\limits_{n=0}^{\infty}|a_nx^n|$收敛,也就是级数$\sum\limits_{n=0}^{\infty}a_nx^n$绝对收敛.

(2)用反证法证明.如果幂级数当$x=x_0$时发散而有一点x_1适合$|x_1|>|x_0|$使级数收敛,则根据本定理的第一部分,级数当$x=x_0$时应收敛,这与所设矛盾.定理得证.

定理8.16告诉我们,如果幂级数在$x=x_0$处收敛,则对于开区间$(-|x_0|,|x_0|)$内的任意x,幂级数都收敛;如果幂级数在$x=x_0$处发散,则对于闭区间$[-|x_0|,|x_0|]$外的任何x,幂级数都发散.

设已给幂级数在数轴上既有收敛点(不仅是原点)也有发散点.现在从原点沿数轴向右方走,最初只遇到收敛点,然后就只遇到发散点.这两部分的界点可能是收敛点也可能是发散点.从原点沿数轴向左方走,情形也是如此.两个界点P与P'在原点的两侧,且由定理8.16可以证明它们到原点的距离是一样的.

从上面的说明,我们就得到重要的推论:

推论　如果幂级数$\sum\limits_{n=0}^{\infty}a_nx^n$不是仅在$x=0$一点收敛,也不是在整个数轴收敛,则必存在一个确定的正数R,使得

当$|x|<R$时,幂级数绝对收敛;

当$|x|>R$时,幂级数发散;

当$x=R$和当$x=-R$时,幂级数可能收敛也可能发散.

正数 R 通常叫做幂级数 $\sum_{n=0}^{\infty} a_n x^n$ 的收敛半径. 开区间 $(-R,R)$ 叫做此幂级数的**收敛区间**. 再由幂级数在 $x=\pm R$ 处的收敛性可以决定它的收敛域是 $(-R,R)$，$[-R,R)$，$(-R,R]$，$[-R,R]$ 这四个区间之一.

如果幂级数 $\sum_{n=0}^{\infty} a_n x^n$ 只在 $x=0$ 处收敛，这时收敛域只有一点 $x=0$，但为了方便起见，我们规定这时收敛半径 $R=0$；如果幂级数 $\sum_{n=0}^{\infty} a_n x^n$ 对一切 x 都收敛，则规定收敛半径 $R=+\infty$，这时收敛域是 $(-\infty,+\infty)$.

这两种情形都是存在的，见上面的例 8.24 和例 8.26.

8.5.2　收敛半径的求法

关于幂级数的收敛半径求法，有下面的定理.

定理 8.17　设给定幂级数 $\sum_{n=0}^{\infty} a_n x^n$，$a_n \neq 0$. 又设

$$\lim_{n\to\infty}\left|\frac{a_{n+1}}{a_n}\right| = \rho,$$

其中 a_{n+1}，a_n 是幂级数 $\sum_{n=0}^{\infty} a_n x^n$ 的相连两项的系数，则这幂级数的收敛半径

$$R=\begin{cases}\dfrac{1}{\rho}, & \rho\neq 0,\\ +\infty, & \rho=0,\\ 0, & \rho=+\infty.\end{cases}$$

证　当 $x=0$ 时，$\sum_{n=0}^{\infty} a_n x^n = a_0$，故只考虑 $x\neq 0$ 的情形.

考察幂级数 $\sum_{n=0}^{\infty} a_n x^n$ 的各项取绝对值所成的级数

$$|a_0|+|a_1x|+|a_2x^2|+\cdots+|a_nx^n|+\cdots, \tag{8.21}$$

这级数相邻两项之比为

$$\frac{|a_{n+1}x^{n+1}|}{|a_nx^n|}=\frac{|a_{n+1}|}{|a_n|}|x|.$$

(1)若 $\lim_{n\to\infty}\left|\frac{a_{n+1}}{a_n}\right|=\rho\neq 0$ 存在，根据比值判别法，则当 $\rho|x|<1$ 即 $|x|<\frac{1}{\rho}$ 时，级数(8.21)收敛，从而级数 $\sum_{n=0}^{\infty} a_n x^n$ 绝对收敛；当 $\rho|x|>1$ 即 $|x|>\frac{1}{\rho}$ 时，级数(8.21)发散并且从某一个 n 开始

$$|a_{n+1}x^{n+1}| > |a_n x^n|,$$

因此一般项 $|a_n x^n|$ 不能趋于零,所以 $a_n x^n$ 也不能趋于零,从而级数 $\sum\limits_{n=0}^{\infty} a_n x^n$ 发散. 于是收敛半径 $R=\dfrac{1}{\rho}$.

(2)若 $\rho=0$,则对任何 $x\neq 0$,有 $\dfrac{|a_{n+1}x^{n+1}|}{|a_n x^n|}\to 0(n\to\infty)$,所以级数(8.21)收敛,从而级数 $\sum\limits_{n=0}^{\infty} a_n x^n$ 绝对收敛. 于是 $R=+\infty$.

(3) 若 $\rho=+\infty$,则对除 $x=0$ 外的其他一切 x 值,级数 $\sum\limits_{n=0}^{\infty} a_n x^n$ 必发散,否则由定理 8.16 知道将有点 $x\neq 0$ 使级数(8.21) 收敛. 于是 $R=0$.

定理 8.18　设幂级数 $\sum\limits_{n=0}^{\infty} a_n x^n$ 的系数满足

$$\lim_{n\to\infty}\sqrt[n]{|a_n|}=\rho.$$

则该幂级数的收敛半径

$$R=\begin{cases}\dfrac{1}{\rho}, & \rho\neq 0,\\ +\infty, & \rho=0\\ 0, & \rho=+\infty.\end{cases}$$

这个定理的证明与定理 8.17 的证明相仿,只是要利用根值判别法. 留给读者自证.

例 8.27　求幂级数 $\sum\limits_{n}^{+\infty}(-1)^{n-1}\dfrac{x^n}{n}$ 的收敛域.

解　因为 $\rho=\lim\limits_{n\to\infty}\left|\dfrac{a_{n+1}}{a_n}\right|=\lim\limits_{n\to\infty}\dfrac{\frac{1}{n+1}}{\frac{1}{n}}=1$,所以收敛半径为 $R=\dfrac{1}{\rho}=1$.

对于端点 $x=1$,级数为交错级数　$1-\dfrac{1}{2}+\dfrac{1}{3}-\cdots+(-1)^{n-1}\dfrac{1}{n}+\cdots$,由 Leibniz 判别法知收敛.

对于端点 $x=-1$,级数为　$-1-\dfrac{1}{2}-\dfrac{1}{3}-\cdots-\dfrac{1}{n}+\cdots$ 为调和级数,发散. 所以收敛域为 $(-1,1]$.

例 8.28　求幂级数 $\sum\limits_{n=0}^{\infty}(-1)^{n-1}\dfrac{(x-1)^n}{n}$ 的收敛域.

解　作坐标平移:$y=x-1$,则级数变为

$$\sum_{n=1}^{\infty}(-1)^{n-1}\frac{y^n}{n}=y-\frac{y^2}{2}+\frac{y^3}{3}-\cdots,$$

对于这个幂级数来说，$\lim\limits_{n\to\infty}\left|\frac{a_{n+1}}{a_n}\right|=\lim\limits_{n\to\infty}\frac{n}{n+1}=1.$

故收敛半径 $R=1$，即对 y 的幂级数的收敛区间为 $-1<y<1$. 此外，当 $y=1$ 时级数收敛，当 $y=-1$ 时级数发散. 因此，y 幂级数的收敛域为 $-1<y\leqslant 1$，从而原级数的收敛域为 $0<x\leqslant 2$.

例 8.29　求幂级数 $\sum\limits_{n=0}^{\infty}\frac{x^n}{n2^n}$ 的收敛域.

解　由于 $\lim\limits_{n\to\infty}\sqrt[n]{a_n}=\lim\limits_{n\to\infty}\sqrt[n]{\frac{1}{n2^n}}=\lim\limits_{n\to\infty}\frac{1}{2\sqrt[n]{n}}=\frac{1}{2}$，

所以收敛半径 $R=2$. 容易验证，当 $x=2$ 时，级数为调和级数 $\sum\limits_{n=0}^{\infty}\frac{1}{n}$，故级数发散. 当 $x=-2$ 时，级数为 Leibniz 型级数 $\sum\limits_{n=0}^{\infty}\frac{(-1)^n}{n}$，故级数收敛. 因此，此级数的收敛域为 $[-2,2)$.

例 8.30　求幂级数 $\sum\limits_{n=0}^{\infty}\frac{x^{2n}}{n^2}$ 的收敛域.

解　级数 $\sum\limits_{n=0}^{\infty}\frac{x^{2n}}{n^2}=x^2+\frac{x^4}{4}+\frac{x^6}{9}+\cdots$，其系数 $a_1=0, a_2=1, a_3=0, a_4=\frac{1}{4}, a_5=0, a_6=\frac{1}{9},\cdots$，一般地，$a_{2k-1}=0, a_{2k}\neq 0$. 因此，根本谈不上数列 $\left\{\frac{a_{k+1}}{a_k}\right\}$ 的极限. 但是我们可以把级数改写成

$$\sum_{n=0}^{\infty}\frac{x^{2n}}{n^2}=(x^2)+\frac{(x^2)^2}{4}+\frac{(x^2)^3}{9}+\cdots,\tag{8.22}$$

于是对于 x^2 的幂级数(8.22)来说，

$$a_1=1, a_2=\frac{1}{4}, a_3=\frac{1}{9},\cdots, a_n=\frac{1}{n^2},\cdots,$$

并且
$$\lim_{n\to\infty}\frac{a_{n+1}}{a_n}=\lim_{n\to\infty}\frac{n^2}{(n+1)^2}=1,$$

因此，幂级数(8.22)的收敛半径 $R=1$，即当 $|x^2|=|x|^2<1$ 时原级数收敛；当 $|x^2|=|x|^2>1$ 时原级数发散. 由此可得级数 $\sum\limits_{n=0}^{\infty}\frac{x^{2n}}{n^2}$ 收敛半径 $R=1$.

此外，不难验证原级数在 $x=\pm 1$ 时均收敛，因而其收敛域为闭区间 $[-1,1]$.

例 8.31　设幂级数 $\sum\limits_{n=0}^{\infty}a_n(x-1)^n$ 在 $x=-1$ 处收敛，试问此级数在 $x_0=2$ 处

的敛散性如何?

解 因为 $|x_0-1|=|2-1|=1<|(-1)-1|=2$,又已知幂级数在 $x=-1$ 处收敛,所以由 Abel 第一定理知,此级数在 $x_0=2$ 处绝对收敛.

8.5.3 幂级数的性质

本段讨论幂级数的一致收敛性,幂级数在收敛区间内和函数的连续性、可微性与可积性等.

定理 8.19(Abel 第二定理) 设幂级数

$$\sum_{n=0}^{\infty} a_n x^n = a_0 + a_1 x + \cdots + a_n x^n + \cdots \tag{8.23}$$

的收敛半径为 $R>0$,则 $\forall r \in (0,R)$,级数(8.23)在 $[-r,r]$ 上一致收敛(称级数(8.23)在 $(-R,R)$ 中**内闭一致收敛**).

证 我们知道,级数(8.23)在 $(-R,R)$ 内任一点绝对收敛,$r \in (0,R)$,所以数项级数 $\sum\limits_{n=0}^{\infty} |a_n| r^n$ 是收敛的.又因为当 $x \in [-r,r]$ 时,有

$$|a_n x^n| \leqslant |a_n| r^n,$$

根据 Weierstrass 判别法知,$\sum\limits_{n=0}^{\infty} a_n x^n$ 在 $[-r,r]$ 上一致收敛.

幂级数的这一性质保证了它的和函数不仅在收敛区间内是连续的,而且具有任意阶导数.

定理 8.20 设幂级数(8.23)的收敛半径为 R,则其和函数 $S(x)$ 在 $(-R,R)$ 内连续.

证 任取 $x_0 \in (-R,R)$,即 $|x_0|<R$,在数 $|x_0|$ 与 R 之间任取一数 r,则 $|x_0| \in [-r,r] \subset (-R,R)$.据定理 8.19,级数(8.23)在 $[-r.r]$ 上一致收敛,因而和函数 $S(x)$ 在 x_0 处连续.由于 x_0 是 $(-R,R)$ 中任意一点,故和函数 $S(x)$ 在 $(-R,R)$ 中连续.

在这里我们不加证明地给出一个结论:**若幂级数(8.23)在 $x=R_0$ 处收敛,则它的和函数 $S(x)$ 在区间 $[0,R_0]$ 上连续.**

定理 8.21 设幂级数(8.23)的收敛半径为 R,则其和函数 $S(x)$ 在 $(-R,R)$ 内可导,其导函数可通过逐项求导得到

$$S'(x) = \sum_{n=1}^{\infty} n a_n x^{n-1}, \tag{8.24}$$

并且逐项求导后的幂级数的收敛半径仍为 R.

证 先证级数 $\sum\limits_{n=1}^{\infty} n a_n x^{n-1}$ 在 $(-R,R)$ 内收敛.为此,任取 $x_0 \in (-R,R)$,再取

定 r，使得 $|x_0|<r<R$，记 $q=\frac{|x_0|}{r}<1$，则

$$|na_nx_0^{n-1}|=n\left|\frac{x_0}{r}\right|^{n-1}\frac{1}{r}|a_nr^n|=nq^{n-1}\frac{1}{r}|a_n|r^n,$$

用比值判别法容易知级数 $\sum_{n=1}^{\infty}nq^{n-1}$ 是收敛的，故其一般项趋于零，即

$$nq^{n-1}\to 0\quad(n\to\infty),$$

从而数列$\{nq^{n-1}\}$有界，即存在常数 $M>0$，使得

$$nq^{n-1}\frac{1}{r}\leqslant M\quad(n=1,2,\cdots).$$

又 $0<r<R$，级数 $\sum_{n=1}^{\infty}|a_n|r^n$ 收敛. 于是，由比较判别法即知级数 $\sum_{n=1}^{\infty}na_nx^{n-1}$ 收敛.

根据定理 8.20 知，幂级数 $\sum_{n=1}^{\infty}na_nx^{n-1}$ 在$(-R,R)$中内闭一致收敛. 于是，对于幂级数(8.23)来说，定理 8.15 的三个条件都满足，因而等式(8.24)在$[-r,r]$中成立，其中 r 是满足 $0<r<R$ 的任一数. 所以等式(8.24)在$(-R,R)$中成立.

反复应用上面所证得的结论，即可推知级数(8.23)的和函数在$(-R,R)$中有任意阶导数：

$$S^{(k)}(x)=\sum_{n=k}^{\infty}n(n-1)\cdots(n-k+1)a_nx^{n-k}\quad(k=1,2,\cdots),\tag{8.25}$$

且其收敛半径仍为 R.

上面证明中最后得出的结论，揭示了幂级数和多项式的相似之处.

定理 8.22　设幂级数(8.23)的收敛半径为 R，$S(x)$是它的和函数，则 $\forall x\in(-R,R)$，都有

$$\int_0^x S(t)\mathrm{d}t=\sum_{n=0}^{\infty}\int_0^x a_nt^n\mathrm{d}t=\sum_{n=0}^{\infty}\frac{a_n}{n+1}x^{n+1},\tag{8.26}$$

且上式右端幂级数的收敛半径仍为 R.

证　不妨设 $x>0$，由于级数(8.23)在$[0,x]$上一致收敛，故由定理 8.14 知，此级数在$[0,x]$上可逐项积分，因此有

$$\int_0^x\left(\sum_{n=0}^{\infty}a_nt^n\right)\mathrm{d}t=\sum_{n=0}^{\infty}\int_0^x a_nt^n\mathrm{d}t=\sum_{n=0}^{\infty}\frac{a_n}{n+1}x^{n+1},$$

这正是式(8.26). 上式右端逐项求导后得到级数(8.23)，根据定理 8.21，它们有相同的收敛半径 R.

定理 8.21 和定理 8.22 告诉我们，在任何幂级数收敛区间的内部，对它逐项微分或逐项积分永远是可行的. 下面我们利用这些性质来求某些幂级数的和函数.

例 8.32 求幂级数 $\sum_{n=1}^{\infty}\frac{x^n}{n}$ 的和函数.

解 令 $S(x)=\sum_{n=1}^{\infty}\frac{x^n}{n}$,显然其收敛域为$[-1,1)$,$\forall x\in(-1,1)$,有

$$S'(x)=\sum_{n=1}^{\infty}(\frac{x^n}{n})'=\sum_{n=1}^{\infty}x^{n-1}=\frac{1}{1-x},$$

所以 $S(x)=\int_0^x S'(t)\mathrm{d}t=\int_0^x\frac{1}{1-t}\mathrm{d}t=-\ln(1-x)\quad(-1\leqslant x<1)$.

例 8.33 求幂级数 $\sum_{n=1}^{+\infty}\frac{1}{2n-1}x^{2n-1}$ 的收敛区间及和函数,并求级数 $\sum_{n=1}^{+\infty}\frac{1}{2^n(2n-1)}$ 的和.

解 (1) 经计算知收敛半径为 1,当 $x=1$ 时,级数为 $1+\frac{1}{3}+\frac{1}{5}+\cdots$ 发散;当 $x=-1$ 时,也发散.

(2) 设和函数为 $s(x)$,则 $s(x)=\sum_{n=1}^{+\infty}\frac{x^{2n-1}}{2n-1}$,于是

$$\begin{aligned}s'(x)&=\sum_{n=1}^{+\infty}x^{2n-2}=1+x^2+x^4+\cdots+x^{2n}+\cdots\\&=\frac{1}{1-x^2}\quad(-1<x<1).\end{aligned}$$

积分可得

$$s(x)=\int_0^x\frac{1}{1-x^2}dx=\frac{1}{2}\ln\frac{1+x}{1-x}\quad(-1<x<1).$$

(3) $\sum_{n=1}^{+\infty}\frac{1}{2^n(2n-1)}=\sum_{n=1}^{+\infty}\frac{1}{2n-1}(\frac{1}{\sqrt{2}})^{2n-1}\cdot\frac{1}{\sqrt{2}}=\frac{1}{\sqrt{2}}s(\frac{1}{\sqrt{2}})=\frac{1}{\sqrt{2}}\ln(1+\sqrt{2})$.

例 8.34 证明 $\frac{\pi}{4}=1-\frac{1}{3}+\frac{1}{5}-\frac{1}{7}+\cdots$.

证 问题是求级数

$$1-\frac{1}{3}+\frac{1}{5}-\frac{1}{7}+\cdots=\sum_{n=0}^{\infty}\frac{(-1)^n}{2n+1}$$

的和,这个和又可看成是幂级数

$$\sum_{n=0}^{\infty}(-1)^n\frac{x^{2n+1}}{2n+1}=x-\frac{x^3}{3}+\frac{x^5}{5}-\frac{x^7}{7}+\cdots$$

的和函数 $S(x)$ 在 $x=1$ 点的值. 首先求出这个幂级数的收敛域为$[-1,1]$. $\forall x\in(-1,1)$,有

$$S(x)=\sum_{n=0}^{\infty}(-1)^n\frac{x^{2n+1}}{2n+1}$$
$$=\sum_{n=0}^{\infty}(-1)^n\int_0^x t^{2n}\mathrm{d}t=\int_0^x\Big[\sum_{n=0}^{\infty}(-1)^n t^{2n}\Big]\mathrm{d}t,$$

而
$$\sum_{n=0}^{\infty}(-1)^n t^{2n}=\sum_{n=0}^{\infty}(-1)^n(t^2)^n=\frac{1}{1+t^2},\quad |t|<1,$$

故
$$S(x)=\int_0^x\frac{\mathrm{d}t}{1+t^2}=\arctan t\Big|_0^x=\arctan x.$$

最后得
$$1-\frac{1}{3}+\frac{1}{5}-\frac{1}{7}+\cdots=S(1)=\arctan 1=\frac{\pi}{4}.$$

在这一节的末尾,我们简单介绍幂级数的运算性质.

设有幂级数

$$\sum_{n=0}^{\infty}a_nx^n=a_0+a_1x+\cdots+a_nx^n+\cdots,$$
$$\sum_{n=0}^{\infty}b_nx^n=b_0+b_1x+\cdots+b_nx^n+\cdots,$$

它们的收敛区间分别为$(-R,R)$和$(-R',R')$.

加法
$$\sum_{n=0}^{\infty}a_nx^n+\sum_{n=0}^{\infty}b_nx^n=\sum_{n=0}^{\infty}(a_n+b_n)x^n,\tag{8.27}$$

减法
$$\sum_{n=0}^{\infty}a_nx^n-\sum_{n=0}^{\infty}b_nx^n=\sum_{n=0}^{\infty}(a_n-b_n)x^n,\tag{8.28}$$

根据收敛级数的基本性质 8.1,(8.27)、(8.28)两式在$(-R,R)$与$(-R',R')$两个区间中较小的一个区间内成立.

乘法　两个幂级数的 Cauchy 乘积为

$$\Big(\sum_{n=0}^{\infty}a_nx^n\Big)\Big(\sum_{n=0}^{\infty}b_nx^n\Big)=a_0b_0+(a_0b_1+a_1b_0)x+(a_0b_2+a_1b_1$$
$$+a_2b_0)x^2+\cdots+(a_0b_n+a_1b_{n-1}+\cdots+a_nb_0)x^n+\cdots,$$

可以证明,上式在$(-R,R)$与$(-R',R')$中较小的一个区间内成立.

除法
$$\frac{\sum_{n=0}^{\infty}a_nx^n}{\sum_{n=0}^{\infty}b_nx^n}=c_0+c_1x+c_2x^2+\cdots+c_nx^n+\cdots,$$

这里假设 $b_0\neq 0$,系数 $c_0,c_1,c_2,\cdots,c_n,\cdots$ 可如下确定:将$\sum_{n=0}^{\infty}b_nx^n$ 与 $\sum_{n=0}^{\infty}c_nx^n$ 相乘,并令乘积中各项的系数分别等于级数$\sum_{n=0}^{\infty}a_nx^n$ 中同次幂的系数,即得

$$a_0 = b_0c_0,\ a_1 = b_1c_0 + b_0c_1,\ a_2 = b_2c_0 + b_1c_1 + b_0c_2, \cdots$$

由这些方程可以依次求出 $c_0, c_1, c_2, \cdots, c_n, \cdots$.

相除后所得的幂级数 $\sum\limits_{n=0}^{\infty} c_n x^n$ 的收敛区间可能比原来的两级数的收敛区间小得多. 例如级数 $\sum\limits_{n=0}^{\infty} a_n x^n = 1$ 与 $\sum\limits_{n=0}^{\infty} b_n x^n = 1 - x$ 在 $(-\infty, +\infty)$ 上收敛,但

$$\frac{\sum\limits_{n=0}^{\infty} a_n x^n}{\sum\limits_{n=0}^{\infty} b_n x^n} = \frac{1}{1-x} = 1 + x + x^2 + \cdots + x^n + \cdots$$

仅在区间 $(-1,1)$ 内收敛.

习题 8.5

(A)

1. 回答下列问题.

(1) 什么是幂级数的收敛半径和收敛域?

(2) 幂级数的收敛域有何特点?

(3) 什么叫做幂级数在其收敛区间中的内闭一致收敛性?

(4) 幂级数在其收敛区间内,和函数有哪些重要性质?

2. 求下列幂级数的收敛半径和收敛域.

(1) $\sum\limits_{n=1}^{\infty} n x^n$; (2) $\sum\limits_{n=0}^{\infty} \frac{x^n}{n!}$; (3) $\sum\limits_{n=0}^{\infty} \frac{x^n}{\sqrt{n}}$;

(4) $\sum\limits_{n=1}^{\infty} \frac{(x-3)^n}{n3^n}$; (5) $\sum\limits_{n=0}^{\infty} \frac{(n!)^2}{(2n!)} x^n$; (6) $\sum\limits_{n=1}^{\infty} \frac{2^n x^n}{n!}$;

(7) $\sum\limits_{n=0}^{\infty} \frac{3^n + (-2)^n}{n} (x+1)^n$; (8) $\sum\limits_{n=0}^{\infty} \frac{(x+3)^n}{5^n}$; (9) $\sum\limits_{n=2}^{\infty} \frac{(x-5)^n}{n\ln n}$;

(10) $\sum\limits_{n=1}^{\infty} (1+\frac{1}{n})^{-n^2} x^n$.

3. 求下列幂级数的收敛域及和函数.

(1) $\sum\limits_{n=1}^{\infty} n(n+1)x^n$; (2) $\sum\limits_{n=1}^{\infty} \frac{x^{n-1}}{n2^n}$;

(3) $\sum\limits_{n=1}^{\infty} \frac{n}{n+1} x^n$; (4) $\sum\limits_{n=0}^{\infty} \frac{(2n+1)x^{2n}}{n!}$.

4. 若 $\sum\limits_{n=0}^{\infty} a_n x^n$ 的收敛半径为 3, $\sum\limits_{n=0}^{\infty} b_n x^n$ 的收敛半径为 5, 试问 $\sum\limits_{n=0}^{\infty} (a_n + b_n) x^n$ 的

收敛半径是多少？

(B)

1. 求下列函数项级数的收敛域.

(1) $\sum_{n=1}^{\infty} \frac{3^n}{n!x^n}$；　(2) $\sum_{n=1}^{\infty} \frac{1}{n}\left(\frac{x-1}{x}\right)^n$；　(3) $\sum_{n=1}^{\infty} (-1)^n \frac{(\ln x)^n}{n}$.

2. (1) 如果幂级数 $\sum_{n=0}^{\infty} a_n x^n$ 在 $x=3$ 处发散，那么它在哪些 x 处必然发散？

(2) 如果幂级数 $\sum_{n=0}^{\infty} a_n (x+5)^n$ 在 $x=-2$ 处发散，那么它在哪些 x 处必然发散？

3. 求下列级数的和.

(1) $\sum_{n=2}^{\infty} \frac{1}{n^2-1}$；　(2) $\sum_{n=1}^{\infty} (-1)^n \frac{n(n+1)}{2^n}$；

(3) $\sum_{n=0}^{\infty} \frac{2^n(n+1)}{n!}$；　(4) $\sum_{n=0}^{\infty} (-1)^n \frac{n^2-n+1}{2^n}$.

4. 如果正项级数 $\sum_{n=0}^{\infty} a_n$ 收敛，证明 $f(x)=\sum_{n=0}^{\infty} a_n x^n$ 在 $(-1,1)$ 上连续.

8.6　Taylor 级数

前面讨论了幂级数的收敛域及其和函数的性质. 但在许多实际应用中，我们遇到的却是相反的问题：给定函数 $f(x)$，要考虑它是否能在某个区间内“展开成幂级数”，就是说，是否能找到这样一个幂级数，它在某区间内收敛，且其和恰好就是给定的函数 $f(x)$. 如果能找到这样的幂级数，我们就说，函数在该区间内能展开成幂级数，而这个幂级数在该区间内就表达了函数 $f(x)$.

8.6.1　基本定理

设函数 $f(x)$ 在点 x_0 的某个邻域内有直到 $n+1$ 阶的导数，则在该邻域内 $f(x)$ 的 n 阶 Taylor 公式

$$f(x) = f(x_0) + f'(x_0)(x-x_0) + \frac{1}{2!}f''(x_0)(x-x_0)^2 + \cdots + \frac{1}{n!}f^{(n)}(x_0)(x-x_0)^n + R_n(x) \tag{8.29}$$

成立，其中 $R_n(x)$ 为 Lagrange 型余项：

$$R_n(x) = \frac{f^{(n+1)}(\xi)}{(n+1)!}(x-x_0)^{n+1}.$$

ξ是介于x与x_0之间的某个值.这样,在该邻域内$f(x)$可以用n阶Taylor多项式

$$P_n(x)=f(x_0)+f'(x_0)(x-x_0)+\frac{1}{2!}f''(x_0)(x-x_0)^2+\cdots+\frac{1}{n!}f^{(n)}(x_0)(x-x_0)^n \tag{8.30}$$

来逼近,其误差为余项的绝对值$|R_n(x)|$.自然会提出这样一个问题:如果项数越来越大而趋向无穷时,多项式(8.30)是否会变成幂级数

$$f(x_0)+f'(x_0)(x-x_0)+\frac{1}{2!}f''(x_0)(x-x_0)^2+\cdots+\frac{1}{n!}f^{(n)}(x_0)(x-x_0)^n+\cdots. \tag{8.31}$$

称幂级数(8.31)为**Taylor级数**.此外,这个级数是否收敛?如果收敛,那么它是否一定收敛于$f(x)$?下面的定理将回答这些问题.

定理8.23 设函数$f(x)$在区间(x_0-R,x_0+R)上有任意阶导数,则$f(x)$在(x_0-R,x_0+R)上可展开为Taylor级数的充分必要条件是,$\forall x\in(x_0-R,x_0+R)$,有

$$\lim_{n\to\infty}R_n(x)=0.$$

证 必要性.设$f(x)$在(x_0-R,x_0+R)内能展开为Taylor级数,即$\forall x\in(x_0-R,x_0+R)$,有

$$f(x)=f(x_0)+f'(x_0)(x-x_0)+\frac{1}{2!}f''(x_0)(x-x_0)^2+\cdots+\frac{1}{n!}f^{(n)}(x_0)(x-x_0)^n+\cdots. \tag{8.32}$$

令$S_{n+1}(x)$表示$f(x)$在x_0点的n阶Taylor多项式[也是Taylor级数(8.31)的前$(n+1)$项之和],则$f(x)$的n阶Taylor公式(8.29)可写成

$$f(x)=S_{n+1}(x)+R_n(x).$$

根据式(8.32),有

$$\lim_{n\to\infty}S_{n+1}(x)=f(x).$$

因此
$$\lim_{n\to\infty}R_n(x)=\lim_{n\to\infty}[f(x)-S_{n+1}(x)]=f(x)-f(x)=0.$$

充分性.假设$\forall x\in(x_0-R,x_0+R)$,有$\lim\limits_{n\to\infty}R_n(x)=0$.则由

$$S_{n+1}(x)=f(x)-R_n(x),$$

可得
$$\lim_{n\to\infty}S_{n+1}(x)=\lim_{n\to\infty}[f(x)-R_n(x)]=f(x),$$

这表明$f(x)$的Taylor级数(8.31)在(x_0-R,x_0+R)内收敛,且收敛于$f(x)$.定理证毕.

根据这个定理，可以得到一个便于应用的充分条件.

定理 8.24　若存在常数 M，使得 $\forall x\in(x_0-R,x_0+R)$ 及一切自然数 n，都有

$$|f^{(n)}(x)|\leqslant M,$$

则 $f(x)$ 能在 (x_0-R,x_0+R) 内展成 Taylor 级数.

证　只需证在定理的条件下，有

$$\lim_{n\to\infty}R_n(x)=0,\quad x\in(x_0-R,x_0+R).$$

为此，估计余项

$$\begin{aligned}|R_n(x)|&=\left|\frac{f^{(n+1)}(\xi)}{(n+1)!}(x-x_0)^{n+1}\right|\leqslant\frac{M}{(n+1)!}|x-x_0|^{n+1}\\&\leqslant\frac{MR^{n+1}}{(n+1)!}.\end{aligned}$$

由于级数 $\sum\limits_{n=1}^{\infty}\dfrac{R^n}{n!}$ 收敛，故 $\lim\limits_{n\to\infty}\dfrac{R^{n+1}}{(n+1)!}=0$，从而

$$\lim_{n\to\infty}R_n(x)=0,\quad x\in(x_0-R,x_0+R).$$

定理证毕.

在式(8.31)中取 $x_0=0$，得

$$f(0)+f'(0)x+\frac{f''(0)}{2!}x^2+\cdots+\frac{f^{(n)}(0)}{n!}x^n+\cdots,\tag{8.33}$$

级数(8.33)称为函数 $f(x)$ 的 **Maclaurin 级数.**

函数 $f(x)$ 的 Maclaurin 级数就是 x 的幂级数. 现在我们证明，如果 $f(x)$ 能展开成 x 的幂级数，那么这种展开式是唯一的，它一定与 $f(x)$ 的 Maclaurin 级数(8.33)一致.

事实上，如果 $f(x)$ 在点 $x_0=0$ 的某邻域 $(-R,R)$ 内能展开成 x 的幂级数，即

$$f(x)=a_0+a_1x+a_2x^2+\cdots+a_nx^n+\cdots\tag{8.34}$$

对 $\forall x\in(-R,R)$ 成立，那么根据幂级数在收敛区间内可以逐项求导

$$\begin{aligned}f'(x)&=a_1+2a_2x+3a_3x^2+\cdots+na_nx^{n-1}+\cdots,\\f''(x)&=2!a_2+3\cdot2a_3x+\cdots+n(n-1)a_nx^{n-2}+\cdots,\\f'''(x)&=3!a_3+\cdots+n(n-1)(n-2)a_nx^{n-3}+\cdots,\\&\vdots\\f^{(n)}(x)&=n!a_n+(n+1)n(n-1)\cdots2a_{n+1}x+\cdots,\\&\vdots\end{aligned}$$

把 $x=0$ 带入以上各式，得

$$a_0=f(0),\quad a_1=f'(0),\quad a_2=\frac{f''(0)}{2!},\ \cdots,\ a_n=\frac{f^{(n)}(x)}{n!},\cdots.$$

这就是所要证明的.

由函数 $f(x)$ 的展开式的唯一性可知,如果 $f(x)$ 能展开成 x 的幂级数,那么这个幂级数就是 $f(x)$ 的 Maclaurin 级数. 但是,反过来如果 $f(x)$ 的 Maclaurin 级数在点 $x_0=0$ 的某邻域内收敛,它却不一定收敛于 $f(x)$. 因此,如果 $f(x)$ 在 $x_0=0$ 处具有各阶导数,则 $f(x)$ 的 Maclaurin 级数(8.33)虽能作出来,但这个级数是否能在某个区间内收敛,以及是否收敛于 $f(x)$ 却需进一步考察. 下面将具体讨论把函数 $f(x)$ 展开为 x 的幂级数的方法.

8.6.2 将函数展开为幂级数

函数展开为 x 的幂级数的步骤如下:

(1)求出 $f(x)$ 的各阶导数 $f^{(n)}(x)$, $n=1,2,\cdots$,如果在 $x=0$ 处某阶导数不存在,就停止进行. 例如在 $x=0$ 处,$f(x)=x^{7/3}$ 的三阶导数不存在,它就不能展开为 x 的幂级数.

(2)求出 $f(x)$ 及其各阶导数在 $x=0$ 的值:

$$f(0),\ f'(0),f''(0),\cdots,f^{(n)}(0),\cdots.$$

(3)写出幂级数

$$f(0)+f'(0)x+\frac{f''(0)}{2!}x^2+\cdots+\frac{f^{(n)}(0)}{n!}x^n+\cdots,$$

并求出其收敛半径 R.

(4)考察当 $x\in(R,R)$ 时,余项 $R_n(x)$ 的极限

$$\lim_{n\to\infty}R_n(x)=\lim_{n\to\infty}\frac{f^{(n+1)}(\xi)}{(n+1)!}x^{n+1}\quad(\xi\text{ 介于 }0\text{ 与 }x\text{ 之间})$$

是否为零. 如果为零,则 $f(x)$ 能在区间 $x\in(R,R)$ 内展开为 x 的幂级数

$$f(x)=f(0)+f'(0)x+\frac{f''(0)}{2!}x^2+\cdots+\frac{f^{(n)}(0)}{n!}x^n+\cdots.$$

下面我们将求出函数 $\mathrm{e}^x,\sin x,\cos x,\ln(1+x),(1+x)^\alpha$ 的幂级数.

1. 指数函数 e^x

由于所给函数的各阶导数为 $f^{(n)}(x)=\mathrm{e}^x(n=1,2,\cdots)$,故有 $f^{(n)}(0)=1(n=0,1,2,\cdots)$,其中 $f^{(0)}(0)=f(0)$. 于是得到级数

$$\sum_{n=0}^{\infty}\frac{x^n}{n!}=1+x+\frac{x^2}{2!}+\cdots+\frac{x^n}{n!}+\cdots,$$

其收敛半径 $R=+\infty$.

任取正数 R,当 $|x|<R$ 时,对一切自然数 n 都有

$$|(\mathrm{e}^x)^{(n)}|=\mathrm{e}^x<\mathrm{e}^R,$$

据定理 8.24 知,等式

$$e^x = \sum_{n=0}^{\infty} \frac{x^n}{n!} = 1 + x + \frac{x^2}{2!} + \cdots + \frac{x^n}{n!} + \cdots \tag{8.35}$$

在$(-R,R)$中成立.由于R是任意的,故式(8.35)在整个数轴$(-\infty,+\infty)$上成立.

2. 正弦函数 $\sin x$ 和余弦函数 $\cos x$

因为　$$(\sin x)^{(n)}\Big|_{x=0} = \sin\left(x+\frac{n\pi}{2}\right)\Big|_{x=0} = \sin\frac{n\pi}{2} = \begin{cases} 0, & n=2k, \\ (-1)^k, & n=2k+1, \end{cases}$$

又因为　$$\left|(\sin x)^{(n)}\right| = \left|\sin\left(x+\frac{n\pi}{2}\right)\right| \leqslant 1$$

对一切x及一切自然数n成立,根据定理 8.24,有

$$\sin x = \sum_{n=0}^{\infty} \frac{(-1)^n}{(2n+1)!} x^{2n+1} = x - \frac{x^3}{3!} + \frac{x^5}{5!} - \cdots + \frac{(-1)^n}{(2n+1)!} x^{2n+1} + \cdots$$
$$(-\infty < x < +\infty), \tag{8.36}$$

用同样的方法可得

$$\cos x = \sum_{n=0}^{\infty} \frac{(-1)^n}{(2n)!} x^{2n} = 1 - \frac{x^2}{2!} + \frac{x^4}{4!} - \cdots + \frac{(-1)^n}{(2n)!} x^{2n} + \cdots$$
$$(-\infty < x < +\infty). \tag{8.37}$$

以上将函数展开成幂级数的例子,是直接按公式$a_n = \frac{f^{(n)}(x)}{n!}$来计算幂级数的系数,最后考察余项$R_n(x)$是否趋于零.这种直接展开的方法计算量较大,而且研究余项即使在初等函数中也不是一件容易的事.下面,我们用间接展开的方法,即利用一些已知的函数展开式、幂级数的运算(如四则运算、逐项求导、逐项求积分)以及变量代换,将所给函数展开成幂级数.这样做不但计算简单,而且可以避免研究余项.

3. 对数函数 $\ln(1+x)$

记$f(x)=\ln(1+x)$,则$f'(x)=\frac{1}{1+x}$,

而$\frac{1}{1+x}$是收敛的几何级数$\sum_{n=0}^{\infty}(-1)^n x^n \ (-1<x<1)$的和函数,即

$$\frac{1}{1+x} = 1 - x + x^2 - x^3 + \cdots + (-1)^n x^n + \cdots \quad (-1 < x < 1),$$

将上式从 0 到x逐项积分,得

$$\ln(1+x) = x - \frac{x^2}{2} + \frac{x^3}{3} - \cdots + (-1)^n \frac{x^{n+1}}{n+1} + \cdots \quad (-1 < x \leqslant 1), \tag{8.38}$$

等式(8.38)在$x=1$处也成立,这是因为当$x=1$时,等式(8.38)右端的级数是收

敛的,而 $\ln(1+x)$ 在 $x=1$ 处有定义且连续.

4. 函数 $f(x)=(1+x)^{\alpha}$(α 为任意常数)

$f(x)$ 的各阶导数为

$$f^{(n)}(x)=\alpha(\alpha-1)(\alpha-2)\cdots(\alpha-n+1)(1-x)^{\alpha-n}\quad(n=1,2,\cdots),$$

所以 $f(0)=1,\quad f'(0)=\alpha,\quad f''(0)=\alpha(\alpha-1),\cdots,$

$$f^{(n)}(0)=\alpha(\alpha-1)(\alpha-2)\cdots(\alpha-n+1),\cdots$$

于是得级数 $1+\alpha x+\dfrac{\alpha(\alpha-1)}{2!}x^2+\cdots+\dfrac{\alpha(\alpha-1)\cdots(\alpha-n+1)}{n!}x^n+\cdots.$

由于这个级数相邻两项系数之比的绝对值

$$\left|\frac{a_{n+1}}{a_n}\right|=\left|\frac{\alpha-n}{n+1}\right|\to 1\quad(n\to\infty),$$

因此,对任意的常数 α,这个级数在开区间 $(-1,1)$ 内收敛.下面证明在 $(-1,1)$ 内,这个级数收敛到 $(1+x)^{\alpha}$.设这个级数在区间 $(-1,1)$ 内收敛到函数 $F(x)$:

$$F(x)=1+\alpha x+\frac{\alpha(\alpha-1)}{2!}x^2+\cdots+\frac{\alpha(\alpha-1)\cdots(\alpha-n+1)}{n!}x^n+\cdots,$$

要证明 $\qquad F(x)=(1+x)^{\alpha}\quad(-1<x<1).$

将级数逐项求导,得

$$F'(x)=\alpha+\alpha(\alpha-1)x+\cdots+\frac{\alpha(\alpha-1)\cdots(\alpha-n+1)}{(n-1)!}x^{n-1}+\cdots,$$

两边各乘以 $(1+x)$,并把含有 x^n 的两项合并起来 $(n=1,2,\cdots)$.根据恒等式

$$\frac{(\alpha-1)\cdots(\alpha-n+1)}{(n-1)!}+\frac{(\alpha-1)\cdots(\alpha-n)}{n!}=\frac{\alpha(\alpha-1)\cdots(\alpha-n+1)}{n!}$$

$$(n=1,2,\cdots),$$

有

$$\begin{aligned}(1+x)F'(x)&=\alpha\left[1+\alpha x+\frac{\alpha(\alpha-1)}{2!}x^2+\cdots+\frac{\alpha(\alpha-1)\cdots(\alpha-n+1)}{n!}x^n+\cdots\right]\\&=\alpha F(x)\quad(-1<x<1).\end{aligned}$$

现在令 $\qquad \varphi(x)=\dfrac{F(x)}{(1+x)^{\alpha}},$

于是 $\qquad \varphi(0)=F(0)=1$,且

$$\begin{aligned}\varphi'(x)&=\frac{(1+x)^{\alpha}F'(x)-\alpha(1+x)^{\alpha-1}F(x)}{(1+x)^{2\alpha}}\\&=\frac{(1+x)^{\alpha-1}[(1+x)F'(x)-\alpha F(x)]}{(1+x)^{2\alpha}}=0,\end{aligned}$$

所以 $\varphi(x)=C$(常数).而 $\varphi(0)=1$,故 $\varphi(x)=1$,即

$$F(x)=(1+x)^{\alpha}\quad(-1<x<1).$$

因此在开区间 $(-1,1)$ 内有展开式

$$(1+x)^{\alpha}=1+\alpha x+\frac{\alpha(\alpha-1)}{2!}x^2+\cdots+\frac{\alpha(\alpha-1)\cdots(\alpha-n+1)}{n!}x^n+\cdots\quad(-1<x<1)\tag{8.39}$$

在区间端点处，展开式是否成立要根据 α 的值而定.

公式(8.39)称为**二项展开式**. 特别当 α 为正整数时，级数就是 x 的 α 次多项式，这就是代数学中的二项式定理.

对应于 $m=\frac{1}{2},-\frac{1}{2}$的二项式展开式分别为

$$\sqrt{1+x}=1+\frac{1}{2}x-\frac{1}{2\cdot 4}x^2+\frac{1\cdot 3}{2\cdot 4\cdot 6}x^3-\frac{1\cdot 3\cdot 5}{2\cdot 4\cdot 6\cdot 8}x^4+\cdots,\quad(-1\leqslant x\leqslant 1),$$

$$\frac{1}{\sqrt{1+x}}=1-\frac{1}{2}x+\frac{1}{2\cdot 4}x^2-\frac{1\cdot 3}{2\cdot 4\cdot 6}x^3+\frac{1\cdot 3\cdot 5}{2\cdot 4\cdot 6\cdot 8}x^4+\cdots,\quad(-1<x\leqslant 1).$$

上面关于$\frac{1}{1-x}$，e^x，$\sin x$，$\cos x$，$\ln(1+x)$及$(1+x)^{\alpha}$的幂级数展开式，今后可以直接引用.

例 8.35　将 $\arctan x$ 展开成 x 的幂级数.

解　我们使用间接法展开. 在$\frac{1}{1+x}$的展开式

$$\frac{1}{1+x}=1-x+x^2-x^3+\cdots+(-1)^n x^n+\cdots\quad(-1<x<1)\tag{8.40}$$

中，用 x^2 替代 x，得

$$\frac{1}{1+x^2}=1-x^2+x^4-\cdots+(-1)^n x^{2n}+\cdots\quad(-1<x<1).\tag{8.41}$$

对式(8.41)两端从 0 到 x 积分，即得

$$\arctan x=x-\frac{x^3}{3}+\frac{x^5}{5}-\cdots+\frac{(-1)^n}{(2n+1)}x^{2n+1}+\cdots\quad(-1\leqslant x\leqslant 1).\tag{8.42}$$

级数(8.42)在 $x=\pm 1$ 处的收敛性，可由交错级数的 Leibniz 判别法推出.

例 8.36　求 $\arcsin x$ 的 Maclaurin 级数展开式.

解　$\arcsin x=\int_0^x\frac{\mathrm{d}t}{\sqrt{1-t^2}}$，而由式(8.39)知，

$$\frac{1}{\sqrt{1-t^2}}=1+\frac{t^2}{2}+\frac{1\cdot 3}{2\cdot 4}t^4+\frac{1\cdot 3\cdot 5}{2\cdot 4\cdot 6}t^6+\cdots+\frac{1\cdot 3\cdot\cdots\cdot(2n-1)}{2\cdot 4\cdot\cdots\cdot(2n)}t^{2n}+\cdots\quad(-1<t<1),\tag{8.43}$$

对式(8.43)两端从 0 到 x 积分,即得

$$\arcsin x = x + \frac{1}{2}\cdot\frac{x^3}{3} + \frac{1\cdot 3}{2\cdot 4}\cdot\frac{x^5}{5} + \frac{1\cdot 3\cdot 5}{2\cdot 4\cdot 6}\cdot\frac{x^7}{7} + \cdots + \frac{1\cdot 3\cdot\cdots\cdot(2n-1)}{2\cdot 4\cdot\cdots\cdot(2n)}\cdot\frac{x^{2n+1}}{2n+1} + \cdots \quad (-1 < x < 1). \tag{8.44}$$

此外,利用 $\arccos x = \frac{\pi}{2} - \arcsin x$, $\operatorname{arccot} x = \frac{\pi}{2} - \arctan x$,可得到 $\arccos x$ 和 $\operatorname{arccot} x$的展开式.

下面再给出将函数在 $x=x_0$ 展开成幂级数的两个例子.

例 8.37 将函数 $f(x)=\frac{1}{x^2+5x+6}$展开成:

(1) x 的幂级数;(2) $x-1$ 的幂级数,并求收敛区间.

解 因为 $\frac{1}{1+x} = 1 - x + x^2 - \cdots + (-1)^n x^n + \cdots \quad (-1 < x < 1)$,

(1) $\frac{1}{x^2+5x+6} = \frac{1}{x+2} - \frac{1}{x+3} = \frac{1}{2}\frac{1}{1+\frac{x}{2}} - \frac{1}{3}\frac{1}{1+\frac{x}{3}}$,

而$\frac{1}{2}\frac{1}{1+x/2} = \frac{1}{2}\sum_{n=0}^{\infty}(-1)^n(\frac{x}{2})^n$, $\frac{x}{2}\in(-1,1) \quad \Rightarrow x\in(-2,2)$.

$\frac{1}{3}\frac{1}{1+x/3} = \frac{1}{3}\sum_{n=0}^{\infty}(-1)^n(\frac{x}{3})^n$, $\frac{x}{3}\in(-1,1) \quad \Rightarrow x\in(-3,3)$.

所以$\frac{1}{x^2+5x+6} = \sum_{n=0}^{\infty}(-1)^n(\frac{1}{2^{n+1}} - \frac{1}{3^{n+1}})x^n$, $\Rightarrow x\in(-2,2)$.

(2) $\frac{1}{x^2+5x+6} = \frac{1}{x+2} - \frac{1}{x+3} = \frac{1}{3}\frac{1}{1+\frac{x-1}{3}} - \frac{1}{4}\frac{1}{1+\frac{x-1}{4}}$,

而$\frac{1}{3}\frac{1}{1+(x-1)/3} = \frac{1}{3}\sum_{n=0}^{\infty}(-1)^n(\frac{x-1}{3})^n$, $\frac{x-1}{3}\in(-1,1) \quad \Rightarrow x\in(-2,4)$.

$\frac{1}{4}\frac{1}{1+(x-1)/4} = \frac{1}{4}\sum_{n=0}^{\infty}(-1)^n(\frac{x-1}{4})^n$, $\frac{x-1}{4}\in(-1,1) \quad \Rightarrow x\in(-3,5)$.

所以$\frac{1}{x^2+5x+6} = \sum_{n=0}^{\infty}(-1)^n(\frac{1}{3^{n+1}} - \frac{1}{4^{n+1}})(x-1)^n$, $\Rightarrow x\in(-2,4)$.

例 8.38 将 $\sin x$ 展开成$(x-\frac{\pi}{4})$的幂级数.

解 因为

$$\sin x = \sin[\frac{\pi}{4}+(x-\frac{\pi}{4})] = \sin\frac{\pi}{4}\cos(x-\frac{\pi}{4}) + \cos\frac{\pi}{4}\sin(x-\frac{\pi}{4}) = \frac{1}{\sqrt{2}}[\cos(x-\frac{\pi}{4}) + \sin(x-\frac{\pi}{4})],$$

根据基本展开式(8.36)和式(8.37),有

$$\sin\left(x-\frac{\pi}{4}\right)=\left(x-\frac{\pi}{4}\right)-\frac{1}{3!}\left(x-\frac{\pi}{4}\right)^3+\frac{1}{5!}\left(x-\frac{\pi}{4}\right)^5-\cdots$$

$$(-\infty<x<+\infty), \tag{8.47}$$

$$\cos\left(x-\frac{\pi}{4}\right)=1-\frac{1}{2!}\left(x-\frac{\pi}{4}\right)^2+\frac{1}{4!}\left(x-\frac{\pi}{4}\right)^4-\cdots$$

$$(-\infty<x<+\infty), \tag{8.48}$$

所以

$$\sin x=\frac{1}{\sqrt{2}}\left[1+\left(x-\frac{\pi}{4}\right)-\frac{1}{2!}\left(x-\frac{\pi}{4}\right)^2-\frac{1}{3!}\left(x-\frac{\pi}{4}\right)^3+\cdots\right]\quad(-\infty<x<+\infty). \tag{8.49}$$

习题 8.6

(A)

1. 回答下列问题.

(1) 函数 $f(x)$ 能在区间 (x_0-R,x_0+R) 中展开成幂级数的充分必要条件是什么?

(2) 如果函数 $f(x)$ 在区间 (x_0-R,x_0+R) 中有任意阶导数,$f(x)$ 是否能在这区间上展开为幂级数?

2. 将下列函数展开成 x 的幂级数,并指出展开式成立的范围.

(1) $f(x)=\dfrac{x}{1+x-2x^2}$;　　(2) $f(x)=\sin^2 x$;

(3) $f(x)=\dfrac{x}{\sqrt{1-2x}}$;　　(4) $f(x)=\displaystyle\int_0^x e^{-t^2}\,dt$.

3. 将下列函数在指定点展开成幂级数,并指出展开式成立的范围.

(1) $f(x)=\dfrac{1}{x}$, $x=1$;　　(2) $f(x)=\dfrac{2x+1}{x^2+x-2}$, $x=2$;

(3) $f(x)=\ln\dfrac{1}{2+2x+x^2}$, $x=-1$;　　(4) $f(x)=\cos x$, $x=-\dfrac{\pi}{3}$.

(B)

1. 将函数 $\dfrac{d}{dx}\left(\dfrac{e^x-1}{x}\right)$ 展开成 x 的幂级数,并证明 $\displaystyle\sum_{n=1}^{\infty}\frac{n}{(n+1)!}=1$.

2. 利用逐项求导和逐项积分的方法,将函数 $f(x)=\arctan\dfrac{4+x^2}{4-x^2}$ 展开成 x 的幂级数.

8.7 周期函数的 Fourier 级数

前几节论述了用幂级数表示函数的问题. 可以看到,幂级数保留了多项式的许多良好的性质. 用幂级数表示函数,在微分计算、积分计算及数值计算等方面都有许多方便之处. 但是,用幂级数表示函数也有其局限性,那就是对被表示的函数要求比较苛刻,例如,要求在某点附近具有任意阶导数. 如果某函数在某一区间有间断点,甚至在这区间有某阶导数不存在的点,那么,这个函数就肯定不能在整个区间用一个幂级数表示.

但是,在很多理论或实际问题中所遇到的函数,往往是不可导的,有时甚至还是不连续的,如周期性的方形脉冲函数、锯齿形波函数等. 那么,就得设法寻求其他比较合适的函数项级数来表示此类函数. 从本节开始,将讨论如何应用三角函数所构成的级数来表示函数,或者说如何将函数展开成 Fourier 级数.

三角级数是指形如

$$\frac{a_0}{2}+\sum_{n=1}^{\infty}(a_n\cos n\,\omega x+b_n\sin n\,\omega x) \tag{8.50}$$

的级数,这是一种特殊类型的函数项级数,其中 $a_0,a_n,b_n(n=1,2,\cdots)$为常数,称为三角级数(8.50)的**系数**. ω 也是常数,第一项写作$\frac{a_0}{2}$是为了以后应用的方便,若用 x 代替 ωx,则得到

$$\frac{a_0}{2}+\sum_{n=1}^{\infty}(a_n\cos nx+b_n\sin nx). \tag{8.51}$$

下面将研究用这类级数来表示实轴上的周期为 2π 的函数的问题.

8.7.1 正交三角函数系

如同讨论幂级数时一样,我们必须讨论三角级数(8.51)的收敛问题,以及给定周期为 2π 的周期函数如何把它展开成三角级数(8.51). 为此,我们先介绍三角级数系的正交性.

首先引进两个函数 $f(x)$和 $g(x)$在区间上正交的概念. 仿照两个 n 维向量 $a=\{a_1,a_2,\cdots,a_n\}$和 $b=\{b_1,b_2,\cdots,b_n\}$的点积的概念

$$a\cdot b=\sum_{i=1}^{n}a_ib_i,$$

对 $C[-\pi,\pi]$中的两个函数 $f(x)$和 $g(x)$,定义它们的**内积**为

$$[f(x),g(x)]=\int_{-\pi}^{\pi}f(x)g(x)\mathrm{d}x. \tag{8.52}$$

在 $\mathbf{R}^n$ 中，a 与 b 正交是指 $a \cdot b=0$. 于是，所谓 $f(x)$ 与 $g(x)$ 在 $[-\pi,\pi]$ 上正交即指

$$[f(x),g(x)]=0.$$

仍仿照 $\mathbf{R}^n$ 中的作法，将 $f(x)$ 和 $g(x)$ 看作向量，则可以定义长度（又称为范数）为

$$\|f(x)\|=\sqrt{[f(x),f(x)]}=\left[\int_{-\pi}^{\pi} f^2(x)\mathrm{d}x\right]^{\frac{1}{2}}.$$

现在来考察下面的**基本三角函数系**：

$$1,\cos x,\sin x,\cos 2x,\sin 2x,\cdots,\cos nx,\sin nx,\cdots \tag{8.53}$$

其中每一个函数都是以 2π 为周期. 利用三角函数的积化和差公式，不难验证下列事实：

对于任意的非负整数 m,n，有

$$\int_{-\pi}^{\pi}\sin mx\sin nx\,\mathrm{d}x=\begin{cases}0, & m\neq n, m=n=0,\\ \pi, & m=n\neq 0;\end{cases}$$

$$\int_{-\pi}^{\pi}\cos mx\cos nx\,\mathrm{d}x=\begin{cases}0, & m\neq n,\\ \pi, & m=n\neq 0,\\ 2\pi, & m=n=0;\end{cases}$$

$$\int_{-\pi}^{\pi}\sin mx\cos nx\,\mathrm{d}x=0.$$

上述性质表明三角函数系(8.53)在 $[-\pi,\pi]$ 上两两正交，因此三角函数系(8.53)是一**正交系**. 由式(8.53)可导出另一正交系：

$$\frac{1}{\sqrt{2\pi}},\quad \frac{1}{\sqrt{\pi}}\cos x,\quad \frac{1}{\sqrt{\pi}}\sin x,\quad \frac{1}{\sqrt{\pi}}\cos 2x,\quad \frac{1}{\sqrt{\pi}}\sin 2x,\cdots,$$
$$\frac{1}{\sqrt{\pi}}\cos nx,\quad \frac{1}{\sqrt{\pi}}\sin nx,\cdots \tag{8.54}$$

于是此三角函数系中，每个函数的长度都为 1，即

$$\int_{-\pi}^{\pi}\left(\frac{1}{\sqrt{2\pi}}\right)^2\mathrm{d}x=1,\qquad \int_{-\pi}^{\pi}\left(\frac{1}{\sqrt{\pi}}\cos nx\right)^2\mathrm{d}x=1,$$
$$\int_{-\pi}^{\pi}\left(\frac{1}{\sqrt{\pi}}\sin nx\right)^2\mathrm{d}x=1\quad (n=1,2,\cdots).$$

因此称三角函数系(8.54)为**标准正交系**.

我们看到，标准正交系(8.54)很像欧氏空间 $\mathbf{R}^n$ 中单位向量所构成的一组基 $\mathrm{e}_1,\mathrm{e}_2,\cdots,\mathrm{e}_n$，这组基中任一向量 a，都能用这组基表示为

$$a=a_1\mathrm{e}_1+a_2\mathrm{e}_2+\cdots+a_n\mathrm{e}_n,$$

其中 $a_1,a_2,\cdots,a_n$，就是 a 的坐标. 现在要讨论的问题是：函数 $f(x)$ 满足什么条件时可以通过标准正交系(8.54)表示？或者说 $f(x)$ 能按函数系(8.54)展开成一个

三角级数？展开式中的系数怎么计算？

8.7.2　Fourier 级数

假设函数 $f(x)$ 是周期为 2π 的周期函数，在 $[-\pi,\pi]$ 上可积，且能展开成三角级数

$$f(x)=\frac{a_0}{2}+\sum_{k=1}^{\infty}(a_k\cos kx+b_k\sin kx),\tag{8.55}$$

则我们自然要问：系数与函数之间存在着怎样的关系？换句话说，如何利用 $f(x)$ 把 $a_0,a_1,a_2,b_1,b_2,\cdots$ 表达出来？为此，我们进一步假设级数(8.55)在 $[-\pi,\pi]$ 上一致收敛.

现求 a_0. 对式(8.55)从 $-\pi$ 到 π 逐项积分. 利用三角函数系(8.53)的正交性，得

$$\begin{aligned}\int_{-\pi}^{\pi}f(x)\,\mathrm{d}x&=\int_{-\pi}^{\pi}\frac{a_0}{2}\mathrm{d}x+\sum_{k=1}^{\infty}\left(a_k\int_{-\pi}^{\pi}\cos kx\,\mathrm{d}x+b_k\int_{-\pi}^{\pi}\sin kx\,\mathrm{d}x\right)\\&=\frac{a_0}{2}\int_{-\pi}^{\pi}\mathrm{d}x=\pi a_0,\end{aligned}$$

即

$$a_0=\frac{1}{\pi}\int_{-\pi}^{\pi}\mathrm{d}x.$$

其次求 a_n. 在式(8.55)两端同乘 $\cos nx$，再从 $-\pi$ 到 π 逐项积分后，得

$$\begin{aligned}\int_{-\pi}^{\pi}f(x)\cos nx\,\mathrm{d}x&=\int_{-\pi}^{\pi}\frac{a_0}{2}\cos nx\,\mathrm{d}x+a_n\int_{-\pi}^{\pi}\cos^2 nx\,\mathrm{d}x\\&\quad+\sum_{\substack{k=1\\k\neq n}}^{\infty}a_k\int_{-\pi}^{\pi}\cos kx\cos nx\,\mathrm{d}x+\sum_{k=1}^{\infty}b_k\int_{-\pi}^{\pi}\sin kx\cos nx\,\mathrm{d}x.\end{aligned}$$

由三角函数系(8.53)的正交性，得

$$\int_{-\pi}^{\pi}f(x)\cos nx\,\mathrm{d}x=\pi a_n,$$

即

$$a_n=\frac{1}{\pi}\int_{-\pi}^{\pi}f(x)\cos nx\,\mathrm{d}x\quad(n=1,2,\cdots).$$

类似地，在式(8.55)两端同乘 $\sin nx$，再从 $-\pi$ 到 π 逐项积分，得

$$\int_{-\pi}^{\pi}f(x)\sin nx\,\mathrm{d}x=\pi b_n,$$

即

$$b_n=\frac{1}{\pi}\int_{-\pi}^{\pi}f(x)\sin nx\,\mathrm{d}x\quad(n=1,2,\cdots).$$

由于当 $n=0$ 时，a_n 的表达式正好给出 a_0，已得结果可以合并写成

$$\left.\begin{aligned}a_n&=\frac{1}{\pi}\int_{-\pi}^{\pi}f(x)\cos nx\,\mathrm{d}x\quad(n=0,1,2,\cdots),\\b_n&=\frac{1}{\pi}\int_{-\pi}^{\pi}f(x)\sin nx\,\mathrm{d}x\quad(n=1,2,\cdots)\end{aligned}\right\}\tag{8.56}$$

如果公式(8.56)中的积分都存在,这时它们定出的系数 $a_0,a_1,a_2,b_1,b_2,\cdots$叫做函数 $f(x)$的 **Fourier 系数**,将这些系数代入(8.55)式右端,所得的三角级数

$$\frac{a_0}{2}+\sum_{n=1}^{\infty}(a_n\cos nx+b_n\sin nx) \tag{8.57}$$

叫做函数 $f(x)$的 **Fourier 级数.**

一个定义在$(-\infty,+\infty)$上周期为 2π 的函数 $f(x)$,如果它在一个周期上可积,则一定可以写出 $f(x)$的 Fourier 级数. 然而,函数 $f(x)$的 Fourier 级数是否一定收敛? 如果它收敛,它是否一定收敛于函数 $f(x)$? 一般来说,这两个问题的答案都不是肯定的. 那么,$f(x)$在怎样的条件下,它的 Fourier 级数不仅收敛,而且收敛于 $f(x)$? 也就是说,$f(x)$满足什么条件可以展开成 Fourier 级数?

8.7.3　Dirichlet 收敛定理

下面我们叙述一个收敛定理(不加证明),它给出关于上述问题的一个重要结论.

定理 8.25(Dirichlet 收敛定理)　设 $f(x)$是周期为 2π 的周期函数,若它满足:

(1) 在一个周期内连续或只有有限个第一类间断点;

(2) 在一个周期内至多只有有限个极值点. 则 $f(x)$的 Fourier 级数收敛,并且当 x 是 $f(x)$的连续点时,级数收敛于 $f(x)$;当 x 是 $f(x)$的第一类间断点时,级数收敛于$\frac{1}{2}[f(x^-)+f(x^+)]$.

收敛定理告诉我们:只要函数在$[-\pi,\pi]$上至多有有限个第一类间断点,并且不作无限次振动,函数的 Fourier 级数在连续点就收敛于该点的函数值,在间断点处收敛于该点左极限与右极限的算术平均值. 可见,函数展开成 Fourier 级数的条件比展开成幂级数的条件低得多.

例 8.39　设 $f(x)$是周期为 2π 的周期函数,它在$[-\pi,\pi)$上的表达式为

$$f(x)=\begin{cases}-1, & -\pi\leqslant x<0,\\ 1, & 0\leqslant x<\pi.\end{cases}$$

将 $f(x)$展开成 Fourier 级数.

解　所给函数满足收敛定理的条件,它在 $x=k\pi(k=0,\pm1,\pm2,\cdots)$处不连续,在其他点处连续,从而由收敛定理知 $f(x)$的 Fourier 级数收敛,且当 $x\neq k\pi$ 时,级数收敛于 $f(x)$,当 $x=k\pi$ 时,级数收敛于$\frac{1}{2}[f(\pi^-)+f(\pi^+)]=\frac{1-1}{2}=0$.

Fourier 系数计算如下:

$$a_n=\frac{1}{\pi}\int_{-\pi}^{\pi}f(x)\cos nx\,\mathrm{d}x=\frac{1}{\pi}\int_{-\pi}^{0}(-1)\cos nx\,\mathrm{d}x+\frac{1}{\pi}\int_{0}^{\pi}1\cos nx\,\mathrm{d}x$$

$$= 0 \quad (n = 0,1,2,\cdots),$$

$$b_n = \frac{1}{\pi}\int_{-\pi}^{\pi} f(x)\sin nx\,\mathrm{d}x = \frac{1}{\pi}\int_{-\pi}^{0}(-1)\sin nx\,\mathrm{d}x + \frac{1}{\pi}\int_{0}^{\pi} 1\sin nx\,\mathrm{d}x$$

$$= \frac{1}{\pi}\left[\frac{\cos nx}{n}\right]_{-\pi}^{0} + \frac{1}{\pi}\left[-\frac{\cos nx}{n}\right]_{0}^{\pi} = \frac{1}{n\pi}[1 - \cos n\pi - \cos n\pi + 1]$$

$$= \frac{2}{n\pi}[1-(-1)^n] = \begin{cases}\dfrac{4}{n\pi}, & n = 1,3,5,\cdots \\ 0, & n = 2,4,6,\cdots\end{cases}$$

将所求得的系数代入(8.57),得到 $f(x)$ 的 Fourier 级数展开式为

$$f(x) = \sum_{k=1}^{\infty}\frac{\sin(2k-1)x}{2k-1}$$

$$= \frac{4}{\pi}\left[\sin x + \frac{1}{3}\sin 3x + \cdots + \frac{1}{2k-1}\sin(2k-1)x + \cdots\right]$$

$$(-\infty < x < +\infty; x \neq k\pi, k = 0, \pm 1, \pm 2, \cdots).$$

如果把例 8.39 中的函数理解为矩形波的波形函数(周期 $T=2\pi$,幅值 $E=1$,自变量 x 表示时间),那么上面所得到的展开式表明:矩形波是由一系列不同频率的正弦波叠加而成,这些正弦波的频率为基波频率的奇数倍.

例 8.40 将函数 $f(x)$ 展开成傅立叶级数,设 $f(x)$ 是周期为 2π 的周期函数,在$[-\pi,\pi)$上的表达式为:$f(x)=\begin{cases}x, & -\pi\leqslant x<0, \\ 0, & 0\leqslant x<\pi.\end{cases}$

解 (1) $a_0 = \dfrac{1}{\pi}\displaystyle\int_{-\pi}^{\pi} f(x)\,\mathrm{d}x = \dfrac{1}{\pi}\int_{-\pi}^{0} x\,\mathrm{d}x = -\dfrac{\pi}{2}$;

$$a_n = \frac{1}{\pi}\int_{-\pi}^{\pi} f(x)\cos nx\,\mathrm{d}x = \frac{1}{\pi}\int_{-\pi}^{0} x\cos nx\,\mathrm{d}x + \frac{1}{\pi}\int_{0}^{\pi} \times \cos nx\,\mathrm{d}x$$

$$= \frac{1}{n^2\pi}(1-\cos n\pi) = \begin{cases}\dfrac{2}{n^2\pi}, & n = 1,3,5,\cdots \\ 0, & n = 2,4,6\cdots\end{cases}$$

$$b_n = \frac{1}{\pi}\int_{-\pi}^{\pi} f(x)\sin nx\,\mathrm{d}x = \frac{1}{\pi}\int_{-\pi}^{0} x\sin nx\,\mathrm{d}x + \frac{1}{\pi}\int_{0}^{\pi} \times \sin nx\,\mathrm{d}x$$

$$= \frac{1}{\pi}\left[-\frac{x\cos nx}{x} + \frac{\sin nx}{n^2}\right]_{-\pi}^{0} + 0 = -\frac{\cos n\pi}{n} = \frac{(-1)^{n+1}}{n}.$$

(2) 所以 $f(x) \sim -\dfrac{\pi}{4} + \left[\dfrac{2}{\pi}\cos x + \sin x\right] - \dfrac{1}{2}\sin 2x + \left[\dfrac{2}{3^2\pi}\cos 3x + \dfrac{1}{3}\sin 3x\right] - \dfrac{1}{4}\sin 4x + \left[\dfrac{2}{5^2\pi}\cos 5x + \dfrac{1}{5}\sin 5x\right] - \cdots \quad (-\infty < x < \infty;\ x \neq \pm\pi, \pm 3\pi, \cdots)$.

(3) 所给函数满足收敛定理的条件,它在点 $x=(2k+1)\pi$ $(k=0,\pm 1,\pm 2,$

…)处不连续,其他点处连续.所以由收敛定理傅立叶级数收敛;

在点 $x=(2k+1)\pi$ $(k=0,\pm1,\pm2,\cdots)$处,收敛于

$$\frac{f(\pi-0)+f(-\pi+0)}{2}=\frac{0-\pi}{2}=-\frac{\pi}{2};$$

在点 $x\neq(2k+1)\pi$ 处收敛于 $f(x)$.

$\therefore\ f(x)=-\frac{\pi}{4}+\left[\frac{2}{\pi}\cos x+\sin x\right]-\frac{1}{2}\sin 2x+\left[\frac{2}{3^2\pi}\cos 3x+\frac{1}{3}\sin 3x\right]-(1/4)\sin 4x+[(2/5^2\pi)\cos 5x+(1/5)\sin 5x]-\cdots$

$(-\infty<x<\infty;\ x\neq\pm\pi,\ \pm3\pi,\ \cdots)$.

8.7.4　正弦级数和余弦级数

一般来说,一个函数的 Fourier 级数既含有正弦项,又含有余弦项.但是,也有一些函数的 Fourier 级数只含有正弦项或者只含有常数项和余弦项.这是什么原因呢?实际上,这些情况与所给的函数 $f(x)$的奇偶性有密切的关系.下面我们介绍一个定理(证明留给读者).

定理 8.26　设 $f(x)$是周期为 2π 的函数,在一个周期上可积,则

(1)若 $f(x)$为奇函数时,它的 Fourier 系数为

$$a_n=0\quad(n=0,1,2,\cdots),$$

$$b_n=\frac{2}{\pi}\int_0^{\pi}f(x)\sin nx\,\mathrm{d}x\quad(n=1,2,\cdots).\tag{8.58}$$

因此 $f(x)$的 Fourier 级数只有正弦项,即为正弦级数

$$f(x)\sim\sum_{n=1}^{\infty}b_n\sin nx.$$

(2)若 $f(x)$为偶函数,它的 Fourier 系数为

$$a_n=\frac{2}{\pi}\int_0^{\pi}f(x)\cos nx\,\mathrm{d}x\quad(n=0,1,2,\cdots),\tag{8.59}$$

$$b_n=0\quad(n=1,2,\cdots),$$

因此 $f(x)$的 Fourier 级数只有余弦项,即为余弦级数

$$f(x)\sim\frac{a_0}{2}+\sum_{n=1}^{\infty}a_n\cos nx.$$

例 8.41　求图 8.1 所示锯齿波的 Fourier 级数.

解　根据图形写出在一个周期内函数的表达式:

$$f(t)=\begin{cases}1+\dfrac{2t}{\pi}, & -\pi\leqslant t<0,\\[2mm] 1-\dfrac{2t}{\pi}, & 0\leqslant t<\pi.\end{cases}$$

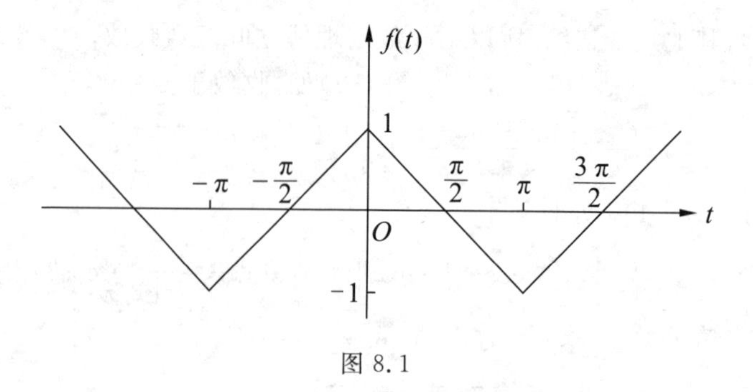

图 8.1

它是偶函数,故

$$b_n = \frac{1}{\pi}\int_{-\pi}^{\pi} f(t)\sin nt\,\mathrm{d}t = 0 \quad (n = 1,2,\cdots),$$

$$a_n = \frac{2}{\pi}\int_0^{\pi} f(t)\cos nt\,\mathrm{d}t = \frac{2}{\pi}\int_0^{\pi}\left(1-\frac{2t}{\pi}\right)\cos nt\,\mathrm{d}t = -\frac{4}{n\pi^2}\int_0^{\pi} t\,\mathrm{d}(\sin nt)$$

$$= \frac{4}{n\pi^2}\int_0^{\pi}\sin nt\,\mathrm{d}t = -\frac{4}{n^2\pi^2}\cos nt\Big|_0^{\pi} = \frac{4}{n^2\pi^2}[1-(-1)^n]$$

$$= \begin{cases} \dfrac{8}{n^2\pi^2}, & n \text{ 为奇数}, \\ 0, & n \text{ 为偶数}, \end{cases}$$

$$a_0 = \frac{2}{\pi}\int_0^{\pi} f(t)\mathrm{d}t = \frac{2}{\pi}\int_0^{\pi}\left(1-\frac{2t}{\pi}\right)\mathrm{d}t = \frac{2}{\pi}\left(t-\frac{t^2}{\pi}\right)\Big|_0^{\pi} = 0.$$

由于 $f(t)$ 在 $(-\infty,+\infty)$ 上连续,根据收敛定理,它有下列的余弦级数展开式:

$$f(t) = \frac{8}{\pi^2}\sum_{n=0}^{\infty}\frac{1}{(2n+1)^2}\cos(2n+1)t \quad (-\infty < t < +\infty).$$

例 8.42 将周期为 2π 的周期函数 $f(x)=x, x\in[-\pi,\pi)$ 展开成 Fourier 级数.

解 (1) 因为 $f(x)=x$ 为奇函数,故 $a_n=0(n=0,1,2,\cdots)$,而

$$b_n = \frac{2}{\pi}\int_0^{\pi} f(x)\sin nx\,\mathrm{d}x = \frac{2}{\pi}\int_0^{\pi} x\sin nx\,\mathrm{d}x$$

$$= \frac{2}{\pi}\left[-\frac{x\cos nx}{n}+\frac{\sin nx}{n^2}\right]_0^{\pi} = \frac{2}{n}(-1)^{n+1}\ (n = 1,2,3,\cdots).$$

(2) 所以 $f(x)\sim 2[\sin x-\frac{1}{2}\sin 2x+\frac{1}{3}\sin 3x-\frac{1}{4}\sin 4x+\frac{1}{5}\sin 5x-\cdots$

$(-\infty<x<\infty;\ x\neq\pm\pi,\ \pm 3\pi,\cdots)$.

(3) 所给函数满足收敛定理的条件,在点 $x=(2k+1)\pi \quad (k=0,\pm 1,\pm 2,\cdots)$

处不连续，其他点处连续. 所以由收敛定理傅立叶级数收敛；

在点 $x=(2k+1)\pi\quad(k=0,\pm1,\pm2,\cdots)$处收敛于

$$\frac{f(\pi-0)+f(-\pi+0)}{2}=\frac{\pi+(-\pi)}{2}=0.$$

在点 $x\neq(2k+1)\pi$ 处收敛于 $f(x)$.

习题 8.7

(A)

1. 回答下列问题.

(1) 三角函数系的正交性指的是什么？

(2) Dirichlet 收敛定理的条件有哪些？

(3) 周期为 2π 的函数 $f(x)$的 Fourier 级数是否一定收敛？如果收敛，是否一定收敛到自身 $f(x)$？

(4) 奇函数和偶函数的 Fourier 系数有什么特点？

2. 试将下列以 2π 为周期的函数 $f(x)$展开成 Fourier 级数.

(1) $f(x)=\begin{cases}-\pi, & -\pi\leqslant x<0,\\ x, & 0\leqslant x<\pi;\end{cases}$　(2) $f(x)=|x|$;

(3) $f(x)=|\cos x|,\quad -\pi\leqslant x<\pi$;　(4) $f(x)=\begin{cases}e^{ax}, & -\pi\leqslant x<0,\\ 0, & 0\leqslant x<\pi;\end{cases}$

(5) $f(x)=\dfrac{\pi-x}{2},\quad 0<x<2\pi$;　(6) $f(x)=x\sin x,\quad -\pi\leqslant x\leqslant\pi$.

3. 设 $f(x)$是以 2π 为周期的函数，它在$[-\pi,\pi)$上的表达式是

$$f(x)=\begin{cases}x+1, & -\pi\leqslant x<0,\\ 1, & 0\leqslant x<\pi.\end{cases}$$

若它的 Fourier 级数的和函数为 $S(x)$，试问 $S(-\pi)$，$S(0)$和 $S(\pi)$的值各为多少？

(B)

1. 设 $\varphi(x)$和 $\phi(x)$是以 2π 为周期的函数.

(1) 若函数 $\varphi(-x)=\phi(x)$，$-\pi\leqslant x<\pi$，问 $\varphi(x)$和 $\phi(x)$的 Fourier 系数 a_n，b_n 与 α_n，$\beta_n(n=0,1,2,\cdots)$之间有何关系？

(2) 若函数 $\varphi(-x)=-\phi(x)$，$-\pi\leqslant x<\pi$，问 $\varphi(x)$和 $\phi(x)$的 Fourier 系数 a_n，b_n 与 α_n，$\beta_n(n=0,1,2,\cdots)$之间有何关系？

2. 设 $f(x)$是以 2π 为周期的函数，证明：

(1) 若函数 $f(x-\pi)=f(x)$，则 $f(x)$的 Fourier 系数满足 $a_{2k+1}=0$，$b_{2k+1}=0$

$(k=0,1,2,\cdots)$;

(2)若函数 $f(x-\pi)=-f(x)$,则 $f(x)$ 的 Fourier 系数满足 $a_0=0,a_{2k}=0,b_{2k}=0(k=0,1,2,\cdots)$.

8.8　任意区间上的 Fourier 级数

为了使理论应用的范围更广,还需要考虑定义在任意区间上的非周期函数的 Fourier 级数.

8.8.1　区间 $[-\pi,\pi]$ 上的 Fourier 级数

有时函数 $f(x)$ 只在区间 $[-\pi,\pi]$ 上有定义,且满足收敛定理的条件,那么我们可以对 $f(x)$ 作**周期延拓**. 具体做法是:引进一个辅助函数 $F(x)$,它在 $(-\pi,\pi)$ 内与 $f(x)$ 相同,即

$$F(x)=f(x)\quad x\in(-\pi,\pi),$$

然后令

$$F(-\pi)=F(\pi)=f(\pi),$$

并将函数 $F(x)$ 按周期性规律扩展到整个实轴,使之成为周期为 2π 的周期函数.

对这样作成的周期为 2π 的周期函数 $F(x)$,可利用收敛定理将其展开成 Fourier级数. 最后限制 x 在 $(-\pi,\pi)$ 内,此时 $F(x)=f(x)$,这样便得到 $f(x)$ 的 Fourier 级数. 根据收敛定理,这级数在区间端点 $x=\pm\pi$ 处收敛于 $\frac{1}{2}[f(-\pi^+)+f(\pi^-)]$.

例 8.43　证明 $f(x)=x^2$ 在闭区间 $[-\pi,\pi]$ 上有 Fourier 级数展开式

$$x^2=\frac{\pi^2}{3}+4\sum_{n=1}^{\infty}\frac{(-1)^n}{n^2}\cos nx,\quad -\pi\leqslant x\leqslant\pi.\tag{8.60}$$

证　由于 $f(x)=x^2$ 是 $[-\pi,\pi]$ 上的偶函数,故

$$b_n=\frac{1}{\pi}\int_{-\pi}^{\pi}x^2\sin nx\,\mathrm{d}x=0\quad(n=1,2,\cdots),$$

$$a_0=\frac{1}{\pi}\int_{-\pi}^{\pi}x^2\,\mathrm{d}x=\frac{2\pi^2}{3},$$

$$\begin{aligned}a_n&=\frac{1}{\pi}\int_{-\pi}^{\pi}x^2\cos nx\,\mathrm{d}x=\frac{2}{\pi}\int_0^{\pi}x^2\cos nx\,\mathrm{d}x\\&=\frac{2}{n\pi}\int_0^{\pi}x^2\,\mathrm{d}(\sin nx)=-\frac{4}{n\pi}\int_0^{\pi}x\sin nx\,\mathrm{d}x\\&=\frac{4}{n^2\pi}\int_0^{\pi}x\,\mathrm{d}(\cos nx)=\frac{4\pi}{n^2\pi}\cos n\pi=(-1)^n\frac{4}{n^2}\quad(n=1,2,\cdots).\end{aligned}$$

由收敛定理知,式(8.60)在$(-\pi,\pi)$内成立.

将 $f(x)=x^2, x\in[-\pi,\pi]$以 2π 为周期延拓到整个数轴上时,函数在 $x=\pm\pi$ 处仍保持连续性,如图 8.2. 因此在 $x=\pm\pi$ 处,式(8.60)也成立.

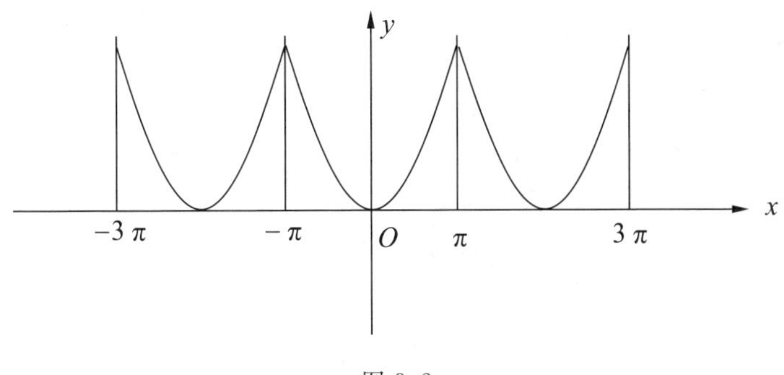

图 8.2

特别地,在公式(8.60)中,令 $x=\pi$,就得到

$$\frac{\pi^2}{6}=1+\frac{1}{2^2}+\frac{1}{3^2}+\cdots+\frac{1}{n^2}+\cdots; \tag{8.61}$$

令 $x=0$,就得到

$$\frac{\pi^2}{12}=1-\frac{1}{2^2}+\frac{1}{3^2}-\cdots+\frac{(-1)^n}{n^2}+\cdots; \tag{8.62}$$

将式(8.61)与式(8.62)相加后除以 2,即得

$$\frac{\pi^2}{8}=1+\frac{1}{3^2}+\frac{1}{5^2}+\cdots+\frac{1}{(2n-1)^2}+\cdots; \tag{8.63}$$

将式(8.61)与式(8.62)相减后除以 2,即得

$$\frac{\pi^2}{24}=\frac{1}{2^2}+\frac{1}{4^2}+\cdots+\frac{1}{(2n)^2}+\cdots. \tag{8.64}$$

在有些问题中,往往只在区间$[0,\pi]$上给出函数 $f(x)$. 要想考虑$[-\pi,\pi]$上 $f(x)$的 Fourier 级数,就必须扩充 $f(x)$在$(-\pi,0)$上的定义. 当然,如果没有特殊要求,只要保证函数的可积性,这种延拓完全是任意的. 不过,为了方便,常常将 $f(x)$延拓成$[-\pi,\pi]$上的奇函数或偶函数,从而得到 $f(x)$的正弦级数或余弦级数. 这类问题在实际应用中是常见的,如在研究某些波动问题、热传导问题、扩散问题时,就往往要求将定义在$[0,\pi]$上的函数 $f(x)$展开成正弦级数或余弦级数. 下面给出具体的做法.

设 $f(x)$定义在区间$[0,\pi]$上,且满足收敛定理的条件,首先在开区间$(-\pi,0)$内补充 $f(x)$的定义,得到定义在$(-\pi,\pi]$上的函数 $F(x)$,使它在$(-\pi,\pi)$上成为奇函数或偶函数.在奇函数的情形,若 $f(0)\neq 0$,则规定 $F(0)=0$.按这种办法扩充函数定义域的过程称为**奇延拓**或**偶延拓**.然后再将奇延拓(或偶延拓)后的函数展开成 Fourier 级数,则这个级数必定是正弦级数(或余弦级数).最后再限制 $x\in(0,\pi]$,这时 $F(x)=f(x)$,于是便得到了 $f(x)$的正弦级数(或余弦级数)的展开式.

例 8.44　将函数 $f(x)=\frac{x^2}{4}-\frac{\pi x}{2}$在$[0,\pi]$上分别展开成余弦级数和正弦级数.

解　(1)对 $f(x)$作偶延拓,由公式(8.59),得

$$a_0=\frac{2}{\pi}\int_0^{\pi}(\frac{x^2}{4}-\frac{\pi x}{2})\mathrm{d}x=-\frac{\pi^2}{3},$$

$$\begin{aligned}a_n&=\frac{2}{\pi}\int_0^{\pi}(\frac{x^2}{4}-\frac{\pi x}{2})\cos nx\,\mathrm{d}x\\&=\frac{2}{\pi}(\frac{x^2}{4}-\frac{\pi x}{2})\frac{\sin nx}{n}\Big|_0^{\pi}+\frac{2}{\pi}(\frac{x}{2}-\frac{\pi}{2})\frac{\cos nx}{n^2}\Big|_0^{\pi}\\&=\frac{1}{n^2}\quad(n=1,2,\cdots).\end{aligned}$$

因此,由收敛定理,有

$$\frac{x^2}{4}-\frac{\pi x}{2}=-\frac{\pi^2}{6}+\sum_{n=1}^{\infty}\frac{\cos nx}{n^2},\quad 0\leqslant x\leqslant\pi.$$

(2)对 $f(x)$作奇延拓,由公式(8.58),得

$$\begin{aligned}b_n&=\frac{2}{\pi}\int_0^{\pi}(\frac{x^2}{4}-\frac{\pi x}{2})\sin nx\,\mathrm{d}x\\&=\frac{2}{\pi}(\frac{x^2}{4}-\frac{\pi x}{2})\frac{(-\cos nx)}{n}\Big|_0^{\pi}+\frac{1}{n\,\pi}\int_0^{\pi}(x-\pi)\cos nx\,\mathrm{d}x\\&=\frac{(-1)^n\pi}{2n}+\frac{1}{n^2\pi}(x-\pi)\sin nx\Big|_0^{\pi}-\frac{1}{n^2\pi}\int_0^{\pi}\sin nx\,\mathrm{d}x\\&=\frac{(-1)^n\pi}{2n}+\frac{\cos nx}{n^3\pi}\Big|_0^{\pi}\\&=\frac{(-1)^n\pi}{2n}+\frac{1}{n^3\pi}[(-1)^n-1]\quad(n=1,2,\cdots).\end{aligned}$$

因此得　$\frac{x^2}{4}-\frac{\pi x}{2}=\sum_{n=1}^{\infty}[\frac{(-1)^n\pi}{2n}+\frac{1}{n^3\pi}((-1)^n-1)]\sin nx,\quad 0\leqslant x<\pi.$

8.8.2　区间$[-l,l]$上的 Fourier 级数

设在区间$[-l,l]$上给定可积函数 $f(x)$,其中 l 是任何正数.作变量代换

$$y=\frac{\pi x}{l}\quad\text{或}\quad x=\frac{ly}{\pi},$$

则作为 y 的函数

$$F(y)=f(\frac{ly}{\pi})$$

就是区间$[-\pi,\pi]$上的可积函数. 于是前面的理论都可用到函数 $F(y)$上，我们将其归纳如下(证明留给读者).

(1)设 $f(x)$是周期为 $2l$ 的周期函数，满足收敛定理的条件，则 $f(x)$的 Fourier 级数展开式为

$$f(x)=\frac{a_0}{2}+\sum_{n=1}^{\infty}(a_n\cos\frac{n\pi x}{l}+b_n\sin\frac{n\pi x}{l}) \tag{8.65}$$

{在 $f(x)$的间断点 x_0 处，式(8.65)中的级数收敛于$\frac{1}{2}[f(x_0^-)+f(x_0^+)]$}，其中

$$a_n=\frac{1}{l}\int_{-l}^{l}f(x)\cos\frac{n\pi x}{l}\mathrm{d}x\quad(n=0,1,2,\cdots), \tag{8.66}$$

$$b_n=\frac{1}{l}\int_{-l}^{l}f(x)\sin\frac{n\pi x}{l}\mathrm{d}x\quad(n=1,2,\cdots), \tag{8.67}$$

(2)若 $f(x)$是$[-l,l]$上的偶函数，则

$$a_0=\frac{2}{l}\int_0^l f(x)\mathrm{d}x,$$

$$a_n=\frac{2}{l}\int_0^l f(x)\cos\frac{n\pi x}{l}\mathrm{d}x\quad(n=1,2,\cdots), \tag{8.68}$$

$$b_n=0\quad(n=1,2,\cdots).$$

若 $f(x)$是$[-l,l]$上的奇函数，则

$$a_n=0\quad(n=0,1,2,\cdots),$$

$$b_n=\frac{2}{l}\int_0^l f(x)\sin\frac{n\pi x}{l}\mathrm{d}x\quad(n=1,2,\cdots). \tag{8.69}$$

(3)如果 $f(x)$只在$[0,l]$上给出，则可以进行奇延拓或偶延拓，使 $f(x)$在$[-l,l]$上的 Fourier 级数只含正弦项或余弦项.

例 8.45　将函数 $f(x)=2+|x|,x\in[-1,1]$展开成以 2 为周期的 Fourier 级数，并求级数 $\sum\limits_{n=1}^{\infty}\frac{1}{n^2}$ 的和.

解　因 $f(x)$是偶函数，故 $b_n=0(n=1,2,\cdots)$.

所以 (1) $b_0=0,(n=1,2,\cdots)$

$$a_n=\frac{2}{l}\int_0^l f(x)\cos n\pi x\mathrm{d}x=2\int_0^l(2+x)\cos n\pi x\mathrm{d}x$$

$$=2\int_0^l x\cos n\pi x\mathrm{d}x=\frac{2(\cos n\pi-1)}{n^2\pi^2}\quad(n=1,2,3,\cdots)$$

$$a_0=2\int_0^{\pi}(2+x)\mathrm{d}x=5,$$

因 $f(x)$满足收敛定理的条件,故

$$f(x)=2+|x|=\frac{5}{2}+\sum_{n=1}^{\infty}\frac{2(\cos n\pi-1)}{n^2\pi^2}\cos n\pi x$$
$$=\frac{5}{2}-\frac{4}{\pi^2}\sum_{n=1}^{\infty}\frac{1}{(2n+1)^2}\cos(2n+1)\pi x\quad(-1\leqslant x\leqslant 1).$$

所以 $f(0)=2+|0|=\frac{5}{2}-\frac{4}{\pi^2}\sum_{n=1}^{\infty}\frac{1}{(2n+1)^2}$.

所以 $2=\frac{5}{2}-\frac{4}{\pi^2}\sum_{n=1}^{\infty}\frac{1}{(2n+1)^2}$. 所以$\sum_{n=1}^{\infty}\frac{1}{(2n+1)^2}=\frac{\pi^2}{8}$.

因为 $\sum_{n=1}^{\infty}\frac{1}{n^2}=\sum_{n=1}^{\infty}\frac{1}{(2n+1)^2}+\sum_{n=1}^{\infty}\frac{1}{(2n)^2}=\sum_{n=1}^{\infty}\frac{1}{(2n+1)^2}+\frac{1}{4}\sum_{n=1}^{\infty}\frac{1}{n^2}$,

所以 $\sum_{n=1}^{\infty}\frac{1}{n^2}=\frac{4}{3}\sum_{n=1}^{\infty}\frac{1}{(2n+1)^2}=\frac{\pi^2}{6}$.

例 8.46 将函数

$$f(x)=\begin{cases}\frac{x}{2}, & 0<x\leqslant 2,\\ 2-\frac{x}{2}, & 2<x<4\end{cases}$$

在(0,4)上展开成余弦级数.

解 先将 $f(x)$作偶延拓,使它成为(−4,4)上的偶函数,再以 $2l=4$ 为周期作周期延拓,得到定义在$(-\infty,\infty)$上的函数,延拓后的函数(仍记为 $f(x)$)的最小正周期为 4). 显然 $f(x)$满足收敛定理的条件. 按公式(8.68)得

$$a_0=\frac{2}{2}\int_0^2 f(x)\mathrm{d}x=\int_0^2\frac{x}{2}\mathrm{d}x=1,$$
$$a_n=\frac{2}{2}\int_0^2 f(x)\cos\frac{n\pi x}{2}\mathrm{d}x=\int_0^2\frac{x}{2}\cos\frac{n\pi x}{2}\mathrm{d}x$$
$$=\begin{cases}0, & n=2k,\\ \frac{-4}{(2k-1)^2\pi^2}, & n=2k-1.\end{cases}$$

所以 $f(x)$在(0,4)上的余弦级数展开式为

$$f(x)=\frac{1}{2}-\frac{4}{\pi^2}\sum_{n=1}^{\infty}\frac{1}{(2n-1)^2}\cos\frac{(2n-1)\pi x}{2}\quad(0<x<4).$$

例 8.47 将函数 $f(x)=x(0\leqslant x\leqslant\pi)$按 π 为周期进行延拓后,写出其 Fourier 级数展开式.

解 要将函数 $f(x)=x(0\leqslant x\leqslant\pi)$以 π 为周期进行延拓,延拓后函数 $F(x)$可

以看成是确定在$[-\frac{\pi}{2},\frac{\pi}{2}]$上,再以 π 为周期延拓得到. 于是它的 Fourier 系数为

$$a_0=\frac{2}{\pi}\int_{-\frac{\pi}{2}}^{\frac{\pi}{2}}F(x)\mathrm{d}x=\frac{2}{\pi}\int_0^{\pi}f(x)\mathrm{d}x=\frac{2}{\pi}\int_0^{\pi}x\mathrm{d}x=\pi,$$

$$\begin{aligned}a_n&=\frac{2}{\pi}\int_{-\frac{\pi}{2}}^{\frac{\pi}{2}}F(x)\cos\frac{2n\pi x}{\pi}\mathrm{d}x=\frac{2}{\pi}\int_0^{\pi}x\cos 2nx\,\mathrm{d}x\\&=\frac{1}{n\pi}\left[x\sin 2nx\Big|_0^{\pi}-\int_0^{\pi}\sin 2nx\,\mathrm{d}x\right]=0,\end{aligned}$$

$$\begin{aligned}b_n&=\frac{2}{\pi}\int_{-\frac{\pi}{2}}^{\frac{\pi}{2}}F(x)\sin\frac{2n\pi x}{\pi}=\frac{2}{\pi}\int_0^{\pi}x\sin 2nx\,\mathrm{d}x\\&=\frac{-1}{n\pi}\left[x\cos 2nx\Big|_0^{\pi}+\int_0^{\pi}\cos 2nx\,\mathrm{d}x\right]=-\frac{1}{n}.\end{aligned}$$

根据收敛定理,有

$$x=\frac{\pi}{2}-\sum_{n=1}^{\infty}\frac{\sin 2nx}{n}\quad(0<x<\pi).$$

在区间端点 $x=0$ 和 $x=\pi$ 处,级数收敛到(图 8.3)

$$\frac{1}{2}[f(0^+)+f(\pi^-)]=\frac{\pi}{2}.$$

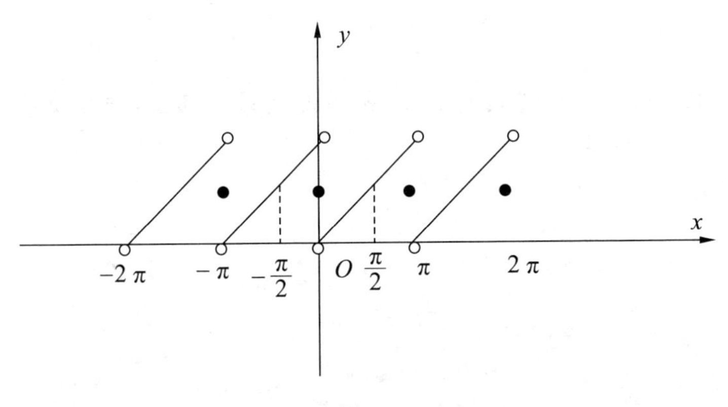

图 8.3

习题 8.8

(A)

1. 试将下列周期函数展开成 Fourier 级数,函数在一个周期内的表达式为

(1) $f(x)=\begin{cases}0, & -2\leqslant x<0,\\1, & 0\leqslant x<2;\end{cases}$　　(2) $f(x)=\begin{cases}2x+1, & -3\leqslant x<0,\\1, & 0\leqslant x<3;\end{cases}$

(3) $f(x)=x\cos x,-\frac{\pi}{2}\leqslant x\leqslant\frac{\pi}{2}$；　　(4) $f(x)=\begin{cases}x, & 0\leqslant x\leqslant 1,\\ 1, & 1<x<2,\\ 3-x, & 2\leqslant x\leqslant 3.\end{cases}$

2. 试将 $f(x)=\frac{\pi}{2}-x(0\leqslant x\leqslant\pi)$展开成余弦级数.

3. 证明：当 $0<x<\pi$ 时，有 $\sin x+\frac{1}{3}\sin 3x+\frac{1}{5}\sin 5x+\cdots=\frac{\pi}{4}$.

4. 将 $f(x)=\begin{cases}1-x, & 0<x\leqslant 2,\\ x-3, & 2<x<4\end{cases}$ 在(0,4)上展开成余弦级数.

5. 将 $f(x)=x$ 在$[0,\pi]$上分别展开成余弦级数和正弦级数.

6. 将函数 $f(x)=\begin{cases}\sin x, & 0\leqslant x\leqslant\frac{\pi}{2},\\ 0, & \frac{\pi}{2}<x\leqslant\pi\end{cases}$ 展开成余弦级数.

7. 将 $f(x)=x(1<x<3)$ 展开成 Fourier 级数，并用它证明等式

$$\sum_{n=1}^{\infty}\frac{(-1)^{n-1}}{2n-1}=\frac{\pi}{4}.$$

(B)

1. 将函数 $f(x)=x^2(0\leqslant x<2\pi)$展开成傅立叶级数，并分别求 $\sum\limits_{n=1}^{\infty}\frac{1}{n^2}$ 及 $\sum\limits_{n=1}^{\infty}(-1)^{n-1}\frac{1}{n^2}$ 的和.

2. 将函数 $f(x)$展开成傅立叶级数，并求 $\sum\limits_{n=1}^{\infty}\frac{1}{n^4}$ 的和. 其中 $f(x)$ 在$[-\pi,\pi]$上的表达式为：$f(x)=\begin{cases}-x^3, & -\pi\leqslant x<0,\\ x^3, & 0\leqslant x\leqslant\pi.\end{cases}$

8.9　Fourier 级数的复数形式

在电工学中，通常把形如

$$x=ce^{i\omega t} \tag{8.70}$$

的量叫做**复谐振动**. 这里的复数

$$c=re^{i\theta}$$

称为**复振幅**，而实数 ω 称为**圆频率**，根据欧拉公式

$$\cos t = \frac{e^{it} + e^{-it}}{2}, \quad \sin t = \frac{e^{it} - e^{-it}}{2i}$$

复谐振动(8.70)可以写成

$$x = ce^{i\omega t} = r[\cos(\omega t + \theta) + i\sin(\omega t + \theta)].$$

由此可见,式(8.70)的实部或虚部就是通常的谐振动,而复振幅的模$|c| = r$就是通常的振幅,复振幅的幅角就是通常的初相.在交流电路和频谱分析中,常常需要计算频率相同但振幅与初相不同的若干量的叠加.这时采用复数形式的Fourier级数就比采用三角级数方便.

周期函数的 Fourier 级数展开,意味着把复杂的振动分解为谐振动分量之和.下面设法把各谐振动分量写成复谐振动的形式.

设周期为 $2l$ 的周期函数 $f(x)$的 Fourier 级数为

$$\frac{a_0}{2} + \sum_{n=1}^{\infty}\left(a_n \cos\frac{n\pi x}{l} + b_n \sin\frac{n\pi x}{l}\right), \tag{8.71}$$

其中

$$\begin{cases} a_n = \dfrac{1}{l}\displaystyle\int_{-l}^{l} f(x)\cos\frac{n\pi x}{l}\mathrm{d}x, & n = 0,1,2,\cdots, \\ b_n = \dfrac{1}{l}\displaystyle\int_{-l}^{l} f(x)\sin\frac{n\pi x}{l}\mathrm{d}x, & n = 1,2,\cdots. \end{cases} \tag{8.72}$$

利用欧拉公式,级数(8.71)可以化为

$$\frac{a_0}{2} + \sum_{n=1}^{\infty}\left[\frac{a_n}{2}\left(e^{i\frac{n\pi x}{l}} + e^{-i\frac{n\pi x}{l}}\right) - \frac{ib_n}{2}\left(e^{i\frac{n\pi x}{l}} - e^{-i\frac{n\pi x}{l}}\right)\right]$$

$$= \frac{a_0}{2} + \sum_{n=1}^{\infty}\left[\frac{a_n - ib_n}{2}e^{i\frac{n\pi x}{l}} + \frac{a_n + ib_n}{2}e^{-i\frac{n\pi x}{l}}\right]. \tag{8.73}$$

记 $$\frac{a_0}{2} = c_0, \quad \frac{a_n - ib_n}{2} = c_n, \quad \frac{a_n + ib_n}{2} = c_{-n} \quad (n = 1,2,\cdots), \tag{8.74}$$

则式(8.73)就写成了

$$c_0 + \sum_{n=1}^{\infty}\left(c_n e^{i\frac{n\pi x}{l}} + c_{-n}e^{-i\frac{n\pi x}{l}}\right) = \sum_{n=-\infty}^{\infty} c_n e^{i\frac{n\pi x}{l}},$$

因此 $f(x)$的 Fourier 级数的复数形式就是

$$f(x) \sim \sum_{n=-\infty}^{\infty} c_n e^{i\frac{n\pi x}{l}},$$

其中系数 c_0, c_n, c_{-n}可由(8.72),(8.74)两式推得:

$$\begin{cases} c_0 = \dfrac{a_0}{2} = \dfrac{1}{2l}\displaystyle\int_{-l}^{l} f(x)\mathrm{d}x, \\ c_n = \dfrac{a_n - ib_n}{2} = \dfrac{1}{2l}\displaystyle\int_{-l}^{l} f(x)\mathrm{e}^{-i\frac{n\pi x}{l}}\mathrm{d}x, \quad n = 1,2,\cdots, \\ c_{-n} = \dfrac{a_n + ib_n}{2} = \dfrac{1}{2l}\displaystyle\int_{-l}^{l} f(x)\mathrm{e}^{i\frac{n\pi x}{l}}\mathrm{d}x, \quad n = 1,2,\cdots. \end{cases} \tag{8.75}$$

通常称式(8.75)为**Fourier 系数的复数形式.**

由上可知,Fourier 级数的复数形式的形状比较简单,运算也较为方便,并且 Fourier 系数 c_n 及 c_{-n} 直接反映了第 n 次谐波

$$a_n\cos\frac{n\pi x}{l} + b_n\sin\frac{n\pi x}{l}$$

的振幅的大小.事实上,其振幅为　$A_n = \sqrt{a_n^2 + b_n^2}$,

在复数形式中　$|c_n| = |c_{-n}| = \dfrac{1}{2}\sqrt{a_n^2 + b_n^2} = \dfrac{1}{2}A_n$,

这正好是 n 次谐波振幅的一半.

例 8.48　把宽度为 2τ,周期为 $2l(l>\tau)$,高度为 E 的矩形波展开为复数形式的 Fourier 级数(图 8.4).

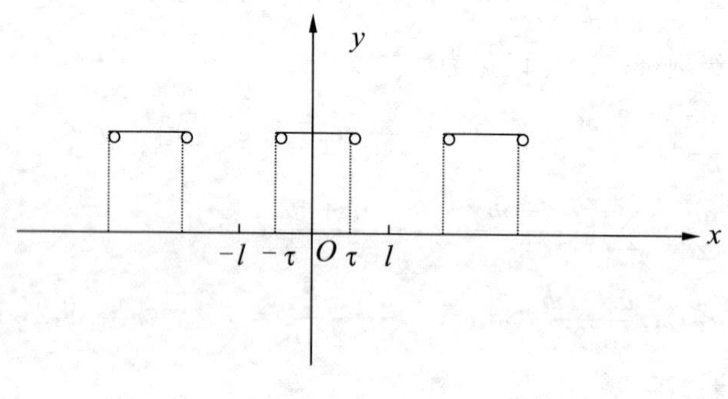

图 8.4

解　首先写出矩形波函数在一个周期内的表达式:

$$f(x) = \begin{cases} 0, & -l \leqslant x \leqslant -\tau, \\ E, & -\tau < x < \tau, \\ 0, & \tau \leqslant x < l. \end{cases}$$

其次,计算其 Fourier 系数

$$c_0 = \frac{1}{2l}\int_{-l}^{l} f(x)\mathrm{d}x = \frac{1}{2l}\int_{-\tau}^{\tau} E\mathrm{d}x = \frac{E\tau}{l},$$

$$c_n=\frac{1}{2l}\int_{-l}^{l}f(x)\mathrm{e}^{-i\frac{n\pi x}{l}}\mathrm{d}x=\frac{1}{2l}\int_{-\tau}^{\tau}E\mathrm{e}^{-i\frac{n\pi x}{l}}\mathrm{d}x$$
$$=\frac{E}{n\pi}\frac{1}{2i}(\mathrm{e}^{i\frac{n\pi\tau}{l}}-\mathrm{e}^{-i\frac{n\pi\tau}{l}})=\frac{E}{n\pi}\sin\frac{n\pi\tau}{l}\quad(n=1,2,\cdots).$$

由于 $f(x)$是逐段连续的函数,满足收敛定理的条件,因此有

$$f(x)=\frac{E\tau}{l}+\sum_{n=-\infty}^{\infty}\frac{E}{n\pi}(\sin\frac{n\pi\tau}{l})\mathrm{e}^{i\frac{n\pi x}{l}}\quad(-l\leqslant x\leqslant l,x\neq-\tau,\tau).\quad(8.76)$$

当 $x=-\tau$ 及 $x=\tau$ 时,上述级数收敛于$\frac{E}{2}$.

习题 8.9

1. 在例 8.48 所得到的式(8.76)中,取 $\tau=\frac{l}{3}$,试将复数形式的 Fourier 级数(8.76)的实数形式写出来.

2. 设 $f(x)$是周期为 2 的周期函数,它在$[-1, 1]$上的表达式为 $f(x)=x$,试将 $f(x)$展开为复数形式的 Fourier 级数.

总习题 8

1. 填空题.

(1) 级数 $\sum_{n=0}^{\infty}\frac{(\ln3)^n}{2^n}$ 的和为____________.

(2) 若级数$\sum_{n=1}^{\infty}u_n$ 收敛于A,则级数$\sum_{n=1}^{\infty}(u_n+u_{n+1})$ 收敛于____________.

(3) 若级数$\sum_{n=1}^{\infty}a_n$ 的部分和序列为 $S_n=\frac{2n}{n+1}$,则 $a_n=$________________, $\sum_{n=1}^{\infty}a_n=$____________.

(4) 若级数$\sum_{n=1}^{\infty}\frac{(-1)^n+a}{n}$ 收敛,则 a 的取值范围为____________.

(5) 级数$\sum_{n=2}^{\infty}(-1)^n\frac{\ln n}{n^p}$ 在 p ____________时收敛.

2. 填空题.

(1) 设有级数$\sum_{n=0}^{\infty}a_n\left(\frac{x+1}{2}\right)^n$,若$\lim\limits_{n\to\infty}\left|\frac{a_n}{a_{n+1}}\right|=\frac{1}{3}$,则该级数的收敛半径等于____________.

(2) 设幂级数 $\sum_{n=0}^{\infty} a_n x^n$ 的收敛半径为3,则幂级数 $\sum_{n=1}^{\infty} na_n (x-1)^{n+1}$ 的收敛区间为__________.

(3) 设 $f(x)$ 是周期为 2 的周期函数,它在区间 $(-1,1]$ 上的表达式为 $f(x)=\begin{cases} 2, & -1<x\leqslant 0, \\ x^3, & 0<x\leqslant 1. \end{cases}$ 则 $f(x)$ 的 Fourier 级数在 $x=1$ 处收敛于________.

(4) 设函数 $f(x)=\pi x+x^2 \quad (-\pi<x<\pi)$ 的 Fourier 级数展开式为 $\frac{a_0}{2}+\sum_{n=1}^{\infty}(a_n\cos nx+b_n\sin nx)$,则其中系数 b_3 的值为__________.

(5) 幂级数 $\sum_{n=1}^{\infty} \frac{(x-2)^n}{n4^n}$ 的收敛域为__________.

3. 选择题(只有一个答案是正确的).

(1)已知级数 $\sum_{n=1}^{\infty}(-1)^{n-1}a_n=2$,$\sum_{n=1}^{\infty}a_{2n-1}=5$,则级数 $\sum_{n=1}^{\infty}a_n$ 等于(　).

(A)3　　(B)7　　(C)8　　(D)9

(2)设 α 为常数,则级数 $\sum_{n=1}^{\infty}\left[\frac{\sin(n\alpha)}{n^2}-\frac{1}{\sqrt{n}}\right]$(　).

(A)绝对收敛　(B)发散　(C)条件收敛　(D)收敛性与 α 的取值有关

(3)设 $0\leqslant a_n<\frac{1}{n}\quad(n=1,2,\cdots)$,则下列级数中肯定收敛的是(　).

(A) $\sum_{n=1}^{\infty}a_n$　　(B) $\sum_{n=1}^{\infty}(-1)^n a_n$

(C) $\sum_{n=1}^{\infty}\sqrt{a_n}$　　(D) $\sum_{n=1}^{\infty}(-1)^n a_n^2$

(4)下列各选项中正确的是(　).

(A) 若 $\sum_{n=1}^{\infty}a_n^2$ 和 $\sum_{n=1}^{\infty}b_n^2$ 都收敛,则 $\sum_{n=1}^{\infty}(a_n+b_n)^2$ 收敛

(B) 若 $\sum_{n=1}^{\infty}|a_nb_n|$ 收敛,则 $\sum_{n=1}^{\infty}a_n^2$ 和 $\sum_{n=1}^{\infty}b_n^2$ 都收敛

(C) 若正项级数 $\sum_{n=1}^{\infty}a_n$ 发散,则 $a_n>\frac{1}{n}$

(D) 若 $\sum_{n=1}^{\infty}a_n$ 收敛,且 $a_n\geqslant b_n(n=1,2,\cdots)$,则 $\sum_{n=1}^{\infty}b_n$ 也收敛

4. 选择题(只有一个答案是正确的).

(1)设 $f(x)=x^2(0\leqslant x<1)$,而 $S(x)=\sum\limits_{n=1}^{\infty}b_n\sin n\pi x\quad(-\infty<x<+\infty)$,其中 $b_n=2\int_0^1 f(x)\sin n\pi x\mathrm{d}x(n=1,2,\cdots)$. 则 $S(-\frac{1}{2})$ 等于(　).

(A) $-\frac{1}{2}$　　(B) $-\frac{1}{4}$　　(C) $\frac{1}{4}$　　(D) $\frac{1}{2}$

(2)设常数 $p>0$,则幂级数 $\sum\limits_{n=1}^{\infty}(-1)^{n-1}\frac{x^n}{n^p}$ 在其收敛区间的右端点处是(　).

(A)条件收敛　　(B)绝对收敛

(C)当 $0<p\leqslant1$ 时为条件收敛,当 $p>1$ 时为绝对收敛

(D)当 $0<p\leqslant1$ 时为绝对收敛,当 $p>1$ 时为条件收敛

(3)幂级数 $\sum\limits_{n=1}^{\infty}\frac{\ln(n+1)}{n}x^n$ 的收敛域为(　).

(A) $(-1,1)$　　(B) $[-1,1]$　　(C) $(-1,1]$　　(D) $[-1,1)$

(4)幂级数 $\sum\limits_{n=0}^{\infty}\frac{3n+1}{n!}x^{3n}$ 的和函数为(　).

(A) $x\mathrm{e}^{x^3}$　　(B) $(1+3x^3)\mathrm{e}^{x^3}$　　(C) $3x^3\mathrm{e}^{x^3}$　　(D) $(2+3x^3)\mathrm{e}^{x^3}$

5. 判定下列级数的敛散性、绝对收敛性和条件收敛性.

(1) $\sum\limits_{n=1}^{\infty}(-1)^n(1-\cos\frac{\alpha}{n})$(常数 $\alpha>0$);　　(2) $\sum\limits_{n=1}^{\infty}\frac{n}{\mathrm{e}^n-1}$;

(3) $\sum\limits_{n=2}^{\infty}\frac{1}{\sqrt[n]{\ln n}}$;　　(4) $\sum\limits_{n=1}^{\infty}a^{\ln n}(a>0)$;

(5) $\sum\limits_{n=2}^{\infty}\sin(n\pi+\frac{1}{\ln n})$;　　(6) $\sum\limits_{n=1}^{\infty}[\frac{1}{n}-\ln(1+\frac{1}{n})]$;

(7) $\sum\limits_{n=1}^{\infty}(-1)^n\frac{\ln(n+1)}{n+1}$;　　(8) $\sum\limits_{n=1}^{\infty}(-1)^n\int_n^{n+1}\frac{\mathrm{e}^{-x}}{x}\mathrm{d}x$.

6. 已知 n 充分大时,且 $a_n>0,b_n>0$,且 $\frac{a_{n+1}}{a_n}\leqslant\frac{b_{n+1}}{b_n}$,求证:

(1)若 $\sum\limits_{n=1}^{\infty}b_n$ 收敛,则 $\sum\limits_{n=1}^{\infty}a_n$ 收敛;　　(2)若 $\sum\limits_{n=1}^{\infty}a_n$ 发散,则 $\sum\limits_{n=1}^{\infty}b_n$ 发散.

7. 设偶函数 $f(x)$ 的二阶导数 $f''(x)$ 在 $x=0$ 的一个邻域内连续,且 $f(0)=1,f''(0)=2$. 试证明级数 $\sum\limits_{n=1}^{\infty}[f(\frac{1}{n})-1]$ 绝对收敛.

8. 设 $f(x)$ 在点 $x=0$ 的某邻域内有二阶连续导数,且 $\lim\limits_{x\to0}\frac{f(x)}{x}=0$,证明级数

$\sum\limits_{n=1}^{\infty} f(\frac{1}{n})$ 绝对收敛.

9. 设 $a_n > 0$,级数 $\sum\limits_{n=1}^{\infty} a_n$ 收敛,$b_n = 1 - \frac{\ln(1+a_n)}{a_n}$,证明级数 $\sum\limits_{n=1}^{\infty} b_n$ 收敛.

10. 设正数数列 $\{x_n\}$ 单调上升且有界,证明级数 $\sum\limits_{n=1}^{\infty}(1 - \frac{x_n}{x_{n+1}})$ 收敛.

11. 求下列幂级数的收敛域.

(1) $\sum\limits_{n=1}^{\infty} \frac{x^n}{(n+1)^p}\quad(p>0)$;　　(2) $\sum\limits_{n=1}^{\infty} \frac{3^n+(-2)^n}{n}(x+1)^n$;

(3) $\sum\limits_{n=0}^{\infty}(1+\frac{1}{2}+\cdots+\frac{1}{n})x^n$;　　(4) $\sum\limits_{n=1}^{\infty} \frac{x^n}{a^n+b^n}\quad(a>0,b>0)$.

12. 求下列函数项级数的收敛域.

(1) $\sum\limits_{n=1}^{\infty} \frac{x^n}{1+x^{2n}}$;　　(2) $\sum\limits_{n=1}^{\infty} \frac{(n+x)^n}{n^{n+x}}$.

13. 求下列幂级数的和函数,并指出其收敛域.

(1) $\sum\limits_{n=1}^{\infty} \frac{x^{n+1}}{n(n+1)}$;　　(2) $\sum\limits_{n=1}^{\infty} \frac{2n+1}{n!}x^{2n}$.

14. 求下列级数的和.

(1) $\sum\limits_{n=1}^{\infty} \frac{1}{n(2n+1)}$;　　(2) $\sum\limits_{n=1}^{\infty} \frac{(-1)^n n}{(2n+1)!}$.

15. 将下列函数展开成 x 的幂级数,并指出其收敛域.

(1) $\ln(a+x)\quad(a>0)$;　　(2) $\frac{1}{1+x+x^2}$;　　(3) $\arctan\frac{1+x}{1-x}$.

16. 将下列函数在指定点展开成幂级数.

(1) $f(x)=\frac{1}{2x^2+x-3}$, $x_0=3$;　　(2) $f(x)=(x-2)\mathrm{e}^{-x}$, $x_0=1$;

(3) $f(x)=\frac{\mathrm{d}}{\mathrm{d}x}(\frac{\mathrm{e}^x-\mathrm{e}}{x-1})$, $x_0=1$.

17. 试将函数 $f(x)=10-x(5\leqslant x\leqslant 15)$ 展开成以 10 为周期的 Fourier 级数.

18. 试利用 $\frac{\pi-x}{2}$ 在 $[0,\pi]$ 上的正弦级数,对于 $-\pi\leqslant\alpha<0<\beta\leqslant\pi$,求极限:

$$\lim_{n\to\infty}\int_{\alpha}^{\beta}\frac{1}{\pi}[\frac{1}{2}+\sum_{k=1}^{n}\cos kx]\mathrm{d}x.$$

19. 将函数 $f(x)=\arcsin(\sin x)$ 展开为 Fourier 级数.

20. 设 $S(x)=\sum\limits_{n=1}^{\infty} b_n\sin nx\ (-\pi<x<\pi)$,且 $\frac{\pi-x}{2}=\sum\limits_{n=1}^{\infty} b_n\sin nx\,(0<x<\pi)$.

试求 b_n 及 $S(x)$.

21. 证明：在区间 $[-\pi,\pi]$ 上等式 $\sum\limits_{n=1}^{\infty}\dfrac{(-1)^{n-1}}{n^2}\cos nx=\dfrac{\pi^2}{12}-\dfrac{x^2}{4}$ 成立，并求级数 $\sum\limits_{n=1}^{\infty}\dfrac{(-1)^{n-1}}{n^2}$ 的和.

22. 证明：当 $0\leqslant x\leqslant\pi$ 时，有 $e^{2x}=\dfrac{e^{2\pi}-1}{\pi}+\dfrac{4}{\pi}\sum\limits_{n=1}^{\infty}\dfrac{(-1)^n e^{2\pi}-1}{4+n^2}\cos nx$.

第9章　多元函数的微分学

在实际问题中,经常遇到既有仅依赖于一个自变量的函数,也有依赖于两个或两个以上自变量的函数.即所谓多元函数.本章将在一元函数微分学的基础上,以二元函数为主学习多元函数概念及其微分学.

9.1　n 维欧氏空间

9.1.1　n 维欧氏空间 $\mathbf{R}^n$

由 n 个一维实空间 $\mathbf{R}$ 构成的乘积集合称为 n 维实空间,记做

$$\mathbf{R}^n = \mathbf{R}\times\mathbf{R}\times\cdots\times\mathbf{R}\quad(\text{有 } n \text{ 个 } \mathbf{R})$$

$\mathbf{R}^n$ 中的元素是形如　$\boldsymbol{x}=(x_1,x_2,\cdots,x_n)$

的 n 元有序组,其中 $x_i\in\mathbf{R}(i=1,2,\cdots,n)$,元素 $\boldsymbol{x}$ 也称为 $\mathbf{R}^n$ 中的一个点,或者称为 n 维行向量;有时也写作 $\boldsymbol{x}=\begin{pmatrix}x_1\\x_2\\\vdots\\x_n\end{pmatrix}$,称为 n 维列向量.为了排版方便,我们采用转置符号"T"将列向量写成如下的形式:

$$\boldsymbol{x}=\begin{pmatrix}x_1\\x_2\\\vdots\\x_n\end{pmatrix}=(x_1,\ x_2,\ \cdots,\ x_n)^T.$$

下面我们在 $\mathbf{R}^n$ 中引进代数运算以及内积和范数等基本概念.

定义 9.1　设 $\boldsymbol{x}=(x_1,x_2,\cdots,x_n)$,$\boldsymbol{y}=(y_1,y_2,\cdots,y_n)$是 $\mathbf{R}^n$ 中的点,定义

(1) 相等:$\boldsymbol{x}=\boldsymbol{y}$,当且仅当 $x_1=y_1,x_2=y_2,\cdots,x_n=y_n$;

(2) 和:$\boldsymbol{x}+\boldsymbol{y}=(x_1+y_1,x_2+y_2,\cdots,x_n+y_n)$;

(3) 数乘:$\lambda\boldsymbol{x}=(\lambda x_1,\lambda x_2,\cdots,\lambda x_n)$;

(4) 差:$\boldsymbol{x}-\boldsymbol{y}=\boldsymbol{x}+(-1)\boldsymbol{y}$;

(5) 零点(或原点,零向量):$\boldsymbol{o}=(0,0,\cdots,0)$;

(6) 内积(或点积):$\boldsymbol{x}\cdot\boldsymbol{y}=x_1y_1+x_2y_2+\cdots+x_ny_n=\sum\limits_{i=1}^{n}x_iy_i$;内积也常记作 $(\boldsymbol{x},\boldsymbol{y})=\boldsymbol{x}\cdot\boldsymbol{y}$;

(7) 范数(或模):$\|\boldsymbol{x}\|=\sqrt{\boldsymbol{x}\cdot\boldsymbol{x}}=\sqrt{\sum\limits_{i=1}^{n}x_iy_i}$;范数 $\|\boldsymbol{x}-\boldsymbol{y}\|$ 称为 $\boldsymbol{x}$ 与 $\boldsymbol{y}$ 之间的距离或度量,并称具有上述运算和结构的空间 $\mathbf{R}^n$ 为 n **维欧氏空间**.

范数具有下列基本性质:

定理 9.1　设 $\boldsymbol{x}=(x_1,x_2,\cdots,x_n)$,$\boldsymbol{y}=(y_1,y_2,\cdots,y_n)$是 $\mathbf{R}^n$ 中的点,则有

(1) $\|\boldsymbol{x}\|\geqslant 0$. 而 $\|\boldsymbol{x}\|=0$,当且仅当 $\boldsymbol{x}=\boldsymbol{o}$;

(2) $\|\lambda\boldsymbol{x}\|=|\lambda|\cdot\|\boldsymbol{x}\|$,其中 λ 为任意实数;

(3) $\|\boldsymbol{x}-\boldsymbol{y}\|=\|\boldsymbol{y}-\boldsymbol{x}\|$;

(4) $|(\boldsymbol{x},\boldsymbol{y})|\leqslant\|\boldsymbol{x}\|\cdot\|\boldsymbol{y}\|$(柯西-许瓦兹不等式);

(5) $\|\boldsymbol{x}+\boldsymbol{y}\|\leqslant\|\boldsymbol{x}\|+\|\boldsymbol{y}\|$(三角不等式).

证　结论(1)、(2)、(3)可直接从范数的定义得到.

下面证结论(4),当有 $\boldsymbol{x}=(x_1,x_2,\cdots,x_n)$,$\boldsymbol{y}=(y_1,y_2,\cdots,y_n)$时,对任意实数 λ 都有

$$\sum_{i=1}^{n}(\lambda x_i+y_i)^2=\Big(\sum_{i=1}^{n}x_i^2\Big)\lambda^2+2\Big(\sum_{i=1}^{n}x_iy_i\Big)\lambda+\Big(\sum_{i=1}^{n}y_i^2\Big)\geqslant 0,$$

注意到 λ^2 的系数 $\sum\limits_{i=1}^{n}x_i^2\geqslant 0$,故其判别式 $\Big(\sum\limits_{i=1}^{n}x_iy_i\Big)^2-\Big(\sum\limits_{i=1}^{n}x_i^2\Big)\Big(\sum\limits_{i=1}^{n}y_i^2\Big)\leqslant 0$,这就是要证明的不等式(4):

$$|(\boldsymbol{x},\boldsymbol{y})|=\Big|\sum_{i=1}^{n}x_iy_i\Big|\leqslant\sqrt{\sum_{i=1}^{n}x_i^2}\cdot\sqrt{\sum_{i=1}^{n}y_i^2}=\|\boldsymbol{x}\|\cdot\|\boldsymbol{y}\|.$$

结论(5)可以从结论(4)推得,因为

$$\begin{aligned}\|\boldsymbol{x}+\boldsymbol{y}\|^2&=\sum_{i=1}^{n}(x_i+y_i)^2=\sum_{i=1}^{n}(x_i^2+2x_iy_i+y_i^2)\\&=\|\boldsymbol{x}\|^2+2(\boldsymbol{x},\boldsymbol{y})+\|\boldsymbol{y}\|^2\\&\leqslant\|\boldsymbol{x}\|^2+2\|\boldsymbol{x}\|\cdot\|\boldsymbol{y}\|+\|\boldsymbol{y}\|^2\\&=(\|\boldsymbol{x}\|+\|\boldsymbol{y}\|)^2,\end{aligned}$$

等式两端开平方即得(5).

9.1.2　邻域

设定点 $P_0=(x_0,y_0)\in\mathbf{R}^2$,$\varepsilon>0$ 是某个定数. 凡是与点 P_0 的距离小于 ε 的那

些点 $P=(x,y)\in\mathbf{R}^2$ 组成的平面点集,称为 P_0 的 ε 邻域,记作

$$O(P_0,\varepsilon)=\{(x,y)\in\mathbf{R}^2\mid(x-x_0)^2+(y-y_0)^2<\varepsilon^2\}.$$

它是一个不包含边界圆周的开圆盘.我们还可以定义方形的邻域,即

$$O(P_0,\varepsilon)=\{(x,y)\in\mathbf{R}^2\mid |x-x_0|<\varepsilon,\ |y-y_0|<\varepsilon\}.$$

9.1.3 内点、外点、边界点、聚点

设 E 是一个平面点集,下面我们考虑平面上的点对于点集 E 的位置.

(1)内点:设 $M_0\in E$,若存在 $\varepsilon>0$,使得 $O(M_0,\varepsilon)\in E$,即 M_0 的这个邻域也属于 E,则称 M_0 是集合 E 的一个**内点**.E 中全体内点组成的集合称为 E 的内部,记作 E^0.

(2)外点:设 $M_1\notin E$,若存在 $\varepsilon>0$,使得 $O(M_1,\varepsilon)\not\subset E$,即 M_1 的这个邻域都不属于 E,则称 M_1 是集合 E 的一个**外点**.

(3)边界点:设 M_2 是平面上的一个点,可以属于 E 也可以不属于 E.若 $\forall\varepsilon>0$,邻域 $O(M_2,\varepsilon)$ 中既含有属于 E 的点,又含有不属于 E 的点,就称 M_2 是集合 E 的一个**边界点**.E 边界点的全体称为 E 的边界,记作 ∂E.

(4)聚点:设 M_3 是平面上的一个点,可以属于 E 也可以不属于 E.若 $\forall\varepsilon>0$,邻域 $O(M_3,\varepsilon)$ 中至少含有 E 中一个(异于 M_3 的)点,就称 M_3 是集合 E 的一个**聚点**.

设 M_4 属于 E,但 M_4 不是 E 的聚点,则称 M_4 是 E 的**孤立点**.

9.1.4 开集

如果 E 的点都是 E 的内点,即 $E=E^0$,就称 E 是**开集**.

9.1.5 闭集

如果 E 的聚点都在 E 内,就称 E 是**闭集**.我们还称集合 $\bar{E}=E\cup\{E$ 的所有聚点$\}$为 E 的**闭包**.

9.1.6 区域

设 E 是一个开集,并且 E 中任何两点 M_1 和 M_2 之间都可以用 E 内有限条直线段所组成的折线联接起来,就称 E 是连通的开集,也称为**开区域**.一个开区域加上它的边界称为**闭区域**.

例 9.1 设集合 $E=\{(x,y)\mid 1<x^2+y^2\leqslant 3\}$,则集合 $\{(x,y)\mid 1<x^2+y^2<3\}$ 是 E 的内点;集合 $\{(x,y)\mid x^2+y^2=1\}$ 是 E 的边界点,不属于 E;集合 $\{(x,y)\mid x^2+

$y^2=3\}$是 E 的边界点,属于 E;E 及它的边界∂E 都是 E 的聚点;集合$\{(x,y)\mid 1<x^2+y^2<3\}$是开区域;集合$\{(x,y)\mid 1\leqslant x^2+y^2\leqslant 3\}$是闭区域.

习题 9.1

(A)

1. 设 $\boldsymbol{x},\boldsymbol{y},\boldsymbol{z}$ 是 $\mathbf{R}^n$ 中的点,证明不等式:

(1) $\|\boldsymbol{x}-\boldsymbol{z}\|\leqslant\|\boldsymbol{x}-\boldsymbol{y}\|+\|\boldsymbol{y}-\boldsymbol{z}\|$;　(2) $|\,\|\boldsymbol{x}\|-\|\boldsymbol{y}\|\,|\leqslant\|\boldsymbol{x}-\boldsymbol{y}\|$.

2. 求下列点集的内点、外点、边界点和聚点.

(1) $E=\{(x,y)\mid 0<x^2+y^2<1\}$;　(2) $E=\{(x,y)\mid y<x^2\}$;

(3) $E=\{(x,y)\mid 2<\dfrac{x^2}{9}+\dfrac{y^2}{16}\leqslant 4\}$;　(4) $E=\{(x,y)\mid x$ 与 y 都是有理数$\}$.

3. 题 2 中哪些集合是开集? 哪些是闭集? 哪些是开区域? 哪些是闭区域?

(B)

仿造 $\mathbf{R}^2$ 中邻域的定义写出 $\mathbf{R}^n$ 中点的邻域的定义.

9.2　多元函数的极限与连续

9.2.1　多元函数的概念

一元函数 $y=f(x)$是其定义域 D(实数轴上的一个点集)到值域 G(实数轴上的另一个点集)上的一个映射,记作 $f:D\to G$. 作为一种自然的推广,我们有下面的定义:

定义 9.2　设 $D\subset\mathbf{R}^n$,$G\subset\mathbf{R}$,映射 $f:D\to G$ 称为 n **元函数**,记作

$$u=f(x_1,x_2,\cdots,x_n),\quad (x_1,x_2,\cdots,x_n)\in D.$$

如果 D 是 $\mathbf{R}^2$ 中的一个子集,映射 $f:D\to G$ 就称为**二元函数**. 记作

$$z=f(x,y),\quad (x,y)\in D.$$

称(x,y)中的 x、y 为自变量,z 为因变量.

类似地,如果 D 是 $\mathbf{R}^3$ 中的一个子集,映射 $f:D\to G$ 就称为**三元函数**. 记作

$$u=f(x,y,z),\quad (x,y,z)\in D.$$

例 9.2　矩形的面积 S 由它的长 x 和宽 y 确定,$S=xy(x>0,y>0)$,面积 S 是长 x 和宽 y 的二元函数.

例 9.3　求函数 $Z=\sqrt{x+y}+\dfrac{1}{\sqrt{x-y}}$的定义域.

解 函数的定义域为$\begin{cases}x+y\geqslant 0\\ x-y>0\end{cases}$，即为$\begin{cases}-x\leqslant y<x\\ x>0\end{cases}$.

9.2.2 二元函数的几何意义

在平面直角坐标系中一元函数 $y=f(x)$的图形,一般说来,是平面上的一条曲线.对于二元函数

$$z=f(x,y),\quad (x,y)\in D,$$

可以利用空间直角坐标系来表示它的图形. 对 D 的每一点 $P(x,y)$,在三维空间中作出点 $M(x,y,f(x,y))$与它对应. 当点 $P(x,y)$在 D 中变动时,点 $M(x,y,f(x,y))$就在空间相应地变动,一般说来,它的轨迹是一张曲面,见图 9.1. 这张曲面称为二元函数 $z=f(x,y)$的图形. 因此,二元函数可用一张曲面作为它的几何表示,即$\{(x,y,z)\mid(x,y)\in D,z=f(x,y)\}$.

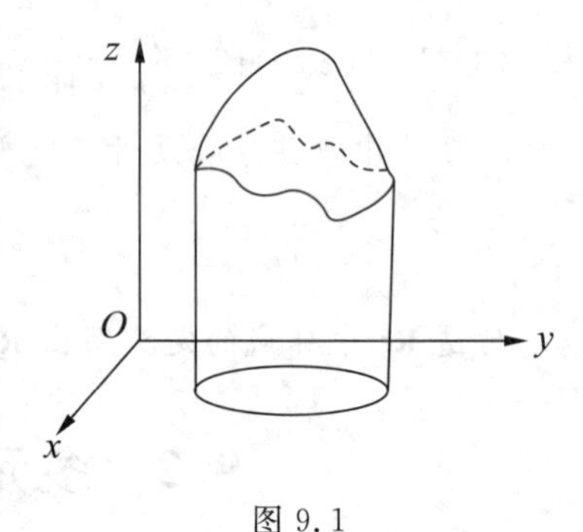

图 9.1

例如,二元函数 $z=\sqrt{R^2-x^2-y^2}$ 的图形是一张上半球面;二元函数 $z=xy$ 的图形是一张马鞍面;二元线性函数 $z=ax+by+c$ 的图形是一张平面.

9.2.3 等高线和等位面

9.2.3.1 等高线

对于二元函数 $z=f(x,y)$,令 $z=c$,得方程式 $f(x,y)=c$,它确定了一个点集,即平面 $z=c$ 与函数 $z=f(x,y)$图形相交而构成的点集. 此点集在 xOy 平面上的投影曲线,称为曲面 $z=f(x,y)$的**等高线**. 如果对每一个属于函数值域的 c 值,方程 $f(x,y)=c$ 都确定一曲线,我们就得到**一簇等高线**.

例 9.4 设函数 $z=f(x,y)$表示地图上点(x,y)处山的高度,则 50m、100m、…、300m 的等高线就是分别满足等式 $f(x,y)=50$、$f(x,y)=100$、…、$f(x,y)=300$ 的那些点.

9.2.3.2 等位面

对于三元函数 $u=f(x,y,z)$,令 $u=c$,得方程式 $f(x,y,z)=c$,它表示三维空间 $\mathbf{R}^3$ 中的曲面,称为函数 $u=f(x,y,z)$的**等位面**. 如果对每一个属于函数值域的 c 值,方程 $f(x,y,z)=c$ 都确定一曲面,我们就得到**一簇等位面**.

例 9.5 函数 $u=x^2+y^2+z^2$ 的等位面方程是 $x^2+y^2+z^2=c$,它表示一个以原点$(0,0,0)$为中心,以$\sqrt{c}$为半径的球面. 当 c 变动时,可得到一簇球面.

9.2.4　极限与连续

下面我们以二元函数为主，给出多元函数的极限与连续的概念.

定义 9.3　设函数 $z=f(x,y)$ 的定义域为 D，$P_0(x_0,y_0)$ 是 D 的聚点，A 为某一个定数. 如果 $\forall\varepsilon>0$，$\exists\delta>0$，使得对于满足不等式

$$0<\|P-P_0\|=\sqrt{(x-x_0)^2+(y-y_0)^2}<\delta$$

的一切点 $P(x,y)\in D$，都有

$$|f(x,y)-A|<\varepsilon$$

成立，则称数 A 是函数 $f(x,y)$ 当 $(x,y)\to(x_0,y_0)$ 时的**极限**，记作

$$\lim_{\substack{x\to x_0\\ y\to y_0}} f(x,y)=A$$

或者　$\lim\limits_{P\to P_0} f(P)=A$；　或者　$f(x,y)\to A,(\|P-P_0\|\to 0)$.

例 9.6　设 $f(x,y)=\begin{cases}x\sin y+y\sin\dfrac{1}{x}, & xy\neq 0,\\ 0, & xy=0,\end{cases}$　证明：$\lim\limits_{\substack{x\to 0\\ y\to 0}} f(x,y)=0$.

证　$\forall$ 给的 $\varepsilon>0$，取 $\delta=\dfrac{\varepsilon}{\sqrt{2}}$，当 $0<\sqrt{(x-0)^2+(y-0)^2}=\sqrt{x^2+y^2}<\delta$ 时，

$|f(x,y)-0|\leqslant|x|+|y|\leqslant\sqrt{2}\sqrt{x^2+y^2}<\varepsilon$，所以 $\lim\limits_{\substack{x\to 0\\ y\to 0}} f(x,y)=0$.

例 9.7　设 $f(x,y)=\dfrac{xy}{x^2+y^2}$，问 $(x,y)\to(0,0)$ 时，$f(x,y)$ 是否有极限?

解　如果 $(x,y)\to(0,0)$ 时，函数 $f(x,y)$ 有极限，那么点 (x,y) 以任何方式趋近于点 $(0,0)$ 时，极限都是唯一的. 但这里，令点 (x,y) 沿直线 $y=kx$ 趋于点 $(0,0)$，有

$$\lim_{\substack{y=kx\\ x\to 0}}\frac{xy}{x^2+y^2}=\lim_{x\to 0}\frac{kx^2}{x^2+k^2x^2}=\frac{k}{1+k^2},$$

这表明其值与 k 有关，因此，我们说当 $(x,y)\to(0,0)$ 时，函数的极限不存在.

定义 9.4　设函数 $z=f(x,y)$ 的定义域为 D，$P_0(x_0,y_0)$ 是 D 的聚点且 $P_0\in D$. 如果

$$\lim_{P\to P_0} f(P)=f(P_0),$$

则称函数 $f(x,y)$ 在点 $P_0(x_0,y_0)$ 处**连续**，点 $P_0(x_0,y_0)$ 为 $f(x,y)$ 的**连续点**.

如果函数 $f(x,y)$ 在 D 的每一点都是连续的，则称 $f(x,y)$ 在 D 连续，记作 $f\in C(D)$.

函数 $f(x,y)$ 的不连续点称为**间断点**.

例 9.8　例 9.6 中函数 $f(x,y)$在$(0,0)$是否连续?

解　由例 9.6 $\lim\limits_{\substack{x\to 0\\ y\to 0}} f(x,y)=0=f(0,0)$,所以函数 $f(x,y)$ 在$(0,0)$点连续.

不难看出,多元函数的极限与连续的定义与一元函数的情形十分相似,故有关一元函数极限的性质、极限的运算法则、连续函数的运算法则、初等函数的连续性等内容,均可平行地推广到多元的情形.

与闭区间上一元连续函数的性质类似,在有界闭区域上二元函数也有如下性质.

定理 9.2　如果函数 $f(P)$在有界闭区域 D 上连续,则存在 D 的点 P_1、P_2,使得

$$f(P_1)\leqslant f(P)\leqslant f(P_2),\quad \forall P\in D.$$

其中 $f(P_1)$、$f(P_2)$分别称为函数 $f(P)$在 D 上的最小值和最大值. 其几何意义是:一张有界闭区域上的连续曲面一定有最高点和最低点;最高点和最低点可以在 D 的内部达到,也可以在 D 的边界上达到.

定理 9.3　如果函数 $f(P)$在有界闭区域 D 上连续,常数 μ 介于 $f(P)$在 D 上某两点的函数值之间,则在 D 上总可以找到点 P_0,使得 $f(P_0)=\mu$.

定理 9.4　如果函数 $f(P)$在有界闭区域 D 上连续,则在 D 上一致连续. 即 $\forall\varepsilon>0,\exists\delta>0$,使得 $\forall P_1$、$P_2\in D$,只要 $\|P-P_0\|<\delta$,就有 $|f(P_1)-f(P_2)|<\varepsilon$.

习题 9.2

(A)

1. 已给函数 $f(u,v)=u^v$,试求 $f(xy,x+y)$.

2. 确定下列函数的定义域.

(1)$z=\sqrt{x}-\sqrt{1-y}$;　　(2)$z=\sqrt{1+x-y}$;

(3)$z=\ln(-x-y)$;　　(4)$z=\arcsin\dfrac{y}{x}$;

(5)$u=\sqrt{R^2-x^2-y^2-z^2}+\sqrt{x^2+y^2+z^2-r^2}$,$(R>r)$.

3. 求下列极限.

(1)$\lim\limits_{\substack{x\to 1\\ y\to 0}}\dfrac{\ln+(x+e^y)}{\sqrt{x^2+y^2}}$;　　(2)$\lim\limits_{\substack{x\to 0\\ y\to 0}}\dfrac{1}{x^2+y^2}$;

(3)$\lim\limits_{\substack{x\to 0\\ y\to 0}}\dfrac{\sin(xy)}{y}$;　　(4)$\lim\limits_{\substack{x\to +\infty\\ y\to +\infty}}(x^2+y^2)e^{-(x+y)}$.

4. 讨论下列函数在原点处的连续性. 对原点没有定义的函数,设 $f(0,0)=0$.

(1) $f(x,y)=\dfrac{1}{\sqrt{x^2+y^2}}$；　(2) $\lim\limits_{\substack{x\to 0\\ y\to 0}}\dfrac{2-\sqrt{xy+4}}{xy}$；

(3) $f(x,y)=\ln(1-x^2-y^2)$；　(4) $f(x,y)=\dfrac{x^2y}{x^4+y^2}$.

(B)

1. 写出下列函数的等高线方程，并画出草图.

(1) $z=x-y$；　(2) $z=x+|y|$；　(3) $z=x^2+y^2$；　(4) $z=\dfrac{1}{3x^2+y^2}$.

2. 写出下列函数的等位面方程.

(1) $u=x+y+z$；　(2) $u=x-y$；

(3) $u=x^2+y^2+z^2$；　(4) $u=\operatorname{sgn}\sin(x^2+y^2+z^2)$.

3. 证明下列极限不存在.

(1) $\lim\limits_{\substack{x\to 0\\ y\to 0}}\dfrac{x+y}{x-y}$；　(2) $\lim\limits_{\substack{x\to 0\\ y\to 0}}\dfrac{x^2y^2}{x^2y^2+(x-y)^2}$.

9.3　偏导数和全微分

9.3.1　偏导数

对于一元函数 $f(x)$，我们讨论过它关于自变量 x 的导数，也就是关于 x 的变化率. 对于多元函数，同样需要讨论它对于自变量的变化率问题. 但由于自变量的增多，情况较一元函数复杂. 下面我们以二元函数 $f(x,y)$ 为例，分别讨论函数对其中一个自变量的变化率问题，得到偏导数概念.

定义 9.5　设二元函数 $z=f(x,y)$ 定义于开区域 D，且点 $P_0=(x_0,y_0)\in D$，称一元函数 $z=f(x,y_0)$ 在点 x_0 的导数

$$\lim_{\Delta x\to 0}\frac{f(x_0+\Delta x,y_0)-f(x_0,y_0)}{\Delta x}\tag{9.1}$$

为二元函数 $f(x,y)$ 在点 (x_0,y_0) 处关于 x 的**偏导数**，记作

$$f_x(x_0,y_0)\quad 或\quad \frac{\partial f(x_0,y_0)}{\partial x}\quad 或\quad \left.\frac{\partial f}{\partial x}\right|_{\substack{x=x_0\\ y=y_0}};$$

也可记作　$z_x(x_0,y_0)$　或　$\dfrac{\partial z(x_0,y_0)}{\partial x}$　或　$\left.\dfrac{\partial z}{\partial x}\right|_{\substack{x=x_0\\ y=y_0}}$.

类似地，称极限值

$$\lim_{\Delta y\to 0}\frac{f(x_0,y_0+\Delta y)-f(x_0,y_0)}{\Delta y}\tag{9.2}$$

为二元函数 $f(x,y)$在点(x_0,y_0)处关于 y 的偏导数,记作

$$f_y(x_0,y_0) \quad 或 \quad \frac{\partial f(x_0,y_0)}{\partial y} \quad 或 \quad \left.\frac{\partial f}{\partial y}\right|_{\substack{x=x_0\\y=y_0}};$$

也可记作 $$z_y(x_0,y_0) \quad 或 \quad \frac{\partial z(x_0,y_0)}{\partial y} \quad 或 \quad \left.\frac{\partial z}{\partial y}\right|_{\substack{x=x_0\\y=y_0}}.$$

如果函数 $z=f(x,y)$在开区域 D 的每一点都可以对 x,y 求偏导数,则偏导数可记为

$$f_x(x,y)\ 或\ \frac{\partial f(x,y)}{\partial x}\ 或\ f_x;\quad f_y(x,y)\ 或\ \frac{\partial f(x,y)}{\partial y}\ 或\ f_y.$$

例 9.9 求 $z=x^2+3xy+y^2$ 在点(1,2)处的偏导数.

解 求 $f_x(x,y)$时,把 y 看作常数,$f_x(x,y)=2x+3y$;求 $f_y(x,y)$时把 x 看成常数,$f_y(x,y)=3x+2y$. 将(1,2)代入上式,$f_x(1,2)=8$,$f_y(1,2)=7$.

例 9.10 求函数 $f(x,y)=x^y,(x>0)$的偏导数.

解 求 $f_x(x,y)$时,把 y 看作常数,故 $f_x(x,y)=yx^{y-1}$;求 $f_y(x,y)$时,把 x 看作常数,故 $f_y(x,y)=x^y\ln x$.

例 9.11 已知理想气体的状态方程 $pV=RT$(R 为常数),证明

$$\frac{\partial p}{\partial V}\cdot\frac{\partial V}{\partial T}\cdot\frac{\partial T}{\partial p}=-1.$$

证 因为对于 $p=\dfrac{RT}{V}$,$\dfrac{\partial p}{\partial V}=-\dfrac{RT}{V^2}$;对于 $V=\dfrac{RT}{p}$,$\dfrac{\partial V}{\partial T}=\dfrac{R}{p}$;对于 $T=\dfrac{pV}{R}$,$\dfrac{\partial T}{\partial p}=\dfrac{V}{R}$,所以有$\dfrac{\partial p}{\partial V}\cdot\dfrac{\partial V}{\partial T}\cdot\dfrac{\partial T}{\partial p}=-\dfrac{RT}{V^2}\cdot\dfrac{R}{p}\cdot\dfrac{V}{R}=-\dfrac{RT}{Vp}=-1$.

由此可见,记号$\dfrac{\partial f}{\partial x}$是一个整体记号,不能看作$\partial f$ 与∂x 的商.

例 9.12 设 $u=\left(\dfrac{x}{y}\right)^z$,求偏导数 u_x,u_y,u_z.

解 $u_x=z\left(\dfrac{x}{y}\right)^{z-1}\cdot\dfrac{1}{y}$,$u_y=z\left(\dfrac{x}{y}\right)^{z-1}\cdot\left(-\dfrac{x}{y^2}\right)$,$u_z=\left(\dfrac{x}{y}\right)^z\ln\dfrac{x}{y}$.

与一元函数导数的几何意义类似,我们看看偏导数的几何意义. 设二元函数 $z=f(x,y)$在点(x_0,y_0)附近的图形如图 9.2 所示,点 $P(x_0,y_0,f(x_0,y_0))$是曲面上的点,函数 $z=f(x,y_0)$的图形就是曲面 $z=f(x,y)$与平面 $y=y_0$ 的交线 C,偏导数值 $f_x(x_0,y_0)$就是曲线 C 在点 P 处切线对于 x 轴的斜率. 类似地,可讨论偏导数 $f_y(x_0,y_0)$的几何意义.

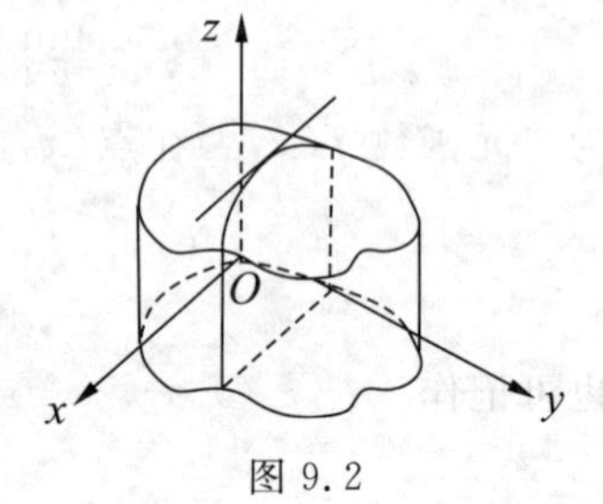

图 9.2

9.3.2　全微分

我们曾讨论过一元函数 $y=f(x)$ 时，y 关于 x 的微分，它具有两个特点：

(1)微分是函数增量的线性主部；

(2)函数增量和微分的差是自变量增量的高阶无穷小.

即：　$\Delta y=A\Delta x+o(\Delta x)$.

对于多元函数，也有类似的情形.

定义 9.6　设二元函数 $z=f(x,y)$ 在点 $P_0=(x_0,y_0)$ 的某个邻域内有定义，若函数在点 P_0 处的全增量

$$\Delta z=f(x_0+\Delta x,y_0+\Delta y)-f(x_0,y_0)$$

可以表示成为

$$\Delta z=A\Delta x+B\Delta y+o(\rho), \tag{9.3}$$

其中 A、B 仅与 x_0、y_0 有关，而与 Δx、Δy 无关，$\rho=\sqrt{\Delta x^2+\Delta y^2}$，则称函数在点 P_0 处可微，并称全增量的线性部分 $A\Delta x+B\Delta y$ 为函数在点 P_0 处的全微分，记作

$$\mathrm{d}z=A\Delta x+B\Delta y \quad 或者 \quad \mathrm{d}f(x_0,y_0)=A\Delta x+B\Delta y.$$

如果函数在开区域 D 内每一点都可微，则称该函数在 D 内可微.

9.3.3　可微性与连续性、偏导数存在性的关系

定理 9.5　若函数 $z=f(x,y)$ 在点 $P_0=(x_0,y_0)$ 处可微，则函数 $f(x,y)$ 在点 P_0 处两个偏导数存在，且式(9.3)中的

$$A=f_x(x_0,y_0),B=f_y(x_0,y_0),$$

因而有　$\mathrm{d}z=f_x(x_0,y_0)\Delta x+f_y(x_0,y_0)\Delta y.$

证　因为在式(9.3)中取 $\Delta y=0$，即得

$$\Delta z=f(x_0+\Delta x,y_0)-f(x_0,y_0)=A\Delta x+o(|\Delta x|),$$

故

$$\frac{\Delta z}{\Delta x}=\frac{f(x_0+\Delta x,y_0)-f(x_0,y_0)}{\Delta x}=A+\frac{o(|\Delta x|)}{\Delta x},$$

当 $\Delta x\to 0$ 时，有极限

$$\lim_{\Delta x\to 0}\frac{\Delta z}{\Delta x}=\lim_{\Delta x\to 0}\frac{f(x_0+\Delta x,y_0)-f(x_0,y_0)}{\Delta x}=A,$$

所以函数 $f(x,y)$ 在点 P_0 处对 x 的偏导数存在，且 $f_x(x_0,y_0)=A$；类似地可证 $f_y(x_0,y_0)=B$.

以上定理说明，若函数在某点可微，则在该点也一定存在偏导数. 对一元函数而言，反过来也是正确的，即可导必可微. 但对二元函数就不尽然，请看下面的例题.

例 9.13 证明函数 $f(x,y)=\begin{cases}\dfrac{xy}{x^2+y^2}, & x^2+y^2\neq 0,\\ 0, & x^2+y^2=0\end{cases}$ 在原点处存在偏导数，但不可微.

证 因为$\lim\limits_{\Delta x\to 0}\dfrac{f(\Delta x,0)-f(0,0)}{\Delta x}=0$,故 $f_x(0,0)=0$,类似地 $f_y(0,0)=0$,

于是
$$\lim_{\substack{\Delta x\to 0\\ \Delta y\to 0}}(\Delta z-\mathrm{d}z)=\lim_{\substack{\Delta x\to 0\\ \Delta y\to 0}}\frac{\Delta x\Delta y}{\Delta x^2+\Delta y^2}=\lim_{\substack{\Delta x\to 0\\ \Delta y=k\Delta x}}\frac{k\Delta x^2}{\Delta x^2+k^2\Delta x^2}=\frac{k}{1+k^2},$$
其与 k 有关,即极限不存在,更不为零. 即 $\Delta z-\mathrm{d}z$ 不是无穷小,所以函数在原点处不可微.

例 9.14 证明二元函数 $f(x,y)=\begin{cases}xy\sin\dfrac{1}{\sqrt{x^2+y^2}}, & (x,y)\neq(0,0),\\ 0, & (x,y)=0\end{cases}$ 在原点处可微.

证 $f(x,0)=0$,所以 $f_x(0,0)=0$;同理 $f_y(0,0)=0$.
$$\Delta z=f(0+\Delta x,0+\Delta y)-f(0,0)=\Delta x\Delta y\sin\frac{1}{\sqrt{(\Delta x)^2+(\Delta y)^2}},$$
$$\mathrm{d}z=f_x(0,0)\Delta x+f_y(0,0)\Delta y,令\ \rho=\sqrt{(\Delta x)^2+(\Delta y)^2},$$
则 $\dfrac{\Delta z-f_x(0,0)\Delta x-f_y(0,0)\Delta y}{\rho}=\left|\dfrac{\Delta x\cdot\Delta y}{\rho}\cdot\sin\dfrac{1}{\rho}\right|\leqslant|\Delta y|\to 0(\rho\to 0)$,
所以,$f(x,y)$在原点处可微.

定理 9.6 若函数 $z=f(x,y)$在点 $P_0=(x_0,y_0)$处可微,则函数 $f(x,y)$在点 P_0 处连续.

证 因为,当 $\Delta x\to 0,\Delta y\to 0$ 时,由式(9.3)即得
$$\Delta z=f(x_0+\Delta x,y_0+\Delta y)-f(x_0,y_0)\to 0,$$
也就是
$$\lim_{\substack{\Delta x\to 0\\ \Delta y\to 0}}f(x_0+\Delta x,y_0+\Delta y)=f(x_0,y_0).$$
所以函数 $f(x,y)$在点 P_0 处连续.

但是反过来,由连续性不一定能推得可微性,请看下面的例题.

例 9.15 证明函数 $f(x,y)=\begin{cases}\dfrac{xy}{\sqrt{x^2+y^2}}, & x^2+y^2\neq 0,\\ 0, & x^2+y^2=0\end{cases}$ 在原点处连续,但不可微.

证 因为$|f(x,y)|\leqslant\dfrac{x^2+y^2}{2\sqrt{x^2+y^2}}=\dfrac{1}{2}\sqrt{x^2+y^2}\to 0=f(0,0)$,$(x,y)\to(0,0)$时,

所以函数在原点处连续.

又因为由定义可得　$f_x(0,0)=0$，　$f_y(0,0)=0$，

于是
$$\lim_{\rho\to 0}\frac{\Delta z-\mathrm{d}z}{\rho}=\lim_{\substack{\Delta x\to 0\\ \Delta y\to 0}}\frac{\Delta x\Delta y}{\Delta x^2+\Delta y^2}=\lim_{\substack{\Delta x\to 0\\ \Delta y=k\Delta x}}\frac{k\Delta x^2}{\Delta x^2+k^2\Delta x^2}=\frac{k}{1+k^2},$$
其与 k 有关,即极限不存在,更不为零,所以函数在原点处不可微.

定理 9.7　若函数 $z=f(x,y)$ 在点 $P=(x,y)$ 及其某一邻域内存在偏导数 $f_x(x,y)$、$f_y(x,y)$,且在这一点它们都连续,则函数 $f(x,y)$ 在点 P 处可微.

证　因为
$$\begin{aligned}\Delta z&=f(x+\Delta x,y+\Delta y)-f(x,y)\\&=[f(x+\Delta x,y+\Delta y)-f(x+\Delta x,y)]+[f(x+\Delta x,y)-f(x,y)],\end{aligned}$$

由于假设 $f_x(x,y)$、$f_y(x,y)$ 都存在,所以当 Δx、Δy 充分小时,可以把微分中值定理分别应用于前后两个差,得到
$$\Delta z=f_y(x+\Delta x,y+\theta_1\Delta y)\Delta y+f_x(x+\theta_2\Delta x,y)\Delta x,$$
其中 $0<\theta_1<1,0<\theta_2<1$.

又由于假设 $f_x(x,y)$、$f_y(x,y)$ 在点 P 处都连续,故有
$$f_y(x+\Delta x,y+\theta_1\Delta y)=f_y(x,y)+\alpha,$$
$$f_x(x+\theta_2\Delta x,y)=f_x(x,y)+\beta,$$
其中 $\Delta x\to 0,\Delta y\to 0$ 时,α、β 都趋于零. 于是
$$\begin{aligned}\Delta z&=[f_y(x,y)+\alpha]\Delta y+[f_x(x,y)+\beta]\Delta x\\&=f_x(x,y)\Delta x+f_y(x,y)\Delta y+\beta\Delta x+\alpha\Delta y,\end{aligned}$$

从而
$$\lim_{\substack{\Delta x\to 0\\ \Delta y\to 0}}\frac{\Delta z-[f_x(x,y)\Delta x+f_y(x,y)\Delta y]}{\rho}=\lim_{\substack{\Delta x\to 0\\ \Delta y\to 0}}\frac{\beta\Delta x+\alpha\Delta y}{\sqrt{\Delta x^2+\Delta y^2}}=0.$$
由定义知函数 $f(x,y)$ 在点 P 处可微.

这个定理说明,我们如果求得一个函数的偏导数,且它们连续,从而也就可知此函数可微,并且即可写出其全微分.

例 9.16　求 $z=\mathrm{e}^{xy}$ 在点(1,2)处的全微分.

解　$\dfrac{\partial z}{\partial x}=y\mathrm{e}^{xy}$，$\dfrac{\partial z}{\partial y}=x\mathrm{e}^{xy}$；$\left.\dfrac{\partial z}{\partial x}\right|_{\substack{x=1\\ y=2}}=2\mathrm{e}^2$，$\left.\dfrac{\partial z}{\partial y}\right|_{\substack{x=1\\ y=2}}=\mathrm{e}^2$，

所以
$$\left.\mathrm{d}z\right|_{\substack{x=1\\ y=2}}=2\mathrm{e}^2\mathrm{d}x+\mathrm{e}^2\mathrm{d}y.$$

例 9.17　求函数 $u(x,y,z)=\mathrm{e}^{x+z}\cos(x^2+y)$ 的全微分.

解　因为偏导数
$$\frac{\partial u}{\partial x}=\mathrm{e}^{x+z}[\cos(x^2+y)-2x\sin(x^2+y)],$$
$$\frac{\partial u}{\partial y}=-\mathrm{e}^{x+z}\sin(x^2+y),\quad \frac{\partial u}{\partial z}=\mathrm{e}^{x+z}\cos(x^2+y),$$
在全平面上连续,故函数在全平面上可微,且

$$du = e^{x+z}\{[\cos(x^2+y)-2x\sin(x^2+y)]dx-\sin(x^2+y)dy \\ +\cos(x^2+y)dz\}.$$

注意 函数在点(x,y)的邻域内存在偏导数,且这些偏导数在点(x,y)处都连续,只是函数$f(x,y)$在点P处可微的充分条件,而不是必要条件,请看下面的例题.

例 9.18 证明例 9.14 中函数$f(x,y)$的偏导数在原点不连续.

证 例 9.14 已证明$f(x,y)$在原点存在偏导数,且可微.当$(x,y)\neq(0,0)$时,$f_x(x,y)=y\sin\dfrac{1}{\sqrt{x^2+y^2}}-\dfrac{x^2y}{\sqrt{(x^2+y^2)^3}}\cos\dfrac{1}{\sqrt{x^2+y^2}}$,当点$p(x,y)$沿$y=|x|$趋于$(0,0)$时,$\lim\limits_{\substack{x\to0\\y=|x|\to0}} f_x(x,y)=\lim\left(|x|\sin\dfrac{1}{\sqrt{2}|x|}-\dfrac{|x|^3}{2\sqrt{2}\ |x|^3}\cdot\cos\dfrac{1}{\sqrt{2}|x|}\right)$极限不存在,所以$f_x(x,y)$在$(0,0)$不连续;同理可证$f_y(x,y)$在$(0,0)$不连续.

习题 9.3

(A)

1. 求下列函数的偏导数.

(1)$z=x^2\ln(x^2+y^2)$;　(2)$y=\sin(2t-5x)$;　(3)$z=xy+\dfrac{x}{y}$;

(4)$f(x,y)=\tan\dfrac{y^2}{x}$;　(5)$u=\dfrac{1}{x^2+y^2+z^2}$;　(6)$u=\sin(yz)+e^{xz}$.

2. 求下列函数在指定点的各个偏导数.

(1)$z=(1+xy)^y$,在$(1,1)$处;　(2)$z=e^{-x}\sin(x+2y)$,在$(0,\dfrac{\pi}{4})$处.

3. 设$u=\ln(1+x+y^2+z^3)$,当$x=y=z=1$时,求$u_x+u_y+u_z$.

4. 求函数$f(x,y)=\begin{cases}\dfrac{xy}{\sqrt{x^2+y^2}}, & x^2+y^2\neq0,\\ 0, & x^2+y^2=0\end{cases}$的偏导数.

5. 求下列n元函数的偏导数.

(1)$u=\ln(x_1+x_2+\cdots+x_n)$;　(2)$u=\arcsin(x_1^2+x_2^2+\cdots+x_n^2)$.

6. 求下列函数在指定点的全微分.

(1)$z=e^{2x}\sin(x+2y)$,$(0,\dfrac{\pi}{4})$;　(2)$z=\dfrac{x}{\sqrt{x^2+y^2}}$,$(1,2)$;

(3)$f(x,y,z)=\left(\dfrac{x}{y}\right)^{\frac{1}{z}}$,$(1,1,1)$;(4)$z=y^x\ln(x+y)$,$(1,1)$.

(B)

1. 求函数 $f(x,y)=\begin{cases}\dfrac{x^2y}{x^4+4y^2}, & x^2+y^2\neq 0,\\ 0, & x^2+y^2=0\end{cases}$ 在点(0,0)处的偏导数.

2. 设函数 $f(x,y)=\begin{cases}\dfrac{x^2y^2}{(x^2+y^2)^{3/2}}, & x^2+y^2\neq 0,\\ 0, & x^2+y^2=0,\end{cases}$

证明 $f(x,y)$ 在点(0,0)处连续,偏导数存在,但不可微.

9.4　复合函数微分法和高阶全微分

9.4.1　复合函数求导法

我们来讨论多元复合函数的微分法,它是一元复合函数求导法的推广.

定理 9.8　设函数 $u=u(x,y)$, $v=v(x,y)$ 在点 (x,y) 的偏导数存在,函数 $z=f(u,v)$ 在相应于 (x,y) 的点 (u,v) 可微,则有

$$\frac{\partial z}{\partial x}=\frac{\partial f}{\partial u}\frac{\partial u}{\partial x}+\frac{\partial f}{\partial v}\frac{\partial v}{\partial x},$$

以及

$$\frac{\partial z}{\partial y}=\frac{\partial f}{\partial u}\frac{\partial u}{\partial y}+\frac{\partial f}{\partial v}\frac{\partial v}{\partial y}. \tag{9.4}$$

证　只证第一式. 因为 $f(u,v)$ 可微,因此有

$$\Delta z=\frac{\partial f}{\partial u}\Delta u+\frac{\partial f}{\partial v}\Delta v+o\left(\sqrt{(\Delta u)^2+(\Delta v)^2}\right),$$

以及

$$\frac{\Delta z}{\Delta x}=\frac{\partial f}{\partial u}\frac{\Delta u}{\Delta x}+\frac{\partial f}{\partial v}\frac{\Delta v}{\Delta x}+\frac{o\left(\sqrt{(\Delta u)^2+(\Delta v)^2}\right)}{\Delta x}.$$

由于 $\dfrac{\partial u}{\partial x}$, $\dfrac{\partial v}{\partial x}$ 存在,故

$$\begin{aligned}&\lim_{\Delta x\to 0}\frac{o\left(\sqrt{(\Delta u)^2+(\Delta v)^2}\right)}{\Delta x}\\ &=\lim_{\Delta x\to 0}\frac{o\left(\sqrt{(\Delta u)^2+(\Delta v)^2}\right)}{\sqrt{(\Delta u)^2+(\Delta v)^2}}\cdot\sqrt{\left(\frac{\Delta u}{\Delta x}\right)^2+\left(\frac{\Delta v}{\Delta x}\right)^2}\\ &=0,\end{aligned}$$

所以有

$$\frac{\partial z}{\partial x}=\lim_{\Delta x\to 0}\frac{\Delta z}{\Delta x}=\frac{\partial f}{\partial u}\frac{\partial u}{\partial x}+\frac{\partial f}{\partial v}\frac{\partial v}{\partial x}.$$

同理可证第二式. 式(9.4)称为多元复合函数求偏导数的**链式法则**.

上述定理中假设了中间变量和自变量分别都是两个的情形,事实上,它们的个数都可从一个到有限多个. 下面看几个特别的情形,设所给函数的导数和偏导数都是存在的.

(1)如果 $z=f(u,v)$,而 $u=u(x)$,$v=v(x)$,即中间变量有两个,自变量只有一个,则有

$$\frac{\mathrm{d}z}{\mathrm{d}x}=\frac{\partial f}{\partial u}\frac{\mathrm{d}u}{\mathrm{d}x}+\frac{\partial f}{\partial v}\frac{\mathrm{d}v}{\mathrm{d}x},$$

其中$\frac{\mathrm{d}z}{\mathrm{d}x}$被称为全导数.

(2)如果 $z=f(u)$,而 $u=u(x,y)$,即中间变量只有一个,自变量有两个,则有

$$\frac{\partial z}{\partial x}=f'(u)\frac{\partial u}{\partial x},$$

$$\frac{\partial z}{\partial y}=f'(u)\frac{\partial u}{\partial y}.$$

(3)如果 $z=f(u,v,w)$,而 $u=u(x,y)$,$v=v(x,y)$,$w=w(x,y)$,即中间变量有三个,自变量有两个,则有

$$\frac{\partial z}{\partial x}=\frac{\partial f}{\partial u}\frac{\partial u}{\partial x}+\frac{\partial f}{\partial v}\frac{\partial v}{\partial x}+\frac{\partial f}{\partial w}\frac{\partial w}{\partial x},$$

$$\frac{\partial z}{\partial y}=\frac{\partial f}{\partial u}\frac{\partial u}{\partial y}+\frac{\partial f}{\partial v}\frac{\partial v}{\partial y}+\frac{\partial f}{\partial w}\frac{\partial w}{\partial y}.$$

(4)如果 $z=f(u,v,x)$,而 $u=u(x,y)$,$v=v(x,y)$,即中间变量和自变量都是两个,但因变量 z 还直接与 x 有关系,则有

$$\frac{\partial z}{\partial x}=\frac{\partial f}{\partial u}\frac{\partial u}{\partial x}+\frac{\partial f}{\partial v}\frac{\partial v}{\partial x}+\frac{\partial f}{\partial x},$$

$$\frac{\partial z}{\partial y}=\frac{\partial f}{\partial u}\frac{\partial u}{\partial y}+\frac{\partial f}{\partial v}\frac{\partial v}{\partial y}.$$

其中$\frac{\partial z}{\partial x}$表示在函数 $z=f(u(x,y),v(x,y),x)$ 中把 y 看作常数,对 x 求偏导数;而$\frac{\partial f}{\partial x}$表示在函数 $z=f(u,v,x)$ 中把 u,v 看作常数,对 x 求偏导数,二者不可混淆.

例 9.19 设 $z=f(x^2y,\frac{y}{x})$,求$\frac{\partial z}{\partial x}$,$\frac{\partial z}{\partial y}$.

解 令 $u=x^2y$,$v=\frac{y}{x}$,则由链式法则有

$$\frac{\partial z}{\partial x}=\frac{\partial f}{\partial u}\frac{\partial u}{\partial x}+\frac{\partial f}{\partial v}\frac{\partial v}{\partial x}=\frac{\partial f}{\partial u}\cdot 2xy+\frac{\partial f}{\partial v}\cdot\left(-\frac{y}{x^2}\right)=2xyf'_1-\frac{y}{x^2}f'_2,$$

这里记号 f'_1表示函数对第一个中间变量求偏导数,f'_2表示函数对第二个中间变量

求偏导数. 其中的变量 u,v 要分别用 x^2y 和 $\frac{y}{x}$ 代入,即

$$\frac{\partial z}{\partial x}=2xyf'_1(x^2y,\frac{y}{x})-\frac{y}{x^2}f'_2(x^2y,\frac{y}{x}).$$

类似地有 $$\frac{\partial z}{\partial y}=x^2f'_1(x^2y,\frac{y}{x})+\frac{1}{x}f'_2(x^2y,\frac{y}{x}).$$

例 9.20　已知 $u=f(x-y,y-z,t-z)$,求 $\frac{\partial u}{\partial x}+\frac{\partial u}{\partial y}+\frac{\partial u}{\partial z}+\frac{\partial u}{\partial t}$.

解　$\frac{\partial u}{\partial x}=f'_1\cdot 1+f'_2\cdot 0+f'_3\cdot 0,$

$\frac{\partial u}{\partial y}=f'_1\cdot(-1)+f'_2\cdot 1+f'_3\cdot 0,$

$\frac{\partial u}{\partial z}=f'_1\cdot 0+f'_2\cdot(-1)+f'_3\cdot(-1),$

$\frac{\partial u}{\partial t}=f'_1\cdot 0+f'_2\cdot 0+f'_3\cdot 1,$

所以 $\frac{\partial u}{\partial x}+\frac{\partial u}{\partial y}+\frac{\partial u}{\partial z}+\frac{\partial u}{\partial t}=0.$

9.4.2　一阶全微分形式不变性

我们已知当 x,y 是自变量时,函数 $z=f(x,y)$ 的全微分为

$$dz=\frac{\partial f}{\partial x}dx+\frac{\partial f}{\partial y}dy. \tag{9.5}$$

如果 $x=x(u,v)$,$y=y(u,v)$,即 x,y 分别是 u,v 的函数,复合后得到关于 u,v 的二元函数

$$z=f[x(u,v),y(u,v)],$$

它的全微分应当为

$$dz=\frac{\partial z}{\partial u}du+\frac{\partial z}{\partial v}dv. \tag{9.6}$$

因为由链式法则

$$\frac{\partial z}{\partial u}=\frac{\partial f}{\partial x}\frac{\partial x}{\partial u}+\frac{\partial f}{\partial y}\frac{\partial y}{\partial u},$$

$$\frac{\partial z}{\partial v}=\frac{\partial f}{\partial x}\frac{\partial x}{\partial v}+\frac{\partial f}{\partial y}\frac{\partial y}{\partial v},$$

把它们代入式(9.6)得

$$dz=\left(\frac{\partial f}{\partial x}\frac{\partial x}{\partial u}+\frac{\partial f}{\partial y}\frac{\partial y}{\partial u}\right)du+\left(\frac{\partial f}{\partial x}\frac{\partial x}{\partial v}+\frac{\partial f}{\partial y}\frac{\partial y}{\partial v}\right)dv$$

$$=\frac{\partial f}{\partial x}\left(\frac{\partial x}{\partial u}\mathrm{d}u+\frac{\partial x}{\partial v}\mathrm{d}v\right)+\frac{\partial f}{\partial y}\left(\frac{\partial y}{\partial u}\mathrm{d}u+\frac{\partial y}{\partial v}\mathrm{d}v\right), \tag{9.7}$$

注意到 $x=x(u,v)$, $y=y(u,v)$时,

$$\mathrm{d}x=\frac{\partial x}{\partial u}\mathrm{d}u+\frac{\partial x}{\partial v}\mathrm{d}v,\quad \mathrm{d}y=\frac{\partial y}{\partial u}\mathrm{d}u+\frac{\partial y}{\partial v}\mathrm{d}v,$$

代入式(9.7)得

$$\mathrm{d}z=\frac{\partial f}{\partial x}\mathrm{d}x+\frac{\partial f}{\partial y}\mathrm{d}y. \tag{9.8}$$

比较式(9.5)与式(9.8)知,无论 x,y 是自变量还是中间变量,多元函数 z 的全微分形式是一样的. 这个性质称为多元函数**一阶全微分形式的不变性**. 利用这个性质可以推出和一元函数微分计算相同的公式. 例如,无论 u,v 是自变量还是中间变量,都有

$$\mathrm{d}(u\pm v)=\mathrm{d}u\pm\mathrm{d}v,\quad \mathrm{d}(uv)=v\mathrm{d}u+u\mathrm{d}v,\quad \mathrm{d}\left(\frac{u}{v}\right)=\frac{v\mathrm{d}u-u\mathrm{d}v}{v^2},$$

等等. 这样一来,我们还可以通过全微分来求偏导数.

例 9.21 求函数 $u=\mathrm{e}^{x^2+y^2+z^2}$ 的偏导数.

解 令 $v=x^2+y^2+z^2$,

$$\mathrm{d}u=\mathrm{e}^v\mathrm{d}v=\mathrm{e}^{x^2+y^2+z^2}(2x\mathrm{d}x+2y\mathrm{d}y+2z\mathrm{d}z),$$

又
$$\mathrm{d}u=\frac{\partial u}{\partial x}\mathrm{d}x+\frac{\partial u}{\partial y}\mathrm{d}y+\frac{\partial u}{\partial z}\mathrm{d}z,$$

比较两式可得偏导数 $\frac{\partial u}{\partial x}=2x\mathrm{e}^{x^2+y^2+z^2}$, $\frac{\partial u}{\partial y}=2y\mathrm{e}^{x^2+y^2+z^2}$, $\frac{\partial u}{\partial z}=2z\mathrm{e}^{x^2+y^2+z^2}$.

9.4.3 高阶偏导数和高阶全微分

对于二元函数 $z=f(x,y)$,注意到$\frac{\partial z}{\partial x}$和$\frac{\partial z}{\partial y}$仍然是 x,y 的二元函数,在它们可导时,可以考虑**二阶偏导数**

$$\frac{\partial}{\partial x}\left(\frac{\partial z}{\partial x}\right),\quad \frac{\partial}{\partial y}\left(\frac{\partial z}{\partial x}\right),\quad \frac{\partial}{\partial x}\left(\frac{\partial z}{\partial y}\right),\quad \frac{\partial}{\partial y}\left(\frac{\partial z}{\partial y}\right),$$

并且依次记为$\frac{\partial^2 z}{\partial x^2}$,$\frac{\partial^2 z}{\partial x\partial y}$,$\frac{\partial^2 z}{\partial y\partial x}$,$\frac{\partial^2 z}{\partial y^2}$,或者 $f''_{xx}(x,y)$, $f''_{xy}(x,y)$, $f''_{yx}(x,y)$, $f''_{yy}(x,y)$. 其中$\frac{\partial^2 z}{\partial x\partial y}$和$\frac{\partial^2 z}{\partial y\partial x}$称为**混合偏导数**.

同样,每个二阶偏导数也是 x,y 的二元函数,因此在它们可导时,可以考虑**三阶偏导数**.

例如三阶偏导数$\frac{\partial}{\partial x}\left(\frac{\partial^2 z}{\partial x\partial y}\right)$,可用$\frac{\partial^3 z}{\partial x\partial y\partial x}$或者 $f'''_{xyx}(x,y)$来表示. 对于 n 元函

数的更高阶偏导数的定义可依次类推.

定理 9.9　如果函数 $z=f(x,y)$ 的两个混合偏导数 $\frac{\partial^2 z}{\partial x\partial y}$，$\frac{\partial^2 z}{\partial y\partial x}$ 在区域 D 上连续，则在该区域上这两个二阶混合偏导数是相等的.

证明从略.

事实上，n 元函数的高阶混合偏导数在连续的条件下，均与求导的次序无关. 我们在运算中若无特殊说明，都假定一切偏导数都是连续的.

至于复合函数高阶偏导数的计算，只要重复运用已知的求导法则就可以了，要特别注意链式法则的运用.

例 9.22　设 $z=f(x^2y,\frac{y}{x})$，求 $\frac{\partial^2 z}{\partial x^2}$，$\frac{\partial^2 z}{\partial x\partial y}$.

解　(参见例 9.19)已知

$$\frac{\partial z}{\partial x}=2xyf'_1(x^2y,\frac{y}{x})-\frac{y}{x^2}f'_2(x^2y,\frac{y}{x}),$$

其中 $u=x^2y, v=\frac{y}{x}$. 注意 $f'_1(x^2y,\frac{y}{x})$，$f'_2(x^2y,\frac{y}{x})$ 仍然通过中间变量 u,v 与自变量 x,y 有关，由链式法则有

$$\begin{aligned}\frac{\partial^2 z}{\partial x^2}&=2yf'_1(x^2y,\frac{y}{x})+2xy\left(2xyf''_{11}(x^2y,\frac{y}{x})-\frac{y}{x^2}f''_{12}(x^2y,\frac{y}{x})\right)\\&\quad+\frac{2y}{x^3}f'_2(x^2y,\frac{y}{x})-\frac{y}{x^2}\left(2xyf''_{21}(x^2y,\frac{y}{x})-\frac{y}{x^2}f''_{22}(x^2y,\frac{y}{x})\right)\\&=4x^2y^2f''_{11}(x^2y,\frac{y}{x})-\frac{4y^2}{x}f''_{12}(x^2y,\frac{y}{x})+\frac{y^2}{x^4}f''_{22}(x^2y,\frac{y}{x})\\&\quad+2yf'_1(x^2y,\frac{y}{x})+\frac{2y}{x^3}f'_2(x^2y,\frac{y}{x}).\end{aligned}$$

类似地有

$$\begin{aligned}\frac{\partial^2 z}{\partial x\partial y}&=2xf'_1(x^2y,\frac{y}{x})+2xy\left(x^2f''_{11}(x^2y,\frac{y}{x})+\frac{1}{x}f''_{12}(x^2y,\frac{y}{x})\right)\\&\quad-\frac{1}{x^2}f'_2(x^2y,\frac{y}{x})-\frac{y}{x^2}\left(x^2f''_{21}(x^2y,\frac{y}{x})+\frac{1}{x}f''_{22}(x^2y,\frac{y}{x})\right)\\&=2x^3yf''_{11}(x^2y,\frac{y}{x})+yf''_{12}(x^2y,\frac{y}{x})-\frac{y}{x^3}f''_{22}(x^2y,\frac{y}{x})\\&\quad+2xf'_1(x^2y,\frac{y}{x})-\frac{1}{x^2}f'_2(x^2y,\frac{y}{x}).\end{aligned}$$

其中记号 f''_{11} 表示函数对第一个中间变量求两次偏导数，f''_{12} 表示函数对第一和第二个中间变量分别求一次偏导数，f''_{22} 表示函数对第二个中间变量求两次偏导数.

例 9.23 设 $z=f(xy,y)$,其中 f 是有 2 阶连续偏导数,求 $\frac{\partial^2 z}{\partial x^2},\frac{\partial^2 z}{\partial x\partial y}$.

解 $\frac{\partial z}{\partial x}=f'_1\cdot y=yf'_1$, $\frac{\partial^2 z}{\partial x^2}=y^2f''_{11}$,

$$\frac{\partial^2 z}{\partial x\partial y}=f'_1+y(f''_{11}x+f''_{12})=f'_1+xyf''_{11}+yf''_{12}$$

习题 9.4

(A)

1. 求下列函数的导数 $\frac{\mathrm{d}w}{\mathrm{d}x}$(其中 f 可微).

(1) $w=\ln\sqrt{x^2+y^2}$,而 $y=\mathrm{e}^{-x^2}$;　　(2) $w=u^v$,而 $u=\sin x,v=x$;

(3) $w=f(x+x^2+x^3)$;　　(4) $w=f(x,x^2,x^3)$.

2. 求下列函数的偏导数(其中 f 可微).

(1) $z=f(x,y)=xy+x\mathrm{e}^y$,而 $x=r\cos\theta,y=r\sin\theta$,求 $\frac{\partial z}{\partial r},\frac{\partial z}{\partial \theta}$;

(2) $u=f(x,y)$,而 $x=r\cos\theta,y=r\sin\theta$,求 $\frac{\partial u}{\partial r},\frac{\partial u}{\partial \theta}$;

(3) $z=f(x^2-y^2,\mathrm{e}^{xy})$,求 $\frac{\partial z}{\partial x},\frac{\partial z}{\partial y}$;

(4) $u=f(x^2+y^3+z^4)$,求 $\frac{\partial u}{\partial x},\frac{\partial u}{\partial y},\frac{\partial u}{\partial z}$;

(5) $u=f(x,xy,xyz)$,求 $\frac{\partial u}{\partial x},\frac{\partial u}{\partial y},\frac{\partial u}{\partial z}$;

(6) $u=f(\frac{x}{y},\frac{y}{z})$,求 $\frac{\partial u}{\partial x},\frac{\partial u}{\partial y},\frac{\partial u}{\partial z}$.

3. 求下列函数的二阶偏导数.

(1) $z=\sin(ax+by)$;　　(2) $z=y^{\ln x}$;　　(3) $z=\ln(xy)$;

(4) 设 $z=f\left(x,\frac{x}{y}\right)$,其中 f 是有 2 阶连续偏导数,求 $\frac{\partial^2 z}{\partial x^2},\frac{\partial^2 z}{\partial y^2}$.

4. 设 $z=x^k\mathrm{e}^{-\frac{y}{x}}$,满足关系式 $\frac{\partial z}{\partial x}=y\frac{\partial^2 z}{\partial y^2}+\frac{\partial z}{\partial y}$,试求常数 k.

5. 设 $z=\frac{y}{f(x^2-y^2)}$,其中 $f(u)$ 为可导函数,证明:$\frac{1}{x}\frac{\partial u}{\partial x}+\frac{1}{y}\frac{\partial u}{\partial y}=\frac{z}{y^2}$.

(B)

1. 求下列函数的二阶偏导数(其中 f 具有二阶连续偏导数).

(1) $z=f(x+y,x-y)$；　　(2) $z=f(xy^2,x^2y)$；

(3) $z=f(\sin x,\cos y,e^{x+y})$；　　(4) $z=f(x^2,\ln y,xy)$.

2. 设 $z=f(x,y)$ 具有二阶连续偏导数，令 $x=u\cos\alpha-v\sin\alpha$，$y=u\sin\alpha+v\cos\alpha$，($\alpha$ 为常数)，证明：$\dfrac{\partial^2 z}{\partial x^2}+\dfrac{\partial^2 z}{\partial y^2}=\dfrac{\partial^2 z}{\partial u^2}+\dfrac{\partial^2 z}{\partial v^2}$.

3. 设 $f(u)$ 可导，验证函数 $z=x^k f\left(\dfrac{y}{x^2}\right)$ 满足方程 $x\dfrac{\partial z}{\partial x}+2y\dfrac{\partial z}{\partial y}=kz$.

4. 设 $f(x,y)=\begin{cases}\dfrac{x^3y-xy^3}{x^2+y^2}, & (x,y)\neq(0,0)\\ 0, & (x,y)=(0,0)\end{cases}$，试证：$f_{xy}(0,0)\neq f_{yx}(0,0)$.

9.5　方向导数与梯度

9.5.1　方向导数

我们已知函数 $u=f(x,y,z)$ 在点 $P_0(x_0,y_0,z_0)$ 的偏导数 $f_x(x_0,y_0,z_0)$、$f_y(x_0,y_0,z_0)$、$f_z(x_0,y_0,z_0)$ 分别是函数 $u=f(x,y,z)$ 在点 $P_0(x_0,y_0,z_0)$ 沿着 x 轴、y 轴、z 轴方向的变化率，但在自然现象中，需要我们讨论函数沿任一给定方向的变化率问题. 例如物理学中需要确定静电场中电位沿着某些方向的变化率；气象学中需要确定大气温度、气压等量在某些方向的变化率，等等. 总之，我们需要研究函数沿着任一给定方向的变化率问题.

定义 9.7　设向量 $\boldsymbol{l}$ 的方向角为 α、β、γ，函数 $u=f(x,y,z)$ 在点 $P_0(x_0,y_0,z_0)$ 的某个邻域内有定义. 如果极限

$$\lim_{t\to 0}\frac{f(P_0+t\boldsymbol{l})-f(P_0)}{t}$$

存在，则称它为函数 $f(x,y,z)$ 在点 P_0 沿方向 $\boldsymbol{l}$ 的方向导数. 记作

$$\frac{\partial f(P_0)}{\partial l}\quad 或\quad \left.\frac{\partial f}{\partial l}\right|_{P_0}.$$

函数 $f(x,y,z)$ 在任意点 $P(x,y,z)$ 沿方向 $\boldsymbol{l}$ 的方向导数. 记作

$$\frac{\partial f(P)}{\partial l}\quad 或\quad \left.\frac{\partial f}{\partial l}\right|_{P}.$$

由于 $f(P_0+t\boldsymbol{l})=f(x_0+t\cos\alpha,y_0+t\cos\beta,z_0+t\cos\gamma)$，若令

$$\phi(t)=f(x_0+t\cos\alpha,y_0+t\cos\beta,z_0+t\cos\gamma),$$

则由方向导数的定义有

$$\frac{\partial f(P_0)}{\partial l}=\lim_{t\to 0}\frac{f(P_0+t\boldsymbol{l})-f(P_0)}{t}$$

$$= \lim_{t \to 0} \frac{f(x_0 + t\cos\alpha, y_0 + t\cos\beta, z_0 + t\cos\gamma) - f(x_0, y_0, z_0)}{t}$$

$$= \lim_{t \to 0} \frac{\phi(t) - \phi(0)}{t} = \phi'(0),$$

即函数 $f(x,y,z)$在点 P_0 沿方向 $\boldsymbol{l}$ 的方向导数就是一元函数 $\phi(t)$在 $t=0$ 处的导数.

下面我们给出计算方向导数的公式.

定理 9.10 设函数 $u=f(x,y,z)$在点 $P_0(x_0,y_0,z_0)$处可微,则函数 $f(x,y,z)$在点 P_0 沿任一方向 $\boldsymbol{l}$ 的方向导数存在,且

$$\frac{\partial f(P_0)}{\partial l} = f_x(x_0,y_0,z_0)\cos\alpha + f_y(x_0,y_0,z_0)\cos\beta + f_z(x_0,y_0,z_0)\cos\gamma,$$

其中 $\cos\alpha$、$\cos\beta$、$\cos\gamma$ 是向量 $\boldsymbol{l}$ 的方向余弦.

证 因为函数 $u=f(x,y,z)$在点 $P_0(x_0,y_0,z_0)$处可微,根据复合函数求偏导数的链式法则,

$$\phi'(0) = f_x(x_0,y_0,z_0)\cos\alpha + f_y(x_0,y_0,z_0)\cos\beta + f_z(x_0,y_0,z_0)\cos\gamma = \frac{\partial f(P_0)}{\partial l},$$

所以定理的结论正确.

例 9.24 求函数 $u=xyz$ 在点(1,1,1)处从点(1,1,1)到(2,2,2)的方向导数.

解 方向 $l=(1,1,1)$,其方向余弦为 $\cos\alpha=\frac{1}{\sqrt{3}}$, $\cos\beta=\frac{1}{\sqrt{3}}$, $\cos\gamma=\frac{1}{\sqrt{3}}$,

$$\left.\frac{\partial u}{\partial x}\right|_{(1,1,1)} = \left.yz\right|_{(1,1,1)} = 1,$$

$$\left.\frac{\partial u}{\partial y}\right|_{(1,1,1)} = \left.xz\right|_{(1,1,1)} = 1,$$

$$\left.\frac{\partial u}{\partial z}\right|_{(1,1,1)} = \left.xy\right|_{(1,1,1)} = 1,$$

所以 $\left.\frac{\partial u}{\partial l}\right|_{(1,1,1)} = \left.\left(\frac{\partial u}{\partial x}\cos\alpha + \frac{\partial u}{\partial y}\cos\beta + \frac{\partial u}{\partial z}\cos\gamma\right)\right|_{(1,1,1)} = \sqrt{3}$.

对于二元函数 $z=f(x,y)$,同样有它在点 $P_0(x_0,y_0)$沿方向 $\boldsymbol{l}=k\{\cos\alpha,\cos\beta\}$的方向导数,即函数沿着方向 $\boldsymbol{l}$ 的变化率. 当函数 $f(x,y)$在点 P_0 可微时,其计算公式是:

$$\frac{\partial f(P_0)}{\partial l} = f_x(x_0,y_0)\cos\alpha + f_y(x_0,y_0)\cos\beta.$$

例 9.25 求函数 $z=\ln(x+y)$在抛物线 $y^2=4x$ 上点(1,2)处,沿着抛物线在

该点处偏向 x 轴正向的切线方向的方向导数.

解　由 $y^2=4x$ 求导得 $2y\dfrac{dy}{dx}=4$,

所以　$$\left.\frac{dy}{dx}\right|_{(1,2)}=\left.\frac{2}{y}\right|_{(1,2)}=1,$$

即　$$\tan\alpha=1,\alpha=\frac{\pi}{4},$$

所以 $\cos\alpha=\cos\dfrac{\pi}{4}=\dfrac{\sqrt{2}}{2}$, $\cos\beta=\sin\alpha=\sin\dfrac{\pi}{4}=\dfrac{\sqrt{2}}{2}$,

$$\left.\frac{\partial z}{\partial x}\right|_{(1,2)}=\left.\frac{1}{x+y}\right|_{(1,2)}=\frac{1}{3},\ \left.\frac{\partial z}{\partial y}\right|_{(1,2)}=\left.\frac{1}{x+y}\right|_{(1,2)}=\frac{1}{3},$$

所以 $\left.\dfrac{\partial z}{\partial l}\right|_{(1,2)}=\left.\left(\dfrac{\partial z}{\partial x}\cos\dfrac{\pi}{4}+\dfrac{\partial z}{\partial y}\sin\dfrac{\pi}{4}\right)\right|_{(1,2)}=\dfrac{\sqrt{2}}{3}$.

9.5.2　梯度

方向导数描述了函数 $f(x,y)$ 在点 P_0 处沿着方向 $\boldsymbol{l}$ 的变化状态. 若 $\dfrac{\partial f(P_0)}{\partial l}>0$,说明函数在点 P_0 处沿着方向 $\boldsymbol{l}$ 是递增的;若 $\dfrac{\partial f(P_0)}{\partial l}<0$,说明函数在点 P_0 处沿着方向 $\boldsymbol{l}$ 是递减的;若 $\dfrac{\partial f(P_0)}{\partial l}=0$,说明函数在点 P_0 处沿着方向 $\boldsymbol{l}$ 是稳定的, 那么函数在点 P_0 处沿着什么方向增加得最快呢?

我们已知函数 $f(x,y,z)$ 在点 P_0 处可微时,函数沿任一方向 l 的方向导数为

$$\begin{aligned}\frac{\partial f(P_0)}{\partial l}&=f_x(x_0,y_0,z_0)\cos\alpha+f_y(x_0,y_0,z_0)\cos\beta\\&\quad+f_z(x_0,y_0,z_0)\cos\gamma,\end{aligned}$$

其中 $\boldsymbol{l}^0=\{\cos\alpha,\cos\beta,\cos\gamma\}$. 下面我们介绍:

定义 9.8　设函数 $u=f(x,y,z)$ 在点 $P_0(x_0,y_0,z_0)$ 存在偏导数,则称向量

$$f_x(x_0,y_0,z_0)\boldsymbol{i}+f_y(x_0,y_0,z_0)\boldsymbol{j}+f_z(x_0,y_0,z_0)\boldsymbol{k}$$

为函数 $f(x,y,z)$ 在点 P_0 的**梯度向量**(简称梯度),记作

$$\mathrm{grad}f_{P_0}=\nabla f_{P_0}=\{f_x,f_y,f_z\}_{P_0}.$$

这样一来,方向导数的计算就可表示为

$$\begin{aligned}\frac{\partial f(P_0)}{\partial l}&=f_x(x_0,y_0,z_0)\cos\alpha+f_y(x_0,y_0,z_0)\cos\beta\\&\quad+f_z(x_0,y_0,z_0)\cos\gamma\\&=\{f_x,f_y,f_z\}_{P_0}\cdot\{\cos\alpha,\cos\beta,\cos\gamma\}\end{aligned}$$

$$= \mathrm{grad} f_{P_0} \cdot \boldsymbol{l}^0.$$

这说明方向导数$\frac{\partial f}{\partial l}$是梯度 $\mathrm{grad} f$ 在方向 $\boldsymbol{l}$ 上的投影,从而函数在梯度方向上变化是最快的,且最大变化率为梯度(向量)的模$|\mathrm{grad} f|$.

例 9.26 求例 9.24 中 u 在点(1,1,1)处变化最快的方向以及最大变化率.

解 因为 $\left.\frac{\partial u}{\partial x}\right|_{(1,1,1)}=1$, $\left.\frac{\partial u}{\partial y}\right|_{(1,1,1)}=1$, $\left.\frac{\partial u}{\partial z}\right|_{(1,1,1)}=1$,

所以 $\mathrm{grad}u(1,1,1)=(1,1,1)$即为函数 u 在点(1,1,1)处变化最快的方向

又因为$|\mathrm{grad}u(1,1,1)|=\sqrt{3}$,所以最大变化率为$\sqrt{3}$.

例 9.27 设原点处有一单位正电荷在真空中产生一个静电场,在空中任意一个点 $P(x,y,z)$(不等于原点)处电位 $V=\frac{1}{\sqrt{x^2+y^2+z^2}}$,求其梯度.

解 若记 $r=\sqrt{x^2+y^2+z^2}$, 则电位的梯度

$$\mathrm{grad}V = \mathrm{grad}\,\frac{1}{r} = -\frac{x}{r^3}\boldsymbol{i}-\frac{y}{r^3}\boldsymbol{j}-\frac{z}{r^3}\boldsymbol{k}.$$

由此我们知道,电位函数的等位面是以原点为中心的同心圆. 向量$-\mathrm{grad}V=\frac{x}{r^3}\boldsymbol{i}+\frac{y}{r^3}\boldsymbol{j}+\frac{z}{r^3}\boldsymbol{k}$ 是点 $P(x,y,z)$处的电场强度 $\boldsymbol{E}$. 电场线是发自原点的射线,指向电势减少(即$-\mathrm{grad}V$)的方向,并与电位函数 V 的等位面正交.

习题 9.5

(A)

1. 求函数 $z=x^2-xy-2y^2$ 在点(1,2)沿着与 x 轴正向构成$\frac{\pi}{3}$角的方向导数.

2. 求函数 $z=x^3-2x^3y+xy^2+1$ 在点(1,2)沿着从该点到点(4,6)的方向导数.

3. 求函数 $u=xy+yz+zx$ 在点(2,1,3)沿着从该点到点(5,5,15)的方向导数.

4. 求函数 $u=xy^2+z^3-xyz$ 在点(1,1,2)处沿方向角 $\alpha=\frac{\pi}{3}$,$\beta=\frac{\pi}{4}$,$\gamma=\frac{\pi}{3}$方向的方向导数和梯度.

5. 求函数 $f(x,y,z)=\cos(xyz)$在点 $P_0(\frac{1}{3},\frac{1}{2},\pi)$处函数值增加最快的方向以及最大变化率.

6. 求函数 $f(x,y,z)=\frac{x-z}{y+z}$在点 $P_0(-1,1,3)$处函数值减小最快的方向.

(B)

1. 设函数 $z=\ln\sqrt{x^2+y^2}$，求 z 在点(1,1)沿与过这点的等高线垂直方向的方向导数.

2. 设函数 $z=f(x,y)$ 在点 $P_0(2,0)$ 处可微，且指向点 $P_1(2,-2)$ 的方向导数是 1；指向点 $P_2(0,0)$ 的方向导数是 -3，求在点 $P_0(2,0)$ 处的 $\dfrac{\partial f}{\partial x}$，$\dfrac{\partial f}{\partial y}$ 以及指向点 $P_3(2,1)$ 的方向导数.

3. 设 $r=\sqrt{x^2+y^2+z^2}$，求函数 r 和函数 $u=\dfrac{1}{r}$ 在点 $P_0(x_0,y_0,z_0)$ 处的梯度.

9.6　隐函数微分法

9.6.1　函数隐藏于一个方程的情形

我们先考虑含两个变量的方程

$$F(x,y)=0. \tag{9.9}$$

设函数 $y=y(x)$ 是由上述方程确定的一个隐函数，那么对于某个区间内的每个 x 都应该有

$$F(x,y(x))=0. \tag{9.10}$$

假设函数 $F(x,y)$ 与 $y(x)$ 都是可微的，我们对 x 求导，由链式法则有

$$\frac{\mathrm{d}[F(x,y(x))]}{\mathrm{d}x}=\frac{\partial F}{\partial x}+\frac{\partial F}{\partial y}\frac{\mathrm{d}y}{\mathrm{d}x}=0,$$

当 $\dfrac{\partial F}{\partial y}\neq 0$ 时，得　$\dfrac{\mathrm{d}y}{\mathrm{d}x}=-\dfrac{\partial F}{\partial x}\Big/\dfrac{\partial F}{\partial y}=-\dfrac{F_x}{F_y}$.　(9.11)

例 9.28　求由方程 $y^5-xy+1=0$ 确定的隐函数 $y=y(x)$ 的导数.

解法一　记 $F(x,y)=y^5-xy+1$，因为 $F_x=-y$，$F_y=5y^4-x$，由式(9.11)得

$$\frac{\mathrm{d}y}{\mathrm{d}x}=-\frac{F_x}{F_y}=\frac{y}{5y^4-x}.$$

解法二　我们除了用公式(9.11)以外，也可在已知方程中视 y 为 x 的函数，即有

$$[y(x)]^5-xy(x)+1=0,$$

方程两端对 x 求导，得

$$5[y(x)]^4y'(x)-y(x)-xy'(x)=0,$$

所以

$$y'(x)=\frac{y}{5y^4-x}.$$

下面我们考虑含三个变量的方程

$$F(x,y,z)=0. \tag{9.12}$$

设方程(9.12)确定一个隐函数 $z=z(x,y)$，那么对于某个区间内的每个 x 和 y 都应该有

$$F(x,y,z(x,y))=0. \tag{9.13}$$

现在等式两端对 x 求偏导数，由链式法则有

$$\frac{\partial[F(x,y,z(x,y))]}{\partial x}=\frac{\partial F}{\partial x}+\frac{\partial F}{\partial z}\frac{\partial z}{\partial x}=0,$$

当 $\dfrac{\partial F}{\partial z}\neq 0$ 时，得 $\quad \dfrac{\partial z}{\partial x}=-\dfrac{\partial F}{\partial x}\Big/\dfrac{\partial F}{\partial z}=-\dfrac{F_x}{F_z}.$ (9.14)

类似地，对 y 求偏导数可得

$$\frac{\partial z}{\partial y}=-\frac{\partial F}{\partial y}\Big/\frac{\partial F}{\partial z}=-\frac{F_y}{F_z}. \tag{9.15}$$

例 9.29　设 $e^z-xyz=0$，求 $\dfrac{\partial z}{\partial x},\dfrac{\partial^2 z}{\partial x^2}$.

解　设 $F(x,y,z)=e^z-xyz$，则 $F_x=-yz, F_z=e^z-xy$.

$$\frac{\partial z}{\partial x}=-\frac{F_x}{F_z}=\frac{yz}{e^z-xy},$$

$$\frac{\partial^2 z}{\partial x^2}=\frac{y\dfrac{\partial z}{\partial x}(e^z-xy)-yz\left(e^z\dfrac{\partial z}{\partial x}-y\right)}{(e^z-xy)^2}$$

$$=\frac{y\dfrac{yz}{e^z-xy}(e^z-xy)-yz\left(e^z\dfrac{yz}{e^z-xy}-y\right)}{(e^z-xy)^2}$$

$$=\frac{2y^2ze^z-zxy^3z-y^2z^2e^z}{(e^z-xy)^3}.$$

例 9.30　设 $x^2+y^2+z^2=f\left(\dfrac{z}{y}\right)$，其中 $f(u)$ 可微，求 $\dfrac{\partial z}{\partial x},\dfrac{\partial z}{\partial y}$.

解　方程两端对 x 求导，得

$$2x+2z\frac{\partial z}{\partial x}=f'\left(\frac{z}{y}\right)\cdot\frac{1}{y}\frac{\partial z}{\partial x},\quad \frac{\partial z}{\partial x}=\frac{2xy}{f'\left(\dfrac{z}{y}\right)-2yz}.$$

方程两端对 y 求导，得

$$2y+2z\frac{\partial z}{\partial y}=f'\left(\frac{z}{y}\right)\left(\frac{y\dfrac{\partial z}{\partial y}-z}{y^2}\right),\quad \frac{\partial z}{\partial y}=\frac{2y^2+\dfrac{z}{y}f'\left(\dfrac{z}{y}\right)}{f'\left(\dfrac{z}{y}\right)-2yz}$$

9.6.2　函数隐藏于方程组的情形

一般来说,n 个方程可以确定 n 个函数. 例如含有三个变量的方程组

$$\begin{cases} F(x,y,z) = 0, \\ G(x,y,z) = 0 \end{cases} \tag{9.16}$$

中应该只有一个是独立变量,另两个变量随之变化. 假设方程组(9.16)中 x 是独立变量,确定两个一元函数 $y=y(x)$,$z=z(x)$. 下面在 F,G 可微和 y,z 可导的假设下,求 $y'(x)$和 $z'(x)$.

将 $y=y(x)$,$z=z(x)$代入式(9.16),得

$$\begin{cases} F(x,y(x),z(x)) = 0, \\ G(x,y(x),z(x)) = 0. \end{cases}$$

由复合函数链式法则,对 x 求导得

$$\begin{cases} F_x + F_y y'(x) + F_z z'(x) = 0, \\ G_x + G_y y'(x) + G_z z'(x) = 0. \end{cases}$$

这是关于 $y'(x)$和 $z'(x)$的线性方程组,当 $y'(x)$和 $z'(x)$的系数行列式

$$\begin{vmatrix} F_y & F_z \\ G_y & G_z \end{vmatrix} \neq 0$$

时,可以解得 $y'(x)=-\dfrac{\begin{vmatrix} F_x & F_z \\ G_x & G_z \end{vmatrix}}{\begin{vmatrix} F_y & F_z \\ G_y & G_z \end{vmatrix}}$,　　$z'(x)=-\dfrac{\begin{vmatrix} F_y & F_x \\ G_y & G_x \end{vmatrix}}{\begin{vmatrix} F_y & F_z \\ G_y & G_z \end{vmatrix}}$.　　(9.17)

通常我们把上述由 n 个函数关于 n 个变量求偏导数所组成的行列式称为**雅可比(Jacobi)行列式**,记为

$$\frac{\partial(F,G)}{\partial(x,z)} = \begin{vmatrix} F_x & F_z \\ G_x & G_z \end{vmatrix}, \frac{\partial(F,G)}{\partial(y,z)} = \begin{vmatrix} F_y & F_z \\ G_y & G_z \end{vmatrix}, \frac{\partial(F,G)}{\partial(y,x)} = \begin{vmatrix} F_y & F_x \\ G_y & G_x \end{vmatrix};$$

或者 $$\frac{D(F,G)}{D(x,z)} = \begin{vmatrix} F_x & F_z \\ G_x & G_z \end{vmatrix}, \frac{D(F,G)}{D(y,z)} = \begin{vmatrix} F_y & F_z \\ G_y & G_z \end{vmatrix}, \frac{D(F,G)}{D(y,x)} = \begin{vmatrix} F_y & F_x \\ G_y & G_x \end{vmatrix}.$$

类似地,可设含四个变量的方程组

$$\begin{cases} F(x,y,u,v) = 0, \\ G(x,y,u,v) = 0. \end{cases} \tag{9.18}$$

确定两个二元函数 $u=u(x,y)$,$v=v(x,y)$,那么可求 u_x,v_x,u_y,v_y, 方法同上.

将 $u=u(x,y)$,$v=v(x,y)$代入方程(9.18)得

$$\begin{cases} F(x,y,u(x,y),v(x,y)) = 0, \\ G(x,y,u(x,y),v(x,y)) = 0. \end{cases}$$

对 x 求导得 $\begin{cases} F_x + F_u u_x + F_v v_x = 0, \\ G_x + G_u u_x + G_v v_x = 0. \end{cases}$

这是关于 u_x, v_x 的线性方程组,当 u_x 和 v_x 的系数行列式

$$\frac{\partial(F,G)}{\partial(u,v)} = \begin{vmatrix} F_u & F_v \\ G_u & G_v \end{vmatrix} \neq 0$$

时,

$$u_x = -\frac{\partial(F,G)}{\partial(x,v)} \Bigg/ \frac{\partial(F,G)}{\partial(u,v)}, \quad v_x = -\frac{\partial(F,G)}{\partial(u,x)} \Bigg/ \frac{\partial(F,G)}{\partial(u,v)}, \tag{9.19}$$

类似地,对 y 求导后解方程可得

$$u_y = -\frac{\partial(F,G)}{\partial(y,v)} \Bigg/ \frac{\partial(F,G)}{\partial(u,v)}, \quad v_y = -\frac{\partial(F,G)}{\partial(u,y)} \Bigg/ \frac{\partial(F,G)}{\partial(u,v)}. \tag{9.20}$$

例 9.31 设有方程 $\begin{cases} xu - vy = 0, \\ yu + xv = 1, \end{cases}$ 求 u_x, v_x, u_y, v_y.

解 设 $F(x,y,u,v) = xu - vy$, $G(x,y,u,v) = yu + xv - 1$,用公式(9.19)和公式(9.20)来求 u_x, v_x, u_y, v_y. 也可用推导公式(9.19)和(9.20)的方法来求解.

视 $u = u(x,y)$, $v = v(x,y)$,在已知方程两端对 x 求导,得

$$\begin{cases} u + xu_x - yv_x = 0, \\ yu_x + v + xv_x = 0, \end{cases}$$

整理为

$$\begin{cases} xu_x - yv_x = -u, \\ yu_x + xv_x = -v. \end{cases}$$

在 $\begin{vmatrix} x & -y \\ y & x \end{vmatrix} = x^2 + y^2 \neq 0$ 的条件下,得

$$u_x = -\frac{xu + yv}{x^2 + y^2}, \quad v_x = \frac{yu - xv}{x^2 + y^2}.$$

类似地,在已知方程两端对 y 求导并整理,在 $x^2 + y^2 \neq 0$ 的条件下,得

$$u_y = -\frac{xv - yu}{x^2 + y^2}, \quad v_y = -\frac{xu + yv}{x^2 + y^2}.$$

例 9.32 设 $y = y(x)$, $z = z(x)$ 是由方程 $z = xf(x + y)$ 和 $F(x,y,z) = 0$ 所确定的函数,其中 f 和 F 是一阶连续导数和一阶连续偏导数,求 $\frac{\mathrm{d}z}{\mathrm{d}x}$.

解 方程 $z = xf(x + y)$ 和 $F(x,y,z) = 0$ 两端对 x 求导,

$$\begin{cases} \dfrac{\mathrm{d}z}{\mathrm{d}x} = f + xf' \cdot \left(1 + \dfrac{\mathrm{d}y}{\mathrm{d}x}\right), \\ F'_x + F'_y \dfrac{\mathrm{d}y}{\mathrm{d}x} + F'_z \dfrac{\mathrm{d}z}{\mathrm{d}x} = 0, \end{cases}$$

即
$$\begin{cases} -xf'\dfrac{dy}{dx}+\dfrac{dz}{dx}=f+xf', \\ F'_y\dfrac{dy}{dx}+F'_z\dfrac{dz}{dx}=-F'_x. \end{cases}$$

解得
$$\frac{dz}{dx}=\frac{(f+xf')F'_y-xf'F'_x}{F'_y+xf'F'_z}\quad (F'_y+xf'F'_z\neq 0)$$

9.6.3　隐函数存在定理

上面我们推导求隐函数的导数或者偏导数的方法时，都是在假定所给方程能确定隐函数的前提条件下进行的. 那么，给定一个方程或者一个方程组，什么条件满足时它才能确定隐函数呢？这个理论性的问题颇为复杂，下面给出含两个变量的方程关于隐函数存在性和可微性的有关定理.

定理 9.11　设二元函数 $F(x,y)$满足下列条件：

(1) 在矩形区域 $D=\{(x,y)\mid |x-x_0|<a, |y-y_0|<b\}$内 $F_x(x,y)$和 $F_y(x,y)$连续；

(2) $F(x_0,y_0)=0$；

(3) $F_y(x_0,y_0)\neq 0$.

则有以下结果：

1°　在点(x_0,y_0)的某一邻域内，由方程 $F(x,y)=0$ 可以唯一确定一个函数 $y=f(x)$，且 $y_0=f(x_0)$；即存在 $\delta>0$，当 $x\in O(x_0,\delta)$时有 $F(x,f(x))=0$，且 $y_0=f(x_0)$；

2°　$y=f(x)$在 $O(x_0,\delta)$内连续；

3°　$y=f(x)$在 $O(x_0,\delta)$内具有连续导数，且 $f'(x)=-\dfrac{F_x}{F_y}$.

证　**1°**　我们分以下几步来证明：

• 先注意到由条件(1)可知函数 $F(x,y)$在 D 内连续，又由条件(3)不妨设 $F_y(x_0,y_0)>0$.

由 $F_y(x,y)$的连续性和连续函数的保号性可知，$F_y(x,y)$在点(x_0,y_0)的某一邻域内也大于零，不妨就是在上述的区域 D 中.

• 由于 $F_y(x,y)>0$，$\forall (x,y)\in D$，当固定 $x=x_0$ 时，一元函数 $F_y(x_0,y)$，在区间(y_0-b,y_0+b)内是严格增加的. 又因为 $F(x_0,y_0)=0$，故有
$$F(x_0,y_0-b)<0,\qquad F(x_0,y_0+b)>0.$$

• 现在我们再考虑关于 x 的一元连续函数 $F(x,y_0-b)$.

由于 $F(x_0,y_0-b)<0$，所以必存在 $\delta_1>0$，当 $x\in O(x_0,\delta_1)$时，有 $F(x,y_0-b)<0$.

类似地,由于 $F(x_0, y_0+b)>0$,所以必存在 $\delta_2>0$,当 $x\in O(x_0,\delta_2)$ 时,有 $F(x,y_0+b)>0$.

取 $\delta=\min(\delta_1,\delta_2)$,故当 $x\in O(x_0,\delta)$ 时,同时有

$$F(x,y_0-b)<0, \qquad F(x,y_0+b)>0.$$

· 设 $\bar{x}$ 是邻域 $O(x_0,\delta)$ 中的任一点,由以上讨论知同时有

$$F(\bar{x},y_0-b)<0, \qquad F(\bar{x},y_0+b)>0.$$

这时考虑一元函数 $F(\bar{x},y)$,由其连续性和上面的两个结论,应该存在 $y_0-b<\bar{y}<y_0+b$,使得

$$F(\bar{x},\bar{y})=0.$$

进一步由 $\forall(x,y)\in D, F_y(x,y)>0$,知 $F_y(\bar{x},y)>0$,即一元函数 $F(\bar{x},y)$ 关于 y 是严格递增的,从而上述 $\bar{y}$ 是唯一的. 鉴于 $\bar{x}$ 的任意性得知,对于 $O(x_0,\delta)$ 中的任一 x,总能从 $F(x,y)=0$ 中确定唯一的 y 与之相应,这就是函数关系,记为 $y=f(x), x\in O(x_0,\delta)$. 对于 x_0,自然有 $y_0=f(x_0)$.

2° 现证 $y=f(x)$ 在 $O(x_0,\delta)$ 内连续.

设 x_1 是邻域 $O(x_0,\delta)$ 中的任一点,由 1°中结论有 $y_1=f(x_1)$. 对 $\forall\varepsilon>0$,做

$$y=y_1-\varepsilon \quad \text{和} \quad y=y_1+\varepsilon,$$

由 1°中证明可知

$$F(x_1,y_1-\varepsilon)<0, \qquad F(x_1,y_1+\varepsilon)>0.$$

再由 $F(x,y)$ 的连续性知,存在 x_1 的某一邻域 $O(x_1,\eta)$,使得其内成立着

$$F(x,y_1-\varepsilon)<0, \qquad F(x,y_1+\varepsilon)>0.$$

我们再固定 x 考虑 y 的一元函数 $F(x,y)$,它关于 y 是严格增加的连续函数,于是在 $(y_1-\varepsilon,y_1+\varepsilon)$ 内存在唯一的一个 y,使得

$$F(x,y)=0.$$

这就表示对于邻域 $O(x_1,\eta)$ 内的任何 x,它所对应的函数值 $y=f(x)$ 成立着

$$f(x)\in(f(x_1)-\varepsilon, f(x_1)+\varepsilon),$$

再由 x_1 在邻域 $O(x_0,\delta)$ 中的任意性知,$y=f(x)$ 在 $O(x_0,\delta)$ 内连续.

3° 设 $x_2, x_2+\Delta x$ 是邻域 $O(x_0,\delta)$ 中的任意两点,记

$$y_2=f(x_2), \qquad y_2+\Delta y=f(x_2+\Delta x).$$

由函数 $y=f(x)$ 的定义知

$$F(x_2,y_2)=0, \qquad F(x_2+\Delta x,y_2+\Delta y)=0.$$

于是

$$\begin{aligned}0&=F(x_2+\Delta x,y_2+\Delta y)-F(x_2,y_2)\\&=F(x_2+\Delta x,y_2+\Delta y)-F(x_2+\Delta x,y_2)+F(x_2+\Delta x,y_2)-F(x_2,y_2)\\&=F_y(x_2+\Delta x,y_2+\theta_1\Delta y)\cdot\Delta y+F_y(x_2+\theta_2\Delta x,y_2)\cdot\Delta x,\end{aligned}$$

其中 $0<\theta_1<1, 0<\theta_2<1$. 所以

$$\frac{\Delta y}{\Delta x}=-\frac{F_y(x_2+\theta_2\Delta x,y_2)}{F_y(x_2+\Delta x,y_2+\theta_1\Delta y)},$$

注意到 $y=f(x)$,$F_x(x,y)$和 $F_y(x,y)$的连续性以及 $F_y(x,y)\neq0$,对上式取极限 $\Delta x\to0$,得

$$f'(x_2)=\lim_{\Delta x\to0}\frac{\Delta y}{\Delta x}=-\frac{F_y(x_2,y_2)}{F_y(x_2,y_2)}.$$

鉴于 x_2 在邻域 $O(x_0,\delta)$中的任意性得结论 3°.

例 9.33　考察方程

$$F(x,y)=x^2+y^2-1=0$$

二元函数 $F(x,y)=x^2+y^2-1$ 以及它的偏导数 $F_x(x,y)=2x$,$F_y(x,y)=2y$ 都在全平面上连续,且 $y\neq0$ 时,$F_y(x,y)\neq0$. 所以在任何满足上述方程的点(x,y)的某个邻域内,只要 $y\neq0$,由方程就可以唯一确定一个具有连续导数的解 $y=f(x)$. 例如点$(0,1)$,$(0,-1)$,$\left(\frac{\sqrt{2}}{2},\frac{\sqrt{2}}{2}\right)$等都分别满足方程,且 $y\neq0$,故在这些点的某一邻域内都存在唯一的隐函数. 但对于点$(1,0)$,$(-1,0)$,因为 $F_y=0$,就不能断定在这两点的某邻域内存在隐函数. 事实上,已知方程在这两点的任何邻域内都不存在唯一的具有连续导数的解 $y=f(x)$.

上面所讨论的问题可以推广到多变量情形. 下面给出含三个变量方程的隐函数存在定理,证明从略.

定理 9.12　设三元函数 $F(x,y,z)$满足下列条件:

(1)在长方体区域 $D=\{(x,y,z)\mid |x-x_0|<a,|y-y_0|<b,|z-z_0|<c\}$内关于 x,y,z 的一阶连续偏导数;

(2)$F(x_0,y_0,z_0)=0$;

(3)$F_z(x_0,y_0,z_0)\neq0$.

则有以下结果:

1°　在点(x_0,y_0,z_0)的某一邻域内,由方程 $F(x,y,z)=0$ 可以唯一确定一个函数 $z=f(x,y)$,且 $y_0=f(x_0)$;即存在 $\delta_1>0,\delta_2>0$,当$(x,y)\in D^\circ=\{(x,y)\mid |x-x_0|<\delta_1,|y-y_0|<\delta_2\}$时,有 $F(x,y,f(x,y))=0$,且 $z_0=f(x_0,y_0)$;

2°　$f(x,y)$在 D° 内连续;

3°　$f(x,y)$在 D° 内具有关于 x,y 的连续偏导数.

最后我们给出由方程组所给隐函数的存在问题,证明也从略.

定理 9.13　设

(1)函数 $F(x,y,u,v)$和 $G(x,y,u,v)$在点 $P_0(x_0,y_0,u_0,v_0)$的某个邻域内对各个变量有一阶连续偏导数;

(2)$F(x_0,y_0,u_0,v_0)=0, G(x_0,y_0,u_0,v_0)=0$;

(3)函数 F,G 关于 u,v 偏导数的 Jacobi 行列式在点 P_0 处非零,即$\left.\frac{\partial(F,G)}{\partial(u,v)}\right|_{P_0}\neq 0$. 则存在点 P_0 的某个邻域,在此邻域内由方程组

$$\begin{cases}F(x,y,u,v)=0,\\G(x,y,u,v)=0\end{cases}$$

可以确定唯一的一组函数

$$u=u(x,y),\qquad v=v(x,y),$$

满足
$$\begin{cases}F(x,y,u(x,y),v(x,y))=0,\\G(x,y,u(x,y),v(x,y))=0,\end{cases}$$

并且 u,v 都具有关于 x,y 的连续偏导数.

习题 9.6

(A)

1. 设 $\sin(xy)-e^{xy}-x^2y=0$,求$\frac{dy}{dx}$.

2. 设 $\ln\sqrt{x^2+y^2}=\arctan\frac{y}{x}$,求$\frac{dy}{dx}$.

3. 设 $z=f(xz,z-y)$,其中 f 可微,求$\frac{\partial z}{\partial x}$和$\frac{\partial z}{\partial y}$.

4. 设 $x+y+z=e^z$,求$\frac{\partial^2 z}{\partial x^2}$,$\frac{\partial^2 z}{\partial x\partial y}$和$\frac{\partial^2 z}{\partial y^2}$.

5. 设 $F(xy,y+z,xz)=0$,其中 F 可微,求$\frac{\partial z}{\partial x}$.

6. 设 $x+y+z=0, x^2+y^2+z^2=1$,求$\frac{dx}{dz}$和$\frac{dy}{dz}$.

(B)

1. 设 $\ln\frac{z}{y}=\frac{x}{z}$,求$\frac{\partial z}{\partial x}$和$\frac{\partial z}{\partial y}$.

2. 设 $z=x^2+y^2, x^2+2y^2+3z^2=20$,求$\frac{dy}{dx}$和$\frac{dz}{dx}$.

3. 设 $x=u+v, y=u^2+v^2$,求$\frac{\partial u}{\partial x}$,$\frac{\partial v}{\partial x}$,$\frac{\partial u}{\partial y}$和$\frac{\partial v}{\partial y}$.

4. 设 $F(x-y,y-z,z-x)=0$,其中 F 可微,求$\frac{\partial z}{\partial x}$和$\frac{\partial z}{\partial y}$.

5. 设有方程 $\begin{cases} x=\mathrm{e}^u+u\sin v \\ y=\mathrm{e}^u-u\cos v \end{cases}$，求 u_x, v_x.

9.7　多元函数的 Taylor 公式

与一元函数类似，也有多元函数的 Taylor 公式. 这里以二元函数为例，叙述如下，证明从略.

定理 9.14　设二元函数 $z=f(x,y)$ 在点 $P_0=(x_0,y_0)$ 的某一邻域内对 x 及 y 具有直到 $n+1$ 阶连续偏导数，点 (x_0+h, y_0+k) 为此邻域内的一点，则有 n **阶 Taylor 公式**

$$
\begin{aligned}
f(x_0+h,y_0+k) &= f(x_0,y_0)+\left(h\frac{\partial}{\partial x}+k\frac{\partial}{\partial y}\right)f(x_0,y_0) \\
&\quad +\frac{1}{2!}\left(h\frac{\partial}{\partial x}+k\frac{\partial}{\partial y}\right)^2 f(x_0,y_0)+\cdots+\frac{1}{n!}\left(h\frac{\partial}{\partial x}+k\frac{\partial}{\partial y}\right)^n \\
&\quad \cdot f(x_0,y_0)+\frac{1}{(n+1)!}\left(h\frac{\partial}{\partial x}+k\frac{\partial}{\partial y}\right)^{n+1} f(x_0+\theta h,y_0+\theta k) \\
&\qquad (0<\theta<1).
\end{aligned}
$$

其中各项的符号规定为：

$$
\left(h\frac{\partial}{\partial x}+k\frac{\partial}{\partial y}\right)f(x_0,y_0) = hf_x(x_0,y_0)+kf_y(x_0,y_0);
$$

$$
\begin{aligned}
\left(h\frac{\partial}{\partial x}+k\frac{\partial}{\partial y}\right)^2 f(x_0,y_0) &= h^2 f_{xx}(x_0,y_0)+2hkf_{xy}(x_0,y_0) \\
&\quad +k^2 f_{yy}(x_0,y_0);
\end{aligned}
$$

$$
\left(h\frac{\partial}{\partial x}+k\frac{\partial}{\partial y}\right)^n f(x_0,y_0) = \sum_{i=0}^{n} \mathrm{C}_n^i h^i k^{n-i}\frac{\partial^n f(x_0,y_0)}{\partial x^i \partial y^{n-i}}.
$$

最后一项称为**余项**，常记作 $R_n(h,k)=\dfrac{1}{(n+1)!}\left(h\dfrac{\partial}{\partial x}+k\dfrac{\partial}{\partial y}\right)^{n+1} f(x_0+\theta h, y_0+\theta k)\ (0<\theta<1)$.

特别地，取 $n=0, x=x_0+h, y=y_0+k$，上式为

$$
\begin{aligned}
f(x,y) &= f(x_0,y_0)+f_x[x_0+\theta(x-x_0),y_0+\theta(y-y_0)](x-x_0) \\
&\quad +f_y[x_0+\theta(x-x_0),y_0+\theta(y-y_0)](y-y_0),
\end{aligned}
$$

其中 $0<\theta<1$，这就是二元函数的中值公式.

如果取 $n=1, x_0=y_0=0$，一阶 Taylor 公式为

$$
\begin{aligned}
f(h,k) &= f(0,0)+f_x(0,0)h+f_y(0,0)k+\frac{1}{2!}[f_{xx}(\theta h,\theta k)h^2 \\
&\quad +2f_{xy}(\theta h,\theta k)hk+f_{yy}(\theta h,\theta k)k^2],
\end{aligned}
$$

其中 $0<\theta<1$.

或者 $$f(h,k)=f(0,0)+f_x(0,0)h+f_y(0,0)k+R_1(h,k).$$

因为这时 $x=h,y=k$,故有

$$\begin{aligned}f(x,y) &= f(0,0)+f_x(0,0)x+f_y(0,0)y+\frac{1}{2!}[f_{xx}(\theta x,\theta y)x^2\\&\quad+2f_{xy}(\theta x,\theta y)xy+f_{yy}(\theta x,\theta y)y^2]\\&= f(0,0)+f_x(0,0)x+f_y(0,0)y+R_1(x,y).\end{aligned}$$

n 阶 Taylor 公式中关于 h 和 k 的 n 次多项式[或除去函数在点$(x_0+\theta h,y_0+\theta k)$(其中 $0<\theta<1$) 处所有偏导数项后],称为 n 阶 Taylor 多项式. 在作近似计算时我们常用以下公式:

$$\begin{aligned}f(x_0+h,y_0+k)\approx& f(x_0,y_0)+\left(h\frac{\partial}{\partial x}+k\frac{\partial}{\partial y}\right)f(x_0,y_0)\\&+\frac{1}{2!}\left(h\frac{\partial}{\partial x}+k\frac{\partial}{\partial y}\right)^2f(x_0,y_0)+\cdots\\&+\frac{1}{n!}\left(h\frac{\partial}{\partial x}+k\frac{\partial}{\partial y}\right)^nf(x_0,y_0),\end{aligned}$$

或者

$$\begin{aligned}f(x,y)\approx& f(x_0,y_0)+\left((x-x_0)\frac{\partial}{\partial x}+(y-y_0)\frac{\partial}{\partial y}\right)f(x_0,y_0)\\&+\frac{1}{2!}\left((x-x_0)\frac{\partial}{\partial x}+(y-y_0)\frac{\partial}{\partial y}\right)^2f(x_0,y_0)+\cdots\\&+\frac{1}{n!}\left((x-x_0)\frac{\partial}{\partial x}+(y-y_0)\frac{\partial}{\partial y}\right)^nf(x_0,y_0).\end{aligned}$$

例 9.34 写出在点$(1,-2)$附近函数 $f(x,y)=2x^2-xy-y^2-6x-3y+5$ 的 Taylor 多项式.

解 因为 $f_x(x,y)=4x-y-6$, $f_y(x,y)=-x-2y-3$,

$$f_{xx}=4,\quad f_{xy}=-1,\quad f_{yy}=-2,$$

更高阶偏导数都是零,故二阶 Taylor 公式就是二阶 Taylor 多项式.

又 $f(1,-2)=5, f_x(1,-2)=0, f_y(1,-2)=0$, 所以有

$$\begin{aligned}f(1+h,-2+k) &= f(1,-2)+f_x(1,-2)h+f_y(1,-2)k\\&\quad+\frac{1}{2!}[f_{xx}(\theta h,\theta k)h^2+2f_{xy}(\theta h,\theta k)hk\\&\quad+f_{yy}(\theta h,\theta k)k^2]\\&= 5+\frac{1}{2}(4h^2-2hk-2k^2)=5+2h^2-hk-k^2,\end{aligned}$$

其中 $0<\theta<1$. 将 $1+h=x,-2+k=y$ 代入,得

$$f(x,y)=5+2(x-1)^2-(x-1)(y+2)-(y+2)^2.$$

习题 9.7

(A)

1. 求函数 $f(x,y)=\sqrt{x+2y+1}$ 在点(0,0)处的一阶 Taylor 公式和二阶 Taylor多项式.

2. 求函数 $f(x,y)=e^x\ln(1+y)$ 在点(0,0)处的二阶 Taylor 多项式.

(B)

1. 利用一阶 Taylor 多项式近似计算 $\sqrt{(3.012)^2+(3.997)^2}$.

2. 求函数 $f(x,y)=e^{x+y}$ 在点(0,0)处的 n 阶 Taylor 公式.

9.8　多元函数的极值

9.8.1　多元函数极值

在这一节中我们应用偏导数来讨论多元函数的极值问题. 首先将一元函数的极值概念推广到多元函数 $u=f(P),P=(x_1,x_2,\cdots,x_n)$ 中来.

定义 9.9　设多元函数 $u=f(P)$ 在点 $P_0=(x_1^0,x_2^0,\cdots,x_n^0)$ 的某个 δ 邻域 $U(P_0,\delta)$ 内有定义,且对一切 $P\in\mathring{U}(P_0,\delta)$,恒有

$$f(P)<f(P_0)\quad[\text{或者 } f(P)>f(P_0)],$$

则称函数 $f(P)$ 在点 P_0 **有严格的极大(或者极小)值,称点** P_0 **为严格的极大(或者极小)值点**.

若上式中的符号"<(或者>)"改为"≤(或者≥)",则称函数 $f(P)$ 在点 P_0 **有极大(或者极小)值,称点** P_0 **为极大(或者极小)值点**.

由定义可见,极值只是一个局部性的概念,只要存在以点 P_0 为中心的某个邻域即可,与邻域的大小没有关系. 现在的问题是如何找到函数的极值点.

9.8.2　极值的必要条件

定义 9.10　若多元函数 $u=f(P)$ 在点 P_0 处对各个自变量的一阶偏导数都等于零,则称点 P_0 是函数 $f(P)$ 的一个**驻点**.

定理 9.15　设多元函数 $u=f(P)$ 在点 P_0 处对各个自变量具有一阶偏导数,且点 P_0 是极值点,则点 P_0 是函数 $f(P)$ 的一个驻点.

证 因为点 $P_0=(x_1^0,x_2^0,\cdots,x_n^0)$是函数 $f(P)$的极值点时,点 $P_0=(x_1^0,x_2^0,\cdots,x_n^0)$也是关于变量 x_1 的一元函数 $f(x_1,x_2^0,\cdots,x_n^0)$的极值点,从而$\left.\frac{\partial f}{\partial x_1}\right|_{P_0}=0$;类似地,有

$$\left.\frac{\partial f}{\partial x_2}\right|_{P_0}=\cdots=\left.\frac{\partial f}{\partial x_n}\right|_{P_0}=0,$$

所以点 P_0 是函数 $f(P)$的一个驻点.

这个极值的必要条件大大缩小了寻找极值点的范围,但是要注意,这个条件并不是充分的,即**驻点不一定是极值点**.

例 9.35 函数 $z=x^2-y^2$ 在点(0,0)处,$\left.\frac{\partial z}{\partial x}\right|_{(0,0)}=0$,$\left.\frac{\partial z}{\partial y}\right|_{(0,0)}=0$,所以点(0,0)是驻点,而函数 $z=x^2-y^2$ 的几何图形是一张马鞍面,在点(0,0)处没有极值.

另外,函数在偏导数不存在的点也可能取得极值.

例 9.36 函数 $z=\sqrt{x^2+y^2}$ 在点(0,0)处偏导数不存在,但在点(0,0)处却有极小值.

由此可见,函数的极值点必为驻点或者是至少有一个偏导数不存在的点. 至于这些点处的函数是否取得极值,还需进一步判定.

下面对于二元函数介绍一个判定驻点是否极值点的充分条件.

9.8.3 极值的充分条件

定理 9.16 设点 $P_0(x_0,y_0)$是二元函数 $z=f(x,y)$的驻点,$f(x,y)$在点 P_0 的某个邻域内有二阶连续偏导数. 令 $f''_{xx}(P_0)=A$, $f''_{xy}(P_0)=B$, $f''_{yy}(P_0)=C$,引入记号 $\Delta=f''_{xx}(P_0)f''_{yy}(P_0)-[f''_{xy}(P_0)]^2=AC-B^2$,则:

(1)当 $\Delta>0$ 时,点 P_0 是函数 $f(x,y)$的极值点;且若 $A=f''_{xx}(P_0)>0$,点 P_0 是极小值点;若 $A=f''_{xx}(P_0)<0$,点 P_0 是极大值点;

(2)当 $\Delta<0$ 时,点 P_0 不是函数 $f(x,y)$的极值点;

(3)当 $\Delta=0$ 时,点 P_0 可能是函数 $f(x,y)$的极值点,也可能不是,需进一步判定.

证 由定理 9.14,当二元函数 $z=f(x,y)$在点 $P_0(x_0,y_0)$的某一邻域内具有二阶连续偏导数时,设点(x_0+h,y_0+k)为此邻域内的一点,则有 Taylor 公式:

$$\begin{aligned}f(x_0+h,y_0+k)&=f(x_0,y_0)+hf_x(x_0,y_0)+kf_y(x_0,y_0)\\&\quad+\frac{1}{2!}[f_{xx}(x_0+\theta h,y_0+\theta k)h^2+2f_{xy}(x_0+\theta h,y_0+\theta k)hk\\&\quad+f_{yy}(x_0+\theta h,y_0+\theta k)k^2],\end{aligned}$$

其中 $0<\theta<1$.

注意到点 $P_0(x_0,y_0)$ 是驻点，故函数的增量

$$\begin{aligned}\Delta f &= f(x_0+h,y_0+k)-f(x_0,y_0)\\ &= \frac{1}{2!}[f_{xx}(x_0+\theta h,y_0+\theta k)h^2+2f_{xy}(x_0+\theta h,y_0+\theta k)hk\\ &\quad +f_{yy}(x_0+\theta h,y_0+\theta k)k^2],\end{aligned}$$

其中 $0<\theta<1$.

又因为二阶偏导数皆连续以及引入的记号，有

$$f_{xx}(x_0+\theta h,y_0+\theta k)=A+\varepsilon_1,\quad \text{其中 } \varepsilon_1\to 0,(h\to 0,k\to 0);$$

$$f_{xy}(x_0+\theta h,y_0+\theta k)=B+\varepsilon_2,\quad \text{其中 } \varepsilon_2\to 0,(h\to 0,k\to 0);$$

$$f_{yy}(x_0+\theta h,y_0+\theta k)=C+\varepsilon_3,\quad \text{其中 } \varepsilon_3\to 0,(h\to 0,k\to 0).$$

于是
$$\Delta f=\frac{1}{2}(Ah^2+2Bhk+Ck^2)+\frac{1}{2}(\varepsilon_1h^2+2\varepsilon_2hk+\varepsilon_3k^2).$$

当前面关于 h 和 k 的二次函数 $g=\frac{1}{2}(Ah^2+2Bhk+Ck^2)$ 不为零时，后一个括号是 $h\to 0,k\to 0$ 时的无穷小，所以存在点 P_0 的一个邻域，使得在这个邻域内，Δf 与 g 的符号相同.

由条件(1)，当 $\Delta>0$ 时，显见 $A\neq 0$，则有

$$g=\frac{1}{2}(Ah^2+2Bhk+Ck^2)=\frac{A}{2}\left[\left(h+\frac{B}{A}k\right)^2+\frac{AC-B^2}{A^2}k^2\right],$$

于是，若 $A=f''_{xx}(P_0)>0$，g 与 Δf 皆为正的，点 P_0 是极小值点；若 $A=f''_{xx}(P_0)<0$，g 与 Δf 皆为负的，点 P_0 是极大值点.

由条件(2)，当 $\Delta<0$ 时，g 括号内的两项有不同的符号. 前者为零时，其值为负；后者为零时，其值为正，所以点 P_0 不是函数 $f(x,y)$ 的极值点.

由条件(3)，当 $\Delta=0$ 时，考虑函数 $f(x,y)=x^4+y^2$ 和 $f(x,y)=x^3+y^2$，在原点处它们都有 $\Delta=0$，但前者取到极小值，后者却取不到极值，所以需进一步判定.

例 9.37　求函数 $z=4(x-y)-x^2-y^2$ 的极值.

解　$\frac{\partial z}{\partial x}=4-2x,\frac{\partial z}{\partial y}=-4-2y,\quad \frac{\partial^2 z}{\partial x^2}=-2,\frac{\partial^2 z}{\partial x\partial y}=0,\frac{\partial^2 z}{\partial y^2}=-2,$

令 $\frac{\partial z}{\partial x}=0,\frac{\partial z}{\partial y}=0$ 解得驻点为 $(2,-2)$，由于

$$A=\left.\frac{\partial^2 z}{\partial x^2}\right|_{(2,-2)}=-2,$$

$$B=\left.\frac{\partial^2 z}{\partial x\partial y}\right|_{(2,-2)}=0,$$

$$C=\left.\frac{\partial^2 z}{\partial y^2}\right|_{(2,-2)}=-2,$$

$AC-B^2=4>0$,$A<0$,所以函数 z 在点$(2,-2)$处取得极大值,极大值为 8.

例 9.38(最小二乘法) 在实际问题中,常常要从一组观测数据(x_i,y_i),$i=1,2,\cdots,n$ 出发,预测函数 $y=f(x)$的表达式. 从几何上看,就是由给定的一组数据(x_i,y_i)去描绘曲线 $y=f(x)$的近似图形,这条近似的曲线称之为**拟合曲线**,要求这条拟合曲线能够反映出所给数据的总趋势. 作拟合曲线的方法很多,这里介绍用线性函数作拟合曲线的方法称为**最小二乘法**.

假定所给的数据点(x_i,y_i)在平面中大致分布成一条直线,设它的方程为 $y=ax+b$,其中系数 a,b 待定.

将已知的数据 x_i 代入直线方程,得 $\tilde{y}_i=ax_i+b(i=1,2,\cdots,n)$,其与实际测得的数据 y_i 有偏差

$$\varepsilon_i=y_i-\tilde{y}_i=y_i-(ax_i+b),i=1,2,\cdots,n.$$

作偏差的平方和

$$\varepsilon^2=\varepsilon_1^2+\varepsilon_2^2+\cdots+\varepsilon_n^2=\sum_{i=1}^{n}(y_i-ax_i-b)^2.$$

显见这里 ε^2 是关于 a,b 的函数. 常称 $\varepsilon=\varepsilon(a,b)$为**平方总偏差**. 现在求 a,b 使得平方总偏差达到最小,所得直线方程 $y=ax+b$ 就是所给数据的最佳拟合直线.

由极值的必要条件,令

$$\frac{\partial(\varepsilon^2)}{\partial a}=-2\sum_{i=1}^{n}(y_i-ax_i-b)x_i=2\left(a\sum_{i=1}^{n}x_i^2+b\sum_{i=1}^{n}x_i-\sum_{i=1}^{n}x_iy_i\right)=0,$$

$$\frac{\partial(\varepsilon^2)}{\partial b}=-2\sum_{i=1}^{n}(y_i-ax_i-b)=2\left(a\sum_{i=1}^{n}x_i+nb-\sum_{i=1}^{n}y_i\right)=0.$$

即有关于 a,b 的方程组

$$\begin{cases}\left(\sum_{i=1}^{n}x_i^2\right)a+\left(\sum_{i=1}^{n}x_i\right)b=\sum_{i=1}^{n}x_iy_i,\\ \left(\sum_{i=1}^{n}x_i\right)a+nb=\sum_{i=1}^{n}y_i.\end{cases}$$

解出 $$a=\frac{n\sum_{i=1}^{n}x_iy_i-\left(\sum_{i=1}^{n}x_i\right)\left(\sum_{i=1}^{n}y_i\right)}{n\left(\sum_{i=1}^{n}x_i^2\right)-\left(\sum_{i=1}^{n}x_i\right)^2},$$

$$b=\frac{\left(\sum_{i=1}^{n}x_i^2\right)\left(\sum_{i=1}^{n}y_i\right)-\left(\sum_{i=1}^{n}x_i\right)\left(\sum_{i=1}^{n}x_iy_i\right)}{n\left(\sum_{i=1}^{n}x_i^2\right)-\left(\sum_{i=1}^{n}x_i\right)^2},$$

则 $y=ax+b$ 就是所求直线方程.

9.8.4　最大值和最小值

我们已知,若二元函数 $z=f(x,y)$ 在有界闭区域 D 上连续,则 $f(x,y)$ 在 D 上一定存在最大值和最小值. 我们将求最大(小)值的步骤归纳如下:

(1)求出 $f(x,y)$ 在 D 内的所有驻点和一阶偏导数不存在的点;

(2)计算 $f(x,y)$ 在这些点的函数值;

(3)求出 $f(x,y)$ 在 D 的边界上的最大(小)值;

(4)比较上面算得的函数值,其中最大者就是最大值,最小者就是最小值.

上述的第(3)步计算过程往往很复杂,通常可根据问题的实际意义做出判断. 如果可以确定函数 $f(x,y)$ 的最大(小)值一定在 D 的内部取得,而函数在 D 内只有一个驻点,则可以断定这个驻点就是最大(小)值点.

例 9.39　求函数 $f(x,y)=x^2y(5-x-y)$ 在闭区域 $D=\{(x,y)\mid x+y\leqslant 4, x\geqslant 0, y\geqslant 0\}$ 上的最值.

解　令

$$f_x(x,y)=10xy-3x^2y-2xy^2=xy(10-3x-2y)=0,$$
$$f_y(x,y)=5x^2-x^3-2x^2y=x^2(5-x-2y)=0,$$

可得区域 D 内的驻点 $\left(\frac{5}{2},\frac{5}{4}\right)$,而 $f\left(\frac{5}{2},\frac{5}{4}\right)=\frac{625}{64}$.

再考察边界上的情况.

在边界 $x=0$ 及 $y=0$ 上,函数的值均为零;

在边界 $x+y=4$ 上,$f(x,y)=f(x,x-4)=h(x)=x^2(4-x)$,$0\leqslant x\leqslant 4$. 令

$$h'(x)=8x-3x^2=x(8-3x)=0,$$

在 $0\leqslant x\leqslant 4$ 上得驻点 $x=0$ 和 $x=8/3$. 而 $h(0)=0$,$h(8/3)=256/27$.

将三个数进行比较,由于 $\frac{625}{64}>\frac{256}{27}>0$,所以函数 $f(x,y)$ 在闭区域 D 上,

最大值为 $f(5/2,5/4)=625/64$,最小值为 $f(0,y)=f(x,0)=0$.

例 9.40　在平面上求一点,使之到 n 个点 $(x_i,y_i)(i=1,2,\cdots,n)$ 的距离的平方和最小.

解　设所求点为 (x,y),令 $f(x,y)=\sum_{i=1}^{n}[(x-x_i)^2+(y-y_i)^2]$,

$$\frac{\partial f}{\partial x}=2nx-2\sum_{i=1}^{n}x_i,\frac{\partial f}{\partial y}=2ny-2\sum_{i=1}^{n}y_i,$$

令 $\frac{\partial f}{\partial x}=0,\frac{\partial f}{\partial y}=0$,得驻点为 $p_0\left(\frac{1}{n}\sum_{i=1}^{n}x_i,\frac{1}{n}\sum_{i=1}^{n}y_i\right)$,又

$$A=f''_{xx}(p_0)=2n,\ B=f''_{xy}(p_0)=0,\ C=f''_{yy}(p_0)=2n,$$

$$AC-B^2=4n^2>0,\quad 且\quad A=2n>0.$$

所以 $f(x,y)$在 p_0 取得极小值,由于实际问题中最小值是存在的,驻点只有一个,所以 $f(x,y)$在 p_0 处为最小值.

习题 9.8

(A)

1. 求下列函数的极值.

(1)$z=x^3+y^3-3xy$;　　(2)$z=x^2+y^4-y^7-2xy^2$;

(3)$z=e^{2x}(x+y^2+2y)$;　　(4)$z=(6x-x^2)(4y-y^2)$.

2. 求函数 $u=x+y$ 在区域 $D=\{(x,y)\mid 2x+y\geqslant 3,x+3y\geqslant 4,x\geqslant 0,y\geqslant 0\}$上的最小值.

3. 求函数 $u(x,y)=\sin x+\sin y-\sin(x+y)$在区域 $D=\{(x,y)\mid x+y\leqslant 2\pi,x\geqslant 0,y\geqslant 0\}$上的最大值.

4. 证明函数 $z=(1+e^y)\cos x-ye^y$ 有无穷多个极大值,但没有极小值.

5. 在已知周长为 $2p$ 的一切三角形中求出面积最大的三角形.

6. 在 xOy 平面上求一点,使它到 $x=0,y=0$ 及 $x+2y=16$ 等三条直线的距离平方之和为最小.

7. 设在某个实验中对于自变量 x 的四个值测得相应变量 y 的数值如下:

x	1.0	2.0	3.0	5.0
y	3.0	4.0	2.5	0.5

试用最小二乘法求最佳拟合直线 $y=ax+b$.

(B)

1. 讨论曲面 $z=\frac{x^2}{2p}+\frac{y^2}{2q}$($p,q$ 是实数)的极值.

2. 求由方程 $2x^2+2y^2+z^2+8xz-z+8=0$ 所确定的隐函数 $z=z(x,y)$的极值.

3. 已知 $y=ax^2+bx+c$,现测得一组数据(x_i,y_i),$i=1,2,\cdots,n$,应用最小二乘法求系数 a,b,c 所满足的三元一次方程组.

9.9　多元函数的条件极值

9.9.1　条件极值

前面我们讨论了函数 f 在某区域 D 上的极值问题. 不过往往还会遇到这样一种情形,那就是函数的自变量在定义域内还受到某些条件的限制. 例如,在斜边之长为 c 的一切直角三角形中,求有最大周长的直角三角形问题. 如果 x、y 分别表示直角三角形的两条直边,用 T 表示周长,那么问题化为求函数 $T=x+y+c$ 的极值问题,定义域 $D=\{(x,y)\mid x>0,y>0\}$. 但是函数 T 的自变量 x、y 除了满足定义域的要求之外,还要受到条件 $x^2+y^2=c^2$ 的限制. 这类带有限制条件的极值问题称为**条件极值问题**；而前面那种除了定义域外不带其他限制条件的极值问题称为**无条件极值问题**.

从理论上讲,条件极值问题可以化为无条件极值问题,然后用前面的方法加以解决. 例如上面关于直角三角形的问题,如果将限制条件 $c=\sqrt{x^2+y^2}$ 代入函数 $T=x+y+c$,得 $T=x+y+\sqrt{x^2+y^2}$,那么问题就转化成了函数 T 在定义域 D 上的无条件极值问题.

不过很多场合要将条件极值问题化为无条件极值问题是有困难的. 下面介绍一种求解条件极值问题较为直接和有效的方法.

9.9.2　Lagrange 乘数法

最简单的条件极值问题的一般形式是：

求目标函数　$z=f(x,y)$　(9.21)

在约束条件　$\varphi(x,y)=0$　(9.22)

下的极值.

我们主要考虑函数取得极值的必要条件.

设函数 $z=f(x,y)$ 在点 $P_0(x_0,y_0)$ 取得所求极值,那么应有

$$\varphi(x_0,y_0)=0. \tag{9.23}$$

如果在点 $P_0(x_0,y_0)$ 的某个邻域内 $f(x,y)$ 与 $\varphi(x,y)$ 均有连续的一阶偏导数,而且 $\varphi_y(x_0,y_0)\neq 0$,由隐函数存在定理知,方程(9.22)确定一个可导且导函数连续的函数 $y=\psi(x)$,将其代入函数 $z=f(x,y)$ 得到关于一个自变量的函数

$$z=f[x,\psi(x)]. \tag{9.24}$$

于是函数(9.21)在点 $P_0(x_0,y_0)$ 取得所求的极值问题化为函数(9.24)在 $x=$

x_0 取得极值的问题.

由一元可导函数取得极值的必要条件知道

$$\left.\frac{\mathrm{d}z}{\mathrm{d}x}\right|_{x=x_0}=f_x(x_0,y_0)+f_y(x_0,y_0)\left.\frac{\mathrm{d}y}{\mathrm{d}x}\right|_{x=x_0}=0. \tag{9.25}$$

而由式(9.22)用隐函数求导公式,有

$$\left.\frac{\mathrm{d}y}{\mathrm{d}x}\right|_{x=x_0}=-\frac{\varphi_x(x_0,y_0)}{\varphi_y(x_0,y_0)},$$

代入式(9.25)得

$$f_x(x_0,y_0)-f_y(x_0,y_0)\frac{\varphi_x(x_0,y_0)}{\varphi_y(x_0,y_0)}=0. \tag{9.26}$$

(9.23)和(9.26)两式就是函数 $z=f(x,y)$ 在条件 $\varphi(x,y)=0$ 下取得极值的必要条件.

记 $\frac{f_y(x_0,y_0)}{\varphi_y(x_0,y_0)}=-\lambda$,上述必要条件就变为

$$\begin{cases}f_x(x_0,y_0)+\lambda\varphi_x(x_0,y_0)=0,\\ f_y(x_0,y_0)+\lambda\varphi_y(x_0,y_0)=0,\\ \varphi(x_0,y_0)=0.\end{cases} \tag{9.27}$$

从而为求解条件极值问题提供了方法. 我们有以下结论:

Lagrange 乘数法 为求函数 $z=f(x,y)$ 在条件 $\varphi(x,y)=0$ 下的极值,可按以下步骤进行:

第一步,构造 Lagrange 函数 $L(x,y,\lambda)=f(x,y)+\lambda\varphi(x,y)$.

这里 L 是关于 x、y、λ 的函数,用多元函数取得极值的必要条件,令所有一阶偏导数为零,故有:

第二步,令 $\begin{cases}L_x=f_x(x,y)+\lambda\varphi_x(x,y)=0,\\ L_y=f_y(x,y)+\lambda\varphi_y(x,y)=0,\\ L_\lambda=\varphi(x,y)=0.\end{cases}$

从此方程组中解出 x、y 和 λ,这时点 (x,y) 就可能是使得函数 $z=f(x,y)$ 取得条件极值的点. 至于所求得的点是否极值点,尚需进一步判断. 但在许多实际问题中如果最大值或最小值是客观存在的,这里将省略判断过程.

例 9.41 在斜边之长为 c 的一切直角三角形中,求有最大周长的直角三角形.

解 用 x、y 分别表示直角三角形的两条直边,用 T 表示周长,则由题意求函数

$$T=x+y+c, D=\{(x,y)\mid x>0,y>0\}$$

在条件 $x^2+y^2=c^2$ 下的极值.

构造 Lagrange 函数 $L=x+y+c+\lambda(x^2+y^2-c^2), x>0, y>0$.

令
$$\begin{cases}L_x=1+2\lambda x=0,\\L_y=1+2\lambda y=0,\\L_\lambda=x^2+y^2-c^2=0.\end{cases}$$

解得 D 内：　$\lambda=-\dfrac{\sqrt{2}}{2c},x=y=\dfrac{c\sqrt{2}}{2}.$

因为实际问题中最大值是存在的，故唯一驻点就是要求的极大值点. 所以在斜边之长为 c 的一切直角三角形中，两条直角边都长为$\dfrac{c\sqrt{2}}{2}$的是有最大周长的直角三角形.

例 9.42　已知 n 个正数 $x_1,x_2,\cdots,x_n$ 的和等于常数 a，求它们乘积的最大值.

解　设 $f(x_1,x_2,\cdots,x_n)=x_1x_2\cdots x_n$，问题化为求函数 $f(x_1,x_2,\cdots,x_n)$ 在条件 $x_1+x_2+\cdots+x_n=a$ 下的条件极值，构造 Lagrange 函数
$$L(x_1,x_2,\cdots,x_n,\lambda)=x_1x_2\cdots x_n+\lambda(x_1+x_2+\cdots+x_n-a).$$

令
$$\begin{cases}L_{x_1}=x_2\cdot x_3\cdot\cdots\cdot x_n+\lambda=0,\\L_{x_2}=x_1\cdot x_3\cdot\cdots\cdot x_n+\lambda=0,\\\qquad\vdots\\L_{x_n}=x_1\cdot x_2\cdot\cdots\cdot x_{n-1}+\lambda=0,\\L_\lambda=x_1+x_2+\cdots+x_n-a=0.\end{cases}$$

解方程组得：$x_1=x_2=\cdots=x_n=\dfrac{a}{n}$，这是方程组唯一解，所求的条件最大值存在，所以最大值为 $f\left(\dfrac{a}{n},\dfrac{a}{n},\cdots,\dfrac{a}{n}\right)=\left(\dfrac{a}{n}\right)^n.$

条件极值问题的更一般形式是自变量的个数多于两个，约束条件的个数多于一个的情形. 当约束条件的个数少于自变量的个数时，也可用上述 Lagrange 乘数法.

为了求目标函数 $u=f(x_1,x_2,\cdots,x_n)$，　$(x_1,x_2,\cdots,x_n)\in D\subset R^n$

在约束条件　$\varphi_k(x_1,x_2,\cdots,x_n)=0$，　$k=1,2,\cdots,m<n$

下的极值，构造 Lagrange 函数：
$$L(x_1,x_2,\cdots,x_n;\lambda_1,\lambda_2,\cdots,\lambda_m)=f(x_1,x_2,\cdots,x_n)+\sum_{k=1}^{m}\lambda_k\varphi_k(x_1,x_2,\cdots,x_n),$$

下面令函数 L 对所有$(n+m)$个自变量的偏导数为零，求出驻点，那就是可能极值点.

例 9.43　已知曲线 c：$\begin{cases}x^2+y^2-2z^2=0,\\x+y+3z=5,\end{cases}$ 求曲线 c 上距离 xoy 面的最远点

和最近点.

解 所求问题可转化为求曲线 c 到 xoy 面上距离平方的最大值和最小值.设 (x,y,z) 为 c 上任一点,到 xoy 面的距离平方和为 $d^2=z^2$,由于 (x,y,z) 在曲线 c 上,所以同时满足 $x^2+y^2-2z^2=0,x+y+3z=5$,构造 Lagrange 函数:

$$L(x,y,z,\lambda,\mu)=z^2+\lambda(x^2+y^2-2z^2)+\mu(x+y+3z-5)$$

令

$$\begin{cases}L_x=2\lambda x+\mu=0,\\L_y=2\lambda y+\mu=0,\\L_z=2z-4\lambda z+3\mu=0,\\L_\lambda=x^2+y^2-2z^2=0,\\L_\mu=x+y+3z-5=0.\end{cases}$$

解得:

$$\begin{cases}x=1,\\y=1,\\z=1\end{cases}\quad 或\quad \begin{cases}x=-5,\\y=-5,\\z=5.\end{cases}$$

所求实际问题存在最大值、最小值,所以曲线 c 上到 xoy 面最远点是 $(-5,-5,5)$,最近点是 $(1,1,1)$.

习题 9.9

(A)

1. 要制造一容积为 $4\mathrm{m}^3$ 的无盖长方形水箱,问这个水箱的长、宽、高各为多少时,所用材料最省?

2. 求函数 $u=ax^2+by^2+cz^2$(其中常数 $a>0,b>0,c>0$)在条件 $x+y+z=T$ 下的最小值.

3. 求点 $(2,8)$ 到抛物线 $y^2=4x$ 的距离.

4. 在椭圆 $x^2+4y^2=4$ 上求一点,使其到直线 $2x+3y-6=0$ 的距离最短.

5. 求内接于半径为 R 的球且有最大体积的长方体.

(B)

1. 求平面 $\dfrac{x}{3}+\dfrac{y}{4}+\dfrac{z}{5}=1$ 和柱面 $x^2+y^2=1$ 的交线上与 xoy 平面距离最短的点.

2. 求函数 $f=x^my^nz^p$(其中常数 $m>0,n>0,p>0$;定义域为 $x>0,y>0,z>0$)在条件 $x+y+z=a$ 下的最大值.

3. 求空间中点 (a,b,c) 到平面 $Ax+By+Cz+D=0$ 的最短距离.

9.10　向量值函数的导数

9.10.1　向量值函数

对于一元函数 $y=f(x)$，讨论的是一个自变量和一个因变量之间的关系；对于多元函数 $y=f(x_1,x_2,\cdots,x_n)$，讨论的是多个自变量和一个因变量之间的关系，这里我们要讨论的是多个自变量和多个因变量之间的关系. 为了更好地表述将要引进的新概念，我们先介绍矩阵.

定义 9.11　由 $m\times n$ 个数 $a_{ij}(i=1,2,\cdots,m;j=1,2,\cdots,n)$ 排成的 m 行 n 列的数表称为 m 行 n 列矩阵，简称 $m\times n$ 矩阵，记作

$$\boldsymbol{A}=\begin{pmatrix} a_{11} & a_{12} & \cdots & a_{1n} \\ a_{21} & a_{22} & \cdots & a_{2n} \\ \vdots & \vdots & \ddots & \vdots \\ a_{m1} & a_{m1} & \cdots & a_{mn} \end{pmatrix}.$$

这 $m\times n$ 个数称为矩阵 $\boldsymbol{A}$ 的元素，数 a_{ij} 位于矩阵的第 i 行第 j 列.

只有一行的矩阵　$\boldsymbol{A}=(a_1\quad a_2\quad \cdots\quad a_n)$

称为行矩阵，又称行向量. 也可在元素之间加逗号，写作 $\boldsymbol{A}=(a_1,a_2,\cdots,a_n)$.

只有一列的矩阵　$\boldsymbol{A}=\begin{pmatrix} a_1 \\ a_2 \\ \vdots \\ a_m \end{pmatrix}$

称为列矩阵，又称列向量. 为了排版方便，我们采用转置符号“T”将列向量写成如下形式：

$$\boldsymbol{A}=\begin{pmatrix} a_1 \\ a_2 \\ \vdots \\ a_m \end{pmatrix}=(a_1\quad a_2\quad \cdots\quad a_n)^T.$$

定义 9.12　设有 m 个 n 元函数 $y_i=f_i(x_1,x_2,\cdots,x_n)(i=1,2,\cdots,m)$ 定义于非空子集 $D\subset\mathbf{R}^n$ 上，即有一个多元函数组：

$$\begin{cases} y_1=f_1(x_1,x_2,\cdots,x_n), \\ y_2=f_2(x_1,x_2,\cdots,x_n), \\ \vdots \qquad \vdots \\ y_m=f_m(x_1,x_2,\cdots,x_n). \end{cases}$$

称向量 $\boldsymbol{y}=(y_1,y_2,\cdots,y_m)^T=(f_1(\boldsymbol{x}),f_2(\boldsymbol{x}),\cdots,f_m(\boldsymbol{x}))^T$ 为定义在 D 上，在 $\mathbf{R}^m$ 中取值的 n **元** m **维向量值函数(或矢性函数)**，记为 $\boldsymbol{y}=\boldsymbol{f}(\boldsymbol{x})$，其中 $\boldsymbol{x}=(x_1,x_2,\cdots,x_n)^T\in D\subset\mathbf{R}^n$；或向量值函数 $\boldsymbol{f}:D\subset\mathbf{R}^n\to\mathbf{R}^m$.

例如，当空间点坐标$(x,y,z)^T$ 分别是时间 $t\in D$ 的函数时，就有一个一元三维向量值函数$(x(t),y(t),z(t))^T$，也可写作 $x(t)\boldsymbol{i}+y(t)\boldsymbol{j}+z(t)\boldsymbol{k}$.

向量值函数的定义也可类似于一元函数的定义一样，描述为：

设 D 是 $\mathbf{R}^n$ 的一个非空子集. 如果对于 D 的任意一个点 $\boldsymbol{x}=(x_1,x_2,\cdots,x_n)^T$，都存在唯一确定的向量 $\boldsymbol{y}=(y_1,y_2,\cdots,y_m)^T=\boldsymbol{f}(x)=(f_1(\boldsymbol{x}),f_2(\boldsymbol{x}),\cdots,f_m(\boldsymbol{x}))^T$ 与之对应，就称向量 $\boldsymbol{f}$ 是 D 上的一个向量值函数，记作 $\boldsymbol{y}=\boldsymbol{f}(\boldsymbol{x}),\boldsymbol{x}\in D$.

9.10.2 向量值函数的极限和连续性

定义 9.13 设 n 元 m 维向量值函数

$$\boldsymbol{y}=\boldsymbol{f}(\boldsymbol{x})=(f_1(\boldsymbol{x}),f_2(\boldsymbol{x}),\cdots,f_m(\boldsymbol{x}))^T$$

在点 $\boldsymbol{a}=(a_1,a_2,\cdots,a_n)^T$ 的某个去心邻域内有定义，$\mathbf{A}=(A_1,A_2,\cdots,A_m)^T$ 是一 m 维定值向量.

如果 $\forall\varepsilon>0,\exists\delta>0$，当 $0<\|\boldsymbol{x}-\boldsymbol{a}\|<\delta$ 时，有 $\|\boldsymbol{f}(\boldsymbol{x})-\mathbf{A}\|<\varepsilon$ 成立，就称当 $\boldsymbol{x}\to\boldsymbol{a}$ 时，向量值函数 $\boldsymbol{f}(\boldsymbol{x})$ 以 $\mathbf{A}$ 为极限，记作 $\lim\limits_{x\to a}\boldsymbol{f}(\boldsymbol{x})=\mathbf{A}$.

其中两个向量之间的范数

$$\|\boldsymbol{x}-\boldsymbol{a}\|=\sqrt{\sum_{i=1}^{n}(x_i-a_i)^2},$$

$$\|\boldsymbol{f}(\boldsymbol{x})-\mathbf{A}\|=\sqrt{\sum_{k=1}^{m}(f_k(\boldsymbol{x})-A_k)^2}.$$

容易看出 $\lim\limits_{x\to a}\boldsymbol{f}(\boldsymbol{x})=\mathbf{A}$ 的充分必要条件是 $\lim\limits_{x\to a}f_k(\boldsymbol{x})=A_k,k=1,2,\cdots,m$. 特别地，当 $n=1,m=3$ 时，向量值函数

$$\boldsymbol{f}(x)=(f_1(x),f_2(x),f_3(x))^T=f_1(x)\boldsymbol{i}+f_2(x)\boldsymbol{j}+f_3(x)\boldsymbol{k}$$

在点 a 以 $\mathbf{A}=(A_1,A_2,A_3)^T=A_1\boldsymbol{i}+A_2\boldsymbol{j}+A_3\boldsymbol{k}$ 为极限的定义是：

如果 $\forall\varepsilon>0,\exists\delta>0$，当 $0<\|\boldsymbol{x}-\boldsymbol{a}\|=|x-a|<\delta$ 时，有

$$\|\boldsymbol{f}(\boldsymbol{x})-\mathbf{A}\|=\sqrt{\sum_{k=1}^{3}(f_k(x)-A_k)^2}<\varepsilon$$

成立，就称当 $x\to a$ 时，向量值函数 $\boldsymbol{f}(x)$ 以 $\mathbf{A}$ 为极限，记作 $\lim\limits_{x\to a}\boldsymbol{f}(x)=\mathbf{A}$.

定义 9.14 设 n 元 m 维向量值函数

$$\boldsymbol{y}=\boldsymbol{f}(\boldsymbol{x})=(f_1(\boldsymbol{x}),f_2(\boldsymbol{x}),\cdots,f_m(\boldsymbol{x}))^T$$

在点 $\boldsymbol{a}=(a_1,a_2,\cdots,a_n)^T$ 的某个邻域内有定义，如果 $\forall\varepsilon>0$，$\exists\delta>0$，当 $0<$

$\|\boldsymbol{x}-\boldsymbol{a}\|<\delta$时,有

$$\|\boldsymbol{f}(\boldsymbol{x})-\boldsymbol{f}(\boldsymbol{a})\|<\varepsilon$$

成立,即有$\lim\limits_{x\to a}\boldsymbol{f}(\boldsymbol{x})=\boldsymbol{f}(\boldsymbol{a})$,则称向量值函数 $\boldsymbol{f}:D\to\mathbf{R}^m$ 在点 $\boldsymbol{a}$ 处连续.

如果 $\boldsymbol{f}$ 在 D 的每一点连续,则称 $\boldsymbol{f}$ 是 D 上的一个连续向量值函数.显然,向量值函数 $\boldsymbol{f}:D\to\mathbf{R}^m$ 在点 $\boldsymbol{a}\in D$ 连续的充分必要条件是

$$\lim_{x\to a}f_k(\boldsymbol{x})=f_k(\boldsymbol{a}),\quad k=1,2,\cdots,m.$$

这就是说,向量值函数的连续性依赖于多元函数的连续性.

9.10.3　向量值函数的导数

对向量值函数 $\boldsymbol{f}:D\subset\mathbf{R}^n\to\mathbf{R}^m$,下面我们先看几个特殊的情形.

当 $n=1,m=3$ 时,有向量值函数 $\boldsymbol{f}(x)=f_1(x)\boldsymbol{i}+f_2(x)\boldsymbol{j}+f_3(x)\boldsymbol{k}$,如果$f_1(x)$,$f_2(x)$,$f_3(x)$在点 x_0 处可导,可称下面这个列向量是 $\boldsymbol{f}(x)$在点 x_0 处的导数:

$$\boldsymbol{f}'(x_0)=f'_1(x_0)\boldsymbol{i}+f'_2(x_0)\boldsymbol{j}+f'_3(x_0)\boldsymbol{k}.$$

由此可见,凡是一元 m 维向量值的导数是各个分量的导数所组成的一个 m 维列向量.

当 $n=2,m=1$ 时,有 $y=f(\boldsymbol{x})$,其中 $\boldsymbol{x}=(x_1,x_2)^T\in D\subset\mathbf{R}^2$. 它等价于二元函数 $y=f(x_1,x_2)$. 如果在点 $\boldsymbol{x}^\circ=(x^\circ_1,x^\circ_2)$处函数的偏导数$\dfrac{\partial f}{\partial x_1}$、$\dfrac{\partial f}{\partial x_2}$都存在,则可称下面这个行向量是 $f(\boldsymbol{x})$在点 $\boldsymbol{x}^\circ$处的导数:

$$f'(\boldsymbol{x}^\circ)=\left(\frac{\partial f}{\partial x_1},\frac{\partial f}{\partial x_2}\right)_{\boldsymbol{x}^\circ}.$$

现在定义一般的情形.

定义 9.15　设有向量值函数 $\boldsymbol{f}:D\subset\mathbf{R}^n\to\mathbf{R}^m$,即有 $\boldsymbol{y}=\boldsymbol{f}(\boldsymbol{x})=[f_1(\boldsymbol{x}),f_2(\boldsymbol{x}),\cdots,f_m(\boldsymbol{x})]^T$,其中 $\boldsymbol{x}=(x_1,x_2,\cdots,x_n)^T\in D\subset\mathbf{R}^n$. 如果每一个函数 $f_k(\boldsymbol{x})(k=1,2,\cdots,m)$,点 $\boldsymbol{x}^\circ\in D$ 处对每一个自变量的偏导数都存在,则称下列**雅可比(Jacobi)矩阵**

$$\begin{pmatrix}\dfrac{\partial f_1}{\partial x_1} & \dfrac{\partial f_1}{\partial x_2} & \cdots & \dfrac{\partial f_1}{\partial x_n}\\ \dfrac{\partial f_2}{\partial x_1} & \dfrac{\partial f_2}{\partial x_2} & \cdots & \dfrac{\partial f_2}{\partial x_n}\\ \vdots & \vdots & \ddots & \vdots\\ \dfrac{\partial f_m}{\partial x_1} & \dfrac{\partial f_m}{\partial x_2} & \cdots & \dfrac{\partial f_m}{\partial x_n}\end{pmatrix}_{\boldsymbol{x}^\circ}$$

是向量值函数 $\boldsymbol{f}$ 在点 $\boldsymbol{x}^\circ$处的导数,记作 $\boldsymbol{f}'(\boldsymbol{x}^\circ)=\left(\dfrac{\partial f_i}{\partial x_j}\right)_{i=1,2,\cdots,m;j=1,2,\cdots n}$.

例 9.44 空间螺旋线的参数方程$\begin{cases}x=R\cos t,\\ y=R\sin t,\\ z=ct\end{cases}$可以写成一元三维向量值函数

$$\boldsymbol{r}(t)=R\cos t\boldsymbol{i}+R\sin t\boldsymbol{j}+ct\boldsymbol{k},$$

其在点 t_0 处的导数 $\boldsymbol{r}'(t_0)=-R\sin t_0\boldsymbol{i}+R\cos t_0\boldsymbol{j}+c\boldsymbol{k}$.

实际上,当空间曲线 L 由参数方程

$$\begin{cases}x=x(t),\\ y=y(t),\\ z=z(t)\end{cases}$$

给出时,都对应一个一元三维向量值函数

$$\boldsymbol{r}(t)=x(t)\boldsymbol{i}+y(t)\boldsymbol{j}+z(t)\boldsymbol{k}.$$

例 9.45 求三元二维向量值函数 $\boldsymbol{f}(x,y,z)=(x+yz,xe^z+y^2)$在点$(x_0,y_0,z_0)$处的导数.

解 向量值函数的两个坐标分量函数为

$$f_1(x,y,z)=x+yz,f_2(x,y,z)=xe^z+y^2$$

它们的偏导数为:

$$\frac{\partial f_1}{\partial x}=1,\ \frac{\partial f_1}{\partial y}=z,\ \frac{\partial f_1}{\partial z}=y;$$

$$\frac{\partial f_2}{\partial x}=e^z,\ \frac{\partial f_2}{\partial y}=2y,\ \frac{\partial f_2}{\partial z}=xe^z;$$

$\boldsymbol{f}$ 在点(x_0,y_0,z_0)处的导数是 Jacobi 矩阵

$$\boldsymbol{f}'(x_0,y_0,z_0)=\begin{pmatrix}1 & z_0 & y_0\\ e^{z_0} & 2y_0 & x_0e^{z_0}\end{pmatrix}$$

习题 9.10

1. 求向量值函数 $\boldsymbol{f}(x,y)=(x^3+4y^2,5xy^2)^T$ 的导数.

2. 设向量值函数 $\boldsymbol{f}(x,y,z)=(e^y\cos y+x^3y,z^2y-e^x\sin z)^T$,求 $\boldsymbol{f}'(2,\pi/2,0)$.

3. 设向量值函数 $\boldsymbol{f}(x,y,z)=(\cos(y^2-x^2),\ln(z^2+e^x\sin y),1/\sqrt{x^2+z^2})^T$,求 $\boldsymbol{f}'(1,1,1)$.

9.11　偏导数的几何应用

9.11.1　空间曲线的切线与法平面

由于空间曲线有不同的表示方法,因此我们分三种情况进行讨论.

(1)设空间曲线 L 的方程由参数方程 $x=x(t),y=y(t),z=z(t)$ 给出.

通过此曲线上任一点 $M_0(x_0,y_0,z_0)$(其中 $x_0=x(t_0),y_0=y(t_0),z_0=z(t_0)$)的**切线**定义为割线的极限位置，而通过点 M_0 和 $M(x,y,z)$ 的割线方程是

$$\frac{X-x_0}{x(t)-x(t_0)}=\frac{Y-y_0}{y(t)-y(t_0)}=\frac{Z-z_0}{z(t)-z(t_0)},$$

其中动点坐标(X,Y,Z)在割线上，上式分母都用 $t-t_0$ 除之,得

$$\frac{X-x_0}{\dfrac{x(t)-x(t_0)}{t-t_0}}=\frac{Y-y_0}{\dfrac{y(t)-y(t_0)}{t-t_0}}=\frac{Z-z_0}{\dfrac{z(t)-z(t_0)}{t-t_0}}$$

仍是原来的割线方程.

假设函数 $x=x(t),y=y(t),z=z(t)$ 在 t_0 处的导数都存在且不同时为零,那么 $t\to t_0$ 时,割线就变为切线. 所以空间曲线 L 在点 M_0 处的切线方程是:

$$\frac{X-x_0}{x'(t_0)}=\frac{Y-y_0}{y'(t_0)}=\frac{Z-z_0}{z'(t_0)}.\tag{9.28}$$

定义 9.16　过点 $M_0(x_0,y_0,z_0)$且与该点的切线垂直的平面称为曲线在点 M_0 处的**法平面**.

因为点 M_0 的一个切向量是$\{x'(t_0),y'(t_0),z'(t_0)\}$,所以过点 M_0 的法平面方程是:

$$x'(t_0)(X-x_0)+y'(t_0)(Y-y_0)+z'(t_0)(Z-z_0)=0.\tag{9.29}$$

例 9.46　求曲线 $x=\dfrac{t}{1+t},y=\dfrac{1+t}{t},z=t^2$ 在对应于 $t=1$ 的点处的切线及法平面方程.

解　$x'_t=\dfrac{1}{(1+t)^2}$，$y'_t=-\dfrac{1}{t^2}$，$z'_t=2t,t=1$ 所对应的曲线上的点为 $p_0\left(\dfrac{1}{2},2,1\right)$,过 p_0 点的切向量为$\left(\dfrac{1}{4},-1,2\right)$，所求的切线方程为

$$\frac{x-\dfrac{1}{2}}{\dfrac{1}{4}}=\frac{y-2}{-1}=\frac{z-1}{2},$$

即
$$\frac{x-\frac{1}{2}}{1}=\frac{y-2}{-4}=\frac{z-1}{8}.$$

过 p_0 点的法平面方程为$\frac{1}{4}\left(x-\frac{1}{2}\right)-(y-2)+2(z-1)=0$　即
$$2x-8y+16z-1=0.$$

(2)设空间曲线 L 是两张柱面的交线$\begin{cases}y=y(x),\\ z=z(x).\end{cases}$

这时我们可以取 x 为参数,将这种情形转化为情形(1):$x=x,y=y(x),z=z(x)$.那么一个切向量为 $\boldsymbol{T}=\{1,y'(x),z'(x)\}$,因此曲线 L 在点 $M_0(x_0,y_0,z_0)$ 处的切线方程是
$$\frac{x-x_0}{1}=\frac{y-y_0}{y'(x_0)}=\frac{z-z_0}{z'(x_0)};\tag{9.30}$$
在点 M_0 的法平面方程是
$$(x-x_0)+y'(x_0)(y-y_0)+z'(x_0)(z-z_0)=0.\tag{9.31}$$

(3)设空间曲线 L 是两张曲面的交线$\begin{cases}F(x,y,z)=0,\\ G(x,y,z)=0.\end{cases}$

由隐函数存在定理,设点 $M_0(x_0,y_0,z_0)$ 在曲线 L 上,当 $\left.\frac{\partial(F,G)}{\partial(y,z)}\right|_{M_0}=\begin{vmatrix}F_y & F_z\\ G_y & G_z\end{vmatrix}_{M_0}\neq 0$ 时,在点 M_0 的一个邻域内已知方程组确定了一组函数 $\begin{cases}y=y(x)\\ z=z(x)\end{cases}$,这样一来,情形(3)的问题转化成为情形(2),只要在点 M_0 处求出相应的 $y'(x_0)$ 和 $z'(x_0)$ 即可. 由 9.6 节式(9.17)知
$$y'(x)=-\frac{\frac{\partial(F,G)}{\partial(x,z)}}{\frac{\partial(F,G)}{\partial(y,z)}},\qquad z'(x)=-\frac{\frac{\partial(F,G)}{\partial(y,x)}}{\frac{\partial(F,G)}{\partial(y,z)}},$$
所以在点 M_0 处一个切向量
$$\boldsymbol{T}=\{1,y'(x_0),z'(x_0)\}=\left\{1,\quad -\frac{\frac{\partial(F,G)}{\partial(x,z)}}{\frac{\partial(F,G)}{\partial(y,z)}},\quad -\frac{\frac{\partial(F,G)}{\partial(y,x)}}{\frac{\partial(F,G)}{\partial(y,z)}}\right\}_{M_0}.$$

如果将 $\boldsymbol{T}$ 乘以因子$\frac{\partial(F,G)}{\partial(y,z)}$,再注意到
$$-\frac{\partial(F,G)}{\partial(x,z)}=\frac{\partial(F,G)}{\partial(z,x)},\quad -\frac{\partial(F,G)}{\partial(y,x)}=\frac{\partial(F,G)}{\partial(x,y)},$$

那么
$$T_1=\left\{\frac{\partial(F,G)}{\partial(y,z)},\frac{\partial(F,G)}{\partial(z,x)},\frac{\partial(F,G)}{\partial(x,y)}\right\}_{M_0}=\begin{vmatrix} \boldsymbol{i} & \boldsymbol{j} & \boldsymbol{k} \\ F_x & F_y & F_z \\ G_x & G_y & G_z \end{vmatrix}_{M_0}, \tag{9.32}$$
也是点 M_0 处的一个切向量. 如果我们记
$$\frac{\partial(F,G)}{\partial(y,z)}_{M_0}=A,\quad \frac{\partial(F,G)}{\partial(z,x)}_{M_0}=B,\quad \frac{\partial(F,G)}{\partial(x,y)}_{M_0}=C. \tag{9.33}$$
则　　$T_1=\{A,\ B,\ C\}$.

因此曲线 L 在点 M_0 处的切线方程和法平面方程分别是：
$$\frac{x-x_0}{A}=\frac{y-y_0}{B}=\frac{z-z_0}{C}, \tag{9.34}$$
$$A(x-x_0)+B(y-y_0)+C(z-z_0)=0. \tag{9.35}$$

例 9.47　求曲线$\begin{cases}x^2+y^2+z^2=6,\\ x+y+z=0.\end{cases}$在点$(1,-2,1)$处的切线和法平面方程.

解　设 $F(x,y,z)=x^2+y^2+z^2-6$，$G(x,y,z)=x+y+z$，由公式(9.32)可得：
$$\begin{vmatrix} \boldsymbol{i} & \boldsymbol{j} & \boldsymbol{k} \\ F_x & F_y & F_z \\ G_x & G_y & G_z \end{vmatrix}_{M_0}=\begin{vmatrix} \boldsymbol{i} & \boldsymbol{j} & \boldsymbol{k} \\ 2x & 2y & 2z \\ 1 & 1 & 1 \end{vmatrix}_{(1,-2,1)}=\begin{vmatrix} \boldsymbol{i} & \boldsymbol{j} & \boldsymbol{k} \\ 2 & -4 & 2 \\ 1 & 1 & 1 \end{vmatrix}$$
$$=\{-6,0,6\}=-6\{1,0,-1\},$$
所以在点$(1,-2,1)$处的切线是　$\dfrac{x-1}{1}=\dfrac{y+2}{0}=\dfrac{z-1}{-1}$，法平面方程是$(x-1)+0\times(y+2)-(z-1)=0$，即 $x-z=0$.

9.11.2　曲面的切平面与法线

由于空间曲面也有不同的表示方法，这里我们只分两种情况进行讨论.

(1)设曲面方程为隐函数方程：　$F(x,y,z)=0$

点 $M_0(x_0,y_0,z_0)$是曲面上任一点，过点 M_0 任作一条在曲面上的曲线 L，设 L 的方程为
$$x=x(t),y=y(t),z=z(t),$$
其中 $t=t_0$ 对应点 M_0.

显然有　　$F(x(t),y(t),z(t))=0$，

对 t 求导，在 $t=t_0$ 处有
$$(F_x)_{M_0}x'(t_0)+(F_y)_{M_0}y'(t_0)+(F_z)_{M_0}z'(t_0)=0.$$

前面已经知道，点 M_0 的一个切向量是 $\boldsymbol{T}=\{x'(t_0),y'(t_0),z'(t_0)\}$，如果记

向量

$$\boldsymbol{n}=\{(F_x)_{M_0},(F_y)_{M_0},(F_z)_{M_0}\},$$

那么有 $$\boldsymbol{T}\cdot\boldsymbol{n}=(F_x)_{M_0}x'(t_0)+(F_y)_{M_0}y'(t_0)+(F_z)_{M_0}z'(t_0)=0,$$

这说明向量 $\boldsymbol{T}$ 与 $\boldsymbol{n}$ 垂直. 鉴于曲线 L 在曲面上的任意性知,曲面上过点 M_0 的任一条曲线在该点的切线都与向量 $\boldsymbol{n}$ 垂直,因此这些切线应该在同一平面上,这个平面称为曲面在点 M_0 的**切平面**. 由于 $\boldsymbol{n}$ 就是切平面的法向量,所以曲面在点 M_0 的切平面方程为

$$(F_x)_{M_0}(x-x_0)+(F_y)_{M_0}(y-y_0)+(F_z)_{M_0}(z-z_0)=0. \tag{9.36}$$

过点 M_0 并与切平面垂直的直线称为在点 M_0 的**法线**,它的方程为

$$\frac{x-x_0}{(F_x)_{M_0}}=\frac{y-y_0}{(F_y)_{M_0}}=\frac{z-z_0}{(F_z)_{M_0}}. \tag{9.37}$$

例 9.48 求曲面 $ax^2+by^2+cz^2=1$ 在点(x_0,y_0,z_0)处的切平面和法线方程.

解 设 $F(x,y,z)=ax^2+by^2+cz^2-1$,则有 $F_x=2ax,F_y=2by,F_z=2cz$ 在点(x_0,y_0,z_0)处法向量$(2ax_0,2by_0,2cz_0)$所求的切平面方程为:

$$2ax_0(x-x_0)+2by_0(y-y_0)+2cz_0(z-z_0)=0\ ,$$

即 $ax_0x+by_0y+cz_0z=ax_0^2+by_0^2+cz_0^2$,由于点$(x_0,y_0,z_0)$在曲面上,$ax_0^2+by_0^2+cz_0^2=1$,所求切平面方程即为:

$$ax_0x+by_0y+cz_0z=1.$$

所求的法线方程为:

$$\frac{x-x_0}{ax_0}=\frac{y-y_0}{by_0}=\frac{z-z_0}{cz_0}.$$

(2)设曲面方程为显函数方程: $z=f(x,y)$

这很容易化为上面讨论过的情形: $F(x,y,z)=f(x,y)-z=0$, 于是法向量$\boldsymbol{n}=\{(F_x)_{M_0},(F_y)_{M_0},(F_z)_{M_0}\}=\{(f_x)_{M_0},(f_y)_{M_0},-1\}$,从而曲面在点 M_0 的切平面方程为

$$(f_x)_{M_0}(x-x_0)+(f_y)_{M_0}(y-y_0)-(z-z_0)=0. \tag{9.38}$$

在点 M_0 的法线方程为

$$\frac{x-x_0}{(f_x)_{M_0}}=\frac{y-y_0}{(f_y)_{M_0}}=\frac{z-z_0}{-1}. \tag{9.39}$$

例 9.49 求曲面 $z=x^2+y^2$ 与平面 $2x+4y-z=0$ 平行的切平面方程.

解 令 $f(x,y)=x^2+y^2$,则 $f_x(x,y)=2x,f_y(x,y)=2y$,设切点的坐标为(x_0,y_0,z_0),则切平面的法向量为$(2x_0,2y_0,-1)$,它与平面 $2x+8y-z=0$ 法向量平行,所以,

$$\frac{2x_0}{2}=\frac{2y_0}{4}=\frac{-1}{-1},$$

解得 $x_0=1, y_0=2, z_0=x_0^2+y_0^2=5$，所求的切平面方程为

$$2(x-1)+8(y-2)-1(z-5)=0,$$

即

$$2x+4y-z=5.$$

习题 9.11

(A)

1. 求曲线 $x=t^2+t, y=t^2-t, z=t^2$ 在点 $(6,2,4)$ 处的切线和法平面方程.

2. 求曲线 $x=R\cos\omega t, y=R\sin\omega t, z=vt$（其中 ω, v 是常数）在点 $(R,0,0)$ 处的切线和法平面方程.

3. 求柱面 $y=x$ 和柱面 $z=x^2$ 的交线在点 $(1,1,1)$ 处的切线和法平面方程.

4. 求柱面 $x^2+y^2=R^2$ 和柱面 $x^2+z^2=R^2$ 的交线在点 $\left(\frac{R}{\sqrt{2}},\frac{R}{\sqrt{2}},\frac{R}{\sqrt{2}}\right)$ 处的切线和法平面方程.

5. 求曲线 $\begin{cases} x^2+y^2+z^2-3x=0, \\ 2x-3y+5z=4 \end{cases}$ 在点 $(1,1,1)$ 处的切线和法平面方程.

6. 求球面 $x^2+y^2+z^2=14$ 在点 $(1,2,3)$ 处的切平面和法线方程.

7. 求椭球面 $\frac{x^2}{a^2}+\frac{y^2}{b^2}+\frac{z^2}{c}=1$ 在点 $M_0(x_0, y_0, z_0)$ 处的切平面和法线方程.

8. 求旋转抛物面 $z=x^2+y^2-1$ 在点 $M_0(2,1,4)$ 处的切平面和法线方程.

9. 求曲面 $z=\arctan\frac{y}{x}$ 在点 $M_0(1,1,\pi/4)$ 处的切平面和法线方程.

(B)

1. 写出曲线 $z=f(x,y), \frac{x-x_0}{\cos\alpha}=\frac{y-y_0}{\sin\alpha}$，在曲线上的点 $M_0(x_0, y_0, z_0)$ 处的切向量，其中 f 可微.

2. 证明曲线 $x=ae^t\cos t, y=ae^t\sin t, z=ae^t$（其中 a 为常数）与锥面 $z^2=x^2+y^2$ 的母线相交成同一角.

3. 设 $F(u,v)$ 是可微函数，证明曲面 $F(ax-bz, ay-cz)=0$（其中 $abc\neq0$）的切平面平行于某定直线.

4. 证明曲面 $\sqrt{x}+\sqrt{y}+\sqrt{z}=\sqrt{a}\,(a>0)$ 上任一点处的切平面在各个坐标轴上的截距之和等于 a.

总习题 9

1. 求极限$\lim\limits_{\substack{x\to 0\\ y\to 0}}\left(x\cos\dfrac{1}{y}+y\sin\dfrac{1}{x}\right)^2$.

2. 极限$\lim\limits_{\substack{x\to 0\\ y\to 0}}\dfrac{x^2}{x^2+y}$存在吗？证明你的结论.

3. 在“充分”“必要”和“充分必要”三者中选择一个正确的填入下列空格内：

(1)函数 $z=f(x,y)$在点(x,y)可微分是在该点连续的________条件；$f(x,y)$在点(x,y)连续是在该点可微分的________条件.

(2)函数 $z=f(x,y)$在点(x,y)的偏导数$\dfrac{\partial z}{\partial x}$及$\dfrac{\partial z}{\partial y}$存在是在该点处可微分的________条件；$z=f(x,y)$在点$(x,y)$可微分是在该点的偏导数$\dfrac{\partial z}{\partial x}$及$\dfrac{\partial z}{\partial y}$存在的________条件.

(3)函数 $z=f(x,y)$的偏导数$\dfrac{\partial z}{\partial x}$及$\dfrac{\partial z}{\partial y}$在点$(x,y)$存在且连续是在该点处可微分的________条件.

(4)函数 $z=f(x,y)$的两个二阶混合偏导数$\dfrac{\partial^2 z}{\partial x\partial y}$及$\dfrac{\partial^2 z}{\partial y\partial x}$在区域$D$内连续是这两个二阶混合偏导数在$D$内相等的________条件.

4. 讨论函数 $f(x,y)=\begin{cases}xy\sin\dfrac{1}{\sqrt{x^2+y^2}}, & x^2+y^2\neq 0,\\ 0, & x^2+y^2=0\end{cases}$ 在点$(0,0)$处：

(1)是否连续；

(2)两个偏导数是否存在；

(3)偏导函数 $f_x(x,y)$和 $f_y(x,y)$是否连续；

(4)是否可微.

5. 设 $x^y=y^x(x\neq y)$，求$\dfrac{\mathrm{d}y}{\mathrm{d}x}$和$\dfrac{\mathrm{d}^2 y}{\mathrm{d}x^2}$.

6. 设 $z=f\left(xy,\dfrac{x}{y}\right)+g\left(\dfrac{y}{x}\right)$，其中 f 具有二阶连续偏导数，g 具有连续二阶导数，求$\dfrac{\partial z}{\partial x}$，$\dfrac{\partial^2 z}{\partial x\partial y}$.

7. 设方程$\begin{cases}u=f(ux,v+y),\\ v=g(u-x,v^2y),\end{cases}$ 其中 f,g 可微，求$\dfrac{\partial u}{\partial x}$和$\dfrac{\partial v}{\partial x}$.

8. 设 $u=\varphi(x+\psi(y))$，其中 φ,ψ 二阶可微，证明 $\frac{\partial u}{\partial x}\cdot\frac{\partial^2 u}{\partial x\partial y}=\frac{\partial u}{\partial y}\cdot\frac{\partial^2 u}{\partial x^2}$.

9. 设函数 $z=z(x,y)$ 由方程 $e^{\frac{x}{z}}+e^{\frac{y}{z}}=4$ 确定，在曲面上点 $(\ln 2,\ln 2,1)$ 处，

(1)求偏导数；

(2)求法向量的方向余弦.

10. 设函数 $z=f(x,y)$ 在点 $P_0(x_0,y_0)$ 处可微，$\boldsymbol{l}_1=\{1,1\}$，$\boldsymbol{l}_2=\{-1,1\}$，已知在点 $P_0(x_0,y_0)$ 处 $\frac{\partial f}{\partial \boldsymbol{l}_1}=1$，$\frac{\partial f}{\partial \boldsymbol{l}_2}=0$，试确定单位向量 $\boldsymbol{l}$，使得 $\frac{\partial f}{\partial \boldsymbol{l}}=\frac{7\sqrt{2}}{10}$.

11. 求椭球面 $x^2+2y^2+3z^2=21$ 上某点 M 处的切平面 π 的方程，使 π 过已知直线 L：$\frac{x-6}{2}=\frac{y-3}{1}=\frac{2z-1}{-2}$.

12. 证明曲面 $F(\frac{x-a}{z-c},\frac{y-b}{z-c})=0$（其中 a,b,c 是常数）上任一点的切平面通过一个定点.

13. 在球面 $x^2+y^2+z^2=1(x>0,y>0,z>0)$ 上求切平面，使得它与三个坐标面所围的体积最小.

14. 求曲面 $x^2+y^2+z^2=16$ 与 $x^2+y^2+z^2+2x+2y+2z=24$ 的交线的最高点和最低点的坐标.

15. 求函数 $u=x+y+z$ 在球面 $x^2+y^2+z^2=1$ 上点 $M_0(x_0,y_0,z_0)$ 处，沿球面在该点的外法线方向的方向导数.

第 10 章 重积分

前面我们讨论了一元函数 $f(x)$在区间$[a,b]$上的积分,即定积分.把一元函数积分推广到二元函数或三元函数的情形,本章将讨论重积分,包括二重积分和三重积分,即二元函数 $f(x,y)$在平面区域 D 上的积分以及三元函数 $f(x,y,z)$在空间区域 Ω 上的积分.

10.1 二重积分的概念

与定积分类似,我们通过曲顶柱体的体积和非均匀平面薄片的质量等几何、物理问题引进二重积分的概念.

10.1.1 曲顶柱体的体积

设非负函数 $f(x,y)$在 xOy 面中的闭区域 D 上连续.如果某立体以 D 为底,以 $z=f(x,y)$为顶,侧面是以 D 的边界为准线而母线平行于 z 轴的柱面,则称该立体为曲顶柱体(图 10.1). 现在我们讨论如何定义并计算这种曲顶柱体的体积 V.

首先将区域 D 分成 n 个小区域,记为

$$\Delta\sigma_1,\Delta\sigma_2,\cdots,\Delta\sigma_n,$$

然后以每个 $\Delta\sigma_i(i=1,2,\cdots,n)$的边界为准线,作母线平行于 z 轴的柱面.这些柱面将原来的曲顶柱体分成 n 个小曲顶柱体.设每个小曲顶柱体的体积为 $\Delta V_i(i=1,2,\cdots,n)$,于是有

$$V=\sum_{i=1}^{n}\Delta V_i.$$

因为 $f(x,y)$是连续函数,所以当 $\Delta\sigma_i$ 充分小时,$f(x,y)$在 $\Delta\sigma_i$ 内的变化也很小,这时小曲顶柱体可以近似地看作小平顶柱体(图 10.2).我们在每个 $\Delta\sigma_i$ 内任取一点(ξ_i,η_i),则有

$$\Delta V_i\approx f(\xi_i,\eta_i)\Delta\sigma_i\quad(i=1,2,\cdots,n),$$

其中小区域 $\Delta\sigma_i$ 的面积也记作 $\Delta\sigma_i$.于是原曲顶柱体的体积近似等于这 n 个小平顶

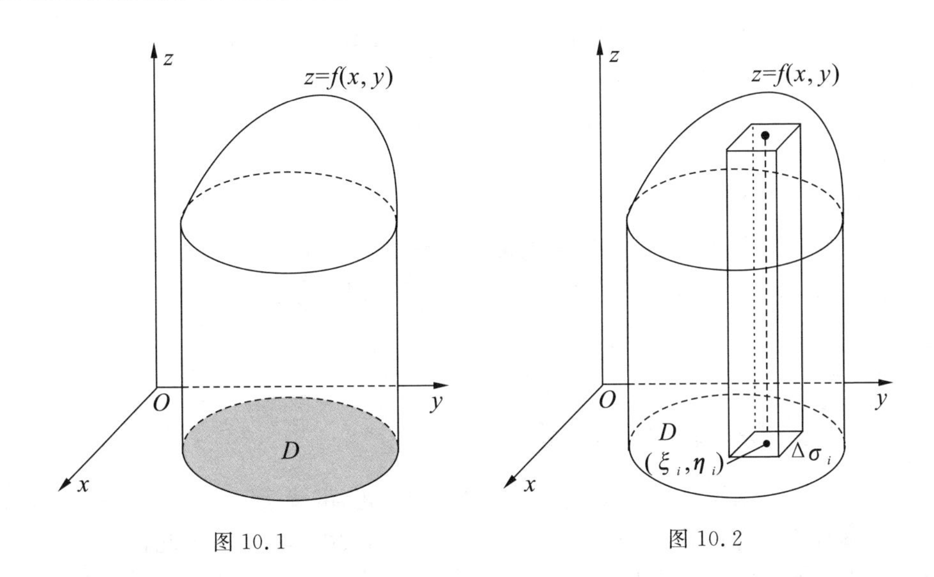

图 10.1　　图 10.2

柱体的体积之和,即

$$V=\sum_{i=1}^{n}\Delta V_i\approx\sum_{i=1}^{n}f(\xi_i,\eta_i)\Delta\sigma_i.$$

设区域 $\Delta\sigma_i$ 的直径(记作 d_i)为 $\Delta\sigma_i$ 上任意两点间距离的最大者,又令 $\lambda=\max\limits_{1\leqslant i\leqslant n}\{d_i\}$,如果当 n 趋于无穷大且 λ 趋于零时,上述和式的极限存在,则该极限值便自然地定义为曲顶柱体的体积,即

$$V=\lim_{\lambda\to 0}\sum_{i=1}^{n}f(\xi_i,\eta_i)\Delta\sigma_i.$$

10.1.2　平面薄片的质量

设平面薄片占有 xOy 面上的闭区域 D,该平面薄片在点 (x,y) 处的面密度为 $\rho(x,y)$,其中 $\rho(x,y)$ 在 D 上连续且 $\rho(x,y)>0$. 现在我们讨论如何计算该平面薄片的质量 M.

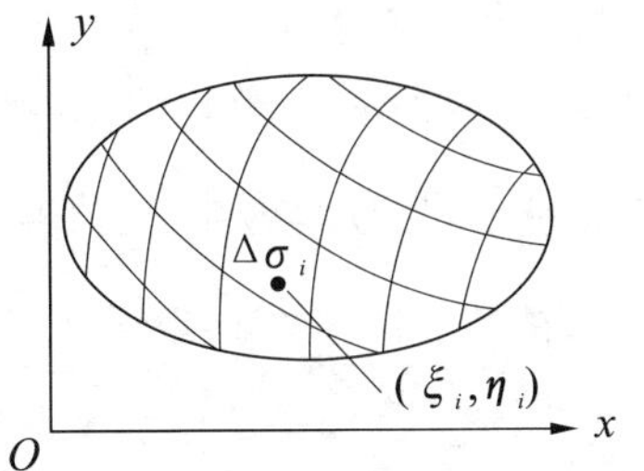

图 10.3

首先将平面薄片分成 n 个小块,每个小块所占的区域记为 $\Delta\sigma_i(i=1,2,\cdots,n)$(图 10.3). 设每小块的质量为 $\Delta M_i(i=1,2,\cdots,n)$,于是有

$$M=\sum_{i=1}^{n}\Delta M_i.$$

因为 $\rho(x,y)$ 是连续函数,所以当 $\Delta\sigma_i$ 充分小时,$\rho(x,y)$ 在 $\Delta\sigma_i$ 内的变化也很小,即小平面薄

片可以近似地看作是均匀的.我们在每个 $\Delta\sigma_i$ 内任取一点(ξ_i,η_i),则有

$$\Delta M_i \approx \rho(\xi_i,\eta_i)\Delta\sigma_i \quad (i=1,2,\cdots,n).$$

其中数值 $\Delta\sigma_i$ 为小区域 $\Delta\sigma_i$ 的面积.于是原平面薄片的质量为

$$M=\sum_{i=1}^{n}\Delta M_i \approx \sum_{i=1}^{n}\rho(\xi_i,\eta_i)\Delta\sigma_i.$$

设 λ 为 n 个小区域 $\Delta\sigma_i$ 的直径的最大者.如果当 n 趋于无穷大且 λ 趋于零时,上述和式的极限存在,则该极限值便为平面薄片的质量,即

$$M=\lim_{\lambda\to 0}\sum_{i=1}^{n}\rho(\xi_i,\eta_i)\Delta\sigma_i.$$

10.1.3 二重积分的定义

曲顶柱体的体积和平面薄片的质量这两个问题,虽然实际意义不同,但所求的量最终都归结为同一形式,即和式的极限.在实际应用中还有很多几何、物理等问题都可归结为这种和式的极限问题,因此我们要研究这种一般的和式极限问题,并抽象出二重积分的定义.

定义 10.1 设 D 是 $\mathbf{R}^2$ 中的有界闭区域,函数 $f(x,y)$在 D 上有定义.将 D 任意分成 n 个小闭区域

$$\Delta\sigma_1,\Delta\sigma_2,\cdots,\Delta\sigma_n,$$

在每个小区域 $\Delta\sigma_i$ 上任取一点(ξ_i,η_i),作和式

$$\sum_{i=1}^{n}f(\xi_i,\eta_i)\Delta\sigma_i,$$

这里数值 $\Delta\sigma_i$ 也表示小区域 $\Delta\sigma_i$ 的面积.如果当各小区域的直径的最大值 λ 趋于零时,该和式的极限总存在且恒为常数 I,则称函数 $f(x,y)$在区域 D 上可积,并称 I 为 $f(x,y)$在 D 上的二重积分,记作 $\iint\limits_D f(x,y)\mathrm{d}\sigma$,即

$$\iint\limits_D f(x,y)\mathrm{d}\sigma=\lim_{\lambda\to 0}\sum_{i=1}^{n}f(\xi_i,\eta_i)\Delta\sigma_i.$$

其中 $f(x,y)$ 叫做被积函数;$f(x,y)\mathrm{d}\sigma$ 叫做被积表达式;$\mathrm{d}\sigma$ 叫做面积元素;x,y 叫做积分变量;D 叫做积分区域;$\sum\limits_{i=1}^{n}f(\xi_i,\eta_i)\Delta\sigma_i$ 叫做积分和.

在二重积分的定义中,对闭区域 D 的划分是任意的.在直角坐标系中,如果用平行于坐标轴的直线网来划分 D,那么除了一些包含边界点的小闭区域外,其余小闭区域都是矩形闭区域.设矩形闭区域 $\Delta\sigma_i$ 的边长为 Δx_j 和 Δy_k,则 $\Delta\sigma_i=\Delta x_j\cdot\Delta y_k$.因此在直角坐标系中,有时也把面积元素 $\mathrm{d}\sigma$ 记为 $\mathrm{d}x\mathrm{d}y$,而把二重积分记为

$$\iint_D f(x,y)\mathrm{d}x\mathrm{d}y,$$

其中 $\mathrm{d}x\mathrm{d}y$ 叫做直角坐标系中的面积元素.

我们给出以下结论:如果函数 $f(x,y)$在闭区域 D 上连续,则 $f(x,y)$在 D 上可积.

如果函数 $f(x,y)$和 $\rho(x,y)$均在闭区域 D 上连续,那么根据二重积分的定义可知:

(1)以闭区域 D 为底,以曲面 $z=f(x,y)$为顶的曲顶柱体的体积 V,就是 $f(x,y)$在 D 上的二重积分,即

$$V=\iint_D f(x,y)\mathrm{d}\sigma.$$

(2)设有闭区域 D,且面密度为 $\rho(x,y)$的平面薄片的质量 M,就是 $\rho(x,y)$在 D 上的二重积分,即

$$M=\iint_D \rho(x,y)\mathrm{d}\sigma.$$

一般地,当 $f(x,y)$ 连续时,如果 $f(x,y)\geqslant 0$,则$\iint\limits_D f(x,y)\mathrm{d}\sigma$ 就是曲顶柱体的体积;如果 $f(x,y)\leqslant 0$,则$\iint\limits_D f(x,y)\mathrm{d}\sigma$ 为负值,其绝对值等于曲顶柱体的体积,此时柱体在 xOy 面的下方;如果 $f(x,y)$ 在 D 的若干区域上为正,在其他区域上为负,我们把 xOy 面上方的曲顶柱体的体积取正,xOy 面下方的曲顶柱体的体积取负,则$\iint\limits_D f(x,y)\mathrm{d}\sigma$ 就等于这些部分区域上的曲顶柱体体积的代数和.

10.1.4　二重积分的性质

我们根据曲顶柱体的体积以及平面薄片的质量等实际问题,给出了二重积分的定义,并初步讨论了二重积分的几何意义,下面我们进一步讨论二重积分的性质.

性质 10.1　设函数 $f(x,y)$在有界闭区域 D 上可积,且 k 为常数,则

$$\iint_D kf(x,y)\mathrm{d}\sigma=k\iint_D f(x,y)\mathrm{d}\sigma.$$

性质 10.2　设函数 $f(x,y),g(x,y)$在有界闭区域 D 上可积,则

$$\iint_D [f(x,y)\pm g(x,y)]\mathrm{d}\sigma=\iint_D f(x,y)\mathrm{d}\sigma\pm\iint_D g(x,y)\mathrm{d}\sigma.$$

性质 10.3　设函数 $f(x,y)$在有界闭区域 D 上可积,用曲线将 D 分成两个闭

区域 D_1 和 D_2,则

$$\iint_D f(x,y)\mathrm{d}\sigma = \iint_{D_1} f(x,y)\mathrm{d}\sigma + \iint_{D_2} f(x,y)\mathrm{d}\sigma.$$

性质 10.4 设函数 $f(x,y)$ 在有界闭区域 D 上可积,且 $f(x,y)\geqslant 0$,则

$$\iint_D f(x,y)\mathrm{d}\sigma \geqslant 0.$$

性质 10.5 设函数 $f(x,y)$,$g(x,y)$ 在有界闭区域 D 上可积,且 $f(x,y)\leqslant g(x,y)$,则

$$\iint_D f(x,y)\mathrm{d}\sigma \leqslant \iint_D g(x,y)\mathrm{d}\sigma.$$

性质 10.6 设函数 $f(x,y)$ 在有界闭区域 D 上可积,则

$$\left|\iint_D f(x,y)\mathrm{d}\sigma\right| \leqslant \iint_D |f(x,y)|\mathrm{d}\sigma.$$

性质 10.7 设有界闭区域 D 的面积为 σ,则

$$\iint_D 1\mathrm{d}\sigma = \sigma.$$

性质 10.8 设函数 $f(x,y)$ 在有界闭区域 D 上可积,且 $m\leqslant f(x,y)\leqslant M$,则

$$m\sigma \leqslant \iint_D f(x,y)\mathrm{d}\sigma \leqslant \sigma M.$$

性质 10.9 设函数 $f(x,y)$ 在有界闭区域 D 上连续,σ 是 D 的面积,则在 D 上至少有一点 (ξ,η),使得

$$\iint_D f(x,y)\mathrm{d}\sigma = f(\xi,\eta)\cdot\sigma.$$

下面我们只给出性质 10.1、性质 10.5 和性质 10.9 的证明.

性质 10.1 的证明 由二重积分的定义和极限的性质可知

$$\iint_D f(x,y)\mathrm{d}\sigma = \lim_{\lambda\to 0}\sum_{i=1}^{n} f(\xi_i,\eta_i)\Delta\sigma_i,$$

$$\iint_D kf(x,y)\mathrm{d}\sigma = \lim_{\lambda\to 0}\sum_{i=1}^{n} kf(\xi_i,\eta_i)\Delta\sigma_i = k\lim_{\lambda\to 0}\sum_{i=1}^{n} f(\xi_i,\eta_i)\Delta\sigma_i,$$

所以,得

$$\iint_D kf(x,y)\mathrm{d}\sigma = k\iint_D f(x,y)\mathrm{d}\sigma.$$

性质 10.5 的证明 令 $h(x,y)=g(x,y)-f(x,y)$,则有 $h(x,y)\geqslant 0$,由性质 10.4 可知

$$\iint_D h(x,y)\mathrm{d}\sigma \geqslant 0,$$

又由性质 10.2 可知

$$\iint_D h(x,y)\mathrm{d}\sigma = \iint_D [g(x,y) - f(x,y)]\mathrm{d}\sigma = \iint_D g(x,y)\mathrm{d}\sigma - \iint_D f(x,y)\mathrm{d}\sigma.$$

根据以上两式，得

$$\iint_D g(x,y)\mathrm{d}\sigma - \iint_D f(x,y)\mathrm{d}\sigma \geqslant 0, \text{即} \iint_D f(x,y)\mathrm{d}\sigma \leqslant \iint_D g(x,y)\mathrm{d}\sigma.$$

性质 10.9 的证明　因为 $f(x,y)$在有界闭区域 D 上连续，所以由最大(最小)值定理得 $f(x,y)$在 D 上可取得最大值 M 和最小值 m，即 $m \leqslant f(x,y) \leqslant M$. 于是由性质 10.5 可知

$$\iint_D m\,\mathrm{d}\sigma \leqslant \iint_D h(x,y)\mathrm{d}\sigma \leqslant \iint_D M\mathrm{d}\sigma,$$

又由性质 10.1 和性质 10.7 可得

$$m\sigma \leqslant \iint_D h(x,y)\mathrm{d}\sigma \leqslant M\sigma,$$

两边同除以 σ，得

$$m \leqslant \frac{1}{\sigma}\iint_D h(x,y)\mathrm{d}\sigma \leqslant M,$$

又由介值定理得，在 D 上至少有一点(ξ,η)使得

$$\frac{1}{\sigma}\iint_D h(x,y)\mathrm{d}\sigma = f(\xi,\eta), \text{或} \quad \iint_D f(x,y)\mathrm{d}\sigma = f(\xi,\eta)\cdot\sigma.$$

习题 10.1

(A)

1. 设平面薄片占有 xOy 面上的闭区域D，薄片上分布有面密度为 $\rho(x,y)$ 的电荷，且 $\rho(x,y)$ 在 D 上连续，试用二重积分表达该薄片上的全部电荷 Q.

2. 设函数 $f(x,y)$，$g(x,y)$ 在闭区域 D 上可积，利用二重积分的定义证明：

(1) $\iint\limits_D 1\mathrm{d}\sigma = \sigma$ (其中 σ 为 D 的面积)；

(2) $\iint\limits_D [f(x,y) \pm g(x,y)]\mathrm{d}\sigma = \iint\limits_D f(x,y)\mathrm{d}\sigma \pm \iint\limits_D g(x,y)\mathrm{d}\sigma$；

(3) 若 $f(x,y) \geqslant 0$，则$\iint\limits_D f(x,y)\mathrm{d}\sigma \geqslant 0$；

(4) $\left|\iint\limits_D f(x,y)\mathrm{d}\sigma\right| \leqslant \iint\limits_D |f(x,y)|\mathrm{d}\sigma$；

(5) $\iint\limits_D f(x,y)\mathrm{d}\sigma = \iint\limits_{D_1} f(x,y)\mathrm{d}\sigma + \iint\limits_{D_2} f(x,y)\mathrm{d}\sigma$ (其中 $D = D_1 \cup D_2$；D_1，D_2 是

除了边界无公共点的闭区域).

3.根据二重积分的性质,比较下列积分的大小:

(1) $\iint\limits_D (x+y)^2 d\sigma$ 与 $\iint\limits_D (x+y)^3 d\sigma$,其中积分区域 D 是由 x 轴、y 轴与 $x+y=1$ 所围成;

(2) $\iint\limits_D (x+y)^2 d\sigma$ 与 $\iint\limits_D (x+y)^3 d\sigma$,其中积分区域 D 是由圆周 $(x-2)^2+(y-1)^2=2$ 所围成.

4.根据二重积分的几何意义,说明下列积分的值大于零、小于零还是等于零:

(1) $\iint\limits_D x d\sigma$,其中 $D=\{(x,y) \mid x^2+y^2 \leqslant 1\}$;

(2) $\iint\limits_D x^2 d\sigma$,其中 $D=\{(x,y) \mid x^2+y^2 \leqslant 1\}$;

(3) $\iint\limits_D xy d\sigma$,其中 $D=\{(x,y) \mid x^2+y^2 \leqslant 1\}$;

(4) $\iint\limits_D y d\sigma$,其中 $D=\{(x,y) \mid |x| \leqslant 1, 0 \leqslant y \leqslant 1\}$.

5.计算积分 $\iint\limits_{\substack{0\leqslant x\leqslant 1\\ 0\leqslant y\leqslant 1}} xy dxdy$.

把它看作是积分和的极限,用直线:$x=\frac{i}{n}, y=\frac{j}{n}$ $(i=1,2,\cdots,n-1; j=1,2,\cdots,n-1)$ 把积分域分成若干正方形,并在这些正方形的右顶点选取被积函数值.

(B)

1.根据二重积分的性质,比较下列积分的大小:

(1) $\iint\limits_D \ln(x+y) d\sigma$ 与 $\iint\limits_D [\ln(x+y)]^2 d\sigma$,其中 D 是顶点为 $(1,0),(1,1),(2,0)$ 的三角形闭区域;

(2) $\iint\limits_D \ln(x+y) d\sigma$ 与 $\iint\limits_D [\ln(x+y)]^2 d\sigma$,其中 $D=\{(x,y) \mid 3 \leqslant x \leqslant 5, 0 \leqslant y \leqslant 1\}$.

2.根据二重积分的几何意义,说明下列积分的值大于零、小于零还是等于零:

(1) $\iint\limits_D (x+1) d\sigma$,其中 $D=\{(x,y) \mid |x| \leqslant 1, |y| \leqslant 1\}$;

(2) $\iint\limits_D (x-1) d\sigma$,其中 $D=\{(x,y) \mid |x| \leqslant 1, |y| \leqslant 1\}$.

3. 应用二重积分的性质 8 估计积分 $I=\iint\limits_{|x|+|y|\leqslant 10}\frac{1}{100+\cos^2 x+\cos^2 y}\mathrm{d}\sigma$ 的值.

4. 证明：若 $f(x,y)$ 在有界闭区域 D 上连续，且在 D 内任一子区域 $D'\subset D$ 上有 $\iint\limits_{D}f(x,y)\mathrm{d}\sigma=0$，则在 D 上 $f(x,y)\equiv 0$.

5. 把积分域近似为系列内接正方形，使得正方形的顶点 A_{ij} 位于整数点上，并在离坐标原点最远的那些正方形顶点上选取被积函数值，近似地计算积分：

$$\iint\limits_{x^2+y^2\leqslant 25}\frac{\mathrm{d}x\mathrm{d}y}{\sqrt{24+x^2+y^2}}.$$

6. 近似地计算积分 $\iint\limits_{S}\sqrt{x+y}\,\mathrm{d}S$，式中 S 是受直线 $x=0,y=0$ 和 $x+y=1$ 限制的三角形，用直线 $x=a,y=b$ 和 $x+y=c$（a,b,c 为常数）把 S 域分成 4 个面积相等的三角形，且在这些三角形的重心选取被积函数值.

10.2　二重积分的计算法

按照定积分的定义来计算定积分，不是一种切实可行的方法，所以我们一般采用 Newton - Leibniz 公式来计算定积分. 同样，如果直接用二重积分的定义来计算二重积分也是非常困难的. 本节介绍一种把二重积分化为二次积分（即两个定积分）的方法来计算二重积分，并分别在直角坐标和极坐标的情形下加以讨论. 最后简单介绍二重积分的一般换元法.

10.2.1　二重积分的直角坐标计算法

下面我们用几何观点来讨论二重积分 $\iint\limits_{D}f(x,y)\mathrm{d}\sigma$ 的计算问题. 在讨论中我们假定 $f(x,y)$ 在闭区域 D 上连续，且 $f(x,y)\geqslant 0$.

设函数 $\varphi_1(x),\varphi_2(x)$ 在区间 $[a,b]$ 上连续，令 $D=\{(x,y)\mid\varphi_1(x)\leqslant y\leqslant\varphi_2(x),a\leqslant x\leqslant b\}$（图 10.4），可以看出，穿过 D 内部且平行于 y 轴的直线与 D 的边界相交不多于两点，这样的区域 D 称为 X - 型区域.

函数 $f(x,y)$ 在闭区域 D 上的二重积分 $\iint\limits_{D}f(x,y)\mathrm{d}\sigma$ 等于以 D 为底，以曲面 $z=f(x,y)$ 为顶的曲顶柱体（图 10.5）的体积 V，即 $V=\iint\limits_{D}f(x,y)\mathrm{d}\sigma$.

下面我们用计算“平行截面面积为已知的立体的体积”的方法，来计算该曲顶柱体的体积. 先将 x 看作常数，因为曲顶柱体的截面（图 10.5 中阴影部分）平行于

yOz 平面,而且该截面是以区间$[\varphi_1(x),\ \varphi_2(x)]$为底、以 $z=f(x,y)$为曲边的曲边梯形(图 10.6),所以根据定积分的几何意义可得,该截面的面积为

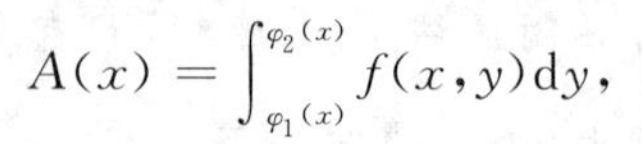

$$A(x)=\int_{\varphi_1(x)}^{\varphi_2(x)} f(x,y)\mathrm{d}y,$$

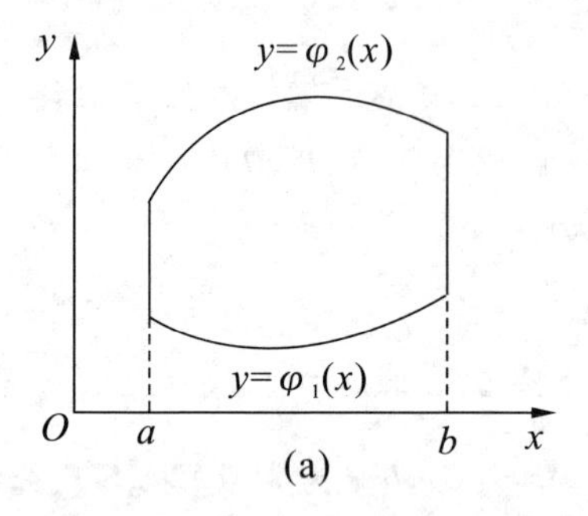

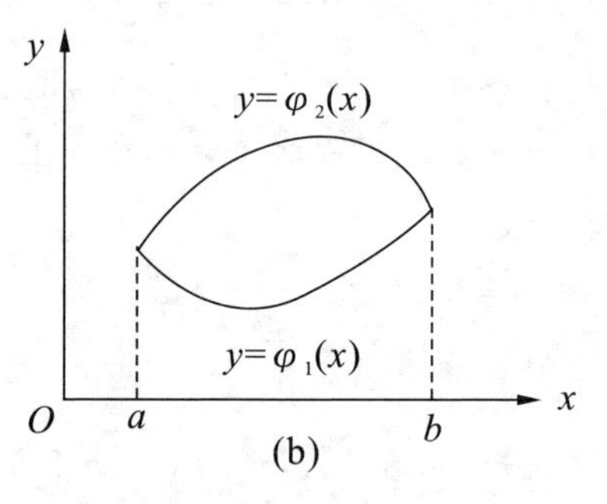

图 10.4

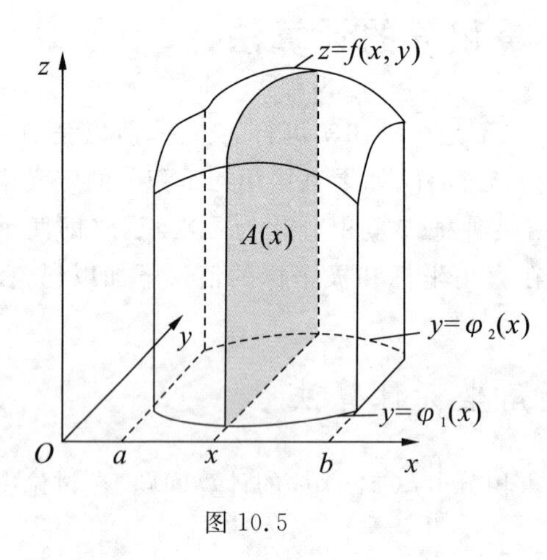

图 10.5

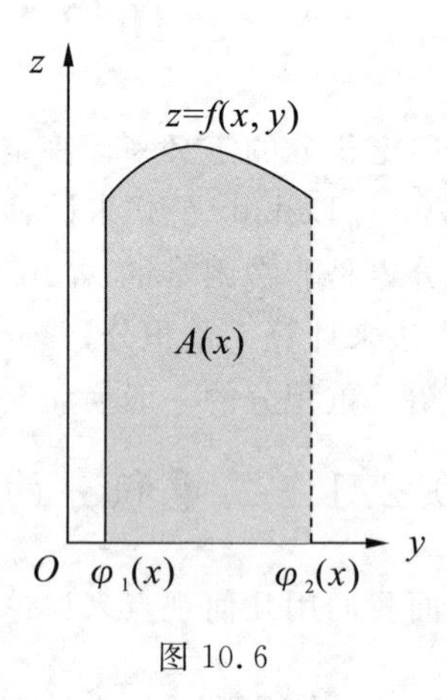

图 10.6

于是,应用计算"平行截面面积为已知的立体体积"的计算方法,得该曲顶柱体的体积为

$$V=\int_a^b A(x)\mathrm{d}x=\int_a^b\left[\int_{\varphi_1(x)}^{\varphi_2(x)} f(x,y)\mathrm{d}y\right]\mathrm{d}x,$$

从而有
$$\iint_D f(x,y)\mathrm{d}\sigma=\int_a^b\left[\int_{\varphi_1(x)}^{\varphi_2(x)} f(x,y)\mathrm{d}y\right]\mathrm{d}x.$$

上式右端的积分叫做先对 y、后对 x 的二次积分,该积分也常记为

$$\int_a^b\mathrm{d}x\int_{\varphi_1(x)}^{\varphi_2(x)} f(x,y)\mathrm{d}y,$$

即 $$\iint\limits_D f(x,y)\mathrm{d}\sigma=\int_a^b\left[\int_{\varphi_1(x)}^{\varphi_2(x)}f(x,y)\mathrm{d}y\right]\mathrm{d}x=\int_a^b\mathrm{d}x\int_{\varphi_1(x)}^{\varphi_2(x)}f(x,y)\mathrm{d}y.\qquad(10.1)$$

在上述讨论中,我们假定 $f(x,y)$ 在闭区域 D 上连续,且 $f(x,y)\geqslant 0$,但实际上公式(10.1)对闭区域 D 上任意可积函数 $f(x,y)$ 都成立.

设函数 $\psi_1(y)$,$\psi_2(y)$ 在区间 $[c,d]$ 上连续,$D=\{(x,y)\mid\psi_1(y)\leqslant x\leqslant\psi_1(y),c\leqslant y\leqslant d\}$(图 10.7),可以看出,穿过 D 内部且平行于 x 轴的直线与 D 的边界相交不多于两点,这样的区域 D 称为 Y-型区域.

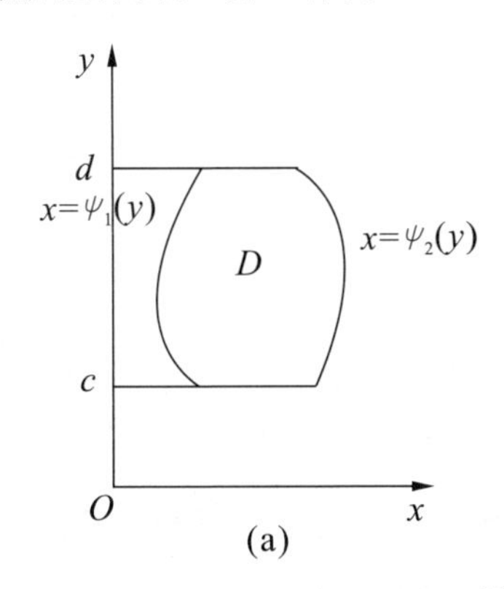

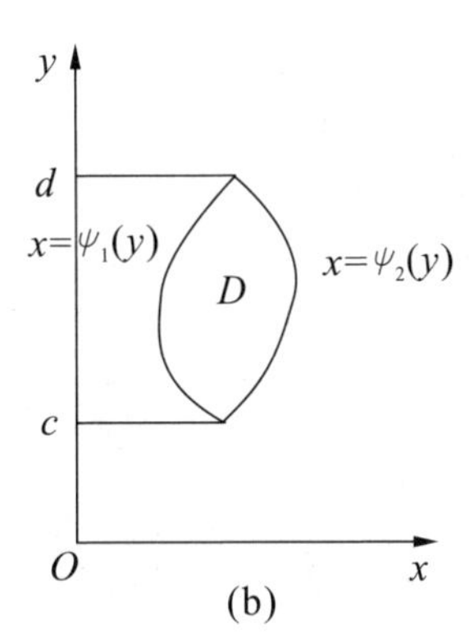

图 10.7

类似可得,函数 $f(x,y)$ 在积分区域 $D=\{(x,y)\mid\psi_1(y)\leqslant x\leqslant\psi_1(y),c\leqslant y\leqslant d\}$(图 10.7)上的二重积分等于先对 x、后对 y 的二次积分,即

$$\iint\limits_D f(x,y)\mathrm{d}\sigma=\int_c^d\left[\int_{\psi_1(y)}^{\psi_2(y)}f(x,y)\mathrm{d}x\right]\mathrm{d}y=\int_c^d\mathrm{d}y\int_{\psi_1(y)}^{\psi_2(y)}f(x,y)\mathrm{d}x.\qquad(10.2)$$

从以上讨论可以看出:应用公式(10.1)时,积分区域应该是 X-型区域;应用公式(10.2)时,积分区域应该是 Y-型区域.如果积分区域 D 既不是 X-型区域,也不是 Y-型区域,我们可以把 D 分成几部分,使每个部分是 X-型区域或 Y-型区域(图 10.8).

如果积分区域 D(图 10.9)既是 X-型区域,即

$$D=\{(x,y)\mid\varphi_1(x)\leqslant y\leqslant\varphi_2(x),a\leqslant x\leqslant b\},$$

又是 Y-型区域,即

$$D=\{(x,y)\mid\psi_1(y)\leqslant x\leqslant\psi_1(y),c\leqslant y\leqslant d\},$$

则 $f(x,y)$ 在区域 D 上的二重积分既可以用公式(10.1)来计算,也可以用公式(10.2)来计算,即

$$\iint\limits_D f(x,y)\mathrm{d}\sigma=\int_a^b\mathrm{d}x\int_{\varphi_1(x)}^{\varphi_2(x)}f(x,y)\mathrm{d}y,$$

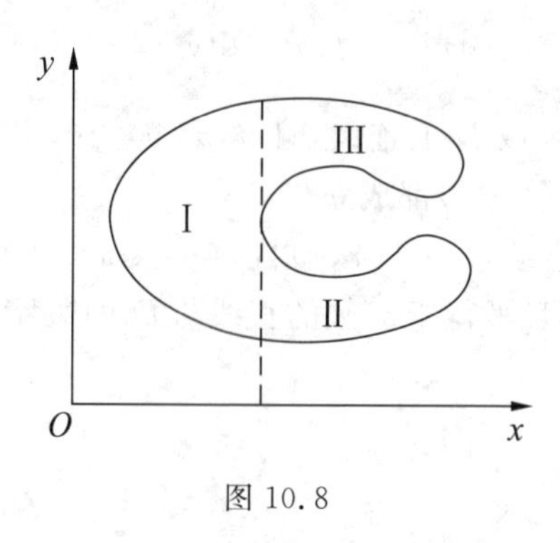

图 10.8

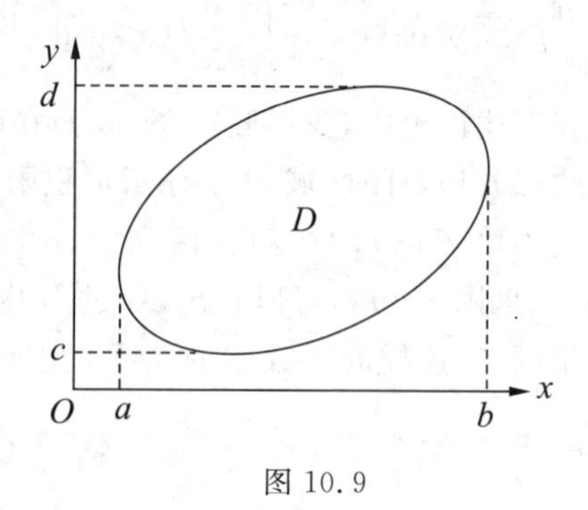

图 10.9

或
$$\iint_D f(x,y)\mathrm{d}\sigma=\int_c^d \mathrm{d}y\int_{\psi_1(y)}^{\psi_2(y)} f(x,y)\mathrm{d}x.$$

例 10.1　计算二重积分 $\iint_D xy\,\mathrm{d}\sigma$,其中 D 是由 $y=1$,$y=x$ 及 $x=2$ 所围成的闭区域.

解法 1　因为 D 是 X-型区域(图 10.10),当 $1\leqslant x\leqslant 2$ 时,有 $1\leqslant y\leqslant x$,所以
$$\iint_D xy\,\mathrm{d}\sigma=\int_1^2\mathrm{d}x\int_1^x xy\,\mathrm{d}y=\int_1^2 x\cdot\frac{1}{2}\left[y^2\right]_1^x\mathrm{d}x=\int_1^2\left(\frac{x^3}{2}-\frac{x}{2}\right)\mathrm{d}x=\frac{9}{8}.$$

解法 2　又因为 D 是 Y-型区域(图 10.11),当 $1\leqslant y\leqslant 2$ 时,有 $y\leqslant x\leqslant 2$,所以
$$\iint_D xy\,\mathrm{d}\sigma=\int_1^2\mathrm{d}y\int_y^2 xy\,\mathrm{d}x=\int_1^2\frac{1}{2}y\cdot\left[x^2\right]_y^2\mathrm{d}y=\int_1^2\left(2y-\frac{y^3}{2}\right)\mathrm{d}y=\frac{9}{8}.$$

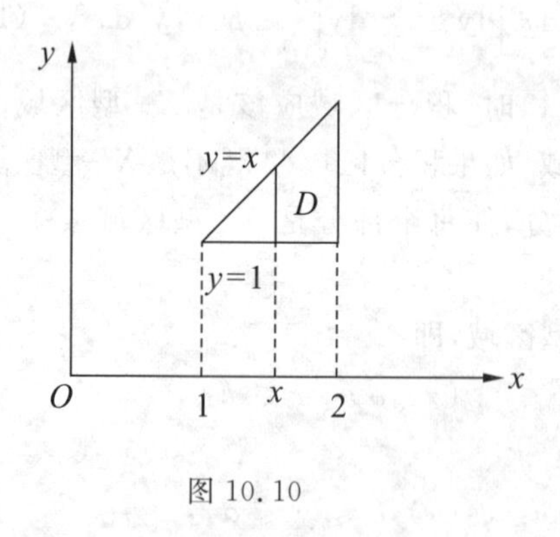

图 10.10

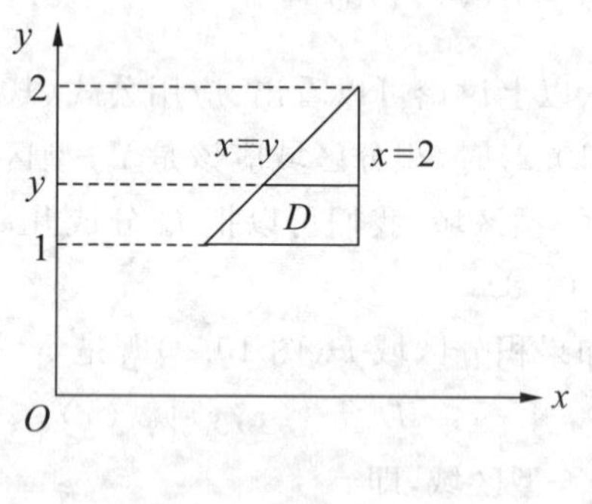

图 10.11

例 10.2　计算二重积分 $\iint_D (x+y)\mathrm{d}\sigma$,其中 D 是由 $y=0$,$y=x$,$y=1$ 及 $x=2$ 所围成的四边形闭区域.

解法 1　将积分区域 D 看成 X-型区域，把 D 分成 D_1 和 D_2 两个区域，其中 $D_1=\{(x,y)\mid 0\leqslant y\leqslant x,0\leqslant x\leqslant 1\}$，$D_2=\{(x,y)\mid 0\leqslant y\leqslant 1,1\leqslant x\leqslant 2\}$(图 10.12)，所以

$$\begin{aligned}\iint_D (x+y)\mathrm{d}\sigma &= \iint_{D_1}(x+y)\mathrm{d}\sigma+\iint_{D_2}(x+y)\mathrm{d}\sigma \\ &= \int_0^1 \mathrm{d}x\int_0^x (x+y)\mathrm{d}y+\int_1^2\mathrm{d}x\int_0^1(x+y)\mathrm{d}y \\ &= \int_0^1\left[xy+\frac{y^2}{2}\right]_0^x\mathrm{d}x+\int_1^2\left[xy+\frac{y^2}{2}\right]_0^1\mathrm{d}x \\ &= \int_0^1\frac{3x^2}{2}\mathrm{d}x+\int_1^2\left(x+\frac{1}{2}\right)\mathrm{d}x=\frac{5}{2}.\end{aligned}$$

解法 2　将积分区域 D 看成 Y-型区域，即 $D=\{(x,y)\mid y\leqslant x\leqslant 2,0\leqslant y\leqslant 1\}$(图 10.13)，所以

$$\begin{aligned}\iint_D (x+y)\mathrm{d}\sigma &= \int_0^1\mathrm{d}y\int_y^2(x+y)\mathrm{d}x=\int_0^1\left[\frac{x^2}{2}+yx\right]_y^2\mathrm{d}y \\ &= \int_0^1\left(2+2y-\frac{3y^2}{2}\right)\mathrm{d}y=\frac{5}{2}.\end{aligned}$$

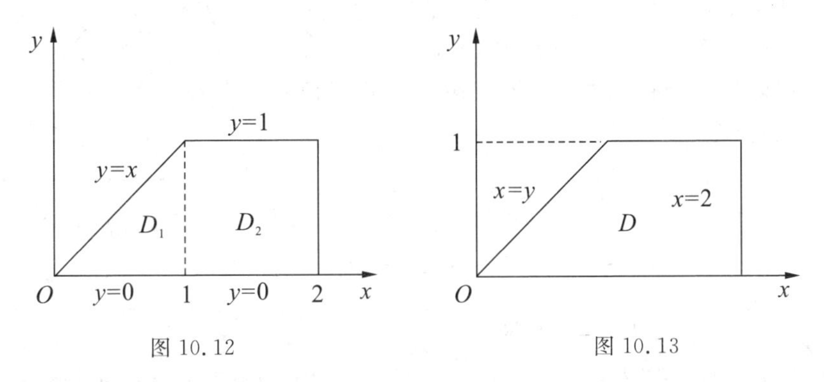

图 10.12　　图 10.13

对于本题，显然解法 2(即将积分区域 D 看成 Y-型区域)的计算过程简洁一些.

将二重积分化为二次积分时，确定积分限是关键. 积分限确定后，只要分别计算两个定积分就可以了.

例 10.3　用二重积分计算曲面 $z=R^2-x^2-y^2$ 与 xOy 面所围成立体的体积 V.

解　该立体是以 $D=\{(x,y)\mid x^2+y^2\leqslant R^2\}$ 为底，以 $z=R^2-x^2-y^2$ 为顶的曲顶柱体(图 10.14)，所以其体积等于函数 $z=R^2-x^2-y^2$ 在 D 上的二重积分，即

$$V=\iint_{D}(R^2-x^2-y^2)\,\mathrm{d}\sigma.$$

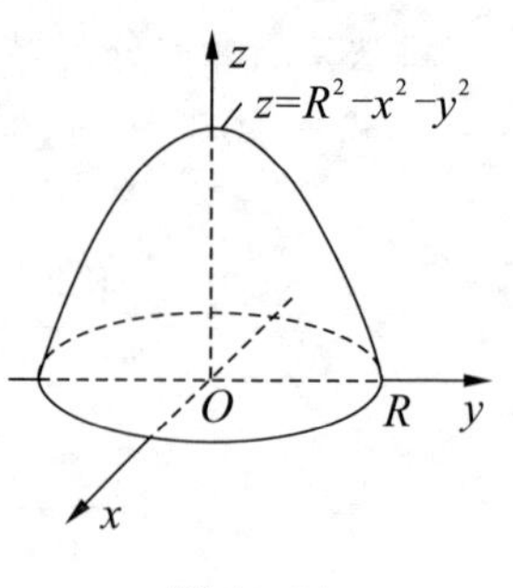

图 10.14

设$D_1=\{(x,y)\mid x^2+y^2\leqslant R^2,x\geqslant 0,y\geqslant 0\}$,由对称性得

$$\begin{aligned}V&=\iint_{D}(R^2-x^2-y^2)\,\mathrm{d}\sigma=4\iint_{D_1}(R^2-x^2-y^2)\,\mathrm{d}\sigma\\&=4\int_0^R\mathrm{d}x\int_0^{\sqrt{R^2-x^2}}(R^2-x^2-y^2)\,\mathrm{d}y\\&=4\int_0^R\left[(R^2-x^2)y-\frac{y^3}{3}\right]_0^{\sqrt{R^2-x^2}}\mathrm{d}x\\&=\frac{8}{3}\int_0^R(R^2-x^2)^{\frac{3}{2}}\,\mathrm{d}x=\frac{1}{2}\pi R^4.\end{aligned}$$

10.2.2 二重积分的极坐标计算法

设D为极坐标系中的闭区域,并假设从极点出发且穿过D内部的射线与D的边界相交不多于两点.我们用以极点为中心的一族同心圆以及从极点出发的一族射线将D分成n个小闭区域$\Delta\sigma_i(i=1,2,\cdots,n)$(图 10.15). 除了包含边界的某些小闭区域外,小闭区域$\Delta\sigma_i$的面积(也记作$\Delta\sigma_i$)为

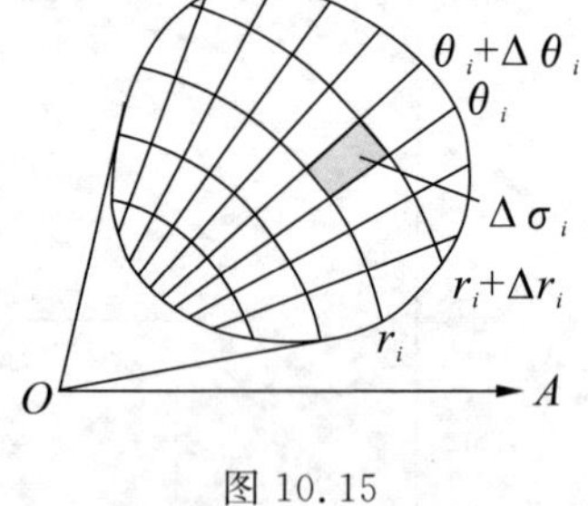

图 10.15

$$\begin{aligned}\Delta\sigma_i&=\frac{1}{2}(r_i+\Delta r_i)^2\Delta\theta_i-\frac{1}{2}r_i^{\ 2}\Delta\theta_i\\&=\frac{r_i+(r_i+\Delta r_i)}{2}\cdot\Delta r_i\cdot\Delta\theta_i\\&=\bar{r}_i\cdot\Delta r_i\cdot\Delta\theta_i,\end{aligned}$$

其中$\bar{r}_i=\dfrac{r_i+(r_i+\Delta r_i)}{2}$.在$\Delta\sigma_i$内取一点$(\bar{r}_i,\bar{\theta}_i)$并假设该点的直角坐标为$(\xi_i,\eta_i)$,于是

$$\begin{aligned}\iint_{D}f(x,y)\,\mathrm{d}\sigma&=\lim_{\lambda\to 0}\sum_{i=1}^{n}f(\xi_i,\eta_i)\Delta\sigma_i\\&=\lim_{\lambda\to 0}\sum_{i=1}^{n}f(\bar{r}_i\cos\bar{\theta}_i,\bar{r}_i\sin\bar{\theta}_i)\bar{r}_i\Delta r_i\Delta\theta_i,\end{aligned}$$

所以

$$\iint_{D}f(x,y)\,\mathrm{d}\sigma=\iint_{D}f(r\cos\theta,r\sin\theta)r\,\mathrm{d}r\,\mathrm{d}\theta$$

或
$$\iint_D f(x,y)\mathrm{d}x\mathrm{d}y=\iint_D f(r\cos\theta,r\sin\theta)r\mathrm{d}r\mathrm{d}\theta. \tag{10.3}$$

上式为二重积分从直角坐标化为极坐标的变换公式，其中 $r\mathrm{d}r\mathrm{d}\theta$ 是极坐标系中的面积元素.

极坐标系中的二重积分，同样可以化为二次积分.

设积分区域 $D=\{(x,y)\mid\varphi_1(\theta)\leqslant r\leqslant\varphi_2(\theta),\alpha\leqslant\theta\leqslant\beta\}$（图 10.16），则有

$$\iint_D f(r\cos\theta,r\sin\theta)r\mathrm{d}r\mathrm{d}\theta=\int_\alpha^\beta\left[\int_{\varphi_1(\theta)}^{\varphi_2(\theta)}f(r\cos\theta,r\sin\theta)r\mathrm{d}r\right]\mathrm{d}\theta$$

或
$$\iint_D f(r\cos\theta,r\sin\theta)r\mathrm{d}r\mathrm{d}\theta=\int_\alpha^\beta d\theta\int_{\varphi_1(\theta)}^{\varphi_2(\theta)}f(r\cos\theta,r\sin\theta)r\mathrm{d}r,$$

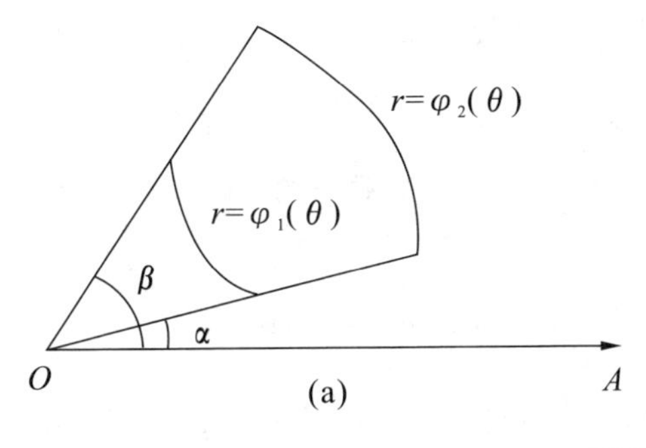

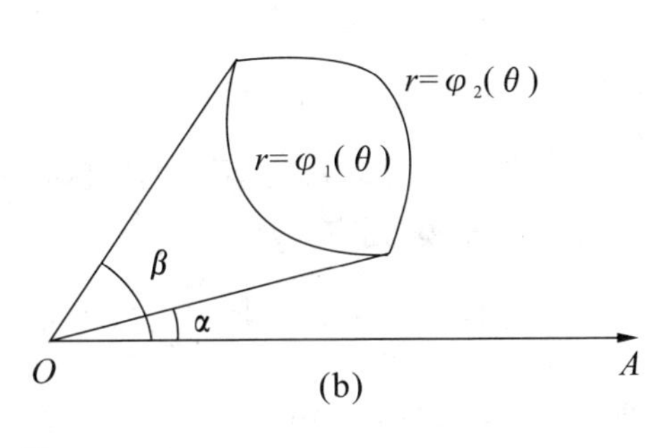

图 10.16

如果极点在积分区域内部（图 10.17），即

$$D=\{(r,\theta)\mid 0\leqslant r\leqslant\varphi(\theta),0\leqslant\theta\leqslant 2\pi\},$$

则有
$$\iint_D f(r\cos\theta,r\sin\theta)r\mathrm{d}r\mathrm{d}\theta=\int_0^{2\pi}\mathrm{d}\theta\int_0^{\varphi(\theta)}f(r\cos\theta,r\sin\theta)r\mathrm{d}r,$$

图 10.17

利用极坐标计算例 10.3 中曲顶柱体的体积为：

$$V=\iint_D(R^2-x^2-y^2)\mathrm{d}\sigma=\iint_D(R^2-r^2)r\mathrm{d}r\mathrm{d}\theta$$
$$=\int_0^{2\pi}\mathrm{d}\theta\int_0^R(R^2-r^2)r\mathrm{d}r=2\pi\int_0^R(R^2r-r^3)\mathrm{d}r=\frac{1}{2}\pi R^4.$$

例 10.4　用二重积分计算球体 $x^2+y^2+z^2\leqslant R^2$ 的体积 V.

解　根据已知，上半球面方程为 $z=\sqrt{R^2-x^2-y^2}$，所以上半球的体积 V_1 等于函数 $z=\sqrt{R^2-x^2-y^2}$ 在区域 $D=\{(x,y)\mid x^2+y^2\leqslant R^2\}$ 上的二重积分，即

$$V_1 = \iint\limits_{D_1} \sqrt{R^2 - x^2 - y^2}\,\mathrm{d}\sigma = \iint\limits_{D_1} \sqrt{R^2 - r^2}\, r\mathrm{d}r\mathrm{d}\theta$$
$$= \int_0^{2\pi} \mathrm{d}\theta \int_0^R \sqrt{R^2 - r^2}\, r\mathrm{d}r = 2\pi \int_0^R \sqrt{R^2 - r^2}\, r\mathrm{d}r = \frac{2}{3}\pi R^3,$$

根据对称性得,$V = 2V_1 = \dfrac{4}{3}\pi R^3$.

10.2.3 二重积分的一般换元法

前面讨论的二重积分的变量从直角坐标变为极坐标的公式,只是二重积分换元法的一种特殊情形.下面我们应用 uOv 平面到 xOy 平面的变换 $x = x(u,v)$,$y = y(u,v)$来讨论二重积分换元法的一般情形.

定理 10.1 设 E 为 uOv 平面上的闭区域,函数 $x(u,v)$,$y(u,v)$在 E 上具有一阶连续偏导数,且 Jacobi 行列式 $J(u,v) = \dfrac{\partial(x,y)}{\partial(u,v)} \neq 0$.变换 T:$x = x(u,v)$,$y = y(u,v)$将 E 变为 xOy 平面上的闭区域 D,且变换 T 是一对一的.如果函数 $f(x,y)$在 D 上连续,则有

$$\iint\limits_D f(x,y)\,\mathrm{d}\sigma = \iint\limits_E f[x(u,v),y(u,v)]\,|J(u,v)|\,\mathrm{d}\delta,$$

或
$$\iint\limits_D f(x,y)\,\mathrm{d}x\mathrm{d}y = \iint\limits_E f[x(u,v),y(u,v)]\,|J(u,v)|\,\mathrm{d}u\mathrm{d}v.$$

证 用平行于 u 轴、v 轴的直线,将 uOv 面上的闭区域 E 分成 n 个小矩形闭区域 $\Delta\delta_i$(小区域 $\Delta\delta_i$ 的面积仍用 $\Delta\delta_i$ 表示,即 $\Delta\delta_i = \Delta u_j \cdot \Delta v_k > 0$),$\Delta\delta_i$ 经变换 T 变成 xOy 平面上的小曲边四边形闭区域 $\Delta\sigma_i$(小区域 $\Delta\sigma_i$ 的面积也用 $\Delta\sigma_i$ 表示).相应地,xOy 平面上的闭区域 D 也分成 n 个小闭区域 $\Delta\sigma_i$,而且小区域 $\Delta\sigma_i$ 上的点 M_1,M_2,M_3,M_4 分别与小区域 $\Delta\delta_i$ 上的点 N_1,N_2,N_3,N_4 相对应(图 10.18).

根据二重积分的定义得,函数 $f(x,y)$在闭区域 D 上二重积分为

$$\iint\limits_D f(x,y)\,\mathrm{d}\sigma = \lim_{\lambda \to 0} \sum_{i=1}^{n} f(\xi_i,\eta_i)\Delta\sigma_i,$$

其中(ξ_i,η_i)为 $\Delta\sigma_i$ 内的点,λ 为 n 个小闭区域 $\Delta\sigma_i$ 的直径的最大值.

因为 $\Delta\sigma_i$ 的面积近似等于以$\overrightarrow{M_1M_2}$,$\overrightarrow{M_1M_3}$为邻边的平行四边形的面积,即 $\Delta\sigma_i \approx |\overrightarrow{M_1M_2} \times \overrightarrow{M_1M_3}|$,其中

$$\begin{aligned}\overrightarrow{M_1M_2} &= \{x(u_j + \Delta u_j, v_k) - x(u_j, v_k), y(u_j + \Delta u_j, v_k) - y(u_j, v_k), 0\} \\ &= \{x'_u(u_j + \alpha_1 \Delta u_j, v_k) \cdot \Delta u_j,\ y'_u(u_j + \alpha_2 \Delta u_j, v_k) \cdot \Delta u_j,\ 0\} \\ &= \Delta u_j \{x'_u(u_j + \alpha_1 \Delta u_j, v_k),\ y'_u(u_j + \alpha_2 \Delta u_j, v_k),\ 0\} \\ &\approx \Delta u_j \{x'_u(\zeta_i, \mu_i),\ y'_u(\zeta_i, \mu_i),\ 0\},\end{aligned}$$

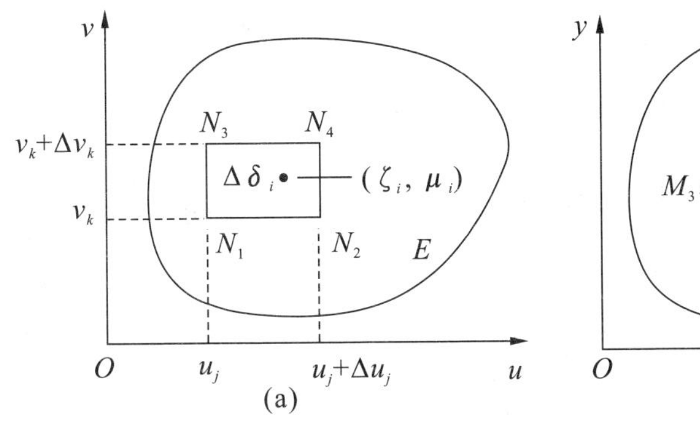

(a)

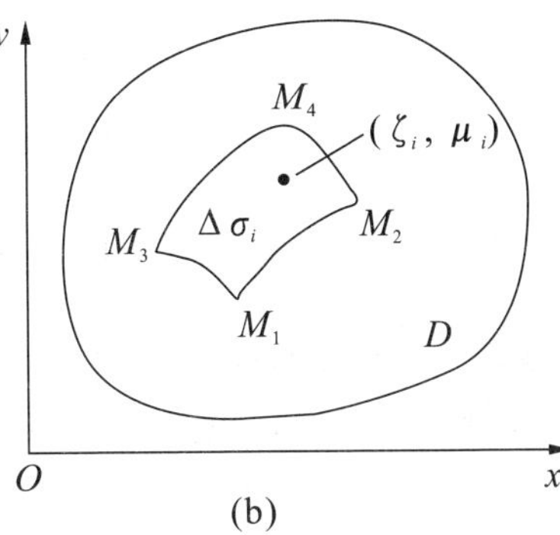

(b)

图 10.18

$$\begin{aligned}\overrightarrow{M_1M_3} &= \{x(u_j,v_k+\Delta v_k)-x(u_j,v_k),\ y(u_j,v_k+\Delta v_k)-y(u_j,v_k),\ 0\}\\ &= \{x'_v(u_j,v_k+\beta_1\Delta v_k)\cdot\Delta v_k,\ y'_v(u_j,v_k+\beta_2\Delta v_k)\cdot\Delta v_k,\ 0\}\\ &= \Delta v_k\{x'_v(u_j,v_k+\beta_1\Delta v_k),\ y'_v(u_j,v_k+\beta_2\Delta v_k),\ 0\}\\ &\approx \Delta v_k\{x'_v(\zeta_i,\mu_i),\ y'_v(\zeta_i,\mu_i),\ 0\},\end{aligned}$$

式中 $0\leqslant\alpha_1,\alpha_2,\beta_1,\beta_2\leqslant 1$，$(\zeta_i,\mu_i)$为 $\Delta\delta_i$ 中的点且经变换 T 与 $\Delta\sigma_i$ 中的点(ζ_i,η_i)相对应. 于是

$$\begin{aligned}\overrightarrow{M_1M_2}\times\overrightarrow{M_1M_3} &= \Delta u_j\Delta v_k\begin{vmatrix}\boldsymbol{i} & \boldsymbol{j} & \boldsymbol{k}\\ x'_u(\zeta_i,\mu_i) & y'_u(\zeta_i,\mu_i) & 0\\ x'_v(\zeta_i,\mu_i) & y'_v(\zeta_i,\mu_i) & 0\end{vmatrix}\\ &= \Delta u_j\Delta v_k\begin{vmatrix}x'_u(\zeta_i,\mu_i) & y'_u(\zeta_i,\mu_i)\\ x'_v(\zeta_i,\mu_i) & y'_v(\zeta_i,\mu_i)\end{vmatrix}\boldsymbol{k}\\ &= J(\zeta_i,\mu_i)\Delta u_j\Delta v_k\boldsymbol{k}.\end{aligned}$$

所以

$$\Delta\sigma_i\approx\left|\overrightarrow{M_1M_2}\times\overrightarrow{M_1M_3}\right|\approx|J(\zeta_i,\mu_i)|\Delta u_j\Delta v_k=|J(\zeta_i,\mu_i)|\Delta\delta_i,$$

且当 $\Delta u_j\to 0$，$\Delta v_k\to 0$ 时，误差为高阶无穷小，从而

$$\begin{aligned}\iint_D f(x,y)\mathrm{d}\sigma &= \lim_{\lambda\to 0}\sum_{i=1}^{n}f(\zeta_i,\eta_i)\Delta\sigma_i\\ &= \lim_{\tau\to 0}\sum_{i=1}^{n}f[x(\zeta_i,\mu_i),y(\zeta_i,\mu_i)]\,|J(\zeta_i,\mu_i)|\,\Delta\delta_i,\end{aligned}$$

式中 τ 为 n 个小闭区域 $\Delta\delta_i$ 的直径的最大值，且为当 $\lambda\to 0$ 时，$\tau\to 0$. 因此由二重积分的定义可得

$$\iint_D f(x,y)\mathrm{d}\sigma=\lim_{\tau\to 0}\sum_{i=1}^{n}f[x(\zeta_i,\mu_i),y(\zeta_i,\mu_i)]\,|J(\zeta_i,\mu_i)|\,\Delta\delta_i$$

$$=\iint_E f[x(u,v),y(u,v)]\,|J(u,v)|\,\mathrm{d}\delta,$$

即
$$\iint_D f(x,y)\mathrm{d}\sigma=\iint_E f[x(u,v),y(u,v)]\,|J(u,v)|\,\mathrm{d}\delta,$$

或
$$\iint_D f(x,y)\mathrm{d}x\mathrm{d}y=\iint_E f[x(u,v),y(u,v)]\,|J(u,v)|\,\mathrm{d}u\mathrm{d}v.$$

例 10.5 求由直线 $x+y=a$, $x+y=b$, $y=cx$, $y=dx$ $(0<a<b, 0<c<d)$ 所围成的闭区域 D[图 10.19(a)]的面积.

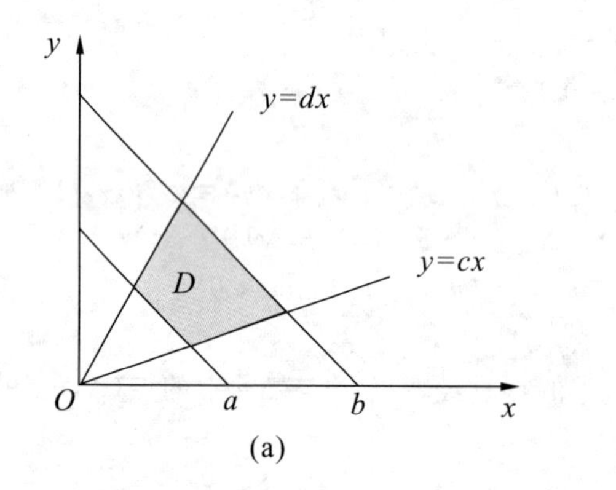

(a)

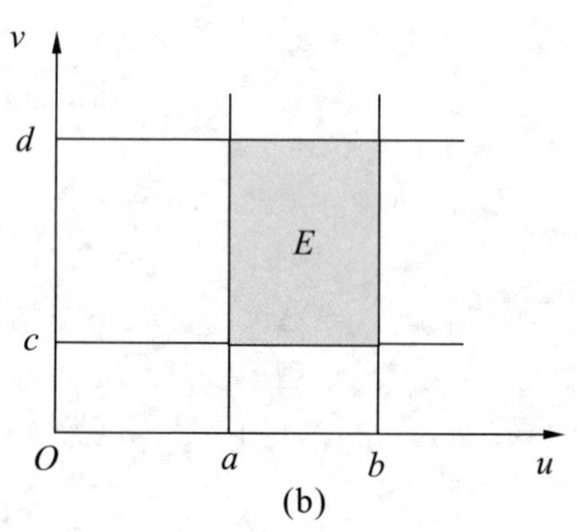

(b)

图 10.19

解 所求面积为 $\iint_D \mathrm{d}x\mathrm{d}y$,

应用二重积分换元法,令 $x+y=u$, $\frac{y}{x}=v$,则有

$$x=\frac{u}{1+v}, y=\frac{uv}{1+v},$$

该变换将 xOy 平面中的闭区域 D 变换成 uOv 平面中的闭区域 E,并且 D 的边界 $x+y=a$, $x+y=b$, $y=cx$, $y=dx$ 依次与 E 的边界 $u=a$, $u=b$, $u=c$, $u=d$ 相对应,显然 $E=\{(u,v)\,|\,a\leqslant u\leqslant b, c\leqslant v\leqslant d\}$ 是 uOv 平面中的矩形闭区域[图 10.19(b)]. 从而所求面积为

$$\begin{aligned}\iint_D \mathrm{d}x\mathrm{d}y&=\iint_E |J(u,v)|\,\mathrm{d}u\mathrm{d}v\\&=\iint_E \frac{u}{(1+v)^2}\mathrm{d}u\mathrm{d}v=\int_a^b \mathrm{d}u\int_c^d \frac{u}{(1+v)^2}\mathrm{d}v\\&=\int_a^b u\mathrm{d}u\cdot\int_c^d \frac{1}{(1+v)^2}\mathrm{d}v=\frac{(b^2-a^2)(d-c)}{2(1+c)(1+d)}.\end{aligned}$$

例 10.6　求椭圆$\frac{x^2}{a^2}+\frac{y^2}{b^2}=1$的面积($a>0,b>0$为常数).

解　令$x=au,y=bv$,则该变换将xOy平面的闭区域$D=\left\{(x,y)\left|\frac{x^2}{a^2}+\frac{y^2}{b^2}\leqslant 1\right.\right\}$变换成$uOv$平面的闭区域$E=\{(u,v)\mid u^2+v^2\leqslant 1\}$,且 Jacobi 行列式为

$$J(u,v)=\begin{vmatrix} a & 0 \\ 0 & b \end{vmatrix}=ab,$$

应用二重积分换元法得,所求面积为

$$\iint_D \mathrm{d}x\mathrm{d}y=\iint_E |J(u,v)|\,\mathrm{d}u\mathrm{d}v=\iint_E ab\,\mathrm{d}u\mathrm{d}v=ab\iint_E \mathrm{d}u\mathrm{d}v=\pi ab.$$

习题 10.2

(A)

1. 计算下列二重积分.

(1) $\iint_D (x^3+3x^2y+y^3)\mathrm{d}\sigma$,其中$D=\{(x,y)\mid 0\leqslant x\leqslant 1,0\leqslant y\leqslant 1\}$;

(2) $\iint_D (3x+2y)\mathrm{d}\sigma$,其中$D$是由两坐标轴及直线$x+y=1$所围成的闭区域;

(3) $\iint_D x\cos(x+y)\mathrm{d}\sigma$,其中$D$顶点分别为$(0,0)$,$(\pi,0)$,$(\pi,\pi)$的三角形闭区域.

2. 计算下列二重积分.

(1) $\iint_D x\sqrt{y}\,\mathrm{d}\sigma$,其中$D$是由两条抛物线$y=\sqrt{x}$,$y=x^2$所围成的闭区域;

(2) $\iint_D xy^2\mathrm{d}\sigma$,其中$D$是由圆周$x^2+y^2=4$及$y$轴所围成的右半闭区域;

(3) $\iint_D (x^2+y^2-x)\mathrm{d}\sigma$,其中$D$是直线$y=2$,$y=x$及$y=2x$所围成的闭区域.

3. 化二重积分$I=\iint_D f(x,y)\mathrm{d}\sigma$为“先对$y$后对$x$”以及“先对$x$后对$y$”的二次积分,其中积分区域是:

(1) 由直线$y=x$及抛物线$y^2=4x$所围成的闭区域;

(2) 由x轴及半圆周$x^2+y^2=r^2(y\geqslant 0)$所围成的闭区域;

(3) 由直线$y=x$,$x=2$及双曲线$y=\frac{1}{x}(x>0)$所围成的闭区域.

4. 改换下列积分的积分次序：

(1) $\int_1^e dx\int_0^{\ln x} f(x,y)dy$；　　(2) $\int_1^2 dx\int_{2-x}^{\sqrt{2x-x^2}} f(x,y)dy$；

(3) $\int_0^1 dy\int_0^y f(x,y)dx$；　　(4) $\int_0^2 dy\int_{y^2}^{2y} f(x,y)dx$.

5. 设平面薄片所占的闭区域 D 由直线 $x+y=2$，$y=x$ 和 x 轴所围成，其面密度为 $\rho(x,y)=x^2+y^2$，求该薄片的质量.

6. 计算由 4 个平面 $x=0$，$y=0$，$x=1$，$y=1$ 所围成的柱体被平面 $z=0$ 及 $2x+3y+z=6$ 截得的立体的体积.

7. 把二重积分 $\iint\limits_D f(x,y)dxdy$ 表示为极坐标形式的二次积分，其中积分区域 D 是：

(1) $\{(x,y)\mid x^2+y^2\leqslant a^2\}$，其中 $a>0$；

(2) $\{(x,y)\mid x^2+y^2\leqslant 2x\}$；

(3) $\{(x,y)\mid a^2\leqslant x^2+y^2\leqslant b^2\}$，其中 $0<a<b$；

(4) $\{(x,y)\mid 0\leqslant y\leqslant 1-x, 0\leqslant x\leqslant 1\}$.

8. 利用极坐标计算下列二重积分.

(1) $\iint\limits_D e^{x^2+y^2}d\sigma$，其中 D 是由圆周 $x^2+y^2=4$ 所围成的闭区域；

(2) $\iint\limits_D \ln(1+x^2+y^2)d\sigma$，其中 D 是由圆周 $x^2+y^2=1$ 及坐标轴所围成的在第一象限内的闭区域；

(3) $\iint\limits_D \arctan\dfrac{y}{x}d\sigma$，其中 D 是由圆周 $x^2+y^2=4$，$x^2+y^2=1$ 及直线 $y=0$，$y=x$ 所围成的在第一象限内的闭区域.

9. 化下列二次积分为极坐标形式的二次积分.

(1) $\int_0^1 dx\int_0^1 f(x,y)dy$；　　(2) $\int_0^2 dx\int_x^{\sqrt{3}x} f(x,y)dy$；

(3) $\int_0^1 dx\int_{1-x}^{\sqrt{1-x^2}} f(x,y)dy$；　　(4) $\int_0^1 dx\int_0^{x^2} f(x,y)dy$.

10. 把下列积分化为极坐标形式，并计算积分值.

(1) $\int_0^{2a} dx\int_0^{\sqrt{2ax-x^2}} (x^2+y^2)dy$；　　(2) $\int_0^a dx\int_0^x \sqrt{x^2+y^2}dy$；

(3) $\int_0^1 dx\int_{x^2}^x (x^2+y^2)^{-\frac{1}{2}}dy$；　　(4) $\int_0^a dy\int_0^{\sqrt{a^2-y^2}} (x^2+y^2)dx$.

11. 设平面薄片所占的闭区域 D 由螺线上的一段 $r=2\theta(0\leqslant\theta\leqslant\frac{\pi}{2})$ 与直线 $\theta=\frac{\pi}{2}$ 所围成，其面密度为 $\rho(x,y)=x^2+y^2$，求该薄片的质量.

12. 计算以 xOy 面上的圆周 $x^2+y^2=ax$ 围成的闭区域为底，而以曲面 $z=x^2+y^2$ 为顶的曲顶柱体的体积.

13. 选择适当的坐标计算下列二重积分.

(1) $\iint\limits_D \frac{x^2}{y^2}\mathrm{d}\sigma$，其中 D 是由直线 $x=2$，$y=x$ 及曲线 $xy=1$ 所围成的闭区域；

(2) $\iint\limits_D \sqrt{\frac{1-x^2-y^2}{1+x^2+y^2}}\mathrm{d}\sigma$，其中 D 是由圆周 $x^2+y^2=1$ 及坐标轴所围成的在第一象限内的闭区域；

(3) $\iint\limits_D (x^2+y^2)\mathrm{d}\sigma$，其中 D 是由直线 $y=x$，$y=x+a$，$y=a$，$y=3a(a>0)$ 所围成的闭区域；

(4) $\iint\limits_D \sqrt{x^2+y^2}\mathrm{d}\sigma$，其中 D 是圆环形闭区域 $\{(x,y)\mid a^2\leqslant x^2+y^2\leqslant b^2\}$.

(B)

1. 用适当的变换，计算下列二重积分.

(1) $\iint\limits_D (x-y)^2\sin^2(x+y)\mathrm{d}x\mathrm{d}y$，其中 D 是平行四边形闭区域，其四个顶点是 $(\pi,0)$，$(2\pi,\pi)$，$(\pi,2\pi)$ 和 $(0,\pi)$；

(2) $\iint\limits_D x^2y^2\mathrm{d}x\mathrm{d}y$，其中 D 是由两条双曲线 $xy=1$，$xy=2$ 和两条直线 $y=x$，$y=4x$ 所围成的在第一象限内的闭区域；

(3) $\iint\limits_D \mathrm{e}^{\frac{y}{x+y}}\mathrm{d}x\mathrm{d}y$，其中 D 是由直线 $x+y=1$ 和两个坐标轴所围成的闭区域；

(4) $\iint\limits_D \left(\frac{x^2}{a^2}+\frac{y^2}{b^2}\right)\mathrm{d}x\mathrm{d}y$，其中 $D=\left\{(x,y)\,\middle|\,\frac{x^2}{a^2}+\frac{y^2}{b^2}\leqslant 1\right\}$.

2. 在正方形中 $0\leqslant x\leqslant\pi$，$0\leqslant y\leqslant\pi$，求函数 $f(x,y)=\sin^2x\sin^2y$ 的平均值.

3. 计算二重积分 $\iint\limits_D \sqrt{x}\,\mathrm{d}\sigma$，其中，$D=\{(x,y)\mid x^2+y^2\leqslant x\}$.

4. 用极坐标计算下列二重积分：

(1) $\iint\limits_D |xy|\,\mathrm{d}x\mathrm{d}y$，其中，$D$ 为圆域：$x^2+y^2\leqslant a^2$；

(2) $\iint\limits_{D} f'(x^2+y^2)\mathrm{d}x\mathrm{d}y$,其中,$D$ 为圆域:$x^2+y^2\leqslant R^2$.

5. 若 $f(x,y)=F''_{xy}(x,y)$,计算:$I=\int_a^A \mathrm{d}x\int_b^B f(x,y)\mathrm{d}y$.

6. 设 $f(x)$在$[a,b]$上连续,证明不等式:$\left[\int_a^b f(x)\mathrm{d}x\right]^2\leqslant(b-a)\int_a^b f^2(x)\mathrm{d}x$,其中,等号仅在 $f(x)$为常量函数时成立。

10.3　广义二重积分

对于二重积分我们可以作两方面的拓广:无界区域上的二重积分和无界函数的二重积分.本节仅讨论无界区域上的二重积分.

定义 10.2　设 D 是 $\mathbf{R}^2$ 中一个无界区域,函数 $f(x,y)$在 D 上有定义.如果用任意光滑曲线 Γ 在 D 中划出有限区域 σ,二重积分 $\iint\limits_{\sigma} f(x,y)\mathrm{d}\sigma$ 都存在,而且不论 Γ 的形状如何,只要 Γ 连续变动,使 σ 无限扩展而趋于 D,极限

$$\lim_{\sigma\to D}\iint\limits_{\sigma} f(x,y)\mathrm{d}\sigma$$

都等于常数 I,则称 I 是函数 $f(x,y)$ 在区域 D 上的广义二重积分,记作

$$\iint\limits_{D} f(x,y)\mathrm{d}\sigma,$$

即

$$\iint\limits_{D} f(x,y)\mathrm{d}\sigma=\lim_{\sigma\to D}\iint\limits_{\sigma} f(x,y)\mathrm{d}\sigma.$$

此时称 $f(x,y)$在 D 上的广义二重积分收敛,否则称 $f(x,y)$在 D 上的广义二重积分发散.

下面给出一些关于计算广义二重积分的简单结论.

(1)设区域 $D=\{(x,y)\mid c\leqslant y,a\leqslant x\leqslant b\}$(其中 a,b,c 为常数),函数 $f(x,y)$在 D 上有定义且 $f(x,y)\geqslant 0$,则

$$\iint\limits_{D} f(x,y)\mathrm{d}\sigma=\int_a^b \mathrm{d}x\int_c^{+\infty} f(x,y)\mathrm{d}y.$$

(2)设区域 $D=\{(x,y)\mid c\leqslant y,a\leqslant x\}$(其中 a,c 为常数),函数 $f(x,y)$在 D 上有定义且 $f(x,y)\geqslant 0$,则

$$\iint\limits_{D} f(x,y)\mathrm{d}\sigma=\int_a^{+\infty} \mathrm{d}x\int_c^{+\infty} f(x,y)\mathrm{d}y.$$

例 10.7　求广义二重积分 $\iint\limits_{D}\mathrm{e}^{-(x+y)}\mathrm{d}\sigma$，其中 $D=\{(x,y)\mid 0\leqslant x\leqslant y\}$.

解　因为被积函数非负，所以

$$\iint\limits_{D}\mathrm{e}^{-(x+y)}\mathrm{d}\sigma=\int_{0}^{+\infty}\mathrm{d}x\int_{x}^{+\infty}\mathrm{e}^{-(x+y)}\mathrm{d}y=\int_{0}^{+\infty}\mathrm{e}^{-x}\mathrm{d}x\int_{x}^{+\infty}\mathrm{e}^{-y}\mathrm{d}y$$

$$=\int_{0}^{+\infty}\mathrm{e}^{-2x}\mathrm{d}x=\frac{1}{2}.$$

例 10.8　计算 $I=\iint\limits_{D}\mathrm{e}^{-(x^2+y^2)}\mathrm{d}\sigma$，其中 $D=\{(x,y)\mid-\infty<x<+\infty,-\infty<y<+\infty\}$.

解　被积函数非负，利用极坐标，得

$$I=\iint\limits_{D}\mathrm{e}^{-(x^2+y^2)}\mathrm{d}\sigma=\iint\limits_{E}\mathrm{e}^{-r^2}r\mathrm{d}r\mathrm{d}\theta,$$

式中 $E=\{(r,\theta)\mid 0\leqslant r<+\infty,0\leqslant\theta\leqslant 2\pi\}$，所以

$$I=\iint\limits_{E}\mathrm{e}^{-r^2}r\mathrm{d}r\mathrm{d}\theta=\int_{0}^{2\pi}\mathrm{d}\theta\int_{0}^{+\infty}r\mathrm{e}^{-r^2}\mathrm{d}r=2\pi\left[-\frac{1}{2}\mathrm{e}^{-r^2}\right]_{0}^{+\infty}=\pi.$$

习题 10.3

(A)

1. 求 $\iint\limits_{D}\mathrm{e}^{-(x^2+y^2)}\mathrm{d}\sigma$，其中 $D=\{(x,y)\mid x^2+y^2\geqslant 1\}$.

2. 求 $\iint\limits_{D}x\mathrm{e}^{-y^2}\mathrm{d}\sigma$，其中 D 是由曲线 $y=4x^2$ 和 $y=9x^2$ 在第一象限所围成的区域.

3. 求 $\iint\limits_{D}\mathrm{e}^{-\left(\frac{x^2}{a^2}+\frac{y^2}{b^2}\right)}\mathrm{d}\sigma$，其中 $D=\left\{(x,y)\,\middle|\,\frac{x^2}{a^2}+\frac{y^2}{b^2}\geqslant 1\right\}$.

4. 求 $\iint\limits_{x^2+y^2\leqslant 1}\frac{\mathrm{d}x\mathrm{d}y}{\sqrt{1-x^2-y^2}}$.

(B)

1. 求 $\iint\limits_{D}\frac{1}{x^p y^q}\mathrm{d}\sigma$，其中 $D=\{(x,y)\mid xy\geqslant 1,x\geqslant 1\}$.

2. 求 $\iint\limits_{D}\frac{1}{(x+y)^p}\mathrm{d}\sigma$，其中 $D=\{(x,y)\mid x+y\geqslant 1,0\leqslant x\leqslant 1\}$.

3. 求 $\iint\limits_{D}\min\{x,y\}\mathrm{e}^{-(x^2+y^2)}\mathrm{d}\sigma$，其中 $D=\{(x,y)\mid-\infty<x<+\infty,-\infty<y<+\infty\}$.

4. 计算积分 $\int_{-\infty}^{+\infty}\int_{-\infty}^{+\infty} e^{-(x^2+y^2)}\sin(x^2+y^2)\,dxdy$.

10.4 三重积分的概念及计算

10.4.1 三重积分的概念

应用定积分我们可以求曲边梯形的面积和直线上非均匀细棒的质量等;应用二重积分我们可以计算曲顶柱体的体积和平面上非均匀薄片的质量等.为解决空间非均匀物体的质量等问题,我们很自然地将定积分和二重积分的概念推广到三重积分.

定义 10.3 设 Ω 是 $\mathbf{R}^3$ 中的有界闭区域,函数 $f(x,y,z)$ 在 Ω 上有定义.将 Ω 任意分成 n 个小闭区域

$$\Delta v_1, \Delta v_2, \cdots, \Delta v_n$$

在每个小区域 Δv_i 上任取一点 (ξ_i,η_i,ζ_i),作和式

$$\sum_{i=1}^{n} f(\xi_i,\eta_i,\zeta_i)\Delta v_i,$$

这里数值 Δv_i 也表示小区域 Δv_i 的体积.如果当各小区域的直径的最大值 λ 趋于零时,该和式的极限总存在且恒为常数 I,则称函数 $f(x,y,z)$ 在区域 Ω 上可积,并称 I 为 $f(x,y,z)$ 在 Ω 上的三重积分,记作 $\iiint\limits_{\Omega} f(x,y,z)\,dv$, 即

$$\iiint\limits_{\Omega} f(x,y,z)\,dv = \lim_{\lambda\to 0}\sum_{i=1}^{n} f(\xi_i,\eta_i,\zeta_i)\Delta v_i,$$

其中 $f(x,y,z)$ 叫做被积函数,$f(x,y,z)dv$ 叫做被积表达式,dv 叫做体积元素,x,y,z 叫做积分变量,Ω 叫做积分区域,$\sum\limits_{i=1}^{n} f(\xi_i,\eta_i,\zeta_i)\Delta v_i$ 叫做积分和.

在直角坐标系中,如果用平行于坐标面的平面来划分 Ω,那么除了包含 Ω 边界点的一些不规则小闭区域外,得到的小闭区域 Δv_i 均为长方体.设长方体小闭区域 Δv_i 的边长为 Δx_j,Δy_k 和 Δz_l,则 $\Delta v_i=\Delta x_j\cdot\Delta y_j\cdot\Delta z_l$.因此在直角坐标系中,有时也把体积元素 dv,记为 $dxdydz$,而把三重积分记为

$$\iiint\limits_{\Omega} f(x,y,z)\,dxdydz,$$

其中 $dxdydz$ 叫做直角坐标系中的体积元素.

我们给出以下结论:如果函数 $f(x,y,z)$ 在闭区域 Ω 上连续,则 $f(x,y,z)$ 在 Ω 上可积.

如果 $\mathbf{R}^3$ 中某物体所占区域为 Ω,其密度函数 $\rho(x,y,z)$ 在 Ω 上连续,则

$$\sum_{i=1}^{n}\rho(\xi_i,\eta_i,\zeta_i)\Delta v_i$$

是该物体的质量近似值,当 $\lambda\to 0$ 时,这个和式的极限就是该物体的质量 M,所以

$$M=\iiint_{\Omega}\rho(x,y,z)\mathrm{d}v.$$

如果密度 $\rho(x,y,z)\equiv 1$,则该物体的体积 V 和质量 M 在数值上是相等的,即

$$V=\iiint_{\Omega}1\mathrm{d}v=\iiint_{\Omega}\mathrm{d}v.$$

10.4.2　三重积分的直角坐标计算法

我们可以在直角坐标系中,将三重积分化为三次积分来计算.下面给出具体方法,且只限于叙述.

对于三重积分 $\iiint_{\Omega}f(x,y,z)\mathrm{d}x\mathrm{d}y\mathrm{d}z$,若平行于 z 轴且穿过闭区域 Ω 内部的直线与 Ω 的边界曲面 Σ 相交不多于两点,则把闭区域 Ω 投影到 xOy 面上,得到平面闭区域 D_{xy}.以 D_{xy} 的边界为准线作母线平行于 z 轴的柱面,该柱面与曲面 Σ 相交的部分,将 Σ 分为上、下两个曲面:

$$\Sigma_1: z=z_1(x,y),$$
$$\Sigma_2: z=z_2(x,y),$$

其中 $z_1(x,y)$,$z_2(x,y)$ 在 D_{xy} 上连续,且 $z_1(x,y)\leqslant z_2(x,y)$(图 10.20).在这种情况下,积分区域 Ω 可表示为

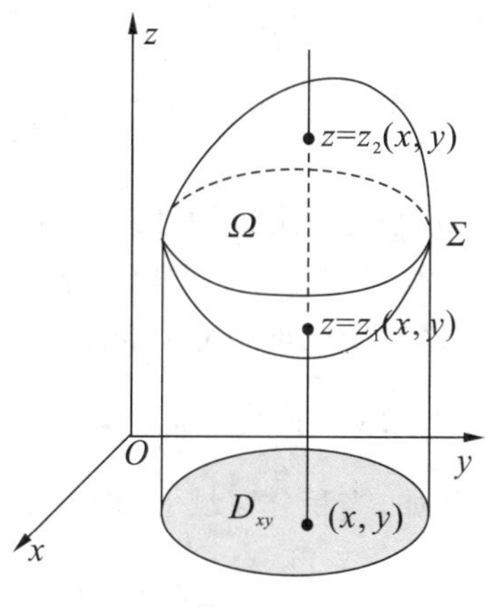

图 10.20

$$\Omega=\{(x,y,z)\mid z_1(x,y)\leqslant z\leqslant z_2(x,y),(x,y)\in D_{xy}\},$$

因此,计算三重积分 $\iiint_{\Omega}f(x,y,z)\mathrm{d}x\mathrm{d}y\mathrm{d}z$ 时,可先对 z 求定积分,再对 x,y 求二重积分,即

$$\iiint_{\Omega}f(x,y,z)\mathrm{d}x\mathrm{d}y\mathrm{d}z=\iint_{D_{xy}}\left[\int_{z_1(x,y)}^{z_2(x,y)}f(x,y,z)\mathrm{d}z\right]\mathrm{d}x\mathrm{d}y,$$

或
$$\iiint_{\Omega}f(x,y,z)\mathrm{d}x\mathrm{d}y\mathrm{d}z=\iint_{D_{xy}}\mathrm{d}x\mathrm{d}y\int_{z_1(x,y)}^{z_2(x,y)}f(x,y,z)\mathrm{d}z.$$

对于三重积分 $\iiint_{\Omega}f(x,y,z)\mathrm{d}x\mathrm{d}y\mathrm{d}z$,若平行于 x 轴且穿过闭区域 Ω 内部的直线

与Ω的边界曲面Σ相交不多于两点,可把闭区域Ω投影到yOz面上,得到平面闭区域D_{yz},并有D_{yz}上的连续函数$x=x_1(y,z)$,$x=x_2(y,z)$,使得

$$\Omega=\{(x,y,z)\mid x_1(y,z)\leqslant x\leqslant x_2(y,z),(y,z)\in D_{yz}\},$$

于是
$$\iiint\limits_{\Omega}f(x,y,z)\mathrm{d}x\mathrm{d}y\mathrm{d}z=\iint\limits_{D_{yz}}\left[\int_{x_1(y,z)}^{x_2(y,z)}f(x,y,z)\mathrm{d}x\right]\mathrm{d}y\mathrm{d}z,$$

或
$$\iiint\limits_{\Omega}f(x,y,z)\mathrm{d}x\mathrm{d}y\mathrm{d}z=\iint\limits_{D_{yz}}\mathrm{d}y\mathrm{d}z\int_{x_1(y,z)}^{x_2(y,z)}f(x,y,z)\mathrm{d}x.$$

同样,对于三重积分$\iiint\limits_{\Omega}f(x,y,z)\mathrm{d}x\mathrm{d}y\mathrm{d}z$,若平行于$y$轴且穿过闭区域$\Omega$内部的直线与$\Omega$的边界曲面$\Sigma$相交不多于两点,也可把闭区域$\Omega$投影到$zOx$面上,得到平面闭区域$D_{zx}$,并有$D_{zx}$上的连续函数$y=y_1(z,x)$,$y=y_2(z,x)$,使得

$$\Omega=\{(x,y,z)\mid y_1(z,x)\leqslant y\leqslant y_2(z,x),(z,x)\in D_{zx}\},$$

于是
$$\iiint\limits_{\Omega}f(x,y,z)\mathrm{d}x\mathrm{d}y\mathrm{d}z=\iint\limits_{D_{zx}}\left[\int_{y_1(z,x)}^{y_2(z,x)}f(x,y,z)\mathrm{d}y\right]\mathrm{d}z\mathrm{d}x,$$

或
$$\iiint\limits_{\Omega}f(x,y,z)\mathrm{d}x\mathrm{d}y\mathrm{d}z=\iint\limits_{D_{zx}}\mathrm{d}z\mathrm{d}x\int_{y_1(z,x)}^{y_2(z,x)}f(x,y,z)\mathrm{d}y.$$

若平行于坐标轴且穿过闭区域Ω内部的直线与Ω的边界曲面Σ的交点多于两个,则可像处理二重积分那样,把Ω分成若干部分,使Ω上的三重积分化为各部分闭区域上三重积分的和.

有时,三重积分$\iiint\limits_{\Omega}f(x,y,z)\mathrm{d}x\mathrm{d}y\mathrm{d}z$也可先对$x,y$求二重积分,再对$z$求定积分.例如,当积分区域$\Omega$如图10.21时,我们有

$$\begin{aligned}&\iiint\limits_{\Omega}f(x,y,z)\mathrm{d}x\mathrm{d}y\mathrm{d}z\\&=\int_{c_1}^{c_2}\left[\iint\limits_{D_z}f(x,y,z)\mathrm{d}x\mathrm{d}y\right]\mathrm{d}z\\&=\int_{c_1}^{c_2}\mathrm{d}z\iint\limits_{D_z}f(x,y,z)\mathrm{d}x\mathrm{d}y.\end{aligned}$$

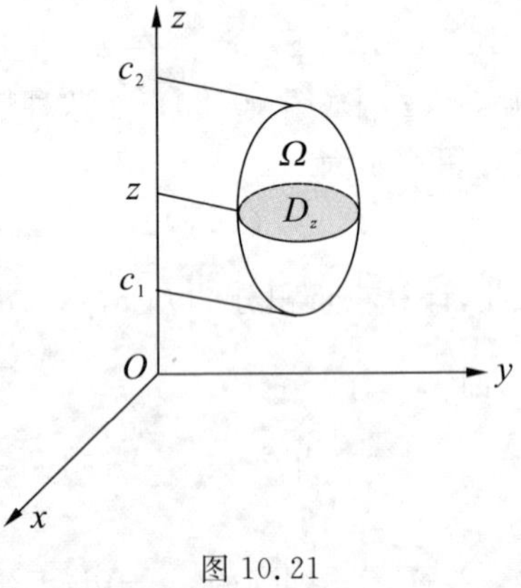

图10.21

例10.9　计算三重积分$\iiint\limits_{\Omega}z\mathrm{d}x\mathrm{d}y\mathrm{d}z$,其中$\Omega$是由三个坐标面及平面$x+y+z=1$所围成的闭区域.

解法1　将积分区域Ω投影到xOy面上,得投影区域

$$D_{xy}=\{(x,y)\mid 0\leqslant y\leqslant 1-x,0\leqslant x\leqslant 1\},$$

在 D_{xy} 内任取一点 (x,y)，过此点作平行于 z 轴的直线，该直线过平面 $z=0$ 穿入 Ω，过平面 $z=1-x-y$ 穿出 Ω（图 10.22）. 于是

$$\begin{aligned}\iiint_{\Omega} z\,\mathrm{d}x\mathrm{d}y\mathrm{d}z &= \iint_{D_{xy}} \mathrm{d}x\mathrm{d}y\int_0^{1-x-y} z\mathrm{d}z \\ &= \iint_{D_{xy}} \left[\frac{1}{2}z^2\right]_0^{1-x-y} \mathrm{d}x\mathrm{d}y = \frac{1}{2}\iint_{D_{xy}} (1-x-y)^2\mathrm{d}x\mathrm{d}y \\ &= \frac{1}{2}\int_0^1 \mathrm{d}x\int_0^{1-x} (1-x-y)^2\mathrm{d}y \\ &= \frac{1}{2}\int_0^1 \mathrm{d}x\int_0^{1-x} [(1-x)^2-2(1-x)y+y^2]\mathrm{d}y \\ &= \frac{1}{6}\int_0^1 (1-x)^3\mathrm{d}x = \frac{1}{24}.\end{aligned}$$

解法 2　空间区域 Ω 可以表示为

$$\Omega = \{(x,y,z) \mid x \geqslant 0, y \geqslant 0, x+y \leqslant 1-z; 0 \leqslant z \leqslant 1\},$$

如图 10.23 所示，于是所求的三重积分为

$$\begin{aligned}\iiint_{\Omega} z\,\mathrm{d}x\mathrm{d}y\mathrm{d}z &= \int_0^1 \left[\iint_{D_z} z\,\mathrm{d}x\mathrm{d}y\right]\mathrm{d}z = \int_0^1 \mathrm{d}z\iint_{D_z} z\,\mathrm{d}x\mathrm{d}y \\ &= \frac{1}{2}\int_0^1 z(1-z)^2\mathrm{d}z = \frac{1}{24}.\end{aligned}$$

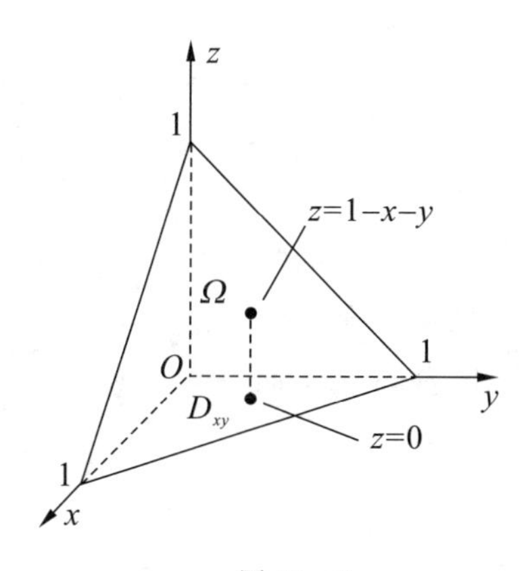

图 10.22

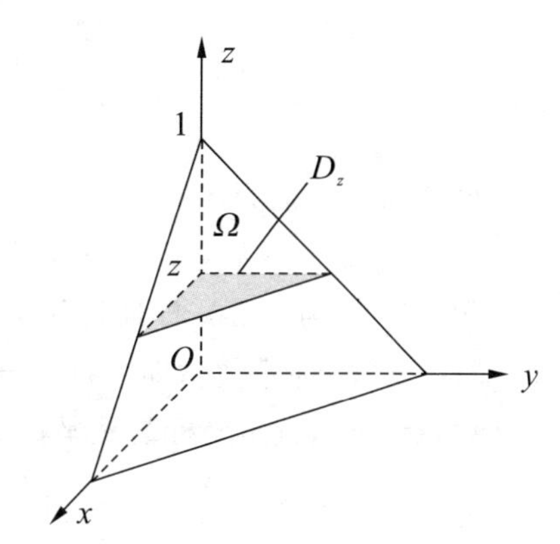

图 10.23

例 10.10　计算三重积分 $I = \iiint_{\Omega} (x+y+z)\mathrm{d}x\mathrm{d}y\mathrm{d}z$，其中 Ω 是由 $\frac{x^2}{a^2}+\frac{y^2}{b^2}+\frac{z^2}{c^2} = 1\ (z \geqslant 0)$ 及 $z=0$ 所围成的闭区域.

解　根据三重积分的性质，可得

$$I=\iiint_{\Omega}x\,\mathrm{d}x\mathrm{d}y\mathrm{d}z+\iiint_{\Omega}y\,\mathrm{d}x\mathrm{d}y\mathrm{d}z+\iiint_{\Omega}z\,\mathrm{d}x\mathrm{d}y\mathrm{d}z,$$

又由被积函数的奇偶性和积分区域的对称性,有

$$\iiint_{\Omega}x\,\mathrm{d}x\mathrm{d}y\mathrm{d}z=0,\ \iiint_{\Omega}y\,\mathrm{d}x\mathrm{d}y\mathrm{d}z=0,$$

而

$$\iiint_{\Omega}z\,\mathrm{d}x\mathrm{d}y\mathrm{d}z=\int_0^c\mathrm{d}z\iint_{D_z}z\,\mathrm{d}x\mathrm{d}y=\int_0^c z\mathrm{d}z\iint_{D_z}\mathrm{d}x\mathrm{d}y$$

$$=\int_0^c\pi\frac{ab}{c^2}(c^2-z^2)z\mathrm{d}z=\frac{\pi abc^2}{4},$$

其中积分区域 $D_z=\left\{(x,y)\left|\frac{x^2}{\left(\frac{a}{c}\sqrt{c^2-z^2}\right)^2}+\frac{x^2}{\left(\frac{b}{c}\sqrt{c^2-z^2}\right)^2}\leqslant 1\right.\right\}(0\leqslant z\leqslant c)$. 所以

$$I=0+0+\frac{\pi abc^2}{4}=\frac{\pi abc^2}{4}.$$

10.4.3　三重积分的柱坐标计算法

设 $M(x,y,z)$ 为空间内一点,点 M 在 xOy 面上的投影 P 的极坐标为 (r,θ),则称 r,θ,z 为点 M 的柱坐标(图 10.24). 规定柱坐标 r,θ,z 的变化范围是:

$$\begin{cases}0\leqslant r<+\infty,\\0\leqslant\theta\leqslant 2\pi,\\-\infty<z<+\infty.\end{cases}$$

三组坐标面分别为:

(1) $r=r_0$(r_0 为常数),即以 z 轴为中心轴、以 r_0 为半径的圆柱面;

(2) $\theta=\theta_0$(θ_0 为常数),即通过 z 轴、极角为 θ_0 的半平面;

(3) $z=z_0$(z_0 为常数),即平行于 xOy 面且 z 恒为 z_0 的平面.

显然,点 M 的直角坐标与柱坐标的关系为

$$\begin{cases}x=r\cos\theta,\\y=r\sin\theta,\\z=z.\end{cases}$$

要把三重积分 $\iiint_{\Omega}f(x,y,z)\mathrm{d}v$ 中的变量,变换为柱坐标,可以用三组柱坐标面将积分区域 Ω 分成若干小闭区域,除了含 Ω 边界点的一些小区域外,这种小闭区域均为柱体. 现在考虑由 r,θ,z 各取微小增量 $\mathrm{d}r,\mathrm{d}\theta,\mathrm{d}z$ 所成的柱体体积 Δv(图 10.25). 该柱体的高为 $\mathrm{d}z$,底面积近似为 $r\mathrm{d}r\mathrm{d}\theta$(即极坐标系中的面积元素),于是

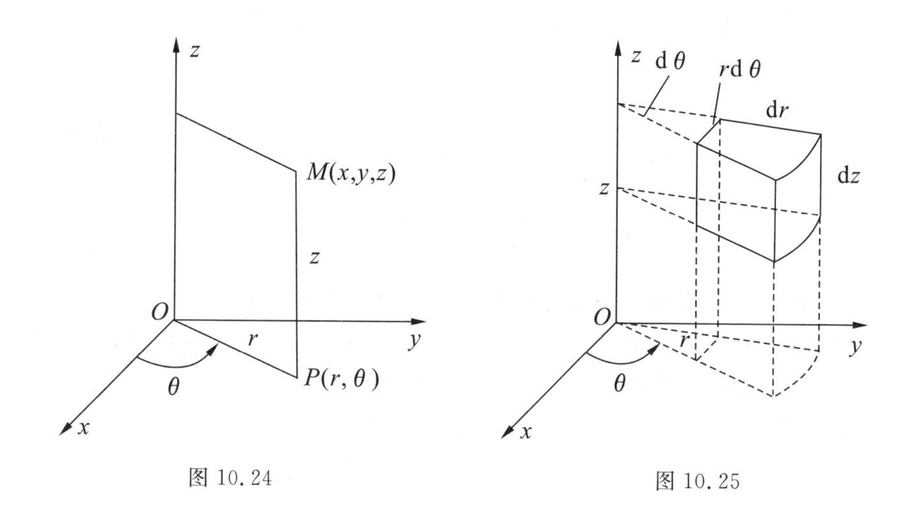

图 10.24　　　　图 10.25

$$\Delta v \approx r\mathrm{d}r\mathrm{d}\theta\mathrm{d}z,$$

不计高阶无穷小,可得柱坐标系中的体积元素为

$$\mathrm{d}v = r\mathrm{d}r\mathrm{d}\theta\mathrm{d}z,$$

所以三重积分 $\iiint\limits_{\Omega} f(x,y,z)\mathrm{d}v$,可化为柱坐标系中的三重积分

$$\iiint\limits_{\Omega} f(x,y,z)\mathrm{d}v = \iiint\limits_{\Omega} f(r\cos\theta, r\sin\theta, z) r\mathrm{d}r\mathrm{d}\theta\mathrm{d}z,$$

或

$$\iiint\limits_{\Omega} f(x,y,z)\mathrm{d}v = \iiint\limits_{\Omega} F(r,\theta,z) r\mathrm{d}r\mathrm{d}\theta\mathrm{d}z,$$

其中 $F(r,\theta,z)=f(r\cos\theta, r\sin\theta, z)$.

下面我们通过例子来说明,如何将柱坐标系中的三重积分化为三次积分.

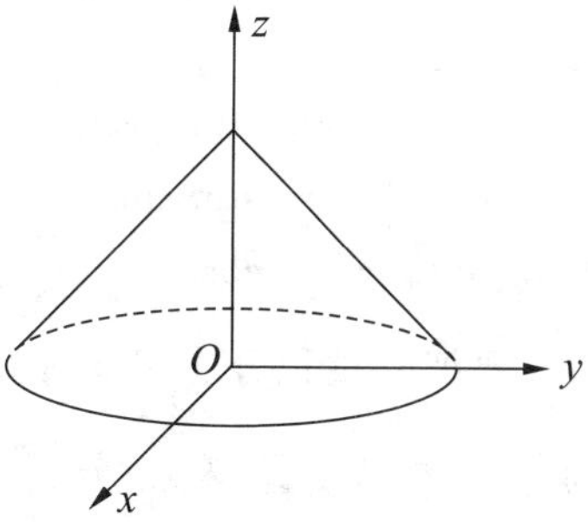

例 10.11　利用柱坐标计算三重积分 $\iiint\limits_{\Omega}(x^2+y^2)\mathrm{d}x\mathrm{d}y\mathrm{d}z$,其中 Ω 是由圆锥面 $x^2+y^2-z^2=1-2z$ 及平面 $z=0$ 所围成的闭区域(图 10.26).

图 10.26

解　圆锥面方程 $x^2+y^2-z^2=1-2z$ 可化为 $z=1\pm\sqrt{x^2+y^2}$,所以该圆锥面与平面 $z=0$ 所围成的闭区域 Ω 可表示为

$$\Omega=\{(x,y,z)\mid 0\leqslant z\leqslant 1-\sqrt{x^2+y^2}, x^2+y^2\leqslant 1\},$$

用柱坐标可将 Ω 表示为

$$\Omega=\{(r,\theta,z)\mid 0\leqslant z\leqslant 1-r,0\leqslant r\leqslant 1,0\leqslant\theta\leqslant 2\pi\},$$

所以

$$\iiint_{\Omega}(x^2+y^2)\mathrm{d}x\mathrm{d}y\mathrm{d}z=\iiint_{\Omega}r^2 r\mathrm{d}r\mathrm{d}\theta\mathrm{d}z=\int_0^{2\pi}\mathrm{d}\theta\int_0^1\mathrm{d}r\int_0^{1-r}r^3\mathrm{d}z$$

$$=2\pi\int_0^1\mathrm{d}r\int_0^{1-r}r^3\mathrm{d}z=2\pi\int_0^1 r^3(1-r)\mathrm{d}r=\frac{\pi}{10}.$$

10.4.4 三重积分的球坐标计算法

设 $M(x,y,z)$ 为空间内一点，点 M 到原点 O 的距离为 r，向量 $\overrightarrow{OM}$ 与 z 轴正向的夹角为 φ，点 M 在 xOy 面上的投影为 P，从 z 轴正向看，自 x 轴按逆时针方向转到向量 $\overrightarrow{OP}$ 的角度为 θ，则称 r,φ,θ 为点 M 的球坐标(图 10.27). 规定球坐标 r,φ,θ 的变化范围是：

$$\begin{cases}0\leqslant r<+\infty,\\0\leqslant\varphi\leqslant\pi,\\0\leqslant\theta\leqslant 2\pi.\end{cases}$$

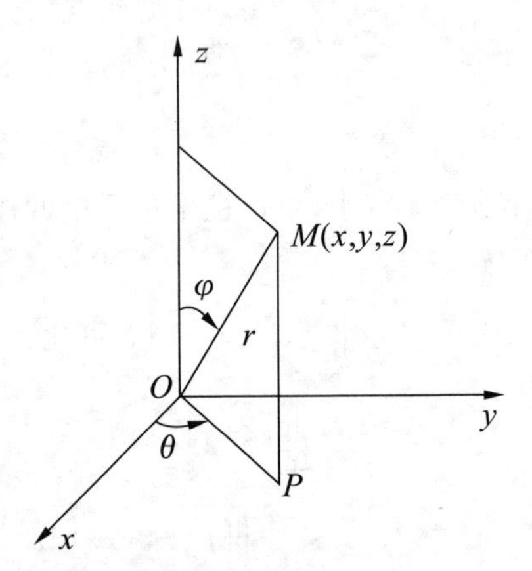

图 10.27

三组坐标面分别为：

(1) $r=r_0$（r_0 为常数），即以原点 O 为中心、以 r_0 为半径的球面；

(2) $\varphi=\varphi_0$（φ_0 为常数），即顶点在原点，以 z 轴为轴. 顶角为 $2\varphi_0$ 的锥面；

(3) $\theta=\theta_0$（θ_0 为常数），即通过 z 轴、极角为 θ_0 的半平面.

显然，点 M 的直角坐标与球坐标的关系为

$$\begin{cases}x=r\sin\varphi\cos\theta,\\y=r\sin\varphi\sin\theta,\\z=r\cos\varphi.\end{cases}$$

要把三重积分 $\iiint_{\Omega}f(x,y,z)\mathrm{d}v$ 中的变量，变换为球坐标. 为此，我们用三组球坐标面将积分区域 Ω 分成若干小闭区域. 现在考虑由 r,φ,θ 各取微小增量 $\mathrm{d}r,\mathrm{d}\varphi,\mathrm{d}\theta$ 所成的六面体的体积 Δv(图 10.28). 不计高阶无穷小，该六面体可看作长方体（边长分别为

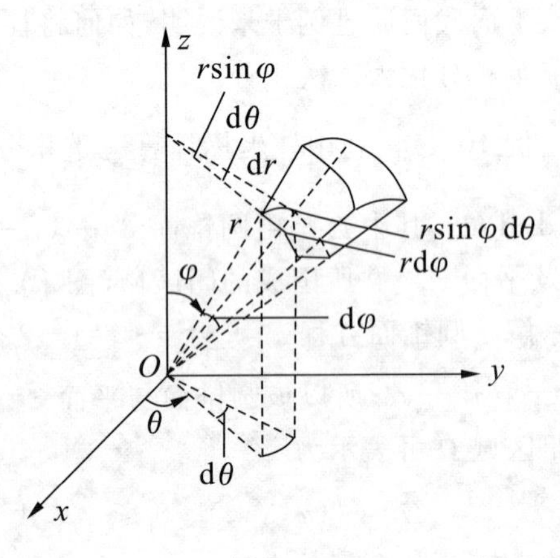

图 10.28

$r\mathrm{d}\varphi, r\sin\varphi\mathrm{d}\theta, \mathrm{d}r$). 于是,球坐标系中的体积元素为

$$\mathrm{d}v = r^2\sin\varphi\mathrm{d}r\mathrm{d}\varphi\mathrm{d}\theta,$$

所以三重积分 $\iiint\limits_{\Omega} f(x,y,z)\mathrm{d}v$,可化为球坐标系中的三重积分

$$\iiint\limits_{\Omega} f(x,y,z)\mathrm{d}v = \iiint\limits_{\Omega} f(r\sin\varphi\cos\theta, r\sin\varphi\sin\theta, r\cos\varphi)r^2\sin\varphi\mathrm{d}r\mathrm{d}\varphi\mathrm{d}\theta,$$

或

$$\iiint\limits_{\Omega} f(x,y,z)\mathrm{d}v = \iiint\limits_{\Omega} F(r,\varphi,\theta)r^2\sin\varphi\mathrm{d}r\mathrm{d}\varphi\mathrm{d}\theta.$$

其中 $F(r,\varphi,\theta)=f(r\sin\varphi\cos\theta, r\sin\varphi\sin\theta, r\cos\varphi)$.

要计算球坐标系中的三重积分,可以把它化为对 r、对 φ 及对 θ 的三次积分,下面通过例子来说明.

例 10.12　计算三重积分 $I = \iiint\limits_{\Omega}(x+z)\mathrm{d}v$,其中 Ω 是由曲面 $z=\sqrt{x^2+y^2}$ 与 $z=\sqrt{1-x^2-y^2}$ 所围成的闭区域(图 10.29).

解　由被积函数的奇偶性和积分区间的对称性,可知 $\iiint\limits_{\Omega} x\mathrm{d}v = 0$,所以

$$\begin{aligned}I &= \iiint\limits_{\Omega}(x+z)\mathrm{d}v = \iiint\limits_{\Omega} x\mathrm{d}v + \iiint\limits_{\Omega} z\mathrm{d}v \\ &= \iiint\limits_{\Omega} z\mathrm{d}v = \iiint\limits_{\Omega} r\cos\varphi\, r^2\sin\varphi\mathrm{d}r\mathrm{d}\varphi\mathrm{d}\theta \\ &= \int_0^{2\pi}\mathrm{d}\theta\int_0^{\frac{\pi}{4}}\mathrm{d}\varphi\int_0^1 r^3\sin\varphi\cos\varphi\mathrm{d}r = \int_0^{2\pi}\mathrm{d}\theta\int_0^{\frac{\pi}{4}}\sin\varphi\cos\varphi\mathrm{d}\varphi\int_0^1 r^3\mathrm{d}r \\ &= 2\pi\cdot\left[\frac{1}{2}\sin^2\varphi\right]_0^{\frac{\pi}{4}}\cdot\left[\frac{1}{4}r^3\right]_0^1 = \frac{\pi}{8}.\end{aligned}$$

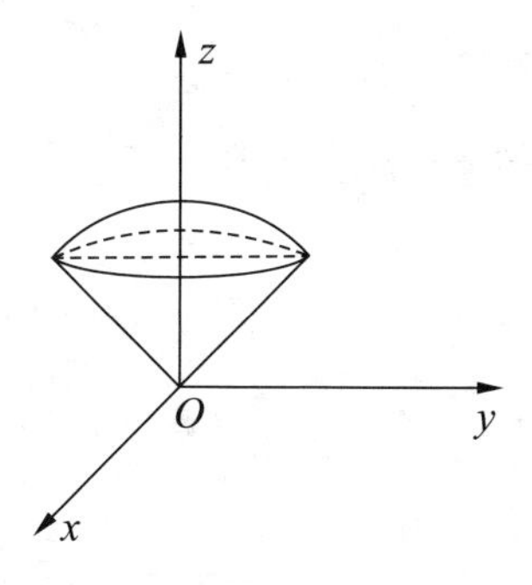

图 10.29

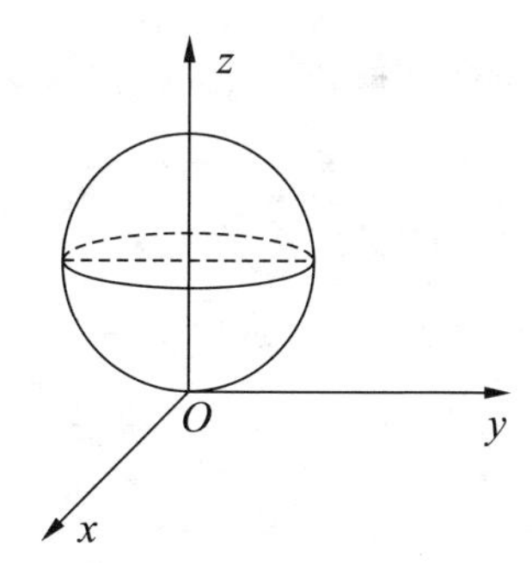

图 10.30

例 10.13 计算三重积分 $I=\iiint\limits_{\Omega}(x^2+y^2+z^2)\mathrm{d}v$,其中 Ω 是由球面 $x^2+y^2+z^2=2z$ 所围成的闭区域(图 10.30).

解 由球坐标变换,积分区域可以表示为

$$\Omega=\{(r,\varphi,\theta)\mid 0\leqslant r\leqslant 2\cos\varphi,0\leqslant\varphi\leqslant\frac{\pi}{2},0\leqslant\theta\leqslant 2\pi\},$$

所以

$$\begin{aligned}I&=\iiint\limits_{\Omega}(x^2+y^2+z^2)\mathrm{d}v=\iiint\limits_{\Omega}r^2\cdot r^2\sin\varphi\mathrm{d}r\mathrm{d}\varphi\mathrm{d}\theta\\&=\int_0^{2\pi}\mathrm{d}\theta\int_0^{\frac{\pi}{2}}\sin\varphi\mathrm{d}\varphi\int_0^{2\cos\varphi}r^4\mathrm{d}r=2\pi\int_0^{\frac{\pi}{2}}\sin\varphi\frac{1}{5}(2\cos\varphi)^5\mathrm{d}\varphi\\&=2\pi\left[-\frac{32}{30}\cos^6\varphi\right]_0^{\frac{\pi}{2}}=\frac{32}{15}\pi.\end{aligned}$$

习题 10.4

(A)

1. 在直角坐标系中将三重积分 $\iiint\limits_{\Omega}f(x,y,z)\mathrm{d}v$ 化为三次积分,其中积分区域 Ω 分别是:

(1) 由平面 $x+2y+z=1$ 及三个坐标面所围成的闭区域;

(2) 由锥面 $z=\sqrt{x^2+y^2}$ 及平面 $z=R\ (R>0)$ 所围成的闭区域;

(3) 由两个球 $x^2+y^2+z^2\leqslant R^2,x^2+y^2+z^2\leqslant 2Rz$ 的公共部分所确定的闭区域(其中 $R>0$).

2. 在柱坐标系中将三重积分 $\iiint\limits_{\Omega}f(x,y,z)\mathrm{d}v$ 化为三次积分,其中积分区域 Ω 分别是:

(1) 由旋转抛物面 $x^2+y^2=2z$ 及平面 $z=4$ 所围成的闭区域;

(2) 由上半球面 $z=\sqrt{2-x^2-y^2}$ 及旋转抛物面 $z=x^2+y^2$ 所围成的闭区域;

(3) 由锥面 $z=\sqrt{x^2+y^2}$ 及上半球面 $z=\sqrt{1-x^2-y^2}$ 所围成的闭区域.

3. 在球坐标系中将三重积分 $\iiint\limits_{\Omega}f(x,y,z)\mathrm{d}v$ 化为三次积分,其中积分区域 Ω 分别是:

(1) 由锥面 $z=\sqrt{x^2+y^2}$ 及平面 $z=1$ 所围成的闭区域;

(2) 由 $a^2\leqslant x^2+y^2+z^2\leqslant 4a^2$ 与 $\sqrt{x^2+y^2}\leqslant z$ 的公共部分所确定的闭区域

(其中 $a>0$).

4. 利用直角坐标计算下列三重积分.

(1) $\iiint\limits_{\Omega} xy^2z^3\mathrm{d}v$,其中 Ω 是由曲面 $z=xy$ 与平面 $y=x$,$x=1$,$z=0$ 所围成的闭区域;

(2) $\iiint\limits_{\Omega} \dfrac{1}{(1+x+y+z)^3}\mathrm{d}v$,其中 Ω 是由平面 $x+y+z=1$ 及三个坐标面所围成的四面体闭区域;

(3) $\iiint\limits_{\Omega} xyz\mathrm{d}v$,其中 Ω 是由球面 $x^2+y^2+z^2=1$ 及三个坐标面所围成的在第一卦限内的闭区域;

(4) $\iiint\limits_{\Omega} xz\mathrm{d}v$,其中 Ω 是由平面 $z=0$,$z=y$,$y=1$ 以及抛物柱面 $y=x^2$ 所围成的闭区域;

(5) $\iiint\limits_{\Omega} z\mathrm{d}v$,其中 Ω 是由锥面 $z=\dfrac{h}{R}\sqrt{x^2+y^2}$ 与平面 $z=h$ $(R>0,h>0)$ 所围成的闭区域.

5. 利用柱坐标计算下列三重积分.

(1) $\iiint\limits_{\Omega} (x^2+y^2)^2\mathrm{d}v$,其中 Ω 是由旋转抛物面 $z=x^2+y^2$ 及平面 $z=4$,$z=16$ 所围成的闭区域;

(2) $\iiint\limits_{\Omega} (x^2+y^2)^{\frac{3}{2}}\mathrm{d}v$,其中 Ω 是由锥面 $z=\sqrt{x^2+y^2}$,平面 $z=0$ 以及两个柱面 $x^2+y^2=9$,$x^2+y^2=16$ 所围成的闭区域.

6. 利用球坐标计算下列三重积分.

(1) $\iiint\limits_{\Omega} (x^2+y^2+z^2)\mathrm{d}v$,其中 Ω 是由球面 $x^2+y^2+z^2=1$ 所围成的闭区域;

(2) $\iiint\limits_{\Omega} z\mathrm{d}v$,其中 Ω 是由 $x^2+y^2+(z-a)^2\leqslant a^2$ 与 $x^2+y^2\leqslant z^2$ 的公共部分所确定的闭区域(其中 $a>0$).

7. 选用适当的坐标计算下列三重积分.

(1) $\iiint\limits_{\Omega} xy\mathrm{d}v$,其中 Ω 为柱面 $x^2+y^2=1$ 及平面 $z=1$,$z=0$,$x=0$,$y=0$ 所围成的在第一卦限内的闭区域;

(2) $\iiint\limits_{\Omega} \sqrt{x^2+y^2+z^2}\mathrm{d}v$,其中 Ω 是由球面 $x^2+y^2+z^2=z$ 所围成的闭区域;

(3) $\iiint\limits_{\Omega}(x^2+y^2)\mathrm{d}v$,其中 Ω 是由锥面 $4z^2=25(x^2+y^2)$ 及平面 $z=5$ 所围成的闭区域;

(4) $\iiint\limits_{\Omega}(x^2+y^2)\mathrm{d}v$,其中 Ω 是由 $0<a\leqslant\sqrt{x^2+y^2+z^2}\leqslant A, z\geqslant 0$ 所确定的闭区域.

8. 进行适当的变量代换,计算三重积分 $\iiint\limits_{\Omega}\sqrt{1-\frac{x^2}{a^2}-\frac{y^2}{b^2}-\frac{z^2}{c^2}}\mathrm{d}x\mathrm{d}y\mathrm{d}z$,其中 Ω 为椭球 $\frac{x^2}{a^2}+\frac{y^2}{b^2}+\frac{z^2}{c^2}=1$.

9. 设有一物体,占有空间区域 $\Omega=\{(x,y,z)\mid 0\leqslant x\leqslant 1, 0\leqslant y\leqslant 1, 0\leqslant z\leqslant 1\}$,在点 (x,y,z) 处的密度为 $\rho(x,y,z)=x+y+z$,计算该物体的质量.

10. 设球体 $x^2+y^2+z^2\leqslant 2x$ 上各点的密度等于该点到坐标原点的距离,求这个球体的质量.

11. 证明:若函数 $f(x,y,z)$ 在区域 V 内是连续的,且对于任何区域 $\omega\subset V$ 有 $\iiint\limits_{\omega}f(x,y,z)\mathrm{d}x\mathrm{d}y\mathrm{d}z=0$,则当 $(x,y,z)\in V$ 时,$f(x,y,z)\equiv 0$.

(B)

1. 利用三重积分计算由下列曲面所围成的立体的体积:

(1) 球面 $x^2+y^2+z^2=2az\,(a>0)$ 及锥面 $x^2+y^2=z^2$(含有 z 轴的部分);

(2) 锥面 $z=\sqrt{x^2+y^2}$ 及抛物面 $z=x^2+y^2$;

(3) 上半球面 $z=\sqrt{5-x^2-y^2}$ 及旋转抛物面 $x^2+y^2=4z$.

2. 利用适当的坐标变换,计算下列各曲面所围成的立体的体积:

(1) 抛物面 $z=x^2+y^2$, $z=2(x^2+y^2)$,抛物柱面 $y=x^2$ 及平面 $y=x$;

(2) 曲面 $\left(\frac{x}{a}+\frac{y}{b}\right)^2+\left(\frac{z}{c}\right)^2=1\quad(x\geqslant 0, y\geqslant 0, z\geqslant 0, a>0, b>0, c>0)$.

3. 利用球坐标或圆柱坐标计算由下列曲面所围成的立体的体积:

(1) 曲面 $(x^2+y^2+z^2)^2=a^2(x^2+y^2-z^2)\,(a>0)$;

(2) 曲面 $(x^2+y^2+z^2)^3=3xyz$.

10.5　重积分的应用

根据前面的讨论,我们已经初步了解二重积分、三重积分的几何意义和物理意义.本节我们将进一步研究二重积分和三重积分在计算体积、质心、转动惯量以及引力等方面的应用.

10.5.1　体积

根据二重积分的定义可知,以闭区域 D 为底、以曲面 $z=f(x,y)$[其中$(x,y)\in D$]为顶的曲顶柱体的体积为

$$V=\iint_D f(x,y)\mathrm{d}\sigma,$$

又根据三重积分的定义可知,空间区域 Ω 的体积为

$$V=\iiint_\Omega \mathrm{d}v.$$

例 10.14　求两个底圆半径均为 R 的直交圆柱面所围成的立体的体积.

解　设这两个圆柱面的方程分别为

$$x^2+y^2=R^2,\quad z^2+x^2=R^2$$

根据题意,只要求该立体在第一卦限部分的体积 V_1(图 10.31),则由对称性可知,所求立体的体积 $V=8V_1$.而

$$V_1=\iint_{D_1}\sqrt{R^2-x^2}\,\mathrm{d}\sigma,$$

其中积分区域 $D_1=\{(x,y)\mid x^2+y^2\leqslant R^2,x\geqslant 0,y\geqslant 0\}$,于是

$$V_1=\int_0^R\mathrm{d}x\int_0^{\sqrt{R^2-x^2}}\sqrt{R^2-x^2}\,\mathrm{d}y=\frac{2}{3}R^3,$$

故,所求体积 $V=8V_1=\dfrac{16}{3}R^3$.

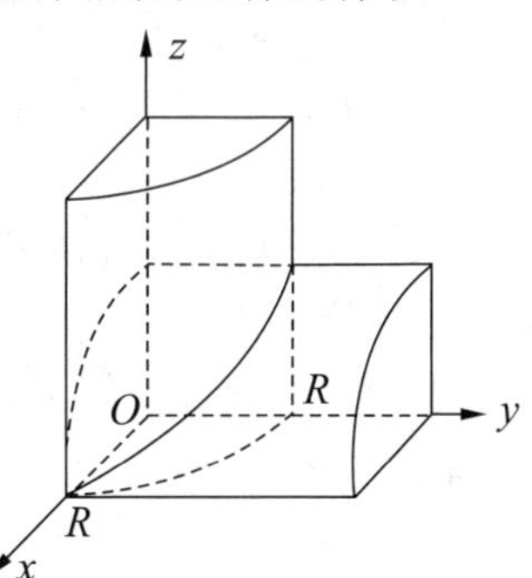

图 10.31

例 10.15　求旋转抛物面 $z=6-x^2-y^2$ 及锥面 $z=\sqrt{x^2+y^2}$ 所围成的立体(图 10.32)的体积.

解　设两个曲面所围成的空间闭区域为 Ω,联立两个曲面方程,得 Ω 在 xOy 平面上的投影 $D=\{(x,y)\mid x^2+y^2\leqslant 4\}$.于是,所求立体体积为

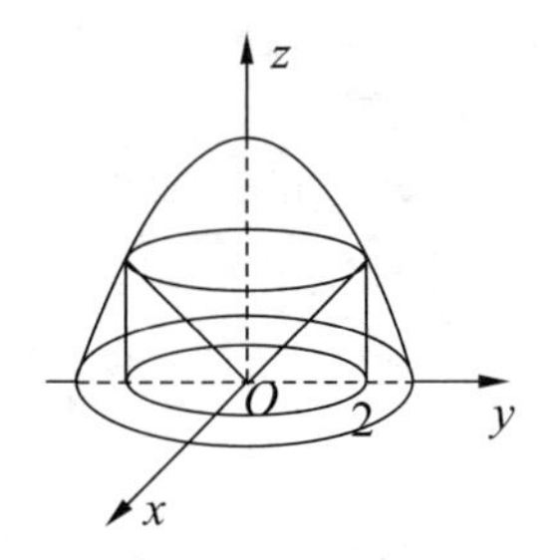

图 10.32

$$V=\iiint\limits_{\Omega}\mathrm{d}v=\iiint\limits_{\Omega}r\,\mathrm{d}r\mathrm{d}\theta\mathrm{d}z=\iint\limits_{D}r\,\mathrm{d}r\mathrm{d}\theta\int_{r}^{6-r^2}\mathrm{d}z$$

$$=\iint\limits_{D}r(6-r^2-r)\mathrm{d}r\mathrm{d}\theta=\int_0^{2\pi}\mathrm{d}\theta\int_0^2 r(6-r^2-r)\mathrm{d}r=\frac{32\pi}{3}.$$

10.5.2 物体的质心

由于质心与静矩的概念相联系,所以我们首先讨论质点、质点系以及连续介质物体的静矩的计算方法.

设在 $\mathbf{R}^3$ 有一个质点,其坐标为 (x,y,z),质量为 m. 由力学知道,该质点对 yOz 平面,zOx 平面和 xOy 平面的静矩分别为

$$M_{yz}=xm,M_{zx}=ym,M_{xy}=zm.$$

设在 $\mathbf{R}^3$ 有 n 个质点,它们分别位于点 $(x_i,y_i,z_i)(i=1,2,\cdots,n)$ 处,质量分别为 $m_i(i=1,2,\cdots,n)$. 由静矩的可加性可知,该质点系对 yOz 平面,zOx 平面和 xOy 平面的静矩分别为

$$M_{yz}=\sum_{i=1}^{n}x_im_i,\quad M_{zx}=\sum_{i=1}^{n}y_im_i,\quad M_{xy}=\sum_{i=1}^{n}z_im_i.$$

设有一物体,占有 $\mathbf{R}^3$ 中闭区域 Ω,在点 (x,y,z) 处的密度为 $\rho(x,y,z)$,并假定 $\rho(x,y,z)$ 在 Ω 上连续. 现在求该物体对 yOz 平面,zOx 平面和 xOy 平面的静矩 M_{yz},M_{zx},M_{xy}.

在 Ω 上任取一个直径很小的闭区域 $\mathrm{d}v$(该小区域的体积也用 $\mathrm{d}v$ 来表示),(x,y,z) 为 $\mathrm{d}v$ 上一点,由于 $\mathrm{d}v$ 很小,且 $\rho(x,y,z)$ 在 Ω 上连续,所以我们可以认为 $\mathrm{d}v$ 的质量(记作 $\mathrm{d}m$)近似等于 $\rho(x,y,z)\mathrm{d}v$,即 $\mathrm{d}m=\rho(x,y,z)\mathrm{d}v$,并将这部分质量近似看作集中在点 (x,y,z) 处,略去高阶无穷小,则 $\mathrm{d}v$ 对 yOz 平面,zOx 平面和 xOy 平面的静矩 $\mathrm{d}M_{yz},\mathrm{d}M_{zx},\mathrm{d}M_{xy}$ 分别为

$$\mathrm{d}M_{yz}=x\mathrm{d}m=x\rho(x,y,z)\mathrm{d}v,$$
$$\mathrm{d}M_{zx}=y\mathrm{d}m=y\rho(x,y,z)\mathrm{d}v,$$
$$\mathrm{d}M_{xy}=z\mathrm{d}m=z\rho(x,y,z)\mathrm{d}v.$$

由静矩的可加性及三重积分的概念,可得该物体对 yOz 平面,zOx 平面和 xOy 平面的静矩 M_{yz},M_{zx},M_{xy} 分别为

$$M_{yz}=\iiint\limits_{\Omega}x\rho(x,y,z)\mathrm{d}v,$$

$$M_{zx}=\iiint\limits_{\Omega}y\rho(x,y,z)\mathrm{d}v,$$

$$M_{xy}=\iiint\limits_{\Omega}z\rho(x,y,z)\mathrm{d}v.$$

由三重积分的物理意义知，该物体的质量 $M=\iiint\limits_{\Omega}\rho(x,y,z)\mathrm{d}v$. 根据力学知识得，该物体的质心坐标为

$$\bar{x}=\frac{M_{yz}}{M}=\frac{\iiint\limits_{\Omega}x\rho(x,y,z)\mathrm{d}v}{\iiint\limits_{\Omega}\rho(x,y,z)\mathrm{d}v},$$

$$\bar{y}=\frac{M_{zx}}{M}=\frac{\iiint\limits_{\Omega}y\rho(x,y,z)\mathrm{d}v}{\iiint\limits_{\Omega}\rho(x,y,z)\mathrm{d}v},$$

$$\bar{z}=\frac{M_{xy}}{M}=\frac{\iiint\limits_{\Omega}z\rho(x,y,z)\mathrm{d}v}{\iiint\limits_{\Omega}\rho(x,y,z)\mathrm{d}v}.$$

同理可得，如果平面薄片占有 $\mathbf{R}^2$ 中区域 D，其面密度为 $\rho(x,y)$，则该平面薄片的质心坐标为

$$\bar{x}=\frac{M_y}{M}=\frac{\iint\limits_{D}x\rho(x,y)\mathrm{d}\sigma}{\iint\limits_{D}\rho(x,y)\mathrm{d}\sigma},\quad \bar{y}=\frac{M_x}{M}=\frac{\iint\limits_{D}y\rho(x,y)\mathrm{d}\sigma}{\iint\limits_{D}\rho(x,y)\mathrm{d}\sigma},$$

其中 M_y,M_x 分别为平面薄片对 y 轴和 x 轴的静矩，M 为平面薄片的质量.

例 10.16　已知均匀半球体所占的闭区域 Ω 由 $z=\sqrt{a^2-x^2-y^2}$ 及 $z=0$ 所围成，求该半球体(图 10.33)的质心.

解　因为均匀物体的密度为常数，即 $\rho(x,y,z)\equiv c$（c 为常数）. 所以该半球体的质心为

$$\bar{x}=\frac{M_{yz}}{M}=\frac{\iiint\limits_{\Omega}x\rho(x,y,z)\mathrm{d}v}{\iiint\limits_{\Omega}\rho(x,y,z)\mathrm{d}v}=\frac{\iiint\limits_{\Omega}x\,\mathrm{d}v}{\iiint\limits_{\Omega}\mathrm{d}v},$$

$$\bar{y}=\frac{M_{zx}}{M}=\frac{\iiint\limits_{\Omega}y\rho(x,y,z)\mathrm{d}v}{\iiint\limits_{\Omega}\rho(x,y,z)\mathrm{d}v}=\frac{\iiint\limits_{\Omega}y\,\mathrm{d}v}{\iiint\limits_{\Omega}\mathrm{d}v},$$

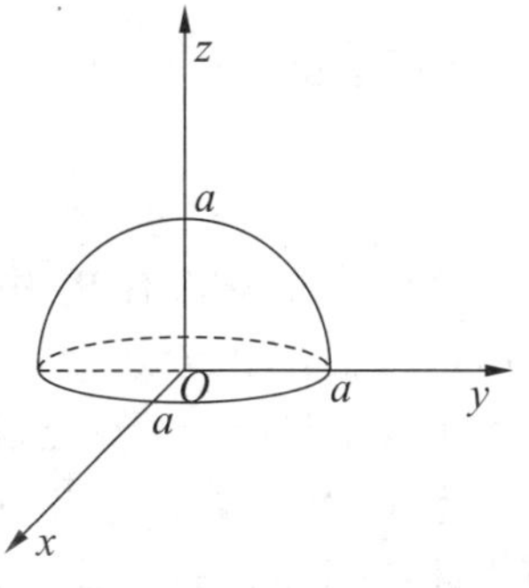

图 10.33

$$\bar{z}=\frac{M_{xy}}{M}=\frac{\iiint\limits_{\Omega} z\rho(x,y,z)\mathrm{d}v}{\iiint\limits_{\Omega}\rho(x,y,z)\mathrm{d}v}=\frac{\iiint\limits_{\Omega} z\,\mathrm{d}v}{\iiint\limits_{\Omega}\mathrm{d}v}.$$

由对称性得 $\iiint\limits_{\Omega} x\,\mathrm{d}v=\iiint\limits_{\Omega} y\,\mathrm{d}v=0$,而

$$\iiint\limits_{\Omega} z\,\mathrm{d}v=\int_0^a \mathrm{d}z\iint\limits_{D_z} z\,\mathrm{d}x\mathrm{d}y=\int_0^a \pi(a^2-z^2)z\mathrm{d}z=\frac{1}{4}\pi a^4 .$$

又因为 $\iiint\limits_{\Omega}\mathrm{d}v=\frac{2}{3}\pi a^3$,所以

$$\bar{x}=0,\quad \bar{y}=0,\quad \bar{z}=\frac{\iiint\limits_{\Omega} z\,\mathrm{d}v}{\iiint\limits_{\Omega}\mathrm{d}v}=\frac{\frac{1}{4}\pi a^4}{\frac{2}{3}\pi a^3}=\frac{3}{8}a .$$

所求质心为$(0,0,\frac{3}{8}a)$.

10.5.3 转动惯量

设在 $\mathbf{R}^3$ 有一质点,其坐标为(x,y,z),质量为 m. 由力学知道,该质点对 x 轴,y 轴以及 z 轴的转动惯量为

$$I_x=(y^2+z^2)m,\quad I_y=(z^2+x^2)m,\quad I_z=(x^2+y^2)m.$$

设在 $\mathbf{R}^3$ 有 n 个质点,它们分别位于点$(x_i,y_i,z_i)(i=1,2,\cdots,n)$处,质量分别为 $m_i(i=1,2,\cdots,n)$. 由转动惯量的可加性可知,该质点对 x 轴,y 轴以及 z 轴的转动惯量为

$$I_x=\sum_{i=1}^{n}(y_i^2+z_i^2)m_i,$$
$$I_y=\sum_{i=1}^{n}(z_i^2+x_i^2)m_i,$$
$$I_z=\sum_{i=1}^{n}(x_i^2+y_i^2)m_i.$$

设有一物体,占有 $\mathbf{R}^3$ 中闭区域 Ω,在点(x,y,z)处的密度为 $\rho(x,y,z)$,并假定 $\rho(x,y,z)$在 Ω 上连续. 现在求该物体对 x 轴,y 轴和 z 轴的转动惯量 I_x,I_y 和 I_z.

在 Ω 上任取一个直径很小的闭区域 $\mathrm{d}v$(该小区域的体积也用 $\mathrm{d}v$ 来表示),(x,y,z)为 $\mathrm{d}v$ 上一点. 由于 $\mathrm{d}v$ 很小,且 $\rho(x,y,z)$在 Ω 上连续,所以我们可以认为 $\mathrm{d}v$ 的质量(记作 $\mathrm{d}m$)近似等于 $\rho(x,y,z)\mathrm{d}v$,即 $\mathrm{d}m=\rho(x,y,z)\mathrm{d}v$,并将这部分质量近似看作集中在点$(x,y,z)$处,略去高阶无穷小,则 $\mathrm{d}v$ 对 x 轴,y 轴以及 z 轴的转动

惯量 $\mathrm{d}I_x$，$\mathrm{d}I_y$ 和 $\mathrm{d}I_z$ 分别为

$$\mathrm{d}I_x = (y^2+z^2)\mathrm{d}m = (y^2+z^2)\rho(x,y,z)\mathrm{d}v,$$
$$\mathrm{d}I_y = (z^2+x^2)\mathrm{d}m = (z^2+x^2)\rho(x,y,z)\mathrm{d}v,$$
$$\mathrm{d}I_z = (x^2+y^2)\mathrm{d}m = (x^2+y^2)\rho(x,y,z)\mathrm{d}v.$$

由转动惯量的可加性及三重积分的概念，可得该物体对 x 轴，y 轴和 z 轴的转动惯量 I_x，I_y 和 I_z 分别为

$$I_x = \iiint\limits_{\Omega}(y^2+z^2)\rho(x,y,z)\mathrm{d}v,$$
$$I_y = \iiint\limits_{\Omega}(z^2+x^2)\rho(x,y,z)\mathrm{d}v,$$
$$I_z = \iiint\limits_{\Omega}(x^2+y^2)\rho(x,y,z)\mathrm{d}v.$$

同理可得，如果平面薄片占有 $\mathbf{R}^2$ 中区域 D，其面密度为 $\rho(x,y)$，则该平面薄片对 x 轴、y 轴的转动惯量 I_x，I_y 分别为

$$I_x = \iint\limits_{D} y^2\rho(x,y)\mathrm{d}\sigma,\quad I_y = \iint\limits_{D} x^2\rho(x,y)\mathrm{d}\sigma.$$

例 10.17　求半径为 a 的均匀半圆薄片对其直径的转动惯量.

解　不妨设薄片密度为常数 ρ_0. 建立坐标系如图 10.34 所示，则薄片所占闭区域 D 为

$$D = \{(x,y) \mid x^2+y^2 \leqslant a^2, y \geqslant 0\},$$

于是，半圆薄片对 x 轴(即直径边)的转动惯量为

$$\begin{aligned} I_x &= \iint\limits_{D} y^2\rho_0\,\mathrm{d}\sigma = \rho_0\iint\limits_{D} r^3\sin^2\theta\mathrm{d}r\mathrm{d}\theta \\ &= \rho_0\int_0^{\pi}\mathrm{d}\theta\int_0^a r^3\sin^2\theta\mathrm{d}r \\ &= \rho_0\int_0^{\pi}\sin^2\theta\mathrm{d}\theta\cdot\int_0^a r^3\,\mathrm{d}r = \frac{1}{8}\rho_0\pi a^4. \end{aligned}$$

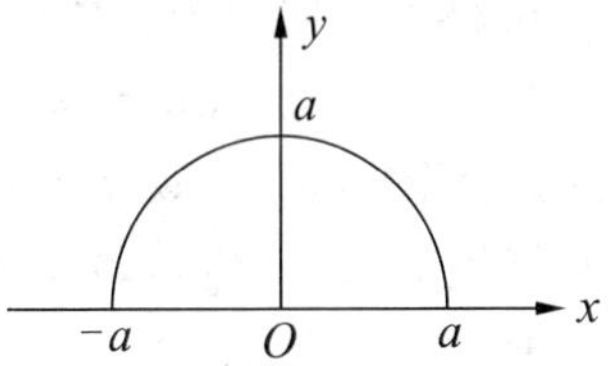

图 10.34

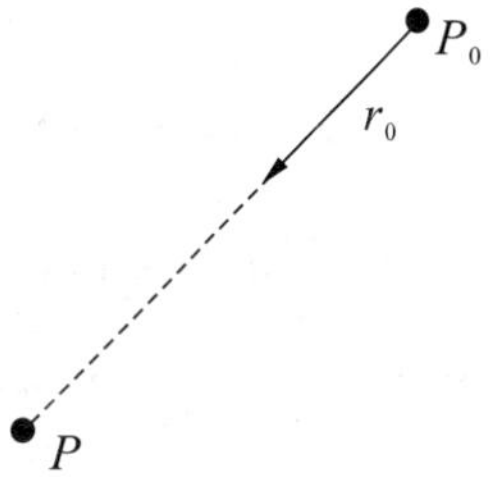

10.5.4　引力

图 10.35

设在 $\mathbf{R}^3$ 中的点 $P(x,y,z)$ 处有一质量为 m 的质点，在点 $P_0(x_0,y_0,z_0)$ 处有一单位质量的质点(图 10.35). 根据牛顿万有引力定律可知，点 P 处质点，对点 P_0 处质点的万有引力为

$$\boldsymbol{F} = G\frac{m}{|\boldsymbol{r}|^2}\boldsymbol{r}_0\quad(G\text{ 为引力常数}),$$

式中 $\boldsymbol{r} = \overrightarrow{P_0P} = (x-x_0)\boldsymbol{i}+(y-y_0)\boldsymbol{j}+(z-z_0)\boldsymbol{k}$,

$$|\boldsymbol{r}| = \sqrt{(x-x_0)^2+(y-y_0)^2+(z-z_0)^2},$$

$$\boldsymbol{r}_0 = \frac{\boldsymbol{r}}{|\boldsymbol{r}|} = \frac{(x-x_0)\boldsymbol{i}+(y-y_0)\boldsymbol{j}+(z-z_0)\boldsymbol{k}}{\sqrt{(x-x_0)^2+(y-y_0)^2+(z-z_0)^2}},$$

即

$$\begin{aligned}\boldsymbol{F} &= F_x\boldsymbol{i}+F_y\boldsymbol{j}+F_z\boldsymbol{k}\\ &= Gm\frac{(x-x_0)\boldsymbol{i}+(y-y_0)\boldsymbol{j}+(z-z_0)\boldsymbol{k}}{[(x-x_0)^2+(y-y_0)^2+(z-z_0)^2]^{3/2}}.\end{aligned}$$

于是,所求万有引力 $\boldsymbol{F}$ 在 x,y,z 轴正向的分量 F_x,F_y,F_z 分别为

$$F_x = Gm\frac{x-x_0}{[(x-x_0)^2+(y-y_0)^2+(z-z_0)^2]^{3/2}},$$

$$F_y = Gm\frac{y-y_0}{[(x-x_0)^2+(y-y_0)^2+(z-z_0)^2]^{3/2}},$$

$$F_z = Gm\frac{z-z_0}{[(x-x_0)^2+(y-y_0)^2+(z-z_0)^2]^{3/2}}.$$

设有一物体,占有 $\mathbf{R}^3$ 中闭区域 Ω,在点(x,y,z)处的密度为 $\rho(x,y,z)$,并假定 $\rho(x,y,z)$在 Ω 上连续.现在求该物体对点 $P_0(x_0,y_0,z_0)$处单位质量的质点的万有引力

$$\boldsymbol{F} = F_x\boldsymbol{i}+F_y\boldsymbol{j}+F_z\boldsymbol{k}.$$

在 Ω 上任取一个直径很小的闭区域 $\mathrm{d}v$(该小区域的体积也用 $\mathrm{d}v$ 来表示),(x,y,z)为 $\mathrm{d}v$ 上一点,由于 $\mathrm{d}v$ 很小,且 $\rho(x,y,z)$在 Ω 上连续,所以我们可以认为 $\mathrm{d}v$ 的质量(记作 $\mathrm{d}m$)近似等于 $\rho(x,y,z)\mathrm{d}v$,即 $\mathrm{d}m=\rho(x,y,z)\mathrm{d}v$,并将这部分质量近似看作集中在点$(x,y,z)$处,略去高阶无穷小,则 $\mathrm{d}v$ 内物体对点 P_0 处单位质量的质点的万有引力 $\mathrm{d}\boldsymbol{F}$ 在 x,y,z 轴正向的分量 $\mathrm{d}F_x,\mathrm{d}F_y,\mathrm{d}F_z$ 分别为

$$\mathrm{d}F_x = G\cdot\mathrm{d}m\cdot\frac{x-x_0}{[(x-x_0)^2+(y-y_0)^2+(z-z_0)^2]^{3/2}},$$

$$\mathrm{d}F_y = G\cdot\mathrm{d}m\cdot\frac{y-y_0}{[(x-x_0)^2+(y-y_0)^2+(z-z_0)^2]^{3/2}},$$

$$\mathrm{d}F_z = G\cdot\mathrm{d}m\cdot\frac{z-z_0}{[(x-x_0)^2+(y-y_0)^2+(z-z_0)^2]^{3/2}}.$$

或将 $\mathrm{d}m=\rho(x,y,z)\mathrm{d}v$ 带入并整理,得

$$\mathrm{d}F_x = G\frac{x-x_0}{[(x-x_0)^2+(y-y_0)^2+(z-z_0)^2]^{3/2}}\rho(x,y,z)\mathrm{d}v,$$

$$\mathrm{d}F_y = G\frac{y-y_0}{[(x-x_0)^2+(y-y_0)^2+(z-z_0)^2]^{3/2}}\rho(x,y,z)\mathrm{d}v,$$

$$\mathrm{d}F_z = G\frac{z-z_0}{[(x-x_0)^2+(y-y_0)^2+(z-z_0)^2]^{3/2}}\rho(x,y,z)\mathrm{d}v.$$

根据三重积分的概念,可得该物体对点 $P_0(x_0,y_0,z_0)$处单位质量的质点的万

有引力 $\boldsymbol{F}$ 在 x,y,z 轴正向的分量 F_x,F_y,F_z 分别为

$$F_x=G\iiint_{\Omega}\frac{(x-x_0)\rho(x,y,z)}{[(x-x_0)^2+(y-y_0)^2+(z-z_0)^2]^{3/2}}\mathrm{d}v,$$

$$F_y=G\iiint_{\Omega}\frac{(y-y_0)\rho(x,y,z)}{[(x-x_0)^2+(y-y_0)^2+(z-z_0)^2]^{3/2}}\mathrm{d}v,$$

$$F_z=G\iiint_{\Omega}\frac{(z-z_0)\rho(x,y,z)}{[(x-x_0)^2+(y-y_0)^2+(z-z_0)^2]^{3/2}}\mathrm{d}v.$$

例 10.18　设密度为 ρ_0 的均匀柱体占有空间闭区域 $\Omega=\{(x,y,z)\mid x^2+y^2\leqslant R^2,-h\leqslant z\leqslant h\}$. 求该柱体对位于点 $P_0(0,0,a)(a>h)$ 处单位质量的质点的引力(图 10.36).

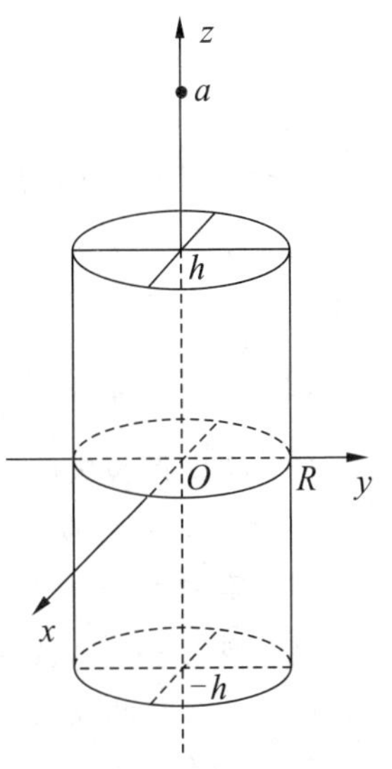

图 10.36

解　由对称性可知 $F_x=0,F_y=0$,引力沿 z 轴的分量 F_z 为

$$\begin{aligned}F_z&=G\iiint_{\Omega}\frac{(z-a)\rho_0}{[x^2+y^2+(z-a)^2]^{3/2}}\mathrm{d}v\\&=-G\rho_0\iiint_{\Omega}\frac{a-z}{[x^2+y^2+(a-z)^2]^{3/2}}\mathrm{d}v\\&=-G\rho_0\int_{-h}^{h}(a-z)\mathrm{d}z\iint_{D_z}\frac{\mathrm{d}x\mathrm{d}y}{[x^2+y^2+(a-z)^2]^{3/2}},\end{aligned}$$

其中 $D_z=\{(x,y)\mid x^2+y^2\leqslant R^2\}$,所以

$$\begin{aligned}F_z&=-G\rho_0\int_{-h}^{h}(a-z)\mathrm{d}z\iint_{D_z}\frac{r\mathrm{d}r\mathrm{d}\theta}{[r^2+(a-z)^2]^{3/2}}\\&=-G\rho_0\int_{-h}^{h}(a-z)\mathrm{d}z\int_0^{2\pi}\mathrm{d}\theta\int_0^R\frac{r\mathrm{d}r}{[r^2+(a-z)^2]^{3/2}}\\&=-2\pi G\rho_0\int_{-h}^{h}(a-z)\left[-\frac{1}{\sqrt{r^2+(a-z)^2}}\right]_0^R\mathrm{d}z\\&=-2\pi G\rho_0\int_{-h}^{h}\left[1-\frac{a-z}{\sqrt{R^2+(a-z)^2}}\right]\mathrm{d}z\\&=-2\pi G\rho_0\left[2h-\frac{4ah}{\sqrt{R^2+(a+h)^2}+\sqrt{R^2+(a-h)^2}}\right]\\&=-G\frac{M}{R^2}\left[2-\frac{4a}{\sqrt{R^2+(a+h)^2}+\sqrt{R^2+(a-h)^2}}\right].\end{aligned}$$

这里 $M=\pi R^2 2h\rho_0$ 为柱体的质量. 上述结果表明:均匀柱体对其外部 P_0 点处质点的引力不等价于将该柱体质量集中于柱体质心 $O(0,0,0)$ 对 P_0 点处质点的引力.

习题 10.5

(A)

1. 计算由下列曲面所围成的立体的体积.

(1) 平面 $x=0,y=0,x=1,y=1$ 及平面 $z=0,2x+3y+z=6$;

(2) 旋转抛物面 $z=x^2+y^2$,抛物柱面 $y=x^2$ 以及平面 $y=1,z=0$.

2. 求下列限定在 R 上的曲顶柱体的体积:

(1) $f(x,y)=x^2y^2$,R 是 $xy=1,xy=2,y=x$ 及 $y=4x(x>0)$;

(2) $f(x,y)=\sqrt{x^2+y^2}$,R 是 $a^2\leqslant x^2+y^2\leqslant b^2,a<b$.

3. 设平面薄片的密度为 $\rho(x,y)$,所占的闭区域为 D,求平面薄片的质心:

(1) $D=\{(x,y)\mid 0\leqslant y\leqslant\sqrt{2px},0\leqslant x\leqslant x_0\}$($p,x_0$ 均为正常数),$\rho(x,y)\equiv 1$;

(2) $D=\{(x,y)\mid \dfrac{x^2}{a^2}+\dfrac{y^2}{b^2}\leqslant 1,y\geqslant 0\}$($a,b$ 均为正常数),$\rho(x,y)\equiv 1$;

(3) D 由抛物线 $y=x^2$ 及直线 $y=x$ 所围成,$\rho(x,y)=x^2y$.

4. 计算由下列曲面所围立体的质心(设密度 $\rho(x,y,z)\equiv 1$):

(1) 锥面 $z^2=x^2+y^2$ 及平面 $z=1$;

(2) 球面 $z=\sqrt{A^2-x^2-y^2}$,$z=\sqrt{a^2-x^2-y^2}$($A>a>0$) 及平面 $z=0$;

(3) 旋转抛物面 $z=x^2+y^2$ 及平面 $x+y=a,x=0,y=0,z=0$.

5. 设均匀薄片[$\rho(x,y)\equiv 1$]所占的闭区域 D 如下,求指定的转动惯量:

(1) $D=\{(x,y)\mid \dfrac{x^2}{a^2}+\dfrac{y^2}{b^2}\leqslant 1\}$,求 I_y;

(2) $D=\{(x,y)\mid 0\leqslant x\leqslant a,0\leqslant y\leqslant b\}$,求 I_x,I_y.

6. 求半径为 a 的均匀半圆薄片对直线 $l:y=kx+b(k>0)$ 的转动惯量.

7. 求边长为 a,密度均匀的立方体对任一棱边的转动惯量.

8. 设圆柱体的密度为常数 ρ_0,所占的闭区域 $\Omega=\{(x,y)\mid x^2+y^2\leqslant a^2,0\leqslant z\leqslant h\}$,求转动惯量 I_z.

(B)

1. 求均匀薄片 $x^2+y^2\leqslant R^2,z=0$ 对于 z 轴上一点 $(0,0,c)(c>0)$ 处单位质量的引力.

2. 设均匀锥体[$\rho(x,y)\equiv 1$]占有的闭区域 Ω 由锥面 $z=\sqrt{x^2+y^2}$ 及平面 $z=1$ 所围成,求该锥体对点 $(0,0,0)$ 处单位质量的质点的引力.

3. 质量为 M 的均匀球体 $\xi^2+\eta^2+\zeta^2\leqslant R^2$ 用多大的力来吸引质量为 m 的质点 $P(0,0,a)$?

总习题10

1. 单项选择题.

(1) 设有平面闭区域 $D=\{(x,y)\mid x\leqslant y\leqslant 1,-1\leqslant x\leqslant 1\}$，$D_1=\{(x,y)\mid x\leqslant y\leqslant 1,0\leqslant x\leqslant 1\}$，则 $\iint\limits_D(xy+\cos x\sin y)\mathrm{d}\sigma$ 等于(　).

(A) $2\iint\limits_{D_1}\cos x\sin y\mathrm{d}\sigma$　　(B) $4\iint\limits_{D_1}\cos x\sin y\mathrm{d}\sigma$

(C) $2\iint\limits_{D_1}xy\mathrm{d}\sigma$　　(D) $4\iint\limits_{D_1}xy\mathrm{d}\sigma$

(2) 设有空间闭区域 $\Omega=\{(x,y,z)\mid x^2+y^2+z^2\leqslant a^2,z\geqslant 0\}$，$\Omega_1=\{(x,y,z)\mid x^2+y^2+z^2\leqslant a^2,x\geqslant 0,y\geqslant 0,z\geqslant 0\}$，则(　).

(A) $\iiint\limits_{\Omega}x\mathrm{d}v=4\iiint\limits_{\Omega_1}x\mathrm{d}v$　　(B) $\iiint\limits_{\Omega}y\mathrm{d}v=4\iiint\limits_{\Omega_1}y\mathrm{d}v$

(C) $\iiint\limits_{\Omega}z\mathrm{d}v=4\iiint\limits_{\Omega_1}z\mathrm{d}v$　　(D) $\iiint\limits_{\Omega}xyz\mathrm{d}v=4\iiint\limits_{\Omega_1}xyz\mathrm{d}v$

(3) 设函数 $f(x,y)$ 在正方形闭区域 $D=\{(x,y)\mid 0\leqslant y\leqslant 1,0\leqslant x\leqslant 1\}$ 上连续，则积分 $\int_0^1\mathrm{d}x\int_0^x f(x,y)\mathrm{d}y$ 等于(　).

(A) $\int_0^1\mathrm{d}y\int_0^y f(x,y)\mathrm{d}x$　　(B) $\int_0^1\mathrm{d}y\int_y^1 f(x,y)\mathrm{d}x$

(C) $\int_0^1\mathrm{d}y\int_y^0 f(x,y)\mathrm{d}x$　　(D) $\int_0^1\mathrm{d}y\int_1^y f(x,y)\mathrm{d}x$

2. 计算下列积分.

(1) $\int_0^1\mathrm{d}y\int_y^1\mathrm{e}^{x^2}\mathrm{d}x$；　　(2) $\int_0^3\mathrm{d}x\int_{x^2}^9 x\sin(y^2)\mathrm{d}y$；

(3) $\int_0^1\mathrm{d}y\int_{\sqrt{y}}^1\sqrt{2+x^3}\mathrm{d}x$；　　(4) $\int_0^1\mathrm{d}x\int_x^{\sqrt{x}}\frac{\sin y}{y}\mathrm{d}y$.

3. 计算二重积分 $\iint\limits_D|y-x^2|\mathrm{d}\sigma$，其中积分区域 $D=\{(x,y)\mid -1\leqslant x\leqslant 1,0\leqslant y\leqslant 1\}$.

4. 计算二重积分 $\iint\limits_D|xy|\mathrm{d}\sigma$，其中积分区域 $D=\{(x,y)\mid x^2+y^2\leqslant a^2\}$.

5. 计算二重积分 $\iint\limits_D(x^2-y^2)\mathrm{d}\sigma$，其中积分区域 $D=\{(x,y)\mid 0\leqslant y\leqslant\sin x,0\leqslant x\leqslant\pi\}$.

6. 利用极坐标计算积分$\int_0^1 dx\int_0^x \sqrt{x^2+y^2}\,dy$.

7. 设D是由曲线$\sqrt{\dfrac{x}{a}}+\sqrt{\dfrac{y}{b}}=1(a>0,b>0$为常数)与$x$轴,$y$轴所围成的闭区域,计算二重积分$\iint\limits_D y\,dx\,dy$.

8. 设闭区域$D=\{(x,y)\mid x^2+y^2\leqslant x+y+1\}$,计算二重积分$\iint\limits_D (x+y)\,dx\,dy$.

9. 求由抛物线$y^2=px$,$y^2=qx(0<p<q)$以及双曲线$xy=a$,$xy=b(0<a<b)$所围成的闭区域的面积.

10. 设函数$f(x)$在$[a,b]$上连续,证明:

$$\int_a^b dx\int_a^x f(y)\,dy=\int_a^b f(y)(b-y)\,dy.$$

11. 设函数$f(x)$在$[a,b]$上连续,证明:

$$\int_0^1 dx\int_x^1 f(x)f(y)\,dy=\frac{1}{2}\left[\int_0^1 f(x)\,dx\right]^2.$$

12. 计算三重积分$\iiint\limits_\Omega (y^2+z^2)\,dv$,其中$\Omega$是由$xOy$平面上曲线$y^2=2x$绕$x$轴旋转而成的曲面与平面$x=5$所围成的闭区域.

13. 将三次积分$\int_0^1 dy\int_{-\sqrt{y-y^2}}^{\sqrt{y-y^2}} dx\int_0^{\sqrt{3(x^2+y^2)}} f(\sqrt{x^2+y^2+z^2})\,dz$变换为柱坐标及球坐标形式的三次积分.

14. 在半径为a的均匀半球体的大圆上接一个材料与半球体相同且半径仍为a的圆柱体.为使拼接后的立体的质心位于球心,问圆柱的高应为多少?

15. 求由抛物线$y=x^2$及直线$y=1$所围成的均匀薄片(面密度为常数ρ)对于直线$y=-1$的转动惯量.

第 11 章　含参变量积分

在许多实际问题以及理论研究探讨中，常常会碰到像

$$\int_a^b f(x,u)\mathrm{d}x \quad 或 \quad \int_a^{+\infty} f(x,u)\mathrm{d}x$$

之类的积分，在它们的被积函数中，除了应含的积分变量外，还出现了与积分变量无关的另一些变量. 如果把参变量取作固定值，即看作常数，那么这样一些积分自然和普通的定积分没有什么差别. 但对于这类积分，我们常要把它看作参变量的函数来研究，讨论研究参变量函数的连续性、可微性、可积性等. 常常碰到很难计算的一些含有参变量的积分，又怎样判断它们的性质呢？这就迫使我们把许多个别问题的研究结果进行总结，并在这一基础上就一般性问题进行分析和论证. 具体问题的研究与计算，这些都是本章的内容.

11.1　含参变量的常义积分

定义 11.1　若函数 $f(x,y)$ 在矩形 $[a,b]\times[c,d]$ 上有界，对于任意固定的 $y\in[c,d]$，如果二元函数 $f(x,y)$ 在 $[a,b]$ 上可积，记

$$I(y)=\int_a^b f(x,y)\mathrm{d}x \quad y\in[c,\mathrm{d}],$$

它是 y 的函数，定义域为 $[c,d]$. 被积函数 $f(x,y)$ 所依赖的变量 y，它在积分过程中保持某一个固定的值，通常我们称它为参变量，积分 $\int_a^b f(x,y)\mathrm{d}x$ 称为含参变量的积分.

$I(y)$ 是一个由含一个参变量的积分所确定的函数. 它是一种新形式的函数，是通过定积分来确定的. 这种形式的函数在数学理论和应用上占有重要地位，有许多很有用的特殊函数就是这种形式的函数.

下面我们从已有的关于一元函数、二元函数的性质来讨论这种**含参变量常义积分的基本性质**——连续性、可微性与可积性.

定理 11.1(连续性定理)　设 $f(x,y)$ 在闭矩形 $D=[a,b]\times[c,d]$ 上连续，则函数

$$I(y)=\int_a^b f(x,y)\mathrm{d}x,\quad y\in[c,\mathrm{d}]$$

在$[c,\mathrm{d}]$上连续.

证 由条件知 $f(x,y)$在 D 上一致连续,所以对于任意给定的 $\varepsilon>0$,存在 $\delta>0$,使得对于任意两点$(x_1,y_1),(x_2,y_2)\in D$,当$\sqrt{(x_1-x_2)^2+(y_1-y_2)^2}<\delta$时,成立

$$|f(x_1,y_1)-f(x_2,y_2)|<\varepsilon.$$

因此,对于任意给定点 $y_0\in[c,d]$,只要$|y-y_0|<\delta$时,就有

$$\begin{aligned}|I(y)-I(y_0)|&=\left|\int_a^b f(x,y)-f(x,y_0)\mathrm{d}x\right|\\&\leqslant\int_a^b|f(x,y)-f(x,y_0)|\mathrm{d}x<(b-a)\varepsilon.\end{aligned}$$

这说明 $I(y)$在$[c,d]$上连续.

由此定理可知

$$\lim_{y\to y_0}\int_a^b f(x,y)\mathrm{d}x=\int_a^b\lim_{y\to y_0}f(x,y)\mathrm{d}x,\quad y_0\in[c,d].$$

这说明极限运算与积分号可以交换.

例 11.1 求极限 $\lim\limits_{x\to 0}\int_{-1}^{1}\sqrt{x^2+y^2}\,\mathrm{d}y$.

解 因$\sqrt{x^2+y^2}$是连续函数,故由定理 11.1 知,

$$I(x)=\int_{-1}^{1}\sqrt{x^2+y^2}\,\mathrm{d}y$$

是$(-\infty,+\infty)$上的连续函数,从而有

$$\lim_{x\to 0}I(x)=I(0)=\int_{-1}^{1}\sqrt{y^2}\,\mathrm{d}y=2\int_0^1 y\mathrm{d}y=1.$$

定理 11.2(积分次序交换定理) 设 $f(x,y)$在闭矩形$[a,b]\times[c,d]$上连续,则

$$\int_c^d\mathrm{d}y\int_a^b f(x,y)\mathrm{d}x=\int_a^b\mathrm{d}x\int_c^{\mathrm{d}}f(x,y)\mathrm{d}y.$$

证 因为 $f(x,y)$在$[a,b]\times[c,d]$上连续,所以由二重积分的计算公式可知

$$\int_c^d\mathrm{d}y\int_a^b f(x,y)\mathrm{d}x=\iint\limits_{[a,b]\times[c,d]}f(x,y)\mathrm{d}x\mathrm{d}y=\int_a^b\mathrm{d}x\int_c^{\mathrm{d}}f(x,y)\mathrm{d}y.$$

例 11.2 计算 $I=\int_0^1\frac{x^b-x^a}{\ln x}\mathrm{d}x$,其中 $b>a>0$.

解 因为$\int_a^b x^y\mathrm{d}y=\frac{x^b-x^a}{\ln x}$,

所以
$$I=\int_0^1 \mathrm{d}x\int_a^b x^y \mathrm{d}y.$$

而 $f(x,y)=x^y$ 在闭矩形 $0\leqslant x\leqslant 1,a\leqslant y\leqslant b$ 上连续，所以积分次序可以交换，即

$$I=\int_0^1 \mathrm{d}x\int_a^b x^y \mathrm{d}y=\int_a^b \mathrm{d}y\int_0^1 x^y \mathrm{d}x=\int_a^b \frac{1}{1+y}\mathrm{d}y=\ln\frac{1+b}{1+a}.$$

定理 11.3(积分号下求导定理)　设 $f(x,y)$，$f_y(x,y)$都在闭矩形$[a,b]\times[c,d]$上连续，则 $I(y)$在$[c,d]$上成立

$$\frac{\mathrm{d}I(y)}{\mathrm{d}y}=\int_a^b f_y(x,y)\mathrm{d}x.$$

证　对任意给定的 $y\in[c,d]$，当 $y+\Delta y\in[c,d]$时，利用微分中值定理得

$$\begin{aligned}\frac{I(y+\Delta y)-I(y)}{\Delta y}&=\int_a^b \frac{f(x,y+\Delta y)-f(x,y)}{\Delta y}\mathrm{d}x\\&=\int_a^b f_y(x,y+\theta\Delta y)\mathrm{d}x\quad(0<\theta<1).\end{aligned}$$

由定理 11.1，即有

$$\begin{aligned}\frac{\mathrm{d}I(y)}{\mathrm{d}y}&=\lim_{\Delta y\to 0}\frac{I(y+\Delta y)-I(y)}{\Delta y}=\lim_{\Delta y\to 0}\int_a^b f_y(x,y+\theta\Delta y)\mathrm{d}x\\&=\int_a^b \lim_{\Delta y\to 0}f_y(x,y+\theta\Delta y)\mathrm{d}x=\int_a^b f_y(x,y)\mathrm{d}x.\end{aligned}$$

这个定理的结论也可写为

$$\frac{\mathrm{d}}{\mathrm{d}y}\int_a^b f(x,y)\mathrm{d}x=\int_a^b \frac{\partial}{\partial y}f(x,y)\mathrm{d}x.$$

这说明求导运算与积分号可以交换.

定理 11.4　设 $f(x,y)$，$f_y(x,y)$都在闭矩形$[a,b]\times[c,d]$上连续，又设$a(y)$，$b(y)$是在$[c,d]$上的可微函数，满足 $a\leqslant a(y)\leqslant b,c\leqslant b(y)\leqslant d$，则函数

$$F(y)=\int_{a(y)}^{b(y)} f(x,y)\mathrm{d}x$$

在$[c,d]$上可微，并且在$[c,d]$成立

$$F'(y)=\int_{a(y)}^{b(y)} f_y(x,y)\mathrm{d}x+f[b(y),y]b'(y)-f[a(y),y]a'(y).$$

证　将 $F(y)$写成复合函数形式

$$F(y)=\int_u^v f(x,y)\mathrm{d}x=I(y,u,v),\quad u=a(y),v=b(y),$$

由定理 11.3 知

$$\frac{\partial I(u,v,y)}{\partial y}=\int_u^v f_y(x,y)\mathrm{d}x.$$

容易验证$\dfrac{\partial I(u,v,y)}{\partial y}$是连续函数,由积分上限函数的求导法则得

$$\frac{\partial I}{\partial u}=-f(u,y),\quad \frac{\partial I}{\partial v}=f(v,y),$$

它们都是连续的.所以函数 $I(y,u,v)$可微,于是按复合函数的链式规则得到

$$\begin{aligned}F'(y)&=\frac{\partial I}{\partial y}+\frac{\partial I}{\partial u}\frac{\partial u}{\partial y}+\frac{\partial I}{\partial v}\frac{\partial v}{\partial y}\\&=\int_{a(y)}^{b(y)}f_y(x,y)\mathrm{d}x+f[b(y),y]b'(y)-f[a(y),y]a'(y).\end{aligned}$$

注意这时我们顺便得到:函数 $F(y)$在$[c,d]$上连续.

例 11.3 求 $F(y)=\int_y^{y^2}\dfrac{\sin(xy)}{x}\mathrm{d}x$ 的导数.

解 由定理 11.4 得

$$F'(y)=\int_y^{y^2}\cos(xy)\mathrm{d}x+2y\frac{\sin y^3}{y^2}-\frac{\sin y^2}{y}=\frac{3\sin y^3-2\sin y^2}{y}.$$

例 11.4 计算 $I(\theta)=\int_0^{\pi}\ln(1+\theta\cos x)\mathrm{d}x\quad(|\theta|<1)$.

解 对于任意满足$|\theta|<1$ 的 θ,必有正数 a 使得$|\theta|\leqslant a<1$.记 $f(x,\theta)=\ln(1+\theta\cos x)$,易知 $f(x,\theta)$与 $f_0(x,\theta)=\dfrac{\cos x}{1+\theta\cos x}$都在闭矩形 $0\leqslant x\leqslant\pi,-a\leqslant\theta\leqslant a$ 上连续.由定理 11.3 知

$$\begin{aligned}I'(\theta)&=\int_0^{\pi}\frac{\cos x}{1+\theta\cos x}\mathrm{d}x=\frac{1}{\theta}\int_0^{\pi}\left(1-\frac{1}{1+\theta\cos x}\right)\mathrm{d}x\\&=\frac{\pi}{\theta}-\frac{1}{\theta}\int_0^{\pi}\frac{\mathrm{d}x}{1+\theta\cos x},\end{aligned}$$

对积分$\int_0^{\pi}\left(\dfrac{1}{1+\theta\cos x}\right)\mathrm{d}x$ 作万能代换 $t=\tan\dfrac{x}{2}$ 就有

$$\begin{aligned}\int_0^{\pi}\left(\frac{1}{1+\theta\cos x}\right)\mathrm{d}x&=\int_0^{+\infty}\frac{2\mathrm{d}t}{1+t^2+\theta(1-t^2)}=\frac{2}{1+\theta}\int_0^{+\infty}\frac{\mathrm{d}t}{1+\dfrac{1-\theta}{1+\theta}t^2}\\&=\frac{2}{\sqrt{1-\theta^2}}\left[\arctan\sqrt{\frac{1-\theta}{1+\theta}}t\right]_0^{+\infty}=\frac{\pi}{\sqrt{1-\theta^2}},\end{aligned}$$

所以有

$$I'(\theta)=\frac{\pi}{\theta}-\frac{1}{\theta}\int_0^{\pi}\frac{\mathrm{d}x}{1+\theta\cos x}=\frac{\pi}{\theta}-\frac{\pi}{\theta\sqrt{1-\theta^2}},$$

再对 θ 积分得

$$I(\theta)=\pi\ln(1+\sqrt{1-\theta^2})+C,$$

由 $I(\theta)$的定义知 $I(0)=0$,代入上式得 $C=-\pi\ln 2$,故得到 $I(\theta)=\pi\ln\dfrac{1+\sqrt{1-\theta^2}}{2}$.

习题 11.1

1. 求下列极限.

(1) $\lim\limits_{n\to\infty}\int_0^1 \dfrac{\mathrm{d}x}{1+\left(1+\dfrac{x}{n}\right)^n}$; (2) $\lim\limits_{\alpha\to 0}\int_0^1 \dfrac{\mathrm{d}x}{1+x^2\cos(\alpha x)}$; (3) $\lim\limits_{\alpha\to 0}\int_0^2 x^2\cos(\alpha x)\mathrm{d}x$.

2. 计算下列积分.

(1) $\int_0^1 \dfrac{\ln(1+x)}{1+x^2}\mathrm{d}x$;　　(2) $\int_0^1 \cos\left(\ln\dfrac{1}{x}\right)\dfrac{x^b-x^a}{\ln x}\mathrm{d}x$.

3. 求下列函数的导数.

(1) $I(y)=\int_y^{y^2} \mathrm{e}^{-x^2y}\mathrm{d}x$;　　(2) $I(y)=\int_{a+y}^{b+y} \dfrac{\sin xy}{x}\mathrm{d}x$;

(3) $F(x)=\int_0^x (x+y)f(y)\mathrm{d}y$,其中 f 为可微函数,求 $F''(x)$.

4. 利用积分号下求导法计算下列积分.

(1) $\int_0^{\frac{\pi}{2}} \ln(a^2\sin^2 x+b^2\cos^2 x)\mathrm{d}x\quad(a>0,b>0,a\neq b)$;

(2) $\int_0^{\frac{\pi}{2}} \ln\dfrac{1+a\cos x}{1-\cos x}\cdot\dfrac{\mathrm{d}x}{\cos x}\quad(|a|<1)$.

11.2　含参变量的反常积分

11.2.1　含参变量反常积分的一致收敛性

在概率论和数理方程中常出现由含参变量的反常积分所表示的函数.与含参变量的常义积分的情形一样,我们往往需要讨论这些函数的性质,如连续性、可微性等,但这些性质的建立比含参变量的常义积分情形要复杂些.我们首先来定义积分的一致收敛性,它和函数项级数的一致收敛性的意义相当.对于具有一致收敛性的积分,以后会看到,可以把某一个具有奇性部分的积分略而不计,而把问题归结为对含参变量的常义积分讨论.

含参变量的反常积分有两种:无穷区间上的含参变量反常积分和无界函数的含参变量反常积分.先介绍前一种含参变量反常积分,后介绍无界函数的含参变量反常积分.

设 $f(x,y)$ 定义在$[a,+\infty)\times[c,d]$上,若对某个 $y_0\in[c,d]$,积分$\int_a^{+\infty} f(x,$

$y)\mathrm{d}x$ 收敛,则称含参变量无穷积分 $\int_a^{+\infty} f(x,y)\mathrm{d}x$ 在 y_0 处收敛,并称 y_0 为它的收敛点. 记 E 为所有收敛点组成的点集,则 E 就是函数 $I(y)=\int_a^{+\infty} f(x,y)\mathrm{d}x$ 的定义域,也称为 $\int_a^{+\infty} f(x,y)\mathrm{d}x$ 的收敛域.

定义 11.2 设二元函数 $f(x,y)$ 定义在 $[a,+\infty)\times[c,d]$ 上,且对任意的 $y\in(c,d)$,反常积分 $\int_a^{+\infty} f(x,y)\mathrm{d}x$ 存在. 如果对于任意给定的 $\varepsilon>0$,存在与 y 无关的正数 A_0,使得当 $A>A_0$ 时,对于所有的 $y\in[c,d]$,$\left|\int_A^{+\infty} f(x,y)\mathrm{d}x\right|<\varepsilon$ 成立,则称 $\int_a^{+\infty} f(x,y)\mathrm{d}x$ 关于 y 在 $[c,d]$ 上一致收敛.

同样可以对 $x\in(-\infty,a]$ 或 $x\in(-\infty,+\infty)$ 定义一致收敛概念.

例 11.5 含参变量 a 的反常积分 $\int_0^{+\infty} \mathrm{e}^{-ax}\mathrm{d}x$ 在 $a_0\leqslant a<+\infty$ 上一致收敛($a_0>0$),但在 $0<a<+\infty$ 上不一致收敛.

解 先说明在 $a_0\leqslant a<+\infty$ 上一致收敛,由于当 $a\geqslant a_0$ 时,

$$0\leqslant\int_A^{+\infty} \mathrm{e}^{-ax}\mathrm{d}x=\frac{1}{a}\int_{aA}^{+\infty} \mathrm{e}^{-t}\mathrm{d}t=\frac{1}{a}\mathrm{e}^{-aA}\leqslant\frac{1}{a_0}\mathrm{e}^{-aA},$$

因为 $\lim\limits_{A\to+\infty}\frac{1}{a_0}\mathrm{e}^{-a_0A}=0$,所以对任意 $\varepsilon>0$,存在正数 A_0,使得当 $A>A_0$ 时,$\left|\mathrm{e}^{-a_0A}\frac{1}{a_0}\right|<\varepsilon$,这时成立 $\left|\int_A^{+\infty} \mathrm{e}^{-ax}\mathrm{d}x\right|\leqslant\left|\mathrm{e}^{-a_0x}\frac{1}{a_0}\right|<\varepsilon$,这说明 $\int_0^{+\infty} \mathrm{e}^{-ax}\mathrm{d}x$ 在 $a_0\leqslant a<+\infty$ 上一致收敛($a_0>0$).

再说明在 $0<a<+\infty$ 上不一致收敛,对于任意取定的正数 A,由于

$$\int_A^{+\infty} \mathrm{e}^{-ax}\mathrm{d}x=\frac{1}{a}\mathrm{e}^{-aA},$$

而 $\lim\limits_{a\to0^+}\frac{1}{a}\mathrm{e}^{-aA}=+\infty$,所以必存在某个 $a(A)\in(0,+\infty)$,使得 $\int_A^{+\infty} \mathrm{e}^{-a(A)x}\mathrm{d}x>1$. 因此 $\int_0^{+\infty} \mathrm{e}^{-ax}\mathrm{d}x$ 在 $0<a<+\infty$ 上不一致收敛.

下面以 $\int_a^{+\infty} f(x,y)\mathrm{d}x$ 为例讨论一致收敛的判别方法,对于 $\int_{-\infty}^{b} f(x,y)\mathrm{d}x$,$\int_{-\infty}^{+\infty} f(x,y)\mathrm{d}x$ 的情况结果是类似的. 以下总假定反常积分 $\int_a^{+\infty} f(x,y)\mathrm{d}x$ 对每个 $y\in[c,d]$ 收敛. 对于一致收敛,同样有 Cauchy 收敛原理.

定理 11.5(Cauchy 收敛原理) 含参变量反常积分 $\int_a^{+\infty} f(x,y)\mathrm{d}x$ 关于 y 在 $[c,$

$d]$ 上一致收敛的充要条件为：对于任意给定的 $\varepsilon > 0$，存在与 y 无关的正数 A_0，使得对于任意的 $A', A > A_0$，有 $\left|\int_A^{A'} f(x,y)\mathrm{d}x\right| < \varepsilon (y \in [c,d])$ 成立.

证明略.

由 Cauchy 收敛原理立即得知，若存在 $\varepsilon_0 > 0$，对于任意大的 A_0，总存在 $A', A > A_0$ 及 $y \in [c,d]$，满足

$$\left|\int_A^{A'} f(x,y)\mathrm{d}x\right| \geqslant \varepsilon_0,$$

那么 $\int_a^{+\infty} f(x,y)\mathrm{d}x$ 关于 y 在 $[c,d]$ 上非一致收敛.

定理 11.6(Weierstrass 判别法)　如果存在函数 $F(x)$，使得

(1) $|f(x,y)| \leqslant F(x), a \leqslant x < +\infty, c \leqslant y \leqslant b$；

(2) 反常积分 $\int_a^{+\infty} F(x)\mathrm{d}x$ 收敛，那么含参变量的反常积分 $\int_a^{+\infty} f(x,y)\mathrm{d}x$ 关于 y 在 $[c,d]$ 上一致收敛.

证　因为 $\int_a^{+\infty} F(x)\mathrm{d}x$ 收敛，由反常积分的 Cauchy 收敛原理知，对于任意的 $\varepsilon > 0$，存在正数 A_0，使得对于任意的 $A', A > A_0$，$\int_A^{A'} f(x,y)\mathrm{d}x < \varepsilon$. 因此当 $A', A > A_0$ 时，对于任意的 $y \in [c,d]$，不等式

$$\left|\int_A^{A'} f(x,y)\mathrm{d}x\right| \leqslant \int_A^{A'} F(x)\mathrm{d}x < \varepsilon$$

成立，于是由定理 11.5 知 $\int_a^{+\infty} f(x,y)\mathrm{d}x$ 关于 $y \in [c,d]$ 上一致收敛.

例 11.6　证明：当 $a>1$ 时，积分 $\int_0^{+\infty} \frac{y}{(x+1)^a}\mathrm{d}x$ 在 $[0,d]$ 上关于 y 一致收敛.

证　当 $0 \leqslant y \leqslant d$ 时，有 $\left|\frac{y}{(x+1)^a}\right| \leqslant \frac{d}{(x+1)^a}$，而积分

$$\int_0^{+\infty} \frac{d}{(x+1)^a}\mathrm{d}x = d\int_0^{+\infty} \frac{1}{(x+1)^a}\mathrm{d}x$$

当 $a>1$ 时收敛，由 Weierstrass 判别法知原积分当 $a>1$ 时在 $[0,d]$ 上关于 y 一致收敛.

例 11.7(Abel 判别法)　设函数 $f(x,y)$ 和 $g(x,y)$ 满足以下条件，则含参变量的反常积分 $\int_a^{+\infty} f(x,y)g(x,y)\mathrm{d}x$，关于 $y \in [c,d]$ 一致收敛.

(1) $\int_a^{+\infty} f(x,y)\mathrm{d}x$ 关于 y 在 $[c,d]$ 上一致收敛；

(2) $g(x,y)$ 关于 x 单调即对每个固定的 $y\in[c,d]$, g 关于 x 是单调函数;

(3) $g(x,y)$ 一致有界,即存在正数 L,使得

$$|g(x,y)|\leqslant L,\quad a\leqslant x<+\infty, c\leqslant y\leqslant d.$$

证 由于 $\int_a^{+\infty}f(x,y)\mathrm{d}x$ 关于 y 在 $[c,d]$ 上一致收敛,由 Cauchy 收敛原理知,对于任意的 $\varepsilon>0$,存在与 y 无关的正数 A_0 使得当 $A',A\geqslant A_0$ 时,

$$\left|\int_A^{A'}f(x,y)\mathrm{d}x\right|<\varepsilon.$$

那么当 $A',A\geqslant A_0$ 时,对于任意的 $y\in[c,d]$,由积分第二中值定理得

$$\begin{aligned}&\left|\int_A^{A'}f(x,y)g(x,y)\mathrm{d}x\right|\\&=\left|g(A,y)\int_A^{\xi}f(x,y)\mathrm{d}x+g(A',y)\int_{\xi}^{A'}f(x,y)\mathrm{d}x\right|\\&\leqslant|g(A,y)|\left|\int_A^{\xi}f(x,y)\mathrm{d}x\right|+|g(A',y)|\left|\int_{\xi}^{A'}f(x,y)\mathrm{d}x\right|<2L\varepsilon,\end{aligned}$$

(其中 ξ 在 A 与 A' 之间). 由定理 11.5 知 $\int_a^{+\infty}f(x,y)g(x,y)\mathrm{d}x$ 关于 $y\in[c,d]$ 一致收敛.

例 11.8(Dirichlet 判别法) 设函数 $f(x,y)$ 和 $g(x,y)$ 满足以下条件,则含参变量的反常积分 $\int_a^{+\infty}f(x,y)g(x,y)\mathrm{d}x$,关于 $y\in[c,d]$ 一致收敛.

(1) $\int_a^{A}f(x,y)\mathrm{d}x$ 一致有界,即存在正数 L,使得

$$\left|\int_a^{A}f(x,y)\mathrm{d}x\right|\leqslant L,\quad a\leqslant x<+\infty, c\leqslant y\leqslant d.$$

(2) $g(x,y)$ 关于 x 单调,即对每个固定的 $y\in[c,d]$, g 关于 x 是单调函数.

(3) 当 $x\to+\infty$ 时, $g(x,y)$ 关于 $y\in[c,d]$ 一致趋于零. 即对于任意 $\varepsilon>0$,存在与 y 无关的正数 A_0,使得当 $x\geqslant A_0$ 时,对于任意 $y\in[c,d]$, $|g(x,y)|<\varepsilon$ 成立.

例 11.9 证明 $\int_0^{+\infty}\mathrm{e}^{-ax}\dfrac{\sin x}{x}\mathrm{d}x$ 关于 $a\in[0,+\infty)$ 一致收敛.

证 因为 $\int_0^{+\infty}\dfrac{\sin x}{x}\mathrm{d}x$ 收敛,它当然关于 a 一致收敛. 显然 e^{-ax} 关于 x 单调,且

$$0\leqslant \mathrm{e}^{-ax}\leqslant 1,\quad 0\leqslant a<+\infty,\ 0\leqslant x<+\infty,$$

即 e^{-ax} 一致有界. 由 Abel 判别法知 $\int_0^{+\infty}\mathrm{e}^{-ax}\dfrac{\sin x}{x}\mathrm{d}x$ 关于 $a\in[0,+\infty)$ 一致收敛.

例 11.10　证明$\int_0^{+\infty}\frac{\sin(xy)}{x}\mathrm{d}x$关于$y$在$[a,b]$　$(0<a<b<+\infty)$上一致收敛,但在$(0,+\infty)$上不一致收敛.

证　先证明$\int_0^{+\infty}\frac{\sin xy}{x}\mathrm{d}x$关于$y$在$[a,b]$上一致收敛.由于

$$\left|\int_0^A \sin xy\,\mathrm{d}x\right|=\left|\frac{1-\cos(Ay)}{y}\right|\leqslant\frac{2}{y}\leqslant\frac{2}{a},\quad A\geqslant 0,y\in[a,b],$$

因而一致收敛.而$\frac{1}{x}$是x的单调减少函数且$\lim\limits_{x\to\infty}\frac{1}{x}=0$,由于$\frac{1}{x}$与$y$无关,因而这个极限关于$y$是一致的.于是由 Dirichlet 判别法知,$\int_0^{+\infty}\frac{\sin xy}{x}\mathrm{d}x$关于$y$在$[a,b]$上一致收敛.

再证明$\int_0^{+\infty}\frac{\sin xy}{x}\mathrm{d}x$在$(0,+\infty)$上不一致收敛.对于正整数$n$,取$y=\frac{1}{n}$,这时$\left|\int_{n\pi}^{\frac{3}{2}n\pi}\frac{\sin xy}{x}\mathrm{d}x\right|=\left|\int_{n\pi}^{\frac{3}{2}n\pi}\frac{\sin\frac{x}{n}}{x}\mathrm{d}x\right|>\frac{1}{\frac{3}{2}n\pi}\left|\int_{n\pi}^{\frac{3}{2}n\pi}\sin\frac{x}{n}\mathrm{d}x\right|=\frac{2}{3\pi}$.只要$\varepsilon_0=\frac{2}{3\pi}$,则对于任意$A_0$,总存在正整数$n$满足$n\pi>A_0$,取$y=\frac{1}{n}$,这时成立

$$\left|\int_{n\pi}^{\frac{3}{2}n\pi}\frac{\sin xy}{x}\mathrm{d}x\right|>\frac{2}{3\pi}=\varepsilon_0.$$

由 Cauchy 收敛原理知,$\int_0^{+\infty}\frac{\sin xy}{x}\mathrm{d}x$在$(0,+\infty)$上不一致收敛.

对于含参变量瑕积分,同样有一致收敛的概念及一致收敛的判别法.

设二元函数$f(x,y)$定义在$[a,b)\times[c,d]$上,当$y\in[c,d]$时,有$\lim\limits_{x\to b^-}f(x,y)=\infty$,我们就称$x=b$是二元函数的无界点.$f(x,y)$若对某个$y_0\in[c,d]$,以$b$为奇点的反常积分$\int_a^b f(x,y_0)\mathrm{d}x$收敛,则称含参变量无界积分$\int_a^b f(x,y)\mathrm{d}x$在$y_0$处收敛,并称$y_0$为它的收敛点.记$H$为所有收敛点组成的点集,则$H$就是函数

$$J(y)=\int_a^b f(x,y)\mathrm{d}x$$

的定义域,也称为$\int_a^b f(x,y)\mathrm{d}x$的收敛域.

定义 11.3　设二元函数$f(x,y)$定义在$[a,b)\times[c,d]$上,且对任意的$y\in[c,d]$,以b为奇点的反常积分$\int_a^b f(x,y)\mathrm{d}x$存在.如果对于任意给定的$\varepsilon>0$,存在与$y$无关的$\delta>0$,使得当$\eta<\delta$时,对所有$y\in[c,d]$,成立$\left|\int_{b-\eta}^b f(x,y)\mathrm{d}x\right|<\varepsilon$,则称

$\int_a^b f(x,y)\mathrm{d}x$ 关于 y 在 $[c,d]$ 上一致收敛.

定理 11.7(Cauchy 收敛原理) 含参变量反常积分 $\int_a^b f(x,y)\mathrm{d}x$ 关于 y 在 $[c,d]$ 上一致收敛的充要条件为:对于任意给定的 $\varepsilon>0$,存在与 y 无关的正数 b_0,使得当 $b_1,b_2>b_0$ 且 $b_1,b_2\in[b_0,b)$ 时,有 $\left|\int_{b_1}^{b_2} f(x,y)\mathrm{d}x\right|<\varepsilon, y\in[c,d]$,成立.

证明略.

由 Cauchy 收敛原理立即得知,若存在 $\varepsilon_0>0$,对于任意的 $b_0\in[a,b)$,总存在 $b_1,b_2>b_0$ 及 $y\in[c,d]$,满足 $\left|\int_{b_1}^{b_2} f(x,y)\mathrm{d}x\right|\geqslant\varepsilon_0$,那么 $\int_a^b f(x,y)\mathrm{d}x$ 关于 y 在 $[c,d]$ 上非一致收敛.

对于含参变量积分一致收敛性判别法,读者可以参照含参变量无穷区间上积分一致收敛判别法的论述,这里不再叙述.

11.2.2 含参变量反常积分的性质

在一致收敛的条件下,含参变量的反常积分也同样具有连续、求导与求积分可交换顺序以及求积分可交换顺序等性质,现叙述如下.

定理 11.8(连续性定理) 设 $f(x,y)$ 在 $[a,+\infty)\times[c,d]$ 上连续,$\int_a^{+\infty} f(x,y)\mathrm{d}x$ 关于 y 在 $[c,d]$ 上一致收敛,则函数 $I(y)=\int_a^{+\infty} f(x,y)\mathrm{d}x$ 在 $[c,d]$ 上连续,即

$$\lim_{y\to y_0}\int_a^{+\infty} f(x,y)\mathrm{d}x=\int_a^{+\infty}\lim_{y\to y_0}f(x,y)\mathrm{d}x,\quad y_0\in[c,d],$$

就是说极限运算与积分运算可以交换.

定理 11.9(积分次序交换定理) 设 $f(x,y)$ 在 $[a,+\infty)\times[c,d]$ 上连续,$\int_a^{+\infty} f(x,y)\mathrm{d}x$ 关于 $y\in[c,d]$ 上一致收敛,则 $\int_c^d\mathrm{d}y\int_a^{+\infty} f(x,y)\mathrm{d}x=\int_a^{+\infty}\mathrm{d}x\int_c^d f(x,y)\mathrm{d}y$,即积分次序可交换.

当 $[c,d]$ 也改为无穷区间 $[c,+\infty)$ 时,本定理的条件就不足以保证积分次序可以交换,但有下面的结论:

定理 11.9′ 设 $f(x,y)$ 在 $[a,+\infty)\times[c,d]$ 上连续,且 $\int_a^{+\infty} f(x,y)\mathrm{d}x$ 关于 y 在 $[c,C]$ 上一致收敛 $(c<C<+\infty)$,$\int_c^{+\infty} f(x,y)\mathrm{d}y$ 关于 $x\in[a,A]$ 一致收敛 $(a<A<+\infty)$. 进一步假设 $\int_a^{+\infty}\mathrm{d}x\int_c^{+\infty}|f(x,y)|\mathrm{d}y$ 和 $\int_c^{+\infty}\mathrm{d}y\int_a^{+\infty}|f(x,y)|\mathrm{d}x$ 有一个存

在，那么

$$\int_c^{+\infty} \mathrm{d}y \int_a^{+\infty} f(x,y)\mathrm{d}x = \int_a^{+\infty} \mathrm{d}x \int_c^{+\infty} f(x,y)\mathrm{d}y .$$

定理 11.10(积分号下求导定理)　设 $f(x,y)$，$f_y(x,y)$都在$[a,+\infty)\times[c,d]$上连续，且$\int_a^{+\infty} f(x,y)\mathrm{d}x$ 关于 $y\in[c,d]$收敛，$\int_a^{+\infty} f_y(x,y)\mathrm{d}x$ 关于一致 $y\in[c,\mathrm{d}]$收敛. 则 $I(y)=\int_a^{+\infty} f(x,y)\mathrm{d}x$ 在$[c,d]$上可微，并且在$[c,d]$上成立 $I'(y)=\int_a^{+\infty} \frac{\partial f(x,y)}{\partial y}\mathrm{d}x$，即

$$\frac{\mathrm{d}}{\mathrm{d}y}\int_a^{+\infty} f(x,y)\mathrm{d}x = \int_a^{+\infty} \frac{\partial f(x,y)}{\partial y}\mathrm{d}x,$$

就是说求导运算与积分运算可交换.

例 11.11　确定函数 $I(\alpha)=\int_0^{+\infty} \frac{\ln(1+x^3)}{x^\alpha}\mathrm{d}x$ 的连续范围.

解　注意到 $x=0$ 可能为奇点，将积分写为

$$I(\alpha)=\int_0^1 \frac{\ln(1+x^3)}{x^\alpha}\mathrm{d}x+\int_1^{+\infty} \frac{\ln(1+x^3)}{x^\alpha}\mathrm{d}x = I_1(\alpha)+I_2(\alpha).$$

因为当 $x\to0^+$ 时$\frac{\ln(1+x^3)}{x^\alpha}\cdot\frac{1}{x^{\alpha-3}}$，所以只有当 $\alpha-3<1$ 即 $\alpha<4$ 时，$I_1(\alpha)$才收敛；而显然只有当 $\alpha>1$ 时 $I_2(\alpha)$才收敛，所以 $I(\alpha)$的定义域为$(1,4)$.

我们现在说明 $I(\alpha)$在其定义域$(1,4)$上连续，为此只要说明在任意闭区间$[a,b]\subset(1,4)$上 $I(\alpha)$连续即可.

对任意闭区间$[a,b]\subset(1,4)$，由于

$$\left|\frac{\ln(1+x^3)}{x^\alpha}\right| = \frac{\ln(1+x^3)}{x^\alpha} \leqslant \frac{\ln(1+x^3)}{x^b},$$

$$0<x\leqslant1, a\leqslant\alpha\leqslant b<4,$$

且$\int_0^1 \frac{\ln(1+x^3)}{x^b}\mathrm{d}x$ 收敛，因此由 Weierstrass 判别法，$I_1(\alpha)=\int_0^1 \frac{\ln(1+x^3)}{x^\alpha}\mathrm{d}x$ 关于 $\alpha\in[a,b]$ 一致收敛，因此由被积函数$\frac{\ln(1+x^3)}{x^\alpha}$ 在$(0,1]\times[a,b]$上的连续性知，$I_1(\alpha)$ 在$[a,b]$上连续. 由于

$$\left|\frac{\ln(1+x^3)}{x^\alpha}\right| = \frac{\ln(1+x^3)}{x^\alpha} \leqslant \frac{\ln(1+x^3)}{x^a},$$

$$1\leqslant x<+\infty, 1<a\leqslant\alpha\leqslant b,$$

且$\int_0^1 \frac{\ln(1+x^3)}{x^a}\mathrm{d}x$ 收敛，由 Weierstrass 判别法，$\int_1^{+\infty} \frac{\ln(1+x^3)}{x^\alpha}\mathrm{d}x$ 关于$\alpha\in[a,b]$

一致收敛,因此由被积函数$\dfrac{\ln(1+x^3)}{x^\alpha}$在$[1,+\infty)\times[a,b]$上的连续性知,$I_2(\alpha)$在$[a,b]$上连续.

综上所述,$I(\alpha)=I_1(\alpha)+I_2(\alpha)$在其定义域$(1,4)$上连续.

例 11.12　求 Dirichlet 积分 $I=\int_0^{+\infty}\dfrac{\sin x}{x}\mathrm{d}x$.

解　引入一个因子 $\mathrm{e}^{-\alpha x}$ 到被积函数,而考虑积分

$$I(\alpha)=\int_0^{+\infty}\mathrm{e}^{-\alpha x}\frac{\sin x}{x}\mathrm{d}x,\quad \alpha\geqslant 0,$$

这是含参变量 α 的积分.有了因子 $\mathrm{e}^{-\alpha x}$,能保持积分有一致收敛性,这时 $I=I(0)$.

记
$$f(x,\alpha)=\begin{cases}1, & x=0,\\ \mathrm{e}^{-\alpha x}\dfrac{\sin x}{x}, & x\neq 0.\end{cases}$$

那么 $f_\alpha(x,\alpha)=-\mathrm{e}^{-\alpha x}\sin x$,并且 $f(x,\alpha)$,$f_\alpha(x,\alpha)$是 $0\leqslant x<+\infty$,$0\leqslant\alpha<+\infty$上的连续函数,又

$$\int_0^{+\infty}\mathrm{e}^{-\alpha x}\frac{\sin x}{x}\mathrm{d}x,$$

由例 11.9 知道关于 $\alpha\geqslant 0$ 为一致收敛,所以 $I(\alpha)$是$[0,+\infty)$上的连续函数,从而

$$I=I(0)=\lim_{\alpha\to 0}I(\alpha).$$

下面来求 $I(\alpha)$.为此考虑 $I'(\alpha)(\alpha>0)$,因为

$$\int_0^{+\infty}f_\alpha(x,\alpha)\mathrm{d}x=-\int_0^{+\infty}\mathrm{e}^{-\alpha x}\sin x\mathrm{d}x,$$

这个积分关于 α 在任何区间$[\varepsilon,+\infty)(\varepsilon>0)$上一致收敛,这是因为 $|\mathrm{e}^{-\alpha x}\sin x|\leqslant \mathrm{e}^{-\varepsilon x}$,而$\int_0^{+\infty}\mathrm{e}^{-\varepsilon x}\mathrm{d}x$ 收敛.由积分号下求导的定理,得到在$(\varepsilon,+\infty)$内成立

$$I'(\alpha)=\int_0^{+\infty}-\mathrm{e}^{-\alpha x}\sin x\mathrm{d}x=\frac{\mathrm{e}^{-\alpha x}(\alpha\sin x+\cos x)}{1+\alpha^2}\bigg|_{x=0}^{x=+\infty}=-\frac{1}{1+\alpha^2}.$$

但对任何 $\alpha>0$,常可取到$[\varepsilon,+\infty)$含有 α.因此 $I'(\alpha)$存在,也就是

$$I'(\alpha)=-\frac{1}{1+\alpha^2}$$

对 $\alpha>0$ 成立.所以当 $\alpha>0$ 时,

$$I(\alpha)=-\arctan\alpha+C.$$

另一方面

$$|I(\alpha)|=\left|\int_0^{+\infty}\mathrm{e}^{-\alpha x}\frac{\sin x}{x}\mathrm{d}x\right|\leqslant\int_0^{+\infty}\mathrm{e}^{-\alpha x}\mathrm{d}x=\frac{1}{\alpha},$$

当 $\alpha\to+\infty$时,$I(\alpha)\to 0$. 因此得到

$$0=-\frac{\pi}{2}+C,$$

即

$$C=\frac{\pi}{2},$$

所以 $I=I(0)=\lim\limits_{\alpha\to 0}I(\alpha)=\lim\limits_{\alpha\to 0}\left(-\arctan\alpha+\frac{\pi}{2}\right)=\frac{\pi}{2}$.

例 11.13　计算 $I(x)=\int_0^{+\infty}\mathrm{e}^{-t^2}\cos 2xt\,\mathrm{d}t$.

解　记 $f(x,t)=\mathrm{e}^{-t^2}\cos 2xt$，则 $f_x(x,t)=-2t\mathrm{e}^{-t^2}\sin 2xt$，这时有

$$|f_x(x,t)|=|-2t\mathrm{e}^{-t^2}\sin 2xt|\leqslant 2t\mathrm{e}^{-t^2},$$

$$-\infty<x<+\infty,0\leqslant t<+\infty,$$

而反常积分 $\int_0^{+\infty}t\mathrm{e}^{-t^2}\mathrm{d}t$ 收敛，由 Weierstrass 判别法知

$$\int_0^{+\infty}f_x(x,t)\mathrm{d}t=-2\int_0^{+\infty}t\mathrm{e}^{-t^2}\sin 2xt\,\mathrm{d}t$$

关于 $-\infty<x<+\infty$ 一致收敛. 应用积分号下求导定理，得

$$I'(x)=-2\int_0^{+\infty}t\mathrm{e}^{-t^2}\sin 2xt\,\mathrm{d}t=\mathrm{e}^{-t^2}\sin 2xt\Big|_0^{+\infty}-2x\int_0^{+\infty}\mathrm{e}^{-t^2}\cos 2xt\,\mathrm{d}t$$
$$=-2xI(x)$$

将这个式子写成

$$\frac{I'(x)}{I(x)}=-2x,$$

再积分得 $I(x)=C\mathrm{e}^{-x^2}$，由于 $I(0)=\int_0^{+\infty}\mathrm{e}^{-t^2}\mathrm{d}t=\frac{\sqrt{\pi}}{2}$，因此 $C=\frac{\sqrt{\pi}}{2}$，于是

$$I(x)=\frac{\sqrt{\pi}}{2}\mathrm{e}^{-x^2}\quad(-\infty<x<+\infty).$$

例 11.14　计算 $I=\int_0^{+\infty}\frac{\cos ax-\cos bx}{x^2}\mathrm{d}x\quad(b>a>0)$.

解　利用积分交换次序的方法，由于

$$\frac{\cos ax-\cos bx}{x}=\int_a^b\sin xy\,\mathrm{d}y,$$

所以

$$I=\int_0^{+\infty}\mathrm{d}x\int_a^b\frac{\sin xy}{x}\mathrm{d}y,$$

由于含参变量反常积分 $\int_0^{+\infty}\frac{\sin xy}{x}\mathrm{d}x$ 在 $y\in[a,b]$ 上一致收敛，于是

$$I=\int_0^{+\infty}\mathrm{d}x\int_a^b\frac{\sin xy}{x}\mathrm{d}y=\int_a^b\mathrm{d}y\int_0^{+\infty}\frac{\sin xy}{x}\mathrm{d}x$$

$$= \int_a^b \frac{\pi}{2} \mathrm{d}y = \frac{\pi}{2}(b-a).$$

习题 11.2

1. 讨论下列含参变量反常积分在指定区间内的一致收敛性.

(1) $\int_0^{+\infty} e^{-ax} \sin x \mathrm{d}x \quad (0 < a_0 \leqslant a < +\infty)$;

(2) $\int_0^{+\infty} \frac{\cos xy}{x^2 + y^2} \mathrm{d}x \quad (y \geqslant a > 0)$;

(3) $\int_{-\infty}^{+\infty} e^{-(x-\alpha)^2} \mathrm{d}x \quad (a < \alpha < b$;

(4) $\int_0^1 \frac{1}{x^a} \sin \frac{1}{x} \mathrm{d}x \quad (0 < a < 2)$.

2. 证明函数 $I(t) = \int_0^{+\infty} \frac{\cos x}{1 + (x+t)^2} \mathrm{d}x$ 在 $(-\infty, +\infty)$ 上可微.

3. 利用 $\frac{e^{-ax} - e^{-bx}}{x} = \int_a^b e^{-xy} \mathrm{d}y$,计算 $\int_0^{+\infty} \frac{e^{-ax} - e^{-bx}}{x} \mathrm{d}x \quad (a > 0, b > 0)$.

4. 利用 $\int_0^{+\infty} \frac{\mathrm{d}x}{a + x^2} = \frac{\pi}{2\sqrt{a}} \ (a > 0)$,计算 $I_n = \int_0^{+\infty} \frac{\mathrm{d}x}{(a + x^2)^{n+1}}$($n$ 为正整数).

5. 计算 $g(a) = \int_1^{+\infty} \frac{\arctan ax}{x^2 \sqrt{x^2 - 1}} \mathrm{d}x$.

总习题 11

1. 计算下列反常积分.

(1) $\int_0^{\frac{\pi}{2}} \ln \sin x \mathrm{d}x$;　　(2) $\int_0^{+\infty} \frac{\mathrm{d}x}{(1+x^2)(1+x^a)} \quad (a \geqslant 0)$.

2. 求下列函数的导数.

(1) $\varphi(y) = \int_y^{y^2} e^{-xy^2} \mathrm{d}x$;

(2) $F(y) = \int_a^b f(x) |y - x| \mathrm{d}x \ (a < b)$,其中 $f(x)$ 为可微函数,求 $F''(y)$.

3. 利用交换积分顺序的方法计算积分 $\int_0^{\frac{\pi}{2}} \ln \frac{1 + a\cos x}{1 - a\cos x} \cdot \frac{\mathrm{d}x}{\cos x} \quad (|a| < 1)$.

4. 设 $f(x)$ 在 $[0,1]$ 上连续,且 $f(x) > 0$,研究函数 $I(y) = \int_0^1 \frac{y f(x)}{x^2 + y^2} \mathrm{d}x$ 的连续性.

5. 判定下列反常积分的收敛性.

(1) $\int_2^{+\infty} \frac{\cos x}{\ln x} \mathrm{d}x$；　(2) $\int_0^{+\infty} \frac{\mathrm{d}x}{\sqrt[3]{x^2(x-1)(x-2)}}$.

6. 讨论下列含参变量反常积分的一致收敛性.

(1) $\int_0^1 x^{p-1} \ln^2 x \mathrm{d}x$，在(ⅰ) $p \geqslant p_0 > 0$，(ⅱ) $p > 0$；

(2) $\int_0^{+\infty} x \sin x^4 \cos ax \mathrm{d}x \quad (0 \leqslant a \leqslant b)$；

(3) $\int_1^{+\infty} \frac{y \sin xy}{x(1+y^2)} \mathrm{d}y \quad [x \in (0,1)]$.

7. 利用 $\frac{\sin bx - \sin ax}{x} = \int_a^b \cos xy \mathrm{d}y$，计算 $\int_0^{+\infty} \mathrm{e}^{-px} \frac{\sin bx - \sin ax}{x} \mathrm{d}x (p > 0, b > a > 0)$.

8. (1) 利用 $\int_0^{+\infty} \mathrm{e}^{-y^2} \mathrm{d}y = \frac{\sqrt{\pi}}{2}$，推出 $L(c) = \int_0^{+\infty} \mathrm{e}^{-y^2 - \frac{c^2}{y^2}} \mathrm{d}y = \frac{\sqrt{\pi}}{2} \mathrm{e}^{-2c}$；

(2) 利用积分号下求导的方法引出 $\frac{\mathrm{d}L}{\mathrm{d}c} = -2L$，以此推出与(1)同样的结果，并求出 $\int_0^{+\infty} \mathrm{e}^{-ay^2 - \frac{b}{y^2}} \mathrm{d}y (a > 0, b > 0)$ 之值.

第12章　第一型曲线积分和曲面积分

到目前为止,我们已经利用定积分、重积分为工具解决了一类求面积、体积、不均匀物体的质量等问题。在实际中还有许多类似的问题:例如空间中不均匀曲线和曲面的质量、质心及转动惯量等问题,为解决这些问题,我们需要进一步推广积分的概念。为此,在本章中,我们引进第一型曲线积分和第一型曲面积分的定义,介绍其性质并重点讨论它们的计算方法.

12.1　第一型曲线积分

12.1.1　第一型曲线积分的定义与性质

考虑一个实际问题:设有一空间光滑曲线段 C,其上的密度分布为 $\rho(x,y,z)$,$(x,y,z,)\in C$,并设 ρ 在 C 上连续,求这个不均匀曲线段的质量 m_c.

如果曲线的密度为常量,那么曲线 C 的质量等于其长度乘以密度,现在密度分布不均匀,即每一点的密度随位置的变化而变化,故不能直接用上述方法来计算,为了克服这个困难,我们先把曲线段 C 任意地分成 n 个小弧段,取其中的一小段记为 $M_{i-1}M_i(i=1,2,3,\cdots,n)$,其长度记为 Δs_i,由于 ρ 在 C 上连续,当 Δs_i 很小时,可以近似认为 ρ 在 $M_{i-1}M_i$ 上不变,从而得到这小段曲线的质量的近似值为

$$\rho(\xi_i,\eta_i,\zeta_i)\Delta s_i,\quad (\forall(\xi_i,\eta_i,\zeta_i)\in C).$$

于是整个曲线段 C 的质量

$$m_c\approx\sum_{i=1}^{n}\rho(\xi_i,\eta_i,\zeta_i)\Delta s_i\,.$$

若令 $\lambda=\max\limits_{1\leqslant i\leqslant n}\{\Delta s_i\}$,则

$$m_c=\lim_{\lambda\to 0}\sum_{i=1}^{n}\rho(\xi_i,\eta_i,\zeta_i)\Delta s_i\,.$$

上述求 m_c 的过程可以归纳为三个步骤:分割→近似求和→取极限,这种和的极限在研究其他问题时经常遇到.

定义12.1(第一型曲线积分)　设 Γ 为空间一光滑曲线段,函数 $f(x,y,z)$ 在

其上有界，在 Γ 上任意插入 $n-1$ 个分点，$M_1,M_2,\cdots,M_{n-1}$ 将 Γ 分成 n 个小弧段，设第 i 个小弧段的长度为 Δs_i，并在第 i 个小弧段上任取一点 (ξ_i,η_i,ζ_i)，作和式 $\sum\limits_{i=1}^{n} f(\xi_i,\eta_i,\zeta_i)\Delta s_i$，记 $\lambda=\max\limits_{1\leqslant i\leqslant n}\{\Delta s_i\}$，若 $\lim\limits_{\lambda\to 0}\sum\limits_{i=1}^{n} f(\xi_i,\eta_i,\zeta_i)\Delta s_i$ 存在，则称此极限值为 $f(x,y,z)$ 沿曲线 Γ 的第一型曲线积分（或对弧长的曲线积分），记作 $\int_\Gamma f(x,y,z)\mathrm{d}s$，即 $\int_\Gamma f(x,y,z)\mathrm{d}s=\lim\limits_{\lambda\to 0} f(\xi_i,\eta_i,\zeta_i)\Delta s_i$．其中 $f(x,y,z)$ 称为被积函数，Γ 为积分路径.

根据这个定义，前述曲线段 C 的质量就等于密度函数 $\rho(x,y,z)$ 对弧长的曲线积分，即

$$m_c=\int_c \rho(x,y,z)\mathrm{d}s.$$

由第一型曲线积分的定义，立即可以得到光滑曲线段 C 的弧长 $I_c=\int_c \mathrm{d}s$. 而且第一型曲线积分与积分路径的方向无关，即 $\int_{\Gamma^+} f\mathrm{d}s=\int_{\Gamma^-} f\mathrm{d}s$. 通常将 $f(x,y,z)$ 沿闭曲线 Γ 的第一型曲线积分记为 $\oint_\Gamma f(x,y,z)\mathrm{d}s$.

二元函数 $f(x,y)$ 沿平面曲线 L 的第一型曲线积分也可以类似地定义为

$$\int_L f(x,y)\mathrm{d}s=\lim_{\lambda\to 0}\sum_{i=1}^{n} f(\xi_i,\eta_i)\Delta s_i.$$

特别地，当 Γ 退化为坐标轴上的一线段时（即为一闭区间），第一型曲线积分变为一个定积分，于此，第一型曲线积分是定积分概念的一个自然推广.

第一型曲线积分有类似于定积分的性质：

(1)线性性质：设 f 和 g 沿曲线 Γ 的第一型曲线积分存在，k,l 是任意实数，则 $kf+lg$ 沿 Γ 的第一型曲线积分存在，且 $\int_\Gamma (kf+lg)\mathrm{d}s=k\int_\Gamma f\mathrm{d}s+l\int_\Gamma g\mathrm{d}s$.

(2)积分路径的可加性：设 $f(x,y,z)$ 沿 Γ 的第一型曲线积分存在，而 Γ 可以划分为曲线 Γ_1 和 Γ_2，则 f 在 Γ_1 和 Γ_2 上的第一型曲线积分存在；反之，若 f 在 Γ_1 和 Γ_2 上的第一型曲线积分存在，那么 f 在 Γ 上的第一型曲线积分存在，且 $\int_\Gamma f\mathrm{d}s=\int_{\Gamma_1} f\mathrm{d}s+\int_{\Gamma_2} f\mathrm{d}s$.

(3)不等式性质：设 $\int_\Gamma f\mathrm{d}s$，$\int_\Gamma g\mathrm{d}s$ 存在，若在 Γ 上有 $f\leqslant g$，则 $\int_\Gamma f\mathrm{d}s\leqslant\int_\Gamma g\mathrm{d}s$.

特别地， $\left|\int_{\Gamma} f\,\mathrm{d}s\right| \leqslant \int_{\Gamma} |f|\,\mathrm{d}s.$

12.1.2 第一型曲线积分的计算

定理 12.1 设有一简单光滑空间曲线 Γ,其参数方程为

$$x = x(t), y = y(t), z = z(t) \quad (\alpha \leqslant t \leqslant \beta).$$

若函数 $f(x,y,z)$在 Γ 上连续,则

$$\int_{\Gamma} f(x,y,z)\,\mathrm{d}s = \int_{\alpha}^{\beta} f(x(t),y(t),z(t))\sqrt{x'^2(t)+y'^2(t)+z'^2(t)}\,\mathrm{d}t.$$

证 把区间$[\alpha,\beta]$任意划分:$\alpha=t_0<t_1<t_2<\cdots<t_n=\beta$,曲线 Γ 相应地被分割成 n 个小弧段,设$[t_{i-1},t_i]$对应的小弧段为 Δs_i,其弧长为 Δs_i. 由弧长的计算公式可知

$$\Delta s_i = \int_{t_{i-1}}^{t_i} \sqrt{x'^2(t)+y'^2(t)+z'^2(t)}\,\mathrm{d}t.$$

由于曲线 Γ 光滑,故被积函数 $\sqrt{x'^2(t)+y'^2(t)+z'^2(t)}$ 连续,应用积分中值定理,得

$$\Delta s_i = \sqrt{x'^2(\tau_i)+y'^2(\tau_i)+z'^2(\tau_i)}\,\Delta t_i \quad (t_{i-1} \leqslant \tau_i \leqslant t_i).$$

令 $$x(\tau_i)=\xi_i, y(\tau_i)=\eta_i, z(\tau_i)=\zeta_i,$$

显然,点 $P_i(\xi_i,\eta_i,\zeta_i)$应位于小弧段 Δs_i 上,作和式

$$\sum_{i=1}^{n} f(\xi_i,\eta_i,\zeta_i)\Delta s_i = \sum_{i=1}^{n} f(x(\tau_i),y(\tau_i),z(\tau_i))\cdot\sqrt{x'^2(\tau_i)+y'^2(\tau_i)+z'^2(\tau_i)}\,\Delta t_i.$$

由于被积函数 f 在积分路径 Γ 上连续,故第一型曲线积分 $\int_{\Gamma} f(x,y,z)\,\mathrm{d}s$ 存在,即无论对 Γ 如何划分,无论 P_i 点在 Γ 上如何选取,当 $\Delta s_i\ (i=1,2,\cdots,n)$ 的直径最大值 $\lambda\to 0$ 时,$\sum_{i=1}^{n} f(\xi_i,\eta_i,\zeta_i)\Delta s_i$ 都趋于同一个值. 因而对用 $x(\tau_i)=\xi_i, y(\tau_i)=\eta_i$, $z(\tau_i)=\zeta_i$ 中特别选取的点 P_i,也必有$\int_{\Gamma} f(x,y,z)\,\mathrm{d}s = \lim_{\lambda\to 0}\sum_{i=1}^{n} f(\xi_i,\eta_i,\zeta_i)\Delta s_i$.

另一方面,由于 $f(x(t),y(t),z(t))\sqrt{x'^2(t)+y'^2(t)+z'^2(t)}$ 在区间$[\alpha,\beta]$上连续,由定积分定义和存在定理可知

$$\begin{aligned}&\lim_{\lambda\to 0}\sum_{i=1}^{n} f(x(\tau_i),y(\tau_i),z(\tau_i))\sqrt{x'^2(\tau_i)+y'^2(\tau_i)+z'^2(\tau_i)}\,\Delta t_i\\ &\quad = \int_{\alpha}^{\beta} f(x(t),y(t),z(t))\sqrt{x'^2(t)+y'^2(t)+z'^2(t)}\,\mathrm{d}t\end{aligned}$$

所以公式 $\int_\Gamma f(x,y,z)\mathrm{d}s = \int_\alpha^\beta f[x(t),y(t),z(t)]\sqrt{x'^2(t)+y'^2(t)+z'^2(t)}\,\mathrm{d}t$ 成立.

此公式说明,在计算第一型曲线积分时,可以把弧长微元 $\mathrm{d}s$ 看作是弧微分,把弧微分公式与路径 Γ 的参数方程代入被积表达式,然后去计算所得的定积分即可. 由于弧长 Δs_i 总是正的,所以定积分的下限必须小于上限.

当曲线 Γ 退化为平面曲线 L 时,读者完全可以自行写出相应的计算公式.

例 12.1　计算 $I=\int_L \mathrm{e}^{\sqrt{x^2+y^2}}\mathrm{d}s$,其中 L 为圆周 $x^2+y^2=a^2$,直线 $y=x$ 及 x 轴在第一象限所围图形的边界(图 12.1).

解　由于 $I=\int_{\overline{OA}}\mathrm{e}^{\sqrt{x^2+y^2}}\mathrm{d}s+\int_{\widehat{AB}}\mathrm{e}^{\sqrt{x^2+y^2}}\mathrm{d}s+\int_{\overline{OB}}\mathrm{e}^{\sqrt{x^2+y^2}}\mathrm{d}s$,

而线段$\overline{OA}$的方程为 $y=x,0\leqslant x\leqslant a/\sqrt{2}$,所以

$$\int_{\overline{OA}}\mathrm{e}^{\sqrt{x^2+y^2}}\mathrm{d}s=\int_0^{a/\sqrt{2}}\sqrt{2}\,\mathrm{e}^{\sqrt{2}x}\mathrm{d}x=\mathrm{e}^a-1.$$

圆弧$\widehat{AB}$的参数方程为 $x=a\cos\theta,y=a\sin\theta,0\leqslant\theta\leqslant\frac{\pi}{4}$,所以

$$\int_{\widehat{AB}}\mathrm{e}^{\sqrt{x^2+y^2}}\mathrm{d}s=\int_0^{\frac{\pi}{4}}\mathrm{e}^a a\,\mathrm{d}\theta=\frac{\pi}{4}a\mathrm{e}^a.$$

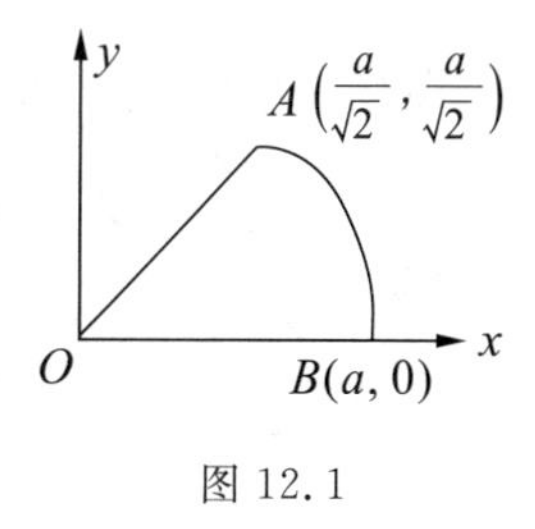

图 12.1

线段$\overline{OB}$的方程为 $y=0,0\leqslant x\leqslant a$,所以

$$\int_{\overline{OB}}\mathrm{e}^{\sqrt{x^2+y^2}}\mathrm{d}s=\int_0^a\mathrm{e}^x\mathrm{d}x=\mathrm{e}^a-1.$$

因此
$$I=2(\mathrm{e}^a-1)+\frac{\pi}{4}a\mathrm{e}^a.$$

例 12.2　计算 $I=\int_\Gamma(x^2+y^2+z^2)\mathrm{d}s$,其中曲线 Γ 为螺旋线 $x=a\cos\theta,y=a\sin\theta,z=k\theta$ 上相应于 $0\leqslant\theta\leqslant 2\pi$ 的一段弧.

解　由积分公式易得

$$I=\int_0^{2\pi}(a^2+k^2\theta^2)\sqrt{a^2+k^2}\,\mathrm{d}\theta=\frac{2}{3}\pi\sqrt{a^2+k^2}(3a^2+4\pi^2k^2).$$

由第一型曲线积分 $\int_\Gamma f\mathrm{d}s$ 的定义可知,当曲线 Γ 或被积函数二者具有对称性时,曲线积分可进行简化计算:

当 Γ 可划分成对称的两个部分 Γ_1 和 Γ_2,在对称点上 $f(P)$的大小相等,符号

相反,则 $f(P)$ 沿 Γ_1 和 Γ_2 的积分抵销,于是 $\int_{\Gamma} f\mathrm{d}s = 0$;若对称点的函数值相等,则

$$\int_{\Gamma} f(x,y,z)\mathrm{d}s = 2\int_{\Gamma_1} f(x,y,z)\mathrm{d}s.$$

试看一例:

例 12.3 设曲线 $L:\frac{x^2}{4}+y^2=1$ 的周长为 l,试求 $I=\oint_L (x+2y)^2\mathrm{d}s$.

解 由对称性有:$\oint_L xy\mathrm{d}s = 0$,

所以 $I=\oint_L (x^2+4xy+4y^2)\mathrm{d}s = 4\int_L (\frac{x^2}{4}+y^2)\mathrm{d}s = 4\int_L \mathrm{d}s = 4l.$

例 12.4(柱面的侧面积) 设椭圆柱面 $\frac{x^2}{5}+\frac{y^2}{9}=1$ 被平面 $z=y$ 与 $z=0$ 所截,求位于第一、二卦限内部分的侧面积 A.

解 此椭圆柱面的准线是 xOy 平面上的半个椭圆 $L:\frac{x^2}{5}+\frac{y^2}{9}=1\quad(y\geqslant 0)$.对曲线 L 进行划分,运用积分的微元法,在弧微元 $\mathrm{d}s$ 上的一小片柱面面积可近似地看作是以 $\mathrm{d}s$ 为底,以截线 L 上点 M 的竖坐标 $z=y$ 为高的长方形面积,从而得侧面积微元 $\mathrm{d}A = y\mathrm{d}s$,于是所求侧面积为 $A=\int_L y\mathrm{d}s$. 把 L 的方程化成参数方程:

$$x=\sqrt{5}\cos\theta, y=3\sin\theta\quad(0\leqslant\theta\leqslant\pi),$$

所以

$$A=\int_L y\mathrm{d}s = \int_0^{\pi} 3\sin\theta\sqrt{5\sin^2\theta+9\cos^2\theta}\,\mathrm{d}\theta$$

$$=-3\int_0^{\pi}\sqrt{5+4\cos^2\theta}\,\mathrm{d}(\cos\theta) = 9+\frac{15}{4}\ln 5.$$

例 12.5 设有一半圆形的金属丝,质量均匀分布,求它的质心和对直径的转动惯量.

解 选取坐标系如图 12.2 所示. 设圆半径为 R,金丝线线密度为 μ,由对称性可知质心的横坐标 $\bar{x}=0$. 任意划分半圆弧 L,易见,弧微元 $\mathrm{d}s$ 所对应的对 x 轴的静矩微元 $\mathrm{d}M_x = y\mathrm{d}m = \mu y\mathrm{d}s$.

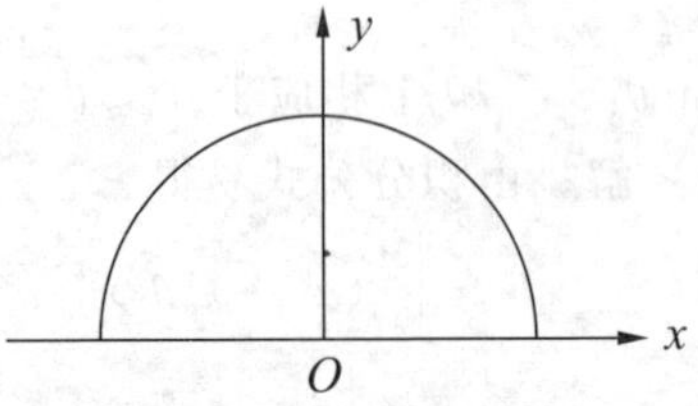

图 12.2

从而

$$M_x = \int_L \mu y\mathrm{d}s.$$

L 以极角 θ 为参数的参数方程为

$$x = R\cos\theta, y = R\sin\theta \quad (0 \leqslant \theta \leqslant \pi),$$

于是
$$M_x = \mu\int_L R^2\sin\theta\mathrm{d}\theta = 2\mu R^2.$$

半圆质量显然为 $m=\mu\pi R$，所以质心的纵坐标为

$$\bar{y}=\frac{M_x}{m}=\frac{2\mu R^2}{\pi\mu R}=\frac{2R}{\pi}.$$

$\mathrm{d}s$ 对直径(即 x 轴)的转动惯量，即转动惯量微元为

$$\mathrm{d}I_x = y^2\mathrm{d}m = \mu y^2\mathrm{d}s,$$

从而金属丝对其直径的转动惯量为

$$I_x = \mu\int_L y^2\mathrm{d}s = \mu\int_0^{\pi} R^2 \sin^2\theta\mathrm{d}\theta = \frac{\mu\pi R^3}{2} = \frac{mR^2}{2}.$$

其中 $m=\mu\pi R$ 是金属丝的质量.

习题 12.1

1. 求下列第一型曲线积分.

(1) $\int_L (x+y)\mathrm{d}s$，其中 L 是以 $O(0,0)$，$A(1,0)$，$B(0,1)$ 为顶点的三角形；

(2) $\oint_L \sqrt{x^2+y^2}\mathrm{d}s$，$L$ 为圆周 $x^2+y^2=ax\ (a>0)$；

(3) $\int_L y\mathrm{d}s$，L 为抛物线 $y^2=2x$ 上从点 $(0,0)$ 到点 $(2,2)$ 的一段弧；

(4) $\int_L |y|\mathrm{d}s$，其中 L 为球面 $x^2+y^2+z^2=2$ 与平面 $x=y$ 的交线；

(5) $\int_\Gamma z\mathrm{d}s$，Γ 为圆锥螺线 $x=t\cos t, y=t\sin t, z=t\ (0\leqslant t\leqslant t_0)$；

(6) $\int_\Gamma x^2\mathrm{d}s$，$\Gamma$ 为圆周 $\begin{cases} x^2+y^2+z^2=4, \\ z=\sqrt{3}. \end{cases}$

(7) 计算第一型曲线积分 $\oint_L xy\mathrm{d}s$，其中 L：$\begin{cases} x^2+y^2+z^2=a^2, \\ x+y+z=0. \end{cases}$

2. 试导出用极坐标方程 $\rho=\rho(\theta)\ (\alpha\leqslant\theta\leqslant\beta)$ 表示的曲线 L 的曲线积分计算公式：

$$\int_L f(x,y)\mathrm{d}s = \int_\alpha^\beta f[\rho(\theta)\cos\theta,\rho(\theta)\sin\theta]\ \sqrt{\rho^2(\theta)+\rho'^2(\theta)}\,\mathrm{d}\theta.$$

3. 设曲线 $x=a\cos t, y=b\sin t\ (a>b, 0\leqslant t\leqslant 2\pi)$ 在点 $M(x,y)$ 处的线密度 $\rho=|y|$，求其质量.

4. 计算圆柱面 $x^2+y^2=R^2$ 介于平面 xOy 及柱面 $z=R+\dfrac{x^2}{R}$ 之间的一块面积，其中 $R>0$.

5. 求摆线 $x=a(t-\sin t)$, $y=a(1-\cos t)$ $(0\leqslant t\leqslant \pi)$ 的弧的质心.

12.2 第一型曲面积分

正像曲线积分要以弧长为基础一样，曲面积分需要以曲面面积为基础. 此节先介绍曲面面积的计算，后介绍第一型曲面积分.

12.2.1 曲面面积

已知空间光滑曲面 Σ，它的方程是 $z=f(x,y)$，其中 $(x,y)\in D$，而 D 是曲面 Σ 在 xOy 平面上的投影区域. 所谓曲面是光滑的，就是说曲面上各点处都具有切平面，当点在曲面上连续移动时，切平面也连续转动. 下面我们试用微元法给出曲面面积的计算公式.

首先将区域 D 任意划分成 n 个小区域：$D_1,D_2,\cdots,D_n$，在 D_i 上任取一点 $(x_i, y_i)\in D_i$，$i=1,2,\cdots,n$（记小区域 D_i 的面积仍为 D_i），以 D_i 的边界为准线，母线平行于 z 轴的柱面截曲面 Σ 所得的小曲面为 Σ_i，相对应曲面 Σ 可划分为 n 个小块 Σ_1, $\Sigma_2,\cdots,\Sigma_n$，在小曲面 Σ_i 上取相应点 $P_i(x_i,y_i,z_i)$，$z_i=f(x_i,y_i)(i=1,2,\cdots,n)$. 然后，过点 P_i 作曲面 Σ_i 的切平面 π_i，点 P_i 处的法向量为

$$n_i=\{p_i,q_i,-1\}$$

其中 $p_i=f_x(x_i,y_i)$，$q_i=f_y(x_i,y_i)$. 以 D_i 的边界为准线，作母线平行于 z 轴的柱面，截切平面 π_i 的一部分记为 σ_i，σ_i 在 xOy 平面上的投影为 D_i（图 12.3），D_i 的面积为

$$D_i=\sigma_i\mid\cos(n_i,z)\mid.$$

因为 $\mid\cos(n_i,z)\mid=\dfrac{1}{\sqrt{1+p_i^2+q_i^2}}$，

所以 $\quad \sigma_i=\sqrt{1+p_i^2+q_i^2}\cdot D_i$.

光滑曲面的面积为

$$\lim_{\lambda\to 0}\sum_{i=1}^{n}\sigma_i=\lim_{\lambda\to 0}\sum_{i=1}^{n}\sqrt{1+p_i^2+q_i^2}\cdot D_i$$
$$=\iint\limits_D\sqrt{1+p^2+q^2}\,\mathrm{d}x\mathrm{d}y$$

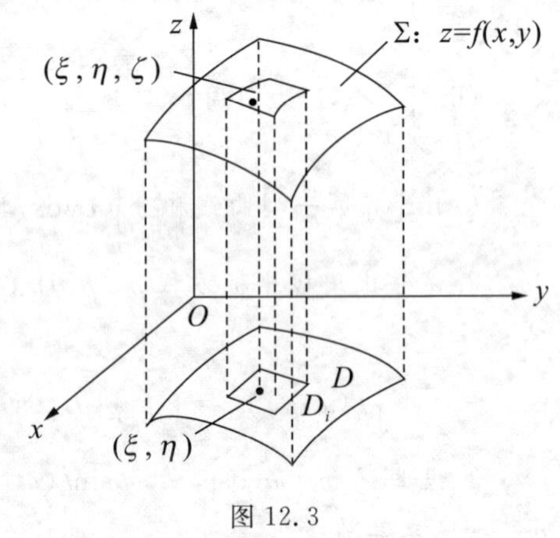

图 12.3

其中 $\lambda=\max\limits_{i}\{\lambda_i$ 是 D_i 的直径$\}$. 于是,光滑曲面 Σ 的面积可表示为一个二重积分:

$$S=\iint\limits_{D}\mathrm{d}S=\iint\limits_{D}\sqrt{1+p^2+q^2}\,\mathrm{d}x\mathrm{d}y.$$

其中 $p=f_x(x,y)$, $q=f_y(x,y)$, $\mathrm{d}S=\sqrt{1+p^2+q^2}\,\mathrm{d}x\mathrm{d}y$ 是面积元素.

例 12.6　求抛物面 $z=x^2+y^2$ 被平面 $z=1$ 所割下的有界部分 Σ 的面积.

解　曲面 Σ 的方程为 $z=x^2+y^2$, $(x,y)\in D$,这里的 $D=\{(x,y)\mid x^2+y^2\leqslant 1\}$ 为曲面 Σ 在 xOy 平面的投影区域(图 12.4). 因此曲面 Σ 的面积为:

$$\begin{aligned}S&=\iint\limits_{D}\sqrt{1+z_x^2+z_y^2}\,\mathrm{d}x\mathrm{d}y=\iint\limits_{D}\sqrt{1+4(x^2+y^2)}\,\mathrm{d}x\mathrm{d}y\\&=\int_0^{2\pi}\mathrm{d}\theta\int_0^1\sqrt{1+4r^2}\,r\mathrm{d}r=\frac{5\sqrt{5}-1}{6}\pi.\end{aligned}$$

例 12.7　求半径为 a 的球面面积.

解　设半径为 a 球面的方程为:$x^2+y^2+z^2=a^2$。由对称性,只需求出球面位于第一卦限的面积 S_1(图 12.5),整个球面的面积为 $S=8S_1$.

第一卦限的球面方程为 $z=\sqrt{a^2-x^2-y^2}$ $(x\geqslant 0, y\geqslant 0)$,它在 xOy 平面的投影区域 $D=\{(x,y)\mid x^2+y^2\leqslant a^2, x\geqslant 0, y\geqslant 0\}$,因为有

$$p=f_x(x,y)=\frac{-x}{\sqrt{a^2-x^2-y^2}},$$

$$q=f_y(x,y)=\frac{-y}{\sqrt{a^2-x^2-y^2}},$$

$$\sqrt{1+p^2+q^2}=\frac{a}{\sqrt{a^2-x^2-y^2}}.$$

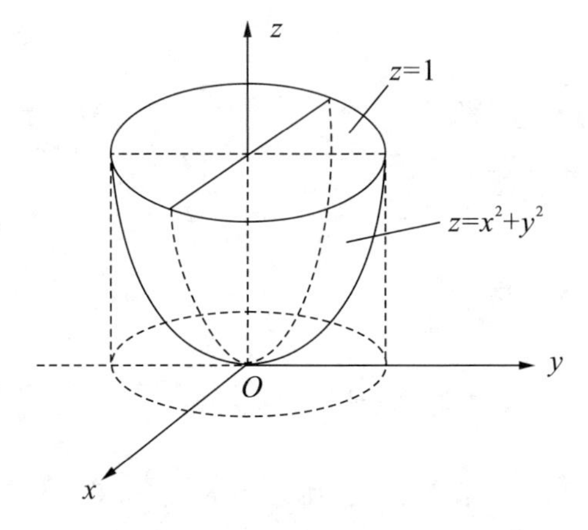

图 12.4

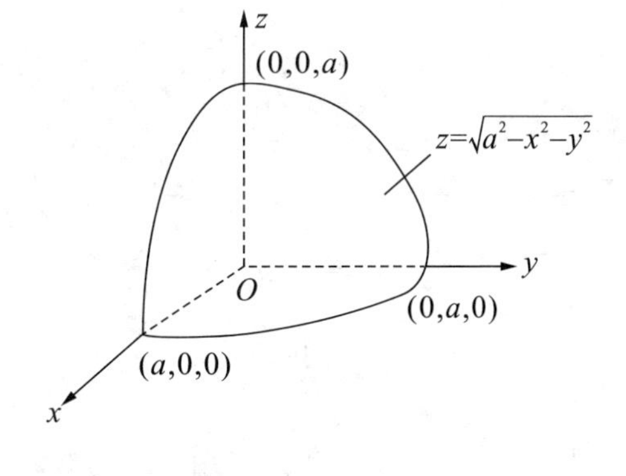

图 12.5

所以 $$S_1=\iint_D \frac{a}{\sqrt{a^2-x^2-y^2}}\mathrm{d}x\mathrm{d}y=\lim_{\varepsilon\to 0}\iint_{D_\varepsilon}\frac{ar}{\sqrt{a^2-r^2}}\mathrm{d}r\mathrm{d}\theta,$$

$$=\lim_{\varepsilon\to 0}a\int_0^{\pi/2}\mathrm{d}\theta\int_0^{a-\varepsilon}\frac{r}{\sqrt{a^2-r^2}}\mathrm{d}r,$$

这里 $D_\varepsilon=\{(x,y)\mid x^2+y^2\leqslant(a-\varepsilon)^2, x\geqslant 0, y\geqslant 0, 0<\varepsilon<a\}$.

又因为 $$\lim_{\varepsilon\to 0}a\int_0^{\pi/2}\mathrm{d}\theta\int_0^{a-\varepsilon}\frac{r}{\sqrt{a^2-r^2}}\mathrm{d}r=\lim_{\varepsilon\to 0}\frac{\pi a}{2}\int_0^{a-\varepsilon}\frac{r}{\sqrt{a^2-r^2}}\mathrm{d}r=\frac{a^2\pi}{2},$$

所以有 $$S=8S_1=4a^2\pi.$$

例 12.8 设半径为 R 的球面 S 的球心在定球面 $x^2+y^2+z^2=a^2\ (a>0)$ 上，问 R 取何值时，球面 S 在定球面内部的面积最大.

解 设球面方程为 $x^2+y^2+(z-a)^2=R^2$. 解联立方程

$$\begin{cases}x^2+y^2+z^2=a^2,\\x^2+y^2+(z-a)^2=R^2\end{cases}$$

得 $$2a(a-z)=R^2\quad 或\quad a-z=\frac{R^2}{2a}.$$

于是 $$x^2+y^2=R^2-(z-a)^2=R^2-\left(\frac{R^2}{2a}\right)^2=R^2\left(1-\frac{R^2}{4a^2}\right).$$

所求曲面方程为 $z=a-\sqrt{R^2-x^2+y^2}$，在 xy 平面上的投影区域为 D：$x^2+y^2\leqslant R^2\left(1-\frac{R^2}{4a^2}\right)$，从而所求面积

$$S(R)=\iint_D\sqrt{1+\left(\frac{\partial z}{\partial x}\right)^2+\left(\frac{\partial z}{\partial y}\right)^2}\mathrm{d}\sigma=\iint_D\frac{R}{\sqrt{R^2-x^2+y^2}}\mathrm{d}\sigma$$

$$=\int_0^{2\pi}\mathrm{d}\theta\int_0^{\sqrt{R^2\left(1-\frac{R^2}{4a^2}\right)}}\frac{R}{\sqrt{R^2-r^2}}r\mathrm{d}r$$

$$=2\pi R\left(-\sqrt{R^2-r^2}\right)\Big|_0^{\sqrt{R^2\left(1-\frac{R^2}{4a^2}\right)}}$$

$$=2\pi R\left(R-\frac{R^2}{2a}\right)=2\pi\left(R^2-\frac{1}{2a}R^3\right),$$

又令 $$\frac{\mathrm{d}S(R)}{\mathrm{d}R}=2\pi\left(2R-\frac{3}{2a}R^2\right)=2\pi R\left(2-\frac{3}{2a}R\right)=0,$$

得 $R=\frac{4}{3}a$. 由于该实际应用问题的最大面积是存在唯一的，所以当 $R=\frac{4}{3}a$ 时，最大面积为

$$S\left(\frac{4}{3}a\right)=2\pi\left(\frac{4}{3}a\right)^2\left[1-\frac{1}{2a}\left(\frac{4}{3}a\right)\right]=\frac{32}{27}\pi a^2.$$

12.2.2　第一型曲面积分的定义和性质

在第一节中,我们已经计算了空间光滑非均匀质量分布的曲线段的质量,运用完全类似的方法:分割→近似求和→取极限,我们可以得到空间中具有非均匀密度 $\rho(x,y,z)$ 的光滑曲面 Σ 的质量

$$m_\Sigma=\lim_{\lambda\to 0}\sum_{i=1}^{n}\rho(\xi_i,\eta_i,\zeta_i)\Delta S_i\ .$$

其中 λ 表示将 Σ 任意分成 n 小块曲面的直径的最大值,我们现在去掉其具体的物理含义,就可以得出第一型曲面积分的定义.

定义 12.2(第一型曲面积分)　设曲面 S 是光滑的,函数 $f(x,y,z)$ 在 S 上有界,把 S 任意分成 n 个小曲面 ΔS_i(ΔS_i 也同时表示其面积)($i=1,2,\cdots,n$). 从 ΔS_i 上任取一点 (ξ_i,η_i,ζ_i),作和式 $\sum\limits_{i=1}^{n}f(\xi_i,\eta_i,\zeta_i)\Delta S_i$,记 $\lambda=\max\limits_{1\leqslant i\leqslant n}\{|\Delta S_i|\}$,若 $\lim\limits_{\lambda\to 0}\sum\limits_{i=1}^{n}f(\xi_i,\eta_i,\zeta_i)\Delta S_i$ 存在,则称此极限值为函数 $f(x,y,z)$ 在曲面 S 上的**第一型曲面积分**或称对面积的曲面积分,记作 $\iint\limits_S f(x,y,z)\mathrm{d}S$,即 $\iint\limits_S f(x,y,z)\mathrm{d}S=\lim\limits_{\lambda\to 0}\sum\limits_{i=1}^{n}f(\xi_i,\eta_i,\zeta_i)\Delta S_i$,其中 $f(x,y,z)$ 称为被积函数,S 叫做积分曲面.

通常 $f(x,y,z)$沿封闭曲面的积分记为 $\oiint\limits_S f(x,y,z)\mathrm{d}S$.

由上述定义,前面所求曲面 Σ 的质量 $m_\Sigma=\iint\limits_\Sigma\rho\mathrm{d}S$,特别地,取 $\rho\equiv 1$ 时,就可得到曲面 Σ 的面积在数值上等于 $\iint\limits_\Sigma\mathrm{d}S$.

由第一型曲面积分之定义,我们立即可得到与第一型曲线积分类似的性质,请读者自行给出.

12.2.3　第一型曲面积分的计算

我们利用曲面的面积积分表达式,可以将第一型曲面积分转化为二重积分来计算.

定理 12.2　设函数 $f(x,y,z)$在光滑曲面 $S:z=z(x,y)$,$(x,y)\in D_{xy}$ 上连续,那么 $\iint\limits_S f(x,y,z)\mathrm{d}S=\iint\limits_{D_{xy}}f[x,y,z(x,y)]\sqrt{1+z_x^2+z_y^2}\,\mathrm{d}x\mathrm{d}y$,其中 D_{xy} 是曲面 S

在 xOy 平面的投影区域.

证明 依题设有二元函数 $z=z(x,y)$ 在闭区域 D_{xy} 上具有一阶连续偏导数，现将区域 D_{xy} 任意分割成 n 个小闭区域：$\Delta D_1,\Delta D_2,\cdots,\Delta D_n$（也以 ΔD_i 表示区域 ΔD_i 的面积)，以 ΔD_i 的边界为准线，作母线平行于 z 轴的柱面，则得到 n 个小柱面将曲面 S 相应分成 n 个小曲面 $\Delta S_1,\Delta S_2,\cdots,\Delta S_n$（也以 ΔS_i 表示曲面 ΔS_i 的面积). 记 $\lambda=\max\limits_{1\leqslant i\leqslant n}\{|\Delta S_i|\}$，则由第一型曲面积分的定义有

$$\iint\limits_S f(x,y,z)\mathrm{d}S=\lim_{\lambda\to 0}\sum_{i=1}^n f(\xi_i,\eta_i,\zeta_i)\Delta S_i\ ,$$

其中点 (ξ_i,η_i,ζ_i) 是 ΔS_i 上任意给定的一点，相应地，(ξ_i,η_i) 属于 ΔD_i，且 $\zeta_i=z(\xi_i,\eta_i)$，又由曲面的面积计算公式及中值定理有

$$\begin{aligned}\Delta S_i&=\iint\limits_{\Delta D_i}\sqrt{1+z_x^2+z_y^2}\,\mathrm{d}x\mathrm{d}y\\&=\sqrt{1+z_x^2(\xi_i^*,\eta_i^*)+z_i^2(\xi_i^*,\eta_i^*)}\cdot\Delta D_i,\end{aligned}$$

其中 $(\xi_i^*,\eta_i^*)\in\Delta D_i$，

于是 $\sum\limits_{i=1}^n f(\xi_i,\eta_i,\zeta_i)\Delta S_i=\sum\limits_{i=1}^n f(\xi_i,\eta_i,z(\xi_i,\eta_i))\sqrt{1+z_x^2(\xi_i^*,\eta_i^*)+z_y^2(\xi_i^*,\eta_i^*)}\cdot\Delta D_i$.

因为 $f[x,y,z(x,y)]\sqrt{1+z_x^2(x,y)+z_y^2(x,y)}$ 在闭区域 D_{xy} 上连续，可以证明，当 $\lambda\to 0$ 时，上式右端的极限与 $\sum\limits_{i=1}^n f[\xi_i,\eta_i,z(\xi_i,\eta_i)]\sqrt{1+z_x^2(\xi_i,\eta_i)+z_y^2(\xi_i,\eta_i)}\cdot\Delta D_i$ 的极限相等，由所给定条件，上式的极限就等于二重积分

$$\iint\limits_{D_{xy}} f[x,y,z(x,y)]\sqrt{1+z_x^2+z_y^2}\,\mathrm{d}x\mathrm{d}y,$$

这样便得到第一型曲线积分存在，

且有 $\iint\limits_S f(x,y,z)\mathrm{d}S=\iint\limits_{D_{xy}} f[x,y,z(x,y)]\sqrt{1+z_x^2+z_y^2}\,\mathrm{d}x\mathrm{d}y.$

如果曲面 S 的方程形式由 $x=x(y,z)$ 或 $y=y(z,x)$ 给出，也可以类似地把对面积的曲面积分化为相应的二重积分，请读者自行写出相应的计算公式.

为了应用的方便，下面我们直接给出基于曲面参数方程形式的第一型曲面积分化二重积分的计算公式.

设曲面 S 的参数方程为

$$\begin{cases}x=x(u,v),\\y=y(u,v),\quad (u,v)\in D,\\z=z(u,v),\end{cases}$$

其中函数 $x(u,v),y(u,v),z(u,v)$ 在 D 上具有对 u,v 的连续偏导数，并且对应的雅可比(Jaccobi)矩阵的秩为 2，则有

$$\iint_S f(x,y,z)\mathrm{d}S=\iint_D f(x(u,v),y(u,v),z(u,v))\sqrt{EG-F^2}\,\mathrm{d}u\mathrm{d}v$$

其中
$$\begin{cases}E=x_u^2+y_u^2+z_u^2,\\F=x_ux_v+y_uy_v+z_uz_v,\\G=x_v^2+y_v^2+z_v^2.\end{cases}$$

例 12.9　计算 $\iint\limits_{\Sigma}xyz\,\mathrm{d}s$，其中 Σ 是平面 $x=0$，$y=0$，$z=0$ 和 $x+y+z=1$ 围成的四面体的边界曲面(图 12.6)．

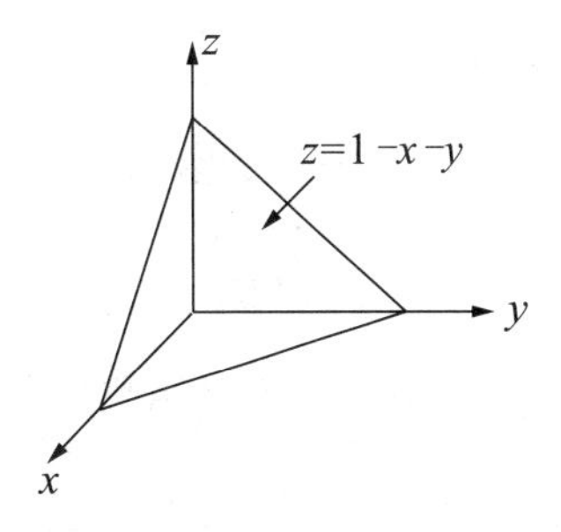

图 12.6

解　以 $\Sigma_1,\Sigma_2,\Sigma_3$ 分别表示四面体位于 xOy 平面，yOz 平面和 zOx 平面的那三个边界面. 在 Σ_1 上，因为 $z=0$，所以 $\iint\limits_{\Sigma_1}xyz\,\mathrm{d}s=0$.

同理有
$$\iint_{\Sigma_2}xyz\,\mathrm{d}s=\iint_{\Sigma_3}xyz\,\mathrm{d}s=0.$$

在四面体“斜”边界面 Σ_4 上，其方程为 $z=1-x-y$. Σ_4 在 xOy 平面的投影区域为 $D=\{(x,y)\mid x\geqslant 0,y\geqslant 0,x+y\leqslant 1\}$，而 $\dfrac{\partial z}{\partial x}=\dfrac{\partial z}{\partial y}=-1$. 于是曲面的面积微元为

$$\mathrm{d}S=\sqrt{1+(z'_x)^2+(z'_y)^2}\,\mathrm{d}x\mathrm{d}y=\sqrt{3}\,\mathrm{d}x\mathrm{d}y.$$

所以
$$\begin{aligned}\iint_{\Sigma_4}xyz\,\mathrm{d}s&=\sqrt{3}\iint_D xy(1-x-y)\mathrm{d}x\mathrm{d}y=\sqrt{3}\int_0^1\mathrm{d}x\int_0^{1-x}xy(1-x-y)\mathrm{d}y\\&=\sqrt{3}\int_0^1\left[x(1-x)\frac{y^2}{2}-\frac{xy^3}{3}\right]\Bigg|_0^{1-x}\mathrm{d}x=\frac{\sqrt{3}}{6}\int_0^1 x(1-x)^3\mathrm{d}x\\&=\frac{\sqrt{3}}{120}.\end{aligned}$$

例 12.10　计算 $I=\iint\limits_{\Sigma}\sqrt{\dfrac{x^2}{a^4}+\dfrac{y^2}{b^4}+\dfrac{z^2}{c^4}}\,\mathrm{d}s$，其中 Σ 为椭球面 $\dfrac{x^2}{a^2}+\dfrac{y^2}{b^2}+\dfrac{z^2}{c^2}=1$，$a,b,c>0$.

解　椭球面的参数方程为

$$x=a\sin\varphi\cos\theta,\ y=b\sin\varphi\sin\theta,\ z=c\cos\varphi,$$

其中 $0\leqslant\theta\leqslant 2\pi$，$0\leqslant\varphi\leqslant\pi$. 易计算

$$\frac{\partial(y,z)}{\partial(\varphi,\theta)}=bc\sin^2\varphi\cos\theta,$$

$$\frac{\partial(z,x)}{\partial(\varphi,\theta)}=ac\sin^2\varphi\sin\theta,$$

$$\frac{\partial(x,y)}{\partial(\varphi,\theta)}=ab\sin\varphi\cos\varphi,$$

所以

$$\begin{aligned}EG-F^2&=\left(\frac{\partial(y,z)}{\partial(\varphi,\theta)}\right)^2+\left(\frac{\partial(z,x)}{\partial(\varphi,\theta)}\right)^2+\left(\frac{\partial(x,y)}{\partial(\varphi,\theta)}\right)^2\\&=(abc)^2\sin^2\varphi\left(\frac{\cos^2\theta\sin^2\varphi}{a^2}+\frac{\sin^2\theta\sin^2\varphi}{b^2}+\frac{\cos^2\varphi}{c^2}\right).\end{aligned}$$

而这时被积函数化为

$$\sqrt{\frac{x^2}{a^4}+\frac{y^2}{b^4}+\frac{z^2}{c^4}}=\sqrt{\frac{\cos^2\theta\sin^2\varphi}{a^2}+\frac{\sin^2\theta\sin^2\varphi}{b^2}+\frac{\cos^2\varphi}{c^2}}.$$

由被积函数及区域的对称性,在第一卦限的积分后再乘 8 即为所求. 所以

$$\begin{aligned}I&=8\iint\limits_{[0,\frac{\pi}{2}]\times[0,\frac{\pi}{2}]}(abc)\left(\frac{\cos^2\theta\sin^2\varphi}{a^2}+\frac{\sin^2\theta\sin^2\varphi}{b^2}+\frac{\cos^2\varphi}{c^2}\right)\sin\varphi\mathrm{d}\varphi\mathrm{d}\theta\\&=\frac{4}{3}abc\pi\left(\frac{1}{a^2}+\frac{1}{b^2}+\frac{1}{c^2}\right).\end{aligned}$$

例 12.11　在球面 $x^2+y^2+z^2=1$ 上取三点 $A(1,0,0)$, $B(0,1,0)$, $C\left(\frac{1}{\sqrt{2}},0,\frac{1}{\sqrt{2}}\right)$, 将 A,B,C 三点用 R 圆弧连起来,而球面的质量密度 $\rho=x^2+z^2$, 求质量 m.

解　如果将 A,B,C 三点用 R 圆弧连起来的曲面 Σ 投影到 xOy 平面上,质量 m 的计算复杂. 若投影到 zOx 平面,则 Σ 的投影区域为 1/8 圆域 D_{zx}. 于是

$$\begin{aligned}m&=\iint\limits_{\Sigma}(x^2+z^2)\mathrm{d}S=\iint\limits_{D_{zx}}(x^2+z^2)\sqrt{1+(y'_x)^2+(y'_z)^2}\,\mathrm{d}S\\&=\iint\limits_{D_{zx}}(x^2+z^2)\sqrt{1+\frac{x^2}{1-x^2-z^2}+\frac{z^2}{1-x^2-z^2}}\,\mathrm{d}S\\&=\iint\limits_{D_{zx}}\frac{(x^2+z^2)}{\sqrt{1-x^2-z^2}}\mathrm{d}\sigma=\int_0^{\frac{\pi}{4}}\mathrm{d}\theta\int_0^1\frac{r^2}{\sqrt{1-r^2}}r\mathrm{d}r\\&=\frac{\pi}{8}\left(\int_0^1(-\sqrt{1-r^2})\mathrm{d}r^2+\int_0^1\frac{\mathrm{d}r^2}{\sqrt{1-r^2}}\right)=\frac{\pi}{6}.\end{aligned}$$

上例说明,在计算曲面积分时,首先要根据曲面 Σ 选好投影面,确定投影区域和曲面方程,以简化计算.

和第一型曲线积分类似,若积分曲面 S 可以分成对称的部分 $S=S_1+S_2$. 若

$f(x,y,z)$在对称点处的函数值相等，则

$$\iint_S f\,\mathrm{d}S = 2\iint_{S_1} f\,\mathrm{d}S.$$

若 $f(x,y,z)$在对称点处的函数值互为相反数，则$\iint_S f\,\mathrm{d}S = 0$. 此处所谓的曲面 S_1 和 S_2 的对称，可以是关于点的对称，也可以是关于平面的对称.

请看下例.

例 12.12　设曲面 S 的方程为 $x^2+y^2+z^2=4$，计算 $I=\oiint_S (x^2+y^2)\mathrm{d}S$.

解　依球面的对称性及被积函数的对称性有：

$$\oiint_S x^2\mathrm{d}S = \oiint_S y^2\mathrm{d}S = \oiint_S z^2\mathrm{d}S,$$

所以

$$I = \frac{2}{3}\oiint_S (x^2+y^2+z^2)\mathrm{d}S = \frac{8}{3}\oiint_S \mathrm{d}S = \frac{128}{3}\pi.$$

例 12.13　通讯卫星电波覆盖的地球面积.

将通讯卫星发射到赤道上空，使它位于赤道所在平面内. 如果卫星自西向东地绕地球飞行一周的时间正好等于地球自转一周的时间，那么它始终在地球的某一个位置上空，即相对静止. 这样的卫星称为地球同步卫星.

现在来计算该卫星的电波所能覆盖的地球的表面积. 为简化问题，把地球看成一个球体，且不考虑其他天体对卫星的影响.

已知地球的半径 $R=6\ 371\mathrm{km}$，地球自转的角速度 $\omega=\dfrac{2\pi}{24\times 3\ 600}$，由于卫星绕地球飞行一周的时间，正好等于地球自转一周的时间，因此 ω 也就是卫星绕地球飞行的角速度.

我们先确定卫星离地面的高度 h. 要使卫星不会脱离其预定轨道，卫星所受的地球引力必须与它绕地球飞行所受的离心力相等，即

$$\frac{GMm}{(R+h)^2} = m\omega^2(R+h),$$

其中 M 为地球的质量，m 为卫星的质量，G 是引力常数. 由于重力加速度(即在地面的单位质量所受的引力)$g=\dfrac{GM}{R^2}$，那么由上式得

$$(R+h)^3 = \frac{GM}{\omega^2} = \frac{GM}{R^2}\cdot\frac{R^2}{\omega^2} = g\frac{R^2}{\omega^2},$$

于是

$$h = \sqrt[3]{g\frac{R^2}{\omega^2}} - R.$$

将 $R=6\ 371\ 000\mathrm{m},\omega=\dfrac{2\pi}{24\times 3\ 600},g=9.8\mathrm{m/s^2}$ 代入上式,就得到卫星离地面的高度为

$$h=\sqrt[3]{9.8\times\frac{6\ 371\ 000^2\times 24^2\times 3\ 600^2}{4\pi^2}}-6\ 371\ 000$$

$$\approx 36\ 000\ 000(\mathrm{m})=36\ 000(\mathrm{km}).$$

为计算卫星的电波所覆盖的地球表面的面积,取地心为坐标原点.取过地心与卫星中心、方向从地心到卫星中心的有向直线为 z 轴,则卫星的电波所覆盖的地球表面的面积为

$$S=\iint_{\Sigma}\mathrm{d}S,$$

其中 Σ 是上半球面 $x^2+y^2+z^2=R^2\ (z\geqslant 0)$ 上满足 $z\geqslant R\cos\alpha$ 的部分,即

$$\Sigma:z=\sqrt{R^2-x^2-y^2},x^2+y^2\leqslant R^2\sin^2\alpha.$$

利用第一型曲面积分的计算公式,

$$S=\iint_{D}\sqrt{1+\left(\frac{\partial z}{\partial x}\right)^2+\left(\frac{\partial z}{\partial y}\right)^2}\mathrm{d}x\mathrm{d}y=\iint_{D}\frac{R}{\sqrt{R^2-x^2+y^2}}\mathrm{d}x\mathrm{d}y,$$

这里 D 为 xy 平面上区域 $\{(x,y)\,|\,x^2+y^2\leqslant R^2\sin^2\alpha\}$.利用极坐标变换,得

$$S=\int_0^{2\pi}\mathrm{d}\theta\int_0^{R\sin\alpha}\frac{R}{\sqrt{R^2-r^2}}\mathrm{d}r$$

$$=2\pi R\left[-\sqrt{R^2-r^2}\right]_0^{R\sin\alpha}=2\pi R^2(1-\cos\alpha).$$

因为 $\cos\alpha=\dfrac{R}{R+h}$,所以

$$S=2\pi R^2\frac{h}{R+h}=2\pi\times 6\ 371\ 000^2\times\frac{36\ 000\ 000}{6\ 371\ 000+36\ 000\ 000}$$

$$=2.165\ 75\times 10^{14}(\mathrm{m}^2)=2.165\ 75\times 10^{8}(\mathrm{km}^2).$$

我们再看一个有趣的现象.由于

$$S=2\pi R^2\frac{h}{R+h}=4\pi R^2\frac{h}{2(R+h)},$$

又 $4\pi R^2$ 正是地球的表面积,而

$$\frac{h}{2(R+h)}=\frac{36\ 000\ 000}{2(6\ 371\ 000+36\ 000\ 000)}\approx 0.432\ 8.$$

这就是说,卫星的电波覆盖了地球表面 1/3 以上的面积.因此,从理论上讲,只要在赤道上空使用三颗相间 $2\pi/3$ 的卫星,它们的电波就可以覆盖几乎整个地球表面.

习题 12.2

1. 求下列曲面的面积.

(1)曲面 $z=axy$ 被圆柱面 $x^2+y^2=a^2(a>0)$所截的部分;

(2)锥面 $x^2+y^2=\frac{1}{3}z^2(z\geqslant 0)$被平面 $x+y+z=2a(a>0)$所截的有限部分;

(3)圆柱面 $x^2+y^2=a^2$ 被平面 $x+z=0,x-z=0(x>0,y>0)$所截的部分;

(4)抛物面 $x^2+y^2=2az$ 包含在柱面 $(x^2+y^2)^2=2a^2xy(a>0)$内的那部分;

(5)求环面 $x=(b+a\cos\psi)\cos\varphi,y=(b+a\cos\psi)\sin\varphi,z=a\sin\psi(0<a\leqslant b)$被两条经线 $\varphi=\varphi_1,\varphi=\varphi_2$ 和两条纬线 $\psi=\psi_1,\psi=\psi_2$ 所截的那部分面积. 整个环的表面积等于什么?

2. 求下列第一型曲面积分.

(1) $\iint\limits_{\Sigma}(x^2+y^2)\mathrm{d}S$,$\Sigma$ 为区域 $\Omega=\left\{(x,y,z)\,\middle|\,\sqrt{x^2+y^2}\leqslant z\leqslant 1\right\}$的边界曲面;

(2) $\iint\limits_{\Sigma}\frac{\mathrm{d}S}{(1+x+y)^2}$,$\Sigma$ 为四面体 $x+y+z\leqslant 1,x\geqslant 0,y\geqslant 0,z\geqslant 0$ 的边界;

(3) $\iint\limits_{\Sigma}(x+y+z)\mathrm{d}S$,$\Sigma$ 为上半球面 $z=\sqrt{a^2-x^2-y^2}$;

(4) $\iint\limits_{\Sigma}|xyz|\mathrm{d}S$,$\Sigma$ 为曲面 $z=x^2+y^2$ 被平面 $z=1$ 所割下的部分;

(5) $\iint\limits_{\Sigma}(xy+yz+zx)\mathrm{d}S$,$\Sigma$ 为锥面 $z=\sqrt{x^2+y^2}$ 被曲面 $x^2+y^2=2ax(a>0)$ 所截得的有限部分;

(6) $\iint\limits_{\Sigma}z\mathrm{d}S$,$\Sigma$ 为螺旋面的一部分:$x=\mu\cos\theta,y=\mu\sin\theta,z=\theta(0<\mu<a,0<\theta<2\pi)$.

3. 求密度为 ρ_0 的均匀球壳 $x^2+y^2+z^2=a^2(z\geqslant 0)$对于 Oz 轴的转动惯量.

4. 求密度为 $\rho(x,y,z)=z$ 的抛物面壳 $z=\frac{1}{2}(x^2+y^2)(0\leqslant z\leqslant 1)$的质量.

5 设球面三角形为 $x^2+y^2+z^2=a^2,x\geqslant 0,y\geqslant 0,z\geqslant 0$,

(1)求其周界的形心坐标(即密度为 1 的质心坐标);

(2)求此球面三角形的形心坐标.

6. 设 S 为抛物面 $z=\frac{x^2+y^2}{2}$夹在 $z=0$ 和 $z=\frac{t}{2}(t>0)$之间的部分,令 $I(t)=$

$\iint\limits_{S}(1-x^2-y^2)\mathrm{d}S$,求 $I(t)$ 在 $t>0$ 上的最大值.

总习题 12

1. 计算下列第一型曲线积分.

(1)$\int_L xyz\,\mathrm{d}s$. 其中 L 为曲线 $x=t, y=\dfrac{2\sqrt{2t^3}}{3}, z=\dfrac{1}{2}t^2$ 上相应于 t 从 0 变到 1 的一段弧;

(2)$\int_L x^2\,\mathrm{d}s$,其中 L 为球面 $x^2+y^2+z^2=a^2$ 和平面 $x+y+z=0$ 的交线;

(3)$\int_L |y|\,\mathrm{d}s$,其中 L 为双纽线 $(x^2+y^2)^2=a^2(x^2+y^2)$ 的弧.

(4) 设曲线 $C: x^2+xy+y^2=a^2$ 的长度为 l,计算 $\int \dfrac{a\mathrm{sine}^x+b\mathrm{sine}^y}{\mathrm{sine}^x+\mathrm{sine}^y}\mathrm{d}s$.

2. 求曲面 $z=\sqrt{x^2+y^2}$ 包含在圆柱面 $x^2+y^2=2x$ 内的那一部分面积.

3. 求平面 $x+y=1$ 上被坐标面与曲面 $z=xy$ 截下的在第一卦限部分的面积.

4. 求曲线 $x=a(t-\sin t), y=a(1-\cos t)(0\leqslant t\leqslant 2\pi)$,(1) 绕 x 轴;(2) 绕 y 轴;(3) 绕直线 $y=2a$ 旋转所成旋转曲面的面积,其中 $a>0$.

5. 求平面曲线 $x^2+(y-b)^2=a^2(b\geqslant a)$ 绕 x 轴所构成的环(轮)面的面积.

6. 设 Σ 为椭球面 $\dfrac{x^2}{2}+\dfrac{y^2}{2}+z^2=1$ 的上半部,点 $p(x,y,z)\in\Sigma$,π 为 Σ 在点 p 处的切平面,$\rho(x,y,z)$ 为点 $O(0,0,0)$ 到平面 π 的距离,求 $\iint\limits_{\Sigma}\dfrac{z}{\rho(x,y,z)}\mathrm{d}S$.

7. 计算第一型曲面积分 $I=\iint\limits_{S}\dfrac{1}{\sqrt{x^2+y^2+(z-\frac{a}{2})^2}}\mathrm{d}S$,其中 $S: x^2+y^2+z^2=a^2, a>0$.

第 13 章　第二型曲线积分和曲面积分

13.1　第二型曲线积分

13.1.1　第二型曲线积分的概念和性质

在物理学中我们会碰到一类新的问题，这让我们又要引入新一型的曲线积分．一质点受变力 $\boldsymbol{F}(x,y)$ 的作用沿平面曲线 L_{AB} 运动，当质点从曲线段的一端 A 移动到另一端 B 时，求力 $\boldsymbol{F}(x,y)$ 所作的功．

众所周知，若质点在常力 $\boldsymbol{F}$(大小方向都不变)的作用下沿某一直线运动由点 A 移动到点 B，则力 $\boldsymbol{F}$ 对该质点所做的功为 $W=\boldsymbol{F}\cdot\overrightarrow{AB}$.

现在的问题是质点所受的力随处改变，而所走路线又是弯弯曲曲，怎么办呢？为此，我们对有向曲线段 L_{AB} 作一个分割 T，即在 L_{AB} 内插入 $n-1$ 个分点 $M_1,M_2,\cdots,M_{n-1}$ 与 $A=M_0,B=M_n$ 一起把曲线段分成 n 个有向小曲线弧段 $\overset{\frown}{M_{i-1}M_i}$ $(i=1,2,\cdots,n)$，如图 13.1. 设力 $\boldsymbol{F}(x,y)$ 在 x 轴和 y 轴方向上的投影分别为 $P(x,y)$ 与 $Q(x,y)$，即

$$\boldsymbol{F}(x,y)=\{P(x,y),Q(x,y)\}$$
$$=P(x,y)\boldsymbol{i}+Q(x,y)\boldsymbol{j},$$

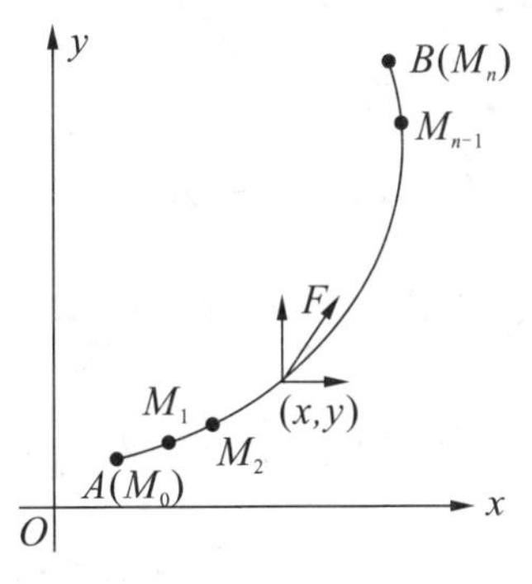

图 13.1

其中 $P(x,y)$、$Q(x,y)$ 在 L_{AB} 上连续. 由于任意一个有向小曲线段 $\overset{\frown}{M_{i-1}M_i}$ 都光滑且很短，所以可以用有向线段 $\overrightarrow{M_{i-1}M_i}=(\Delta x_i)\boldsymbol{i}+(\Delta y_i)\boldsymbol{j}$ 来代替它，其中 $M_{i-1}(x_{i-1},y_{i-1})$，$M_i(x_i,y_i)$，并记 $\Delta x_i=x_i-x_{i-1}$，$\Delta y_i=y_i-y_{i-1}(i=1,2,\cdots,n)$，又由于 $P(x,y)$，$Q(x,y)$ 在 L_{AB} 上连续，可以用 $\overset{\frown}{M_{i-1}M_i}$ 上任意取定一点 (ξ_i,η_i) 处的力

$$\boldsymbol{F}(\xi_i,\eta_i)=P(\xi_i,\eta_i)\boldsymbol{i}+Q(\xi_i,\eta_i)\boldsymbol{j}$$

来近似代替小曲线段上其他各点处的力. 这样，变力 $\boldsymbol{F}(x,y)$ 在小曲线段 $\overset{\frown}{M_{i-1}M_i}$ 上所作的功 ΔW_i，可以认为近似地等于恒力 $\boldsymbol{F}(\xi_i,\eta_i)$ 沿小直线段 $\overrightarrow{M_{i-1}M_i}$ 所作的功

$$\Delta W_i\approx\boldsymbol{F}(\xi_i,\eta_i)\cdot\overrightarrow{M_{i-1}M_i}=P(\xi_i,\eta_i)\Delta x_i+Q(\xi_i,\eta_i)\Delta y_i,$$

于是 $W = \sum_{i=1}^{n} W_i \approx \sum_{i=1}^{n} [P(\xi_i, \eta_i)\Delta x_i + Q(\xi_i, \eta_i)\Delta y_i]$.

若记小曲线段$\widehat{M_{i-1}M_i}$的弧长为 Δs_i，当 $\lambda = \max\limits_{1 \leqslant i \leqslant n}\{\Delta s_i\} \to 0$ 时，右端和式的极限如果存在，则此极限就是变力沿曲线段所作的功，即

$$W = \lim_{\lambda \to 0} \sum_{i=1}^{n} [P(\xi_i, \eta_i)\Delta x_i + Q(\xi_i, \eta_i)\Delta y_i].$$

这种和式的极限在研究其他问题时也会经常遇到，抽去其物理意义，得出下述一般的第二型曲线积分的定义：

定义 13.1(第二型曲线积分) 设 L_{AB} 是 xOy 内从点 A 到点 B 的一条有向光滑或逐段光滑的曲线段，且函数 $P(x,y)$，$Q(x,y)$ 在 L_{AB} 上有界，将 L_{AB} 从起点 A 开始至终点 B 任意插入 $n-1$ 个分点 $M_1, M_2, \cdots, M_{n-1}$，与 $A=M_0, B=M_n$ 一起把曲线分成 n 个有向小曲线段$\widehat{M_{i-1}M_i}(i=1,2,\cdots,n)$. 设 $\Delta x_i = x_i - x_{i-1}$，$\Delta y_i = y_i - y_{i-1}$，在$\widehat{M_{i-1}M_i}$上任意取定点$(\xi_i, \eta_i)$，如果当各个有向小曲线段长度的最大值 $\lambda \to 0$ 时，$\sum_{i=1}^{n} [P(\xi_i, \eta_i)\Delta x_i + Q(\xi_i, \eta_i)\Delta y_i]$ 的极限总存在，则称此极限为**函数 $P(x,y)$、$Q(x,y)$ 在有向曲线 L_{AB} 上的第二型曲线积分(或对坐标的曲线积分)**，记作 $\int_{L_{AB}} P(x,y)\mathrm{d}x + Q(x,y)\mathrm{d}y$，或简记为$\int_{AB} P\mathrm{d}x + Q\mathrm{d}y$，若 L_{AB} 是封闭有向连续曲线，则记为$\oint_{L_{AB}} P\mathrm{d}x + Q\mathrm{d}y$.

如果$\lim\limits_{\lambda \to 0} \sum_{i=1}^{n} P(\xi_i, \eta_i)\Delta x_i$ 总存在，则称此极限为**函数 $P(x,y)$ 在有向曲线 L_{AB} 上的对坐标 x 的曲线积分**，记作$\int_{L_{AB}} P(x,y)\mathrm{d}x$. 类似地，如果$\lim\limits_{\lambda \to 0} \sum_{i=1}^{n} Q(\xi_i, \eta_i)\Delta y_i$ 总存在，则称此极限为**函数 $Q(x,y)$ 在有向曲线段 L_{AB} 上的对坐标 y 的曲线积分**，记作$\int_{L_{AB}} Q(x,y)\mathrm{d}y$，即

$$\int_{L_{AB}} P(x,y)\mathrm{d}x = \lim_{\lambda \to 0} \sum_{i=1}^{n} P(\xi_i, \eta_i)\Delta x_i,$$

$$\int_{L_{AB}} Q(x,y)\mathrm{d}y = \lim_{\lambda \to 0} \sum_{i=1}^{n} Q(\xi_i, \eta_i)\Delta y_i,$$

其中 $P(x,y)$、$Q(x,y)$ 叫做**被积函数**，L_{AB} 叫做**积分弧段**.

以上两个积分也称为**第二型曲线积分**.

如果 L 是光滑或逐段光滑的空间有向连续曲线段，$P(x,y,z)$、$Q(x,y,z)$ 和 $R(x,y,z)$ 为定义在 L 上的连续函数，则可按照上述办法定义沿空间有向曲线段 L

的第二型曲线积分,记为

$$\int_L P(x,y,z)\mathrm{d}x + Q(x,y,z)\mathrm{d}y + R(x,y,z)\mathrm{d}z.$$

第二型曲线积分不仅与被积函数 P,Q,与积分弧段 L 有关,还要特别注意和积分弧段 L 的方向有关.对同一曲线,若方向 A 到 B 改为由 B 到 A 时,每一小曲线弧段的方向都要改变,从而所得的 $\Delta x,\Delta y$ 也随之改变一个符号,故有

$$\int_{AB} P\mathrm{d}x + Q\mathrm{d}y = -\int_{BA} P\mathrm{d}x + Q\mathrm{d}y.$$

而第一型曲线积分的被积表达式只是被积函数与弧微分的乘积,它与积分弧段的方向无关.这是两种类型的曲线积分的一个重要的差别.

类似于第一型曲线积分,第二型曲线积分也有相应的性质:

1. 若 $\int_L P_i(x,y)\mathrm{d}x + Q_i(x,y)\mathrm{d}y (i=1,2,\cdots,k)$ 存在,则 $\int_L \left(\sum_{i=1}^n C_iP_i\right)\mathrm{d}x + \left(\sum_{i=1}^k C_iQ_i\right)\mathrm{d}y$ 也存在且

$$\int_L \left(\sum_{i=1}^k C_iP_i\right)\mathrm{d}x + \left(\sum_{i=1}^k C_iQ_i\right)\mathrm{d}y = \sum_{i=1}^k C_i\left(\int_L P_i\mathrm{d}x + Q_i\mathrm{d}y\right),$$

其中 $C_i(i=1,2,\cdots,k)$ 为常数.

2. 若有向曲线段 L 是由有向曲线段 $L_1,L_2,\cdots,L_k$ 首尾衔接而成,即 $L=L_1+L_2+\cdots+L_n$,且 $\int_{L_i} P(x,y)\mathrm{d}x + Q(x,y)\mathrm{d}y (i=1,2,\cdots,k)$ 存在,则 $\int_L P(x,y)\mathrm{d}x + Q(x,y)\mathrm{d}y$ 也存在且

$$\int_L P(x,y)\mathrm{d}x + Q(x,y)\mathrm{d}y = \sum_{i=1}^k \int_{L_i} P(x,y)\mathrm{d}x + Q(x,y)\mathrm{d}y.$$

13.1.2　第二型曲线积分的计算

与第一型曲线积分一样,第二型曲线积分也是要把它化为定积分来计算的.

设 L 为光滑或按段光滑的曲线,其参数方程为 $L:\begin{cases} x=\varphi(t) \\ y=\psi(t) \end{cases}$,参数 t 从 α 连续变化到 β,其中起点 $A(\varphi(\alpha),\psi(\alpha))$,终点 $B(\varphi(\beta),\psi(\beta))$,函数 $P(x,y)$ 和 $Q(x,y)$ 在 L 上连续.当参数 t 从 α 连续地变化到 β 时,则沿曲线 L 从起点 A 到终点 B 的第二型曲线积分为

$$\begin{aligned}&\int_L P(x,y)\mathrm{d}x + Q(x,y)\mathrm{d}y \\ =&\int_\alpha^\beta [P(\varphi(t),\psi(t))\varphi'(t) + Q(\varphi(t),\psi(t))\psi'(t)]\mathrm{d}t. \qquad (13.1)\end{aligned}$$

公式(13.1) 表明,计算对坐标的曲线积分$\int_L P(x,y)\mathrm{d}x+Q(x,y)\mathrm{d}y$时,只要把 x、y、$\mathrm{d}x$、$\mathrm{d}y$ 依次换为 $\varphi(t)$、$\psi(t)$、$\varphi'(t)\mathrm{d}t$、$\psi'(t)\mathrm{d}t$,然后从 L 的起点所对应的参数值 α 到终点所对应的参数值 β 作定积分即可. 这里必须注意:**起点参数值作下限,终点参数值作上限.**

公式(13.1)可以推广到空间曲线,比如空间曲线 L 的参数方程为:

$$x=\varphi(t),\quad y=\psi(t),\quad z=\omega(t),$$

相应可得到

$$\begin{aligned}&\int_L P(x,y,z)\mathrm{d}x+Q(x,y,z)\mathrm{d}y+R(x,y,z)\mathrm{d}z\\&\quad=\int_\alpha^\beta P[\varphi(t),\psi(t),\omega(t)]\varphi'(t)\mathrm{d}t+Q[\varphi(t),\psi(t),\omega(t)]\psi'(t)\mathrm{d}t\\&\quad\quad+R[\varphi(t),\psi(t),\omega(t)]\omega'(t)\mathrm{d}t,\end{aligned}\tag{13.2}$$

这里积分下限 α 必须是对应积分所沿曲线 L 的起点参数,上限 β 必须对应 L 的终点参数.

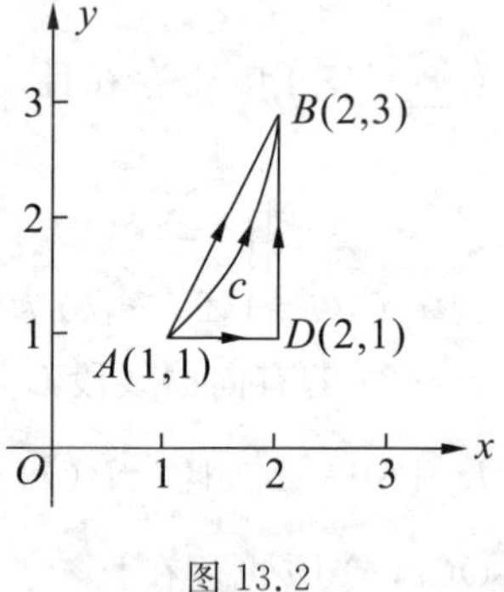

图 13.2

例 13.1 计算$\int_L xy\mathrm{d}x+(y-x)\mathrm{d}y$,其中 L 分别是如图 13.2 的路线,

(1) 直线段 AB;

(2) 抛物线 ACB:$y=2(x-1)^2+1$;

(3) 三角形周界 $ADBA$.

解 (1)直线段 AB 由参数方程$\begin{cases}x=1+t,\\y=1+2t\end{cases}$ $(0\leqslant t\leqslant 1)$表示,故

$$\begin{aligned}\int_{AB}xy\mathrm{d}x+(y-x)\mathrm{d}y&=\int_0^1[(1+t)(1+2t)+2t]\mathrm{d}t\\&=\int_0^1(1+5t+2t^2)\mathrm{d}t=\frac{25}{6}.\end{aligned}$$

(2)抛物线 ACB:$y=2(x-1)^2+1$,$1\leqslant x\leqslant 2$,故

$$\begin{aligned}\int_{ACB}xy\mathrm{d}x+(y-x)\mathrm{d}y=\int_0^1\{&x[2(x-1)^2+1]+[2(x-1)^2\\&+1-x]4(x-1)\}\mathrm{d}x=\frac{10}{3}.\end{aligned}$$

(3)这里 L 是一条封闭路线,它的计算可以从 L 上任选一点为起点,沿 L 所指定的方向前进,最后回到这一点. 所以,三角形周界 $ADBA$:

$$\int_{ADBA} xy\,dx+(y-x)\,dy=\left(\int_{AD}+\int_{DB}+\int_{BA}\right)xy\,dx+(y-x)\,dy$$
$$=\int_1^2 x\,dx+\int_1^3(y-2)\,dy+\int_1^0[(1+t)(1+2t)+2t]\,dt$$
$$=\frac{3}{2}+0-\frac{25}{6}=-\frac{8}{3}.$$

注：在(1)、(2)中起点和终点相同，但沿不同路径积分值不同. 在(3)中沿封闭曲线的值不为零.

例 13.2　计算 $\int_{(0,0)}^{(1,1)}(y^2+2xy)\,dx+(x^2+2xy)\,dy$，积分路径如图 13.3，其中

(1)沿折线从 $O(0,0)$ 到 $C(0,1)$ 再到 $B(1,1)$；

(2)沿曲线 $y=x^3$ 从 $O(0,0)$ 到 $B(1,1)$；

(3)沿曲线 $(x-1)^2+y^2=1$ 从 $O(0,0)$ 到 $B(1,1)$.

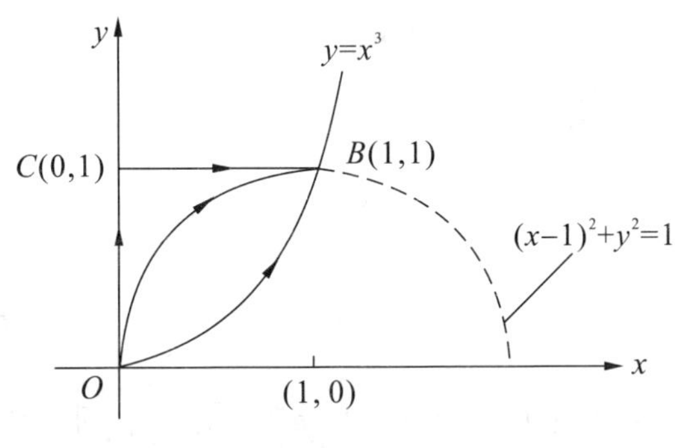

图　13.3

解　(1)直线段 OC 的方程为 $x=0\ (0\leqslant y\leqslant 1)$，从而 $dx=0$；直线段 CB 的方程为 $y=1\quad(0\leqslant x\leqslant 1)$，从而 $dy=0$. 于是

$$\int_{(0,0)}^{(1,1)}(y^2+2xy)\,dx+(x^2+2xy)\,dy$$
$$=\int_{OC}(x^2+2xy)\,dy+\int_{CB}(y^2+2xy)\,dx$$
$$=\int_0^1 0\,dy+\int_0^1(1+2x)\,dx=1+1=2.$$

(2)曲线弧的方程 $y=x^3\quad(0\leqslant x\leqslant 1)$，故

$$\int_{(0,0)}^{(1,1)}(y^2+2xy)\,dx+(x^2+2xy)\,dy$$
$$=\int_0^1(x^6+2x^4)\,dx+\int_0^1(x^2+2x^4)3x^2\,dx=2.$$

(3)与(2)类似，曲线弧的方程 $(x-1)^2+y^2=1\quad(0\leqslant x\leqslant 1)$，故

$$\int_{(0,0)}^{(1,1)}(y^2+2xy)\,dx+(x^2+2xy)\,dy=\int_0^1(2x-x^2+2x\sqrt{2x-x^2})\,dx$$
$$+\int_0^1(x^2+2x\sqrt{2x-x^2})\frac{1-x}{\sqrt{2x-x^2}}\,dx=2.$$

注：这里起点和终点相同，虽然沿三条不同的路径积分，积分值均相同.

例 13.3　设质点 $M(x,y)$ 受力 $\boldsymbol{F}(x,y)$ 作用下，沿椭圆 $\frac{x^2}{a^2}+\frac{y^2}{b^2}=1$ 按逆时针方向，从 $A(a,0)$ 到 $B(0,b)$，求力 $\boldsymbol{F}$ 对质点所做的功，其中 $\boldsymbol{F}$ 的大小与点 M 到原点的距离成正比，$\boldsymbol{F}$ 的方向恒指向原点.

解　$\overrightarrow{OM}=x\boldsymbol{i}+y\boldsymbol{j}$，$|\overrightarrow{OM}|=\sqrt{x^2+y^2}$，由已知得 $\boldsymbol{F}=-k(x\boldsymbol{i}+y\boldsymbol{j})$，其中 $k>0$ 是比例系数，则所做的功为

$$W=\int_{\overline{AB}}(-kx)\mathrm{d}x+(-ky)\mathrm{d}y=-k\int_{\overline{AB}}x\mathrm{d}x+y\mathrm{d}y.$$

又椭圆的参数方程为 $x=a\cos t$，$y=a\sin t$，起点 A 对应 $t=0$，终点 B 对应 $t=\frac{\pi}{2}$，于是

$$\begin{aligned}W&=-k\int_0^{\frac{\pi}{2}}(-a^2\cos t\sin t+b^2\sin t\cos t)\mathrm{d}t\\&=-k(b^2-a^2)\int_0^{\frac{\pi}{2}}\cos t\sin t\mathrm{d}t=\frac{k}{2}(a^2-b^2).\end{aligned}$$

13.1.3　两类曲线积分的联系

我们用元素法再来解释变力 $\boldsymbol{F}(x,y,z)=\{P(x,y,z),Q(x,y,z),R(x,y,z)\}$ 沿曲线段 Γ_{AB} 做功这个问题.

如图 13.4，在曲线段 Γ_{AB} 上任取一点 (x,y,z)，找它在曲线 Γ_{AB} 上的邻近点 $(x+\mathrm{d}x,y+\mathrm{d}y,z+\mathrm{d}z)$，连接两点得到向量 $\mathrm{d}\boldsymbol{s}=(\mathrm{d}x,\mathrm{d}y,\mathrm{d}z)$. 此向量模长为弧微分 $\mathrm{d}s$，方向与曲线 Γ_{AB} 在点 (x,y,z) 处的切向量相同. 设 Γ_{AB} 由参数方程 $\begin{cases}x=\varphi(t),\\y=\psi(t),\\z=\omega(t)\end{cases}$ 给出，起点 A，终点 B 分别对应参数 α、β. 不妨设 $\alpha<\beta$(若 $\alpha>\beta$，可令 $s=-t$，则点 A、B 分别对应参数为 $s=-\alpha$、$s=-\beta$ 就有 $-\alpha<-\beta$，把下面的讨论对参数 s 进行即可)，并设函数 $\varphi(t)$，$\psi(t)$，$\omega(t)$ 在闭区间 $[\alpha,\beta]$ 上具有一阶连续导数，且 $\varphi'^2(t)+\psi'^2(t)+\omega'^2(t)\neq 0$. 又函数 $P(x,y,z)$、$Q(x,y,z)$ 和 $R(x,y,z)$ 在 Γ_{AB} 上连续，于是当参数 t 从 α 连续地变到 β 时，曲线段从点 A 沿 Γ_{AB} 连续地变

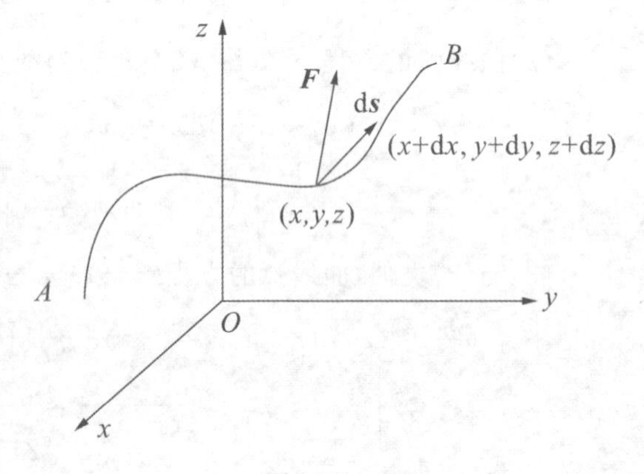

图 13.4

到点 B. 我们知道，向量 $\boldsymbol{\tau}=\varphi'(t)\boldsymbol{i}+\psi'(t)\boldsymbol{j}+\omega'(t)\boldsymbol{k}$ 是曲线 Γ 在点 $M(x,y,z)$ 处的一个切向量，它的指向与参数 t 增大时点 M 移动的走向一致，当 $\alpha<\beta$ 时，这个走向就是有向曲线 Γ 的走向. 以后，我们称这种指向与有向曲线的走向一致的切向量为有向曲线的切向量. 于是，有向曲线 Γ_{AB} 在点 (x,y,z) 处的单位切向量记为 $\boldsymbol{e}_\tau=(\cos\alpha,\cos\beta,\cos\gamma)$，其中 α、β、γ 为此切向量的方向角.

可以看出 $\mathrm{d}\boldsymbol{s}=\boldsymbol{e}_\tau\mathrm{d}s$，则

$$\begin{aligned}\mathrm{d}W &= \boldsymbol{F}(x,y,z)\cdot\mathrm{d}\boldsymbol{s}\\ &= P(x,y,z)\mathrm{d}x+Q(x,y,z)\mathrm{d}y+R(x,y,z)\mathrm{d}z.\end{aligned}$$

所以由功的可加性

$$\begin{aligned}W &= \int_{\Gamma_{AB}}\boldsymbol{F}(x,y,z)\cdot\mathrm{d}\boldsymbol{s}\\ &= \int_{\Gamma_{AB}}P(x,y,z)\mathrm{d}x+Q(x,y,z)\mathrm{d}y+R(x,y,z)\mathrm{d}z.\end{aligned}\tag{13.3}$$

由于此时不是对弧长 $\mathrm{d}s$ 的积分，而是对 $\mathrm{d}x,\mathrm{d}y,\mathrm{d}z$ 的积分，所以第二型曲线积分又称作对坐标的曲线积分，其向量形式为

$$\int_{\Gamma_{AB}}\boldsymbol{F}(x,y,z)\cdot\mathrm{d}\boldsymbol{s}.$$

若 $Q(x,y,z)=0,R(x,y,z)=0$，则公式(13.3)为 $\int_{\Gamma_{AB}}P(x,y,z)\mathrm{d}x$，这就是函数 $P(x,y,z)$ 对坐标 x 的积分，其他的类似可得. 与此同时，

$$\begin{aligned}W &= \int_{\Gamma_{AB}}\boldsymbol{F}(x,y,z)\cdot\boldsymbol{e}_\tau\mathrm{d}s\\ &= \int_{\Gamma_{AB}}[P(x,y,z)\cos\alpha+Q(x,y,z)\cos\beta+R(x,y,z)\cos\gamma]\mathrm{d}s,\end{aligned}$$

由此可知，空间曲线 Γ 上的两类曲线积分之间有如下联系：

$$\int_\Gamma P\mathrm{d}x+Q\mathrm{d}y+R\mathrm{d}z=\int_\Gamma(P\cos\alpha+Q\cos\beta+R\cos\gamma)\mathrm{d}s,\tag{13.4}$$

其中 α、β、γ 为有向曲线 Γ 在点 (x,y,z) 处的切向量的方向角.

两类曲线积分之间的联系也可用向量的形式表达. 空间曲线 Γ 上的两类曲线积分之间的联系可写成如下形式：

$$\int_\Gamma\boldsymbol{F}\cdot\mathrm{d}\boldsymbol{s}=\int_\Gamma\boldsymbol{F}\cdot\boldsymbol{e}_\tau\mathrm{d}s\quad\text{或}\quad\int_\Gamma\boldsymbol{F}\cdot\mathrm{d}\boldsymbol{s}=\int_\Gamma F_\tau\mathrm{d}s,$$

其中 $\boldsymbol{F}=(P,Q,R)$，$\boldsymbol{e}_\tau=(\cos\alpha,\cos\beta,\cos\gamma)$ 为空间有向曲线 Γ 在点 (x,y,z) 处的单位切向量，$\mathrm{d}\boldsymbol{s}=\boldsymbol{e}_\tau\mathrm{d}s=(\mathrm{d}x,\mathrm{d}y,\mathrm{d}z)$，称为有向曲线元，$F_\tau$ 为向量 $\boldsymbol{F}$ 在向量 $\boldsymbol{e}_\tau$ 上的投影.

习题 13.1

(A)

1. 计算第二型曲线积分：

(1) $\int_L (x^2 - y^2)\mathrm{d}x$，其中 L 是抛物线 $y = x^2$ 上从点(0, 0)到点(2, 4)的一段弧；

(2) $\int_L (2a - y)\mathrm{d}x + \mathrm{d}y$，其中 L 为摆线 $x = a(t - \sin t)$，$y = a(1 - \cos t)$ $(0 \leqslant t \leqslant 2\pi)$ 沿 t 增加方向的一段；

(3) $\oint_L xy\mathrm{d}x$，其中 L 为圆周 $(x - a)^2 + y^2 = a^2 (a > 0)$ 及 x 轴所围成的在第一象限内的区域的整个边界(按逆时针方向绕行)；

(4) $\oint_L \dfrac{-x\mathrm{d}x + y\mathrm{d}y}{x^2 + y^2}$，其中 L 为圆周 $x^2 + y^2 = a^2$，依逆时针方向；

(5) $\oint_\Gamma \mathrm{d}x - \mathrm{d}y + y\mathrm{d}z$，其中 Γ 为有向闭折线 $ABCA$，这里的 A, B, C 依次为点(1, 0, 0)，(0, 1, 0)，(0, 0, 1)；

(6) $\int_\Gamma x\mathrm{d}x + y\mathrm{d}y + (x + y - 1)\mathrm{d}z$，其中 Γ 是从点(1, 1, 1)到点(2, 3, 4)的一段直线.

2. 计算 $\int_L (x + y)\mathrm{d}x + (y - x)\mathrm{d}y$，其中 L 是：

(1) 抛物线 $y=x^2$ 上从点(1, 1)到点(4, 2)的一段弧；

(2) 从点(1, 1)到点(4, 2)的直线段；

(3) 先沿直线从点(1, 1)到(1, 2)，然后再沿直线到点(4, 2)的折线；

(4) 沿曲线 $x=2t^2+t+1$，$y=t^2+1$ 上从点(1, 1)到(4, 2)的一段弧.

3. 设质点受力作用，力的反方向指向原点，大小与质点离原点的距离成反比. 若质点由 $(a,0)$ 沿椭圆移动到 $(0,b)$，求所作的功.

4. 设某质点受力作用，力的方向指向原点，大小与质点到 xOy 平面的距离成反比. 若质点沿直线 $x=at$，$y=bt$，$z=ct(c\neq 0)$ 从 $M(a,b,c)$ 到 $N(2a,2b,2c)$，求力所作的功.

(B)

1. 计算沿空间曲线的第二型曲线积分：

(1) $\int_L xyz\mathrm{d}z$，其中 $L: x^2 + y^2 + z^2 = 1$ 与 $y = z$ 相交的圆，其方向按曲线依次

经过 1,2,7,8 卦限；

(2) $\int_L (y^2-x^2)\mathrm{d}x+(z^2-x^2)\mathrm{d}y+(x^2-y^2)\mathrm{d}z$，其中 L 为球面 $x^2+y^2+z^2=1$ 在第一卦限部分的边界曲线，其方向按曲线依次经过 xOy 平面部分，yOz 平面部分和 zOx 的平面部分.

2. 把对坐标的曲线积分 $\int_L P(x,y)\mathrm{d}x+Q(x,y)\mathrm{d}y$ 化成对弧长的曲线积分，其中 L 为：

(1) 在 xOy 面内沿直线从点(0, 0)到(1, 1)；

(2) 沿抛物线 $y=x^2$ 从点(0, 0)到(1, 1)；

(3) 沿上半圆周 $x^2+y^2=2x$ 从点(0, 0)到(1, 1).

3. 在变力 $\vec{F}=\{yz,zx,xy\}$ 的作用下，质点由原点沿直线运动到椭球面 $\frac{x^2}{a^2}+\frac{y^2}{b^2}+\frac{z^2}{c^2}=1$ 上的第一卦限的点 $M(\xi,\eta,\zeta)$，问当 ξ,η,ζ 取何值时，力 $\vec{F}$ 所做的功 W 最大？

13.2　Green 公式

13.2.1　Green 公式

现在我们要讨论 Green 公式将建立平面区域 D 上的二重积分与区域 D 的边界曲线 L 上的第二型曲线积分之间的联系. 在此之前，先给出平面区域及闭曲线的有关概念. 设 D 为平面区域，若 D 内的任意闭合曲线的内部都属于 D，则称 D 为单连通区域，否则称 D 为复连通区域. 如图 13.5 右图所示. 左边阴影区域即为单连通区域，右边阴影区域则是有“洞”的复连通区域.

对于单连通区域和复连通区域 D 的边界曲线 L，其**正方向**规定为：当人沿边界行走时，区域 D 总在他的左边，如图 13.5 箭头所示. 若与上述所规定的方向相反，则称为负方向，并记为 L^-.

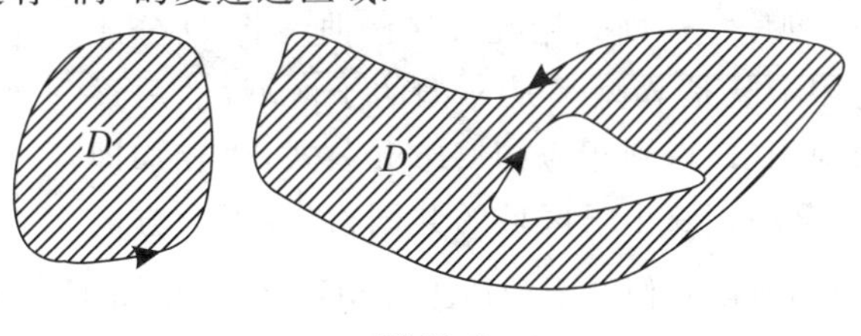

图 13.5

定理 13.1　若函数 $P(x,y)$，$Q(x,y)$ 在平面闭区域 D 上具有连续的一阶偏导数，则有

$$\iint\limits_D \left(\frac{\partial Q}{\partial x}-\frac{\partial P}{\partial y}\right)\mathrm{d}x\mathrm{d}y=\oint_L P(x,y)\mathrm{d}x+Q(x,y)\mathrm{d}y, \tag{13.5}$$

这里 L 是 D 的边界曲线,取正方向,式(13.5)称为 **Green 公式**.

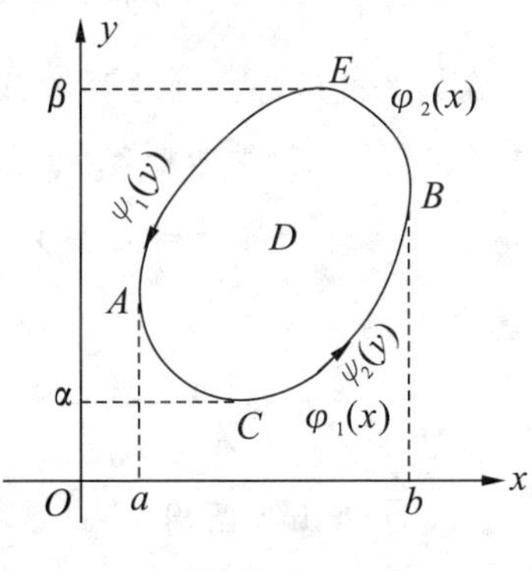

图 13.6

证 按平面闭区域 D 的形状,分三种情况来证明:

(1)若 D 既是 x 型区域又是 y 型区域,且为单连通区域(图 13.6),则 D 既可表示为:$\varphi_1(x)\leqslant y\leqslant\varphi_2(x)$, $a\leqslant x\leqslant b$, 又可表示为:$\psi_1(y)\leqslant x\leqslant\psi_2(y)$, $\alpha\leqslant y\leqslant\beta$, 这里 $y=\varphi_1(x)$, $y=\varphi_2(x)$ 分别为曲线 $\overset{\frown}{ACB}$ 和 $\overset{\frown}{AEB}$ 的方程,而 $x=\psi_1(y)$, $x=\psi_2(y)$ 分别为曲线 $\overset{\frown}{CAE}$ 和 $\overset{\frown}{CBE}$ 的方程. 于是

$$\begin{aligned}\iint\limits_D \frac{\partial Q}{\partial x}\mathrm{d}x\mathrm{d}y&=\int_\alpha^\beta \mathrm{d}y\int_{\psi_1(y)}^{\psi_2(y)}\frac{\partial Q}{\partial x}\mathrm{d}x\\&=\int_\alpha^\beta Q(\psi_2(y),y)\mathrm{d}y-\int_\alpha^\beta Q(\psi_1(y),y)\mathrm{d}y\\&=\int_{\overset{\frown}{CBE}}Q(x,y)\mathrm{d}y-\int_{\overset{\frown}{CAE}}Q(x,y)\mathrm{d}y\\&=\int_{\overset{\frown}{CBE}}Q(x,y)\mathrm{d}y+\int_{\overset{\frown}{EAC}}Q(x,y)\mathrm{d}y\\&=\oint_L Q(x,y)\mathrm{d}y.\end{aligned}$$

同理可证 $-\iint\limits_D \frac{\partial P}{\partial y}\mathrm{d}x\mathrm{d}y=\oint_L P(x,y)\mathrm{d}x$,

上述两个结果相加,即得 Green 公式(13.5).

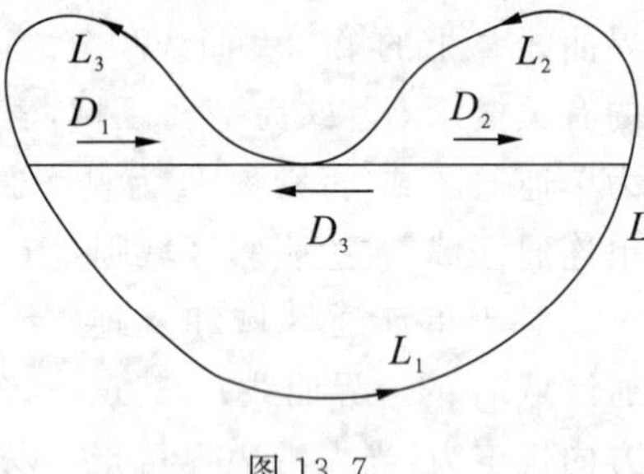

图 13.7

(2)若单连通区域 D 不同时是 x 型区域和 y 型区域,则先用几段光滑曲线将 D 分成有限个既是 x 型又是 y 型的子区域,然后逐块应用(1)得到相应的 Green 公式,再相加即可,其中相邻小子区域的共同边界,因为方向相反,所以它们的积分值正好相互抵消,如图 13.7 中所示的情况,有

$$\begin{aligned}\iint\limits_D\left(\frac{\partial Q}{\partial x}-\frac{\partial P}{\partial y}\right)\mathrm{d}x\mathrm{d}y&=\iint\limits_{D_1}\left(\frac{\partial Q}{\partial x}-\frac{\partial P}{\partial y}\right)\mathrm{d}x\mathrm{d}y\\&\quad+\iint\limits_{D_2}\left(\frac{\partial Q}{\partial x}-\frac{\partial P}{\partial y}\right)\mathrm{d}x\mathrm{d}y+\iint\limits_{D_3}\left(\frac{\partial Q}{\partial x}-\frac{\partial P}{\partial y}\right)\mathrm{d}x\mathrm{d}y\end{aligned}$$

$$= \oint_{L_3} P\mathrm{d}x + Q\mathrm{d}y + \oint_{L_2} P\mathrm{d}x + Q\mathrm{d}y + \oint_{L_1} P\mathrm{d}x + Q\mathrm{d}y$$

$$= \oint_{L} P\mathrm{d}x + Q\mathrm{d}y.$$

(3)若 D 是有有限个"洞"的复连通区域，如图 13.8 所示的情况，则可添加直线段 AB，EC，有

$$\iint_D \left(\frac{\partial Q}{\partial x} - \frac{\partial P}{\partial y}\right)\mathrm{d}x\mathrm{d}y$$

$$= \left(\int_{AB} + \oint_{L_2} + \int_{BA} + \int_{AFC} + \int_{CE} + \oint_{L_3} + \int_{EC} + \int_{CGA}\right)(P\mathrm{d}x + Q\mathrm{d}y)$$

$$= \left(\oint_{L_1} + \oint_{L_2} + \oint_{L_3}\right)(P\mathrm{d}x + Q\mathrm{d}y)$$

$$= \oint_{L} P\mathrm{d}x + Q\mathrm{d}y.$$

由(1)、(2)、(3)可知，无论平面区域 D 是单连通区域还是复连通区域，Green 公式均成立.

同时定理的条件中还要强调以下三点：

一是区域 D 与边界曲线的正向保持一致；

二是 P，Q 必须在区域 D 上具有连续的一阶偏导函数；

三是由于 $\iint\limits_D \frac{\partial Q}{\partial x}\mathrm{d}\sigma = \oint\limits_L Q\mathrm{d}y$，$-\iint\limits_D \frac{\partial P}{\partial y}\mathrm{d}\sigma = \oint\limits_L P\mathrm{d}x$，区域 D 上的二重积分可化为被积函数的原函数在 D 的边界闭曲线 L 上的线积分，而定积分是化为被积函数的原函数在区间端点(边界）的增量，从此角度上看，Green 公式可看成是一维的 Newton - Leibniz 公式在二维的推广.

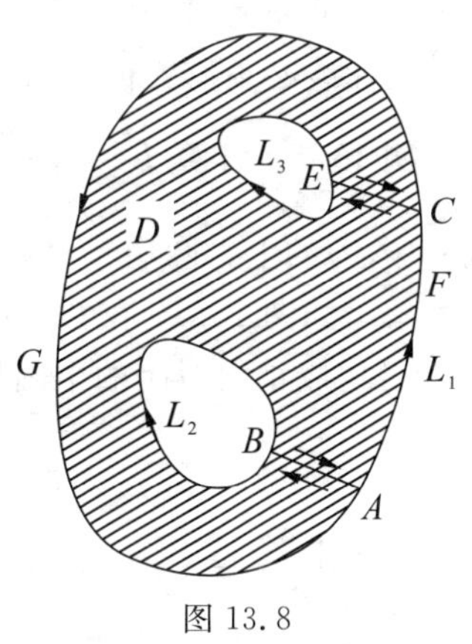

图 13.8

为便于记忆，Green 公式(13.5)也可写成下面的形式：

$$\iint_D \begin{vmatrix} \frac{\partial}{\partial x} & \frac{\partial}{\partial y} \\ P & Q \end{vmatrix} \mathrm{d}x\mathrm{d}y = \oint_L P(x,y)\mathrm{d}x + Q(x,y)\mathrm{d}y. \tag{13.6}$$

13.2.2　Green 公式的应用

Green 公式建立了平面闭区域 D 上的二重积分与 D 的正向边界闭曲线 L 上的第二型曲线积分之间的联系，我们可以应用它来简化某些曲线积分或二重积分的计算.

因为$\iint_D \mathrm{d}\sigma$表示闭曲线L所围成的区域D的面积S_D，在Green公式中，可以看作是$\frac{\partial Q}{\partial x}-\frac{\partial P}{\partial y}=1$，所以可令$P(x,y)=0, Q(x,y)=x$，或$P(x,y)=-y, Q(x,y)=0$等，那么闭曲线$L$所围成的区域$D$的面积$S_D$就可以用第二型曲线积分表示为

$$S_D=\iint_D \mathrm{d}\sigma=\oint_L x\,\mathrm{d}y=-\oint_L y\,\mathrm{d}x=\frac{1}{2}\oint_L x\,\mathrm{d}y-y\,\mathrm{d}x.$$

例 13.4 计算抛物线$(x+y)^2=ax\quad(a>0)$与x轴所围的面积(图 13.9).

解
$$\begin{aligned}S_D&=\frac{1}{2}\oint_L x\,\mathrm{d}y-y\,\mathrm{d}x=\frac{1}{2}\int_{AMO}x\,\mathrm{d}y-y\,\mathrm{d}x+\frac{1}{2}\int_{ONA}x\,\mathrm{d}y-y\,\mathrm{d}x\\&=\frac{1}{2}\int_{AMO}x\,\mathrm{d}y-y\,\mathrm{d}x=\frac{1}{2}\int_a^0\left[x\left(\frac{a}{2\sqrt{ax}}-1\right)-(\sqrt{ax}-x)\right]\mathrm{d}x\\&=\frac{1}{6}a^2.\end{aligned}$$

在计算某些沿非闭合回路的线积分的问题时，还可适当地添加简单的辅助线，构成闭合回路后，再来利用Green公式，会使计算简便得多. 值得注意的是，所添加的辅助曲线必须有方向，使得所构成的闭合回路取正向.

例 13.5 计算$I=\int_C(\mathrm{e}^x\sin y-my)\mathrm{d}x+(\mathrm{e}^x\cos y-m)\mathrm{d}y$，其中$C$是从$A(a,0)$到$O(0,0)$的上半圆周$x^2+y^2=ax$，其中$a>0$，$m$为常数.

解 如图 13.10 在Ox轴上取起点$O(0,0)$到终点$A(a,0)$的有向线段OA与C，即可构成正向封闭的半圆形，且在线段OA上，$y=0$，$\mathrm{d}y=0$，于是

$$\int_{\overline{OA}}(\mathrm{e}^x\sin y-my)\mathrm{d}x+(\mathrm{e}^x\cos y-m)\mathrm{d}y=0,$$

所以$\oint_{C+\overline{OA}}=\int_C+\int_{\overline{OA}}=\int_C$.

由格林公式得，$\frac{\partial Q}{\partial x}-\frac{\partial P}{\partial y}=m$.

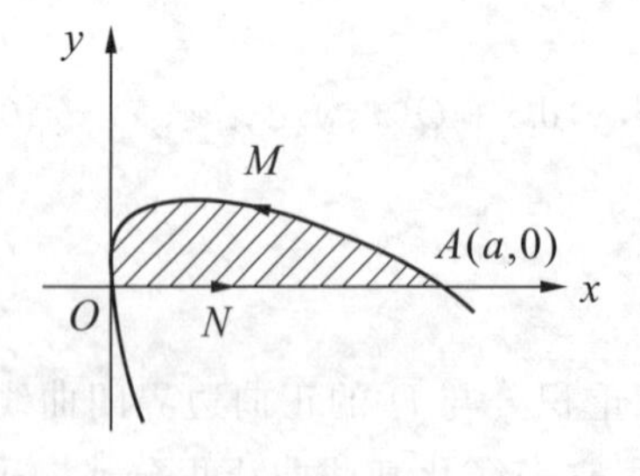

图 13.9

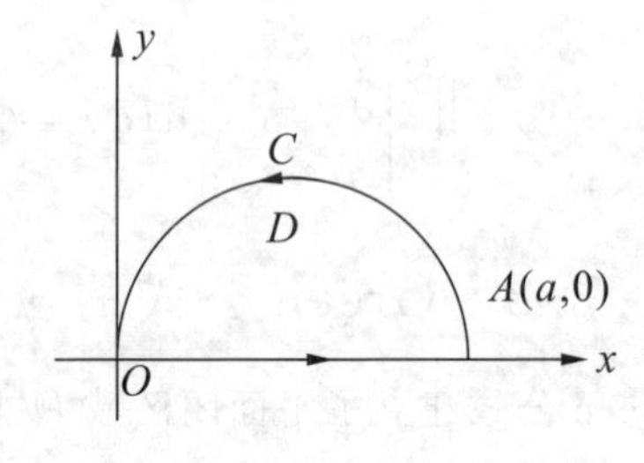

图 13.10

所以$\oint_{C+\overline{OA}}(\mathrm{e}^x\sin y-my)\mathrm{d}x+(\mathrm{e}^x\cos y-m)\mathrm{d}y=\iint\limits_{D:x^2+y^2\leqslant ax}m\,\mathrm{d}x\mathrm{d}y$

$$=m\cdot\frac{1}{2}\pi\cdot\left(\frac{a}{2}\right)^2=\frac{m\pi a^2}{8},$$

因此，$I=\dfrac{m\pi}{8}a^2$.

有时还可以利用 Green 公式简化二重积分的计算.

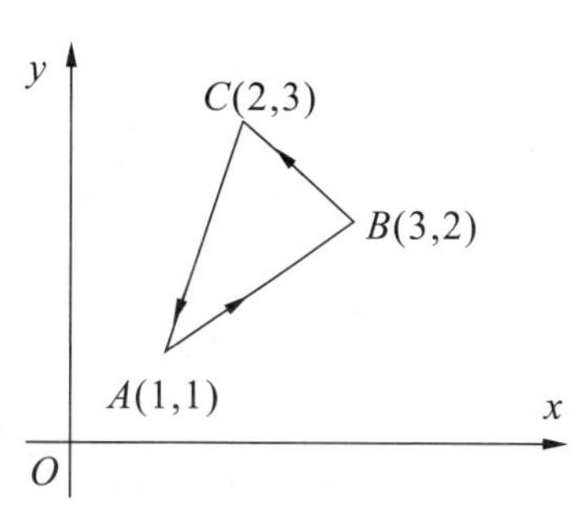

图 13.11

例 13.6　求 $I=\iint\limits_D x^2\mathrm{d}x\mathrm{d}y$，其中 D：$A(1,1)$，$B(3,2)$，$C(2,3)$ 为顶点的三角形区域(图 13.11).

解　虽然 D 是简单的三角形区域，它既是 x 型又是 y 型，但要化为累次积分，需要分块计算. 为了简化，在此将二重积分利用 Green 公式化为第二型曲线积分.

因为
$$x^2=\frac{\partial Q}{\partial x}-\frac{\partial P}{\partial y},$$

所以可取 $P=0,Q=\dfrac{x^3}{3}$，由 Green 公式得：

$$I=\oint_L P\mathrm{d}x+Q\mathrm{d}y=\oint_L\frac{x^3}{3}\mathrm{d}y=\frac{1}{3}\left[\int_{AB}x^3\mathrm{d}y+\int_{BC}x^3\mathrm{d}y+\int_{CA}x^3\mathrm{d}y\right]$$
$$=\frac{1}{3}\left[\int_1^3\frac{1}{2}x^3\mathrm{d}x+\int_3^2 x^3(-1)\mathrm{d}x+\int_2^1 x^3 2\mathrm{d}x\right]=\frac{25}{4}.$$

例 13.7　计算曲线积分 $I=\oint_L\dfrac{x\mathrm{d}y-y\mathrm{d}x}{x^2+y^2}$，设 L 为

(1)不包含原点且不过原点的任意矩形回路，取正向.

(2)内含原点的任意矩形回路，取正向.

解　(1)依题意原点在回路之外，$P(x,y)$与 $Q(x,y)$均在 D 内有连续偏导数，且$\dfrac{\partial Q}{\partial x}=\dfrac{y^2-x^2}{(x^2+y^2)^2}=\dfrac{\partial P}{\partial y}$，由 Green 公式得

$$I=\oint\limits_L\frac{x\mathrm{d}y-y\mathrm{d}x}{x^2+y^2}=\iint\limits_D\left(\frac{\partial Q}{\partial x}-\frac{\partial P}{\partial y}\right)\mathrm{d}x\mathrm{d}y=0.$$

(2)依题意，设 $P(x,y)=-\dfrac{y}{x^2+y^2}$，$Q(x,y)=\dfrac{x}{x^2+y^2}$，

$$\frac{\partial Q}{\partial x}=\frac{y^2-x^2}{(x^2+y^2)^2}=\frac{\partial P}{\partial Q},\ \forall(x,y)\neq(0,0).$$

由于原点(0,0)在矩形回路 L 内，所以 $P(x,y)$与 $Q(x,y)$在回路内部没有连续偏导数，因此不能用 Green 公式. 为了用 Green 公式，不妨如图 13.12 作一个以

原点为中心,R 为半径足够小的小圆周 C,使 C 所围的区域在 L 所围的区域的内部,取顺时针方向,相应地逆时针方向记为 C^-,C^- 的方程为

$$C^-:\begin{cases}x=R\cos t,\\ y=R\sin t,\end{cases}\quad t\text{ 从 }0\text{ 变化到 }2\pi.$$

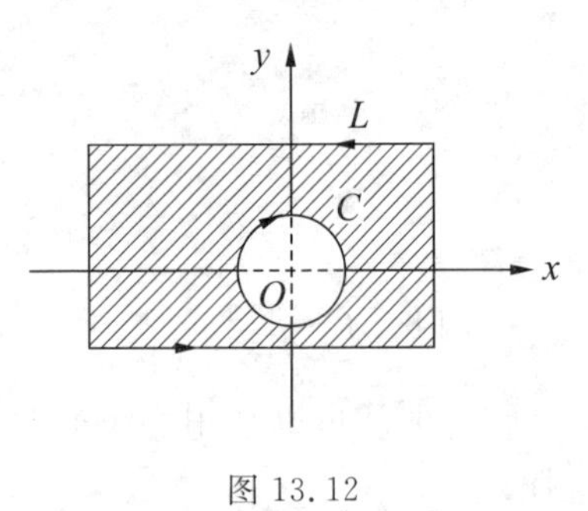

图 13.12

由于在以 L 为外边界,C 为内边界的区域内满足 Green 公式的条件,因此

$$\oint_{L+C}\frac{x\mathrm{d}y-y\mathrm{d}x}{x^2+y^2}=\iint_D\left(\frac{\partial Q}{\partial x}-\frac{\partial P}{\partial y}\right)\mathrm{d}x\mathrm{d}y=0.$$

所以

$$\oint_L\frac{x\mathrm{d}y-y\mathrm{d}x}{x^2+y^2}=-\oint_C\frac{x\mathrm{d}y-y\mathrm{d}x}{x^2+y^2}=\oint_{C^-}\frac{x\mathrm{d}y-y\mathrm{d}x}{x^2+y^2}$$
$$=\int_0^{2\pi}\frac{R\cos t\mathrm{d}(R\sin t)-R\sin t\mathrm{d}(R\cos t)}{(R\cos t)^2+(R\sin t)^2}=2\pi.$$

由此可见,我们可以利用 Green 公式将一个曲线积分化为另一个简单的曲线积分. 在上例中,只要闭合回路所围区域包含原点,方向为逆时针,积分的值总是 2π,若闭合回路所围区域不包含原点,积分的值总是零. 对于这一特殊的性质,我们将在下节中详细的介绍.

习题 13.2

(A)

1. 计算下列曲线积分,并验证格林公式的正确性:

(1) $\oint_l(2xy-x^2)\mathrm{d}x+(x+y^2)\mathrm{d}y$,其中 L 是由抛物线 $y=x^2$ 及 $y^2=x$ 所围成的区域的正向边界曲线;

(2) $\oint_l(x^2-xy^3)\mathrm{d}x+(y^2-2xy)\mathrm{d}y$,其中 L 是四个顶点分别为(0, 0)、(2, 0)、(2, 2)、和(0, 2) 的正方形区域的正向边界.

2. 应用格林公式计算下列曲线积分:

(1) $\oint_L(x+y)^2\mathrm{d}x-(x^2+y^2)\mathrm{d}y$,其中 L 是以 $A(1,1)$,$B(3,2)$,$C(2,5)$ 为顶点的三角形,方向取正向;

(2) $\int_L(\mathrm{e}^x\sin y-my)\mathrm{d}x+(\mathrm{e}^x\cos y-m)\mathrm{d}y$,其中 m 为常数,L 是摆线 $x=a(t-\sin t)$,$y=a(1-\cos t)$,上由点(0,0) 到点(πa,$2a$) 的一段弧.

3. 应用格林公式计算下列曲线所围的平面面积：

(1) 星形线：$x=a\cos^3 t, y=a\sin^3 t$；

(2) 双纽线：$(x^2+y^2)^2=a^2(x^2-y^2)$；

(3) 椭圆：$9x^2+16y^2=144$.

(B)

1. 应用格林公式计算下列曲线积分：

(1) $\oint_L (2x-y+4)\mathrm{d}x+(5y+3x-6)\mathrm{d}y$，其中 L 为三顶点分别为 $(0,0)$、$(3,0)$ 和 $(3,2)$ 的三角形正向边界；

(2) $\int_L (2xy^3-y^2\cos x)\mathrm{d}x+(1-2y\sin x+3x^2y^2)\mathrm{d}y$，其中 L 为在抛物线 $2x=\pi y^2$ 上由点 $(0,0)$ 到 $(\frac{\pi}{2},1)$ 的一段弧；

(3) $\int_L (x^2-y)\mathrm{d}x-(x+\sin^2 y)\mathrm{d}y$，其中 L 是在圆周 $y=\sqrt{2x-x^2}$ 上由点 $(0,0)$ 到点 $(1,1)$ 的一段弧.

2. 求积分值 $I=\oint_L [x\cos(n,x)+y\cos(n,y)]\mathrm{d}s$，其中 L 为包围有界区域的封闭曲线，n 为 L 的外法线方向.

3. (1) 计算曲线积分 $I=\oint_C \dfrac{x\mathrm{d}y-y\mathrm{d}x}{4x^2+y^2}$，设 C 为以 $(1,0)$ 为圆心，R 为半径的圆周 $(R\neq 1)$，取逆时针方向；

(2) 计算曲线积分 $\oint_L \dfrac{y\mathrm{d}x-x\mathrm{d}y}{2(x^2+y^2)}$，其中 L 为圆周 $(x-1)^2+y^2=2$，L 的方向为逆时针方向.

13.3　平面曲线积分与路径无关的条件、保守场

13.3.1　平面曲线积分与路径无关的条件

我们知道，第二类曲线积分不仅与曲线的起点和终点有关，而且也与所沿的路径有关. 对于同一起点和同一终点，沿不同的路径所得到的第二类曲线积分的值一般是不同的，比如例 13.1 中的(1)与(2). 然而对于某些向量场 $\boldsymbol{F}$ 则不然，比如例 13.2，当起点和终点相同时，沿三条不同的路径所得到的第二类曲线积分的值都是相同的. 事实上，此向量场沿指定的区域内的任何路径，只要起点和终点相同，所得到的第二类曲线积分的值都是相同的. 为了解释这一事实，我们先给出一个概念.

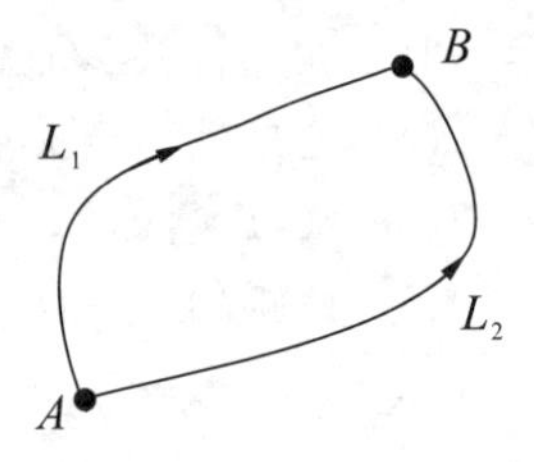

图 13.13

定义 13.2　设在平面区域 D 中给定向量场 $\boldsymbol{F}(x,y)$,A,B 为 D 内任意给定的两点. 如果对于 D 内任意两条以 A 为起点,B 为终点的曲线 L_1 和 L_2(图 13.13),总有 $\int_{L_1}\boldsymbol{F}\cdot\mathrm{d}\boldsymbol{s}=\int_{L_2}\boldsymbol{F}\cdot\mathrm{d}\boldsymbol{s}$,则称**向量场 $\boldsymbol{F}$ 在 D 内的第二类曲线积分与路径无关.**

定理 13.2　设 D 是单连通闭区域,若函数 $P(x,y)$,$Q(x,y)$在 D 内具有一阶连续偏导数,则以下四个命题等价:

(1)对于 D 内任一分段光滑的闭曲线 L,向量场 $\boldsymbol{F}=P(x,y)\boldsymbol{i}+Q(x,y)\boldsymbol{j}$ 沿 L 的曲线积分为零,即

$$\oint_L\boldsymbol{F}\cdot\mathrm{d}\boldsymbol{s}=\oint_L P(x,y)\mathrm{d}x+Q(x,y)\mathrm{d}y=0;$$

(2)对于 D 内任一分段光滑的曲线 L,曲线积分 $\int_L P(x,y)\mathrm{d}x+Q(x,y)\mathrm{d}y$ 与路线无关,只与 L 的起点及终点有关;

(3)$\boldsymbol{F}$ 是保守场,即存在 D 内的势函数 $u(x,y)$,使得

$$\mathrm{d}u(x,y)=P(x,y)\mathrm{d}x+Q(x,y)\mathrm{d}y;$$

(4)在 D 内处处有$\dfrac{\partial Q}{\partial x}=\dfrac{\partial P}{\partial y}$.

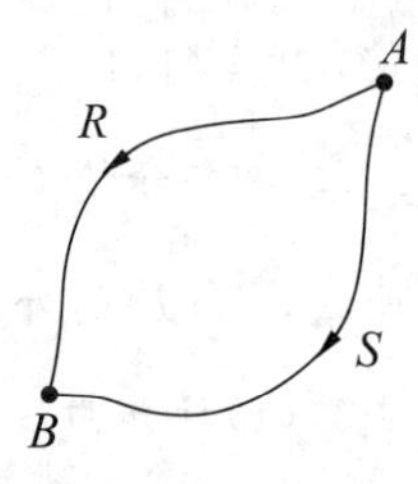

图 13.14

证　(1)→(2)如图 13.14,在 D 内任意取两点 A 和 B,任意作两条连接 A 和 B 的路径 L_1:ARB 与 L_2:ASB,令 L 表示由 L_1 与 L_2^- 组成的闭合回路. 由(1)有

$$\oint_L\boldsymbol{F}\cdot\mathrm{d}\boldsymbol{s}=\oint_{L_1}+L_2^-\boldsymbol{F}\cdot\mathrm{d}\boldsymbol{s}=0,\text{即}$$

$$\int_{ARB}P\mathrm{d}x+Q\mathrm{d}y-\int_{ASB}P\mathrm{d}x+Q\mathrm{d}y=\int_{ARB}P\mathrm{d}x+Q\mathrm{d}y+\int_{BSA}P\mathrm{d}x+Q\mathrm{d}y$$
$$=\oint_{ARBSA}P\mathrm{d}x+Q\mathrm{d}y=0,$$

所以 $\int_{L_1}P\mathrm{d}x+Q\mathrm{d}y=\int_{L_2}P\mathrm{d}x+Q\mathrm{d}y.$

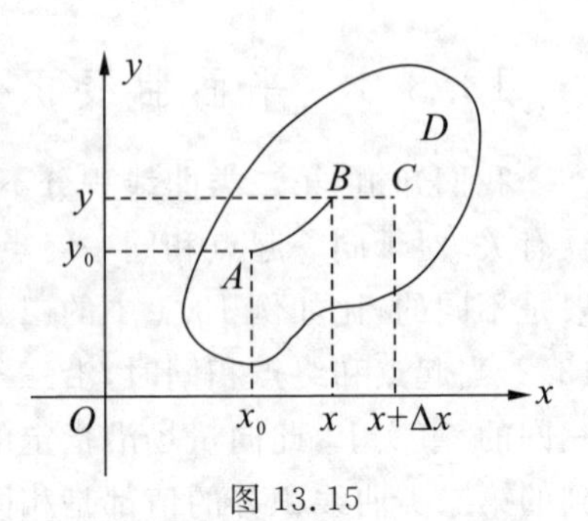

图 13.15

(2)→(3)如图 13.15,设 $A(x_0,y_0)$为 D 内一定点,$B(x,y)$为 D 内任意一点,由(2)知,曲线积分 $\int_{AB}P\mathrm{d}x+Q\mathrm{d}y$ 与路线的选择无关,故当点 $B(x,y)$ 在 D 内变动时,其积分值是 $B(x,y)$ 的函数, 即有

$$u(x,y)=\int_{AB}P\mathrm{d}x+Q\mathrm{d}y,$$

取 Δx 充分小，使 $(x+\Delta x,y)\in D$，由于积分与路线无关，故函数 $u(x,y)$ 对 x 的偏增量

$$\begin{aligned}u(x+\Delta x,y)-u(x,y)&=\int_{AC}P\mathrm{d}x+Q\mathrm{d}y-\int_{AB}P\mathrm{d}x+Q\mathrm{d}y\\&=\int_{BC}P\mathrm{d}x+Q\mathrm{d}y,\end{aligned}$$

其中 BC 为直线段且平行于 x 轴，由积分中值定理可得

$$\begin{aligned}\Delta u&=u(x+\Delta x,y)-u(x,y)=\int_{BC}P\mathrm{d}x+Q\mathrm{d}y=\int_{x}^{x+\Delta x}P(x,y)\mathrm{d}x\\&=P(x+\theta\Delta x,y)\Delta x,\end{aligned}$$

其中 $0\leqslant\theta\leqslant1$，由 $P(x,y)$ 在 D 上的连续性得

$$\frac{\partial u}{\partial x}=\lim_{\Delta x\to0}\frac{\Delta u}{\Delta x}=\lim_{\Delta x\to0}P(x+\theta\Delta x,y)=P(x,y),$$

同理可证 $\frac{\partial u}{\partial y}=Q(x,y)$. 因此 $\mathrm{d}u=P\mathrm{d}x+Q\mathrm{d}y$.

(3)→(4) 设 D 内存在某一函数 $u(x,y)$，使得 $\mathrm{d}u=P\mathrm{d}x+Q\mathrm{d}y$，由

$$P(x,y)=\frac{\partial u}{\partial x},\quad Q(x,y)=\frac{\partial u}{\partial y},$$

因此

$$\frac{\partial P}{\partial y}=\frac{\partial^2 u}{\partial x\partial y},\quad \frac{\partial Q}{\partial x}=\frac{\partial^2 u}{\partial y\partial x},$$

又 $P(x,y)$，$Q(x,y)$ 在区域 D 内有连续的偏导数，所以 $\frac{\partial^2 u}{\partial x\partial y}=\frac{\partial^2 u}{\partial y\partial x}$，从而在 D 内每一点处都有 $\frac{\partial Q}{\partial x}=\frac{\partial P}{\partial y}$.

(4)→(1) 设 L 为 D 内任一按段光滑的封闭曲线，记 L 所围的区域为 σ. 由于 D 为单连通区域，所以区域 σ 含在 D 内. 应用 Green 公式以及在 D 内恒有 $\frac{\partial Q}{\partial x}=\frac{\partial P}{\partial y}$ 的条件，就得到

$$\oint_L P\mathrm{d}x+Q\mathrm{d}y=\iint_D\left(\frac{\partial Q}{\partial x}-\frac{\partial P}{\partial y}\right)\mathrm{d}\sigma=0.$$

以上证明了所述四个条件是等价的.

容易验证例 13.2 中的向量场 $\boldsymbol{F}(x,y)=(y^2+2xy)\boldsymbol{i}+(x^2+2xy)\boldsymbol{j}$ 满足定理 13.2 中的(4)，所以积分与路径无关.

应用该定理时要求 D 是单连通区域是重要的. 在上节的例 13.7(1)中，对任何不包含原点的单连通区域 D 中，已证得在这个 D 内任何闭曲线 L 上皆有

$\oint_L \frac{x\mathrm{d}y-y\mathrm{d}x}{x^2+y^2}=0$. 而(2)中 L 为绕原点一周的闭曲线,则 $P=\frac{-y}{x^2+y^2}$,$Q=\frac{x}{x^2+y^2}$ 只在除原点以外的任何区域 D 上有定义,所以 L 必含在某个复连通区域内. 这时它不满足定理 13.2 的条件,因而就不能保证 $\oint_L \frac{x\mathrm{d}y-y\mathrm{d}x}{x^2+y^2}=0$ 的成立.

例 13.8 求

$$I=\int_L\left[\frac{x\mathrm{e}^{x^2}}{2\pi}\sin(\pi y^2)+x\cos\frac{\pi x^2}{8}\right]\mathrm{d}x$$
$$+\left[\frac{y\mathrm{e}^{x^2}}{2}\cos(\pi y^2)+x+\mathrm{e}^{\sin y^2}\ln\cos y\right]\mathrm{d}y,$$

其中 L 是依 x 正向增加的方向的曲线:$y=\begin{cases}1-\sqrt{1-(1-x)^2}, & 0\leqslant x\leqslant 1,\\(x-1)^2, & 1\leqslant x\leqslant 2.\end{cases}$

解 如图 13.16,

$$\frac{\partial Q}{\partial x}=\frac{y}{2}\cos(\pi y^2)\mathrm{e}^{x^2}2x+1$$
$$=xy\mathrm{e}^{x^2}\cos(\pi y^2)+1,$$
$$\frac{\partial P}{\partial y}=\frac{x\mathrm{e}^{x^2}}{2\pi}\cos(\pi y^2)2\pi y$$
$$=xy\mathrm{e}^{x^2}\cos(\pi y^2),$$

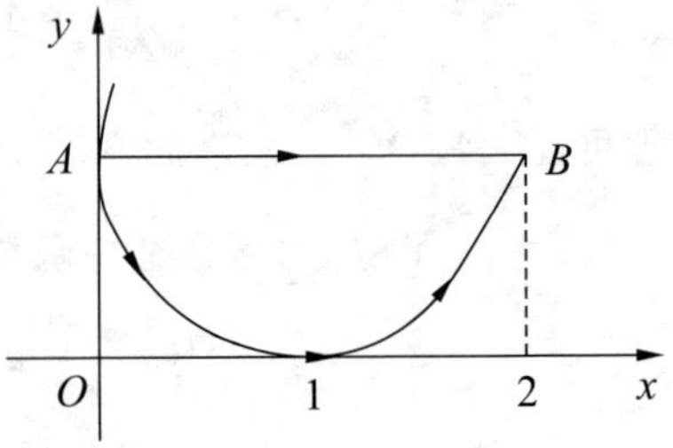

图 13.16

虽然 $\frac{\partial Q}{\partial x}\neq\frac{\partial P}{\partial y}$,但是 $\frac{\partial Q}{\partial x}=\frac{\partial P}{\partial y}+1$,即 $\frac{\partial Q}{\partial x}-1=\frac{\partial P}{\partial y}$,也即 $\frac{\partial(Q-x)}{\partial x}=\frac{\partial P}{\partial y}$.

记 $Q_1=Q-x$,则 $\frac{\partial Q_1}{\partial x}=\frac{\partial P}{\partial y}$,所以 $\int_L P\mathrm{d}x+Q_1\mathrm{d}y$ 与路径无关,且

$$I=\int_L P\mathrm{d}x+Q_1\mathrm{d}y+\int_L x\mathrm{d}y=I_1+I_2.$$

对于 $$I_1=\int_L P\mathrm{d}x+Q_1\mathrm{d}y=\int_{\overline{AB}}P\mathrm{d}x+Q_1\mathrm{d}y=\int_0^2 x\cos\frac{\pi x^2}{8}\mathrm{d}x=\frac{4}{\pi},$$

$$I_2=\int_L x\mathrm{d}y=\frac{\pi}{4}+\frac{2}{3},$$

所以 $$I=I_1+I_2=\frac{4}{\pi}+\frac{\pi}{4}+\frac{2}{3}.$$

例 13.9 设 $x>0$ 时,$f(x)$ 可导,且 $f(1)=2$. 在右半平面($x>0$)内的任一闭曲线 C 上恒有

$$\oint_C 4x^3y\mathrm{d}x+xf(x)\mathrm{d}y=0,$$

试求 $\int_{AB} 4x^3 y\mathrm{d}x + xf(x)\mathrm{d}y$，其中 AB 是从点 $A(4,0)$ 到点 $B(2,3)$ 的曲线.

解　由给定的条件知，在右半平面内，曲线积分与路径无关. 因此，$\dfrac{\partial Q}{\partial x}=\dfrac{\partial P}{\partial y}$，即有

$$xf'(x) + f(x) = 4x^3,$$

解此一阶线性方程，并利用条件 $f(1)=2$，得到

$$f(x) = \frac{1}{x} + x^3.$$

由于积分与路径无关，故取点 $A(4,0)$ 到点 $D(2,0)$，再从点 $D(2,0)$ 到点 $B(2,3)$ 的折线，则

$$\begin{aligned}\int_{AB} 4x^3 y\mathrm{d}x + xf(x)\mathrm{d}y &= \int_{AB} 4x^3 y\mathrm{d}x + (1+x^4)\mathrm{d}y \\ &= \left(\int_{AD} + \int_{DB}\right) 4x^3 y\mathrm{d}x + (1+x^4)\mathrm{d}y \\ &= \int_4^2 0\mathrm{d}x + \int_0^3 (1+2^4)\mathrm{d}y = 51.\end{aligned}$$

本题有一条特殊的路径，可以不必求出 $f(x)$ 就能算出曲线积分，其中注意 $f(1)=2$ 的使用，请读者找找看.

13.3.2　原函数与全微方程

在一元函数的积分理论中，求原函数是一个重要的问题. 若 $f(x)$ 在区间 I 上连续，则 $F(x) = \int_{x_0}^{x} f(t)\mathrm{d}t$ 就是它的一个原函数，即满足

$$\mathrm{d}F(x) = f(x)\mathrm{d}x,\quad x \in I.$$

若表达式 $P(x,y)\mathrm{d}x + Q(x,y)\mathrm{d}y$ 是某一函数 $\mathrm{d}u(x,y) = P(x,y)\mathrm{d}x + Q(x,y)\mathrm{d}y$ 的全微分，即

$$\mathrm{d}u(x,y) = P(x,y)\mathrm{d}x + Q(x,y)\mathrm{d}y,$$

则称 $u(x,y)$ 为 $P(x,y)\mathrm{d}x+Q(x,y)\mathrm{d}y$ 的一个原函数. 显然若 $P(x,y)$，$Q(x,y)$ 满足定理 13.2 的条件，则由上述证明中已经看到在 D 内的原函数 $u(x,y)$ 可用曲线积分的方法求出，即

$$\begin{aligned}u(x,y) &= \int_{AB} P(x,y)\mathrm{d}x + Q(x,y)\mathrm{d}y \\ &= \int_{A(x_0,y_0)}^{B(x,y)} P(x,y)\mathrm{d}x + Q(x,y)\mathrm{d}y.\end{aligned}$$

例 13.10　应用曲线积分求 $(2x + \sin y)\mathrm{d}x + x\cos y\mathrm{d}y$ 的原函数.

解 $P(x,y)=2x+\sin y$，$Q(x,y)=x\cos y$ 在整个平面上有连续的偏导数，且在整个全平面上都有 $\frac{\partial Q}{\partial x}=\frac{\partial P}{\partial y}=\cos y$. 由定理 13.2，平面上任意光滑曲线 AB 的曲线积分

$$\int_{AB}(2x+\sin y)\mathrm{d}x+(x\cos y)\mathrm{d}y$$

只与起点、终点有关，与积分路线的选择无关. 因此，取 $A(0,0)$ 为起点，$B(x,y)$ 为终点，取如图 13.17 的折线为积分路线，

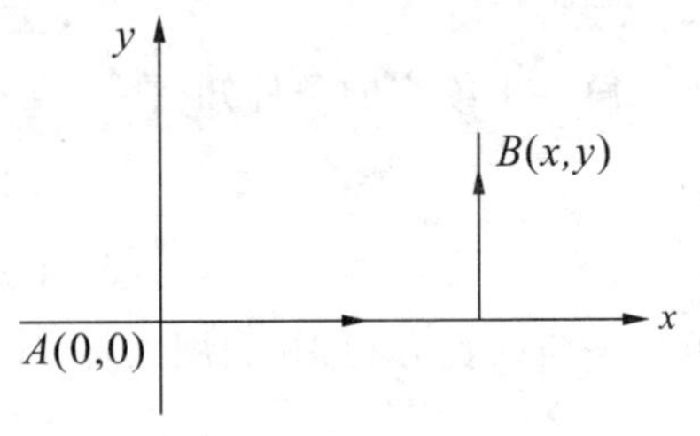

图 13.17

则 $(2x+\sin y)\mathrm{d}x+x\cos y\mathrm{d}y$ 的原函数为

$$u(x,y)=\int_0^x 2x\mathrm{d}x+\int_0^y x\cos y\mathrm{d}y=x^2+x\sin y.$$

一个一阶微分方程写成

$$P(x,y)\mathrm{d}x+Q(x,y)\mathrm{d}y=0$$

的形式后，如果它的左端恰好是某一个二元函数 $u(x,y)$ 的全微分，即

$$\mathrm{d}u(x,y)=P(x,y)\mathrm{d}x+Q(x,y)\mathrm{d}y,$$

那么此方程就叫做**全微分方程**. 显然 $u(x,y)$ 为 $P(x,y)\mathrm{d}x+Q(x,y)\mathrm{d}y$ 的一个原函数. 方程即为 $\mathrm{d}u(x,y)=0$，而 $u(x,y)\equiv C$ 即此全微分方程的隐式通解.

由前述的内容可知，当函数 $P(x,y)$，$Q(x,y)$ 在单连通闭区域 D 内具有一阶连续偏导数时，$P(x,y)\mathrm{d}x+Q(x,y)$ 为某个函数 $u(x,y)$ 的全微分的充分必要条件是

$$\frac{\partial Q}{\partial x}=\frac{\partial P}{\partial y}. \tag{13.7}$$

当此条件满足时，方程的通解为

$$\begin{aligned}u(x,y)&=\int_{AB}P(x,y)\mathrm{d}x+Q(x,y)\mathrm{d}y\\&=\int_{A(x_0,y_0)}^{B(x,y)}P(x,y)\mathrm{d}x+Q(x,y)\mathrm{d}y=C.\end{aligned} \tag{13.8}$$

例 13.11 解方程 $(5x^4+3xy^2-y^3)\mathrm{d}x+(3x^2y-3xy^2+y^2)\mathrm{d}y=0$.

解 由 $P=5x^4+3xy^2-y^3$，$Q=3x^2y-3xy^2+y^2$，于是 $\frac{\partial Q}{\partial x}=6xy-3y^2=\frac{\partial P}{\partial y}$，这是全微分方程. 取 (x_0,y_0) 为 $(0,0)$，所以用曲线积分法可得

$$\begin{aligned}u(x,y)&=\int_0^x 5x^4\mathrm{d}x+\int_0^y(3x^2y-3xy^2+y^2)\mathrm{d}y\\&=x^5+\frac{3}{2}x^2y^2-xy^3+\frac{1}{3}y^3,\end{aligned}$$

于是，方程的通解为 $x^5+\frac{3}{2}x^2y^2-xy^3+\frac{1}{3}y^3=C$.

同时此题还可以用二次积分法完成. 由$\frac{\partial Q}{\partial x}=\frac{\partial P}{\partial y}$可以验证此方程为全微分方程，所以存在相应的原函数 $u(x,y)$，且$\frac{\partial u}{\partial x}=P=5x^4+3xy^2-y^3$，两边对 x 进行积分得

$$u(x,y)=x^5+\frac{3}{2}x^2y^2-xy^3+\varphi(y),$$

又对上式$\frac{\partial u}{\partial y}=3x^2y-3xy^2+y^2+\varphi'(y)=Q$，所以 $\varphi'(y)=y^2$，两边对 y 进行积分得

$$\varphi(y)=\frac{1}{3}y^3+C,$$

故 $u(x,y)=x^5+\frac{3}{2}x^2y^2-xy^3+\frac{1}{3}y^3+C$，于是方程的通解为

$$x^5+\frac{3}{2}x^2y^2-xy^3+\frac{1}{3}y^3+C=0.$$

此外，此题还可以用凑微分的办法将 $u(x,y)$ 求出来. 将方程左边的各项重新合并，再凑微分，可得

$$\begin{aligned}&(5x^4+3xy^2-y^3)\mathrm{d}x+(3x^2y-3xy^2+y^2)\mathrm{d}y\\&=5x^4\mathrm{d}x+(3xy^2\mathrm{d}x+3x^2y\mathrm{d}y)-(y^3\mathrm{d}x+3xy^2\mathrm{d}y)+y^2\mathrm{d}y\\&=\mathrm{d}(x^5)+\frac{3}{2}\mathrm{d}(x^2y^2)-\mathrm{d}(xy^3)+\frac{1}{3}\mathrm{d}(y^3)\\&=\mathrm{d}\left(x^5+\frac{3}{2}x^2y^2-xy^3+\frac{1}{3}y^3\right).\end{aligned}$$

于是，方程的通解为 $x^5+\frac{3}{2}x^2y^2-xy^3+\frac{1}{3}y^3=C$.

当条件$\frac{\partial Q}{\partial x}=\frac{\partial P}{\partial y}$不能满足时，方程就不是全微分方程. 这时如果有一个适当的函数 $\mu(x,y)[\mu(x,y)\neq 0]$，使得方程两端在乘以 $\mu(x,y)$后得到的方程

$$\mu P\mathrm{d}x+\mu Q\mathrm{d}y=0$$

是全微分方程，则函数 $\mu(x,y)$称为方程的**积分因子**.

一般说来，寻找积分因子并不是一件容易的事情，但是在简单的情形下，可以通过观察得到. 比如，方程 $2x\mathrm{d}x+(1+\frac{x^2}{y})\mathrm{d}y=0$ 不是全微分方程. 但是方程两端乘以积分因子 y 后所得方程

$$2xy\mathrm{d}x+(y+x^2)\mathrm{d}y=0$$

便是全微分方程,易得其通解为

$$x^2y+\frac{1}{2}y^2=C.$$

下面是一些二元函数的全微分.熟悉这些将有助于我们找到积分因子.

(1) $y\mathrm{d}x+x\mathrm{d}y=\mathrm{d}(xy)$;

(2) $\dfrac{x\mathrm{d}y-y\mathrm{d}x}{x^2}=\mathrm{d}\left(\dfrac{y}{x}\right)$;

(3) $\dfrac{x\mathrm{d}y-y\mathrm{d}x}{y^2}=\mathrm{d}\left(-\dfrac{x}{y}\right)$;

(4) $\dfrac{x\mathrm{d}y-y\mathrm{d}x}{xy}=\mathrm{d}\left(\ln\dfrac{y}{x}\right)$;

(5) $\dfrac{x\mathrm{d}y+y\mathrm{d}x}{x^2+y^2}=\mathrm{d}\left[\dfrac{1}{2}\ln(x^2+y^2)\right]$;

(6) $\dfrac{x\mathrm{d}x+y\mathrm{d}y}{\sqrt{x^2+y^2}}=\mathrm{d}(\sqrt{x^2+y^2})$.

13.3.3 保守场与势函数

事实上,向量场沿指定的区域内的任何路径,只要起点和终点相同,所得到的第二类曲线积分的值都是相同的,这个性质是有物理背景的:质点在保守场中移动时,力场所作的功与质点所走过的路径无关,而只与质点运动的起点及终点有关.下面我们就来介绍保守场的定义.

定义 13.3 设有连续的向量场 $\boldsymbol{F}(x,y)=P(x,y)\boldsymbol{i}+Q(x,y)\boldsymbol{j}$, $(x,y)\in D$,若第二型曲线积分

$$\int_L \boldsymbol{F}\cdot\mathrm{d}\boldsymbol{s}=\int_L P(x,y)\mathrm{d}x+Q(x,y)\mathrm{d}y$$

与路径无关,则称向量场 $\boldsymbol{F}$ 为**保守场**.

在连续的向量场 $\boldsymbol{F}(x,y)=P(x,y)\boldsymbol{i}+Q(x,y)\boldsymbol{j}$, $(x,y)\in D$ 内,若存在单值可微的数量函数 $u(x,y)$,使得

$$\boldsymbol{F}=\mathrm{grad}u,$$

即 $\boldsymbol{F}$ 是数量场 u 的梯度场,则称向量场 $\boldsymbol{F}$ 为**有势场**(或**位场**),并称函数 $u(x,y)$ 为向量场 $\boldsymbol{F}(x,y)$ 的**势函数**(或**位函数**).

这一定义与物理学中的保守场和势函数的定义略有差别,那里要求存在一函数 u,使得 $\boldsymbol{F}=-\mathrm{grad}u$,则称 $\boldsymbol{F}$ 为保守场,u 为势函数.物理学中的势函数的定义多了一个负号,主要是从物理意义考虑.从数学角度来看,这个差别无关紧要.

由梯度的定义可以推知,若 u 为 $\boldsymbol{F}$ 的势函数,则对任意常数 C,$u+C$ 也是 $\boldsymbol{F}$ 的

势函数;反之,若 u,v 都是 $\boldsymbol{F}$ 的势函数,即

$$\operatorname{grad} u=\boldsymbol{F},\ \operatorname{grad} v=\boldsymbol{F},$$

则

$$\operatorname{grad}(u-v)=\mathbf{0},$$

从而 $u-v$ 必为常数,即 $u-v=C$ 或 $u=v+C$. 所以,若相差的常数可以不计,保守场 $\boldsymbol{F}$ 的势函数是唯一的.

例 13.12　选取 a,b 值,使得 $\dfrac{ax+y}{x^2+y^2}\mathrm{d}x-\dfrac{x-y+b}{x^2+y^2}\mathrm{d}y$ 为函数 $u(x,y)$ 的全微分,并求 $u(x,y)$.

解　由于 $P=\dfrac{ax+y}{x^2+y^2}$,　$Q=-\dfrac{x-y+b}{x^2+y^2}$,

$$\frac{\partial P}{\partial y}=\frac{x^2-2axy-y^2}{(x^2+y^2)^2},$$

$$\frac{\partial Q}{\partial x}=\frac{x^2-y^2-2xy+2bx}{(x^2+y^2)^2},$$

所以 $\dfrac{\partial P}{\partial y}=\dfrac{\partial Q}{\partial x}\Rightarrow 2axy=2xy,2bx=0\Rightarrow a=1,b=0.$

因为,除点 $(0,0)$ 外,P,Q 具有一节连续偏导数,于是

$$\begin{aligned}u(x,y)&=\int_{(1,0)}^{(x,y)}\frac{(x+y)\mathrm{d}x-(x-y)\mathrm{d}y}{x^2+y^2}+C\\&=\int_1^x\frac{1}{x}\mathrm{d}x-\int_0^y\frac{x-y}{x^2+y^2}\mathrm{d}y+C\\&=\frac{1}{2}\ln(x^2+y^2)-\arctan\frac{y}{x}+C.\end{aligned}$$

习题 13.3

(A)

1. 验证下列积分与路线无关,并求它们的值:

(1) $\displaystyle\int_{(0,0)}^{(1,1)}(x-y)(\mathrm{d}x-\mathrm{d}y)$;

(2) $\displaystyle\int_{(0,0)}^{(x,y)}(2x\cos y-y^2\sin x)\mathrm{d}x+(2\cos x-x^2\sin y)\mathrm{d}y$;

(3) $\displaystyle\int_{(2,1)}^{(1,2)}\frac{y\mathrm{d}x-x\mathrm{d}y}{x^2}$,沿右半面的路线;

(4) $\displaystyle\int_{(1,0)}^{(6,8)}\frac{x\mathrm{d}x+y\mathrm{d}y}{\sqrt{x^2+y^2}}$,沿不通过原点的路线;

(5) $\displaystyle\int_{(2,1)}^{(1,2)}\varphi(x)\mathrm{d}x+\varphi(y)\mathrm{d}y$,其中 $\varphi(x),\varphi(y)$ 为连续函数.

(6) $\int_L \frac{1+y^2 f(xy)}{y}\mathrm{d}x+\frac{x}{y^2}[y^2 f(xy)-1]\mathrm{d}y$,其中 L 是从点$(3,\frac{2}{3})$到$(1,2)$的直线段.

2. 验证下列 $P(x,y)\mathrm{d}x+Q(x,y)\mathrm{d}y$ 在整个 xOy 平面内是某一函数 $u(x,y)$ 的全微分,并求这样的一个 $u(x,y)$:

(1) $(x+2y)\mathrm{d}x+(2x+y)\mathrm{d}y$;

(2) $2xy\mathrm{d}x+x^2\mathrm{d}y$;

(3) $4\sin x\sin 3y\cos x\mathrm{d}x\mathrm{d}x-3\cos 3y\cos 2y\mathrm{d}y$;

(4) $(3x^2y+8xy^2)\mathrm{d}x+(x^3+8x^2y+12ye^y)\mathrm{d}y$;

(5) $(2x\cos y+y^2\cos x)\mathrm{d}x+(2y\sin x-x^2\sin y)\mathrm{d}y$.

3. 为了使曲线积分 $\int_L F(x,y)(y\mathrm{d}x+x\mathrm{d}y)$ 与积分路线无关,可微函数 $F(x,y)$ 应满足怎样的条件?

(B)

1. 计算曲线积分 $I=\int_L \frac{x-y}{x^2+y^2}\mathrm{d}x+\frac{x+y}{x^2+y^2}\mathrm{d}y$,其中 L 是从点 $A(-a,0)$ 经上半椭圆 $\frac{x^2}{a^2}+\frac{y^2}{b^2}=1(y\geqslant 0)$ 到点 $B(a,0)$ 的弧段.

2. 设 $Q(x,y)$ 在 xOy 平面上有一阶连续偏导数,积分 $I=\int_L 2xy\mathrm{d}x+Q(x,y)\mathrm{d}y$ 与路径无关,任意 t 恒有 $\int_{(0,0)}^{(t,1)} 2xy\mathrm{d}x+Q(x,y)\mathrm{d}y=\int_{(0,0)}^{(1,t)} 2xy\mathrm{d}x+Q(x,y)\mathrm{d}y$,求 $Q(x,y)$.

3. 设曲线积分 $\oint_L 2[x\varphi(y)+\psi(y)]\mathrm{d}x+[x^2\psi(y)+2xy^2-2x\varphi(y)]\mathrm{d}y=0$,其中 L 为任意一条平面分段光滑闭曲线,$\varphi(y)$,$\psi(y)$ 是连续可微的函数,

(1) 若 $\varphi(0)=-2$,$\psi(0)=1$,试确定 $\varphi(y)$,$\psi(y)$;

(2) 计算沿 L 从点 $O(0,0)$ 到 $M(\pi,\frac{\pi}{2})$ 的曲线积分.

13.4 第二型曲面积分

13.4.1 曲面的侧

本节要讨论的向量值函数沿曲面的积分与指定曲面的侧有关,因此首先要阐

明曲面的侧基本.

设连通曲面 S 上到处都有连续变动的切平面(或法线),设 M_0 为曲面 S 上的任意给定点,M_0 处的法线有两个方向.当取定其中一个指向为正方向时,则另一个指向就是负方向.L 为 S 上任一经过点 M_0,且不超出 S 边界的闭曲线.又设 M 为动点,它有与在 M_0 处相同的法线方向,且有如下特性:当 M 从 M_0 出发沿 L 连续移动,这时作为曲面上的点 M,它的法线方向也连续地变动.最后当 M 沿 L 回到 M_0 时,若这时 M 的法线方向仍与 M_0 的法线方向相一致,则说这曲面 S 是**双侧曲面**;若与 M_0 的法线方向相反,则说 S 是**单侧曲面**.我们通常碰到的曲面大多是双侧曲面.本书仅讨论双侧曲面.

值得一提的是,单侧曲面的一个典型例子是默比乌斯(Möbius)带.它的构造方法如下:取一矩形长纸带 $ABCD$,将其一端扭转 180°后与另一端粘合在一起(即让 A 与 C 重合,B 与 D 重合).读者可以考察这个带状曲面是单侧的(图 13.18).事实上,可在曲面上任取一条与其边界相平行的闭曲线 L,动点 M 从 L 上的点 M_0 出发,其法线方向与 M_0 的法线方向相一致,当 M 沿 L 连续变动一周回到 M_0 时,这时 M 的法线方向却与 M_0 的法线方向相反.对默比乌斯带还可更简单地说明它的单侧特性,即沿这个带子上任一处出发涂以一种颜色,则可以不越过边界而将它全部涂遍(即把原纸带的两面都涂上同样的颜色).

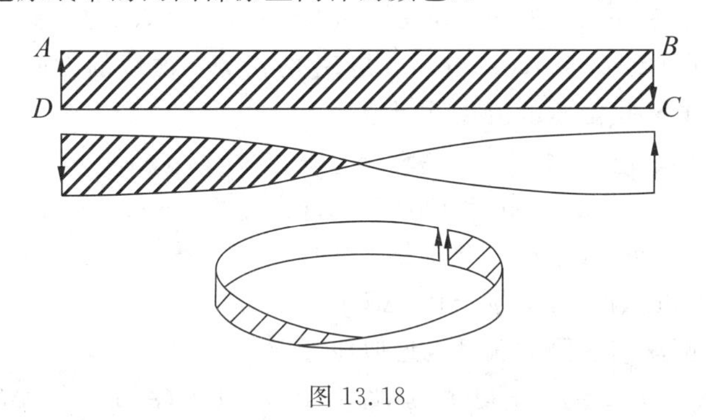

图 13.18

我们将确定了法向量的曲面称为**有向曲面**。设曲面 S 的方程为

$$z = z(x,y)\left[\text{或 } x = x(y,z),\ y = y(z,x)\right],$$

当任何平行于 z 轴(或 x 轴,y 轴)的直线与曲线 S 的交点不多于一点时,曲线 S 可以分为上侧与下侧(或前侧与后侧,左侧与右侧).若曲面 S 为封闭曲面时,S 可分为外侧(单位法向量指向外)和内侧(单位法向量指向内).

对于曲面 S:$z=z(x,y)$在任一点 $M(x,y,z)$处的法向量 $\boldsymbol{n}$ 为

$$(-z_x,-z_y,1)\text{ 或}(z_x,z_y,-1).$$

若法向量 $\boldsymbol{n}$ 的指向朝上(或朝下),即 $\boldsymbol{n}$ 与 z 轴正向的夹角 $\gamma<\frac{\pi}{2}$(或 $\gamma>\frac{\pi}{2}$),即有 $\cos\gamma>0$(或 $\cos\gamma<0$),这时

$$\text{上侧 } \boldsymbol{n}^{\circ}=\frac{-z_x\boldsymbol{i}-z_y\boldsymbol{j}+\boldsymbol{k}}{\sqrt{1+z_x^2+z_y^2}},\text{ 下侧 } \boldsymbol{n}^{\circ}=\frac{z_x\boldsymbol{i}+z_y\boldsymbol{j}-\boldsymbol{k}}{\sqrt{1+z_x^2+z_y^2}}.$$

同理,对于曲面 $y=y(z,x)$(或 $x=x(y,z)$).可用单位法向量分别地确定右侧与左侧(或前侧与后侧).同时当曲面为有向曲面时,我们规定曲面 S 在任一点处的有向面积微元 $\mathrm{d}S$ 为

$$\mathrm{d}\boldsymbol{S}=\boldsymbol{n}^{\circ}\mathrm{d}S,$$

即 $\mathrm{d}\boldsymbol{S}$ 的方向与 $\boldsymbol{n}^{\circ}$一致,其大小为 $\mathrm{d}S$.

13.4.2 第二型曲面积分的概念

先观察一个计算流量的问题.设某流体以一定的流速

$$\boldsymbol{v}=\{P(x,y,z),Q(x,y,z),R(x,y,z)\}$$

从给定的曲面 S 的负侧流向正侧,其中 P,Q,R 为所讨论范围上的连续函数,求单位时间内流体流经曲面 S 指定侧的总流量 E.

设对曲面 S 作任意分割,将曲面 S 分为 n 个小曲面 $S_i(i=1,\cdots,n)$.小曲面 S_i 的正侧上任一点(ξ_i,η_i,ζ_i)处的单位法向量为$\boldsymbol{n}^{\circ}=(\cos\alpha_i,\cos\beta_i,\cos\gamma_i)$,这里 $\alpha_i,\beta_i,\gamma_i$ 是 ξ_i,η_i,ζ_i 的函数,$\cos\alpha_i,\cos\beta_i,\cos\gamma_i$ 是 S_i 的正侧上法线的方向余弦.则单位时间内流经小曲面 S_i 指定侧的流量近似地等于

$$\begin{aligned}\boldsymbol{v}(\xi_i,\eta_i,\zeta_i)\cdot\boldsymbol{n}^{\circ}(\xi_i,\eta_i,\zeta_i)\Delta S_i=&[P(\xi_i,\eta_i,\zeta_i)\cos\alpha_i\\&+Q(\xi_i,\eta_i,\zeta_i)\cos\beta_i+R(\xi_i,\eta_i,\zeta_i)\cos\gamma_i]\Delta S_i.\end{aligned}$$

又 $\Delta S_i\cos\alpha_i,\Delta S_i\cos\beta_i,\Delta S_i\cos\gamma_i$ 分别是 S_i 的正侧在坐标面 yOz,zOx 和 xOy 上投影区域的面积的近似值,并分别记作$(\Delta S_i)_{yz},(\Delta S_i)_{zx},(\Delta S_i)_{xy}$,于是单位时间内由小曲面 S_i 的负侧流向正侧的流量也近似地等于

$$P(\xi_i,\eta_i,\zeta_i)(\Delta S_i)_{yz}+Q(\xi_i,\eta_i,\zeta_i)(\Delta S_i)_{zx}+R(\xi_i,\eta_i,\zeta_i)(\Delta S_i)_{xy},$$

故单位时间内由曲面 S 的指定侧的总流量为

$$\lim_{\lambda\to0}\sum_{i=1}^{n}[P(\xi_i,\eta_i,\zeta_i)(\Delta S_i)_{yz}+Q(\xi_i,\eta_i,\zeta_i)(\Delta S_i)_{zx}+R(\xi_i,\eta_i,\zeta_i)(\Delta S_i)_{xy}],$$

其中 $\lambda=\max\limits_{1\leqslant i\leqslant n}\{S_i\text{ 的直径}\}$.

这种与曲面的侧有关的和式的极限就是所要讨论的第二型曲面积分.

定义 13.4(第二型曲面积分) 设 $P(x,y,z),Q(x,y,z),R(x,y,z)$ 为定义在双侧曲面 S 上的函数,在 S 所指定的一侧作分割,它把 S 分为 n 个小曲面 S_i,记 $\lambda=\max\limits_{1\leqslant i\leqslant n}\{S_i\text{ 的直径}\}$,以$(\Delta S_i)_{yz},(\Delta S_i)_{zx},(\Delta S_i)_{xy}$ 分别表示 S_i 在三个坐标面上的投

影，它们的符号由 S_i 的方向来确定. 如 S_i 的法线正向与 z 轴正向成锐角时，S_i 在 xOy 平面的投影 $(\Delta S_i)_{xy}$ 为正. 反之，若 S_i 的法线正向与 z 轴正向成钝角时，它在 xOy 平面的投影 $(\Delta S_i)_{xy}$ 为负. 在各个小曲面 S_i 上任取一点 (ξ_i,η_i,ζ_i). 若

$$\lim_{\lambda\to 0}\sum_{i=1}^{n}P(\xi_i,\eta_i,\zeta_i)(\Delta S_i)_{yz}+\lim_{\lambda\to 0}\sum_{i=1}^{n}Q(\xi_i,\eta_i,\zeta_i)(\Delta S_i)_{zx}$$
$$+\lim_{\lambda\to 0}\sum_{i=1}^{n}R(\xi_i,\eta_i,\zeta_i)(\Delta S_i)_{xy}$$

存在，且与曲面 S 的分割和 (ξ_i,η_i,ζ_i) 在 S_i 上的取法无关，则称此极限为函数 P，Q，R 在曲面 S 所指定的一侧上的**第二型曲面积分**，记作

$$\iint_S P(x,y,z)\mathrm{d}y\mathrm{d}z+Q(x,y,z)\mathrm{d}z\mathrm{d}x+R(x,y,z)\mathrm{d}x\mathrm{d}y$$

或
$$\iint_S P(x,y,z)\mathrm{d}y\mathrm{d}z+\iint_S Q(x,y,z)\mathrm{d}z\mathrm{d}x+\iint_S R(x,y,z)\mathrm{d}x\mathrm{d}y.$$

据此定义，某流体以速度 $\boldsymbol{v}=(P,Q,R)$ 流经曲面 S 指定侧的总流量

$$E=\iint_S P(x,y,z)\mathrm{d}y\mathrm{d}z+Q(x,y,z)\mathrm{d}z\mathrm{d}x+R(x,y,z)\mathrm{d}x\mathrm{d}y.$$

又若空间的磁场强度为 $(P(x,y,z),Q(x,y,z),R(x,y,z))$，则通过曲面 S 的磁通量(磁力线总数)

$$H=\iint_S P(x,y,z)\mathrm{d}y\mathrm{d}z+Q(x,y,z)\mathrm{d}z\mathrm{d}x+R(x,y,z)\mathrm{d}x\mathrm{d}y.$$

若以 $-S$ 表示曲面 S 的另一侧，由定义易得

$$\iint_{-S} P\mathrm{d}y\mathrm{d}z+Q\mathrm{d}z\mathrm{d}x+R\mathrm{d}x\mathrm{d}y=-\iint_S P\mathrm{d}y\mathrm{d}z+Q\mathrm{d}z\mathrm{d}x+R\mathrm{d}x\mathrm{d}y.$$

与第二型曲线积分一样，第二型曲面积分也有如下一些性质：

(1)若 $\iint_S P_i(x,y,z)\mathrm{d}y\mathrm{d}z+Q_i(x,y,z)\mathrm{d}z\mathrm{d}x+R_i(x,y,z)\mathrm{d}x\mathrm{d}y$，$(i=1,2,\cdots,k)$ 存在，则有

$$\iint_S\left(\sum_{i=1}^{k}C_iP_i\right)\mathrm{d}y\mathrm{d}z+\left(\sum_{i=1}^{k}C_iQ_i\right)\mathrm{d}z\mathrm{d}x+\left(\sum_{i=1}^{k}C_iR_i\right)\mathrm{d}x\mathrm{d}y$$
$$=\sum_{i=1}^{k}C_i\iint_S P_i\mathrm{d}y\mathrm{d}z+Q_i\mathrm{d}z\mathrm{d}x+R_i\mathrm{d}x\mathrm{d}y,$$

其中 $C_i(i=1,2,\cdots,k)$ 是常数.

(2)若曲面 S 是由两两无公共内点的曲面块 $S_1,S_2,\cdots,S_k$ 所组成，且

$$\iint_{S_i} P(x,y,z)\mathrm{d}y\mathrm{d}z+Q(x,y,z)\mathrm{d}z\mathrm{d}x+R(x,y,z)\mathrm{d}x\mathrm{d}y\quad(i=1,2,\cdots,k)$$

存在,则有

$$\iint_S P\mathrm{d}y\mathrm{d}z + Q\mathrm{d}z\mathrm{d}x + R\mathrm{d}x\mathrm{d}y = \sum_{i=1}^{k}\iint_{S_i} P\mathrm{d}y\mathrm{d}z + Q\mathrm{d}z\mathrm{d}x + R\mathrm{d}x\mathrm{d}y.$$

13.4.3 第二型曲面积分的计算

第二型曲面积分也是把它化为二重积分来计算的.

定理 13.3 设 $R(x,y,z)$ 是定义在光滑曲面 $S:z=z(x,y),(x,y)\in D_{xy}$ 上的连续函数,S 给定出上侧(这时 S 的法线方向与 z 轴正向成锐角),则有

$$\iint_S R(x,y,z)\mathrm{d}x\mathrm{d}y = \iint_{D_{xy}} R(x,y,z(x,y))\mathrm{d}x\mathrm{d}y. \tag{13.9}$$

这里指出,若 S 是平面 xOy 上的一个区域,不指定侧,则 $\iint_S R(x,y,z)\mathrm{d}x\mathrm{d}y$ 与 $\iint_{D_{xy}} R(x,y,z)\mathrm{d}x\mathrm{d}y$ 只相差一个正负号.如果一个空间曲面在平面 xOy 的投影为一条曲线,则 S 不论是哪一侧,$\iint_S R(x,y,z)\mathrm{d}x\mathrm{d}y$ 均为 0,因为 $\gamma=\frac{\pi}{2}$.

证 由第二型曲面积分的定义

$$\begin{aligned}\iint_S R(x,y,z)\mathrm{d}x\mathrm{d}y &= \lim_{\lambda\to 0}\sum_{i=1}^{n} R(\xi_i,\eta_i,\zeta_i)(\Delta S_i)_{xy}\\ &= \lim_{d\to 0}\sum_{i=1}^{n} R(\xi_i,\eta_i,z(\xi_i,\eta_i))(\Delta S_i)_{xy},\end{aligned}$$

这里 $d=\max\{(\Delta S_i)_{xy}$ 的直径$\}$.显然由 $d=\max\{S_i$ 的直径$\}\to 0$,立刻可推得 $\lambda\to 0$.由于 $R(x,y,z)$ 在 S 上连续,$z=z(x,y)$ 在 D_{xy} 上连续,由复合函数的连续性,$R(x,y,z(x,y))$ 也是 D_{xy} 上的连续函数,由二重积分的定义

$$\iint_{D_{xy}} R(x,y,z(x,y))\mathrm{d}x\mathrm{d}y = \lim_{d\to 0}\sum_{i=1}^{n} R(\xi_i,\eta_i,z(\xi_i,\eta_i))(\Delta S_i)_{xy},$$

所以

$$\iint_S R(x,y,z)\mathrm{d}x\mathrm{d}y = \iint_{D_{xy}} R(x,y,z(x,y))\mathrm{d}x\mathrm{d}y.$$

类似地,当 P 在光滑曲面 $S:x=x(y,z),(y,z)\in D_{yz}$ 上连续时,有

$$\iint_S P(x,y,z)\mathrm{d}y\mathrm{d}z = \iint_{D_{yz}} P(x(y,z),y,z)\mathrm{d}y\mathrm{d}z. \tag{13.10}$$

注意 这里 S 是以 S 的法线方向与 x 轴的正向成锐角的那一侧,即前侧为正侧.

当 Q 在光滑曲面 $S:y=y(z,x),(z,x)\in D_{zx}$ 上连续时,有

$$\iint\limits_{S} Q(x,y,z)\,\mathrm{d}z\mathrm{d}x = \iint\limits_{D_{zx}} Q(x,y(z,x),z)\,\mathrm{d}z\mathrm{d}x\,. \tag{13.11}$$

注意　这里 S 是以 S 的法线方向与 y 轴的正向成锐角的那一侧，即右侧为正侧.

例 13.13　计算 $\iint\limits_{S} xyz\,\mathrm{d}x\mathrm{d}y$，其中 S 是球面 $x^2+y^2+z^2=1$ 在 $x\geqslant 0, y\geqslant 0$ 部分并取球面外侧.

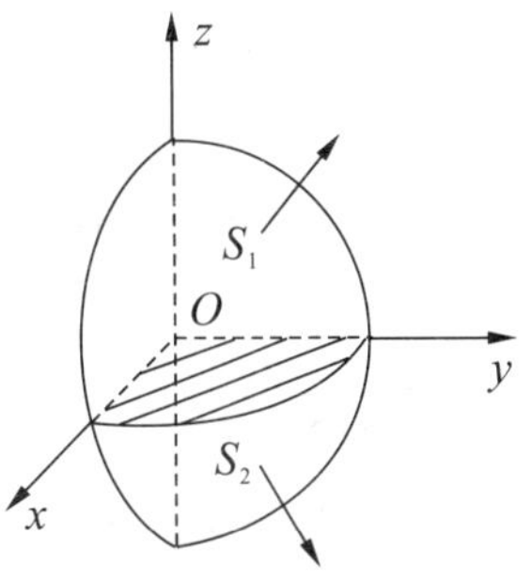

图 13.19

解　曲面 S 在第一、五卦限部分的方程分别为

$S_1: z_1 = \sqrt{1-x^2-y^2}$ 上侧；

$S_2: z_2 = -\sqrt{1-x^2-y^2}$ 下侧 .

它们在 xOy 平面上的投影区域都是单位圆在第一象限部分，依题意，积分是沿 S_1 的上侧和 S_2 的下侧，所以

$$\begin{aligned}\iint\limits_{S} xyz\,\mathrm{d}x\mathrm{d}y &= \iint\limits_{S_1} xyz\,\mathrm{d}x\mathrm{d}y + \iint\limits_{S_2} xyz\,\mathrm{d}x\mathrm{d}y \\ &= \iint\limits_{D_{xy}} xy\sqrt{1-x^2-y^2}\,\mathrm{d}x\mathrm{d}y \\ &\quad - \iint\limits_{D_{xy}} -xy\sqrt{1-x^2-y^2}\,\mathrm{d}x\mathrm{d}y \\ &= 2\iint\limits_{D_{xy}} xy\sqrt{1-x^2-y^2}\,\mathrm{d}x\mathrm{d}y \\ &= 2\int_0^{\frac{\pi}{2}}\mathrm{d}\theta\int_0^1 r^3\cos\theta\sin\theta\sqrt{1-r^2}\,\mathrm{d}r = \frac{2}{15}.\end{aligned}$$

例 13.14　计算曲面积分 $\iint\limits_{\Sigma}(z^2+x)\,\mathrm{d}y\mathrm{d}z - z\,\mathrm{d}x\mathrm{d}y$，其中 Σ 为旋转抛物面 $x^2+y^2=2z$ 介于 $z=0$ 和 $z=2$ 之间的部分曲面的下侧.

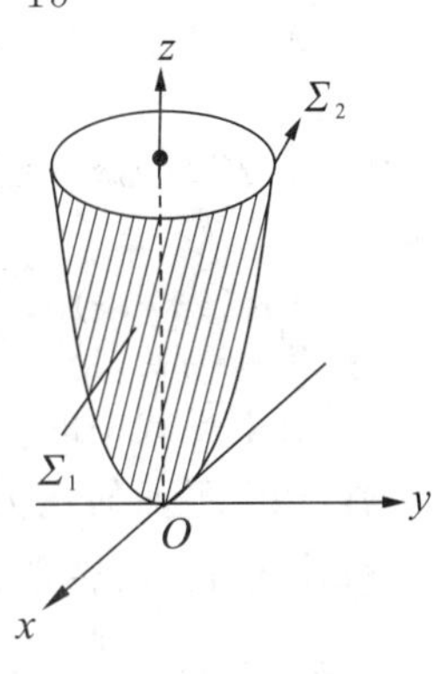

图 13.20

解　原式 $= \iint\limits_{\Sigma}(z^2+x)\,\mathrm{d}y\mathrm{d}z - \iint\limits_{\Sigma} z\,\mathrm{d}x\mathrm{d}y$.

对于积分 $\iint\limits_{\Sigma}(z^2+x)\,\mathrm{d}y\mathrm{d}z$，设 $\Sigma=\Sigma_1+\Sigma_2$[其中 Σ_1 为曲面前半块的外侧(前侧)，$x=\sqrt{2z-y^2}$；Σ_2 为曲面后半块的外侧(后侧) $x=-\sqrt{2z-y^2}$]，如图13.20.

则 $\iint\limits_{\Sigma}(z^2+x)\mathrm{d}y\mathrm{d}z=\iint\limits_{\Sigma_1}(z^2+x)\mathrm{d}y\mathrm{d}z+\iint\limits_{\Sigma_2}(z^2+x)\mathrm{d}y\mathrm{d}z$

$$=\iint\limits_{D_{yz}}(z^2+\sqrt{2z-y^2})\mathrm{d}y\mathrm{d}z-\iint\limits_{D_{yz}}(z^2-\sqrt{2z-y^2})\mathrm{d}y\mathrm{d}z$$

$$=2\iint\limits_{D_{yz}}\sqrt{2z-y^2}\,\mathrm{d}y\mathrm{d}z=2\int_{-2}^{2}\mathrm{d}y\int_{\frac{y^2}{2}}^{2}\sqrt{2z-y^2}\,\mathrm{d}z$$

$$=2\int_{-2}^{2}\frac{1}{3}(4-y^2)^{\frac{3}{2}}\mathrm{d}y\xlongequal[y=2\sin t]{}\frac{4}{3}\int_{0}^{\frac{\pi}{2}}8\cos^3 t\cdot 2\cos t\mathrm{d}t$$

$$=\frac{64}{3}\cdot\frac{3\cdot 1}{4\cdot 2}\cdot\frac{\pi}{2}=4\pi,$$

而 $-\iint\limits_{\Sigma}z\,\mathrm{d}x\mathrm{d}y=-\iint\limits_{\Sigma}\frac{x^2+y^2}{2}\mathrm{d}x\mathrm{d}y=+\iint\limits_{D_{xy}}\frac{x^2+y^2}{2}\mathrm{d}x\mathrm{d}y$

$$=\int_0^{2\pi}\mathrm{d}\theta\int_0^2\frac{1}{2}r^2\cdot r\mathrm{d}r=4\pi,$$

所以,原式$=8\pi$.

另外若曲面的方程为参数形式 $S:\begin{cases}x=x(u,v),\\ y=y(u,v),\\ z=z(u,v),\end{cases}$ $(u,v)\in D$,假设曲面 S 上的点与 uv 平面的区域中的点一一对应,同时 $x(u,v),y(u,v),z(u,v)$ 皆在 D 上具有对 u 和 v 的连续偏导数,并且其 Jacobi 行列式 $\frac{\partial(x,y)}{\partial(u,v)},\frac{\partial(y,z)}{\partial(u,v)},\frac{\partial(z,x)}{\partial(u,v)}$ 中至少有一个不等于 0,则分别有

$$\iint\limits_{S}P(x,y,z)\mathrm{d}y\mathrm{d}z=\pm\iint\limits_{D}P(x(u,v),y(u,v),z(u,v))\left|\frac{\partial(y,z)}{\partial(u,v)}\right|\mathrm{d}u\mathrm{d}v,$$

$$\iint\limits_{S}Q(x,y,z)\mathrm{d}z\mathrm{d}x=\pm\iint\limits_{D}Q(x(u,v),y(u,v),z(u,v))\left|\frac{\partial(z,x)}{\partial(u,v)}\right|\mathrm{d}u\mathrm{d}v,$$

$$\iint\limits_{S}R(x,y,z)\mathrm{d}x\mathrm{d}y=\pm\iint\limits_{D}R(x(u,v),y(u,v),z(u,v))\left|\frac{\partial(x,y)}{\partial(u,v)}\right|\mathrm{d}u\mathrm{d}v.$$

注:上三式中的正负号分别对应曲面 S 的两个侧,特别当 uv 平面的正方向对应于曲面 S 所选定的正向一侧时,取正号,否则取负号.

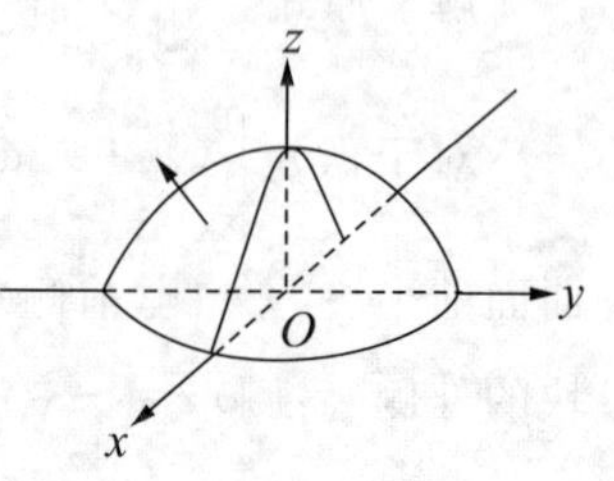

图 13.21

例 13.15 $\iint\limits_{S}x^3\mathrm{d}y\mathrm{d}z$,其中 S 是椭球面 $\frac{x^2}{a^2}+\frac{y^2}{b^2}+\frac{z^2}{c^2}=1$ 上半部分并取外侧.

解 如图 13.21,用 yOz 平面将 S 分成 S_1 和 S_2

两部分，

即 $S_1:\begin{cases}x=a\sin\varphi\cos\theta,\\ y=b\sin\varphi\sin\theta,\\ z=c\cos\varphi\end{cases}\quad(-\frac{\pi}{2}\leqslant\theta\leqslant\frac{\pi}{2},\ 0\leqslant\varphi\leqslant\frac{\pi}{2})$；

$S_2:\begin{cases}x=a\sin\varphi\cos\theta,\\ y=b\sin\varphi\sin\theta,\\ z=c\cos\varphi\end{cases}\quad(\frac{\pi}{2}\leqslant\varphi\leqslant\frac{3\pi}{2},\ 0\leqslant\theta\leqslant\frac{\pi}{2})$.

易知
$$I=\iint_{S_1}x^3\,dydz+\iint_{S_2}x^3\,dydz$$
$$=+\iint_{D_1}(a^3\sin^3\varphi\cos^3\theta)A_1\,d\varphi d\theta+\left[-\iint_{D_2}(a^3\sin^3\varphi\cos^3\theta)A_2\,d\varphi d\theta\right]$$

其中
$$A_1=\left|\frac{\partial(y,z)}{\partial(\varphi,\theta)}\right|=bc\sin^2\varphi\cos\theta;\ A_2=bc\sin^2\varphi(-\cos\theta)$$

则
$$I=a^3bc\int_{-\frac{\pi}{2}}^{\frac{\pi}{2}}\cos^4\theta d\theta\int_0^{\frac{\pi}{2}}\sin^5\varphi d\varphi+a^3bc\int_{\frac{\pi}{2}}^{\frac{3\pi}{2}}\cos^4\theta d\theta\int_0^{\frac{\pi}{2}}\sin^5\varphi d\varphi$$
$$=a^3bc\int_{-\frac{\pi}{2}}^{\frac{3\pi}{2}}\cos^4\theta d\theta\int_0^{\frac{\pi}{2}}\sin^5\varphi d\varphi=\frac{2}{5}\pi a^3bc.$$

13.4.4　两类曲面积分的联系

由定理 13.3 可知，设 R 是定义在光滑曲面 $S:z=z(x,y),(x,y)\in D_{xy}$ 上的连续函数，以 S 的上侧为正侧(这时 S 的法线方向与 z 轴正向成锐角)，则有
$$\iint_S R(x,y,z)\,dxdy=\iint_{D_{xy}}R(x,y,z(x,y))\,dxdy.$$

另一方面，上述有向曲面 S 的法向量的方向余弦为
$$\cos\alpha=\frac{-z_x}{\sqrt{1+z_x^2+z_y^2}},\quad\cos\beta=\frac{-z_y}{\sqrt{1+z_x^2+z_y^2}},$$
$$\cos\gamma=\frac{1}{\sqrt{1+z_x^2+z_y^2}},$$
故由第一型曲面积分的计算公式
$$\iint_S R(x,y,z)\cos\gamma dS=\iint_{D_{xy}}R(x,y,z(x,y))\,dxdy.$$

所以，有
$$\iint_S R(x,y,z)\,dxdy=\iint_S R(x,y,z)\cos\gamma dS.\tag{13.12}$$

如果 S 取下侧，则

$$\iint_S R(x,y,z)\mathrm{d}x\mathrm{d}y = -\iint_{D_{xy}} R(x,y,z(x,y))\mathrm{d}x\mathrm{d}y,$$

此时 $\cos\gamma=\dfrac{-1}{\sqrt{1+z_x^2+z_y^2}}$,因此公式(13.12)也成立.

同理可推得:

$$\iint_S P(x,y,z)\mathrm{d}y\mathrm{d}z = \iint_S P(x,y,z)\cos\alpha\mathrm{d}S, \tag{13.13}$$

$$\iint_S Q(x,y,z)\mathrm{d}z\mathrm{d}x = \iint_S Q(x,y,z)\cos\beta\mathrm{d}S, \tag{13.14}$$

将公式(13.12)、公式(13.13)、公式(13.14)相加,得两类曲面积分之间的联系:

$$\iint_S P\mathrm{d}y\mathrm{d}z + Q\mathrm{d}z\mathrm{d}x + R\mathrm{d}x\mathrm{d}y = \iint_S (P\cos\alpha + Q\cos\beta + R\cos\gamma)\mathrm{d}S. \tag{13.15}$$

由两类曲面积分的关系,前例13.14还可以有另一种解法:

$$\iint_\Sigma (z^2+x)\mathrm{d}y\mathrm{d}z = \iint_\Sigma (z^2+x)\cos\alpha\mathrm{d}S = \iint_\Sigma (z^2+x)\frac{\cos\alpha}{\cos\gamma}\mathrm{d}x\mathrm{d}y,$$

在曲面 Σ 上,法向量 $\boldsymbol{n}=(x,y,-1)$,$\cos\gamma$ 一定是负值,

所以
$$\cos\alpha = \frac{x}{\sqrt{1+x^2+y^2}},\ \cos\gamma = \frac{-1}{\sqrt{1+x^2+y^2}},$$

则
$$\begin{aligned}
I &= \iint_\Sigma (z^2+x)\mathrm{d}y\mathrm{d}z - \iint_\Sigma z\mathrm{d}x\mathrm{d}y = \iint_\Sigma [(z^2+x)(-x)-z]\mathrm{d}x\mathrm{d}y \\
&= \iint_\Sigma \{[x+(\frac{x^2+y^2}{2})^2](-x)-z\}\mathrm{d}x\mathrm{d}y \\
&= -\iint_{D_{xy}} [-x^2 - x\cdot\frac{(x^2+y^2)^2}{4} - \frac{x^2+y^2}{2}]\mathrm{d}x\mathrm{d}y \\
&= \iint_{D_{xy}} x\cdot\frac{(x^2+y^2)^2}{4}\mathrm{d}x\mathrm{d}y + \iint_{D_{xy}} (x^2+\frac{x^2+y^2}{2})\mathrm{d}x\mathrm{d}y,
\end{aligned}$$

由二重积分的定义可知 $\displaystyle\iint_{D_{xy}} x\cdot\frac{(x^2+y^2)^2}{4}\mathrm{d}x\mathrm{d}y \equiv 0$,

所以,原式$=\displaystyle\iint_{D_{xy}} (x^2+\frac{x^2+y^2}{2})\mathrm{d}x\mathrm{d}y = \int_0^{2\pi}\mathrm{d}\theta\int_0^2 r(\frac{1}{2}r^2 + r^2\cos^2\theta)\mathrm{d}r = 8\pi.$

例 13.16　计算积分 $I=\displaystyle\iint_\Sigma [f(x,y,z)+x]\mathrm{d}y\mathrm{d}z + [2f(x,y,z)+y]\mathrm{d}z\mathrm{d}x +$ $[f(x,y,z)+z]\mathrm{d}x\mathrm{d}y$,其中 $f(x,y,z)$ 为连续函数,Σ 为平面 $x-y+z=1$ 在第四卦限的部分的上侧. 如图13.22.

解　将 I 化为第一型曲面积分

$$I=\iint_{\Sigma}\{[f(x,y,z)+x]\cos\alpha+[2f(x,y,z)+y]\cos\beta+[f(x,y,z)+z]\cos\gamma\}\mathrm{d}S.$$

Σ: $g(x,y,z)=x-y+z-1=0$,其单位法向量

$$\boldsymbol{n}^{\circ}=\frac{1}{\sqrt{g_x^2+g_y^2+g_z^2}}(g_x,g_y,g_z)=(\cos\alpha,\cos\beta,\cos\gamma)=\frac{1}{\sqrt{3}}(1,-1,1)=\left(\frac{1}{\sqrt{3}},-\frac{1}{\sqrt{3}},\frac{1}{\sqrt{3}}\right)\text{(这里的}\cos\gamma\text{必须为正)}.$$

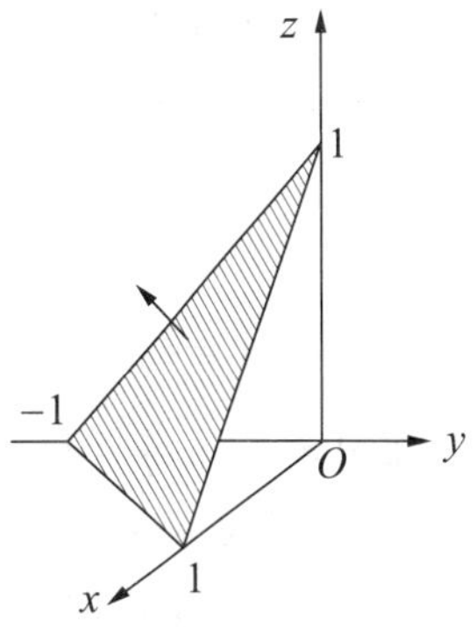

图 13.22

$$I=\frac{1}{\sqrt{3}}\iint_{\Sigma}[f(x,y,z)+x-2f(x,y,z)-y+f(x,y,z)+z]\mathrm{d}S$$

$$=\frac{1}{\sqrt{3}}\iint_{\Sigma}[x-y+z]\mathrm{d}S=\frac{1}{\sqrt{3}}\iint_{\Sigma}\mathrm{d}S=\frac{1}{2}.$$

注:这道例题巧妙地运用了第一型曲面与第二型曲面积分之间的关系,将抽象函数 f 去掉,避开了对 f 的讨论而直接得到结果.

习题 13.4

(A)

1. 计算下列第二型曲面积分:

(1) $\iint_{S}y(x-z)\mathrm{d}y\mathrm{d}z+x^2\mathrm{d}z\mathrm{d}x+(y^2+xz)\mathrm{d}x\mathrm{d}y$,其中 S 为由 $x=y=z=0$, $x=y=z=a$ 六个平面所围的立方体表面并取外侧为正向;

(2) $\iint_{\Sigma}z\mathrm{d}x\mathrm{d}y+x\mathrm{d}y\mathrm{d}z+y\mathrm{d}z\mathrm{d}x$, 其中 z 是柱面 $x^2+y^2=1$ 被平面 $z=0$ 及 $z=3$ 所截得的第一卦限内的部分的前侧;

(3) $\iint_{S}xy\mathrm{d}y\mathrm{d}z+yz\mathrm{d}z\mathrm{d}x+xz\mathrm{d}x\mathrm{d}y$,其中 S 是由平面 $x=y=z=0$, $x+y+z=1$ 所围的四面体面并取外侧为正向;

(4) $\iint_{\Sigma}x^2y^2z\mathrm{d}x\mathrm{d}y$ 其中 Σ 是球面 $x^2+y^2+z^2=R^2$ 的下半部分的下侧;

(5) $\iint_{S}x^2\mathrm{d}y\mathrm{d}z+y^2\mathrm{d}z\mathrm{d}x+z^2\mathrm{d}x\mathrm{d}y$, 其中 S 是由球面 $(x-a)^2+(y-b)^2+(z-c)^2=R^2$,并取外侧为正向.

2. 设某流体的流速为 $v=(k,y,0)$，求单位时间内从球面 $x^2+y^2+z^2=4$ 的内部流过球面的流量.

(B)

1. 把对坐标的曲面积分 $\iint\limits_{\Sigma} P(x,y,z)\mathrm{d}y\mathrm{d}z+Q(x,y,z)\mathrm{d}z\mathrm{d}x+R(x,y,z)\mathrm{d}x\mathrm{d}y$ 化成对面积的曲面积分：

(1) Σ 为平面 $3x+2y+2\sqrt{3}z=6$ 在第一卦限的部分的上侧；

(2) Σ 是抛物面 $z=8-(x^2+y^2)$ 在 xOy 面上方的部分的上侧.

2. 设磁场强度为 $E(x,y,z)$，求从球内出发通过上半球面 $x^2+y^2+z^2=a^2$，$z\geqslant 0$ 的磁通量.

13.5 Guass 公式、通量和散度

13.5.1 Guass 公式

Green 公式建立了沿封闭曲线的曲线积分与其所围的平面区域内的二重积分之间的关系，沿空间闭曲面的曲面积分与其所围的空间区域内的三重积分之间也有类似的关系，这就是本节所要讨论的 Guass 公式.

定理 13.4 设空间区域 Ω 由分片光滑的双侧封闭曲面 S 围成. 若函数 $P(x,y,z)$，$Q(x,y,z)$，$R(x,y,z)$ 在 Ω 上具有一阶连续偏导数，则

$$\iiint\limits_{\Omega}\left(\frac{\partial P}{\partial x}+\frac{\partial Q}{\partial y}+\frac{\partial R}{\partial z}\right)\mathrm{d}x\mathrm{d}y\mathrm{d}z=\oiint\limits_{S}P(x,y,z)\mathrm{d}y\mathrm{d}z+Q(x,y,z)\mathrm{d}z\mathrm{d}x+R(x,y,z)\mathrm{d}x\mathrm{d}y\text{，}\tag{13.16}$$

其中 S 取外侧. 上式称为 **Guass 公式.**

证 首先证明 $\iiint\limits_{\Omega}\frac{\partial R}{\partial z}\mathrm{d}x\mathrm{d}y\mathrm{d}z=\oiint\limits_{S}R(x,y,z)\mathrm{d}x\mathrm{d}y$.

如图 13.23 所示，设 Ω 在 xy 平面上的投影域为 D_{xy}，以 D_{xy} 的边界为准线，以平行于 z 轴的直线为母线作柱面，将闭曲面 S 分成三部分：其一为 S 的侧面 Σ_3，另外两部分分别为 S 的上、下底 Σ_2 和 Σ_1，其中 $\Sigma_2: z=z_2(x,y),(x,y)\in D_{xy}$，$\Sigma_1: z=z_1(x,y),(x,y)\in D_{xy}$.

根据三重积分的计算公式，有

$$\iiint\limits_{\Omega}\frac{\partial R}{\partial z}\mathrm{d}x\mathrm{d}y\mathrm{d}z=\iint\limits_{D_{xy}}\mathrm{d}x\mathrm{d}y\int_{z_1(x,y)}^{z_2(x,y)}\frac{\partial R}{\partial z}\mathrm{d}z$$

$$= \iint_{D_{xy}} R(x,y,z_2(x,y)) - R(x,y,z_1(x,y))\mathrm{d}x\mathrm{d}y$$

$$= \iint_{\Sigma_2} R(x,y,z)\mathrm{d}x\mathrm{d}y + \iint_{\Sigma_1} R(x,y,z)\mathrm{d}x\mathrm{d}y$$

$$= \iint_{\Sigma_2} R(x,y,z)\mathrm{d}x\mathrm{d}y + \iint_{\Sigma_1} R(x,y,z)\mathrm{d}x\mathrm{d}y,$$

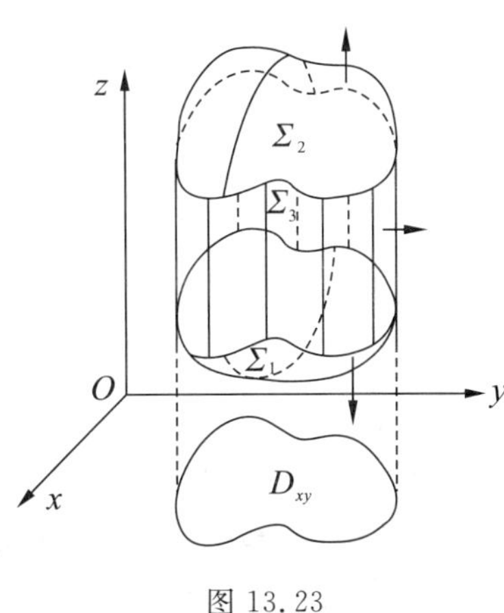

图 13.23

其中 Σ_2 取上侧，Σ_1 取下侧，又由于 Σ_3 在 xOy 平面上的投影区域的面积为零，所以

$$\iint_{\Sigma_3} R(x,y,z)\mathrm{d}x\mathrm{d}y = 0.$$

根据曲面积分的性质，得

$$\iiint_{\Omega} \frac{\partial R}{\partial z}\mathrm{d}x\mathrm{d}y\mathrm{d}z = (\iint_{\Sigma_2} + \iint_{\Sigma_1} + \iint_{\Sigma_3}) R(x,y,z)\mathrm{d}x\mathrm{d}y = \oiint_{S} R(x,y,z)\mathrm{d}x\mathrm{d}y.$$

同理可证

$$\iiint_{\Omega} \frac{\partial Q}{\partial y}\mathrm{d}x\mathrm{d}y\mathrm{d}z = \oiint_{S} Q(x,y,z)\mathrm{d}z\mathrm{d}x,$$

$$\iiint_{\Omega} \frac{\partial P}{\partial x}\mathrm{d}x\mathrm{d}y\mathrm{d}z = \oiint_{S} P(x,y,z)\mathrm{d}y\mathrm{d}z.$$

把三式两端分别相加，即得 Guass 公式(13.16).

由第一型曲面积分与第二型曲面积分的关系可知公式(13.16)还可写为

$$\iiint_{\Omega} \left(\frac{\partial P}{\partial x} + \frac{\partial Q}{\partial y} + \frac{\partial R}{\partial z}\right)\mathrm{d}x\mathrm{d}y\mathrm{d}z = \oiint_{S} (P\cos\alpha + Q\cos\beta + R\cos\gamma)\mathrm{d}S. \quad (13.17)$$

在上述的证明中，对闭区域 Ω 作了如下的限制，即穿过 Ω 内部且平行于坐标轴的直线与 Ω 的边界曲面 S 的交点恰好是两点. 这类闭区域又叫空间上的单连通区域，否则即为复连通区域，此时类似平面复连通区域的处理办法，引进几张辅助曲面将 Ω 分为有限个闭区域，使得每个闭区域都满足这样的条件. 并注意到沿辅助曲面相反两侧的两个曲面积分的绝对值相等而符号相反，相加时正好抵消，因此 Guass 公式对于这样的闭区域仍然是正确的.

例 13.17　计算 $\oiint_{S} y(x-z)\mathrm{d}y\mathrm{d}z + x^2\mathrm{d}z\mathrm{d}x + (y^2+xz)\mathrm{d}x\mathrm{d}y$，其中 S 是边长为 a 的正方体表面，即 $\{(x,y,z) \mid 0 \leqslant x \leqslant a, 0 \leqslant y \leqslant a, 0 \leqslant z \leqslant a\}$，并取外侧.

解　应用 Guass 公式，可得

$$\oiint_{S} y(x-z)\mathrm{d}y\mathrm{d}z + x^2\mathrm{d}z\mathrm{d}x + (y^2+xz)\mathrm{d}x\mathrm{d}y$$

$$= \iiint_V \{\frac{\partial}{\partial x}[y(x-z)] + \frac{\partial}{\partial y}(x^2) + \frac{\partial}{\partial z}(y^2 + xz)\}\mathrm{d}x\mathrm{d}y\mathrm{d}z$$

$$= \iiint_V (y+x)\mathrm{d}x\mathrm{d}y\mathrm{d}z = \int_0^a \mathrm{d}z\int_0^a \mathrm{d}y\int_0^a (y+x)\mathrm{d}x$$

$$= \int_0^a \mathrm{d}z\int_0^a y\mathrm{d}y\int_0^a \mathrm{d}x + \int_0^a \mathrm{d}z\int_0^a \mathrm{d}y\int_0^a (y+x)\mathrm{d}x$$

$$= a\cdot\frac{1}{2}a^2\cdot a + a\cdot a\cdot\frac{1}{2}a^2 = a^4.$$

类似于 Green 公式的应用,可令 Guass 公式中 $P=x,Q=0,R=0;P=0,Q=y,R=0$或 $P=0,Q=0,R=z$,使得有$\frac{\partial P}{\partial x}+\frac{\partial Q}{\partial y}+\frac{\partial R}{\partial z}=1$ 成立,于是闭曲面 S 所围成的空间闭区域Ω 的体积 V 就可以用第二型曲面积分表示为

$$V = \iiint_\Omega \mathrm{d}x\mathrm{d}y\mathrm{d}z = \oiint_S x\,\mathrm{d}y\mathrm{d}z = \oiint_S y\,\mathrm{d}z\mathrm{d}x = \oiint_S z\,\mathrm{d}x\mathrm{d}y$$

$$= \frac{1}{3}\oiint_S x\,\mathrm{d}y\mathrm{d}z + y\mathrm{d}z\mathrm{d}x + z\mathrm{d}x\mathrm{d}y,$$

其中 S 沿曲面的外侧,类似的例子就不再枚举了.

在计算非封闭曲面的第二型曲面积分时,往往可以添加适当的曲面来构成封闭曲面,再来利用 Guass 公式,这样可能会使计算简便得多. 但是值得注意的是,所添加的曲面同时还要加侧,使得所构成的封闭曲面取外侧.

前例 13.14 也可以用 Guass 公式,计算也会简单得多,具体过程如下:

记 Σ'为 $z=2$ 平面在区域 $x^2+y^2\leqslant 4$ 内的部分的上侧,则 Σ 与 Σ'共同围成一个封闭区域Ω,如图 13.24,且沿 Ω 表面外侧积分.

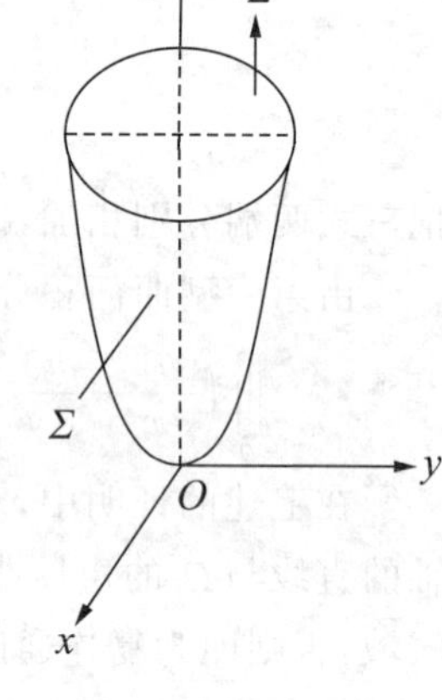

图 13.24

则原式$= \iint_\Sigma (z^2+x)\mathrm{d}y\mathrm{d}z - z\mathrm{d}x\mathrm{d}y$

$$= \oiint_{\Sigma+\Sigma'} (z^2+x)\mathrm{d}y\mathrm{d}z - z\mathrm{d}x\mathrm{d}y - \iint_{\Sigma'} (z^2+x)\mathrm{d}y\mathrm{d}z - z\mathrm{d}x\mathrm{d}y$$

$$= \iiint_\Omega (1+0-1)\mathrm{d}V - \iint_{\Sigma'} (z^2+x)\mathrm{d}y\mathrm{d}z - z\mathrm{d}x\mathrm{d}y$$

$$= + \iint_\Sigma 2\mathrm{d}x\mathrm{d}y = 2\iint_{D_{xy}} \mathrm{d}\sigma = 8\pi.$$

例 13.18　设函数 $f(u)$具有连续导数,计算

$$I=\oiint_S x^3\mathrm{d}y\mathrm{d}z+[y^3+yf(yz)\mathrm{d}z\mathrm{d}x+[z^3-zf(yz)]\mathrm{d}x\mathrm{d}y,$$

其中 S 是锥面 $x=\sqrt{y^2+z^2}$ 和球面 $x=\sqrt{1-y^2-z^2}$,与 $x=\sqrt{4-y^2-z^2}$ 所围立体的表面的外侧,如图 13.25.

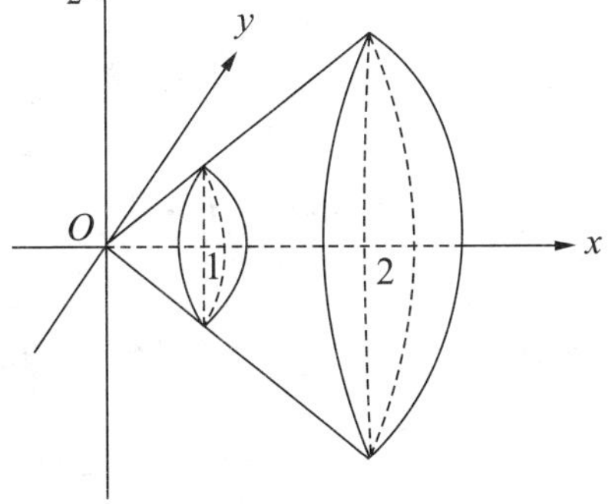

图 13.25

解　被积函数中有一个抽象函数,无法直接计算,由于

$$P=x^3,Q=y^3+yf(yz),$$

$$R=z^3-zf(yz),$$

$$\frac{\partial P}{\partial x}=3x^2,$$

$$\frac{\partial Q}{\partial y}=3y^2+f(yz)+yzf'(yz),$$

$$\frac{\partial R}{\partial z}=3z^2-f(yz)-yzf'(yz),$$

故由 Guass 公式得

$$\begin{aligned}I&=\iiint_V 3(x^2+y^2+z^2)\mathrm{d}V=3\iiint_V \rho^4\sin\varphi\mathrm{d}\rho\mathrm{d}\theta\mathrm{d}\varphi\\&=3\int_0^{2\pi}\mathrm{d}\theta\int_0^{\frac{\pi}{4}}\sin\varphi\mathrm{d}\varphi\int_1^2\rho^4\mathrm{d}\rho\\&=3\cdot 2\pi\cdot\left(1-\frac{\sqrt{2}}{2}\right)\cdot\frac{1}{5}\rho^5\Big|_1^2\\&=\frac{93\pi}{5}(2-\sqrt{2}).\end{aligned}$$

13.5.2　通量和散度

定义 13.5　设有向量场 $\boldsymbol{F}(x,y,z)=P(x,y,z)\boldsymbol{i}+Q(x,y,z)\boldsymbol{j}+R(x,y,z)\boldsymbol{k}$,其中函数 P,Q,R 在 Ω 上具有一阶连续偏导数,Σ 是场内的一片有向曲面,$\boldsymbol{n}^\circ$是 Σ 在点(x,y,z)处的单位法向量,则积分

$$\iint_\Sigma \boldsymbol{F}\cdot\boldsymbol{n}^\circ\mathrm{d}S$$

则称为向量场 $\boldsymbol{F}$ 通过曲面 Σ 向着指定侧的**通量(或流量)**.

由第一型曲面积分与第二型曲面积分的关系,通量又可以表达为

$$\iint_\Sigma \boldsymbol{F}\cdot\boldsymbol{n}^\circ\mathrm{d}S=\iint_\Sigma \boldsymbol{F}\cdot\mathrm{d}\boldsymbol{S}=\oiint_S P\mathrm{d}y\mathrm{d}z+Q\mathrm{d}z\mathrm{d}x+R\mathrm{d}x\mathrm{d}y.$$

例 13.19 试求向量场 $\boldsymbol{F}=\boldsymbol{i}+z\boldsymbol{j}+\dfrac{e^z}{\sqrt{x^2+y^2}}\boldsymbol{k}$ 穿过圆锥面 $z=\sqrt{x^2+y^2}$ 被 $z=1$和 $z=2$ 所围成圆台的外侧面(不包含上下底)的流量.

解 设圆台外侧面为 Σ,上底面为 Σ_1:$\begin{cases}z=2,\\x^2+y^2\leqslant 4\end{cases}$ 取上侧,下底面为 Σ_2:$\begin{cases}z=1,\\x^2+y^2\leqslant 1\end{cases}$取下侧,$\Sigma_1$ 在 xOy 面投影区域为 D_1,Σ_2 在 xOy 面投影区域为 D_2,则

$$\Phi=\iint\limits_{\Sigma}\boldsymbol{F}\cdot d\boldsymbol{S}=\oiint\limits_{\Sigma+\Sigma_1+\Sigma_2}\boldsymbol{F}\cdot d\boldsymbol{S}-\iint\limits_{\Sigma_1}\boldsymbol{F}\cdot d\boldsymbol{S}-\iint\limits_{\Sigma_2}\boldsymbol{F}\cdot d\boldsymbol{S},$$

又

$$\begin{aligned}\oiint\limits_{\Sigma+\Sigma_1+\Sigma_2}\boldsymbol{F}\cdot d\boldsymbol{S}&=\oiint\limits_{\Sigma+\Sigma_1+\Sigma_2}dydz+zdzdx+\frac{e^z}{\sqrt{x^2+y^2}}dxdy\\&=\iiint\limits_{\Omega}\frac{e^z}{\sqrt{x^2+y^2}}dV=\int_1^2 dz\int_0^{2\pi}d\theta\int_0^z\frac{e^z}{r}r\,dr=2\pi e^2,\end{aligned}$$

于是

$$\iint\limits_{\Sigma_1}\boldsymbol{F}\cdot d\boldsymbol{S}=\iint\limits_{D_1}\frac{e^2}{\sqrt{x^2+y^2}}dxdy=\int_0^{2\pi}d\theta\int_0^2\frac{e^2}{r}r\,dr=4\pi e^2,$$

$$\iint\limits_{\Sigma_2}\boldsymbol{F}\cdot d\boldsymbol{S}=-\iint\limits_{D_2}\frac{e^1}{\sqrt{x^2+y^2}}dxdy=-\int_0^{2\pi}d\theta\int_0^1\frac{e}{r}r\,dr=-2\pi e,$$

即

$$\Phi=2\pi e^2-4\pi e^2-(-2\pi e)=2\pi e-2\pi e^2=2\pi e(1-e).$$

下面来解释 Guass 公式(13.16)

$$\iiint\limits_{\Omega}\left(\frac{\partial P}{\partial x}+\frac{\partial Q}{\partial y}+\frac{\partial R}{\partial z}\right)dxdydz=\oiint\limits_{S}P\,dydz+Qdzdx+Rdxdy$$

的物理意义.

设在闭区域 Ω 上有稳定流动的、不可压缩的流体(假定稳定流体的密度为 1)的速度场

$$\boldsymbol{v}(x,y,z)=P(x,y,z)\boldsymbol{i}+Q(x,y,z)\boldsymbol{j}+R(x,y,z)\boldsymbol{k},$$

其中函数 P,Q,R 在 Ω 上具有一阶连续偏导数,Σ 是闭区域 Ω 的边界曲面的外侧,$\boldsymbol{n}^\circ$是 Σ 在点(x,y,z)处的单位法向量,则单位时间内流体经过曲面 Σ 流向指定侧的流体总质量就是

$$\oiint\limits_{\Sigma}\boldsymbol{v}\cdot\boldsymbol{n}^\circ dS=\oiint\limits_{\Sigma}\boldsymbol{v}\cdot d\boldsymbol{S}=\oiint\limits_{\Sigma}P\,dydz+Qdzdx+Rdxdy,$$

因此 Guass 公式(13.16)的右端可解释为速度场 $\boldsymbol{v}$ 通过闭曲面 Σ 流向外侧的通量,即流体在单位时间内离开闭区域 Ω 的总质量.由于我们假定流体是不可压缩且流动稳定的,因此在流体离开 Ω 的同时,Ω 内部必须有产生流体的"源头"产生出同样多的流体进行补充.所以 Guass 公式的左端可以解释为分布在 Ω 内的源头在单

位时间内所产生的流体的总质量.

为方便起见,将 Guass 公式(13.16)改写为

$$\iiint_{\Omega}\left(\frac{\partial P}{\partial x}+\frac{\partial Q}{\partial y}+\frac{\partial R}{\partial z}\right)\mathrm{d}x\mathrm{d}y\mathrm{d}z=\iint_{\Sigma}\boldsymbol{v}\cdot\mathrm{d}\boldsymbol{S},$$

两端同时除以闭区域 Ω 的体积 V,得

$$\frac{1}{V}\iiint_{\Omega}\left(\frac{\partial P}{\partial x}+\frac{\partial Q}{\partial y}+\frac{\partial R}{\partial z}\right)\mathrm{d}x\mathrm{d}y\mathrm{d}z=\frac{1}{V}\iint_{\Sigma}\boldsymbol{v}\cdot\mathrm{d}\boldsymbol{S},$$

上式左端表示 Ω 内的源头在单位时间内单位体积所产生的流体的质量的平均值.上式左端应用积分中值定理,得

$$\left(\frac{\partial P}{\partial x}+\frac{\partial Q}{\partial y}+\frac{\partial R}{\partial z}\right)\bigg|_{(\xi,\eta,\zeta)}=\frac{1}{V}\iint_{\Sigma}\boldsymbol{v}\cdot\mathrm{d}\boldsymbol{S},$$

这里(ξ,η,ζ)是 Ω 内的某个点. 令 Ω 缩向一点 $M(x,y,z)$,取上式的极限,得

$$\frac{\partial P}{\partial x}+\frac{\partial Q}{\partial y}+\frac{\partial R}{\partial z}=\lim_{\Omega\to M}\frac{1}{V}\iint_{\Sigma}\boldsymbol{v}\cdot\mathrm{d}\boldsymbol{S},$$

上式的左端称为速度场 $\boldsymbol{v}$ 在点 M 的**通量密度或散度**,记作 $\mathrm{div}\boldsymbol{v}(M)$,即

$$\mathrm{div}\boldsymbol{v}(M)=\frac{\partial P}{\partial x}+\frac{\partial Q}{\partial y}+\frac{\partial R}{\partial z}.$$

注意散度是一个具体的数值. 同时 $\mathrm{div}\boldsymbol{v}(M)$在这里可看作稳定流动的不可压缩流体在点 M 的**源头强度**——在单位时间内所产生的流体质量. 在 $\mathrm{div}\boldsymbol{v}(M)>0$ 的点处,流体从该点向外发散,表示流体在该点处有**正源**;在 $\mathrm{div}\boldsymbol{v}(M)<0$ 的点处,流体向该点汇集,表示流体在该点处吸收流体的**负源**(又称为汇或洞);在 $\mathrm{div}\boldsymbol{v}(M)=0$ 的点处,表示流体在该点处**无源**.

对于一般的向量场,我们也作如下定义:

定义 13.6 对于向量场 $\boldsymbol{F}(x,y,z)=P(x,y,z)\boldsymbol{i}+Q(x,y,z)\boldsymbol{j}+R(x,y,z)\boldsymbol{k}$,称$\frac{\partial P}{\partial x}+\frac{\partial Q}{\partial y}+\frac{\partial R}{\partial z}$叫做向量场 $\boldsymbol{F}$ 的**散度**,记作 $\mathrm{div}\boldsymbol{F}$,即

$$\mathrm{div}\boldsymbol{F}=\frac{\partial P}{\partial x}+\frac{\partial Q}{\partial y}+\frac{\partial R}{\partial z}.$$

利用梯度算子∇,$\boldsymbol{F}$ 的散度 $\mathrm{div}\boldsymbol{F}$ 也可以表达为$\nabla\cdot\boldsymbol{F}$,即

$$\mathrm{div}\boldsymbol{F}=\nabla\cdot\boldsymbol{F}.$$

向量场 $\boldsymbol{F}$ 的散度 $\mathrm{div}\boldsymbol{F}$ 处处为零,则称向量场 $\boldsymbol{F}$ 为**无源场**. 在无源场的空间单连通区域内,对沿任何闭曲面的积分均为 0. 这时,此区域内的任何曲面上的第二型曲面积分仅与曲面的边界线 Γ 有关,而与曲面的形状无关,即在此区域内,以闭曲线 Γ 为边界所张开的任意曲面上,通量都相等. 在向量场里,有向闭曲面在散度为零的区域内,任意连续变形,其通量不变.

容易推出散度的下列运算性质：

1. $\mathrm{div}(C\boldsymbol{F})=C\mathrm{div}\boldsymbol{F}$($C$ 为常数)；

2. $\mathrm{div}(\boldsymbol{F}_1\pm\boldsymbol{F}_2)=\mathrm{div}\boldsymbol{F}_1\pm\mathrm{div}\boldsymbol{F}_2$；

3. $\mathrm{div}(u\boldsymbol{F})=u\mathrm{div}\boldsymbol{F}+\boldsymbol{F}\cdot\mathrm{grad}u$($u$ 为数量函数).

例 13.20 已知 $u=\sin(xyz)$，$\boldsymbol{A}(x,y,z)=x\boldsymbol{i}+y\boldsymbol{j}+2z\boldsymbol{k}$，求 $\mathrm{div}(u\boldsymbol{A})$.

解 根据上述性质 3，得

$$\mathrm{div}(u\boldsymbol{A}) = u\mathrm{div}\boldsymbol{A}+\boldsymbol{A}\cdot\mathrm{grad}u.$$

因为 $\mathrm{div}\boldsymbol{A}=1+1+2=4$，

$$\nabla u=\frac{\partial u}{\partial x}\boldsymbol{i}+\frac{\partial u}{\partial y}\boldsymbol{j}+\frac{\partial u}{\partial z}\boldsymbol{k}=\cos(xyz)(yz\boldsymbol{i}+zx\boldsymbol{j}+xy\boldsymbol{k}),$$

所以

$$\begin{aligned}\mathrm{div}(u\boldsymbol{A})&=4\sin(xyz)+\cos(xyz)(xyz+xyz+2xyz)\\&=4\sin(xyz)+4xyz\cos(xyz).\end{aligned}$$

例 13.21 设 $r=\sqrt{x^2+y^2+z^2}$，$f(r)$有二阶连续导数. 求 $\mathrm{div}[\mathrm{grad}f(r)]$；并且若 $\mathrm{div}[\mathrm{grad}f(r)]=0$，试确定 $f(r)$.

解 令 $\boldsymbol{r}=(x,y,z)$，则 $\mathrm{grad}f(r)=f'(r)\mathrm{grad}(r)=\dfrac{f'(r)}{r}\boldsymbol{r}$.

$$\begin{aligned}\mathrm{div}[\mathrm{grad}f(r)]&=\mathrm{div}\left[\frac{f'(r)}{r}\boldsymbol{r}\right]=\frac{f'(r)}{r}\mathrm{div}\boldsymbol{r}+\mathrm{grad}\,\frac{f'(r)}{r}\cdot\boldsymbol{r}\\&=\frac{3f'(r)}{r}+\frac{rf''(r)-f'(r)}{r^2}\,\frac{1}{r}\boldsymbol{r}\cdot\boldsymbol{r}\\&=\frac{2f'(r)+rf''(r)}{r}.\end{aligned}$$

令 $2f'(r)+rf''(r)=0$，即 $2rf'(r)+r^2f''(r)=0$，$\dfrac{\mathrm{d}}{\mathrm{d}r}[r^2f'(r)]=0$，

故

$$r^2f'(r)=c,\ 即\ f'(r)=\frac{c}{r^2},$$

所以

$$f(r)=\frac{c_1}{r}+c_2,$$

即当 $f(r)=\dfrac{c_1}{r}+c_2$(c_1,c_2 为任意常数)时，$\mathrm{div}[\mathrm{grad}f(r)]=0$.

习题 13.5

(A)

1. 应用高斯公式计算下列曲面积分：

(1) $\oiint\limits_S yz\mathrm{d}y\mathrm{d}z + zx\mathrm{d}z\mathrm{d}x + xy\mathrm{d}x\mathrm{d}y$，其中 S 是单位球面 $x^2+y^2+z^2=1$ 的外侧；

(2) $\oiint\limits_S x^2\mathrm{d}y\mathrm{d}z + y^2\mathrm{d}z\mathrm{d}x + z^2\mathrm{d}x\mathrm{d}y$，其中 S 是立方体 $0\leqslant x,y,z\leqslant a$ 表面的外侧；

(3) $\oiint\limits_S x^2\mathrm{d}y\mathrm{d}z + y^2\mathrm{d}z\mathrm{d}x + z^2\mathrm{d}x\mathrm{d}y$，其中 S 是锥面 $x^2+y^2=z^2$ 与平面 $z=h$ 所围空间区域($0\leqslant z\leqslant h$) 的表面，方向取外侧；

(4) $\oiint\limits_S x^3\mathrm{d}y\mathrm{d}z + y^3\mathrm{d}z\mathrm{d}x + z^3\mathrm{d}x\mathrm{d}y$，其中 S 是单位球面 $x^2+y^2+z^2=1$ 的外侧；

(5) $\oiint\limits_S x\mathrm{d}y\mathrm{d}z + y\mathrm{d}z\mathrm{d}x + z\mathrm{d}x\mathrm{d}y$，其中 S 是单位球面 $z=\sqrt{a^2-x^2+y^2}$ 的外侧；

(6) $\oiint\limits_\Sigma xz^2\mathrm{d}y\mathrm{d}z + (x^2y-z^3)\mathrm{d}z\mathrm{d}x + (2xy+y^2z)\mathrm{d}x\mathrm{d}y$，其中 Σ 为上半球体 $x^2+y^2\leqslant a^2, 0\leqslant z\leqslant\sqrt{a^2-x^2-y^2}$ 的表面外侧；

(7) $\oiint\limits_\Sigma x\mathrm{d}y\mathrm{d}z + y\mathrm{d}z\mathrm{d}x + z\mathrm{d}x\mathrm{d}y$，其中 Σ 界于 $z=0$ 和 $z=3$ 之间的圆柱体 $x^2+y^2\leqslant 9$ 的整个表面的外侧；

(8) $\oiint\limits_\Sigma 4xz\mathrm{d}y\mathrm{d}z - y^2\mathrm{d}z\mathrm{d}x + yz\mathrm{d}x\mathrm{d}y$，其中 Σ 为平面 $x=0,y=0,z=0,x=1,y=1,z=1$ 所围成的立体的全表面的外侧．

2. 求下列向量 A 穿过曲面 Σ 流向指定侧的通量：

(1) $A=yz\boldsymbol{i}+xz\boldsymbol{j}+xy\boldsymbol{k}$，$\Sigma$ 为圆柱 $x^2+y^2\leqslant a^2(0\leqslant z\leqslant h)$ 的全表面，流向外侧；

(2) $A=(2x-z)\boldsymbol{i}+x^2y\boldsymbol{j}-xz^2\boldsymbol{k}$，$\Sigma$ 为立方体 $0\leqslant x,y,z\leqslant a$ 的全表面，流向外侧.

3. 求下列向量 A 的散度：

(1) $A=(x^2+yz)\boldsymbol{i}+(y^2+xz)\boldsymbol{j}+(z^2+xy)\boldsymbol{k}$；

(2) $A=\mathrm{e}^{xy}\boldsymbol{i}+\cos(xy)\boldsymbol{j}+\cos(xz^2)\boldsymbol{k}$.

(B)

1. 计算 $\oiint\limits_{\Sigma} xz\mathrm{d}y\mathrm{d}z + x^2 y\mathrm{d}z\mathrm{d}x + y^2 z\mathrm{d}x\mathrm{d}y$,其中 Σ 是由曲面 $z = x^2 + y^2$,柱面 $x^2 + y^2 = 1$ 和坐标面所围成的在第一卦限闭曲面的外侧.

2. 计算 $\iint\limits_{\Sigma} \dfrac{ax\mathrm{d}y\mathrm{d}z + (a+z)^2\mathrm{d}x\mathrm{d}y}{(x+y+z)^{\frac{1}{2}}}$,其中 Σ 为球面 $x^2 + y^2 + z^2 = a^2 (a > 0)$ 的下半部分的上侧,a 为常数.

3. 计算 $\iint\limits_{\Sigma} \dfrac{x\mathrm{d}y\mathrm{d}z + y\mathrm{d}z\mathrm{d}x + z\mathrm{d}x\mathrm{d}y}{(x+y+z)^{\frac{3}{2}}}$,其中 Σ 为椭球面 $\dfrac{x^2}{a^2} + \dfrac{y^2}{b^2} + \dfrac{z^2}{c^2} = 1$,取外侧.

4. 应用 Guass 公式计算三重积分

$\iiint\limits_{V} (xy + yz + zx)\mathrm{d}x\mathrm{d}y\mathrm{d}z$,其中 V 由 $x \geqslant 0, y \geqslant 0, 0 \leqslant z \leqslant 1$ 与 $x^2 + y^2 \leqslant 1$ 所确定的空间区域.

5. 设 $u(x,y,z), v(x,y,z)$ 是两个定义在闭区域 Ω 上的具有二阶连续偏导数的函数,$\dfrac{\partial u}{\partial n}$,$\dfrac{\partial v}{\partial n}$ 依次表示 $u(x,y,z), v(x,y,z)$ 沿 Σ 的外法线方向的方向导数,证明:$\iiint\limits_{\Omega} (u\Delta v - v\Delta u)\mathrm{d}x\mathrm{d}y\mathrm{d}z = \oiint\limits_{\Sigma} \left(u\dfrac{\partial v}{\partial n} - v\dfrac{\partial u}{\partial n}\right)\mathrm{d}S$,其中 Σ 是空间闭区间 Ω 的整个边界曲面,这个公式叫作**格林第二公式**.

13.6 Stokes 公式、环流量和旋度

13.6.1 Stokes 公式

Stokes 公式建立了沿空间双侧曲面 S 的积分与沿 S 的边界曲线 L 的积分之间的联系.

在讲下述定理之前,先对双侧曲面 S 的侧与其边界曲线 L 的方向作如下规定:设有人站在 S 上指定的一侧,若沿 L 行走,指定的侧总在人的左方,则人前进的方向为边界线 L 的正向;反之即为边界线 L 的负向,这个规定方法也称为**右手法则**.

定理 13.5 设光滑曲面 S 的边界 L 是按段光滑的连续曲线,若函数 $P(x,y,z), Q(x,y,z), R(x,y,z)$ 在 S(连同 L)上具有一阶连续偏导数,则

$$\iint\limits_{S} \left(\frac{\partial R}{\partial y} - \frac{\partial Q}{\partial z}\right)\mathrm{d}y\mathrm{d}z + \left(\frac{\partial P}{\partial z} - \frac{\partial R}{\partial x}\right)\mathrm{d}z\mathrm{d}x + \left(\frac{\partial Q}{\partial x} - \frac{\partial P}{\partial y}\right)\mathrm{d}x\mathrm{d}y$$

$$=\oint_L P(x,y,z)\mathrm{d}x+Q(x,y,z)\mathrm{d}y+R(x,y,z)\mathrm{d}z\,,\tag{13.18}$$

其中 S 的侧与 L 的方向按**右手法则**确定，此公式称为**斯托克斯 Stokes 公式**.

证 先证 $\iint\limits_S \frac{\partial P}{\partial z}\mathrm{d}z\mathrm{d}x-\frac{\partial P}{\partial y}\mathrm{d}x\mathrm{d}y=\oint_L P(x,y,z)\mathrm{d}x$.

曲面 S 由方程 $z=z(x,y)$ 确定，它的上侧法线方向导数为 $(-z_x,-z_y,1)$，方向余弦为 $(\cos\alpha,\cos\beta,\cos\gamma)$，所以

$$\frac{\partial z}{\partial x}=-\frac{\cos\alpha}{\cos\gamma},\ \frac{\partial z}{\partial y}=-\frac{\cos\beta}{\cos\gamma}.$$

若 S 在 xOy 平面上的投影区域为 D_{xy}，L 在 xOy 平面上的投影曲线记为 Γ. 现由第二型曲线积分定义及 Green 公式有

$$\oint_L P(x,y,z)\mathrm{d}x=\oint_\Gamma P(x,y,z(x,y))\mathrm{d}x$$

$$=-\iint\limits_{D_{xy}}\frac{\partial}{\partial y}P(x,y,z(x,y))\mathrm{d}x\mathrm{d}y.$$

因为
$$\frac{\partial}{\partial y}P(x,y,z(x,y))=\frac{\partial P}{\partial y}+\frac{\partial P}{\partial z}\frac{\partial z}{\partial y},$$

所以
$$-\iint\limits_{D_{xy}}\frac{\partial}{\partial y}P(x,y,z(x,y))\mathrm{d}x\mathrm{d}y=-\iint\limits_S\left(\frac{\partial P}{\partial y}+\frac{\partial P}{\partial z}\frac{\partial z}{\partial y}\right)\mathrm{d}x\mathrm{d}y.$$

由于 $\frac{\partial z}{\partial y}=-\frac{\cos\beta}{\cos\gamma}$，从而

$$-\iint\limits_S\left(\frac{\partial P}{\partial y}+\frac{\partial P}{\partial z}\frac{\partial z}{\partial y}\right)\mathrm{d}x\mathrm{d}y=-\iint\limits_S\left(\frac{\partial P}{\partial y}-\frac{\partial P}{\partial z}\frac{\cos\beta}{\cos\gamma}\right)\mathrm{d}x\mathrm{d}y$$

$$=-\iint\limits_S\left(\frac{\partial P}{\partial y}\cos\gamma-\frac{\partial P}{\partial z}\cos\beta\right)\frac{\mathrm{d}x\mathrm{d}y}{\cos\gamma}$$

$$=-\iint\limits_S\left(\frac{\partial P}{\partial y}\cos\gamma-\frac{\partial P}{\partial z}\cos\beta\right)\mathrm{d}S$$

$$=\iint\limits_S\frac{\partial P}{\partial z}\mathrm{d}z\mathrm{d}x-\frac{\partial P}{\partial y}\mathrm{d}x\mathrm{d}y.$$

综上所述，$\iint\limits_S\frac{\partial P}{\partial z}\mathrm{d}z\mathrm{d}x-\frac{\partial P}{\partial y}\mathrm{d}x\mathrm{d}y=\oint_L P(x,y,z)\mathrm{d}x$.

同样的对于曲面 $S:x=x(y,z)$，或 $S:y=y(x,z)$ 时，可证

$$\iint\limits_S\frac{\partial Q}{\partial x}\mathrm{d}x\mathrm{d}y-\frac{\partial Q}{\partial z}\mathrm{d}y\mathrm{d}z=\oint_L Q(x,y,z)\mathrm{d}y,$$

$$\iint\limits_S\frac{\partial R}{\partial y}\mathrm{d}y\mathrm{d}z-\frac{\partial R}{\partial x}\mathrm{d}z\mathrm{d}x=\oint_L R(x,y,z)\mathrm{d}z.$$

将上面三式相加,即得 Stokes 公式(13.18).

注:若曲面 S 不能用 $z=z(x,y)$ 表示的,则可用一些光滑曲线把它分成若干个简单分块,使每一块能用这种形式表示.

为了便于记忆,Stokes 公式也常写成如下形式:

$$\iint_S \begin{vmatrix} \mathrm{d}y\mathrm{d}z & \mathrm{d}z\mathrm{d}x & \mathrm{d}x\mathrm{d}y \\ \dfrac{\partial}{\partial x} & \dfrac{\partial}{\partial y} & \dfrac{\partial}{\partial z} \\ P & Q & R \end{vmatrix} = \oint_L P\mathrm{d}x + Q\mathrm{d}y + R\mathrm{d}z. \tag{13.19}$$

利用两类曲面积分的联系,可得 Stokes 公式的另外一种形式:

$$\iint_S \begin{vmatrix} \cos\alpha & \cos\beta & \cos\gamma \\ \dfrac{\partial}{\partial x} & \dfrac{\partial}{\partial y} & \dfrac{\partial}{\partial z} \\ P & Q & R \end{vmatrix} \mathrm{d}S = \oint_L P\mathrm{d}x + Q\mathrm{d}y + R\mathrm{d}z. \tag{13.20}$$

其中$\boldsymbol{n}^\circ=(\cos\alpha,\cos\beta,\cos\gamma)$为有向曲面 S 在点(x,y,z)处的单位法向量.

其实,如果 S 是 xOy 面上的一块平面闭区域,Stokes 公式就变成 Green 公式.因此,Green 公式就是 Stokes 公式的一种特殊情形. Stokes 公式是 Green 公式在空间上的推广.

例 13.22 计算$\oint_L (2y+z)\mathrm{d}x+(x-z)\mathrm{d}y+(y-x)\mathrm{d}z$,其中 L 为平面 $x+y+z=1$ 与各坐标轴的交线,取从 x 的正向看 L 的逆时针方向为正方向.

解 如图 13.26,应用 Stokes 公式

$$\begin{aligned} &\oint_L (2y+z)\mathrm{d}x+(x-z)\mathrm{d}y+(y-x)\mathrm{d}z \\ &\quad = \iint_S (1+1)\mathrm{d}y\mathrm{d}z+(1+1)\mathrm{d}z\mathrm{d}x+(1-2)\mathrm{d}x\mathrm{d}y \\ &\quad = 1+1-\frac{1}{2}=\frac{3}{2}. \end{aligned}$$

例 13.23 计算$\oint_\Gamma x^2yz\mathrm{d}x+(x^2+y^2)\mathrm{d}y+(x+y+1)\mathrm{d}z$,其中 Γ 为曲面 $x^2+y^2+z^2=5$ 和 $z=x^2+y^2+1$ 的交线,Γ 的方向为从 z 轴正向往负向看去的逆时针.

解 1 如图 13.27,取曲面 Σ 为 $z=2,x^2+y^2\leqslant 1$ 的上侧,则 Σ 是以 Γ 为边界的有向光滑曲面,且符合右手规则,由 Stokes 公式知

$$\oint_\Gamma x^2yz\mathrm{d}x+(x^2+y^2)\mathrm{d}y+(x+y+1)\mathrm{d}z$$

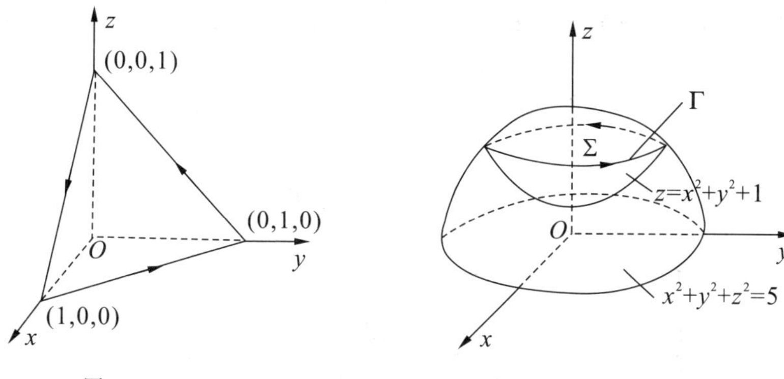

图 13.26　　图 13.27

$$=\iint\limits_{\Sigma}\begin{vmatrix} \mathrm{d}y\mathrm{d}z & \mathrm{d}z\mathrm{d}x & \mathrm{d}x\mathrm{d}y \\ \dfrac{\partial}{\partial x} & \dfrac{\partial}{\partial y} & \dfrac{\partial}{\partial z} \\ x^2yz & x^2+y^2 & x+y+1 \end{vmatrix}$$

$$=\iint\limits_{\Sigma}(1-0)\mathrm{d}y\mathrm{d}z+(x^2y-1)\mathrm{d}z\mathrm{d}x+(2x-x^2z)\mathrm{d}x\mathrm{d}y,$$

因为曲面 $\Sigma: z=2, x^2+y^2\leqslant 1$ 在 yOz 面和 xOz 面上的投影皆是零,其在 xOy 面上的投影区域 $D: x^2+y^2\leqslant 1$,投影取正号,所以

$$\text{原式}=0+0+\iint_D(2x-2x^2)\mathrm{d}x\mathrm{d}y=\int_0^{2\pi}\mathrm{d}\theta\int_0^1 2(r^2\cos\theta-r^3\cos^2\theta)\mathrm{d}r$$

$$=2\int_0^{2\pi}\left[\frac{1}{3}\cos\theta-\frac{1}{8}(1+\cos 2\theta)\right]\mathrm{d}\theta=-\frac{\pi}{2}.$$

解 2　联立曲面方程 $\begin{cases} x^2+y^2+z^2=5, \\ z=x^2+y^2+1, \end{cases}$ 解出 $\begin{cases} z=2, \\ x^2+y^2=1. \end{cases}$

写出 Γ 的参数方程 $x=\cos\theta, y=\sin\theta, z=2\ (0\leqslant\theta\leqslant 2\pi)$,则 $\mathrm{d}x=-\sin\theta\mathrm{d}\theta$, $\mathrm{d}y=\cos\theta\mathrm{d}\theta, \mathrm{d}z=0$,故

$$\oint_\Gamma x^2yz\mathrm{d}x+(x^2+y^2)\mathrm{d}y+(x+y+1)\mathrm{d}z$$

$$=\int_0^{2\pi}[2\cos^2\theta\sin\theta(-\sin\theta)+(\cos^2\theta+\sin^2\theta)\cos\theta]\mathrm{d}\theta$$

$$=-\frac{1}{4}\int_0^{2\pi}(1-\cos 4\theta-4\cos\theta)\mathrm{d}\theta=-\frac{\pi}{2}.$$

由 Stokes 公式,可导出空间曲线积分与路线无关的条件. 为此,先简单介绍一下空间单连通区域的概念.

如果区域 V 内任一封闭曲线皆可以不经过 V 以外的点而连续收缩于属于 V

的一点,则称区域 V 为**单连通区域**,如球体是单连通区域.非单连通区域称为**复连通区域**,如环状区域是复连通区域.

与平面曲线积分与路线的无关相仿,空间曲线积分与路线的无关性也有下面相应的定理.

定理 13.6 设 $\Omega\in\mathbf{R}^3$ 为空间单连通区域,若函数 $P(x,y,z)$,$Q(x,y,z)$,$R(x,y,z)$ 在 Ω 上具有一阶连续偏导数,则以下四个条件是等价的:

(1)对于 Ω 内任一按段光滑的封闭曲线 L 有

$$\oint_L P(x,y,z)\mathrm{d}x+Q(x,y,z)\mathrm{d}y+R(x,y,z)\mathrm{d}z=0;$$

(2)对于 Ω 内任一按段光滑的曲线 L,曲线积分

$$\int_L P(x,y,z)\mathrm{d}x+Q(x,y,z)\mathrm{d}y+R(x,y,z)\mathrm{d}z$$

与路线无关;

(3)$P(x,y,z)\mathrm{d}x+Q(x,y,z)\mathrm{d}y+R(x,y,z)\mathrm{d}z$ 是 Ω 内某一函数 $u(x,y,z)$ 的全微分,即

$$\mathrm{d}u(x,y,z)=P(x,y,z)\mathrm{d}x+Q(x,y,z)\mathrm{d}y+R(x,y,z)\mathrm{d}z;$$

(4)$\dfrac{\partial P}{\partial y}=\dfrac{\partial Q}{\partial x},\dfrac{\partial Q}{\partial z}=\dfrac{\partial R}{\partial y},\dfrac{\partial R}{\partial x}=\dfrac{\partial P}{\partial z}$ 在 Ω 内处处成立.

这个定理的证明与定理 13.2 相仿,这里不重复了.

例 13.24 验证曲线积分 $\int_L (y+z)\mathrm{d}x+(z+x)\mathrm{d}y+(x+y)\mathrm{d}z$ 与路线无关,并求被积表达式的原函数 $u(x,y,z)$.

解 由于 $P=y+z,Q=z+x,R=x+y$,

$$\frac{\partial P}{\partial y}=\frac{\partial Q}{\partial x}=\frac{\partial Q}{\partial z}=\frac{\partial R}{\partial y}=\frac{\partial R}{\partial x}=\frac{\partial P}{\partial z}=1,$$

所以曲线积分与路径无关.

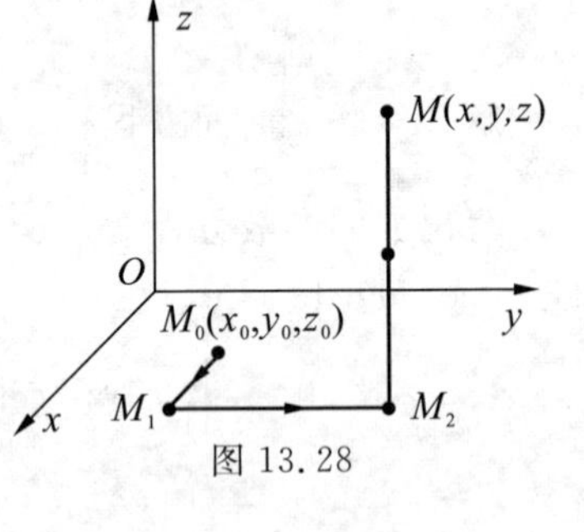

图 13.28

取 M_0M 的路径为沿平行于 x 轴的直线到 $M_1(x,y_0,z_0)$,再沿平行于 y 轴的直线到 $M_2(x,y,z_0)$,最后沿平行于 z 轴的直线到 $M(x,y,z)$,见图 13.28 所示,于是

$$\begin{aligned}u(x,y,z)&=\int_{M_0M}(y+z)\mathrm{d}x+(z+x)\mathrm{d}y+(x+y)\mathrm{d}z\\&=\int_{x_0}^{x}(y_0+z_0)\mathrm{d}x+\int_{y_0}^{y}(z_0+x)\mathrm{d}y+\int_{z_0}^{z}(x+y)\mathrm{d}z\\&=xy+xz+yz+C.\end{aligned}$$

13.6.2　环流量和旋度

定义 13.7　设有向量场 $\boldsymbol{F}(x,y,z)=P(x,y,z)\boldsymbol{i}+Q(x,y,z)\boldsymbol{j}+R(x,y,z)\boldsymbol{k}$，其中函数 $P(x,y,z)$，$Q(x,y,z)$，$R(x,y,z)$均连续，Γ是场内的一条分段光滑的有向闭曲线，$\boldsymbol{\tau}$是Γ在点(x,y,z)处的单位切向量，则积分

$$\oint_{F}\boldsymbol{F}\cdot\boldsymbol{\tau}\,\mathrm{d}s$$

称为向量场 $\boldsymbol{A}$ 沿有向闭曲线 Γ 的**环流量**.

由第一型曲面积分与第二型曲面积分的关系，通量又可以表达为

$$\oint_{\Gamma}\boldsymbol{F}\cdot\boldsymbol{\tau}\,\mathrm{d}s=\oint_{F}\boldsymbol{F}\cdot\mathrm{d}\boldsymbol{\tau}=\oint_{\Gamma}P\,\mathrm{d}y\mathrm{d}z+Q\mathrm{d}z\mathrm{d}x+R\mathrm{d}x\mathrm{d}y.$$

例 13.25　试求向量场 $\boldsymbol{F}=(x^2-y)\boldsymbol{i}+4z\boldsymbol{j}+x^2\boldsymbol{k}$ 沿闭曲线 Γ 的环流量，其中 Γ 为圆锥面 $z=\sqrt{x^2+y^2}$ 和 $z=2$ 的交线，从 z 轴的正向看 Γ 为逆时针方向.

解　Γ 的向量方程为

$$\boldsymbol{r}=2\cos\theta\boldsymbol{i}+2\sin\theta\boldsymbol{j}+2\boldsymbol{k},\quad 0\leqslant\theta\leqslant 2\pi,$$

于是　$\boldsymbol{F}=(x^2-y)\boldsymbol{i}+4z\boldsymbol{j}+x^2\boldsymbol{k}=(4\cos^2\theta-2\sin\theta)\boldsymbol{i}+8\boldsymbol{j}+4\cos^2\theta\boldsymbol{k},$

$$\mathrm{d}\boldsymbol{r}=(-2\sin\theta\mathrm{d}\theta)\boldsymbol{i}+(2\cos\theta\mathrm{d}\theta)\boldsymbol{j},$$

$$\oint_{\Gamma}\boldsymbol{F}\cdot\boldsymbol{\tau}\mathrm{d}s=\oint_{\Gamma}\boldsymbol{F}\cdot\mathrm{d}\boldsymbol{\tau}=\int_0^{2\pi}(-8\cos^2\theta\sin\theta+4\sin^2\theta+16\cos\theta)\mathrm{d}\theta=4\pi.$$

类似于向量场 $\boldsymbol{F}$ 的通量可以引出向量场 $\boldsymbol{F}$ 在一点的通量密度(即散度)一样，由向量场 $\boldsymbol{F}$ 沿一闭曲线的环流量可引出向量场 $\boldsymbol{F}$ 在一点的环流量密度或旋度，它是一个向量.

定义 13.8　设有向量场 $\boldsymbol{F}(x,y,z)=P(x,y,z)\boldsymbol{i}+Q(x,y,z)\boldsymbol{j}+R(x,y,z)\boldsymbol{k}$，其中函数 $P(x,y,z)$，$Q(x,y,z)$，$R(x,y,z)$均具有一阶连续偏导数，则称向量

$$\left(\frac{\partial R}{\partial y}-\frac{\partial Q}{\partial z}\right)\boldsymbol{i}+\left(\frac{\partial P}{\partial z}-\frac{\partial R}{\partial x}\right)\boldsymbol{j}+\left(\frac{\partial Q}{\partial x}-\frac{\partial P}{\partial y}\right)\boldsymbol{k}$$

为向量场 $\boldsymbol{F}$ 的**旋度**，记为 $\mathrm{rot}\boldsymbol{F}$，即

$$\mathrm{rot}\boldsymbol{F}=\left(\frac{\partial R}{\partial y}-\frac{\partial Q}{\partial z}\right)\boldsymbol{i}+\left(\frac{\partial P}{\partial z}-\frac{\partial R}{\partial x}\right)\boldsymbol{j}+\left(\frac{\partial Q}{\partial x}-\frac{\partial P}{\partial y}\right)\boldsymbol{k},$$

也可利用微分算子∇，

$$\mathrm{rot}\boldsymbol{F}=\nabla\times\boldsymbol{F}=\begin{vmatrix}\boldsymbol{i}&\boldsymbol{j}&\boldsymbol{k}\\ \dfrac{\partial}{\partial x}&\dfrac{\partial}{\partial y}&\dfrac{\partial}{\partial z}\\ P&Q&R\end{vmatrix}.$$

利用 $\mathrm{rot}\boldsymbol{F}$ 的定义，设 Stokes 公式中有向曲面 S 在点(x,y,z)处的单位法向量为

$$\boldsymbol{n}^{\circ} = \cos\alpha \boldsymbol{i} + \cos\beta \boldsymbol{j} + \cos\gamma \boldsymbol{k},$$

则
$$\text{rot}\boldsymbol{F} \cdot \boldsymbol{n}^{\circ} = \nabla \times \boldsymbol{F} \cdot \boldsymbol{n}^{\circ} = \begin{vmatrix} \cos\alpha & \cos\beta & \cos\gamma \\ \dfrac{\partial}{\partial x} & \dfrac{\partial}{\partial y} & \dfrac{\partial}{\partial z} \\ P & Q & R \end{vmatrix}.$$

于是 Stokes 公式可写为向量形式如下：

$$\iint_S \text{rot}\boldsymbol{F} \cdot \boldsymbol{n}^{\circ} \text{d}S = \oint_{\Gamma} \boldsymbol{F} \cdot \boldsymbol{\tau} \text{d}s$$

或
$$\iint_S (\text{rot}\boldsymbol{F})_n \text{d}S = \oint_{\Gamma} \boldsymbol{F}_{\tau} \text{d}s.$$

它说明向量 $\boldsymbol{F}$ 沿有向闭曲线 Γ的环流量等于它的旋度 rot$\boldsymbol{F}$ 通过以 Γ 为边界所有的任意曲面 S 的流量.

如果向量场 $\boldsymbol{F}$ 的旋度 rot$\boldsymbol{F}$ 处处为零,则称向量场 $\boldsymbol{F}$ 为**无旋场**. 而一个无源、无旋的向量场称为**调和场**. 调和场是物理学中另一类非常重要的向量场,这种场与调和函数有着密切的关系.

例 13.26　求例 **13.25** 中的向量场 $\boldsymbol{F}$ 的旋度.

解
$$\text{rot}\boldsymbol{F} = \nabla \times \boldsymbol{F} = \begin{vmatrix} \boldsymbol{i} & \boldsymbol{j} & \boldsymbol{k} \\ \dfrac{\partial}{\partial x} & \dfrac{\partial}{\partial y} & \dfrac{\partial}{\partial z} \\ (x^2 - y) & 4z & x^2 \end{vmatrix} = -4\boldsymbol{i} - 2x\boldsymbol{j} + \boldsymbol{k}.$$

容易推出旋度的下列运算性质：

1. rot$(C\boldsymbol{F})=C$rot$\boldsymbol{F}$(C 为常数)；
2. rot$(\boldsymbol{F}_1 \pm \boldsymbol{F}_2)=rot\boldsymbol{F}_1 \pm$rot$\boldsymbol{F}_2$；
3. rot$(u\boldsymbol{F})=u$rot$\boldsymbol{F}+\nabla u \times \boldsymbol{F}$($u$ 为数量函数)；
4. rot$(\nabla u)=\boldsymbol{0}$；
5. div(rot$\boldsymbol{F}$)$=0$.

习题 13.6

(A)

1. 应用斯托克斯公式计算下列曲线积分：

(1) $\oint_L (y^2 + z^2)\text{d}x + (x^2 + z^2)\text{d}y + (x^2 + y^2)\text{d}z$,其中 L 为 $x + y + z = 1$ 与三坐标面交线,它的走向使所围平面区域上侧在曲线的左侧；

(2) $\oint_L x^2 y^3 \text{d}x + \text{d}y + z\text{d}z$,其中 L 为 $\begin{cases} z^2 + y^2 = 1, \\ x = y \end{cases}$ 所交的椭圆的正向；

(3) $\oint_L (z-y)\mathrm{d}x+(x-z)\mathrm{d}y+(y-x)\mathrm{d}z$，其中 L 为以 $A(a,0,0)$，$B(0,a,0)$，$C(0,0,a)$ 为顶点的三角形，且沿 $ABCA$ 的方向；

(4) $\oint_\Gamma y\mathrm{d}x+z\mathrm{d}y+x\mathrm{d}z$，其中 Γ 为圆周 $\begin{cases}x^2+y^2+z^2=a^2,\\x+y+z=0,\end{cases}$ 若从 z 轴的正向看去，圆周取逆时针方向；

(5) $\oint_\Gamma 3y\mathrm{d}x-xz\mathrm{d}y+yz^2\mathrm{d}z$，其中 Γ 为圆周 $\begin{cases}x^2+y^2=2z,\\z=2,\end{cases}$ 若从 z 轴的正向看去，圆周取逆时针方向；

(6) $\oint_\Gamma 2y\mathrm{d}x+3x\mathrm{d}y-z^2\mathrm{d}z$，其中 Γ 为圆周 $\begin{cases}x^2+y^2+z^2=9,\\z=0,\end{cases}$ 若从 z 轴的正向看去，圆周取逆时针方向.

2. 求下列全微分的原函数：

(1) $yz\mathrm{d}x+xz\mathrm{d}y+xy\mathrm{d}z$；

(2) $(x^2-2yz)\mathrm{d}x+(y^2-2xz)\mathrm{d}y+(z^2-2xy)\mathrm{d}z$.

3. 验证下列线积分与路线无关，并计算其值：

(1) $\int_{(1,1,1)}^{(2,3,-4)} x\mathrm{d}x+y^2\mathrm{d}y-z^3\mathrm{d}z$；

(2) $\int_{(x_1,y_1,z_1)}^{(x_2,y_2,z_2)} \dfrac{x\mathrm{d}x+y\mathrm{d}y+z\mathrm{d}z}{\sqrt{x^2+y^2+z^2}}$，其中 (x_1,y_1,z_1)，(x_2,y_2,z_2) 在球面 $x^2+y^2+z^2=a^2$ 上.

4. 求下列向量场的旋度：

(1) $\boldsymbol{F}=2xy\boldsymbol{i}+\mathrm{e}^x\sin y\boldsymbol{j}+(x^2+y^2+z^2)\boldsymbol{k}$；

(2) $\boldsymbol{F}=\mathrm{grad}u$，其中 $u=u(x,y,z)$ 具有二阶连续偏导数.

5. 求下列向量场 $\boldsymbol{A}$ 沿闭曲线 Γ（从 z 轴正向看依逆时针方向）的环流量：

(1) $\boldsymbol{A}=-y\boldsymbol{i}+x\boldsymbol{j}+c\boldsymbol{k}$（$c$ 为常量），Γ 为圆周 $\begin{cases}x^2+y^2=1,\\z=0;\end{cases}$

(2) $\boldsymbol{A}=(x-z)\boldsymbol{i}+(x^3+yz)\boldsymbol{j}-3xy^2\boldsymbol{k}$，其中 Γ 为圆周 $\begin{cases}z=2-\sqrt{x^2+y^2},\\z=0.\end{cases}$

(B)

1. 若 L 是平面 $x\cos\alpha+y\cos\beta+z\cos\gamma-p=0$ 上的闭曲线，它所包围区域的面积为 S，求 $\oint_L \begin{vmatrix}\mathrm{d}x & \mathrm{d}y & \mathrm{d}z\\ \cos\alpha & \cos\beta & \cos\gamma\\ x & y & z\end{vmatrix}$，其中 L 依正向进行.

2. 用斯托克斯公式计算$\oint_{\Gamma} xyz\mathrm{d}z$,其中$\Gamma$是圆$x^2+y^2+z^2=1$, $y-z=0$,从z轴正向看去Γ为逆时针方向.

3. 用斯托克斯公式计算$\oint_{\Gamma}(y-z)\mathrm{d}x+(z-x)\mathrm{d}y+(x-y)\mathrm{d}z$, 其中$\Gamma$为椭圆$\begin{cases} x^2+y^2=a^2, \\ \dfrac{x}{a}+\dfrac{z}{b}=1 \end{cases}$ $(a>0,b>0)$,若从x轴正向看去,椭圆取逆时针方向.

13.7 Hamilton 算子

在前面曾引进了**梯度算子**

$$\nabla=\frac{\partial}{\partial x}\boldsymbol{i}+\frac{\partial}{\partial y}\boldsymbol{j}+\frac{\partial}{\partial z}\boldsymbol{k},$$

它既是一个微分运算符号,又要被当作一个向量来对待. 通常又称∇为**哈密顿(Hamilton)算子**,它在物理中有广泛的应用. 本节就简要地介绍 Hamilton 算子的运算规则及其某些应用.

13.7.1 Hamilton 算子的运算规则

首先指出,算子∇是一个具有向量性质及微分性质的双重性质的算子,在运算中要加以注意.

Hamilton 算子的运算规则有以下三条:

(1) $\nabla u=(\frac{\partial}{\partial x}\boldsymbol{i}+\frac{\partial}{\partial y}\boldsymbol{j}+\frac{\partial}{\partial z}\boldsymbol{k})u=\frac{\partial u}{\partial x}\boldsymbol{i}+\frac{\partial u}{\partial y}\boldsymbol{j}+\frac{\partial u}{\partial z}\boldsymbol{k}$;

(2) $\nabla\cdot\boldsymbol{A}=(\frac{\partial}{\partial x}\boldsymbol{i}+\frac{\partial}{\partial y}\boldsymbol{j}+\frac{\partial}{\partial z}\boldsymbol{k})(A_1\boldsymbol{i}+A_2\boldsymbol{j}+A_3\boldsymbol{k})=\frac{\partial A_1}{\partial x}+\frac{\partial A_2}{\partial y}+\frac{\partial A_3}{\partial z}$;

(3) $$\nabla\times\boldsymbol{A}=\begin{vmatrix} \boldsymbol{i} & \boldsymbol{j} & \boldsymbol{k} \\ \dfrac{\partial}{\partial x} & \dfrac{\partial}{\partial y} & \dfrac{\partial}{\partial z} \\ A_1 & A_2 & A_3 \end{vmatrix}$$

$$=(\frac{\partial A_3}{\partial y}-\frac{\partial A_2}{\partial z})\boldsymbol{i}+(\frac{\partial A_1}{\partial z}-\frac{\partial A_3}{\partial x})\boldsymbol{j}+(\frac{\partial A_2}{\partial x}-\frac{\partial A_1}{\partial y})\boldsymbol{k}.$$

由以上规则很容易推知,场论中的梯度、散度、旋度可用算子表示如下:

$$\mathrm{grad}u=\nabla u,\ \mathrm{div}\boldsymbol{A}=\nabla\cdot\boldsymbol{A},\ \mathrm{rot}\boldsymbol{A}=\nabla\times\boldsymbol{A}.$$

13.7.2　几个基本公式

现在给出几个基本公式：

(1)线性性质：对任意的数量场 u、v 及向量场 $\boldsymbol{A}$、$\boldsymbol{B}$，有

$$\nabla(u+v)=\nabla u+\nabla v;$$

$$\nabla\cdot(\boldsymbol{A}+\boldsymbol{B})=\nabla\cdot\boldsymbol{A}+\nabla\cdot\boldsymbol{B};$$

$$\nabla\times(\boldsymbol{A}+\boldsymbol{B})=\nabla\times\boldsymbol{A}+\nabla\times\boldsymbol{B}.$$

(2)对于常量 C 和常向量 $\boldsymbol{c}$，有

$$\nabla C=\boldsymbol{0},\ \nabla\cdot\boldsymbol{c}=\boldsymbol{0},\ \nabla\times\boldsymbol{c}=\boldsymbol{0}.$$

(3)当算子∇作用于两个函数之积时，算子∇应该先作用于第一个因子，而把第二个因子看成不变；然后再作用于第二个因子，而把第一个因子看成不变，再把两个结果加起来. 即

$$\nabla(uv)=v\,\nabla u+u\,\nabla v;$$

$$\nabla\cdot(u\boldsymbol{A})=\nabla u\cdot\boldsymbol{A}+u\,\nabla\cdot\boldsymbol{A};$$

$$\nabla\times(u\boldsymbol{A})=\nabla u\times\boldsymbol{A}+u\,\nabla\times\boldsymbol{A}.$$

我们注意到，当算子∇作用于一个数量场或向量场时，其方式仅有如下三种：

$$\nabla u,\ \nabla\cdot\boldsymbol{A},\ \nabla\times\boldsymbol{A}.$$

即在“∇”后面必为数量场，在“$\nabla\cdot$”及“$\nabla\times$”后面必为向量场，其他如等均为无意义.

下面再列几个常用的公式，其中 $\boldsymbol{r}=x\boldsymbol{i}+y\boldsymbol{j}+z\boldsymbol{k}$，$r=|\boldsymbol{r}|$，

$$\nabla r=\frac{1}{r}\boldsymbol{r},\ \nabla\cdot\boldsymbol{r}=3,\ \nabla\times\boldsymbol{r}=\boldsymbol{0},\ \nabla f(r)=f'(r)\,\nabla r,$$

$$\nabla f(r)=\frac{f'(r)}{r}\boldsymbol{r},\ \nabla\times[f(r)\boldsymbol{r}]=\boldsymbol{0},\ \nabla\times[\frac{1}{r^3}\boldsymbol{r}]=\boldsymbol{0}.$$

13.7.3　例子

为了说明算子∇的一些计算方法，我们举几个例子.

例 13.27　证明$\nabla(uv)=v\,\nabla u+u\,\nabla v$.

证

$$\begin{aligned}\nabla uv&=(\frac{\partial}{\partial x}\boldsymbol{i}+\frac{\partial}{\partial y}\boldsymbol{j}+\frac{\partial}{\partial z}\boldsymbol{k})uv=\frac{\partial uv}{\partial x}\boldsymbol{i}+\frac{\partial uv}{\partial y}\boldsymbol{j}+\frac{\partial uv}{\partial z}\boldsymbol{k}\\&=(u\frac{\partial v}{\partial x}+v\frac{\partial u}{\partial x})\boldsymbol{i}+(u\frac{\partial v}{\partial y}+v\frac{\partial u}{\partial y})\boldsymbol{j}+(u\frac{\partial v}{\partial z}+v\frac{\partial u}{\partial z})\boldsymbol{k}\\&=v(\frac{\partial u}{\partial x}\boldsymbol{i}+\frac{\partial u}{\partial y}\boldsymbol{j}+\frac{\partial u}{\partial z}\boldsymbol{k})+u(\frac{\partial v}{\partial x}\boldsymbol{i}+\frac{\partial v}{\partial y}\boldsymbol{j}+\frac{\partial v}{\partial z}\boldsymbol{k})\\&=v\,\nabla u+u\,\nabla v.\end{aligned}$$

例 13.28　证明$\nabla\cdot(u\boldsymbol{A})=\nabla u\cdot\boldsymbol{A}+u\,\nabla\cdot\boldsymbol{A}$.

证　设$\boldsymbol{A}=A_1\boldsymbol{i}+A_2\boldsymbol{j}+A_3\boldsymbol{k}$,则

$$
\begin{aligned}
\nabla\cdot(u\boldsymbol{A}) &= \left(\frac{\partial}{\partial x}\boldsymbol{i}+\frac{\partial}{\partial y}\boldsymbol{j}+\frac{\partial}{\partial z}\boldsymbol{k}\right)(uA_1\boldsymbol{i}+uA_2\boldsymbol{j}+uA_3\boldsymbol{k}) \\
&= \frac{\partial(uA_1)}{\partial x}+\frac{\partial(uA_2)}{\partial y}+\frac{\partial(uA_3)}{\partial z} \\
&= A_1\frac{\partial u}{\partial x}\boldsymbol{i}+A_2\frac{\partial u}{\partial y}\boldsymbol{j}+A_3\frac{\partial u}{\partial z}\boldsymbol{k}+u\left(\frac{\partial A_1}{\partial x}+\frac{\partial A_2}{\partial y}+\frac{\partial A_3}{\partial z}\right) \\
&= \nabla u\cdot\boldsymbol{A}+u\,\nabla\cdot\boldsymbol{A}.
\end{aligned}
$$

从这两例可以看出,对于微分算子$\frac{\partial}{\partial x},\frac{\partial}{\partial y},\frac{\partial}{\partial z}$,我们运用了乘积的微分法则,即当作用于两个函数时,每次只对其中一个因子运算,而把另一个因子看作常数.由此推知,由$\frac{\partial}{\partial x},\frac{\partial}{\partial y},\frac{\partial}{\partial z}$等微分算子构成的$\nabla$算子,自然也服从乘积的微分法则,于是这两个例题可以用下面的简化方法予以证明.

为方便起见,我们把运算中暂时看作常数的量赋予下标 c,待运算结束后再除去.

$$
\begin{aligned}
\nabla(uv) &= v_c\,\nabla u+u_c\,\nabla v = v\,\nabla u+u\,\nabla v \\
\nabla\cdot(u\boldsymbol{A}) &= \nabla u_c\cdot\boldsymbol{A}+u_c\,\nabla\cdot\boldsymbol{A} \\
&= u_c\,\nabla\cdot\boldsymbol{A}+\nabla u\cdot\boldsymbol{A}_c = u\,\nabla\cdot\boldsymbol{A}+\nabla u\cdot\boldsymbol{A}.
\end{aligned}
$$

在这里,我们使用了公式

$$\nabla\cdot(C\boldsymbol{A}) = C\,\nabla\cdot\boldsymbol{A}\quad(C\text{ 为常数});$$
$$\nabla\cdot(u\,\boldsymbol{C}) = \nabla u\cdot\boldsymbol{C}\quad(\boldsymbol{C}\text{ 为常向量}),$$

这些结果读者可自行完成.

例 13.29　证明:当$|\boldsymbol{a}|^2\equiv$常数时,有$(\boldsymbol{a}\cdot\nabla)\boldsymbol{a}=-\boldsymbol{a}\times\mathrm{rot}\boldsymbol{a}$.

证　由题设,令$\boldsymbol{a}=(a_1,a_2,a_3)$,则由$|\boldsymbol{a}|^2\equiv$常数,可得$a_1^2+a_2^2+a_3^2\equiv C$.对 x,y,z 分别求偏导得

$$
\begin{cases}
a_1\dfrac{\partial a_1}{\partial x}+a_2\dfrac{\partial a_2}{\partial x}+a_3\dfrac{\partial a_3}{\partial x}=0, \\
a_1\dfrac{\partial a_1}{\partial y}+a_2\dfrac{\partial a_2}{\partial y}+a_3\dfrac{\partial a_3}{\partial y}=0, \\
a_1\dfrac{\partial a_1}{\partial z}+a_2\dfrac{\partial a_2}{\partial z}+a_3\dfrac{\partial a_3}{\partial z}=0.
\end{cases}
\tag{13.21}
$$

而

$$(\boldsymbol{a}\cdot\nabla)\boldsymbol{a}=(a_1,a_2,a_3)\left(\frac{\partial}{\partial x},\frac{\partial}{\partial y},\frac{\partial}{\partial z}\right)\boldsymbol{a}=\left(a_1\frac{\partial}{\partial x}+a_2\frac{\partial}{\partial y}+a_3\frac{\partial}{\partial z}\right)\boldsymbol{a}$$

$$= ((a_1 \frac{\partial}{\partial x}+a_2 \frac{\partial}{\partial y}+a_3 \frac{\partial}{\partial z})a_1,(a_1 \frac{\partial}{\partial x}+a_2 \frac{\partial}{\partial y}+a_3 \frac{\partial}{\partial z})a_2,(a_1 \frac{\partial}{\partial x}+a_2 \frac{\partial}{\partial y}+a_3 \frac{\partial}{\partial z})a_3)$$

$$= (a_1 \frac{\partial a_1}{\partial x}+a_2 \frac{\partial a_1}{\partial y}+a_3 \frac{\partial a_1}{\partial z}),a_1 \frac{\partial a_2}{\partial x}+a_2 \frac{\partial a_2}{\partial y}+a_3 \frac{\partial a_2}{\partial z},a_1 \frac{\partial a_3}{\partial x}+a_2 \frac{\partial a_3}{\partial y}+a_3 \frac{\partial a_3}{\partial z}),$$

$$-\boldsymbol{a}\times \mathrm{rot}\boldsymbol{a} = -\boldsymbol{a}\times \begin{vmatrix} \boldsymbol{i} & \boldsymbol{j} & \boldsymbol{k} \\ \frac{\partial}{\partial x} & \frac{\partial}{\partial y} & \frac{\partial}{\partial z} \\ a_1 & a_2 & a_3 \end{vmatrix}$$

$$= -\begin{vmatrix} \boldsymbol{i} & \boldsymbol{j} & \boldsymbol{k} \\ a_1 & a_2 & a_3 \\ \frac{\partial a_3}{\partial y}-\frac{\partial a_2}{\partial z} & \frac{\partial a_1}{\partial z}-\frac{\partial a_3}{\partial x} & \frac{\partial a_2}{\partial x}-\frac{\partial a_1}{\partial y} \end{vmatrix},$$

为此,只需证明

$$\begin{cases} a_2\left(\frac{\partial a_1}{\partial y}-\frac{\partial a_2}{\partial x}\right)+a_3\left(\frac{\partial a_1}{\partial z}-\frac{\partial a_3}{\partial x}\right)=a_1 \frac{\partial a_1}{\partial x}+a_2 \frac{\partial a_1}{\partial y}+a_3 \frac{\partial a_1}{\partial z}, \\ a_3\left(\frac{\partial a_2}{\partial x}-\frac{\partial a_1}{\partial y}\right)+a_3\left(\frac{\partial a_2}{\partial z}-\frac{\partial a_3}{\partial y}\right)=a_1 \frac{\partial a_2}{\partial x}+a_2 \frac{\partial a_2}{\partial y}+a_3 \frac{\partial a_2}{\partial z}, \\ a_1\left(\frac{\partial a_3}{\partial y}-\frac{\partial a_1}{\partial z}\right)+a_2\left(\frac{\partial a_3}{\partial y}-\frac{\partial a_2}{\partial z}\right)=a_1 \frac{\partial a_3}{\partial x}+a_2 \frac{\partial a_3}{\partial y}+a_3 \frac{\partial a_3}{\partial z}. \end{cases}$$

由式(13.21)显然可得.

习题 13.7

1. 证明 $\nabla\times(\boldsymbol{A}+\boldsymbol{B})=\nabla\times\boldsymbol{A}+\nabla\times\boldsymbol{B}$.

2. 证明 $\nabla\cdot\nabla u=\Delta u$,其中 u 是数量场,Δ 为**拉普拉斯算子**(有时记为 $\Delta=\nabla^2$).

*13.8　向量的外积与外微分形式

本章讲了三个重要的公式,即 Green 公式,Guass 公式,Stokes 公式,这些公式都是把某个区域(或曲面)上的积分用这个区域(或曲面)真的边界上的积分表示.其实我们熟悉的 Newton - Leibniz 公式也是如此.事实上,$[a,b]$的边界是 $\{a,b\}$ 而$[a,b]\int_a^b \mathrm{d}f=f(b)-f(a)$,正是把$[a,b]$上的积分用原函数在边界上的代数和表示,本节的目的,就是用一种工具把上述四个公式统一起来.

在这里我们只作简要的介绍,而不过分注重逻辑上的严格性.通过所介绍的这些思想,能用统一的观点把学过的各种积分予以总结,从而更好地理解和掌握它们.

13.8.1 向量的外积

我们知道,一个向量 $\boldsymbol{a}$ 表示一有向线段,向量基 $\boldsymbol{i}$、$\boldsymbol{j}$、$\boldsymbol{k}$ 也可以说是单位有向线段基.任何一个空间向量 $\boldsymbol{a}$,总可以通过单位有向线段基表示为 $\boldsymbol{a}=a_1\boldsymbol{i}+a_2\boldsymbol{j}+a_3\boldsymbol{k}$,而向量 $\boldsymbol{a}$ 的大小,即模为

$$|\boldsymbol{a}|=\sqrt{a_1^2+a_2^2+a_3^2}.$$

那么,对于有向面积,是否也存在着彼此正交的单位基呢?由向量的叉积可知,向量 $\boldsymbol{a}$ 与 $\boldsymbol{b}$ 所决定的有向平行四边形面积可以用叉积 $\boldsymbol{a}\times\boldsymbol{b}$ 表示.若

$$\boldsymbol{a}=a_1\boldsymbol{i}+a_2\boldsymbol{j}+a_3\boldsymbol{k},\quad \boldsymbol{b}=b_1\boldsymbol{i}+b_2\boldsymbol{j}+b_3\boldsymbol{k},$$

则

$$\boldsymbol{a}\times\boldsymbol{b}=\begin{vmatrix}\boldsymbol{i}&\boldsymbol{j}&\boldsymbol{k}\\a_1&a_2&a_3\\b_1&b_2&b_3\end{vmatrix}=\begin{vmatrix}a_2&a_3\\b_2&b_3\end{vmatrix}\boldsymbol{i}+\begin{vmatrix}a_3&a_1\\b_3&b_1\end{vmatrix}\boldsymbol{j}+\begin{vmatrix}a_1&a_2\\b_1&b_2\end{vmatrix}\boldsymbol{k}$$

$$=\begin{vmatrix}a_2&a_3\\b_2&b_3\end{vmatrix}\boldsymbol{j}\times\boldsymbol{k}+\begin{vmatrix}a_3&a_1\\b_3&b_1\end{vmatrix}\boldsymbol{k}\times\boldsymbol{i}+\begin{vmatrix}a_1&a_2\\b_1&b_2\end{vmatrix}\boldsymbol{i}\times\boldsymbol{j}.$$

这样就把空间中的有向面积,通过两两正交的有向面积基 $\boldsymbol{j}\times\boldsymbol{k}$,$\boldsymbol{k}\times\boldsymbol{i}$,$\boldsymbol{i}\times\boldsymbol{j}$ 表示出来.

这种用向量运算来表示有向面积的方法无法推广到高维空间中去,为此,我们引进向量的一种新运算——向量的外积.用符号 $\wedge$ 表示**外积运算**,它是三维空间中向量的叉积运算的推广,记作 $\boldsymbol{a}\wedge\boldsymbol{b}$. 我们定义 $\wedge$ 满足下列运算法则:

(1) $\lambda(\boldsymbol{a}\wedge\boldsymbol{b})=\lambda\boldsymbol{a}\wedge\boldsymbol{b}$($\lambda$ 为实数);

(2) $\boldsymbol{a}\wedge\boldsymbol{b}+\boldsymbol{a}\wedge\boldsymbol{c}=\boldsymbol{a}\wedge(\boldsymbol{b}+\boldsymbol{c})$;

(3) $\boldsymbol{a}\wedge\boldsymbol{b}=-\boldsymbol{b}\wedge\boldsymbol{a}$(反交换律),由此推出 $\boldsymbol{a}\wedge\boldsymbol{a}=\boldsymbol{0}$;

(4) $\boldsymbol{a}\wedge(\boldsymbol{b}\wedge\boldsymbol{c})=(\boldsymbol{a}\wedge\boldsymbol{b})\wedge\boldsymbol{c}$(结合律).

由第 4 条规则保证 $\boldsymbol{a}\wedge\boldsymbol{b}\wedge\boldsymbol{c}$ 有唯一确定的意义.并且由(4)不难推得

$$\boldsymbol{a}\wedge\boldsymbol{a}\wedge\boldsymbol{c}=(\boldsymbol{a}\wedge\boldsymbol{a})\wedge\boldsymbol{c}=\boldsymbol{0}\wedge\boldsymbol{c}=\boldsymbol{0},$$

$$\boldsymbol{b}\wedge\boldsymbol{a}\wedge\boldsymbol{c}=(\boldsymbol{b}\wedge\boldsymbol{a})\wedge\boldsymbol{c}=-(\boldsymbol{a}\wedge\boldsymbol{b})\wedge\boldsymbol{c}=-\boldsymbol{a}\wedge\boldsymbol{b}\wedge\boldsymbol{c}.$$

例 13.30 设 $\boldsymbol{a}_1,\boldsymbol{a}_2,\boldsymbol{a}_3$ 是 $\mathbf{R}^3$ 中的一组两两正交的单位向量,称之为 $\mathbf{R}^3$ 中的一组正交基.又设两个向量

$$\boldsymbol{a}=a_1\boldsymbol{e}_1+a_2\boldsymbol{e}_2+a_3\boldsymbol{e}_3,\boldsymbol{b}=b_1\boldsymbol{e}_1+b_2\boldsymbol{e}_2+b_3\boldsymbol{e}_3,$$

则由外积运算的法则,有

$$\begin{aligned}\boldsymbol{a}\wedge\boldsymbol{b}&=(a_1\boldsymbol{e}_1+a_2\boldsymbol{e}_2+a_3\boldsymbol{e}_3)\wedge(b_1\boldsymbol{e}_1+b_2\boldsymbol{e}_2+b_3\boldsymbol{e}_3)\\&=a_1b_2\,\boldsymbol{e}_1\wedge\boldsymbol{e}_2+a_1b_3\,\boldsymbol{e}_1\wedge\boldsymbol{e}_3+a_2b_1\,\boldsymbol{e}_2\wedge\boldsymbol{e}_1+a_2b_3\,\boldsymbol{e}_2\wedge\boldsymbol{e}_3\\&\quad+a_3b_1\,\boldsymbol{e}_3\wedge\boldsymbol{e}_1+a_3b_2\,\boldsymbol{e}_3\wedge\boldsymbol{e}_2\\&=(a_1b_2-a_2b_1)\,\boldsymbol{e}_1\wedge\boldsymbol{e}_2+(a_2b_3-a_3b_2)\,\boldsymbol{e}_2\wedge\boldsymbol{e}_3+(a_3b_1\end{aligned}$$

$$-a_1b_3)\boldsymbol{e}_3\wedge\boldsymbol{e}_1.$$

由面积基的正交性可推知，由向量 $\boldsymbol{a},\boldsymbol{b}$ 所确定的面积 $|\boldsymbol{a}\wedge\boldsymbol{b}|$ 为

$$|\boldsymbol{a}\wedge\boldsymbol{b}|=\sqrt{\begin{vmatrix}a_1&a_2\\b_1&b_2\end{vmatrix}^2+\begin{vmatrix}a_2&a_3\\b_2&b_3\end{vmatrix}^2+\begin{vmatrix}a_3&a_1\\b_3&b_1\end{vmatrix}^2}.$$

显然，这里的结果与前面用向量叉积运算的结果是一样的.

在上例中若再加上一个向量 $\boldsymbol{c}=c_1\boldsymbol{e}_1+c_2\boldsymbol{e}_2+c_3\boldsymbol{e}_3$，则可以算得

$$\begin{aligned}\boldsymbol{a}\wedge\boldsymbol{b}\wedge\boldsymbol{c}&=(\boldsymbol{a}\wedge\boldsymbol{b})\wedge\boldsymbol{c}\\&=c_3\begin{vmatrix}a_1&a_2\\b_1&b_2\end{vmatrix}\boldsymbol{e}_1\wedge\boldsymbol{e}_2\wedge\boldsymbol{e}_3+c_1\begin{vmatrix}a_2&a_3\\b_2&b_3\end{vmatrix}\boldsymbol{e}_2\wedge\boldsymbol{e}_3\wedge\boldsymbol{e}_1\\&\quad+c_2\begin{vmatrix}a_3&a_1\\b_3&b_1\end{vmatrix}\boldsymbol{e}_3\wedge\boldsymbol{e}_1\wedge\boldsymbol{e}_2\\&=\left(c_3\begin{vmatrix}a_1&a_2\\b_1&b_2\end{vmatrix}+c_1\begin{vmatrix}a_2&a_3\\b_2&b_3\end{vmatrix}+c_2\begin{vmatrix}a_3&a_1\\b_3&b_1\end{vmatrix}\right)\boldsymbol{e}_1\wedge\boldsymbol{e}_2\wedge\boldsymbol{e}_3\\&=\begin{vmatrix}a_1&a_2&a_3\\b_1&b_2&b_3\\c_1&c_2&c_3\end{vmatrix}\boldsymbol{e}_1\wedge\boldsymbol{e}_2\wedge\boldsymbol{e}_3,\end{aligned}$$

称 $\boldsymbol{e}_1\wedge\boldsymbol{e}_2\wedge\boldsymbol{e}_3$ 为**有向体积基**. 由向量 $\boldsymbol{a},\boldsymbol{b},\boldsymbol{c}$ 所确定的平行六面体的体积为

$$|\boldsymbol{a}\wedge\boldsymbol{b}\wedge\boldsymbol{c}|=\left\|\begin{matrix}a_1&a_2&a_3\\b_1&b_2&b_3\\c_1&c_2&c_3\end{matrix}\right\|,$$

上面的记号表示对行列式取绝对值.

由此可见，向量的外积运算是一种很简单的运算. 注意，向量的叉积运算结果仍然是一个向量，而向量的外积运算的结果是一个新的量，在三维空间中，$\boldsymbol{a}\times\boldsymbol{b}$ 表示由 $\boldsymbol{a}$、$\boldsymbol{b}$ 决定的有向面积，而 $\boldsymbol{a}\wedge\boldsymbol{b}\wedge\boldsymbol{c}$ 则表示由 $\boldsymbol{a},\boldsymbol{b},\boldsymbol{c}$ 决定的有向体积. 因此，利用向量的外积运算，我们可以解决任何维空间中求面积、体积的问题.

13.8.2　外微分形式及外微分

现在我们利用向量的外积概念引进外微分运算. 为简单起见，只在 $\mathbf{R}^3$ 中讨论.

设函数 $f(x,y,z)$，$P(x,y,z)$，$Q(x,y,z)$，$R(x,y,z)$ 在空间区域 Ω 上连续，且有一阶连续偏导数. 分别称

$\omega_0=f$ 是 **0 阶外微分形式，或 0 -形式**；

$\omega_1=P\mathrm{d}x+Q\mathrm{d}y+R\mathrm{d}z$ 是 **1 阶外微分形式，或 1 -形式**；

$\omega_2 = P\mathrm{d}y\wedge\mathrm{d}z + Q\mathrm{d}z\wedge\mathrm{d}x + R\mathrm{d}x\wedge\mathrm{d}y$ 是**2 阶外微分形式,或 2 -形式**;

$\omega_3 = f\mathrm{d}x\wedge\mathrm{d}y\wedge\mathrm{d}z$ 是**3 阶外微分形式,或 3 -形式**,

其中 $\mathrm{d}x,\mathrm{d}y,\mathrm{d}z$ 分别是 x 轴,y 轴,z 轴上的有向线段微元;$\mathrm{d}y\wedge\mathrm{d}z,\mathrm{d}z\wedge\mathrm{d}x,\mathrm{d}x\wedge\mathrm{d}y$ 分别是 yOz 平面,zOx 平面,xOy 平面上的有向面积微元;而 $\mathrm{d}x\wedge\mathrm{d}y\wedge\mathrm{d}z$ 则是空间有向体积微元.

对以上各阶外微分形式,我们定义**外微分运算** d 如下:

$$\mathrm{d}\omega_0 = \frac{\partial f}{\partial x}\mathrm{d}x + \frac{\partial f}{\partial y}\mathrm{d}y + \frac{\partial f}{\partial z}\mathrm{d}z.$$

显然 $\mathrm{d}\omega_0$ 是 1 阶外微分形式,且 $\mathrm{d}\omega_0$ 就是 f 的全微分 $\mathrm{d}f$. 下面定义

$$\mathrm{d}\omega_1 = \mathrm{d}P\wedge\mathrm{d}x + \mathrm{d}Q\wedge\mathrm{d}y + \mathrm{d}R\wedge\mathrm{d}z.$$

根据向量的外积运算及 0 -形式的外微分定义,得

$$\begin{aligned}\mathrm{d}\omega_1 &= \left(\frac{\partial P}{\partial x}\mathrm{d}x + \frac{\partial P}{\partial y}\mathrm{d}y + \frac{\partial P}{\partial z}\mathrm{d}z\right)\wedge\mathrm{d}x + \left(\frac{\partial Q}{\partial x}\mathrm{d}x + \frac{\partial Q}{\partial y}\mathrm{d}y + \frac{\partial Q}{\partial z}\mathrm{d}z\right)\wedge\mathrm{d}y \\ &\quad + \left(\frac{\partial R}{\partial x}\mathrm{d}x + \frac{\partial R}{\partial y}\mathrm{d}y + \frac{\partial R}{\partial z}\mathrm{d}z\right)\wedge\mathrm{d}z \\ &= \left(\frac{\partial R}{\partial y} - \frac{\partial Q}{\partial z}\right)\mathrm{d}y\wedge\mathrm{d}z + \left(\frac{\partial P}{\partial z} - \frac{\partial R}{\partial x}\right)\mathrm{d}z\wedge\mathrm{d}x + \left(\frac{\partial Q}{\partial x} - \frac{\partial P}{\partial y}\right)\mathrm{d}x\wedge\mathrm{d}y \\ &= \begin{vmatrix}\mathrm{d}y\wedge\mathrm{d}z & \mathrm{d}z\wedge\mathrm{d}x & \mathrm{d}x\wedge\mathrm{d}y \\ \dfrac{\partial}{\partial x} & \dfrac{\partial}{\partial y} & \dfrac{\partial}{\partial z} \\ P & Q & R\end{vmatrix},\end{aligned}$$

因此,$\mathrm{d}\omega_1$ 是 2 阶外微分形式.

再定义 $\mathrm{d}\omega_2 = \mathrm{d}P\wedge\mathrm{d}y\wedge\mathrm{d}z + \mathrm{d}Q\wedge\mathrm{d}z\wedge\mathrm{d}x + \mathrm{d}R\wedge\mathrm{d}x\wedge\mathrm{d}y$,

则得

$$\begin{aligned}\mathrm{d}\omega_2 &= \left(\frac{\partial P}{\partial x}\mathrm{d}x + \frac{\partial P}{\partial y}\mathrm{d}y + \frac{\partial P}{\partial z}\mathrm{d}z\right)\wedge\mathrm{d}y\wedge\mathrm{d}z \\ &\quad + \left(\frac{\partial Q}{\partial x}\mathrm{d}x + \frac{\partial Q}{\partial y}\mathrm{d}y + \frac{\partial Q}{\partial z}\mathrm{d}z\right)\wedge\mathrm{d}z\wedge\mathrm{d}x \\ &\quad + \left(\frac{\partial R}{\partial x}\mathrm{d}x + \frac{\partial R}{\partial y}\mathrm{d}y + \frac{\partial R}{\partial z}\mathrm{d}z\right)\wedge\mathrm{d}x\wedge\mathrm{d}y \\ &= \left(\frac{\partial P}{\partial x} + \frac{\partial Q}{\partial y} + \frac{\partial R}{\partial z}\right)\mathrm{d}x\wedge\mathrm{d}y\wedge\mathrm{d}z,\end{aligned}$$

因此,$\mathrm{d}\omega_2$ 是 3 阶外微分形式.

最后定义 $\mathrm{d}\omega_3 = \mathrm{d}f\wedge\mathrm{d}x\wedge\mathrm{d}y\wedge\mathrm{d}z = 0$,

因此 $\mathrm{d}\omega_3 = 0.$

现在我们来考虑一下外微分形式的外微分的物理意义. 先看 0 阶外微分形式 $\omega_0 = f$,其外微分为

$$d\omega_0 = \frac{\partial f}{\partial x}dx + \frac{\partial f}{\partial y}dy + \frac{\partial f}{\partial z}dz,$$

而函数 f 的梯度是

$$\mathrm{grad}f = \frac{\partial f}{\partial x}\boldsymbol{i} + \frac{\partial f}{\partial y}\boldsymbol{j} + \frac{\partial f}{\partial z}\boldsymbol{k},$$

因此,物理量梯度与 0 阶外微分形式的外微分相当.

先看 1 阶外微分形式 $\omega_1 = P\mathrm{d}x + Q\mathrm{d}y + R\mathrm{d}z$,其外微分为

$$d\omega_1 = \begin{vmatrix} dy \wedge dz & dz \wedge dx & dx \wedge dy \\ \dfrac{\partial}{\partial x} & \dfrac{\partial}{\partial y} & \dfrac{\partial}{\partial z} \\ P & Q & R \end{vmatrix}.$$

而向量场 $\boldsymbol{F} = P\boldsymbol{i} + Q\boldsymbol{j} + R\boldsymbol{k}$ 的旋度是

$$\mathrm{rot}\boldsymbol{F} = \begin{vmatrix} \boldsymbol{i} & \boldsymbol{j} & \boldsymbol{k} \\ \dfrac{\partial}{\partial x} & \dfrac{\partial}{\partial y} & \dfrac{\partial}{\partial z} \\ P & Q & R \end{vmatrix},$$

因此,物理量旋度与 1 阶外微分形式的外微分相当.

对于 2 阶外微分形式 $\omega_2 = P\mathrm{d}y \wedge \mathrm{d}z + Q\mathrm{d}z \wedge \mathrm{d}x + R\mathrm{d}x \wedge \mathrm{d}y$,其外微分为

$$d\omega_2 = \left(\frac{\partial P}{\partial x} + \frac{\partial Q}{\partial y} + \frac{\partial R}{\partial z}\right)dx \wedge dy \wedge dz,$$

而向量场 $\boldsymbol{F} = P\boldsymbol{i} + Q\boldsymbol{j} + R\boldsymbol{k}$ 的散度是

$$\mathrm{div}\boldsymbol{F} = \frac{\partial P}{\partial x} + \frac{\partial Q}{\partial y} + \frac{\partial R}{\partial z},$$

因此,物理量散度与 2 阶外微分形式的外微分相当.

由于 $\mathbf{R}^3$ 中 3 阶外微分形式的外微分为零,所以物理中也没有与之对应的量.

13.8.3　场论基本公式的统一形式

首先回忆一元函数的微积分基本定理:设函数 f 在 $D = [a,b]$ 上连续,F 是 f 的一个原函数,即 $F' = f$,则有 Newton - Leibniz 公式

$$\int_a^b f(x)dx = F(x)\Big|_a^b = F(b) - F(a).$$

我们把上述公式写成

$$\int_D dF = F(b) - F(a).$$

由于右端仅与边界点 a,b 有关,记 $\partial D = \{a,b\}$,则上式又可写为

$$\int_D dF = \int_{\partial D} F.$$

再来看 Green 公式. 设 $\mathbf{R}^2$ 中的坐标是 x,y,设有1阶外微分形式

$$\omega = P\mathrm{d}x + Q\mathrm{d}y,$$

其中 $P(x,y),Q(x,y)$ 在某个平面区域内有一阶连续偏导数,则外微分

$$\begin{aligned}\mathrm{d}\omega &= \mathrm{d}P \wedge \mathrm{d}x + \mathrm{d}Q \wedge \mathrm{d}y \\ &= (\frac{\partial P}{\partial x}\mathrm{d}x + \frac{\partial P}{\partial y}\mathrm{d}y) \wedge \mathrm{d}x + (\frac{\partial Q}{\partial x}\mathrm{d}x + \frac{\partial Q}{\partial y}\mathrm{d}y) \wedge \mathrm{d}y \\ &= \frac{\partial P}{\partial x}\mathrm{d}x \wedge \mathrm{d}x + \frac{\partial P}{\partial y}\mathrm{d}y \wedge \mathrm{d}x + \frac{\partial Q}{\partial x}\mathrm{d}x \wedge \mathrm{d}y + \frac{\partial Q}{\partial y}\mathrm{d}y \wedge \mathrm{d}y \\ &= (\frac{\partial Q}{\partial x} - \frac{\partial P}{\partial y})\mathrm{d}x\mathrm{d}y.\end{aligned}$$

于是 Green 公式 $\iint_D (\frac{\partial Q}{\partial x} - \frac{\partial P}{\partial y})\mathrm{d}x\mathrm{d}y = \int_{\partial D} P\mathrm{d}x + Q\mathrm{d}y$

可以写成

$$\int_D \mathrm{d}\omega = \int_{\partial D} \omega.$$

对于 $\mathbf{R}^3$ 中2阶外微分形式

$$\omega = P\mathrm{d}y \wedge \mathrm{d}z + Q\mathrm{d}z \wedge \mathrm{d}x + R\mathrm{d}x \wedge \mathrm{d}y,$$

根据前面的运算,有

$$\mathrm{d}\omega_2 = (\frac{\partial P}{\partial x} + \frac{\partial Q}{\partial y} + \frac{\partial R}{\partial z})\mathrm{d}x \wedge \mathrm{d}y \wedge \mathrm{d}z.$$

因此,Guass 公式

$$\iiint_D (\frac{\partial P}{\partial x} + \frac{\partial Q}{\partial y} + \frac{\partial R}{\partial z})\mathrm{d}x\mathrm{d}y\mathrm{d}z = \iint_{\partial D} P\mathrm{d}y\mathrm{d}z + Q\mathrm{d}z\mathrm{d}x + R\mathrm{d}x\mathrm{d}y$$

便可以写成 $\int_D \mathrm{d}\omega = \int_{\partial D} \omega$.

最后,由于 $\mathbf{R}^3$ 中1阶外微分形式

$$\omega = P\mathrm{d}x + Q\mathrm{d}y + R\mathrm{d}z$$

的外微分为 $\mathrm{d}\omega = \begin{vmatrix} \mathrm{d}y \wedge \mathrm{d}z & \mathrm{d}z \wedge \mathrm{d}x & \mathrm{d}x \wedge \mathrm{d}y \\ \frac{\partial}{\partial x} & \frac{\partial}{\partial y} & \frac{\partial}{\partial z} \\ P & Q & R \end{vmatrix}$.

因此,Stokes 公式

$$\iint_D \begin{vmatrix} \mathrm{d}y\mathrm{d}z & \mathrm{d}z\mathrm{d}x & \mathrm{d}x\mathrm{d}y \\ \frac{\partial}{\partial x} & \frac{\partial}{\partial y} & \frac{\partial}{\partial z} \\ P & Q & R \end{vmatrix} = \int_{\partial D} P\mathrm{d}x + Q\mathrm{d}y + R\mathrm{d}z$$

也可以写成 $\int_D \mathrm{d}\omega = \int_{\partial D} \omega$.

尽管不同的公式中，D、∂D、ω 及 $\partial\omega$ 的具体含义各不相同，但它们的形式非常一致. 我们可以把它们统一成一句话：k 阶外微分形式 ω 在 k 维区域上的积分，等于 $k+1$ 阶外微分形式 $\mathrm{d}\omega$ 在 k 维区域所围的 $k+1$ 维区域上的积分.

我们将统一形式的公式

$$\int_D \mathrm{d}\omega = \int_{\partial D} \omega$$

也称为 Stokes 公式.

特别应该指出的是，Stokes 公式揭露了高维空间中微分与积分是如何成为一对矛盾的，这对矛盾的一方是外微分形式 $\mathrm{d}\omega$，另一方则为线、面、体的积分；外微分运算与积分起到了互相抵消的作用. 因此，在高维空间中，Stokes 公式就是相应的微积分基本定理.

习题 13.8

1. 计算下列外积：

(1) $(y\mathrm{d}y+z\mathrm{d}z)\wedge(y^2\mathrm{d}x-3y\mathrm{d}y+3z\mathrm{d}z)$；

(2) $(5\mathrm{d}x\wedge\mathrm{d}y+7\mathrm{d}x\wedge\mathrm{d}z)\wedge(\mathrm{d}x+2\mathrm{d}y+3\mathrm{d}z)$.

2. 计算下列外微分：

(1) $\mathrm{d}(\sin y\mathrm{d}x-\cos x\mathrm{d}y)$；

(2) $\mathrm{d}(x^2y\mathrm{d}x+y^2x\mathrm{d}y)$.

3. 设 $\omega=P\mathrm{d}y\wedge\mathrm{d}z+Q\mathrm{d}z\wedge\mathrm{d}x+R\mathrm{d}x\wedge\mathrm{d}y$ 为三维空间中可微二次微分形式，且 $\mathrm{d}\omega=0$，试求一个一次微分形式 η，使得 $\omega=\mathrm{d}\eta$.

第三篇　常微分方程

第14章　常微分方程

函数是描述客观世界变化规律的重要数学模型,利用函数关系可以帮助我们解决许多实际问题. 但是根据实际问题给出的条件,往往只能得到未知函数与其导数所满足的方程,即所谓的微分方程. 微分方程是利用一元微积分的知识解决实际问题的重要数学工具,也是对各种客观现象进行数学抽象,建立数学模型的重要方法之一. 本章主要介绍微分方程的一些基本概念和几类常见的微分方程的解法.

14.1　微分方程的基本概念

为介绍微分方程中的相关概念,我们先看两个引例.

引例1　已知曲线 $y=f(x)$ 上任意点 (x,y) 处的切线斜率为 $3x^2$,并且曲线通过点(1,2),求该曲线方程.

解　根据导数的几何意义,可知未知函数 $y=f(x)$ 应满足如下关系式

$$\frac{\mathrm{d}y}{\mathrm{d}x}=3x^2. \tag{14.1}$$

此外,未知函数 $y=f(x)$ 还应满足:

$$x=1\text{ 时},y=2.$$

把式(14.1)两端积分,得

$$y=x^3+C, \tag{14.2}$$

其中 C 是任意常数.

把条件"$x=1$ 时,$y=2$"代入式(14.2),得

$$2 = 1^3 + C.$$

由此可得 $C=1$. 即所求曲线方程为

$$y = x^3 + 1.$$

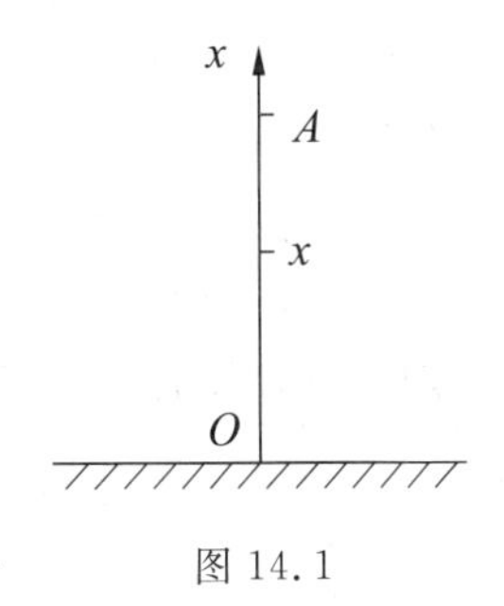

图 14.1

引例 2　设质量为 m 的物体从高度为 12m 的地方自由落地,求物体的运动规律(物体所经过的路程或位移与时间的关系).

解　建立坐标系,如图 14.1,A 点坐标 $x=12$,物体从点 A 自由下落的时刻记为 $t=0$. 设运动方程为 $x=x(t)$,根据牛顿第二定律,有

$$mx''(t) = -mg, \tag{14.3}$$

即

$$x''(t) = -g. \tag{14.4}$$

由题意可知:

$$t = 0 \text{ 时},\ x = 12, v = x' = 0. \tag{14.5}$$

把式(14.4)两端积分一次,得

$$x'(t) = -gt + C_1.$$

再对上式积分一次,得

$$x(t) = -\frac{1}{2}gt^2 + C_1 t + C_2,$$

这里 C_1, C_2 都是任意常数.

把条件(14.5)代入上两式,得 $C_1 = 0, C_2 = 12$.
即物体的运动规律为

$$x(t) = -\frac{1}{2}gt^2 + 12.$$

在这两个例子中,为了得到未知函数关系,依照题意都建立了与未知函数的导数有关的方程式,它们都是微分方程. **一般的,凡是表示自变量、未知函数及未知函数导数(或微分)之间关系的方程,都叫做微分方程.**

上述两个例子中出现的方程(14.1)和(14.4)都是微分方程. 值得注意的是,在一个微分方程中可以不出现自变量或者未知函数本身,但必须含有未知函数的导数(或微分).

微分方程中所出现的未知函数的最高阶导数的阶数,叫做微分方程的阶. 例如,方程(14.1)是一阶微分方程,方程(14.4)是二阶微分方程,$x\dfrac{\mathrm{d}^n x}{\mathrm{d}t^n}+\dfrac{\mathrm{d}x}{\mathrm{d}t}=1$ 是 n 阶微分方程.

n 阶微分方程的一般形式为

$$F(x, y, y', y'', \cdots, y^{(n)}) = 0, \tag{14.6}$$

其中 F 是 $n+2$ 个自变量的已知函数. 这里需要注意的是,在 n 阶微分方程中,$y^{(n)}$ 是必须出现的,而 $x,y,y',y'',\cdots,y^{(n-1)}$ 等变量则不一定会出现.

如果把一个函数 $y=y(x)$ 代入微分方程后,方程变为恒等式,则称 $y=y(x)$ 是此微分方程的解(也称显示解). 如果 $\Phi(x,y)=0$ 确定的一个隐函数 $y=y(x)$ 是微分方程的解,则称等式 $\Phi(x,y)=0$ 是此微分方程的隐式解. 例如,$y=x(C+x)$ 是方程 $xy'=y+x^2$ 的显式解,而 $(y-C)^2-(x-C)^3=0$ 是方程 $x-y=\frac{4}{9}(y')^2-\frac{8}{27}(y')^3$ 的隐式解(C 为任意常数).

如果一个 n 阶微分方程的解中含有 n 个相互独立的任意常数,则称该解为此微分方程的通解.如果微分方程的解不包含任意常数,则称它为特解.

通俗地说,多个任意常数相互独立,是指它们不能通过运算合并,而使得任意常数的个数有所减少. 例如,$y=(C_1+3C_2)\mathrm{e}^{2x}$ 是二阶微分方程 $y''-4y=0$ 的解,且含有两个任意常数. 但我们注意到,C_1+3C_2 本质上表示的是一个任意常数,若令 $C=C_1+3C_2$,则得 $y=C\mathrm{e}^{2x}$. 此时,C_1,C_2 就不相互独立,而 $y=(C_1+3C_2)\mathrm{e}^{2x}$ 也就不是二阶微分方程 $y''-4y=0$ 的通解. 同时,它也不是特解.

严格地说,微分方程(14.6)的解 $y=\varphi(x,C_1,C_2,\cdots,C_n)$ 中 n 个任意常数 $C_1,\cdots,C_n$ 相互独立,是指 Jacobi 行列式

$$\frac{D[\varphi,\varphi',\cdots,\varphi^{(n-1)}]}{D[C_1,C_2,\cdots,C_n]}\neq 0,$$

其中 $\varphi^{(i)}=\frac{\mathrm{d}^i\varphi}{\mathrm{d}x^i}$.

对给定的 $n+1$ 个数 $y_0,y_1,\cdots y_{n-1},x_0$,称 n 个条件

$$y\Big|_{x=x_0}=y_0,\ y'\Big|_{x=x_0}=y_1,\ \cdots,\ y^{(n-1)}\Big|_{x=x_0}=y_{n-1} \tag{14.7}$$

为微分方程(14.6)的**初始条件**.求微分方程(14.6)满足初始条件(14.7)的解的问题称为**初值问题**. 初值问题的解的图形是在 xOy 平面上的一条通过点 (x_0,y_0) 的曲线,称为积分曲线.

最后,我们指出,对于一个函数族 $\Phi(x,y,C_1,\cdots,C_n)$($C_1,\cdots,C_n$ 相互独立),一定存在一个 n 阶微分方程 $F(x,y,y',\cdots,y^{(n)})=0$,使 $\Phi(x,y,C_1,\cdots,C_n)$ 恰好是它的通解.

例 14.1 求函数族 $\mathrm{e}^y=Cx(1-y)$(C 为任意常数)所满足的微分方程.

解 令 $\Phi(x,y)=\mathrm{e}^y-Cx(1-y)$,则

$$\frac{\mathrm{d}y}{\mathrm{d}x}=-\frac{\Phi_x{}'}{\Phi_y{}'}=\frac{C(1-y)}{\mathrm{e}^y+Cx}.$$

将 $C=\frac{\mathrm{e}^y}{x(1-y)}$ 代入上式并化简得所求微分方程

$$x(2-y)y'=1-y.$$

例 14.2　求双参数函数族 $y=C_1\mathrm{e}^x\cos x+C_2\mathrm{e}^x\sin x$ 所满足的微分方程.

解　对 x 先后求导两次,得

$$y'=C_1\mathrm{e}^x(\cos x-\sin x)+C_2\mathrm{e}^x(\sin x+\cos x),$$

$$y''=C_1\mathrm{e}^x(-2\sin x)+C_2\mathrm{e}^x(2\cos x).$$

由 y 和 y' 与 C_1,C_2 的关系式,解得

$$C_1=\mathrm{e}^{-x}[y(\sin x+\cos x)-y'\sin x],$$

$$C_2=\mathrm{e}^{-x}[y(\sin x-\cos x)+y'\cos x].$$

将 C_1,C_2 的表达式代入 y'' 的表达式中,得一个二阶微分方程

$$y''-2y'+2y=0.$$

这就是所给函数族所满足的微分方程.

习题 14.1

(A)

1. 一个高温物体在 10°C 的恒温介质中冷却,设在冷却过程中降温速度与物体和其所在介质的温差成正比. 已知物体的温度开始时为 120°C,试求物体的温度 $u(t)$ 所满足的微分方程,并写出初始条件.

2. 已知某个微分方程的通解和初始条件分别为 $y=C_1\sin(x+C_2)$, $y|_{x=\pi}=1$, $y'|_{x=\pi}=0$,求满足初始条件的解.

3. 设 C,C_1,C_2 是任意常数,求下列曲线所满足的微分方程:

(1) $y=C\mathrm{e}^x$;　　(2) $(x-C)^2+y^2=1$;

(3) $y=Cx+C^2$;　　(4) $y=C_1x+C_2\mathrm{e}^x+x^2$.

4. 验证所给的函数或隐函数是所给定的微分方程的解:

(1) $y=5x^2$, $xy'=2y$;

(2) $y=3\sin x-4\cos x$, $y''+y=0$;

(3) $x^2-xy+y^2=C$, $(x-2y)y'=2x-y$;

(4) $y=\ln(xy)$, $(xy-x)y''+x(y')^2+xy'=0$.

(B)

1. 在 xOy 平面上有一曲线,它在点 (x,y) 的曲率等于其在点 (x,y) 的切线与横轴交角的正弦,试求该曲线的方程所满足的微分方程.

2. 已知曲线上任意两点 P 和 Q 之间的弧长与 P 和 Q 到一定点 O 的距离之差成正比,试求该曲线的方程所满足的微分方程.

3. 一个质量为 m 的质点在水中由静止开始下沉,设下沉时水的阻力与速度成

正比,试求质点运动规律所满足的微分方程及初始条件.

4. 长为6m,单位长度质量为 p 的链自桌上滑下,运动开始时,链自桌上垂下部分有1m长,试求下滑的长度与时间 t 的函数所满足的微分方程和初始条件.

14.2 一阶微分方程

本节讨论一阶微分方程 $F(x,y,y')=0$ 或 $y'=f(x,y)$ 的可解类型.

14.2.1 变量可分离方程

如果 $f(x),g(y)$ 连续,我们称一阶微分方程

$$\frac{\mathrm{d}y}{\mathrm{d}x}=f(x)g(y) \tag{14.8}$$

是**变量可分离方程**.

设 $G(y)$ 是 $\frac{1}{g(y)}$ 的一个原函数($g(y)\neq 0$),$F(x)$ 是 $f(x)$ 的一个原函数. 如果 $y=\varphi(x)$ 是方程(14.8)的解,将它代入(14.8)得

$$\varphi'(x)=f(x)g[\varphi(x)],$$

即

$$\frac{1}{g[\varphi(x)]}\varphi'(x)=f(x).$$

将上式两端积分得

$$\int\frac{1}{g[\varphi(x)]}\varphi'(x)\mathrm{d}x=\int f(x)\mathrm{d}x.$$

由 $y=\varphi(x)$ 引入变量 y 到左端积分,得

$$\int\frac{1}{g[\varphi(x)]}\varphi'(x)\mathrm{d}x=\int\frac{1}{g(y)}\mathrm{d}y=G(y).$$

于是

$$G(y)=F(x)+C. \tag{14.9}$$

因此,方程(14.8)的解满足关系式(14.9).

反之,如果 $y=\psi(x)$ 是由关系式(14.9)所确定的隐函数,那么

$$G[\psi(x)]=F(x)+C.$$

对上式两端关于 x 求导,得

$$G'[\psi(x)]\psi'(x)=F'(x),$$

$$\frac{1}{g[\psi(x)]}\psi'(x)=f(x),$$

即

$$\frac{\mathrm{d}y}{\mathrm{d}x}=f(x)g(y).$$

这说明式(14.9)所确定的函数 $y=\psi(x)$ 是方程(14.8)的解. 因此,式(14.9)

是方程(14.8)的隐式通解.

此外,若 $g(y)=0$ 有根 $y=y_0$,则直接验证知方程(14.8)还有解 $y=y_0$.

例 14.3　求解微分方程 $\frac{dy}{dx}=(1-y^2)\tan x$.

解　当 $1-y^2\neq 0$ 时,分离变量得

$$\frac{dy}{1-y^2}=\tan x dx,$$

两边积分得

$$\ln\left|\frac{1+y}{1-y}\right|=-2\ln|\cos x|+C_1,$$

即

$$\frac{1+y}{1-y}=\pm e^{C_1}\frac{1}{\cos^2 x}.$$

令 $\pm e^{C_1}=C$, 化简得

$$y=\frac{C-\cos^2 x}{C+\cos^2 x}.$$

这里 $C\neq 0$. 但易知,当 $C=0$ 时,即 $y=-1$ 也是该微分方程的解. 由此可得,该方程的通解为 $y=\frac{C-\cos^2 x}{C+\cos^2 x}$,其中 C 为任意常数.

注意,函数 $y=1$ 也是该方程的一个解,而它并不包含在通解中. 这说明微分方程的通解并不一定包括它的所有解.

例 14.4　求解初值问题

$$\begin{cases} y'=2\sqrt{y}, \\ y|_{x=0}=1. \end{cases}$$

解　当 $y>0$ 时,分离变量得

$$\frac{1}{2\sqrt{y}}dy=dx.$$

两端积分得 $\sqrt{y}=x+C$,又 $y(0)=1$,所以 $C=1$. 最后,得初值问题的解为

$$y=(x+1)^2.$$

例 14.5　某小城的人口增长率与当前小城的人口成正比. 若两年后,小城人口增加一倍. 三年后,小城的人口是 20 000 人,试求三年前的小城人口数.

解　设小城在时刻 t 的人口数为 N,并设三年前的小城人口数为 N_0. 因此,有

$$\begin{cases} \frac{dN}{dt}-kN=0, \\ N(t)|_{t=0}=N_0. \end{cases}$$

积分得 $N=N_0e^{kt}$,当 $t=2$ 时,$N=2N_0$ 代入上述解中,得 $2N_0=N_0e^{2k}$,从而 $k=\frac{1}{2}\ln 2$.

当 $t=3$ 时,$N=20\ 000$,代入解的表达式中,得

$$20\ 000=N_0\mathrm{e}^{\frac{3}{2}\ln 2}=N_0 2^{\frac{3}{2}},$$

从而 $N_0=\dfrac{20\ 000}{2^{\frac{3}{2}}}\approx 7\ 071$,即该城三年前人口为 7 071 人.

14.2.2 齐次微分方程

设 $f(x)$ 连续,一阶微分方程

$$\frac{\mathrm{d}y}{\mathrm{d}x}=f\left(\frac{y}{x}\right) \tag{14.10}$$

称为**齐次方程**.

令 $\dfrac{y}{x}=u$,对等式 $y=xu$ 两端求导,得

$$\frac{\mathrm{d}y}{\mathrm{d}x}=u+x\frac{\mathrm{d}u}{\mathrm{d}x}.$$

将上式代入式(14.10),得到 u 满足的方程

$$x\frac{\mathrm{d}u}{\mathrm{d}x}=f(u)-u.$$

这是变量可分离方程,求出通解后,把 u 换成 $\dfrac{y}{x}$,就得到原方程的通解.

例 14.6 求解微分方程 $\dfrac{\mathrm{d}y}{\mathrm{d}x}=\dfrac{x+y}{x-y}$.

解 这是一个齐次方程,令 $u=\dfrac{y}{x}$,即 $y=ux$,$\dfrac{\mathrm{d}y}{\mathrm{d}x}=x\dfrac{\mathrm{d}u}{\mathrm{d}x}+u$,得到

$$x\frac{\mathrm{d}u}{\mathrm{d}x}+u=\frac{1+u}{1-u},$$

化简得

$$\frac{1-u}{1+u^2}\mathrm{d}u=\frac{\mathrm{d}x}{x},$$

两边积分得

$$\arctan u-\ln\sqrt{1+u^2}=\ln|x|+C,$$

从而

$$\arctan u=\ln(|x|\sqrt{1+u^2})+C,$$

以 $u=\dfrac{y}{x}$ 代回上式,就得隐式通解

$$\arctan\frac{y}{x}=\ln(\sqrt{x^2+y^2})+C.$$

例 14.7 求解方程$(x^2+y^2)\mathrm{d}y-2xy\mathrm{d}x=0$.

解 将原方程化为

$$\frac{\mathrm{d}y}{\mathrm{d}x}=\frac{2xy}{x^2+y^2},$$

令$\frac{y}{x}=u$,得

$$x\frac{\mathrm{d}u}{\mathrm{d}x}=\frac{u(1-u^2)}{1+u^2},$$

当$u\neq0,1-u^2\neq0$时,分离变量,得

$$\left(\frac{1}{u}+\frac{2u}{1-u^2}\right)\mathrm{d}u=\frac{\mathrm{d}x}{x},$$

积分得

$$\ln|u|-\ln|(1-u^2)|=\ln|x|+\ln|C|,\ C\neq0,$$

化简得(上式中把任意常数写成$\ln|C|$是为了便于化简)

$$\frac{u}{1-u^2}=Cx.$$

把$u=\frac{y}{x}$代回上式,得原方程的隐式通解

$$y=C(x^2-y^2)\quad(C\neq0).$$

直接验证,当$u=0$时,即$y=0$是原方程的解. 由此可见,上式中的常数C可以取 0, 即C为任意常数.

另外,当$1-u^2=0$时,得$y=\pm x$,直接验证$y=x$,$y=-x$也都是原方程的解.

14.2.3 一阶线性微分方程

设$P(x)$,$Q(x)$连续,一阶方程

$$y'+P(x)y=Q(x)\tag{14.11}$$

称为**一阶线性微分方程**. 之所以称其为线性微分方程,是因为它对于未知函数y及其导数是一次方程. 当$Q(x)\equiv0$时,称为**一阶齐次线性方程**,当$Q(x)$不恒为零时,称为**一阶非齐次线性方程**.

将一阶齐次方程分离变量,得

$$\frac{1}{y}\mathrm{d}y=-P(x)\mathrm{d}x,$$

积分,得通解

$$y=C\mathrm{e}^{-\int P(x)\mathrm{d}x},$$

其中$\int P(x)\mathrm{d}x$表示$P(x)$的一个原函数,而不是不定积分.

现在,我们来讨论当 $Q(x)\neq 0$ 时,非齐次方程的通解.受齐次方程通解形式的启发,猜想非齐次方程的解具有如下的形式

$$y = C(x)e^{-\int P(x)dx}, \tag{14.12}$$

其中 $C(x)$ 是待定的函数. 将式(14.12) 代入式(14.11)

$$C'(x)e^{-\int P(x)dx} + C(x)[-P(x)]e^{-\int P(x)dx} + P(x)C(x)e^{-\int P(x)dx} = Q(x).$$

化简,得
$$C'(x) = Q(x)e^{\int P(x)dx},$$

积分,得
$$C(x) = C + \int Q(x)e^{\int P(x)dx}dx.$$

将此式代入式(14.12),得非齐次方程通解

$$y = e^{-\int P(x)dx}\left(C + \int Q(x)e^{\int P(x)dx}dx\right), \tag{14.13}$$

其中 $\int Q(x)e^{\int P(x)dx}dx$ 表示的也是被积函数 $Q(x)e^{\int P(x)dx}$ 的某一个原函数.

上述求非齐次方程通解的方法有一个突出的特点,就是将齐次方程通解中的任意常数 C 变成非齐次方程通解中的待定函数 $C(x)$. 因此,称这样的方法为**常数变易法**.

例 14.8　求方程 $y'=\frac{2y}{x+1}+(x+1)^{\frac{5}{2}}$ 的通解.

解　方法一:先求对应的齐次方程的通解.

$$\frac{dy}{dx} - \frac{2y}{x+1} = 0,$$

分离变量得

$$\frac{dy}{y} = \frac{2dx}{x+1}.$$

易知,其通解为 $y=C(x+1)^2$,C 为任意常数.

用常数变易法,把 C 换成 $C(x)$,即令 $y=C(x)(x+1)^2$ 作为非齐次方程的解,则

$$y' = C'(x)\cdot(x+1)^2 + 2C(x)\cdot(x+1).$$

代入非齐次方程得

$$C'(x) = (x+1)^{\frac{1}{2}},$$

两端积分可得,

$$C(x) = \frac{2}{3}(x+1)^{\frac{3}{2}} + C.$$

故原方程的通解为

$$y=(x+1)^2\left[\frac{2}{3}(x+1)^{\frac{3}{2}}+C\right].$$

方法二：

应用公式(14.13)得

$$\begin{aligned}y&=e^{\int\frac{2}{x+1}dx}\left[\int(x+1)^{\frac{5}{2}}e^{-\int\frac{2}{x+1}dx}dx+C\right]\\&=e^{2\ln|x+1|}\left[\int(x+1)^{\frac{5}{2}}e^{-2\ln|x+1|}dx+C\right]\\&=(x+1)^2\left[\int(x+1)^{\frac{5}{2}}\frac{1}{(x+1)^2}dx+C\right]\\&=(x+1)^2\left[\int(x+1)^{\frac{1}{2}}dx+C\right]\\&=(x+1)^2\left[\frac{2}{3}(x+1)^{\frac{3}{2}}+C\right].\end{aligned}$$

例 14.9　求方程$(\ln y-x)y'=y\ln y$的通解.

解　这个方程不是未知函数$y=y(x)$的线性方程，但是，将方程变形为$y'=\frac{dy}{dx}=\frac{y\ln y}{\ln y-x}$，即

$$\frac{dx}{dy}=\frac{\ln y-x}{y\ln y}.$$

亦即

$$x'+\frac{1}{y\ln y}x=\frac{1}{y}.$$

上式是未知函数$x=x(y)$的一阶线性方程，故

$$x=e^{-\int\frac{1}{y\ln y}dy}\left(C+\int\frac{1}{y}e^{\int\frac{1}{y\ln y}dy}dy\right)=\frac{1}{\ln y}\left(C+\frac{1}{2}\ln^2 y\right).$$

例 14.10　如图 14.2 所示的 $R-C$ 电路中，设$E=10V$，$R=100\Omega$，$C=0.01F$，而开始时电容C上没有电荷，问：

(1)当开关K合上“1”后，经过多长时间使电容C的电压$U_C=5V$？

(2)开关K合在“1”上相当长时间后，U_C的值达到了(接近)外加电压E，这时若将开关K突然转至“2”，试求U_C的变化规律，并求经过多长时间$U_C=5V$？

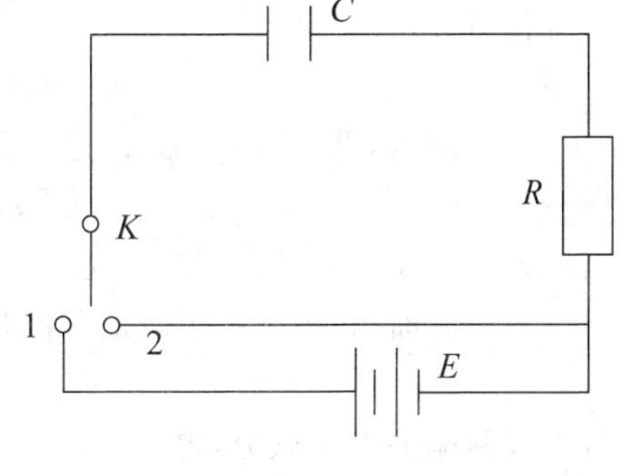

图 14.2

解　这是电容器C的充放电过程，由闭合回路的基尔霍夫定律，有$U_C+RI=E$，以Q记电容C上的电量，有$Q=CU_C$，

而 $I=\frac{dQ}{dt}=C\frac{dU_C}{dt}$，所以 $RC\frac{dU_C}{dt}+U_C=E$，其通解是 $U_C=E+ke^{-\frac{1}{RC}t}$（$k$ 是任意常数）.

（情形 1）是充电过程，有 $U_C(0)=0$，代入通解求得 $k=-E$，得充电规律 $U_C(t)=E(1-e^{-\frac{1}{RC}t})$，设 $t=t_1$ 时，$U_C=5$，即 $5=10(1-e^{-\frac{1}{RC}t_1})=10(1-e^{-t_1})$，故 $t_1=\ln 2$，即电容 C 上的电压达到 5V 需经过时间 ln2.

（情形 2）是放电过程，当开关 K 合上"2"时回路中没有外接电源，即外加电压为零. 此时，有 $RC\frac{dU_C}{dt}+U_C=0$，其通解为 $U_C=le^{-\frac{1}{RC}t}$（l 为任意常数），代入初始条件：$U_C(0)=E$，得 $l=E$，从而放电规律为 $U_C=Ee^{-\frac{1}{RC}t}$

设 $t=t_2$ 时，$U_C=5$，代入 U_C 的表达式得

$$5=10e^{-t_2},t_2=\ln 2,$$

即电容 C 充完电后开始放电，经过时间 ln2 后 U_C 降到 5V.

14.2.4 恰当方程

如果有二元函数 $U(x,y)$，它的全微分为

$$dU(x,y)=P(x,y)dx+Q(x,y)dy, \tag{14.14}$$

则称对称形式的一阶方程

$$P(x,y)dx+Q(x,y)dy=0 \tag{14.15}$$

为恰当方程，或全微分方程.

按上述定义，若方程(14.15)是恰当方程，则有

$$\frac{\partial U}{\partial x}=P(x,y),\frac{\partial U}{\partial y}=Q(x,y),$$

而方程(14.15)就是

$$dU(x,y)=0. \tag{14.16}$$

一方面，如果函数 $y=\varphi(x)$ 是方程(14.15)的解，则有

$$dU[x,\varphi(x)]\equiv 0.$$

因此，$U[x,\varphi(x)]\equiv C$. 可见 $y=\varphi(x)$ 是由方程 $U(x,y)=C$ 所确定的隐函数.

另一方面，如果 $y=\psi(x)$ 是方程 $U(x,y)=C$ 所确定的隐函数，则

$$U[x,\psi(x)]\equiv C,$$

对上式两端关于 x 微分，得

$$\left(\frac{\partial U}{\partial x}+\frac{\partial U}{\partial y}\frac{dy}{dx}\right)dx=0,$$

即 $\frac{\partial U}{\partial x}dx+\frac{\partial U}{\partial y}dy=0$，亦即 $P(x,y)dx+Q(x,y)dy=0$.

可见，$y=\psi(x)$是方程(14.15)的解.

因此，如果方程(14.15)的左边 $P(x,y)\mathrm{d}x+Q(x,y)\mathrm{d}y$ 是函数$U(x,y)$的全微分，那么方程(14.15)的隐式通解是

$$U(x,y)=C,$$

其中 C 是任意常数.

在曲线积分中，已经证明：当 $P(x,y)$与 $Q(x,y)$在单连通域 G 内具有一阶连续偏导数时，$P(x,y)\mathrm{d}x+Q(x,y)\mathrm{d}y$ 在 G 内为某一函数 $U(x,y)$的全微分的充要条件是$\frac{\partial P}{\partial y}=\frac{\partial Q}{\partial x}$，$(x,y)\in G$. 因此，方程(14.15)是全微分方程(恰当方程)的充要条件是

$$\frac{\partial P}{\partial y}=\frac{\partial Q}{\partial x},\quad (x,y)\in G. \tag{14.17}$$

当条件(14.17)满足时，在曲线积分中，已经证明：满足(14.14)的函数 $U(x,y)$为

$$U(x,y)=\int_{x_0}^{x}P(x,y_0)\mathrm{d}x+\int_{y_0}^{y}Q(x,y)\mathrm{d}y,$$

或者

$$U(x,y)=\int_{x_0}^{x}P(x,y)\mathrm{d}x+\int_{y_0}^{y}Q(x_0,y)\mathrm{d}y.$$

因此，当条件(14.17)成立时，方程(14.15)的隐式通解为

$$\int_{x_0}^{x}P(x,y_0)\mathrm{d}x+\int_{y_0}^{y}Q(x,y)\mathrm{d}y=C, \tag{14.18}$$

或者

$$\int_{x_0}^{x}P(x,y)\mathrm{d}x+\int_{y_0}^{y}Q(x_0,y)\mathrm{d}y=C,$$

其中(x_0,y_0)是 G 中的一点.

例 14.11　求方程 $(3x^2+2x\mathrm{e}^{-y})\mathrm{d}x+(3y^2-x^2\mathrm{e}^{-y})\mathrm{d}y=0$ 的通解.

解　令 $P(x,y)=3x^2+2x\mathrm{e}^{-y}$，$Q(x,y)=3y^2-x^2\mathrm{e}^{-y}$，则$\frac{\partial P}{\partial y}=-2x\mathrm{e}^{-y}=\frac{\partial Q}{\partial x}$，这是一个恰当方程. 取 $x_0=0$，$y_0=0$，得

$$\begin{aligned}U(x,y)&=\int_{0}^{x}P(x,y_0)\mathrm{d}x+\int_{0}^{y}Q(x,y)\mathrm{d}y\\&=\int_{o}^{x}(3x^2+2x)\mathrm{d}x+\int_{o}^{y}(3y^2-x^2\mathrm{e}^{-y})\mathrm{d}y\\&=x^3+x^2\mathrm{e}^{-y}+y^3.\end{aligned}$$

于是方程的隐式通解为

$$x^3+x^2\mathrm{e}^{-y}+y^3=C.$$

14.2.5　一阶方程的初等变换法和积分因子法

前面已经研究了变量可分离的方程、齐次方程、一阶线性方程和恰当方程的求

解方法.这里将要介绍的初等变换法和积分因子法,可将一些方程转化为上述四种类型的方程,从而得到其解.

1. 方程　$y' = f(ax + by + c)$　(14.19)

解法　令 $ax+by+c=u$,则 $a+by'=u'$,原方程化为变量可分离的方程

$$\frac{du}{dx} = a + bf(u).$$

2. 方程　$y' = f\left(\frac{a_1x + b_1y + c_1}{a_2x + b_2y + c_2}\right)$　(14.20)

解法　若行列式 $\begin{vmatrix} a_1 & b_1 \\ a_2 & b_2 \end{vmatrix} = 0$,则 $\frac{a_1}{a_2} = \frac{b_1}{b_2} \triangleq \lambda$,从而上述方程可化为

$$\frac{dy}{dx} = f\left(\frac{\lambda(a_2x + b_2y) + c_1}{a_2x + b_2y + c_2}\right),$$

令 $u=a_2x+b_2y$,则又进一步化为变量可分离方程

$$\frac{du}{dx} = a_2 + b_2 f\left(\frac{\lambda u + c_1}{u + c_2}\right),$$

若行列式 $\begin{vmatrix} a_1 & b_1 \\ a_2 & b_2 \end{vmatrix} \neq 0$,解代数方程组

$$\begin{cases} a_1x + b_1y + c_1 = 0, \\ a_2x + b_2y + c_2 = 0, \end{cases}$$

可得唯一解 $x=x_0, y=y_0$,对原微分方程作变量代换

$$x = t + x_0, y = u + y_0,$$

则原微分方程化为齐次方程

$$\frac{du}{dt} = f\left(\frac{a_1t + b_1u + a_1x_0 + b_1y_0 + c_1}{a_2t + b_2u + a_2x_0 + b_2y_0 + c_2}\right) = f\left(\frac{a_1t + b_1u}{a_2t + b_2u}\right),$$

其中 t 为新自变量,u 为新未知函数.

3. Bernoulli[①] 方程　$y' + P(x)y = Q(x)y^\alpha \quad (\alpha \neq 0, 1)$

解法　令 $y^{1-\alpha}=u$,则 $(1-\alpha)y^{-\alpha}y' = \frac{du}{dx}$,原微分方程化为关于 u 的一阶线性方程

$$\frac{du}{dx} + (1-\alpha)P(x)u = (1-\alpha)Q(x).$$

4. 方程　$f'(y)\frac{dy}{dx} + P(x)f(y) = Q(x)$　(14.21)

解法　令 $f(y)=u$,则 $f'(y)\frac{dy}{dx} = \frac{du}{dx}$. 原微分方程化为一阶线性方程

---

① 伯努利(Bernoulli,1700—1782年),瑞士数学家.

$$\frac{du}{dx}+P(x)u=Q(x).$$

5. Riccati[①] 方程　$\frac{dy}{dx}=p(x)y^2+q(x)y+r(x)$,　(14.22)

其中 $p(x)$,$q(x)$和 $r(x)$连续,且 $p(x)\neq 0$.

如果 Riccati 方程(14.22)有一个已知的特解 $y=\varphi_0(x)$,求该方程的通解.

解法　作变量代换 $y=u+\varphi_0(x)$,代入方程(14.22),得到

$$\frac{du}{dx}+\frac{d\varphi_0}{dx}=p(x)[u^2+2\varphi_0(x)u+\varphi_0^2(x)]+q(x)[u+\varphi_0(x)]+r(x).$$

由于$\frac{d\varphi_0}{dx}=p(x)\varphi_0^2(x)+q(x)\varphi_0(x)+r(x)$,从上式得

$$\frac{du}{dx}=[2p(x)\varphi_0(x)+q(x)]u+p(x)u^2,$$

这是关于未知函数 u 的 Bernoulli 方程. 而前面已讨论 Bernoulli 方程可化为一阶线性方程,从而求得通解.

6. 方程　$\frac{dy}{dx}+ay^2=bx^m$,　(14.23)

其中 a,b,m 是常数,$a\neq 0$;$m=0,-2,\frac{-4k}{2k+1},\frac{-4k}{2k-1}$　$(k=1,2,\cdots)$. 方程(14.23)是特殊的 Riccati 方程,可用初等变换法将它化为变量可分离的方程.

解法　令 $s=ax$,代入方程(14.23)得

$$\frac{dy}{ds}\frac{ds}{dx}+ay^2=\frac{b}{a^m}s^m,$$

$$a\frac{dy}{ds}+ay^2=\frac{b}{a^m}s^m,$$

$$\frac{dy}{ds}+y^2=b_1s^m,(b_1=\frac{b}{a^{m+1}}),\tag{14.24}$$

(1)当 $m=0$ 时,方程(14.24)是一个变量分离的方程

$$\frac{dy}{ds}=b_1-y^2.$$

(2)当 $m=-2$ 时,令 $z=sy$,其中 z 是新未知函数. 然后代入方程(14.24),得

$$\frac{dz}{ds}=\frac{1}{s}(b_1+z-z^2),$$

这也是一个变量可分离方程.

---

① 黎卡提(Riccati,1676—1754 年),意大利数学家.

(3)当 $m=-\frac{4k}{2k+1}\overset{\Delta}{=}m(k)$时,作变换 $s=u^{\frac{1}{m+1}}, y=\frac{b_1}{m+1}v^{-1}$,其中 u 和 v 分别是新自变量和未知函数,则方程(14.24)变为

$$\frac{\mathrm{d}v}{\mathrm{d}u}+v^2=\frac{b_1}{(m+1)^2}u^n, \tag{14.25}$$

其中 $n=\frac{-4k}{2k-1}$. 再作变换 $u=\frac{1}{t}, v=t-t^2z$,其中 t 和 z 分别是新自变量和未知函数,则方程(14.25)变为

$$\frac{\mathrm{d}z}{\mathrm{d}t}+z^2=\frac{b_1}{(m+1)^2}t^{m(k-1)}, \tag{14.26}$$

其中 $m(k-1)=\frac{-4(k-1)}{2(k-1)+1}$.

方程(14.26)与方程(14.24)在形式上相同,但是右端自变量的指数从 $m(k)$变为 $m(k-1)$,可见将上述变换过程重复 k 次,就能把方程(14.24)化为 $m(0)=0$ 的情形.

(4)当 $m=-\frac{4k}{2k-1}$时,方程(14.24)与方程(14.25)的类型相同,因此可以将它化为方程(14.26)的形式,而这就是(3)中的情形.

例 14.12　求方程$\frac{\mathrm{d}y}{\mathrm{d}x}=\frac{xy^2+x\mathrm{e}^{\frac{3}{2}x^2}}{2y}$的通解.

解　令 $z=y^2$,则方程变为

$$\frac{\mathrm{d}z}{\mathrm{d}x}=xz+x\mathrm{e}^{\frac{3}{2}x^2},$$

$$\begin{aligned}z&=\mathrm{e}^{\int x\mathrm{d}x}\left(C+\int x\mathrm{e}^{\frac{3}{2}x^2}\mathrm{e}^{-\int x\mathrm{d}x}\mathrm{d}x\right)\\&=\mathrm{e}^{\frac{x^2}{2}}\left(C+\int x\mathrm{e}^{x^2}\mathrm{d}x\right)=C\mathrm{e}^{\frac{x^2}{2}}+\frac{1}{2}\mathrm{e}^{\frac{3}{2}x^2}.\end{aligned}$$

故此方程的隐式通解为 $y^2=C\mathrm{e}^{\frac{x^2}{2}}+\frac{1}{2}\mathrm{e}^{\frac{3}{2}x^2}$.

例 14.13　求 $y'=\frac{x+y+1}{x-y-3}$的通解.

解　令$\begin{cases}x+y+1=0,\\x-y-3=0,\end{cases}$得解 $x_0=1, y_0=-2$

作变换 $x=t+1, y=u-2$,代入原方程得

$$\frac{\mathrm{d}u}{\mathrm{d}t}=\frac{t+u}{t-u},$$

再令$\frac{u}{t}=v$,方程化为

$$\frac{1-v}{1+v^2}\mathrm{d}v=\frac{\mathrm{d}t}{t},$$

积分得

$$t\sqrt{1+v^2}=C\mathrm{e}^{\arctan v},$$

用 $v=\frac{u}{t}$ 代入上式得

$$\sqrt{t^2+u^2}=C\mathrm{e}^{\arctan\frac{u}{t}},$$

再用 $t=x-1,u=y+2$ 代入上式得原方程的通解

$$\sqrt{(x-1)^2+(y+2)^2}=C\mathrm{e}^{\arctan\frac{y+2}{x-1}}.$$

例 14.14　求解方程 $y'-y=xy^5$.

解　这是伯努利方程，令 $z=y^{-4}$，原方程化为

$$\frac{\mathrm{d}z}{\mathrm{d}x}+4z=-4x,$$

解得

$$z=\frac{1}{4}-x+C\mathrm{e}^{-4x}.$$

代回原变量，得原方程的通解

$$\left(\frac{1}{4}-x+C\mathrm{e}^{-4x}\right)y^4=1.$$

7. 一阶方程 $P(x,y)\mathrm{d}x+Q(x,y)\mathrm{d}y=0,\frac{\partial P}{\partial y}\neq\frac{\partial Q}{\partial x}$.　(14.27)

解法　若存在连续可微函数 $\mu=\mu(x,y)\neq 0$，使

$$\frac{\partial(\mu P)}{\partial y}=\frac{\partial(\mu Q)}{\partial x},\tag{14.28}$$

则方程(14.27)的同解方程

$$\mu(x,y)P(x,y)\mathrm{d}x+\mu(x,y)Q(x,y)\mathrm{d}y=0\tag{14.29}$$

是恰当方程，称 $\mu(x,y)$ 为方程(14.27)的积分因子. 可见，问题的关键是如何求积分因子. 一般来说，求积分因子是困难的，下面介绍某些特殊积分因子的求法.

(1)若积分因子 $\mu=\varphi(x)$，则由

$$\frac{\partial}{\partial y}[\varphi(x)P(x,y)]=\frac{\partial}{\partial x}[\varphi(x)Q(x,y)],$$

得

$$\varphi'(x)=-\frac{1}{Q}(Q'_x-P'_y)\varphi(x),$$

因此，当 $\frac{1}{Q}(Q'_x-P'_y)=\omega(x)$ 时，方程(14.27)有积分因子

$$\mu=\varphi(x)=\mathrm{e}^{-\int\omega(x)\mathrm{d}x}.$$

(2) 类似地,当$\frac{1}{P}(Q'_x - P'_y) = \omega(y)$时,方程(14.27)有积分因子

$$\mu = \varphi(y) = e^{\int \omega(y)dy}.$$

(3) 若$\mu = \varphi(x+y)$,则由

$$\frac{\partial(\varphi(x+y)P(x,y))}{\partial y} = \frac{\partial(\varphi(x+y)Q(x,y))}{\partial x},$$

得

$$\varphi'(x+y) = \frac{Q'_x - P'_y}{P-Q}\varphi(x+y),$$

因此,当$(Q'_x - P'_y)(P-Q)^{-1} = \omega(x+y)$时,令$t=x+y$,
则

$$\varphi'(t) = \omega(t)\varphi(t), \varphi(t) = e^{\int \omega(t)dt}.$$

此时,方程(14.27)有积分因子

$$\mu = \phi(x+y) = e^{\int \omega(t)dt}\Big|_{i=x+y}.$$

(4)类似地,当$(Q'_x - P'_y)(P+Q)^{-1} = \omega(x-y)$时,方程(14.27)有积分因子

$$\mu = \varphi(x-y) = e^{-\int \omega(t)dt}\Big|_{t=x-y}.$$

例 14.15 求解方程$(2xy^2 - y)dx + (y^2+y+x)dy = 0$.

解 令$P = 2xy^2 - y, Q = y^2+y+x$,则

$$\frac{\partial P}{\partial y} = 4xy - 1, \frac{\partial Q}{\partial x} = 1.$$

于是$(Q'_x - P'_y)P^{-1} = \frac{2-4xy}{2xy^2 - y} = -\frac{2}{y}$.所以,方程有积分因子

$$\mu = \varphi(y) = e^{\int -\frac{2}{y}dy} = \frac{1}{y^2},$$

现在,可将原方程化为恰当方程

$$(2x - \frac{1}{y})dx + (1 + \frac{1}{y} + \frac{x}{y^2})dy = 0,$$

从而求得隐式通解

$$x^2 - \frac{x}{y} + y + \ln|y| = C.$$

此外,原方程还有一个解$y=0$.

另外,常用的方法还有观察法和重新分组法.观察法主要是根据一些常用的微分公式,直接观察出积分因子.例如,求方程$xdy - ydx = 0$的通解.联想到$d(\frac{y}{x}) = \frac{xdy - ydx}{x^2}$,由此,方程两端同乘$\frac{1}{x^2}$后,就可变为$d(\frac{y}{x}) = 0$.于是该方程的通解为$\frac{y}{x} = C$.

注：常用的积分因子有 $\frac{1}{x+y},\frac{1}{x^2},\frac{1}{y^2},\frac{1}{x^2+y^2},\frac{1}{x^2y^2},\frac{y}{x^2},\frac{x}{y^2}$等.

重新分组法主要应用于 $P(x,y)$ 和 $Q(x,y)$ 比较复杂时，我们可以把方程 $P(x,y)\mathrm{d}x+Q(x,y)\mathrm{d}y=0$ 的左端分成两组或者多个组. 以分成两组为例，即方程可分为

$$(M_1\mathrm{d}x+N_1\mathrm{d}y)+(M_2\mathrm{d}x+N_2\mathrm{d}y)=0,$$

然后，分别求出两组所对应方程的通解 $U_1(x,y)=C$ 和 $U_2(x,y)=C$，即

$$M_1\mathrm{d}x+N_1\mathrm{d}y=\mathrm{d}U_1(x,y),$$

$$M_2\mathrm{d}x+N_2\mathrm{d}y=\mathrm{d}U_2(x,y).$$

则方程 $P(x,y)\mathrm{d}x+Q(x,y)\mathrm{d}y=0$ 的通解为

$$U_1(x,y)+U_2(x,y)=C.$$

例 14.16　求方程 $y\mathrm{d}x-(x^2+y^2+x)\mathrm{d}y=0$ 的通解.

解　把方程重新组合为

$$y\mathrm{d}x-x\mathrm{d}y-(x^2+y^2)\mathrm{d}y=0.$$

观察出一个积分因子为

$$\mu=\frac{1}{x^2+y^2}.$$

于是方程化为

$$\frac{y\mathrm{d}x-x\mathrm{d}y}{x^2+y^2}-\mathrm{d}y=0,$$

求得通解为

$$\arctan\frac{x}{y}-y=C.$$

14.2.6　一阶微分方程初值问题解的存在与唯一性

在微分方程发展的初始时期，讨论的主要问题是寻找通解或隐式通解的方法和技巧. Liouville[①] 在 1841 年证明 Riccati 方程 $y'=x^2+y^2$ 不能用初等积分法(即本节之前所讨论过的所有方法)求解. 这使人们终于相信初等积分法的效能有限，从此人们另辟新径，把研究方向转向：微分方程的特解，幂级数解法，微分方程的近似解法，微分方程初值问题解的存在与唯一性，微分方程的定性与稳定性问题. 本段不加证明地给出一阶方程初值问题解的存在与唯一性定理.

定理 14.1(Picard[②] 定理)　设初值问题

$$y'=f(x,y),y(x_0)=y_0,\tag{14.30}$$

---

① 刘维尔(Liouville,1809—1882 年)，法国数学家.

② 毕卡(Picard,1856—1941 年)，法国数学家.

其中 $f(x,y)$ 在平面矩形区域 $\mathbf{R}=\{(x,y)\,|\,|x-x_0|\leqslant a,|y-y_0|\leqslant b\}$ 上连续，且存在 $L>0$，使得 $\forall\,(x,y_1),(x,y_2)\in\mathbf{R}$，有

$$|f(x,y_1)-f(x,y_2)|<L|y_1-y_2|,$$

则方程(14.30)在 $|x-x_0|\leqslant h$ 上有并且只有一个解，其中常数

$$h=\min(a,\frac{b}{M}),M\geqslant\max_{(x,y)\in\boldsymbol{R}}|f(x,y)|.$$

14.2.7　一阶微分方程的幂级数解法举例

如果假设 $y'=f(x,y)$ 的解可展开成幂级数 $y=\sum\limits_{n=0}^{\infty}a_nx^n$，将它代入微分方程，再比较 x 的同次幂级数，求出 $a_0,a_1,\cdots$. 这样得到的幂级数在它的收敛域上表示所求的解.

例 14.17　求解微分方程初值问题

$$\begin{cases}\dfrac{\mathrm{d}y}{\mathrm{d}x}=x+y,\\ y(0)=1.\end{cases}$$

解　设方程的解为

$$y=a_0+a_1x+a_2x^2+a_3x^3+\cdots+a_nx^n+\cdots,$$
$$y'=a_1+2a_2x+\cdots+na_nx^{n-1}+\cdots.$$

把 y,y' 代入原方程得

$$\begin{aligned}&a_1+2a_2x+\cdots+na_nx^{n-1}+(n+1)a_{n+1}x^n+\cdots\\&=a_0+(a_1+1)x+a_2x^2+\cdots+a_nx^n+a_{n+1}x^{n+1}+\cdots,\end{aligned}$$

比较上式两边 x 的同次幂系数，得

$$a_1=a_0,2a_2=a_1+1,3a_3=a_2,\cdots,na_n=a_{n-1},\cdots$$

由 $y(0)=1$，得 $a_0=1$，所以

$$a_1=1,a_2=1=\frac{2}{2!},a_3=\frac{2}{3!},\cdots,a_n=\frac{2}{n!},\cdots$$

所以原方程幂级数解为

$$\begin{aligned}y&=1+x+\frac{2}{2!}x^2+\frac{2}{3!}x^3+\cdots+\frac{2}{n!}x^n+\cdots\\&=2\mathrm{e}^x-x-1.\end{aligned}$$

这个结果与用初等积分法解出的结果完全一致.

例 14.18　求下列方程的幂级数解

$$\begin{cases}y'=x^2+y^2,\\ y|_{x=0}=0.\end{cases}\tag{14.31}$$

解　微分方程 $y'=x^2+y^2$ 看似简单，但却不能用初等积分求解. 具体地说，不能用初等积分得到它的有限形式的通解. 现在设它的无限形式的通解为

$$y=a_0+a_1x+a_2x^2+a_3x^3+\cdots+a_nx^n+\cdots. \tag{14.32}$$

由 $y|_{x=0}=0$，得 $a_0=0$，将式(14.32)代入式(14.31)得

$$\begin{aligned}&a_1+2a_2x+3a_3x^2+4a_4x^3+5a_5x^4+6a_6x^5+7a_7x^6+\cdots+na_nx^{n-1}+\cdots\\&\quad=x^2+(a_1x+a_2x^2+a_3x^3+\cdots)^2\\&\quad=x^2+a_1^2x^2+2a_1a_2x^3+(2a_1a_3+a_2^2)x^4+(2a_1a_4+2a_2a_3)x^5\\&\qquad+(2a_1a_5+2a_2a_4+a_3^2)x^6+\cdots+(2\sum_{i=1}^{m-1}a_ia_{2m-i}+a_m^2)x^{2m}\\&\qquad+(2\sum_{i=1}^{m}a_ia_{2m+1-i})x^{2m+1}+\cdots,\end{aligned}$$

比较两边 x 的同次幂系数，得

$$\begin{aligned}&a_1=0,2a_2=0,3a_3=1+a_1^2,4a_4=2a_1a_2,5a_5=2a_1a_3+a_2^2,\\&6a_6=2a_1a_4+2a_2a_3,7a_7=2a_1a_5+2a_2a_4+a_3^2,\cdots,\\&(2m+1)a_{2m+1}=2\sum_{i=1}^{m-1}a_ia_{2m-i}+a_m^2,(2m+2)a_{2m+2}=2\sum_{i=1}^{m}a_ia_{2m+1-i},\cdots\end{aligned}$$

解得 $a_1=0,a_2=0,a_3=\dfrac{1}{3},a_4=0,a_5=0,a_6=0,a_7=\dfrac{1}{63},a_8=a_9=a_{10}=0,$

$a_{11}=\dfrac{2}{2\,079},a_{12}=a_{13}=a_{14}=0,a_{15}=\dfrac{13}{218\,295},\cdots$

于是，所求解为

$$y=\frac{1}{3}x^3+\frac{1}{63}x^7+\frac{2}{2\,079}x^{11}+\frac{13}{218\,295}x^{15}+\cdots.$$

习题 14.2

(A)

1. 解下列微分方程：

(1) $(x+1)y'+1=2e^{-y}$；　(2) $y'=\dfrac{2x^3y-y^4}{x^4-2xy^3}$；

(3) $x\sec y\,dx+(x+1)dy=0$；　(4) $y'=x^{x+y}$.

2. 解下列微分方程：

(1) $xy'-y=x\tan\dfrac{y}{x}$；　(2) $(x^2+y^2)y'=2xy$；

(3) $xy'=y+(x+y)\ln\dfrac{x+y}{x}$；　(4) $xy'=\sqrt{x^2-y^2}+y$.

3. 求下列方程的通解：

(1) $y'-\frac{1}{x-2}y=2(x-2)^2$；　　(2) $y'+y\tan x=\sec x$；

(3) $y'=\frac{y}{2y\ln y+y-x}$；

(4) $y'+f'(x)y=f(x)f'(x)$，其中 $f'(x)$ 为已知连续函数.

4. 求下列微分方程：

(1) $2xy\mathrm{d}x+(x^2-y^2)\mathrm{d}y=0$；　　(2) $\mathrm{e}^{-x}\mathrm{d}y-(2x+y\mathrm{e}^{-x})\mathrm{d}x=0$；

(3) $(1+\mathrm{e}^{\frac{x}{y}})\mathrm{d}x+\mathrm{e}^{\frac{x}{y}}(1-\frac{x}{y})\mathrm{d}y=0$；　　(4) $\frac{2x}{y^3}\mathrm{d}x+\frac{y^2-3x^2}{y^4}\mathrm{d}y=0$.

5. 求下列微分方程：

(1) $(2x-4y+6)\mathrm{d}x+(x+y-3)\mathrm{d}y=0$；

(2) $\frac{\mathrm{d}y}{\mathrm{d}x}=\frac{x-y+1}{x+y^2+3}$；

(3) $(2x^2+3y^2-7)x\mathrm{d}x-(3x^2+2y^2-8)y\mathrm{d}y=0$；

(4) $y'=\frac{y}{2x}+\frac{1}{2y}\tan\frac{y^2}{x}$；

(5) $\frac{\mathrm{d}y}{\mathrm{d}x}+y=y^2(\cos x-\sin x)$.

6. 确定常数 a，使得

$$\left(\frac{1}{x^2}+\frac{1}{y^2}\right)\mathrm{d}x+\frac{1+ax}{y^3}\mathrm{d}y=0$$

为恰当方程，并求其通解.

7. 用积分因子法求解下列方程：

(1) $(3x-2y+2y^2)\mathrm{d}x+(2xy-x)\mathrm{d}y=0$；

(2) $(y+xy+\sin y)\mathrm{d}x+(x+\cos y)\mathrm{d}y=0$.

8. 表面为旋转曲面的镜子应具有怎样的形状，才能使它将所有平行于其轴的射线反射到坐标原点.

9. 一容器内盛有 50L 盐水溶液，其中含有 10g 盐，现将每升含 2g 盐的溶液以 5L/min 的速率注入容器，并不断进行搅拌，使混合液迅速达到均匀，同时混合液以 3L/min 的速率流出容器. 问在任一时刻 t 容器中含盐量是多少？

10. 一放射性物质在 30 天中衰变原有质量的 $\frac{1}{10}$，已知衰变速度与剩余的物质的质量成比例，问经过多少天放射性物质剩下原有质量的 $\frac{1}{100}$？

11. 物体在空气中冷却的速度与物体温度和空气温度之差成正比. 已知空气温

度为 30℃,而物体在 15 分钟内从 100℃冷却到 70℃,求物体冷却到 40℃所需的时间.

12. 求解 $y'+\varphi'(x)y=\varphi(x)\varphi'(x)$,其中 $\varphi(x),\varphi'(x)$ 是已知的连续函数.

13. 求初值问题

$$\begin{cases} y'+y=f(x), \\ y(0)=0. \end{cases}$$

的连续解,其中 $f(x)=\begin{cases} 3, & 0\leqslant x\leqslant 1, \\ 1, & 1<x. \end{cases}$

(B)

1. 求下列微分方程的解:

(1) $\dfrac{dy}{dx}=\dfrac{y^2-x}{2xy}$;　(2) $x^2y'=x^2y^2+xy+1$;

(3) $x^2(y'+y^2)+4xy+2=0$;　(4) $(x^4+y^4)dx-xy^3dy=0$;

(5) $x^2ydx-(x^3+y^3)dy=0$.

2. 求方程 $P(x,y)dx+Q(x,y)dy=0$ 有如下形状的积分因子的充要条件.

(1) $\mu(xy)$;　(2) $\mu\left(\dfrac{y}{x}\right)$;　(3) $\mu(x^2\pm y^2)$;　(4) $\mu(x^\alpha y^\beta)$ (α,β 是常数).

14.3　二阶微分方程

二阶微分方程的一般形式是 $F(x,y,y',y'')=0$,标准形式是 $y''=f(x,y,y')$. 本节讨论它的几种可解类型.

14.3.1　可降阶的二阶微分方程

1. $y''=f(x)$ 型的微分方程

解法　方程两边积分得

$$y'=\int f(x)dx+C_1 \quad \left(\int f(x)dx \text{ 表示一个原函数}\right),$$

再积分得通解

$$y=\int\left(\int f(x)dx\right)dx+C_1x+C_2,$$

其中 C_1,C_2 是两个独立的任意常数,$\int\left(\int f(x)dx\right)dx$ 表示一个原函数.

例 14.19　求方程 $y''=x\ln x$ 的通解.

解 积分一次,得

$$y' = \frac{x^2}{2}\ln x - \frac{x^2}{4} + C_1,$$

再积分一次,得通解

$$y = \frac{x^3}{6}\ln x - \frac{5}{36}x^3 + C_1 x + C_2.$$

2. $y''=f(x,y')$型的微分方程

解法 设 $y'=p(x)$,则 $y''=\frac{\mathrm{d}p}{\mathrm{d}x}=p'$,原方程可化为以 p 为新未知函数,x 仍为自变量的一阶方程 $p'=f(x,p)$.

如果这个方程是 14.2 中的可解类型,其通解为

$$p = \varphi(x,C_1).$$

又 $p=\frac{\mathrm{d}y}{\mathrm{d}x}$,因此

$$\frac{\mathrm{d}y}{\mathrm{d}x} = \varphi(x,C_1),$$

积分一次,得原方程的通解

$$y = \int\varphi(x,C_1)\mathrm{d}x + C_2.$$

例 14.20 求 $y''=y'+x$ 的通解.

解 令 $y'=p$,则 $y''=p'$. 代入方程得

$$p' - p = x,$$

易得其通解为

$$p = C_1\mathrm{e}^x - x - 1,$$

即

$$y' = C_1\mathrm{e}^x - x - 1,$$

所以方程的通解为

$$y = \int(C_1\mathrm{e}^x - x - 1)\mathrm{d}x = C_1\mathrm{e}^x - \frac{1}{2}x^2 - x + C_2 .$$

例 14.21 求方程 $xy''+(x^2-1)(y'-1)=0$ 满足初始条件 $y(\sqrt{2})=\sqrt{2}$, $y'(\sqrt{2})=0$ 的特解.

解 令 $y'=p$,方程可化为

$$[\ln(p-1)]' = \frac{-x^2+1}{x},$$

两边积分得

$$\ln(p-1)=\ln|x|-\frac{x^2}{2}+C'_1,$$

因此

$$y'=C_1xe^{-\frac{x^2}{2}}+1,$$

再积分一次得通解

$$y=-C_1e^{-\frac{x^2}{2}}+x+C_2.$$

由初始条件 $y(\sqrt{2})=\sqrt{2},y'(\sqrt{2})=0$ 得

$$\begin{cases}-e^{-1}C_1+\sqrt{2}+C_2=\sqrt{2},\\ \sqrt{2}e^{-1}C_1+1=0.\end{cases}$$

解得 $C_1=\frac{e}{\sqrt{2}},C_2=\frac{1}{\sqrt{2}}$. 所以特解为

$$y=-\frac{1}{\sqrt{2}}e^{1-\frac{x^2}{2}}+x+\frac{1}{\sqrt{2}}.$$

3. $y''=f(y,y')$ 型的微分方程

解　令 $y'=p(y)$,以 p 为新的未知函数,以 y 为新的自变量,则

$$y''=\frac{dp}{dx}=\frac{dp}{dy}\cdot\frac{dy}{dx}=p\frac{dp}{dy},$$

原方程化为一阶微分方程

$$p\frac{dp}{dy}=f(y,p).$$

若上述方程为上一节的可解类型,其通解为

$$p=\psi(y,C_1),$$

从而得到一个一阶微分方程

$$\frac{dy}{dx}=\psi(y,C_1).$$

解该方程,得原方程的通解为

$$x=\int\frac{dy}{\psi(y,C_1)}+C_2.$$

例 14.22　求 $y^3y''-1=0$ 的通解.

解　令 $p=y',y''=p\frac{dp}{dy}$代入方程得

$$py^3\frac{dp}{dy}-1=0,$$

即

$$pdp=y^{-3}dy.$$

两边同时积分得

$$p^2=-y^{-2}+C_1,$$

即
$$p=\frac{\mathrm{d}y}{\mathrm{d}x}=\pm\sqrt{C_1-y^{-2}}.$$

分离变量并积分得

$$\pm\sqrt{C_1y^2-1}=C_1x+C_2,$$

故原方程的通解为

$$C_1y^2-1=(C_1x+C_2)^2.$$

14.3.2　二阶线性微分方程

1. 引例

设有一个上端固定，下端挂一个质量为 m 的物体的弹簧. 如果使物体具有一个初始位移和初始速度(初始位移和初始速度不同时为零)，并且在运动过程中物体受到铅直外力 $F=F_0\sin\omega t$ 的作用，试求物体的振动规律.

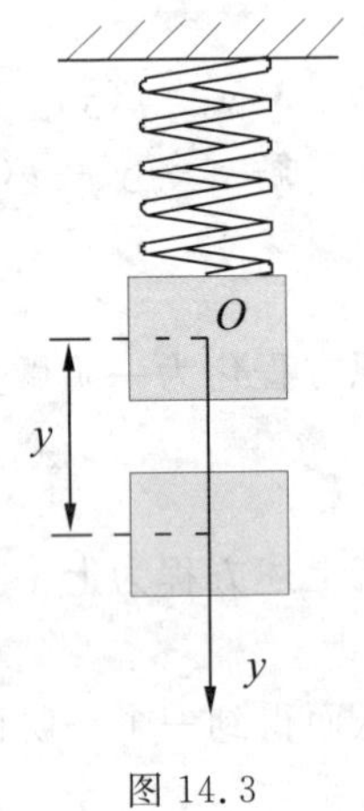

图 14.3

解：当物体静止时，这个位置叫做物体的平衡位置. 如图14.3，取平衡位置为坐标原点 O，y 轴铅直向下，设初始位移为 y_0，初始速度为 v_0(y_0 与 v_0 不同时等于 0)，我们要确定时刻 t 时，物体的位置 $y=y(t)$. 物体受到三个力作用. 第一，据力学知，弹性恢复力 f 与物体的位移 y 成正比：$f=-ky$，其中 k 为弹簧的弹性系数，负号表示弹性恢复力方向与位移方向相反(注意 f 不包括在平衡位置时与重力 mg 相平衡的那一部分弹性力). 第二，物体运动还受到阻尼介质的阻力作用. 由实验知道，当物体运动的速度不大时，阻力 R 的大小与速度成正比. 设比例系数为 α，则 $R=-\alpha\frac{\mathrm{d}y}{\mathrm{d}t}$. 第三，铅直的外力 $F_0\sin\omega t$，由牛顿第二定律，得

$$m\frac{\mathrm{d}^2y}{\mathrm{d}t^2}=-ky-\alpha\frac{\mathrm{d}y}{\mathrm{d}t}+F_0\sin\omega t,$$

记 $2\beta=\frac{\alpha}{m}$，$\gamma^2=\frac{k}{m}$，则上式变为

$$\frac{\mathrm{d}^2y}{\mathrm{d}t^2}+2\beta\frac{\mathrm{d}y}{\mathrm{d}t}+\gamma^2y=\frac{F_0}{m}\sin\omega t.$$

这就是在有限阻尼的情况下，物体强迫振动的微分方程. 若物体在振动过程中，未受到铅垂干扰力的作用，则有自由振动的微分方程：

$$\frac{\mathrm{d}^2y}{\mathrm{d}t^2}+2\beta\frac{\mathrm{d}y}{\mathrm{d}t}+\gamma^2y=0.$$

上述例题中所出现的微分方程中未知函数及其导数都以一次幂的形式出现，这样的方程我们称之为二阶线性微分方程.

一般地，把形如

$$y''+P(x)y'+Q(x)y=f(x) \tag{14.33}$$

的微分方程称为**二阶线性非齐次方程**，其中 $P(x)$，$Q(x)$，$f(x)$ 在 $[a,b]$ 上连续，$f(x)\neq 0$. 而方程

$$y''+P(x)y'+Q(x)y=0 \tag{14.34}$$

称为**二阶线性齐次方程**. 二阶线性非齐次方程和二阶线性齐次方程统称**二阶线性方程**.

2. 二阶齐次线性方程解的性质

定理 14.2　设 $y_1(x)$，$y_2(x)$ 是方程(14.34)的解，C_1，C_2 是任意常数，则 $y=C_1y_1(x)+C_2y_2(x)$ 是方程(14.34)的解.

证　由条件得 $y''_i(x)+P(x)y'_i(x)+Q(x)y_i(x)=0$，$i=1,2$. 于是

$$\begin{aligned}&y''(x)+P(x)y'(x)+Q(x)y(x)\\&=[C_1y_1(x)+C_2y_2(x)]''+P(x)[C_1y_1(x)+C_2y_2(x)]'\\&\quad+Q(x)[C_1y_1(x)+C_2y_2(x)]\\&=C_1[y''_1(x)+P(x)y'_1(x)+Q(x)]+C_2[y''_2(x)+P(x)y'_2(x)+Q(x)]\\&=0.\end{aligned}$$

注：在上述定理中，$y=C_1y_1(x)+C_2y_2(x)$ 不一定是方程(14.34)的通解. 例如，$y_1(x)$ 是方程(14.34)的解，则 $y_2(x)=2y_1(x)$ 也必定是该方程的解. 但是，$C_1y_1(x)+C_2y_2(x)=(C_1+2C_2)y_1(x)$ 并不是该方程的通解.

那么，函数 $y_1(x)$，$y_2(x)$ 满足什么条件时，$y=C_1y_1(x)+C_2y_2(x)$ 才是方程(14.34)的通解呢？为了讨论这个问题，我们先介绍函数组的线性相关性.

定义 14.1　如果存在一组不全为 0 的常数 $k_1,k_2,\cdots,k_n$ 使得 $k_1y_1(x)+k_2y_2(x)+\cdots+k_ny_n(x)=0$ 在区间 $[a,b]$ 上恒成立，则称函数组 $y_1(x),y_2(x),\cdots,y_n(x)$ 在 $[a,b]$ 上是线性相关的，否则是线性无关的.

例如，$y_1=1$，$y_2=\cos^2x$，$y_3=\sin^2x$ 在 $(-\infty,+\infty)$ 内是线性相关的，因为可取 $k_1=1$，$k_2=k_3=-1$，使得 $k_1y_1+k_2y_2+k_3y_3=0$ 恒成立.

又例如，$y_1=1$，$y_2=x$，$y_3=x^2$，$y_4=x^3$ 在任何区间 I 上是线性无关的，因为要使 $k_1\cdot 1+k_2x+k_3x^2+k_4x^3=0$ 恒成立，则必有 $k_1=k_2=k_3=k_4=0$.

性质 14.1　函数 $y_1(x)$ 与 $y_2(x)$ 在 $[a,b]$ 上线性相关的充要条件是存在非零常数 k，使得

$$y_1(x)=ky_2(x).$$

证　由定义，$y_1(x)$ 与 $y_2(x)$ 在 $[a,b]$ 上线性相关的充要条件是存在不全为零

的常数 C_1,C_2,使得

$$C_1y_1(x)+C_2y_2(x)=0,$$

不妨设 $C_1\neq 0$,则上式等价于 $y_1(x)=-\dfrac{C_2}{C_1}y_2(x)$. 记 $k=-\dfrac{C_2}{C_1}$,则 $y_1(x)=ky_2(x)$.

性质 14.2　$y_1(x)$与 $y_2(x)$在$[a,b]$上线性无关的充要条件是$\dfrac{y_1(x)}{y_2(x)}$在$[a,b]$上不恒为常数.

性质 14.3　$y_1(x)$与 $y_2(x)$线性无关的充要条件是$\begin{vmatrix} y_1(x) & y_2(x) \\ y'_1(x) & y'_2(x) \end{vmatrix}\neq 0$.

证　充分性:如果$\begin{vmatrix} y_1(x) & y_2(x) \\ y'_1(x) & y'_2(x) \end{vmatrix}\neq 0$,则代数方程组

$$\begin{cases} y_1(x)C_1+y_2(x)C_2=0, \\ y'_1(x)C_1+y'_2(x)C_2=0 \end{cases}$$

只有零解 $C_1=0,C_2=0$,故 $y_1(x),y_2(x)$线性无关.

必要性:若 $y_1(x),y_2(x)$线性无关时,有

$$\begin{vmatrix} y_1(x) & y_2(x) \\ y'_1(x) & y'_2(x) \end{vmatrix}=0$$

则代数方程组$\begin{cases} y_1(x)C_1+y_2(x)C_2=0, \\ y'_1(x)C_1+y'_2(x)C_2=0 \end{cases}$有非零解$(C_1,C_2)\neq(0,0)$. 而这与 $y_1(x)$,$y_2(x)$线性无关相矛盾.

定理 14.3　如果 $y_1(x),y_2(x)$是齐次方程(14.34)的两个线性无关的解,C_1,C_2 是两个任意常数,则 $y=C_1y_1(x)+C_2y_2(x)$是方程(14.34)的通解.

证　由定理 14.2 知,$y=C_1y_1(x)+C_2y_2(x)$是方程(14.34)的解,由性质 14.3 知

$$\frac{D(y,y')}{D(C_1,C_2)}=\begin{vmatrix} y_1(x) & y_2(x) \\ y'_1(x) & y'_2(x) \end{vmatrix}=y_1(x)y'_2(x)-y'_1(x)y_2(x)\neq 0.$$

由 14.1 得知,C_1,C_2 是独立的,故 $y=C_1y_1(x)+C_2y_2(x)$是方程(14.34)的通解.

3. 二阶齐次线性方程特解的求法

由定理 14.3 可知,只要求得齐次线性方程的两个线性无关的特解就可以得到该方程的通解,但是求解变系数的二阶线性齐次方程的特解很困难. 不过,假若我们通过观察试探法确定了一个特解,下面的定理 14.4 给我们提供了求另一个线性无关特解的方法.

定理 14.4　如果 $y_1(x)$是方程(14.34)的一个非零特解,则

$$y_2(x)=y_1(x)\int\frac{1}{y_1^{\,2}(x)}\mathrm{e}^{-\int P(x)\mathrm{d}x}\mathrm{d}x \tag{14.35}$$

是方程(14.34)的特解并且与 $y_1(x)$线性无关.公式(14.35)称为**刘维尔公式**.

证　由定理 14.2 知,设 C 为任意常数,则 $Cy_1(x)$是方程(14.34)的解,应用常数变易法,设 $y_2(x)=C(x)y_1(x)$,其中 $C(x)$由常数变化而来,待定.

将 $y_2(x)=C(x)y_1(x)$代入方程(14.34),有

$$(C(x)y_1(x))''+P(x)(C(x)y_1(x))'+Q(x)(C(x)y_1(x))=0,$$

整理得

$$(y''_1(x)+P(x)y'_1(x)+Q(x)y_1(x))C(x)+(2y'_1(x)+P(x)y_1(x))C'(x)+y_1(x)C''(x)=0,$$

由于 $y''_1(x)+P(x)y'_1(x)+Q(x)y_1(x)=0$,得

$$(2y'_1(x)+P(x)y_1(x))C'(x)+y_1(x)C''(x)=0.$$

令 $u=C'(x)$,则有

$$(2y'_1(x)+P(x)y_1(x))u+y_1(x)u'=0,$$

分离变量得

$$\frac{\mathrm{d}u}{u}=-\frac{2y'_1(x)+P(x)y_1(x)}{y_1(x)},$$

积分得 $u=C_1\dfrac{1}{y_1^2(x)}\mathrm{e}^{\int -P(x)\mathrm{d}x}$　(C_1 为非零任意常数).因为只需要特解,取 $C_1=1$,得

$$C'(x)=u=\frac{1}{y_1^2(x)}\mathrm{e}^{-\int P(x)\mathrm{d}x},$$

再积分得 $C(x)=\displaystyle\int\frac{1}{y_1^2(x)}\mathrm{e}^{-\int P(x)\mathrm{d}x}\mathrm{d}x+C_2$　(C_2 为任意常数).取 $C_2=0$ 得

$$C(x)=\int\frac{1}{y_1^2(x)}\mathrm{e}^{-\int P(x)\mathrm{d}x}\mathrm{d}x,$$

所以

$$y_2(x)=y_1(x)C(x)=y_1(x)\int\frac{1}{y_1^2(x)}\mathrm{e}^{-\int P(x)\mathrm{d}x}\mathrm{d}x.$$

根据性质 14.2,$y_2(x)$与 $y_1(x)$线性无关.

例 14.23　设二阶齐次线性方程 $r(x)y''+P_1(x)y'+Q_1(x)y=0$,证明:

(1)若 $r(x)+P_1(x)+Q_1(x)=0$,则微分方程有一特解 $y=\mathrm{e}^x$;

(2)若 $P_1(x)+xQ_1(x)=0$,则方程有一特解 $y=x$;

(3)若有常数 a,使 $a^2r(x)+aP_1(x)+Q_1(x)=0$,则有特解 $y=\mathrm{e}^{ax}$.

证　(1)将 $y=\mathrm{e}^x$ 代入,验证知

$$r(x)y''+P_1(x)y'+Q_1(x)y=\mathrm{e}^x[r(x)+P_1(x)+Q_1(x)]=0,$$

同理可证(2)和(3).

例 14.24 求微分方程 $(x-2)(x+5)y''-(2x+3)y'+(46-8x-4x^2)y=0$ 的通解.

解 对照上例容易验证,取 $a=2$,有

$$a^2r(x)+aP_1(x)+Q_1(x)$$
$$=4(x-2)(x+5)-2(2x+3)+(46-8x-4x^2)=0,$$

由例 14.23 知,微分方程有一个特解 $y=e^{2x}$. 再根据 Liouville 公式(14.35)可得微分方程另一个特解为

$$y_2(x)=e^{2x}\int\frac{1}{e^{4x}}e^{\int\frac{2x+3}{(x-2)(x+5)}dx}dx=e^{2x}\int e^{-4x}\cdot e^{\ln|(x-2)(x+5)|}dx$$
$$=e^{2x}\int e^{-4x}\cdot(x-2)(x+5)dx=(-\frac{1}{4}x^2-\frac{7}{8}x+\frac{73}{32})e^{-2x},$$

所以该方程的通解为

$$y=C_1e^{2x}+C_2(-\frac{1}{4}x^2-\frac{7}{8}x+\frac{73}{32})e^{-2x}.$$

例 14.25 求微分方程 $(1-x^2)y''-2xy'+2y=0$ 的通解.

解 对照例 14.23,$P_1(x)+xQ_1(x)=-2x+x\cdot 2=0$,微分方程有一个特解 $y_1=x$,则据刘维尔公式得

$$y_2(x)=x\int\frac{1}{x^2}e^{\int\frac{2x}{1-x^2}dx}dx=x\int\frac{1}{x^2}e^{-\ln(1-x^2)}dx$$
$$=x\int\frac{1}{x^2}\frac{1}{1-x^2}dx=x\int(\frac{1}{x^2}-\frac{1}{1-x^2})dx$$
$$=x[-\frac{1}{x}+\frac{1}{2}\ln\left|\frac{1+x}{1-x}\right|]=\frac{x}{2}\ln\left|\frac{1+x}{1-x}\right|-1,$$

原微分方程的通解为 $y=C_1x+C_2(\frac{x}{2}\ln\left|\frac{1+x}{1-x}\right|-1)$.

4. 二阶非齐次线性方程解的性质

定理 14.5 设 $y_1(x),y_2(x)$ 是齐次线性方程(14.34)的线性无关的两个解,$y^*(x)$ 是非齐次线性方程(14.33)的一个特解,则方程(14.33)的通解为 $y=C_1y_1(x)+C_2y_2(x)+y^*(x)$ (C_1,C_2 为任意常数)

证 由条件知

$$[C_1y_1(x)+C_2y_2(x)+y^*(x)]''+P(x)[C_1y_1(x)+C_2y_2(x)+y^*(x)]'$$
$$+Q(x)[C_1y_1(x)+C_2y_2(x)+y^*(x)]$$
$$=\{[C_1y_1(x)+C_2y_2(x)]''+P(x)[C_1y_1(x)+C_2y_2(x)]'+Q(x)[C_1y_1(x)$$
$$+C_2y_2(x)]\}+\{[y^*(x)]''+P(x)[y^*(x)]'+Q(x)[y^*(x)]\}$$
$$=0+f(x)=f(x),$$

因此，$y=C_1y_1(x)+C_2y_2(x)+y^*(x)$是非齐次方程(14.33)的解，再由定理14.3可知，$C_1y_1(x)+C_2y_2(x)$是齐次方程(14.34)的通解，C_1，C_2是两个独立的任意常数，y中含有两个独立的任意常数，所以$y=C_1y_1(x)+C_2y_2(x)+y^*(x)$是非齐次线性方程(14.33)的通解.

定理 14.6　设$y_1^*(x)$，$y_2^*(x)$分别是$y''+P(x)y'+Q(x)y=f_1(x)$和$y''+P(x)y'+Q(x)y=f_2(x)$的特解，则$y=y_1^*(x)+y_2^*(x)$是方程$y''+P(x)y'+Q(x)y=f_1(x)+f_2(x)$的特解.

证　由

$$\begin{aligned}&[y_1^*(x)+y_2^*(x)]''+P(x)[y_1^*(x)+y_2^*(x)]'+Q(x)[y_1^*(x)+y_2^*(x)]\\&\quad=[(y_1^*(x))''+P(x)(y_1^*(x))'+Q(x)y_1^*(x)]+[(y_2^*(x))''\\&\qquad+P(x)(y_2^*(x))'+Q(x)y_2^*(x)]\\&\quad=f_1(x)+f_2(x),\end{aligned}$$

可见定理成立.

定理 14.7　如果$y=y_1(x)+iy_2(x)$是方程$y''+P(x)y'+Q(x)y=f_1(x)+if_2(x)$的解($i=\sqrt{-1}$)，则$y=y_1(x)$和$y=y_2(x)$分别是方程$y''+P(x)y'+Q(x)y=f_1(x)$和$y''+P(x)y'+Q(x)y=f_2(x)$的解.

证　因为$y^{(n)}(x)=y_1^{(n)}(x)+iy_2^{(n)}(x)$，所以

$$\begin{aligned}&[y_1(x)+iy_2(x)]''+P(x)[y_1(x)+iy_2(x)]'+Q(x)[y_1(x)+iy_2(x)]\\&=[y''_1(x)+P(x)y'_1(x)+Q(x)y_1(x)]\\&\quad+i[y''_2(x)+P(x)y'_2(x)+Q(x)y_2(x)]\\&=f_1(x)+if_2(x),\end{aligned}$$

从而

$$y''_1(x)+P(x)y'_1(x)+Q(x)y_1(x)=f_1(x),$$
$$y''_2(x)+P(x)y'_2(x)+Q(x)y_2(x)=f_2(x),$$

由定理14.7立即可推得以下定理.

定理 14.8　如果$y=y_1(x)+iy_2(x)$是$y''+P(x)y'+Q(x)y=0$的解，则$y=y_1(x)$，$y=y_2(x)$都是方程$y''+P(x)y'+Q(x)y=0$的解.

例 14.26　已知微分方程$y''+p(x)y'+q(x)y=f(x)$有三个解，$y_1=x$，$y_2=\mathrm{e}^x$，$y_3=\mathrm{e}^{2x}$，求此微分方程的通解.

解　由定理14.2知，y_2-y_1和y_3-y_1是对应齐次方程$y''+p(x)y'+q(x)y=0$的解，并且

$$\frac{y_2-y_1}{y_3-y_1}=\frac{\mathrm{e}^x-x}{\mathrm{e}^{2x}-x}\neq\text{常数},$$

因而y_2-y_1和y_3-y_1线性无关. 由定理14.3知，$C_1(\mathrm{e}^x-x)+C_2(\mathrm{e}^{2x}-x)$是齐次方程$y''+p(x)y'+q(x)y=0$的通解. 再根据定理14.5，可得$y''+p(x)y'+q

$(x)y=f(x)$的通解为

$$y = C_1(e^x - x) + C_2(e^{2x} - x) + x,$$

或
$$y = C_1(e^x - x) + C_2(e^{2x} - x) + e^x,$$

或
$$y = C_1(e^x - x) + C_2(e^{2x} - x) + e^{2x}.$$

5. 二阶非齐次线性方程特解的求法

现在我们用常数变易法来求二阶非齐次线性方程(14.33)的特解. 设 $y_1(x)$, $y_2(x)$是二阶齐次线性方程(14.34)的两个线性无关的解,$y=C_1y_1(x)+C_2y_2(x)$是它的通解. 现在假设方程(14.33)的特解为 $y^*=C_1(x)y_1(x)+C_2(x)y_2(x)$,其中$C_1(x)$,$C_2(x)$待定. 求导得

$$y^{*\prime}(x) = C_1(x)y_1'(x) + C_2(x)y_2'(x) + C_1'(x)y_1(x) + C_2'(x)y_2(x).$$

令 $C'_1(x)y_1(x)+C'_2(x)y_2(x)=0$(这是补充的一个条件,也可以补充条件$C_1'(x)y_1(x)+C'(x)y_2(x)=g(x)$,$g(x)$为任一已知连续函数,但是 $g(x)=0$ 时,对于求 $C_1(x)$,$C_2(x)$最简单). 所以,

$$\begin{aligned} y^{*\prime\prime}(x) = {} & C'_1(x)y'_1(x) + C_1(x)y''_1(x) + C'_2(x)y'_2(x) \\ & + C_2(x)y''_2(x). \end{aligned}$$

从而
$$\begin{aligned} & y^{*\prime\prime}(x) + P(x)y^{*\prime}(x) + Q(x)y^*(x) \\ = {} & C_1(x)[y''_1(x) + P(x)y'_1(x) + Q(x)y_1(x)] + C_2(x)[y''_2(x) \\ & + P(x)y'_2(x) + Q(x)y_2(x)] + C'_1(x)y'_1(x) + C'_2(x)y'_2(x) \\ = {} & C'_1(x)y'_1(x) + C'_2(x)y'_2(x) = f(x), \end{aligned}$$

即 $C'_1(x)$,$C'_2(x)$应满足代数方程组

$$\begin{cases} y_1(x)C'_1(x) + y_2(x)C'_2(x) = 0, \\ y'_1(x)C'_1(x) + y'_2(x)C'_2(x) = f(x). \end{cases}$$

因为 $y_1(x)$与 $y_2(x)$线性无关,根据性质 14.3

$$\begin{vmatrix} y_1(x) & y_2(x) \\ y'_1(x) & y'_2(x) \end{vmatrix} = y_1(x)y'_2(x) - y'_1(x)y_2(x) \neq 0,$$

故可解得
$$C'_1(x)=\frac{-y_2(x)f(x)}{y_1(x)y'_2(x)-y'_1(x)y_2(x)},$$

$$C'_2(x) = \frac{y_1(x)f(x)}{y_1(x)y'_2(x) - y'_1(x)y_2(x)}.$$

积分得 $C_1(x)$和 $C_2(x)$. 最后得到

$$y^*(x)=C_1(x)y_1(x)+C_2(x)y_2(x).$$

例 14.27　求微分方程 $y''+\frac{x}{1-x}y'-\frac{1}{1-x}y=x-1$ 的通解.

解　先求 $y''+\frac{x}{1-x}y'-\frac{1}{1-x}y=0$ 的通解.

由例 14.23 知 $P_1(x)+xQ_1(x)=\frac{x}{1-x}+x\cdot(-\frac{1}{1-x})=0$.

所以,有一个特解 $y_1(x)=x$. 据 Liouville 公式得另一特解

$$y_2(x)=x\int\frac{1}{x^2}e^{\int\frac{x}{x-1}dx}dx=x\int\frac{1}{x^2}e^x(x-1)dx=x[\int\frac{e^x}{x}dx-\int\frac{e^x}{x^2}dx]$$

$$=x[\frac{e^x}{x}+\int\frac{e^x}{x^2}dx-\int\frac{e^x}{x^2}dx]=e^x,$$

齐次方程通解为 $Y=C_1x+C_2e^x$.

再求非齐次方程 $y''+\frac{x}{1-x}y'-\frac{1}{1-x}y=x-1$ 的特解.

设特解 $y^*(x)=C_1(x)x+C_2(x)e^x$, $C'_1(x)$, $C'_2(x)$满足代数方程组

$$\begin{cases}xC'_1(x)+e^xC'_2(x)=0,\\C'_1(x)+e^xC'_2(x)=x-1.\end{cases}$$

解得 $C'_1(x)=-1$, $C_1(x)=-x$, $C'_2(x)=xe^{-x}$, $C_2(x)=-(x+1)e^{-x}$.

故所求非齐次线性方程的通解为

$$\begin{aligned}y&=C_1x+C_2e^x+C_1(x)x+C_2(x)e^x\\&=C_1x+C_2e^x-x^2-x-1.\end{aligned}$$

14.3.3　二阶常系数线性微分方程

1. 二阶常系数齐次线性方程

微分方程

$$y''+py'+qy=0 \tag{14.36}$$

称为**二阶常系数齐次线性方程**(p,q 为实常数). 显然,它是二阶齐次线性方程的特殊情形. 现在,我们可以完美地给出方程(14.36)的通解.

定义 14.2　代数方程

$$\lambda^2+p\lambda+q=0 \tag{14.37}$$

称为微分方程(14.36)的特征方程,方程(14.37)的根称为微分方程(14.36)的特征根.

定理 14.9　(1)如果 $p^2-4q>0$,则特征方程有两个互异的实特征根 λ_1,λ_2,微分方程(14.36)有通解 $y=C_1e^{\lambda_1x}+C_2e^{\lambda_2x}$;

(2)如果 $p^2-4q=0$,则特征方程有二重实特征根 λ_1,微分方程(14.36)有通解 $y=e^{\lambda_1x}(C_1+C_2x)$;

(3)如果 $p^2-4q<0$,则特征方程有一对共轭复根 $\lambda=\alpha\pm i\beta$ $(i=\sqrt{-1})$,微分方程(14.36)有通解 $y=e^{\alpha x}(C_1\cos\beta x+C_2\sin\beta x)$.

证 (1)

$$(e^{\lambda_j x})'' + P(e^{\lambda_j x})' + qe^{\lambda_j x} = [(\lambda_j)^2 + p\lambda_j + q]e^{\lambda_j x}$$
$$= 0 \cdot e^{\lambda_j x} = 0 \quad (j = 1,2),$$

即 $y=e^{\lambda_j x}$是方程(14.36)的解,显然$\frac{e^{\lambda_1 x}}{e^{\lambda_2 x}}=e^{(\lambda_1-\lambda_2)x}\neq C$,即 $e^{\lambda_1 x}$与 $e^{\lambda_2 x}$线性无关,所以 $y=C_1e^{\lambda_1 x}+C_2e^{\lambda_2 x}$是方程(14.36)的通解.

(2)显然 $y_1=e^{\lambda_1 x}$是微分方程(14.36)的一个特解.由于 $\lambda^2+p\lambda+q=(\lambda-\lambda_1)^2$,故 $p=-2\lambda_1$,根据 Liouville 公式(14.35),可得微分方程另一个与 $e^{\lambda_1 x}$线性无关的解

$$y_2 = y_1\int \frac{1}{y_1^2}e^{-\int P(x)dx}dx = e^{\lambda_1 x}\int \frac{1}{e^{2\lambda_1 x}}e^{-\int P(x)dx}dx = e^{\lambda_1 x}\int \frac{1}{e^{2\lambda_1 x}}e^{-P(x)}dx$$
$$= e^{\lambda_1 x}\int e^{-(p+2\lambda_1)x}dx = e^{\lambda_1 x}\int dx = xe^{\lambda_1 x},$$

所以方程(14.36)的通解为

$$y = C_1y_1 + C_2y_2 = e^{\lambda_1 x}(C_1 + C_2x).$$

(3)显然,$e^{(\alpha+i\beta)x}$是方程(14.36)的解,根据 Euler 公式有

$$e^{(\alpha+i\beta)x}=e^{\alpha x}\cos\beta x+ie^{\alpha x}\sin\beta x,$$

根据定理 14.8 得 $e^{\alpha x}\cos\beta x$ 和 $e^{\alpha x}\sin\beta x$ 都是方程(14.36)的解,显然这两个解还是线性无关的,所以得到方程(14.36)的通解

$$y = e^{\alpha x}(C_1\cos\beta x + C_2\sin\beta x).$$

例 14.28 解方程 (1)$y''-4y'+3y=0$; (2)$4y''+4y'+y=0$.

解 (1)特征方程为 $\lambda^2-4\lambda+3=0$,

解之得

$$\lambda_1=1,\lambda_2=3,$$

由定理 14.9 得通解

$$y=C_1e^x+C_2e^{3x}.$$

(2)特征方程为 $4\lambda^2+4\lambda+1=0$,

解之得

$$\lambda_1=\lambda_2=-\frac{1}{2},$$

由定理 14.9 得通解

$$y=e^{-\frac{x}{2}}(C_1+C_2x).$$

例 14.29 求方程 $y''-4y'+13y=0$ 满足初始条件 $y(0)=0,y'(0)=3$ 的特解.

解 特征方程为 $\lambda^2-4\lambda+13=0$,特征根为 $\lambda=2\pm3i$,由定理 14.9 得方程通解

$$y = e^{2x}(C_1\cos 3x + C_2\sin 3x),$$

令 $x=0$,得 $y(0)=C_1=0$,则

$$y=C_2 e^{2x}\sin 3x,$$

$$y' = C_2 e^{2x}(2\sin 3x + 3\cos 3x).$$

令 $x=0$,得 $y'(0)=3C_2=3$,故 $C_2=1$,

于是所求特解为

$$y=e^{2x}\sin 3x.$$

2. 二阶常系数非齐次线性方程

方程

$$y'' + py' + qy = f(x) \tag{14.38}$$

称为**二阶常系数非齐次方程**(p,q 为实数常数,$f(x)$为已知非零函数).

我们已经完全解决了二阶常系数齐次方程(14.36)的求解问题,只要求出非齐次方程(14.38)的一个特解,根据定理 14.5,就立即得到(14.38)的通解.

在本章 14.3.2 小节中介绍的求变系数非齐次方程特解的常数变易法对方程(14.38)仍然是有效的.因而,二阶常系数非齐次方程的求通解问题在理论上已经解决.

下面介绍方程(14.38)在下面两种特殊情形,求特解的待定系数法,与常数变易法相比,待定系数法不用积分,比较简单,但适用范围较小.

(1)**特殊情形 1**:$f(x)=e^{rx}P_n(x)$

其中,r 是一个已知常数,$P_n(x)$是已知的 n 次多项式.由于多项式与指数函数乘积的导数还是多项式与指数函数的乘积,因此我们猜测此微分方程的特解的形式为 $y^*=e^{rx}Q(x)$,其中 $Q(x)$是待定的多项式.

将 $y^*=e^{rx}Q(x)$代入方程(14.38),有

$$\begin{aligned}(e^{rx}Q(x))'' &+ p(e^{rx}Q(x))' + q(e^{rx}Q(x))\\ &= e^{rx}[Q''(x) + (2r+p)Q'(x) + (r^2+pr+q)Q(x)]\\ &= e^{rx}P_n(x),\end{aligned} \tag{14.39}$$

即有　$$Q''(x)+(2r+p)Q'(x)+(r^2+pr+q)Q(x)=P_n(x).$$

①当 r 不是特征方程 $\lambda^2+p\lambda+q=0$ 的根时,$r^2+pr+q\neq 0$,由于 $P_n(x)$是 n 次多项式,要使式(14.39) 成立,$Q(x)$必定也是 n 次多项式,故可取

$$Q(x) = Q_n(x) = b_0x^n + b_1x^{n-1} + \cdots + b_{n-1}x + b_n,$$

将它代入式(14.39),令两端 x 同次幂的系数相等,可得以 $b_0,b_1,\cdots,b_n$ 为未知数的代数方程组,求出 $b_0,b_1,\cdots,b_n$ 可得微分方程(14.38)的一个特解 $y^*(x)=e^{rx}Q_n(x)$.

②当 r 是特征方程 $\lambda^2+p\lambda+q=0$ 的单根,则 $r^2+pr+q=0$,且 $2r+p\neq 0$. 此

时,$Q'(x)$必须为 n 次多项式才能使(14.39)式成立,故取 $Q(x)=xQ_n(x)$,用比较系数的方法确定 $Q_n(x)$的系数 $b_0,b_1,\cdots,b_n$ 后得特解 $y^*(x)=xe^{rx}Q_n(x)$.

③当 r 是特征方程$\lambda^2+p\lambda+q=0$ 的重根,则 $r^2+pr+q=0$,且 $2r+p=0$. 因此,当 $Q''(x)$为 n 次多项式,(14.39)式才可能成立,故取 $Q(x)=x^2Q_n(x)$,从而可得特解 $y^*=x^2e^{rx}Q_n(x)$.

总结:当 $f(x)=e^{rx}P_n(x)$,r 是特征方程的 k(可取 0,1,2)重根时,方程(14.38)有形如

$$y^* = x^k e^{rx}Q_n(x) \tag{14.40}$$

的特解(其中 r 是 0 重根,表示 r 不是特征根).

例 14.30　用待定系数法求微分方程 $y''-5y'+6y=xe^{2x}$的一个特解.

解　所给方程为二阶常系数非线性微分方程,且 $f(x)$呈 $e^{\lambda x}P_n(x)$型($\lambda=2$,$P_n(x)=x,n=1$).

特征方程为$\lambda^2-5\lambda+6=0$,特征根为 $\lambda_1=2,\lambda_2=3$. 由于 $\lambda=2$ 是特征方程的单根,故非齐次方程有如下形式的特解

$$y^* = x(ax+b)e^{2x},$$

把其代入微分方程,可得

$$-2ax+2a-b=x,$$

比较等式两端同次幂的系数,得

$$\begin{cases}-2a=1,\\ 2a-b=0.\end{cases}$$

解得

$$a=-\frac{1}{2},b=-1.$$

所以该方程有一个特解为

$$y^* = x(-\frac{1}{2}x-1)e^{2x}.$$

例 14.31　用待定系数法求解 $y''-4y'+4y=e^x+e^{2x}+1$.

解　特征方程为$\lambda^2-4\lambda+4=0$,特征根为$\lambda=2$(二重),故齐次方程的通解为

$$Y=(C_1+C_2x)e^{2x}.$$

由于 2 是二重特征根,1 和 0 不是特征根,根据定理 14.6,非齐次方程有形如 $y^*=a+be^x+cx^2e^{2x}$的特解.

将 y^*代入微分方程,得

$$a=\frac{1}{4},b=1,c=\frac{1}{2}.$$

即得特解

$$y^* = \frac{1}{4} + e^x + \frac{1}{2}x^2 e^{2x},$$

所以，所求通解为

$$y = Y + y^* = (C_1 + C_2 x)e^{2x} + \frac{1}{4} + e^x + \frac{1}{2}x^2 e^{2x}.$$

(2)**特殊情形 2**：$f(x)=e^{rx}[P_m(x)\cos\omega x+Q_s(x)\sin\omega x)]$
其中 r,ω 是已知实常数，$P_m(x)$，$Q_s(x)$分别是已知的 m 次多项式和 s 次多项式.

令 $n=\max(m,s)$，利用 Euler 公式 $\cos\omega x=\dfrac{e^{i\omega x}+e^{-i\omega x}}{2}$，$\sin\omega x=\dfrac{e^{i\omega x}-e^{-i\omega x}}{2i}$，则可得

$$\begin{aligned} f(x) &= e^{rx}[P_m(x)\cos\omega x + Q_s(x)\sin\omega x] \\ &= e^{rx}[P_m(x)\frac{e^{i\omega x}+e^{-i\omega x}}{2} + Q_s(x)\frac{e^{i\omega x}-e^{-i\omega x}}{2i}] \\ &= (\frac{P_m(x)}{2} + \frac{Q_s(x)}{2i})e^{(r+i\omega)x} + (\frac{P_m(x)}{2} - \frac{Q_s(x)}{2i})e^{(r-i\omega)x}, \end{aligned}$$

令 $P_n(x) = \dfrac{P_m(x)}{2} + \dfrac{Q_s(x)}{2i}$，则

$$\overline{P_n(x)} = \frac{P_m(x)}{2} - \frac{Q_s(x)}{2i}.$$

因此，

$$f(x) = P_n(x)e^{(r+i\omega)x} + \overline{P_n(x)}e^{(r-i\omega)x} = P_n(x)e^{(r+i\omega)x} + \overline{P_n(x)e^{(r+i\omega)x}}.$$

下面求如下两个方程的特解

$$y'' + py' + qy = P_n(x)e^{(r+i\omega)x}, \tag{14.41}$$

$$y'' + py' + qy = \overline{P_n(x)e^{(r+i\omega)x}}. \tag{14.42}$$

设 $r+i\omega$ 是特征方程的 k 重根($k=0,1$)，则方程(14.41)有特解

$$y_1^* = x^k Q_n(x)e^{(r+i\omega)x}[Q_n(x)\text{ 是 } n \text{ 次多项式}],$$

故
$$(y_1^*)'' + p(y_1^*)' + qy_1^* \equiv P_n(x)e^{(r+i\omega)x},$$

等式两边取共轭，得

$$\overline{y_1^*}'' + p\,\overline{y_1^*}' + q\,\overline{y_1^*} \equiv \overline{P_n(x)e^{(r+i\omega)x}},$$

故$\overline{y_1^*}$是方程(14.42)的特解.

根据定理 14.6，方程 $y''+py'+qy = e^{rx}[P_m(x)\cos\omega x + Q_s(x)\sin\omega x]$ 有特解

$$\begin{aligned} y^* &= y_1^* + \overline{y_1^*} = x^k e^{rx}[Q_n e^{i\omega x} + \overline{Q_n} e^{-i\omega x}] \\ &= x^k e^{rx}[Q_n(\cos\omega x + i\sin\omega x) + \overline{Q_n}(\cos\omega x - i\sin\omega x)] \\ &= x^k e^{rx}[U^n(x)\cos\omega x + V^n(x)\sin\omega x], \end{aligned}$$

其中 $U^n(x)$，$V^n(x)$均为系数待定的 n 次多项式.

综上所述,我们有如下结论:

若 $f(x)=e^{rx}[P_m(x)\cos\omega x+Q_s(x)\sin\omega x)]$,则二阶常系数非齐次线性微分方程(14.38)的特解形式可总结如下:

$$y^*=x^k e^{rx}[U_n(x)\cos\omega x+V_n(x)\sin\omega x)],$$

其中 k 依据 $r+i\omega$ 不是特征根,是特征根,依次取 0,1;$U_n(x)$ 和 $V_n(x)$ 是系数待定的 n 次多项式.

例 14.32 求方程 $y''+y'-2y=e^x(\cos x-7\sin x)$ 的通解.

解 特征方程为 $\lambda^2+\lambda-2=0$,特征根为 $\lambda_1=-1,\lambda_2=-2$. 齐次方程通解为 $Y=C_1e^x+C_2e^{-2x}$. 因为 $1\pm i$ 不是特征根,故非齐次方程的特解形式为

$$y^*=e^x(A\cos x+B\sin x),$$

将 y^* 代入非齐次方程得

$$(3B-A)\cos x-(3A+B)\sin x=\cos x-7\sin x,$$

所以

$$\begin{cases}-A+3B=1,\\-3A-B=-7.\end{cases}$$

解得

$$A=2,B=1.$$

所以原方程的一个特解为

$$y^*=e^x(2\cos x+\sin x).$$

最后得原方程的通解

$$y=Y+y^*=C_1e^x+C_2e^{-2x}+e^x(2\cos x+\sin x).$$

例 14.33 电震荡

如图 14.4 所示的电路是很多无线电设备中经常出现的回路. 它包括电感 L、电阻 R、电容 C、电源 E,L、R、C 是常数,$E=E(t)$ 是已知的时间 t 的函数. 现在我们来求任何时刻电路中的电流 $I=I(t)$.

解 由于经过电感 L、电阻 R、电容 C 的电压降分别为 $L\dfrac{dI}{dt}$、RI 和 $\dfrac{Q}{C}$,其中 Q 为电量,因此,由 Kiekhofer 第二定律得到

$$E(t)=L\frac{dI}{dt}+RI+\frac{Q}{C},$$

对上式关于 t 求导,注意到 $\dfrac{dQ}{dt}=I$,可得

$$L\frac{d^2I}{dt^2}+R\frac{dI}{dt}+\frac{1}{C}\frac{dQ}{dt}=E'(t),$$

即

$$\frac{d^2I}{dt^2}+\frac{R}{L}\frac{dI}{dt}+\frac{1}{LC}I=\frac{1}{L}E'(t),$$

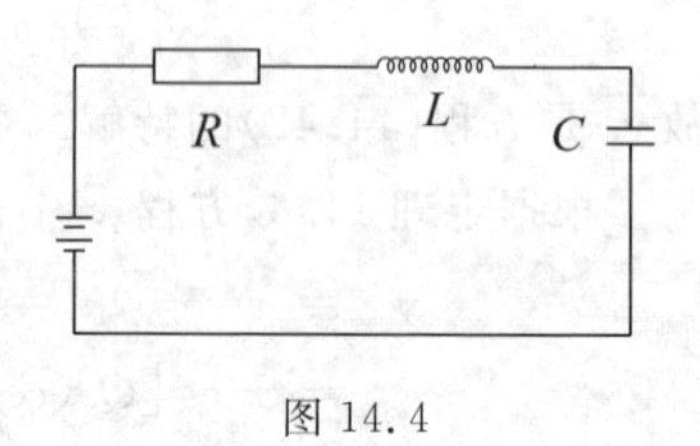

图 14.4

这是以 $I=I(t)$ 为未知函数的常系数线性非齐次方程，我们不难由它求出电流 $I(t)$.

例 14.34　设函数 $f(x)$ 具有二阶连续导数，$f(0)=\frac{5}{3}$，$f'(0)=2$，且使曲线积分 $\int_L -yf(x)\mathrm{d}x+[f'(x)-\frac{1}{2}\sin 2x+2\cos x]\mathrm{d}y$ 与路径无关，求函数 $f(x)$.

解　记 $P=-yf(x)$，$Q=f'(x)-\frac{1}{2}\sin 2x+2\cos x$. 因曲线积分与路径无关的充要条件是 $Q'_x=P'_y$，即

$$f''(x)+f(x)=2\sin x+\cos 2x,$$

特征方程为 $\lambda^2+1=0$，特征根为 $\lambda_{1,2}=\pm i$，齐次方程的通解为

$$y=C_1\cos x+C_2\sin x,$$

由于 $2i$ 不是特征根，故 $f''(x)+f(x)=\cos 2x$ 的特解

$$f_1^*(x)=A_1\cos 2x+B_1\sin 2x,$$

将它代入方程

$$f''(x)+f(x)=\cos 2x,$$

得

$$f_1^*(x)=-\frac{1}{3}\cos 2x,$$

同理可求得 $f''(x)+f(x)=2\sin x$ 的一个特解

$$f_2^*(x)=-x\cos x,$$

所以原方程的一个特解为

$$f^*(x)=f_1^*(x)+f_2^*(x)=-(x\cos x+\frac{1}{3}\cos 2x),$$

故原方程的通解为

$$f(x)=C_1\cos x+C_2\sin x-(x\cos x+\frac{1}{3}\cos 2x),$$

由 $f(0)=\frac{5}{3}$，得

$$C_1-\frac{1}{3}=\frac{5}{3},C_1=2,$$

由 $f'(0)=2$，得

$$C_2-1=2,C_2=3,$$

故所求函数为

$$f(x)=2\cos x+3\sin x-x\cos x-\frac{1}{3}\cos 2x.$$

例 14.35　在例 14.24 中我们曾得到有阻尼的强迫振动方程

$$\frac{d^2 y}{d^2 t}+2\beta\frac{dy}{dt}+\gamma^2 y=\frac{F_0}{m}\sin\omega t .$$

当没有阻尼时,振动方程为$\frac{d^2 y}{d^2 t}+\gamma^2 y=\frac{F_0}{m}\sin\omega t$,现在来解无阻尼强迫振动方程共振的通解.

解　对应的齐次方程为$\frac{d^2 y}{d^2 t}+\gamma^2 y=0$,它的通解为 $y=C_1\cos\gamma t+C_2\sin\gamma t$.

γ 成为系统的固有频率,ω 称为外力 $F=F_0\sin\omega t$ 的频率,当 $\omega=\gamma$ 的情形称为共振.此时振动方程为

$$\frac{d^2 y}{d^2 t}+\gamma^2 y=\frac{F_0}{m}\sin\gamma t ,\tag{14.43}$$

由于$\pm i\gamma$ 是特征根,因此上述非齐次方程有形如

$$y^*=At\cos\gamma t+Bt\sin\gamma t$$

的特解. 将它代入方程(14.43),得

$$(-2\gamma A\sin\gamma t+2\gamma Bt\cos\gamma t-\gamma^2 At\cos\gamma t-\gamma^2 Bt\sin\gamma t)+\gamma^2(At\cos\gamma t+Bt\sin\gamma t)$$

$$=-2\gamma A\sin\gamma t+2\gamma Bt\cos\gamma t=\frac{F_0}{m}\sin\gamma t ,$$

比较两端的同类项系数,得 $A=-\frac{F_0}{2\gamma m}$,$B=0$.

从而方程(14.43)的通解为

$$y=C_1\cos\gamma t+C_2\sin\gamma t-\frac{tF_0}{2\gamma m}\sin\gamma t .\tag{14.44}$$

从(14.44)看到,无阻尼强迫振动共振时,随 t 增大,振幅是不断增长的,如图 14.5 所示.

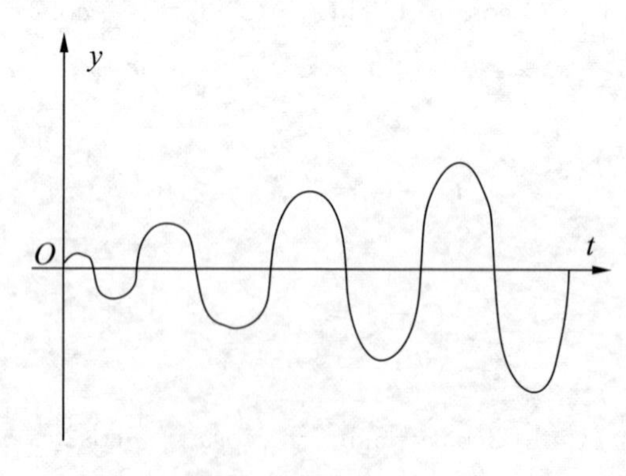

图 14.5

这表明，当外力 $F_0\sin\omega t$ 的频率 ω 等于(或接近于)系统的固有频率 γ 时，这种外力将引起无限增长振幅的振动. 1831 年一队士兵以整齐步伐通过英国曼彻斯特附近的布劳顿吊桥，产生了振幅相当大的周期性外力，这个外力的频率恰好等于或非常接近吊桥的固有频率，使吊桥振动的振幅越来越大，直到吊桥倒塌. 因此为了避免产生共振而破坏桥梁，大批人群应散步通过大桥.

14.3.4　几种特殊的二阶变系数线性微分方程

二阶变系数线性微分方程一般来说是很难求解的，下面介绍几种特殊的二阶变系数线性方程的求解过程.

1. 二阶 Euler[①] 方程

设

$$x^2y''+p_1xy'+p_2y=f(x)\ , \tag{14.45}$$

其中 p_1、p_2 为常数，$f(x)$为已知函数，这个方程叫做 **Euler 方程**，是变系数线性方程. 下面我们来将它化为常系数线性方程. 令 $x=e^t$，则 $t=\ln x$，

$$y'=\frac{dy}{dx}=\frac{dy}{dt}\cdot\frac{dt}{dx}=\frac{1}{x}\frac{dy}{dt},$$

$$y''=\frac{d^2y}{dx^2}=\frac{d}{dx}(\frac{1}{x}\frac{dy}{dt})=\frac{1}{x}\frac{d}{dx}(\frac{dy}{dt})-\frac{1}{x^2}\frac{dy}{dt}$$

$$=\frac{1}{x}\frac{d^2y}{dt^2}\cdot\frac{dt}{dx}-\frac{1}{x^2}\frac{dy}{dt}=\frac{1}{x^2}(\frac{d^2y}{dt^2}-\frac{dy}{dt})\ .$$

将 y'，y''，$x=e^t$ 代入方程(14.45)得

$$\frac{d^2y}{dt^2}+(p_1-1)\frac{dy}{dt}+p_2y=f(e^t)\ , \tag{14.46}$$

这是一个自变量为 t，未知函数为 $y(t)$的常系数线性方程，用前面两段介绍的方法求解后，再令 $t=\ln x$ 即得方程(14.45)的解 $y(x)$.

例 14.36　求解 Euler 方程 $x^2y''-2y=2x\ln x$.

解　令 $x=e^t$，则$\frac{d^2y}{dt^2}-\frac{dy}{dt}-2y=2te^t$，

可解得

$$y=C_1e^{-t}+C_2e^{2t}-(t+\frac{1}{2})e^t,$$

所以原方程通解为

$$y=\frac{C_1}{x}+C_2x^2-(\ln x+\frac{1}{2})x\ .$$

---

① 欧拉(Euler，1707—1783 年)，瑞士数学家.

二阶欧拉方程通过 $x=e^t$ 代换一定可以化为常系数线性方程,对一般变系数线性方程却不能保证一定可以通过变量代换法化为常系数线性方程.但是,仍然可以用变量代换法试探.下面举一例.

例 14.37 求解非线性变系数方程 $x^2y''+x(y')^2+\frac{1}{2}y'=\frac{1}{4}$.

解 作变量代换 $t=\sqrt{x}$, $u=e^y$,欲将方程化为新自变量为 t,新因变量为 u 的常系数线性方程.

$$x=t^2, y=\ln u,$$

$$y'=\frac{dy}{dt}\cdot\frac{dt}{dx}=\frac{d(\ln u)}{dt}\cdot\frac{1}{2\sqrt{x}}=\frac{1}{u}\frac{du}{dt}\cdot\frac{1}{2t},$$

$$y''=\left[-\frac{1}{u^2}\cdot\left(\frac{du}{dt}\right)^2+\frac{1}{u}\frac{d^2u}{dt^2}\right]\frac{1}{(2t)^2}-\frac{1}{u}\frac{du}{dt}\frac{1}{4t^3},$$

于是,已知方程化为

$$\frac{1}{4}\left[\frac{1}{u}\frac{d^2u}{dt^2}-\frac{1}{u^2}\left(\frac{du}{dt}\right)^2\right]-\frac{1}{4t}\cdot\frac{1}{u}\cdot\frac{du}{dt}+\frac{1}{4}\left(\frac{1}{u}\cdot\frac{du}{dt}\right)^2$$
$$+\frac{1}{4t}\cdot\frac{1}{u}\cdot\frac{du}{dt}=\frac{1}{4},$$

即 $\frac{d^2u}{dt^2}-u=0$,解得 $u=C_1e^t+C_2e^{-t}$.将 $t=\sqrt{x}$, $u=e^y$ 代入上式,得到原方程的通解为

$$y=\ln(C_1e^{\sqrt{x}}+C_2e^{-\sqrt{x}}).$$

2. Lerendre[①] 方程

$$(1-x^2)y''-2xy'+n(n-1)y=0, \tag{14.47}$$

其中 n 为常数.

首先,不加证明地给出如下定理.

定理 14.10 如果方程

$$y''+P(x)y'+Q(x)y=0 \tag{14.48}$$

中的系数 $P(x)$ 和 $Q(x)$ 可在 $(-R,R)$ 上展开为 x 的幂级数,则在 $(-R,R)$ 上方程(14.48)必有下述形式的解

$$y=\sum_{n=0}^{\infty}a_nx^n, \tag{14.49}$$

如果 $xP(x)$ 和 $x^2Q(x)$ 可在 $(-R,R)$ 上展开为 x 的幂级数,则在 $(-R,R)$ 上方程(14.48)必有下述形式的解

---

① 勒让德(A. M. Lerendre,1752—1833 年),法国数学家.

$$y = x^{\lambda} \sum_{n=0}^{\infty} a_n x^n , \tag{14.50}$$

其中 $\lambda, a_0, a_1, \cdots, a_n, \cdots$是待定常数.

Lerendre 方程中 $P(x) = -\frac{2x}{1-x^2}, Q(x) = \frac{n(n+1)}{1-x^2}$在$(-1,1)$上都可以展开成 x 的幂级数,因此,由定理 14.10,方程(14.47)有形如幂级数(14.49)的解.

将 $y = \sum_{k=0}^{\infty} a_k x^k, y' = \sum_{k=1}^{\infty} k a_k x^{k-1}, y'' = \sum_{k=2}^{\infty} k(k-1) a_k x^{k-2}$ 代入方程(14.47)得

$$\sum_{k=2}^{\infty} k(k-1) a_k x^{k-2} - \sum_{k=2}^{\infty} k(k-1) a_k x^k - 2\sum_{k=1}^{\infty} k a_k x^k + n(n+1) \sum_{k=0}^{\infty} a_k x^k = 0 ,$$

即

$$\sum_{k=0}^{\infty} [(k+2)(k+1) a_{k+2} - k(k-1) a_k - 2k a_k + n(n+1) a_k] x^k = 0,$$

化简,得

$$\sum_{k=0}^{\infty} [(k+2)(k+1) a_{k+2} + (n-k)(n-k+1) a_k] x^k = 0,$$

于是 $a_{k+2} = -\frac{(n-k)(n-k+1)}{(k+1)(k+2)} a_k \quad (k=0,1,2,\cdots)$. 由此,得 Lerendre 方程的通解

$$y = a_0 [1 - \frac{n(n+1)}{2!} x^2 + \frac{(n-2)n(n+1)(n+3)}{4!} x^4 - \cdots]$$
$$+ a_1 [x - \frac{(n-1)(n+2)}{3!} x^3 + \frac{(n-3)(n-1)(n+2)(n+4)}{5!} x^5 + \cdots].$$

3. 零级 Bassel[1] 方程

$$xy'' + y' + xy = 0 , \tag{14.51}$$

这里,$xP(x) = x \cdot \frac{1}{x} = 1, x^2 Q(x) = x^2$ 都可以在$(-\infty, +\infty)$上展开成 x 的幂级数,由定理 14.10,方程(14.51)有形如(14.50)的幂级数解. 将(14.50)代入原方程后,可以求得方程(14.51)取 $a_0 = 0, \lambda = 0$ 时的解为

$$y = J_0(x) = 1 - \frac{x^2}{2^2} + \frac{x^4}{2^2 \cdot 4^2} - \frac{x^6}{2^2 \cdot 4^2 \cdot 6^2} + \cdots.$$

函数 $J_0(x)$称为第一类零级 Bassel 函数,这是一个很重要的特殊函数.

---

① 贝塞尔(F. W. Bassel,1784—1846 年),德国数学家.

习题 14.3

(A)

1. 求下列微分方程的通解:

(1) $y''=\frac{1}{x}y'$; (2) $y''-y'-x=0$; (3) $y^3y''-1=0$.

2. 设有一质量为 M 的物体,在空气中由静止开始下落,如果空气阻力为 $F=k^2v^2$,其中 k 为常数,v 为物体运动速度,试求物体下落的距离与时间 t 的函数关系.

3. 已知方程 $(1-\ln x)y''+\frac{1}{x}y'-\frac{1}{x^2}y=0$ 的一个解 $y_1=\ln x$,求其通解.

4. 已知方程 $y''-2y'+y=0$ 的一个解 $y_1=\mathrm{e}^x$,求方程 $y''-2y'+y=\frac{1}{x}\mathrm{e}^x$ 的通解.

5. 求下列微分方程的通解:

(1) $2y''+y'-y=2\mathrm{e}^x$; (2) $2y''+5y'=5x^2-2x-1$;

(3) $y''-2y'+5y=\mathrm{e}^x\sin 2x$; (4) $y''+y'=(2x^2-3)+4\sin x$.

6. 求下列初值问题的解:

(1) $y''+4y'+29y=0, y(0)=0, y'(0)=15$;

(2) $y''-4y'+3y=0, y(0)=6, y'(0)=10$;

(3) $4y''+4y'+y=0, y(0)=2, y'(0)=0$;

(4) $y''+25y=0, y(0)=2, y'(0)=5$.

7. 试指出下列各小题方程的特解待定形式是(A)、(B)、(C)、(D)中的哪一个.

(1) $y''+3y'=1+3x\mathrm{e}^{-3x}$ 的特解形式是( ).

(A) $y^*=(ax+b)\mathrm{e}^{-3x}$ (B) $y^*=x(ax+b)\mathrm{e}^{-3x}$

(C) $y^*=ax+x(bx+c)\mathrm{e}^{-3x}$ (D) $y^*=a+bx^2\mathrm{e}^{-3x}$

(2) $y''+4y=\cos 2x$ 的特解形式是( ).

(A) $y^*=a\cos 2x$ (B) $y^*=a\cos 2x+b\sin 2x$

(C) $y^*=x^2(a\cos 2x+b\sin 2x)$ (D) $y^*=x(a\cos 2x+b\sin 2x)$

8. 求下列二阶欧拉方程的通解:

(1) $x^2y''+xy'-y=0$; (2) $x^2y''-4xy'+6y=x$;

(3) $x^2y''-xy'+2y=x\ln x$; (4) $x^2y''-xy'+4y=x\sin(\ln x)$.

9. 求方程 $x^2y''-xy'+y=2x$ 满足条件 $y(1)=0, y'(1)=1$ 的特解.

10. 用幂级数求下列微分方程的解:

(1) $y'-xy+x=1$; (2) $y''+xy'+y=0$.

11. 用幂级数法求方程 $y''-xy=0$ 满足初始条件 $y(0)=0, y'(0)=1$ 的特解.

12. 一质量均匀的链条挂在一无摩擦的钉子上，运动开始时，链条的一边下垂8m，另一边也下垂10m，试问整个链条滑过钉子需多少时间？

(B)

1. 设 $f(0)=0, f'(x)=1+\int_0^x[6\sin^2 t-f(t)]\mathrm{d}t$，其中 $f(x)$ 二阶可导，求 $f(x)$.

2. 设 $f(x)$ 为连续函数，且满足 $f(x)=\sin x-\int_0^x(x-t)f(t)\mathrm{d}t$，求 $f(x)$.

3. 设 $f(x)$ 连续，且满足 $f(x)=\mathrm{e}^x+\int_0^x(x-t)f(t)\mathrm{d}t$，求 $f(x)$.

4. 设 $f(x)$ 二阶连续可导，$f'(0)=0$，满足积分方程 $f(x)=1-\frac{1}{5}\int_0^x[f''(t)-4f(t)]\mathrm{d}t$，求 $f(x)$.

5. 已知 $f(t)$ 在 $(-\infty,+\infty)$ 上连续，用常数变易法求方程 $x''(t)+\omega^2x(t)=f(t)$ 的通解.

6. 设 $f(t)$ 在 $(a,+\infty)$ 上连续，且 $\lim\limits_{x\to\infty}f(x)=0$. 试证明方程 $y''+3y'+2y=f(x)$ 的任一解 $y(x)$ 均有 $\lim\limits_{x\to\infty}y(x)=0$.

7. 设 $y_1(x)=3\mathrm{e}^x+\mathrm{e}^{x^2}, y_2(x)=7\mathrm{e}^x+\mathrm{e}^{x^2}, y_3(x)=5\mathrm{e}^x-\mathrm{e}^{-x^3}+\mathrm{e}^{x^2}$ 是二阶线性方程 $y''+p(x)y'+q(x)y=f(x)$ 的三个解，试求此方程满足初始条件 $y(0)=1$，$y'(0)=2$ 的解.

8. 求方程 $(2x+1)^2y''-4(2x+1)y'+8y=0$ 的通解.

9. 求方程 $x^2y''+2x^2(\tan y)y'^2+xy'-\sin y\cos y=0$ 的通解.

10. 函数 $y=f(x)$ 满足微分方程 $y''-3y'+2y=\mathrm{e}^x$，且其图形在点(0,1)处的切线与曲线 $y=x^2-x+1$ 在该点的切线重合，求函数 $y=y(x)$.

11. 设有一长度为 l 的弹簧，其上端固定，用五个都为 m 的重物同时挂于弹簧下端，使弹簧伸长了 $5a$，今突然取去其中一个重物，使弹簧由静止状态开始振动. 若不计弹簧本身重量，求所挂重物的运动规律.

12. 弹簧的弹性力与其伸缩量成正比. 设长度增加1cm时，弹簧力等于1kg. 现把2kg的重物悬挂在弹簧上，如果先稍微把重物往下拉，然后放开它，求重物由此所产生的振动周期.

13. 一质点徐徐沉入水中，当下沉时，水的阻力与下沉速度成正比，求此质点(质量为 m)的运动规律.

14. 已知 $\mathrm{e}^t, \mathrm{e}^{-t}$ 是方程 $x''-x=0$ 在 $(-\infty,+\infty)$ 上线性无关的解. 试求此方程满足下列不同初始条件的解：

(1)$x(0)=1,x'(0)=0$; (2)$x(0)=0,x'(0)=1$;

(3)$x(0)=a,x'(0)=b$.

14.4 n 阶微分方程

本段讨论几类特殊的 n 阶($n\geqslant 3$)微分方程,作为二阶微分方程的相关结论的推广,不再作详细的推导或论证.

14.4.1 可降阶的 n 阶线性微分方程

1. 方程 $y^{(n)}=f(x)\quad(n\geqslant 3)$

在方程两边积分一次得

$$y^{(n-1)}=\int f(x)\mathrm{d}x+C_1=F_1(x)+C_{10},$$

再积分一次得

$$y^{(n-2)}=\int F_1(x)\mathrm{d}x+C_1x+C_2=F_2(x)+C_{11}x+C_{20},$$

再积分一次得

$$y^{(n-3)}=\int F_2(x)\mathrm{d}x=F_3(x)+C_{12}x^2+C_{21}x+C_{30},$$

继续积分下去.记 $F_k(x)=\int F_{k-1}(x)\mathrm{d}x$,便有

$$\begin{aligned}y&=F_n(x)+C_{1,n-1}x^{n-1}+C_{2,n-2}x^{n-2}+\cdots+C_{n-1,1}x+C_{n0}\\&=F_n(x)+C_1x^{n-1}+C_2x^{n-2}+\cdots+C_{n-1}x+C_n\end{aligned}$$
(记 $C_{i,n-i}=C_i$ 都是任意常数).

例 14.38 某物体运动的加速度的变化率 $k\cos\omega t(\omega>0,k>0)$,求该物体运动的规律.

解 设运动方程为 $x=x(t)$,t 为时间,则 $x'(t)$为速度,$x''(t)$为加速度,$x'''(t)$为加速度的变化率,由题意,得

$$x'''(t)=k\cos\omega t,$$

逐次积分可得

$$x''(t)=\frac{k}{\omega}\sin\omega t+C_{10},$$

$$x'(t)=-\frac{k}{\omega^2}\cos\omega t+C_{11}x+C_{20},$$

$$x(t)=-\frac{k}{\omega^3}\sin\omega t+C_{12}x^2+C_{21}x+C_{30},$$

其中 C_{ij} 为任意常数.

2. 方程 $F(x,y^{(k)},y^{(k+1)},\cdots,y^{(n)})=0$,其中 $k\geqslant 1,n\geqslant 3,F$ 为连续函数.

作变量代换,令 $y^{(k)}=p$,p 为新的未知函数,则原方程化为 $n-k$ 阶微分方程

$$F(x,p,p',\cdots,p^{(n-k)})=0.$$

若上述方程的通解可以求出,记为 $p=\varphi(x,C_1,C_2,\cdots,C_{n-k})$,则得微分方程

$$y^{(k)}=\varphi(x,C_1,C_2,\cdots,C_{n-k}).$$

这个方程直接积分 k 次即得原方程的通解.

例 14.39　求解方程 $y^{(4)}+y^{(3)}-2y''=0$.

解　令 $y''=p$,则原方程化为

$$p''+p'-2p=0,$$

特征方程为

$$\lambda^2+\lambda-2=0,$$

特征根为

$$\lambda_1=1,\lambda_2=-2,\quad 有\ p=C_1\mathrm{e}^x+C_2\mathrm{e}^{-2x},$$

从而

$$y''=C_1\mathrm{e}^x+C_2\mathrm{e}^{-2x}.$$

积分两次得原方程的通解为

$$y=C_1\mathrm{e}^x+\frac{1}{4}C_2\mathrm{e}^{-2x}+C_3x+C_4\ .$$

例 14.40　求解方程 $5(y''')^2-3y''y^{(4)}=0$.

解　令 $y''=p$,原方程化为 $5(p')^2-3pp''=0$

$$3(p')^2-3pp''=-2(p')^2\ ,$$

$$\frac{(p')^2-pp''}{(p')^2}=-\frac{2}{3}\quad (当\ p'\neq 0\ 时),$$

即 $\frac{\mathrm{d}}{\mathrm{d}x}(\frac{p}{p'})=-\frac{2}{3}$,两边积分得 $\frac{p}{p'}=-\frac{2}{3}x+C_1$,或写为

$$\frac{p'}{p}=\frac{1}{-\frac{2}{3}x+C_1}或\frac{\mathrm{d}p}{p}=\frac{\mathrm{d}x}{-\frac{2}{3}x+C_1},$$

两边积分得到

$$p=C_2\left(-\frac{2}{3}x+C_1\right)^{-\frac{3}{2}},$$

从而得到微分方程

$$y''=C_2\left(-\frac{2}{3}x+C_1\right)^{-\frac{3}{2}},$$

对上式积分一次得

$$y' = 3C_2\left(-\frac{2}{3}x + C_1\right)^{-\frac{1}{2}} + C_3,$$

再对该式积分得通解

$$y = -9C_2\sqrt{-\frac{2}{3}x + C_1} + C_3x + C_4 .$$

此外,当 $p'=0$ 时,有 $y'''=0$,解得

$$y = C_1x^2 + C_2x + C_3,$$

它也是原方程的无穷多个解.

3. 方程 $F(y,y',\cdots,y^{(n)})=0$, 其中 $n\geqslant 3$,F 为连续函数.

若令 $y'=p$,并以 y 为自变量,p 为 y 的未知函数,则 $y'',y''',\cdots,y^{(n)}$ 由 $p',p'',\cdots,p^{(n-1)}$ 的式子表示后代入原方程,便会得到 $p(y)$ 的 $n-1$ 阶微分方程. 在有利情况下,就可以求出原方程的通解.

例 14.41　求解 $\begin{cases}(y'')^2-y'y'''+(y')4=0,\\ y(0)=0,y'(0)=1,y''(0)=0.\end{cases}$

解　令 $y'=p,y''=p\dfrac{\mathrm{d}p}{\mathrm{d}y},y'''=[(\dfrac{\mathrm{d}p}{\mathrm{d}y})^2+p\dfrac{\mathrm{d}^2p}{\mathrm{d}y^2}]p$,

将 y',y'',y''' 的上述表达式代入原方程,得

$$\left(p\frac{\mathrm{d}p}{\mathrm{d}y}\right)^2 - p^2\left[\left(\frac{\mathrm{d}p}{\mathrm{d}y}\right)^2 + p\frac{\mathrm{d}^2p}{\mathrm{d}y^2}\right] + p^4 = 0,$$

$$-p^3\frac{\mathrm{d}^2p}{\mathrm{d}y^2} + p^4 = 0,$$

由 $y'(0)=1$ 知 $p(0)=1$,故 $p(x)\neq 0$.

所以上式化为 $\dfrac{\mathrm{d}^2p}{\mathrm{d}y^2}-p=0$,特征方程为 $\lambda^2-1=0$,特征根为 $\lambda_1=-1,\lambda_2=1$,

故 $p=C_1\mathrm{e}^{-y}+C_2\mathrm{e}^{y}$,

即 $y'(x)=C_1\mathrm{e}^{-y}+C_2\mathrm{e}^{y},y''(x)=-C_1\mathrm{e}^{-y}y'(x)+C_2\mathrm{e}^{y}y'(x)$,由条件 $y(0)=0,y'(0)=1,y''(0)=0$,得

$$C_1 + C_2 = 1,\ -C_1 + C_2 = 0,$$

解得

$$C_1=C_2=\frac{1}{2},$$

于是

$$p=\frac{1}{2}\mathrm{e}^{-y}+\frac{1}{2}\mathrm{e}^{y},$$

即

$$\frac{dy}{dx}=\frac{1}{2}e^{-y}+\frac{1}{2}e^{y},$$

$$dx=\frac{dy}{\frac{1}{2}e^{-y}+\frac{1}{2}e^{y}},$$

$$x=\int\frac{dy}{\frac{1}{2}e^{-y}+\frac{1}{2}e^{y}}=2\int\frac{e^{y}dy}{1+e^{2y}}\xlongequal{u=e^{y}}2\int\frac{du}{1+u^{2}}=2\arctan u+C_{3},$$

$$u=\tan(\frac{1}{2}x-\frac{1}{2}C_{3}),e^{y}=\tan(\frac{1}{2}x-\frac{1}{2}C_{3}),$$

由 $y(0)=0$ 知，$1=\tan(0-\frac{1}{2}C_{3})$，得 $C_{3}=-\frac{\pi}{2}$，

最后，得到原问题的解

$$y=\ln[\tan(\frac{1}{2}x+\frac{\pi}{4})].$$

例 14.42　求解方程 $y^{2}y'''-y'y^{2}(y'')^{2}-2(y')^{3}=0,y(0)=1,y'(0)=1,y'''(0)=0.$

解　令 $p=y',y''=p\frac{dp}{dy},y'''=p[(\frac{dp}{dy})^{2}+p\frac{d^{2}p}{dy^{2}}]$，

将 y',y'',y''' 的表达式代入原方程，得

$$y^{2}p^{2}\frac{d^{2}p}{dy^{2}}-2p^{3}=0,$$

因为 $y'(0)=1$，故 $p=y'\neq0$，所以有方程

$$y^{2}\frac{d^{2}p}{dy^{2}}-2p=0,$$

这是一个二阶欧拉方程. 令 $y=e^{t}$，可得

$$\frac{d^{2}p}{dt^{2}}-\frac{dp}{dt}-2p=0,$$

这是二阶常系数方程，得其通解为

$$p=C_{1}e^{-t}+C_{2}e^{2t},$$

故

$$p=\frac{C_{1}}{y}+C_{2}y^{2}.$$

由条件 $y(0)=y'(0)=1,y''(0)=0$ 得

$$C_{1}+C_{2}=1,-C_{1}+2C_{2}=0.$$

解得

$$C_{1}=\frac{2}{3},C_{2}=\frac{1}{3},$$

从而

$$\frac{\mathrm{d}y}{\mathrm{d}x}=\frac{2}{3y}+\frac{1}{3}y^2,$$

故

$$\begin{aligned}\frac{1}{3}\int \mathrm{d}x &= \int \frac{y\mathrm{d}y}{2+y^3} \xlongequal{y=2^{\frac{1}{3}u}} 2^{-\frac{1}{3}}\int \frac{u\mathrm{d}u}{1+u^3} \\ &= 2^{-\frac{1}{3}}[\int \frac{u\mathrm{d}u}{(1+u)(u^2-u+1)}] \\ &= 2^{-\frac{1}{3}}[-\frac{1}{3}\int \frac{\mathrm{d}u}{1+u}+\int \frac{1}{3}\frac{(u+1)\mathrm{d}u}{u^2-u+1}] \\ &= -2^{-\frac{1}{3}}\cdot \frac{1}{3}\ln(1+u)+\frac{1}{3}\cdot 2^{-\frac{1}{3}}\cdot \frac{1}{2}\ln(u^2-u+1) \\ &\quad +\frac{1}{3}\cdot 2^{-\frac{1}{3}}\cdot \sqrt{3}\arctan(\frac{2}{\sqrt{3}}u-\frac{1}{\sqrt{3}})+C_3.\end{aligned}$$

隐式通解为

$$2^{\frac{4}{3}}x=\ln\frac{y^2-2^{\frac{1}{3}}y+2^{\frac{2}{3}}}{2^{\frac{1}{3}}+y}-2\sqrt{3}\arctan\frac{2^{\frac{2}{3}}y-1}{\sqrt{3}}+C_3\ ,$$

由 $y(0)=1$,得

$$C_3=2^{\frac{4}{3}}-\ln\frac{1-2^{\frac{1}{3}}+2^{\frac{2}{3}}}{2^{\frac{1}{3}}+1}+2\sqrt{3}\arctan\frac{2^{\frac{2}{3}}-1}{\sqrt{3}}\ ,$$

最后我们得到原问题的通解为

$$\begin{aligned}2\sqrt[3]{2}x=&\ln\frac{(\sqrt[3]{2}+1)(y^2-\sqrt[3]{2}y+\sqrt[3]{4})}{(\sqrt[3]{2}+y)(1-\sqrt[3]{2}+\sqrt[3]{4})}+2\sqrt{3}\arctan\frac{\sqrt[3]{4}-1}{\sqrt{3}} \\ &-2\sqrt{3}\arctan\frac{\sqrt[3]{4}y-1}{\sqrt{3}}.\end{aligned}$$

14.4.2 n 阶线性微分方程

方程

$$y^{(n)}+p_1(x)y^{(n-1)}+\cdots+p_n(x)y=f(x)\quad (n\geqslant 3) \tag{14.52}$$

叫做 n **阶线性微分方程**. 当 $f(x)\neq 0$ 时,方程(14.52)叫做 n **阶线性非齐次方程**. 当 $f(x)=0$ 时,方程化为

$$y^{(n)}+p_1(x)y^{(n-1)}+\cdots+p_n(x)y=0 \tag{14.53}$$

叫做方程(14.52)对应的 n **阶线性齐次方程**.

与二阶线性方程的讨论类似,有

定理 14.11 设 $y_1(x),y_2(x),\cdots,y_n(x)$是 n 阶线性齐次微分方程(14.53)的

n 个线性无关的特解，$y^*(x)$是方程(14.52)的特解，则方程(14.52)的通解为

$$y = C_1 y_1(x) + C_2 y_2(x) + \cdots + C_n y_n(x) + y^*(x).$$

定理 14.12　如果在 n 阶线性非齐次微分方程(14.52)中，$f(x) = f_1(x) + f_2(x)$，$y_1^*(x)$和 $y_2^*(x)$分别是方程

$$y^{(n)} + p_1(x)y^{(n-1)} + \cdots + p_n(x)y = f_1(x),$$

$$y^{(n)} + p_1(x)y^{(n-1)} + \cdots + p_n(x)y = f_2(x)$$

的特解，那么，$y_1^*(x) + y_2^*(x)$是方程(14.52)的一个特解.

例 14.43　设 $y_1(x),\cdots,y_{n+1}(x)$是非齐次线性方程(14.52)的 $n+1$ 个线性无关的解，则方程(14.52)的任何解 $y(x)$都可表示为

$$y(x) = C_1 y_1(x) + C_2 y_2(x) + \cdots + C_{n+1} y_{n+1}(x)$$
$$(C_1 + C_2 + \cdots + C_{n+1} = 1).$$

反之，若 $y_1(x),\cdots,y_{n+1}(x)$是(14.52)的 $n+1$ 个线性无关的解，则 $C_1 y_1(x) + \cdots + C_{n+1} y_{n+1}(x)$必为方程(14.52)的解，其中 $C_1 + C_2 + \cdots + C_{n+1} = 1$.

证　构造函数 $y_1(x) - y_{n+1}(x), y_2(x) - y_{n+1}(x), \cdots, y_n(x) - y_{n+1}(x)$，显然它们是方程(14.53)的 n 个解，并且它们是线性无关的. 若不然，假设存在一组不全为零的数 $k_1,\cdots,k_n$，设

$$k_1(y_1(x) - y_{n+1}(x)) + \cdots + k_n(y_n(x) - y_{n+1}(x)) = 0,$$

即 $k_1 y_1(x) + k_2 y_2(x) + \cdots + k_n y_n(x) - (k_1 + k_2 + \cdots + k_n) y_{n+1}(x) = 0$.

这与 $y_1(x),\cdots,y_{n+1}(x)$线性无关矛盾. 因此，由定理 14.11，方程(14.52)的任一解可表示为

$$\begin{aligned} y(x) &= C_1(y_1(x) - y_{n+1}(x)) + C_2(y_2(x) - y_{n+1}(x)) + \cdots \\ &\quad + C_n(y_n(x) - y_{n+1}(x)) + y_{n+1}(x) \\ &= C_1 y_1(x) + C_2 y_2(x) + \cdots + C_n y_n(x) \\ &\quad + (1 - C_1 - C_2 - \cdots - C_n) y_{n+1}(x), \end{aligned}$$

令 $C_{n+1} = 1 - C_1 - C_2 - \cdots - C_n$，则

$$y(x) = C_1 y_1(x) + C_2 y_2(x) + \cdots + C_n y_n(x) + C_{n+1} y_{n+1}(x),$$

且 $C_1 + C_2 + \cdots + C_{n+1} = 1$.

反过来，若 $y_1(x), y_2(x), \cdots, y_{n+1}(x)$是方程(14.52)的 $n+1$ 个线性无关的解. 注意 $C_1 + \cdots + C_{n+1} = 1$，$C_1 y_1(x) + C_2 y_2(x) + \cdots + C_{n+1} y_{n+1}(x)$代入(14.52)即得.

14.4.3　n 阶常系数线性方程

1. 方程

$$y^{(n)} + p_1 y^{(n-1)} + p_2 y^{(n-2)} + \cdots + p_n y = 0 \tag{14.54}$$

称为 n **阶常系数线性齐次方程**,其中 $p_1,p_2,\cdots,p_n$ 是实常数,$n\geqslant3$. 类似于二阶常系数线性齐次方程

$$\lambda^n+p_1\lambda^{n-1}+p_2\lambda^{n-2}+\cdots+p_n=0 \tag{14.55}$$

叫做方程(14.54)的特征方程,可以证明.

定理 14.13 设 λ 是方程(14.55)的根,则如果 λ 是单实根,则方程(14.54)有特解 $e^{\lambda x}$;如果 λ 是 m 重实根,则方程(14.54)有特解

$$e^{\lambda x},\ xe^{\lambda x},\ x^2e^{\lambda x},\ \cdots,\ x^{m-1}e^{\lambda x}\ ,$$

如果 $\lambda=\alpha+i\beta$ 是单复根,则方程(14.54)有特解

$$e^{\alpha x}\cos\beta x,\ e^{\alpha x}\sin\beta x\ ,$$

如果 $\lambda=\alpha+i\beta$ 是 m 重复根,则方程(14.54)有特解

$$e^{\alpha x}\cos\beta x, xe^{\alpha x}\cos\beta x,\ \cdots,\ x^{m-1}e^{\alpha x}\cos\beta x\ ,$$
$$e^{\alpha x}\sin\beta x,\ xe^{\alpha x}\sin\beta x,\ \cdots,\ x^{m-1}e^{\alpha x}\sin\beta x\ ,$$

并且,特征方程(14.55)的 n 个根,按照上述方法对应的方程(14.54)的 n 个解是线性无关的.

例 14.44 求解微分方程 $y^{(4)}-4y'+3y=0$.

解 特征方程为

$$\lambda^4-4\lambda+3=0\ ,$$

因式分解为

$$\begin{aligned}\lambda^4-4\lambda+3&=\lambda(\lambda^3-1)-3(\lambda-1)\\&=(\lambda-1)(\lambda^3+\lambda^2+\lambda-3)=(\lambda-1)^2(\lambda^2+2\lambda+3)\ ,\end{aligned}$$

特征根为

$$\lambda_1=\lambda_2=1,\lambda_{3,4}=-1\pm\sqrt{2}i,$$

故所求通解为

$$y=(C_1+C_2x)e^x+(C_3\cos\sqrt{2}x+C_4\sin\sqrt{2}x)e^{-x}\ .$$

例 14.45 求解微分方程 $y^{(5)}-y^{(4)}=0$.

解 特征方程为

$$\lambda^5-\lambda^4=0,$$

特征根为

$$\lambda_1=\lambda_2=\lambda_3=\lambda_4=0,\ \lambda_5=1,$$

故原方程的通解为

$$y=C_1+C_2x+C_3x^2+C_4x^3+C_5e^x\ .$$

2. 方程

$$y^{(n)}+p_1y^{(n-1)}+p_2y^{(n-2)}+\cdots+p_ny=f(x) \tag{14.56}$$

叫做 n **阶常系数线性非齐次方程**，其中 $p_1,p_2,\cdots,p_n$ 是实常数，$n\geqslant 3$，$f(x)\neq 0$. 当求出相应的齐次方程(14.54)的通解后，可以用常数变易法求方程(14.56)的一个特解. 也可以据二阶常系数线性非齐次方程用待定系数法求特解的方法来求(14.56)的特解.

对于自由项 $f(x)=\mathrm{e}^{rx}P_n(x)$，$r$ 是 k 重特征根时，方程(14.56)有形如 $y^*=x^k\mathrm{e}^{rx}Q_n(x)$ 的特解.

对于自由项 $f(x)=\mathrm{e}^{rx}[P_t(x)\cos\omega x+Q_s(x)\sin\omega x]$，当 $r+i\omega$ 是 k 重特征根时，方程(14.56)有形如 $y^*=x^k\mathrm{e}^{rx}[U_m(x)\cos\omega x+V_m(x)\sin\omega x]$ 的特解，其中 $m=\max\{t,s\}$，$P_n(x)$，$P_t(x)$，$Q_s(x)$，$U_m(x)$，$V_m(x)$ 都是 x 的多项式.

例 14.46　求初值问题的解

$$\begin{cases} y^{(4)}+2y''+y=\sin x, \\ y(0)=1,y'(0)=-2,y''(0)=3,y'''(0)=0. \end{cases}$$

解　对应的齐次方程的通解为

$$y=(C_1+C_2x)\cos x+(C_3+C_4x)\sin x\ ,$$

因为 $\pm i$ 是二重特征根，故非齐次方程有形如

$$y^*=Ax^2\cos x+Bx^2\sin x$$

的特解，将它代入非齐次方程，得

$$A=0,\ B=-\frac{1}{8}\ ,$$

故非齐次方程的通解为

$$y=(C_1+C_2x)\cos x+(C_3+C_4x)\sin x-\frac{1}{8}x^2\sin x\,.$$

将初始条件 $y(0)=1,y'(0)=-2,y''(0)=3,y'''(0)=0$，代入上式，得

$$C_1=1,C_2=\frac{5}{8},\ C_3=-\frac{21}{8},\ C_4=2\ ,$$

所以，所求特解为

$$y=(1+\frac{5}{8}x)\cos x+(-\frac{21}{8}+2x-\frac{1}{8}x^2)\sin x\,.$$

14.4.4　n 阶 Euler 方程

方程

$$x^ny^{(n)}+p_1x^{n-1}y^{(n-1)}+\cdots+p_{n-1}xy'+p_ny=f(x) \tag{14.57}$$

叫做 $\boldsymbol{n}$ **阶 Euler 方程**，其中 $p_1,\cdots,p_n$ 是常数，$n\geqslant 3$.

与二阶 Euler 方程一样，令 $x=\mathrm{e}^t$，记 $D=\dfrac{\mathrm{d}}{\mathrm{d}t}$，则

$$xy' = x \cdot \frac{\mathrm{d}y}{\mathrm{d}t}\frac{\mathrm{d}t}{\mathrm{d}x} = x \cdot \frac{\mathrm{d}y}{\mathrm{d}t} \cdot \frac{1}{x} = \frac{\mathrm{d}y}{\mathrm{d}t} = Dy,$$

$$x^2y'' = \frac{\mathrm{d}^2y}{\mathrm{d}t^2} - \frac{\mathrm{d}y}{\mathrm{d}t} = D(D-1)y,$$

$$x^3y''' = \frac{\mathrm{d}^3y}{\mathrm{d}t^3} - 3\frac{\mathrm{d}^2y}{\mathrm{d}t^2} + 2\frac{\mathrm{d}y}{\mathrm{d}t} = D(D-1)(D-2)y.$$

一般地,$x^ky^{(k)}=D(D-1)\cdots(D-k+1)y$,将它们代入方程(14.55)中得常系数线性方程.

例 14.47 求解 Euler 方程 $x^3y'''+x^2y''-4xy'=3x^2$.

解 利用变换 $x=\mathrm{e}^t$,原方程可以化为

$$D(D-1)(D-2)y+D(D-1)y-4Dy = 3\mathrm{e}^{2t}.$$

D 是对 t 的求导运算,因此,若将 y 改为 1,Dy 改为 λ,D^2y 改为 λ^2,D^3y 改为 λ^3,自由项改为 0,则从这种形式的常系数线性方程得到它的特征方程.而这等价于将方程中的 D 改为 λ,y 改为 1,自由项改为 0,这样可直接得到特征方程

$$\lambda(\lambda-1)(\lambda-2)+\lambda(\lambda-1)-4\lambda = 0,$$

特征根为 0,-1,3,特解形式为

$$y^* = a\mathrm{e}^{2t} = ax^2,$$

代入原方程可得 $a=-\frac{1}{2}$,从而 $y^*=-\frac{1}{2}x^2$,

又因为齐次方程的 $D(D-1)(D-2)y+D(D-1)y-4Dy=0$ 的通解为

$$y = C_1 + C_2\mathrm{e}^{-t} + C_3\mathrm{e}^{3t} = C_1 + \frac{C_2}{x} + C_3x^3,$$

所以原方程的通解为

$$y = C_1 + \frac{C_2}{x} + C_3x^3 - \frac{1}{2}x^2.$$

习题 14.4

(A)

1. 求方程 $xy^{(5)}-y^{(4)}=0$ 的通解.
2. 求方程 $y'''+y'=0$ 的通解.
3. 求方程 $y^{(5)}-y^{(4)}=0$ 的通解.
4. 求方程 $y^{(4)}-2y'''+5y''=0$ 的通解.
5. 求方程 $y^{(4)}+\beta^4y=0$ 的通解.
6. 求方程 $y^{(6)}-2y^{(4)}-y''+2y=0$ 的通解.
7. 求初值问题:

(1) $y^{(4)}-4y'''+6y''-4y'+y=0$; $y(0)=y''(0)=0$, $y'(0)=y'''(0)=1$;

(2) $y^{(4)}-y=0$; $y(0)=2$, $y'(0)=-1$, $y''(0)=-2$, $y'''(0)=1$;

(3) $y^{(4)}-4y'''+8y''-8y'+3y=0$; $y(0)=0$, $y'(0)=0$, $y''(0)=2$, $y'''(0)=0$.

8. 求解方程的通解：

(1) $y'''+3y''+3y'+y=\mathrm{e}^{-x}(x-5)$;

(2) $y^{(4)}+2y''+y=\sin x$.

(B)

1. 求初值问题：$y^{(4)}+y=2\mathrm{e}^{x}$; $y(0)=y'(0)=y'''(0)=1$.

2. 设实常系数的 4 阶线性齐次方程有两个解 $\cos 4x$ 和 $\sin 3x$，求其通解，并确定方程.

3. 设 4 阶实系数线性齐次微分方程的一个解是 $x\cos 4x$，求其通解，并确定该方程.

4. 设 4 阶实系数线性齐次微分方程的一个解是 $x^3\mathrm{e}^{-x}$，求其通解，并确定该方程.

总习题 14

1. 试求立方抛物线族 $y=cx^3$ 的正交轨线族所满足的微分方程.

2. 讨论微分方程初值问题

$$\begin{cases}\dfrac{\mathrm{d}y}{\mathrm{d}x}=2\,|\,y\,|^{\frac{1}{2}},\\ y(0)=0.\end{cases}$$

3. 求 $\dfrac{\mathrm{d}y}{\mathrm{d}x}=(\cos x\cos 4y)^2$ 的全部解.

4. 设 $q(x)$ 在 $[0,+\infty)$ 上连续，且 $\lim\limits_{x\to+\infty}q(x)=q$，又 $p>0$，试证明：方程

$$\frac{\mathrm{d}y}{\mathrm{d}x}+py=q(x)$$

的一切解 $y(x)$，都有 $\lim\limits_{x\to+\infty}y(x)=\dfrac{q}{p}$.

5. 求解 Riccati 方程 $\dfrac{\mathrm{d}y}{\mathrm{d}x}=-y^2-\dfrac{4}{x}y-\dfrac{2}{x^2}$.

6. 证明方程 $M(x,y)\mathrm{d}x+N(x,y)\mathrm{d}y=0$ 具有形如 $\mu=\mu[\varphi(x,y)]$ 的积分因子的充要条件是 $\left(\dfrac{\partial M}{\partial y}-\dfrac{\partial N}{\partial x}\right)\left(N\dfrac{\partial\varphi}{\partial x}-M\dfrac{\partial\varphi}{\partial y}\right)^{-1}=f[\varphi(x,y)]$，并求出该积分因子.

7. 如果两个方程

$$y'' + p(x)y' + q(x)y = 0,$$
$$y'' + s(x)y' + t(x)y = 0$$

在$[a,b]$上有一个公共解,试求出此解,并分别求出这两个方程的通解.

8. 设方程 $y''+a(x)y'+b(x)y=f(x)$ 的三个解为 $\varphi(x)=2e^x+x^3$,$\psi(x)=3e^x+4x^3$,$\omega(x)=5e^x-e^{x^2}\cos x$,试求此方程满足初始条件:$y(0)=1$,$y'(0)=4$ 的解.

9. 已知方程 $y''-4xy'-(3-4x^2)y=e^{x^2}$ 在$(-\infty,+\infty)$上的两个特解为 $y_1=-e^{x^2}$,$y_2=e^{x+x^2}-e^{x^2}$,试求此方程的通解.

10. 已知一个 4 阶线性齐次微分方程的系数都是实常数,并且它的一个解是 $x\sin 3x$,求其通解,并写出该方程.

11. 设 2 阶微分方程 $y''+ay'+by=ce^{2x}$ 的一个特解为 $y=e^{3x}+(1+x)e^{2x}$,a,b,c是未知常数,求该方程的通解.

12. 已知 $y_1=x^2$ 是 3 阶方程 $(1-x^2)y'''-xy''+y'=0$ 的一个特解,求方程的通解.

13. 求方程$(2x+1)y''-4(2x+1)y'+8y=0$ 的通解.

14. 求非齐次方程 $xy''-(2x+1)y'+(x+1)y=(x^2+x-1)e^{2x}$ 的通解.

第 15 章　线性微分方程组

几个具有同一自变量的微分方程的联立，称为常微分方程组. 如果常微分方程组中每个微分方程都是常系数线性微分方程，那么，称这种方程组为常系数线性微分方程组. 本节以举例的形式介绍线性微分方程组的几种解法.

15.1　常系数线性微分方程组的初等解法

常系数线性微分方程组的初等解法的一般步骤是：

(1)从微分方程组中消去一些未知函数及各阶导数，得到只含一个未知函数的高阶常系数线性微分方程.

(2)求解此高阶线性微分方程，得其解函数.

(3)把已求得的解函数代入原微分方程组，通过代数方法和求导(不要作积分)得到其余的未知函数.

例 15.1　求解微分方程组

$$\begin{cases} \dfrac{\mathrm{d}x_1}{\mathrm{d}t} = 5x_1 + 4x_2, & (15.1) \\ \dfrac{\mathrm{d}x_2}{\mathrm{d}t} = 4x_1 + 5x_2. & (15.2) \end{cases}$$

解　式(15.1) 两边对 t 求导，得

$$\frac{\mathrm{d}^2 x_1}{\mathrm{d}t^2} = 5\frac{\mathrm{d}x_1}{\mathrm{d}t} + 4\frac{\mathrm{d}x_2}{\mathrm{d}t}, \tag{15.3}$$

由式(15.1)和式(15.2)消去 x_2，得

$$4\frac{\mathrm{d}x_2}{\mathrm{d}t} = -9x_1 + 5x'_1, \tag{15.4}$$

将式(15.4)代入式(15.3)，得

$$\frac{\mathrm{d}^2 x_1}{\mathrm{d}t^2} = 10\frac{\mathrm{d}x_1}{\mathrm{d}t} - 9x_1,$$

可解得 $x_1 = C_1 \mathrm{e}^t + C_2 \mathrm{e}^{9t}$，再代入式(15.1)得

$$x_2 = \frac{1}{4}\left(\frac{\mathrm{d}x_1}{\mathrm{d}t} - 5x_1\right)$$

$$= \frac{1}{4}(C_1 e^t + 9C_2 e^{9t} - 5C_1 e^t - 5C_2 e^{9t})$$

$$= - C_1 e^t + C_2 e^{9t} ,$$

所以原方程组的解是

$$\begin{cases} x_1 = C_1 e^t + C_2 e^{9t}, \\ x_2 = - C_1 e^t + C_2 e^{9t}. \end{cases}$$

例 15.2 求解初值问题

$$\begin{cases} \dfrac{dx}{dt} = y, & (15.5) \\ \dfrac{dy}{dt} = x, & (15.6) \\ x(0) = 1,\ y(0) = 0. & (15.7) \end{cases}$$

解 对式(15.5)两边对 t 求导,得

$$\frac{d^2 x}{dt^2} = \frac{dy}{dt},$$

由式(15.6)可得

$$\frac{d^2 x}{dt^2} = x ,$$

上述方程是一个二阶常系数线性齐次微分方程,可解得其通解为

$$x = C_1 e^t + C_2 e^{-t} .$$

又由(15.5)知

$$y = \frac{dx}{dt} = \frac{d(C_1 e^t + C_2 e^{-t})}{dt} = C_1 e^t - C_2 e^{-t} ,$$

即原方程组的通解为

$$\begin{cases} x = C_1 e^t + C_2 e^{-t}, \\ y = C_1 e^t - C_2 e^{-t}, \end{cases}$$

最后,由初始条件 $x(0)=1, y(0)=0$ 得

$$\begin{cases} C_1 + C_2 = 1, \\ C_1 - C_2 = 0, \end{cases}$$

解得 $C_1 = C_2 = \frac{1}{2}$,所以初值问题的解是

$$\begin{cases} x = \dfrac{1}{2}(e^t + e^{-t}) = \mathrm{ch}t, \\ y = \dfrac{1}{2}(e^t - e^{-t}) = \mathrm{sh}t. \end{cases}$$

15.2　常系数线性方程组的算子解法

首先,用 $D=\frac{\mathrm{d}}{\mathrm{d}t}$表达微分方程组,然后,应用行列式的一个重要性质——Klem 法则求出其中某一个未知函数,最后,将刚解出的解函数代入原方程组求解其余未知函数.

例 15.3　解微分方程组

$$\begin{cases}\frac{\mathrm{d}^2x}{\mathrm{d}t^2}+\frac{\mathrm{d}y}{\mathrm{d}t}-2x=\mathrm{e}^t, & (15.8)\\ \frac{\mathrm{d}^2y}{\mathrm{d}t^2}+\frac{\mathrm{d}x}{\mathrm{d}t}+3y=0. & (15.9)\end{cases}$$

解　记 $D=\frac{\mathrm{d}}{\mathrm{d}t}$,则方程组可记作

$$\begin{cases}(D^2-2)x+Dy=\mathrm{e}^t, & (15.10)\\ Dx+(D^2+3)y=0 & (15.11)\end{cases}$$

类似于解代数方程组,消去 x,可作如下运算:

式(15.10)－式(15.11)×D 得:$-2x-(D^3+2D)y=\mathrm{e}^t$,　(15.12)

式(15.11)×2＋式(15.12)×D 得:$(-D^4+6)y=\mathrm{e}^t$,　(15.13)

4 阶非齐次方程(5.13)的特征方程为

$$-\lambda^4+6=0\ ,$$

解得特征根为

$$\lambda_{1,2}=\pm 6^{\frac{1}{4}}\ ,\ \lambda_{3,4}=\pm i6^{\frac{1}{4}}\ ,$$

容易求得一个特解为

$$y^*=\frac{1}{5}\mathrm{e}^t,$$

于是得通解为

$$y=C_1\mathrm{e}^{6^{\frac{1}{4}}t}+C_2\mathrm{e}^{-6^{\frac{1}{4}}t}+C_3\cos 6^{\frac{1}{4}t}+C_4\sin 6^{\frac{1}{4}}t+\frac{1}{5}\mathrm{e}^t\ , \quad (15.14)$$

再将式(15.14)代入式(15.12)得

$$x=\frac{1}{2}[-(D^3+2D)y-\mathrm{e}^t]$$

$$=-\frac{1}{2}[(\sqrt[4]{6^3}+2\sqrt[4]{6})C_1\mathrm{e}^{\sqrt[4]{6}t}-(\sqrt[4]{6^3}+2\sqrt[4]{6})C_2\mathrm{e}^{-\sqrt[4]{6}t}+\sqrt[4]{6^3}C_3\sin\sqrt[4]{6}t$$

$$- \sqrt[4]{6^3} C_4 \cos \sqrt[4]{6} t - 2\sqrt[4]{6} C_3 \sin \sqrt[4]{6} t + 2\sqrt[4]{6} C_4 \cos \sqrt[4]{6} t + \frac{1}{5} e^t]$$

$$= -(\sqrt[4]{6} + \frac{1}{2}\sqrt[4]{6^3}) C_1 e^{\sqrt[4]{6} t} + (\sqrt[4]{6} + \frac{1}{2}\sqrt[4]{6^3}) C_2 e^{-\sqrt[4]{6} t} + (\sqrt[4]{6}$$

$$- \frac{1}{2}\sqrt[4]{6^3}) C_3 \sin \sqrt[4]{6} t - (\sqrt[4]{6} - \frac{1}{2}\sqrt[4]{6^3}) C_4 \cos \sqrt[4]{6} t - \frac{1}{10} e^t .$$

注意,这里求 x 时,不宜再次应用消元法求解,如果从式(15.10)和式(15.11)中消去 y,得 x 的高阶方程

$$(-D^4 + 6)x = 4e^t ,$$

解得

$$x = A_1 e^{-\sqrt[4]{6} t} + A_2 e^{-\sqrt[4]{6} t} + A_3 \cos \sqrt[4]{6} t + A_4 \sin \sqrt[4]{6} t + \frac{4}{5} e^t ,$$

则必须说明 A_1、A_2、A_3、A_4 与 C_1、C_2、C_3、C_4 之间的关系.

例 15.4 解微分方程组

$$\begin{cases} \dfrac{d^2 x}{dt^2} + \dfrac{dy}{dt} - x = e^t, \\ \dfrac{d^2 y}{dt^2} + \dfrac{dx}{dt} + y = 0. \end{cases}$$

解 记 $D = \frac{d}{dt}$,方程组改写为

$$\begin{cases} (D^2 - 1)x + Dy = e^t, & (15.15) \\ Dx + (D^2 + 1)y = 0. & (15.16) \end{cases}$$

我们可以用上例的方法求解. 如果已学过线性代数,还可以用行列式性质——Klem 法则求解,此时有

$$\begin{vmatrix} D^2 - 1 & D \\ D & D^2 + 1 \end{vmatrix} y = \begin{vmatrix} D^2 - 1 & e^t \\ D & 0 \end{vmatrix} ,$$

即 $[(D^2 - 1)(D^2 + 1) - D^2]y = -De^t$,亦即 $(D^4 - D^2 - 1)y = -e^t$,

特征方程为

$$r^4 - r^2 - 1 = 0,$$

特征根为

$$r_{1,2} = \pm\alpha = \pm\sqrt{\frac{1+\sqrt{5}}{2}},$$

$$r_{3,4} = \pm i\beta = \pm i\sqrt{\frac{\sqrt{5}-1}{2}},$$

容易求得一个特解 $y^* = e^t$,于是 y 的特解为

$$y = C_1 e^{-\alpha t} + C_2 e^{\alpha t} + C_3 \cos\beta t + C_4 \sin\beta t + e^t \,, \tag{15.17}$$

由式(15.15)—式(15.16)×D 得

$$-x - D^3 y = e^t \,, \tag{15.18}$$

将式(15.17)代入式(15.18)得

$$x = \alpha^3 C_1 e^{-\alpha t} - \alpha^3 C_3 e^{\alpha t} - \beta^3 C_3 \sin\beta t + \beta_3 C_4 \cos\beta t - 2e^t \,.$$

15.3　变系数线性方程组解法举例

例 15.5　求解

$$\begin{cases} t\dfrac{dx}{dt} = x + 3y + t, \\ t\dfrac{dy}{dt} = x - y. \end{cases}$$

解　作变换 $t = e^s$，则 $t\dfrac{dx}{dt} = \dfrac{dx}{ds}$，$t\dfrac{dy}{dt} = \dfrac{dy}{ds}$，

原方程组化为常系数线性方程组

$$\begin{cases} \dfrac{dx}{ds} = x + 3y + e^s, \\ \dfrac{dy}{ds} = x - y. \end{cases} \tag{15.19}$$

首先，求出相应齐次方程组

$$\begin{cases} \dfrac{dx}{ds} = x + 3y, \\ \dfrac{dy}{ds} = x - y, \end{cases}$$

的通解为

$$\begin{cases} x = 3C_1 e^{2s} + C_2 e^{-2s}, \\ y = C_1 e^{2s} - C_2 e^{-2s}. \end{cases}$$

由常数变易法，设式(15.19)有形如

$$\begin{cases} x^* = 3C_1(s) e^{2s} + C_2(s) e^{-2s}, \\ y^* = C_1(s) e^{2s} - C_2(s) e^{-2s} \end{cases} \tag{15.20}$$

的特解，将式(15.20)代入式(15.19)得特解

$$x^* = -\frac{2}{3} e^s,$$

$$y^* = -\frac{1}{3} e^s.$$

所以原微分方程组的通解为

$$\begin{cases} x = 3C_1t^2 + C_2t^{-2} - \dfrac{2}{3}t, \\ y = C_1t^2 - C_2t^{-2} - \dfrac{1}{3}t. \end{cases}$$

总习题 15

(A)

1. 求下列微分方程组的通解：

(1) $\begin{cases} \dfrac{dy}{dx}=z, \\ \dfrac{dz}{dx}=y; \end{cases}$

(2) $\begin{cases} \dfrac{dx}{dt}+\dfrac{dy}{dt}=-x+y+3, \\ \dfrac{dx}{dt}-\dfrac{dy}{dt}=x+y-3; \end{cases}$

(3) $\begin{cases} \dfrac{dy_1}{dt}=y_3, \\ \dfrac{dy_2}{dt}=y_2, \\ \dfrac{dy_3}{dt}=y_1; \end{cases}$

(4) $\begin{cases} \dfrac{dx}{dt}=2x+y, \\ \dfrac{dy}{dt}=3x+4y; \end{cases}$

(5) $\begin{cases} \dfrac{dx}{dt}=x+y, \\ \dfrac{dy}{dt}=3y-2x; \end{cases}$

(6) $\begin{cases} \dfrac{dx}{dt}=x-5y, \\ \dfrac{dy}{dt}=2x-y; \end{cases}$

(7) $\begin{cases} \dfrac{dx}{dt}=2x+y+2z, \\ \dfrac{dy}{dt}=-x-2z, \\ \dfrac{dz}{dt}=z; \end{cases}$

(8) $\begin{cases} \dfrac{dy_1}{dx}=2y_1+y_2, \\ \dfrac{dy_2}{dx}=2y_2+y_3, \\ \dfrac{dy_3}{dx}=2y_3. \end{cases}$

2. 求下列初值问题的解：

(1) $\begin{cases} \dfrac{dx}{dt}=2x+3y, \\ \dfrac{dy}{dt}=3x+2y, \\ x(0)=0, y(0)=1; \end{cases}$

(2) $\begin{cases} \dfrac{dx_1}{dt}=x_1+2x_2+e^t, \\ \dfrac{dx_2}{dt}=4x_1+3x_2+1, \\ x_1(0)=-1,\ x_2(0)=1; \end{cases}$

(3) $\begin{cases} x'_1=3x_1+5x_2-2e^{3t}-55\cos t, \\ x'_2=-5x_1+3x_2+5e^{3t}-5\sin t, \\ x_1(0)=0,\ x_2(0)=0; \end{cases}$　(4) $\begin{cases} x''_1+3x_1-x'_2-x_2=e^{2t}, \\ x'_1+x_1-x'_2=-t, \\ x_1(0)=0,\ x'_1(0)=1,\ x_2(0)=0. \end{cases}$

(B)

1. 求下列变系数线性方程：

(1) $\begin{cases} 2\sqrt{t}x'=2x-y, \\ 2\sqrt{t}y'=x+2y; \end{cases}$

(2) $\begin{cases} \dfrac{dx}{dt}=1-\dfrac{2}{t}x,\ \dfrac{dy}{dt}=\dfrac{3}{t}x+\dfrac{2}{t}y-1+\dfrac{2}{t},\ (t>0), \\ x(1)=\dfrac{1}{3},\ y(1)=\dfrac{1}{3}; \end{cases}$

(3) $\begin{cases} \dfrac{dx}{dt}=-\dfrac{1}{3t^{2/3}}x+\dfrac{2}{3t^{2/3}}y, \\ \dfrac{dy}{dt}=-\dfrac{2}{3t^{2/3}}x+\dfrac{3}{3t^{2/3}}y; \end{cases}$

(4) $\begin{cases} t\dfrac{dx}{dt}+6x-y-3z=0, \\ t\dfrac{dy}{dt}+23x-6y-9z=0, \\ t\dfrac{dz}{dt}+x+y-2z=0. \end{cases}$

参考文献

陈启浩.高等数学精题精讲精练[M].北京:机械工业出版社,2013.

丁同仁,李承治.常微分方程教程[M].北京:高等教育出版社,2004.

符丽珍,刘克轩. 高等数学全析精解[M].西安:西北工业大学出版社,2004.

傅英定,高建. 微积分学习指导教程[M].北京:高等教育出版社,2013.

李大华,林益,汤燕斌,等.工科数学分析(第三版)[M].武汉:华中科技大学出版社,2007.

李冬松,王洪滨. 工科数学分析[M].哈尔滨:哈尔滨工业大学出版社,2011.

廖可人,李正元.数学分析(第二版)[M].北京:高等教育出版社,1986.

刘玉琏,傅沛仁,林玎,等.数学分析讲义[M].北京:高等教育出版社,2008.

欧阳光中,朱学炎,金福临,等.数学分析(第三版)[M].北京:高等教育出版社,2007.

裴礼文.数学分析中的典型问题与方法(第二版)[M].北京:高等教育出版社,2006.

同济大学数学系. 高等数学(第七版)[M].北京:高等教育出版社,2014.

王高雄,周之铭,朱恩铭,等.常微分方程[M].北京:高等教育出版社,2006.

王国庆,肖海军,刘忆宁.高等数学习题课教程[M].武汉:中国地质大学出版社,2003.

王兴涛.常微分方程[M].哈尔滨:哈尔滨工业大学出版社,2003.

吴振奎,梁邦助,唐文广.高等数学解题全攻略上卷[M].哈尔滨:哈尔滨工业大学出版社,2012.

杨爱珍,殷承元,叶玉全,等. 高等数学习题及习题集精解[M].上海:复旦大学出版社,2013.

张传义,包革军,张彪.工科数学分析(下册)[M].北京:科学出版社,2001.

张天德,董新梅. 微积分同步辅导[M].济南:山东科学技术出版社,2012.

周建莹,李正元. 高等数学解题指南[M].北京:北京大学出版社,2002.

庄万.常微分方程习题解[M].济南:山东科学技术出版社,2003.

习题答案与提示

习题 8.1 答案与提示

(A)

1. 略.

2. (1)收敛； (2)收敛； (3)发散； (4)收敛； (5)发散.

3. 提示:反证.

4. 略.

(B)

1. 略.

2. (1)收敛； (2)收敛； (3)发散.

习题 8.2 答案与提示

(A)

1. 略.

2. (1)收敛； (2)收敛； (3)发散； (4)收敛.

3. (1)收敛； (2)收敛； (3)收敛； (4)收敛；

(5)$a>1$ 时收敛,$0<a\leqslant 1$ 时发散； (6)发散.

4. (1)收敛； (2)收敛； (3)收敛； (4)收敛； (5)收敛； (6)发散.

5. (1)收敛； (2)收敛； (3)收敛； (4)收敛.

(B)

1. (1)收敛； (2)收敛； (3)发散； (4)收敛；

(5)发散； (6)发散； (7)收敛； (8)收敛；

(9)$|a|\neq 1$ 时收敛,$|a|=1$ 时发散； (10)$b<a$ 时收敛,$b>a$ 时发散,$b=a$ 时不能确定.

2. 略. **3.** 略. **4.** 略. 5. 略.

习题 8.3 答案与提示

(A)

1. 略.

2. (1)错； (2)错； (3)对； (4)错； (5)对； (6)错； (7)错； (8)错.

3. (1)条件收敛； (2)绝对收敛； (3)绝对收敛； (4)条件收敛； (5)条件收敛； (6)条件收敛.

4. 略. **5.** 略. **6.** 条件收敛.

(B)略

习题 8.4 答案与提示

(A)

1. 略.

2. (1)利用 $\left|\dfrac{\cos nx}{2^n}\right|\leqslant\dfrac{1}{2^n}$； (2)利用 $\left|\dfrac{\sin nx}{n^2}\right|\leqslant\dfrac{1}{n^2}$；

(3)利用 $\left|\dfrac{x^n}{n^{3/2}}\right|\leqslant\dfrac{1}{n^{3/2}}$； (4)利用 $\left|\dfrac{(-1)^n(1-\mathrm{e}^{-nx})}{n^2+x^2}\right|\leqslant\dfrac{1}{n^2}$.

3. (1)利用 Leibniz 定理中的余项估计，$|r_n(x)|\leqslant\dfrac{1}{n}$； (2)该级数不收敛.

(B)

1. 和函数 $S(x)=\dfrac{x^2}{\mathrm{e}^x-1}$，估计利用 $|S_n(x)-S(x)|$.

2. 略.

习题 8.5 答案与提示

(A)

1. 略.

2. (1)$(-1,1)$； (2)$(-\infty,+\infty)$； (3)$[-1,1)$； (4)$[0,6)$； (5)$(-4,4)$；

(6)$(-\infty,+\infty)$； (7)$(-\dfrac{4}{3},-\dfrac{2}{3})$； (8)$(-8,2)$； (9)$[4,6)$；

(10)$(-\mathrm{e}.\mathrm{e})$.

3. (1)$S(x)=\dfrac{2x}{(1-x)^3}$，收敛域为$(-1,1)$；

(2)$S(x)=\begin{cases}-\dfrac{1}{x}\ln(1-\dfrac{x}{2}),-2\leqslant x<0,0<x<2,\\ \dfrac{1}{2},x=0,\end{cases}$ 收敛域为$[-2,2)$；

(3)$S(x)=\dfrac{1}{1-x}+\dfrac{1}{x}\ln(1-x),|x|<1,x\neq0;S(0)=0$. 收敛域为$(-1,1)$；

(4)$S(x)=(2x^2+1)\mathrm{e}^{x^2}$，收敛域为$(-\infty,+\infty)$

4. $R=3$.

(B)

1. (1)$(-\infty,0)\cup(0,+\infty)$； (2)$[\dfrac{1}{2},+\infty)$； (3)$(\dfrac{1}{\mathrm{e}},\mathrm{e}]$.

2. (1)当$|x|>3$ 或 $x=-3$ 时级数发散； (2)当 $x\leqslant-8$ 或 $x>-2$ 时级数发散.

3. (1)$\dfrac{3}{4}$； (2)$-\dfrac{8}{27}$； (3)$\dfrac{\pi}{8}$； (4)$\dfrac{22}{27}$.

4. 略.

习题 8.6 答案与提示

(A)

1. 略.

2. (1) $\frac{x}{1+x-2x^2}=\frac{1}{2}\sum_{n=0}^{\infty}[1-(-2)^n]x^n$, $|x|<\frac{1}{2}$;

(2) $\sin^2 x=\sum_{n=1}^{\infty}(-1)^{n-1}\frac{(2x)^{2n}}{2(2n)!}$, $-\infty<x<+\infty$;

(3) $\frac{x}{\sqrt{1-2x}}=\sum_{n=1}^{\infty}\frac{(2n-1)!!}{n!}(x)^{n+1}$, $-\frac{1}{2}\leqslant x<\frac{1}{2}$;

(4) $\int_0^x e^{-t^2}\mathrm{d}t=\sum_{n=0}^{\infty}\frac{(-1)^n x^{2n+1}}{(2n+1)n!}$, $-\infty<x<+\infty$.

3. (1) $\frac{1}{x}=\sum_{n=0}^{\infty}(-1)^n(x-1)^n$ $(0<x<2)$;

(2) $\frac{2x+1}{x^2+x-2}=\sum_{n=0}^{\infty}(-1)^n(1+\frac{1}{4^{n-1}})(x-2)^n$ $(1<x<3)$;

(3) $\ln\frac{1}{2+2x+x^2}=\sum_{n=1}^{\infty}(-1)^n\frac{(x+1)^{2n}}{n}$ $(-2\leqslant x\leqslant 0)$;

(4) $\cos x=\frac{1}{2}\sum_{n=0}^{\infty}(-1)^n[\frac{1}{(2n)!}(x+\frac{\pi}{3})^{2n}+\frac{\sqrt{3}}{(2n+1)!}(x+\frac{\pi}{3})^{2n+1}]$ $(-\infty<x<+\infty)$.

(B)

1. $\frac{\mathrm{d}}{\mathrm{d}x}(\frac{e^x-1}{x})=\sum_{n=1}^{\infty}\frac{n}{(n+1)!}x^{n-1}$ $(-\infty<x<+\infty)$, $\sum_{n=1}^{\infty}\frac{n}{(n+1)!}=1$.

2. $\arctan\frac{4+x^2}{4-x^2}=\frac{\pi}{4}+\sum_{n=0}^{\infty}(-1)^n\frac{x^{4n+2}}{(2n+1)4^{2n+1}}$ $(|x|\leqslant 2)$.

习题 8.7 答案与提示

(A)

1. 略.

2. (1) $f(x)=-\frac{\pi}{4}-\sum_{n=1}^{\infty}\{\frac{2}{\pi(2n-1)^2}\cos(2n-1)x-\frac{1}{n}[1-2(-1)^n]\sin x\}$ $(-\infty<x<+\infty$, $x\neq k\pi, k=0,\pm1,\pm2,\cdots)$，当 $x=2k\pi(k=0,\pm1,\pm2,\cdots)$ 时，级数收敛于$\frac{-\pi}{2}$；当 $x=(2k+1)\pi$ $(k=0,\pm1,\pm2,\cdots)$ 时，级数收敛于 π；

(2) $f(x)=\frac{\pi}{2}-\frac{4}{\pi}\sum_{n=0}^{\infty}\frac{\cos(2n+1)x}{(2n+1)^2}$ $(-\pi<x<\pi)$;

(3) $f(x)=\frac{2}{\pi}+\frac{4}{\pi}\sum_{n=1}^{\infty}\frac{(-1)^{n+1}}{4n^2-1}\cos 2nx$ $(-\infty<x<+\infty)$;

(4) $f(x)=\frac{1}{2a\pi}(1-e^{a\pi})+\frac{a}{\pi}\sum_{n=1}^{\infty}\frac{1-(-1)^n}{a^2+n^2}\cos nx+\frac{1}{\pi}\sum_{n=1}^{\infty}\frac{n[(-1)^n-1]}{a^2+n^2}\sin nx\quad(-\infty<x<+\infty,x\neq k\pi,k=0,\pm1,\pm2,\cdots)$，当 $x=2k\pi(k=0,\pm1,\pm2,\cdots)$ 时，级数收敛于 $\frac{1}{2}$；

当 $x=(2k+1)\pi\quad(k=0,\pm1,\pm2,\cdots)$ 时，级数收敛于 $\frac{1}{2}e^{-a\pi}$；

(5) $\frac{\pi-x}{2}=\sum_{n=1}^{\infty}\frac{\sin nx}{n},\quad(0<x<2\pi)$；

(6) $f(x)=1-\frac{1}{2}\cos x+2\sum_{n=2}^{\infty}\frac{(-1)^{n+1}}{n^2-1}\cos nx(-\pi<x<\pi)$；当 $x=\pm\pi$ 时，级数收敛于 0.

3. $S(\pm\pi)=1-\pi+\pi^2,S(0)=\frac{1}{2}$.

(B)

1. (1) $a_n=\alpha_n\quad(n=0,1,2,\cdots),\quad b_n=-\beta_n\quad(n=1,2,\cdots)$；

(2) $a_n=-\alpha_n\quad(n=0,1,2,\cdots),\quad b_n=\beta_n\quad(n=1,2,\cdots)$.

2. 略.

习题 8.8 答案与提示

(A)

1. (1) $f(x)=\frac{1}{2}+\frac{2}{\pi}\sum_{n=0}^{\infty}\frac{1}{2n+1}\sin(\frac{2n+1}{2}\pi x)\quad(-2\leqslant x\leqslant 2,x\neq 0)$，当 $x=0$ 时，级数收敛于 $\frac{1}{2}$；

(2) $f(x)=-\frac{1}{2}+\sum_{n=1}^{\infty}[\frac{6}{\pi^2n^2}[1-(-1)^n]\cos\frac{n\pi x}{3}+(-1)^{n+1}\frac{6}{\pi n}\sin\frac{n\pi x}{3}]$

$(x\neq 3(2k+1),k=0,\pm1,\pm2,\cdots)$；

(3) $f(x)=\frac{16}{\pi}\sum_{n=1}^{\infty}\frac{(-1)^{n+1}}{(4n^2-1)^2}\sin 2nx\quad(-\frac{\pi}{2}<x<\frac{\pi}{2})$；

(4) $f(x)=\frac{2}{3}-\frac{9}{2\pi^2}\sum_{n=1}^{\infty}\frac{1}{n^2}\cos\frac{2n\pi x}{3}+\frac{1}{2\pi^2}\sum_{n=1}^{\infty}\frac{\cos 3n\pi x}{n^2}\quad(0\leqslant x\leqslant 3)$.

2. $f(x)=\frac{4}{\pi}\sum_{n=1}^{\infty}\frac{\cos(2n-1)x}{(2n-1)^2}\quad(0<x\leqslant\pi)$.

3. 将 $f(x)=\frac{\pi}{4}$ 在 $(0,\pi)$ 内展开成正弦级数.

4. $f(x)=-\frac{8}{\pi^2}\sum_{n=0}^{\infty}\frac{1}{(2n+1)^2}\cos(\frac{2n+1}{2}\pi x)\quad(0<x<2)$.

5. $x=2\sum_{n=1}^{\infty}(-1)^{n+1}\frac{\sin nx}{n}\quad(0\leqslant x\leqslant\pi)$；　$x=\frac{\pi}{2}-\frac{4}{\pi}\sum_{n=1}^{\infty}\frac{\cos(2n-1)x}{(2n-1)^2}\quad(0\leqslant x\leqslant\pi)$.

6. $f(x)=\frac{1}{\pi}+\frac{1}{\pi}\cos x-\frac{4}{\pi}\sum_{n=1}^{\infty}\frac{1}{4n^2-1}\cos 2nx\quad(0\leqslant x<\pi,x\neq\frac{\pi}{2})$，当 $x=\frac{\pi}{2}$ 时，级数收敛

于$\frac{1}{2}$.

7. $x=2+\frac{2}{\pi}\sum_{n=1}^{\infty}\frac{(-1)^{n+1}}{n}\sin n\pi x \quad (1<x<3)$.

(B)

1. (1) 将所给函数周期延拓成周期函数,它在 $x=2k\pi(k=0,\pm 1,\pm 2,\cdots)$ 不连续;

(2) $a_n=\frac{1}{\pi}\int_0^{2\pi}f(x)\cos nx\,dx=\frac{1}{\pi}\int_0^{2\pi}x^2\cos nx\,dx=\frac{4}{n^2} \quad (n=1,2,\cdots)$,

$a_0\ \frac{1}{\pi}\int_0^{2\pi}f(x)\,dx=\frac{1}{\pi}\int_0^{2\pi}x^2\,dx=\frac{8}{3}\pi^2$,

$b_n=\frac{1}{\pi}\int_0^{2\pi}f(x)\sin nx\,dx=\frac{1}{\pi}\int_0^{2\pi}x^2\sin nx\,dx=-\frac{4\pi}{n} \quad (n=1,2,\cdots)$.

(3) $f(x)\sim\frac{4\pi^2}{3}+\sum_{n=1}^{\infty}\frac{4}{n^2}\cos nx-\sum_{n=1}^{\infty}\frac{4\pi}{n}\sin nx$,

因为 $x=0$ 是不连续点;所以收敛于$\frac{1}{2}[f(0-0)+f(0+0)]=\frac{1}{2}(4\pi^2+0)=2\pi^2$,

所以 $f(0)=\frac{4\pi^2}{3}+\sum_{n=1}^{\infty}\frac{4}{n^2}\cos(n\times 0)-\sum_{n=1}^{\infty}\frac{4\pi}{n}\sin(n\times 0)=2\pi^2$,

所以$\sum_{n=1}^{\infty}\frac{1}{n^2}=\frac{\pi^2}{6}$.

因为 $x=\pi$ 是连续点;所以收敛于 $f(\pi)$

所以 $f(\pi)=\pi^2=\frac{4\pi^2}{3}+\sum_{n=1}^{\infty}\frac{4}{n^2}\cos n\pi-\sum_{n=1}^{\infty}\frac{4\pi}{n}\sin n\pi$,

所以$\sum_{n=1}^{\infty}(-1)^{n-1}\frac{1}{n^2}=\frac{\pi^2}{12}$.

2. (1) 周期延拓成周期函数,在每一点都连续.

(2) $a_n=\frac{2}{\pi}\int_0^{\pi}f(x)\cos nx\,dx=\frac{2}{\pi}\int_0^{\pi}x^3\cos nx\,dx$

$=\frac{(-1)^n 6\pi}{n^2}+\frac{12}{n^4\pi}[(-1)^n-1] \quad (n=1,2,\cdots)$

$a_0=\frac{2}{\pi}\int_0^{\pi}f(x)\,dx=\frac{2}{\pi}\int_0^{\pi}x^3\,dx=\frac{\pi^3}{2}$; $\quad b_n=0 \quad (n=1,2,3,\cdots)$

所以 $f(x)=\frac{\pi^3}{4}+6\pi\sum_{n=1}^{\infty}\frac{(-1)^n}{n^2}\cos nx+\frac{24}{\pi}\sum_{n=1}^{\infty}\frac{1}{(2n-1)^4}\cos(2n-1)x$,

所以 $f(0)=\frac{\pi^3}{4}+6\pi\sum_{n=1}^{\infty}\frac{(-1)^n}{n^2}+\frac{24}{\pi}\sum_{n=1}^{\infty}\frac{1}{(2n-1)^4}$,

因为 $\sum_{n=1}^{\infty}\frac{1}{(2n-1)^4}=\sum_{n=1}^{\infty}\frac{1}{n^4}-\sum_{n=1}^{\infty}\frac{1}{(2n)^4}=\frac{15}{16}\sum_{n=1}^{\infty}\frac{1}{n^4},\sum_{n=1}^{\infty}\frac{(-1)^n}{n^2}=\frac{\pi^2}{12}$,

所以 $\sum_{n=1}^{\infty}\frac{1}{n^4}=\frac{\pi^4}{90}$.

习题 8.9 答案与提示

1. $f(x)=\dfrac{E}{3}+\sum\limits_{\substack{n=-\infty\\ n\neq 0}}^{\infty}\dfrac{2E}{n\pi}\sin\dfrac{n\pi}{3}\cos\dfrac{n\pi x}{l}\quad(-l\leqslant x\leqslant l, x\neq -\dfrac{l}{3},\dfrac{l}{3})$.

2. $f(x)=\sum\limits_{\substack{n=-\infty\\ n\neq 0}}^{\infty}(-1)^n\dfrac{i}{n\pi}\mathrm{e}^{in\pi x}\quad(x\neq 2k+1, k=0,\pm 1,\pm 2,\cdots)$.

总习题 8 答案与提示

1. (1) $\dfrac{2}{2-\ln 3}$； (2) $2A-u_1$； (3) $a_n=\dfrac{2}{n(n+1)}$，$\sum\limits_{n=1}^{\infty}a_n=2$； (4) $a=0$； (5) $p>0$.

2. (1) $\dfrac{2}{3}$； (2) $(-2,4)$； (3) $\dfrac{3}{2}$； (4) $\dfrac{2\pi}{3}$； (5) $[-2,6)$.

3. (1)(C)； (2)(B)； (3)(D)； (4)(A).

4. (1)(B)； (2)(C)； (3)(D)； (4)(B).

5. (1)绝对收敛； (2)收敛； (3)发散； (4) $a\geqslant\dfrac{1}{\mathrm{e}}$ 时发散，$a<\dfrac{1}{\mathrm{e}}$ 时收敛；

(5)条件收敛； (6)收敛； (7)条件收敛； (8)绝对收敛.

6. 略.

7. 利用 $f(\dfrac{1}{n})=1+\dfrac{1}{n^2}+o(\dfrac{1}{n^2})$.

8. 注意 $f(0)=f'(0)=0$，$f(\dfrac{1}{n})=\dfrac{1}{2}f''(0)\dfrac{1}{n^2}+o(\dfrac{1}{n^2})$.

9. 注意 $b_n>0$，$b_n=\dfrac{1}{2}a_n+o(a_n)$.

10. 寻找两个级数的部分和之间的关系.

11. (1) $p>1$ 时为 $[-1,1]$，$0<p\leqslant 1$ 时为 $[-1,1)$； (2) $(-\dfrac{4}{3},-\dfrac{2}{3})$； (3) $(-1,1)$；

(4) $a\geqslant b$ 时为 $(-a,a)$，$a<b$ 时为 $(-b,b)$.

12. (1) $(-\infty,-1)\cup(-1,1)\cup(1,+\infty)$； (2) $(1,+\infty)$.

13. (1) $S(x)=(1-x)\ln(1-x)+x$，$x\in[-1,1)$；

(2) $S(x)=\mathrm{e}^{x^2}(2x^2+1)-1$，$x\in(-\infty,+\infty)$.

14. (1) $2(1-\ln 2)$； (2) $\dfrac{1}{2}(\cos 1-\sin 1)$.

15. (1) $\ln(a+x)=\ln a+\sum\limits_{n=1}^{\infty}(-1)^{n-1}\dfrac{x^n}{na^n}$，$-a<x\leqslant a$；

(2) $\dfrac{1}{1+x+x^2}=1+x^3+x^6+\cdots+x^{3n}+\cdots-(x+x^4+x^7+\cdots+x^{3n+1}+\cdots)$，$|x|<1$；

(3) $\arctan\dfrac{1+x}{1-x}=\dfrac{\pi}{4}+\sum\limits_{n=0}^{\infty}\dfrac{(-1)^n}{2n+1}x^{2n+1}$，$x\in[-1,1)$.

16. (1) $f(x)=\sum_{n=0}^{\infty}(-1)^n\left[\frac{1}{5\cdot 2^{n+1}}-\frac{1}{5}\left(\frac{2}{9}\right)^{n+1}\right](x-3)^n,\ 1<x<5$;

(2) $f(x)=-\frac{1}{e}+\sum_{n=0}^{\infty}\frac{(-1)^n(n+2)}{e(n+1)!}(x-1)^{n+1},\ x\in(-\infty,+\infty)$;

(3) $f(x)=e\sum_{n=1}^{\infty}\frac{n-1}{n!}(x-1)^{n-2},\ x\neq 1$.

17. $f(x)=10\sum_{n=1}^{\infty}\frac{(-1)^n}{n\pi}\sin\frac{n\pi x}{5}\ (5<x<15)$;在 $x=5,15$ 处级数收敛于 0.

18. 1.

19. $f(x)=\frac{4}{\pi}\sum_{n=1}^{\infty}(-1)^{n+1}\frac{1}{(2n-1)^2}\sin(2n-1)x\quad(-\infty<x<+\infty)$.

20. $b_n=\frac{1}{n}\quad(n=1,2,\cdots)$, $S(x)=\begin{cases}-\frac{\pi+x}{2}, & -\pi\leqslant x<0,\\ 0, & x=0,\\ \frac{\pi-x}{2}, & 0<x<\pi.\end{cases}$

21. 提示:将 $f(x)=\frac{x^2}{4}$ 在 $[-\pi,\pi]$ 上展开成 Fourier 级数.

22. 提示:将 $f(x)=e^{2x}$, $x\in[0,\pi]$ 作偶延拓,再展开成 Fourier 级数.

习题 9.1 答案与提示

(A)

1. 略.

2. (1) 内点,$0<x^2+y^2<1$;外点,$x^2+y^2>1$;边界点,$(0,0)$ 以及 $x^2+y^2=1$;聚点,$x^2+y^2\leqslant 1$.

(2) 内点,$y<x^2$;外点,$y>x^2$;边界点,$y=x^2$;聚点,$y\leqslant x^2$.

(3) 内点,$2<\frac{x^2}{9}+\frac{y^2}{16}<4$;外点,$\frac{x^2}{9}+\frac{y^2}{16}<2$ 以及 $\frac{x^2}{9}+\frac{y^2}{16}>4$;

边界点,$\frac{x^2}{9}+\frac{y^2}{16}=2$ 以及 $\frac{x^2}{9}+\frac{y^2}{16}=4$;聚点,$2\leqslant\frac{x^2}{9}+\frac{y^2}{16}\leqslant 4$.

(4) 内点与外点都是空集,平面 $\mathbf{R}^2$ 中所有点都是边界点和聚点.

3. 题 2 中(1)、(2)是开集;没有闭集;(1)、(2)是开区域;没有闭区域.

(B)

1. 设定点 $\boldsymbol{P}_0=(x_1^0,x_2^0,\cdots,x_n^0)\in\mathbf{R}^n$,$\varepsilon>0$ 是某个定数.凡是与点 $\boldsymbol{P}_0$ 的距离小于 ε 的那些点 $\boldsymbol{P}=(x_1,x_2,\cdots,x_n)\in\mathbf{R}^n$ 点集,称为 $\boldsymbol{P}_0$ 的 ε 邻域,记作 $O(\boldsymbol{P}_0,\varepsilon)=\{\boldsymbol{P}\mid\boldsymbol{P}\in\mathbf{R},\ \|\boldsymbol{P}-\boldsymbol{P}_0\|\leqslant\varepsilon\}$.

习题 9.2 答案与提示

(A)

1. $(xy)^{x+y}$.

2. (1) $\{(x,y)\mid x\geqslant 0,y\leqslant 1\}$; (2) $\{(x,y)\mid x-y\geqslant -1\}$; (3) $\{(x,y)\mid x+y<0\}$;

(4)$\{(x,y)\,\big|\,|y|\leqslant|x|,x\neq0\}$； (5)$\{(x,y)\,\big|\,r^2\leqslant x^2+y^2+z^2\leqslant R^2\}$.

3. (1)ln2； (2)∞； (3)0； (4)0.

4. (1)原点处不连续； (2)原点处不连续； (3)原点处连续； (4)原点处不连续.

(B)

1. (1)$x-y=c$； (2)$x+|y|=c$； (3)$x^2+y^2=c$； (4)$3x^2+y^2=c$.

2. (1)$x+y+z=c$； (2)$x-y=c$； (3)$x^2+y^2+z^2=c$；

(4)$\operatorname{sgn}\sin(x^2+y^2+z^2)=c$；当 $c=0$ 时，为同心球族 $x^2+y^2+z^2=n\pi$ $(n=0,1,2,\cdots)$；当 $c=(-1)^n$ 时，为球层族 $n\pi<x^2+y^2+z^2<(n+1)\pi$ $(n=0,1,2,\cdots)$.

3. (1)取 $y=kx$ 可知其极限值与 k 有关； (2)取 $y=x$ 和 $y=x^2$ 可见两个极限值不相等.

习题 9.3 答案与提示

(A)

1. (1)$z_x=2x\ln(x^2+y^2)+\dfrac{2x^3}{x^2+y^2}$，$z_y=\dfrac{2x^2y}{x^2+y^2}$；

(2)$y_t=2\cos(2t-5x)$，$y_x=-5\cos(2t-5x)$； (3)$z_x=y+\dfrac{1}{y}$，$z_y=x-\dfrac{x}{y^2}$；

(4)$f_x(x,y)=-\dfrac{y^2}{x^2}\sec^2\dfrac{y^2}{x}$，$f_y(x,y)=\dfrac{2y}{x}\sec^2\dfrac{y^2}{x}$；

(5)$u_x=\dfrac{-2x}{(x^2+y^2+z^2)^2}$，$u_y=\dfrac{-2y}{(x^2+y^2+z^2)^2}$，$u_z=\dfrac{-2z}{(x^2+y^2+z^2)^2}$；

(6)$u_x=z\mathrm{e}^{xz}$，$u_y=z\cos(yz)$，$u_z=y\cos(yz)+x\mathrm{e}^{xz})$.

2. (1)$z_x|_{(1,1)}=1$，$z_y|_{(1,1)}=2\ln2+1$； (2)$z_x|_{(0,\pi/4)}=-1$，$z_y|_{(0,\pi/4)}=0$.

3. $\dfrac{3}{2}$.

4. $f_x(x,y)=\begin{cases}\dfrac{y^3}{(x^2+y^2)^{3/2}}, & x^2+y^2\neq0,\\ 0, & x^2+y^2=0,\end{cases}$ $f_y(x,y)=\begin{cases}\dfrac{x^3}{(x^2+y^2)^{3/2}}, & x^2+y^2\neq0,\\ 0, & x^2+y^2=0.\end{cases}$

5. (1)$\dfrac{\partial u}{\partial x_i}=\dfrac{1}{x_1+x_2+\cdots+x_n}$，$i=1,2,\cdots,n$；

(2)$\dfrac{\partial u}{\partial x_i}=\dfrac{2x_i}{\sqrt{1-(x_1^2+x_2^2+\cdots+x_n^2)^2}}$，$i=1,2,\cdots,n$.

6. (1)$2\mathrm{d}x$； (2)$\dfrac{2\sqrt5}{25}(2\mathrm{d}x-\mathrm{d}y)$； (3)$\mathrm{d}x-\mathrm{d}y$； (4)$\dfrac{1}{2}\mathrm{d}x+(\ln2+\dfrac{1}{2})\mathrm{d}y$.

(B)

1. $f_x(0,0)=f_y(0,0)=0$.

2. $\lim\limits_{\substack{x\to0\\y\to0}}f(x,y)=0=f(0,0)$；$f_x(0,0)=f_y(0,0)=0$；$\lim\limits_{\rho\to0}\dfrac{\Delta z-\mathrm{d}z}{\rho}\neq0$.

习题 9.4 答案与提示

(A)

1. (1) $\dfrac{x}{x^2+e^{-2x^2}}(1-2e^{-2x^2})$；　　(2) $(\sin x)^x(\ln\sin x+x\cot x)$；

(3) $f'(x+x^2+x^3)(1+2x+3x^2)$；　　(4) $f'_1+2xf'_2+3x^2f'_3$.

2. (1) $\dfrac{\partial z}{\partial r}=(r\sin\theta+e^{r\sin\theta})\cos\theta+r\sin\theta\cos\theta(1+e^{r\sin\theta})$，

$\dfrac{\partial z}{\partial \theta}=-r(r\sin\theta+e^{r\sin\theta})\sin\theta+r^2\cos^2\theta(1+e^{r\sin\theta})$；

(2) $\dfrac{\partial u}{\partial r}=f_x\cos\theta+f_y\sin\theta$，　$\dfrac{\partial z}{\partial \theta}=r(-f_x\sin\theta+f_y\cos\theta)$；

(3) $\dfrac{\partial z}{\partial x}=2xf'_1+ye^{xy}f'_2$，　$\dfrac{\partial z}{\partial y}=-2yf'_1+xe^{xy}f'_2$；

(4) $\dfrac{\partial u}{\partial x}=2xf'(x^2+y^3+z^4)$，　$\dfrac{\partial u}{\partial y}=3y^2f'(x^2+y^3+z^4)$，　$\dfrac{\partial u}{\partial z}=4z^3f'(x^2+y^3+z^4)$；

(5) $\dfrac{\partial u}{\partial x}=f'_1+yf'_2+yzf'_3$，　$\dfrac{\partial u}{\partial y}=xf'_2+xzf'_3$，　$\dfrac{\partial u}{\partial z}=xyf'_3$；

(6) $\dfrac{\partial u}{\partial x}=\dfrac{1}{y}f'_1$，　$\dfrac{\partial u}{\partial y}=-\dfrac{x}{y^2}f'_1+\dfrac{1}{z}f'_2$，　$\dfrac{\partial u}{\partial z}=-\dfrac{y}{z^2}f'_2$.

3. (1) $\dfrac{\partial^2 z}{\partial x^2}=-a^2\sin(ax+by)$，　$\dfrac{\partial^2 z}{\partial x\partial y}=-ab\sin(ax+by)$，　$\dfrac{\partial^2 z}{\partial y^2}=-b^2\sin(ax+by)$；

(2) $\dfrac{\partial^2 z}{\partial x^2}=\dfrac{\ln y(\ln y-1)}{x^2}y^{\ln x}$，　$\dfrac{\partial^2 z}{\partial x\partial y}=\dfrac{(\ln x)(\ln y+1)}{xy}y^{\ln x}$，　$\dfrac{\partial^2 z}{\partial y^2}=\dfrac{\ln x(\ln x-1)}{y^2}y^{\ln x}$；

(3) $\dfrac{\partial^2 z}{\partial x^2}=-\dfrac{1}{x^2}$，　$\dfrac{\partial^2 z}{\partial x\partial y}=0$，　$\dfrac{\partial^2 z}{\partial y^2}=-\dfrac{1}{y^2}$；

(4) $\dfrac{\partial z}{\partial x}=f'_1+\dfrac{1}{y}f'_2$，$\dfrac{\partial z}{\partial y}=-\dfrac{x}{y^2}f'_2$，　$\dfrac{\partial^2 z}{\partial x^2}=f''_{11}+\dfrac{2}{y}f''_{12}+\dfrac{1}{y^2}f''_{22}$，$\dfrac{\partial^2 z}{\partial y^2}=\dfrac{2x}{y^3}f'_2+\dfrac{x^2}{y^4}f''_{22}$.

4. $k=-1$.

5. 证明略.

(B)

1. (1)　$z_{xx}=f''_{11}+f''_{12}+f''_{21}+f''_{22}=f''_{11}+2f''_{12}+f''_{22}$，

$z_{xy}=f''_{11}-f''_{12}+f''_{21}-f''_{22}=f''_{11}-f''_{22}$，

$z_{yy}=f''_{11}-f''_{12}-f''_{21}+f''_{22}=f''_{11}-2f''_{12}+f''_{22}$；

(2)　$z_{xx}=2yf'_2+y^4f''_{11}+4xy^3f''_{12}+4x^2y^2f''_{22}$，

$z_{xy}=2yf'_1+2xf'_2+2xy^3f''_{11}+5x^2y^2f''_{12}+2x^3yf''_{22}$，

$z_{yy}=2xf'_1+4x^2y^2f''_{11}+4x^3yf''_{12}+x^4f''_{22}$；

(3)　$z_{xx}=-\sin xf'_1+e^{x+y}f'_3+\cos^2xf''_{11}+2e^{x+y}\cos xf''_{13}+e^{2(x+y)}f''_{33}$，

$z_{xy}=e^{x+y}f'_3-\cos x\sin yf''_{12}+e^{x+y}\cos xf''_{13}-e^{x+y}\sin yf''_{32}+e^{2(x+y)}f''_{33}$，

$z_{yy}=-\cos yf'_2+e^{x+y}f'_3+\sin^2y-2e^{x+y}\sin yf''_{23}+e^{2(x+y)}f''_{33}$；

(4) $z_{xx}=2f'_1+4x^2f''_{11}+4xyf''_{13}+y^2f''_{33}$,

$z_{xy}=f'_3+\frac{2x}{y}f''_{12}+2x^2f''_{13}+f''_{32}+xyf''_{33}$,

$z_{yy}=-\frac{1}{y^2}f'_2+\frac{1}{y^2}f''_{22}+\frac{2x}{y}f''_{23}+x^2f''_{33}$.

2. 略. **3.** 略. **4.** 略.

习题 9.5 答案与提示

(A)

1. $-\frac{9\sqrt{3}}{2}$.

2. $-\frac{7}{5}$.

3. $\frac{68}{13}$.

4. $\frac{\partial u}{\partial l}\big|_{(1,1,2)}=5$, $\mathrm{grad}u(1,1,2)=-\boldsymbol{i}+11\boldsymbol{k}$.

5. 增加最快的方向为$-\frac{\pi}{4}\boldsymbol{i}-\frac{\pi}{6}\boldsymbol{j}-\frac{1}{12}\boldsymbol{k}$,最大变化率为$\frac{\sqrt{13\pi^2+1}}{12}$.

6. $-\frac{1}{4}(\boldsymbol{i}+\boldsymbol{j})$.

(B)

1. $\pm\frac{\sqrt{2}}{2}$.

2. $\frac{\partial f}{\partial x}=3$, $\frac{\partial f}{\partial y}=-1$, $\frac{\partial z}{\partial \boldsymbol{l}_3}=-1$.

3. $\mathrm{grad}r\Big|_{P_0}=\frac{1}{r_0}(x_0\boldsymbol{i}+y_0\boldsymbol{j}+z_0\boldsymbol{k})$, $\mathrm{grad}u\Big|_{P_0}=-\frac{1}{r_0^3}(x_0\boldsymbol{i}+y_0\boldsymbol{j}+z_0\boldsymbol{k})$,其中 $x_0^2+y_0^2+z_0^2=r_0^2$.

习题 9.6 答案与提示

(A)

1. $\frac{\mathrm{d}y}{\mathrm{d}x}=\frac{y[\cos(xy)-\mathrm{e}^{xy}-2x]}{x[x-\cos(xy)+\mathrm{e}^{xy}]}$.

2. $\frac{\mathrm{d}y}{\mathrm{d}x}=\frac{x+y}{x-y}$.

3. $\frac{\partial z}{\partial x}=\frac{zf'_1}{1-xf'_1-f'_2}$, $\frac{\partial z}{\partial y}=\frac{-f'_2}{1-xf'_1-f'_2}$.

4. $\frac{\partial^2 z}{\partial x^2}=\frac{\partial^2 z}{\partial x\partial y}=\frac{\partial^2 z}{\partial y^2}=\frac{\mathrm{e}^z}{(\mathrm{e}^z-1)^3}$.

5. $\frac{\partial z}{\partial x}=-\frac{yF'_1+zF'_3}{F'_2+xF'_3}$.

6. $\frac{dx}{dz}=\frac{y-z}{x-y}$， $\frac{dy}{dz}=\frac{z-x}{x-y}$.

(B)

1. $\frac{\partial z}{\partial x}=\frac{z}{x+z}$， $\frac{\partial z}{\partial y}=\frac{z^2}{y(x+z)}$.

2. $\frac{dy}{dx}=-\frac{x(6z+1)}{2y(3z+1)}$， $\frac{dz}{dx}=\frac{x}{3z+1}$.

3. $\frac{\partial u}{\partial x}=\frac{v}{v-u}$， $\frac{\partial v}{\partial x}=\frac{u}{u-v}$， $\frac{\partial u}{\partial y}=\frac{1}{2(u-v)}$， $\frac{\partial v}{\partial y}=\frac{1}{2(v-u)}$.

4. $\frac{\partial z}{\partial x}=\frac{F'_3-F'_1}{F'_3-F'_2}, \frac{\partial z}{\partial y}=\frac{F'_1-F'_2}{F'_3-F'_2}$.

5. $u_x=\frac{\sin v}{e^u(\sin v-\cos v)+1}, v_x=\frac{\cos v-e^u}{u[e^u(\sin v-\cos v)+1]}$.

习题 9.7 答案与提示

(A)

1. 一阶 Taylor 公式 $f(x,y)=1+\frac{1}{2}x+y-\frac{x^2}{8(\theta x+2\theta y+1)^{3/2}}-\frac{xy}{2(\theta x+2\theta y+1)^{3/2}}$

$-\frac{y^2}{2(\theta x+2\theta y+1)^{3/2}}$, $0<\theta<1$，二阶 Taylor 多项式 $f(x,y)\approx 1+\frac{1}{2}x+y-\frac{1}{8}x^2-\frac{1}{2}xy-\frac{1}{2}y^2$.

2. $f(x,y)\approx y+xy-\frac{1}{2}y^2$.

(B)

1. 5.0048.

2. $e^{x+y}=1+(x+y)+\frac{1}{2!}(x+y)^2+\cdots+\frac{1}{n!}(x+y)^n+\frac{1}{(n+1)!}(x+y)^{n+1}e^{\theta(x+y)}$, $0<\theta<1$.

习题 9.8 答案与提示

(A)

1. (1)极小值 $z(1,1)=-1$； (2)无极值； (3)极小值 $z(1/2,-1)=-e/2$；
   (4)极大值 $z(3,2)=36$.

2. 最小值 2.

3. $3\sqrt{3}/2$.

4. 略.

5. 三边长均为$\frac{2p}{3}$.

6. $(8/5,16/5)$.

7. $y=-\frac{26}{35}x+\frac{159}{35}$.

(B)

1. p、q 皆大于零时，函数取得极小值 $z(0,0)=0$；p、q 皆小于零时，函数取得极大值 $z(0,0)=0$；p、q 异号时，函数不取得极值.

2. 极小值 $z(-2,0)=1$，极大值 $z(16/7,0)=-8/7$.

3. $\begin{cases} a\sum\limits_{i=1}^{n}x_i^4+b\sum\limits_{i=1}^{n}x_i^3+c\sum\limits_{i=1}^{n}x_i^2=\sum\limits_{i=1}^{n}x_i^2y_i, \\ a\sum\limits_{i=1}^{n}x_i^3+b\sum\limits_{i=1}^{n}x_i^2+c\sum\limits_{i=1}^{n}x_i=\sum\limits_{i=1}^{n}x_iy_i, \\ a\sum\limits_{i=1}^{n}x_i^2+b\sum\limits_{i=1}^{n}x_i+c=\sum\limits_{i=1}^{n}y_i. \end{cases}$

习题 9.9 答案与提示

(A)

1. 长＝宽＝2m，高＝1m.

2. $\dfrac{T^2}{\left(\dfrac{1}{a}+\dfrac{1}{b}+\dfrac{1}{c}\right)}$.

3. $\sqrt{20}=2\sqrt{5}$.

4. $(8/5,3/5)$.

5. 长、宽、高都为$\dfrac{2R\sqrt{3}}{3}$.

(B)

1. 距离的最短点为$\left(\dfrac{4}{5},\dfrac{3}{5},\dfrac{35}{12}\right)$.

2. $\dfrac{m^m n^n p^p a^{m+n+p}}{(m+n+p)^{m+n+p}}$.

3. $d_{\min}=\dfrac{|Aa+Bb+Cc+D|}{\sqrt{A^2+B^2+C^2}}$.

习题 9.10 答案与提示

1. $\boldsymbol{f}'(x,y)=\begin{pmatrix}3x^2 & 8y \\ 5y^2 & 10xy\end{pmatrix}$.

2. $\begin{pmatrix}6\pi & 8-\mathrm{e}^{\pi/2} & 0 \\ 0 & 0 & -\mathrm{e}^2\end{pmatrix}$.

3. $\begin{bmatrix} 0 & 0 & 0 \\ \dfrac{\mathrm{e}\sin 1}{1+\mathrm{e}\sin 1} & \dfrac{\mathrm{e}\cos 1}{1+\mathrm{e}\cos 1} & \dfrac{2}{1+\mathrm{e}\sin 1} \\ \dfrac{\sqrt{2}}{2} & 0 & \dfrac{\sqrt{2}}{2} \end{bmatrix}$.

习题 9.11 答案与提示

(A)

1. 切线方程$\frac{x-6}{5}=\frac{y-2}{3}=\frac{z-4}{4}$,法平面方程 $5x+3y+4z=52$.

2. 切线方程$\begin{cases}x-R=0\\ vy-R\omega z=0\end{cases}$,法平面方程 $R\omega y+vz=0$.

3. 切线方程$\frac{x-1}{1}=\frac{y-1}{1}=\frac{z-1}{2}$,法平面方程 $x+y+2z=4$.

4. 切线方程$\sqrt{2}x-R=-\sqrt{2}y+R=-\sqrt{2}z+R$,法平面方程 $x-y-z+R/\sqrt{2}=0$.

5. 切线方程$\frac{x-1}{16}=\frac{y-1}{9}=\frac{z-1}{-1}$,法平面方程 $16x+9y-z-24=0$.

6. 切平面方程 $x+2y+3z-14=0$,法线方程$\frac{x-1}{1}=\frac{y-2}{2}=\frac{z-3}{3}$.

7. 切平面方程$\frac{x_0 x}{a^2}+\frac{y_0 y}{b^2}+\frac{z_0 z}{c}=1$;法线方程为$\frac{a^2(x-x_0)}{x_0}=\frac{b^2(y-y_0)}{y_0}=\frac{c^2(z-z_0)}{z_0}$.

8. 切平面方程 $4x+2y-z-6=0$,法线方程$\frac{x-2}{4}=\frac{y-1}{2}=\frac{z-4}{-1}$.

9. 切平面方程 $z=\frac{\pi}{4}-\frac{1}{2}(x-y)$,法线方程$\frac{x-1}{1}=\frac{y-1}{-1}=\frac{z-\pi/4}{2}$.

(B)

1. $\{1,\quad \tan\alpha,\quad f_x(x_0,y_0)+f_y(x_0,y_0)\tan\alpha\}$.

2. 略.

3. 略.

4. 略.

总习题 9 答案与提示

1. 0.

2. 不存在.

3. (1)充分,必要; (2)必要,充分; (3)充分; (4)充分.

4. (1)连续; (2)存在且 $f_x(0,0)=f_y(0,0)=0$; (3)不连续; (4)可微.

5. $\frac{\mathrm{d}y}{\mathrm{d}x}=\frac{y^2(\ln x-1)}{x^2(\ln y-1)}$, $\frac{\mathrm{d}^2 y}{\mathrm{d}x^2}=\left[\frac{y^2}{x^3}+\frac{2y^2(x-y)(\ln x-1)}{x^4(\ln y-1)}-\frac{y^3(\ln x-1)^2}{x^4(\ln y-1)^2}\right]\frac{1}{\ln y-1}$.

6. $\frac{\partial z}{\partial x}=yf'_1+\frac{1}{y}f'_2-\frac{y}{x^2}g'$,$\frac{\partial^2 z}{\partial x\partial y}=f'_1-\frac{1}{y^2}f'_2+xyf''_{11}-\frac{x}{y^3}f''_{22}-\frac{1}{x^2}g'-\frac{y}{x^3}g''$.

7. $\frac{\partial u}{\partial x}=\frac{uf'_1(1-2yvg'_2)-f'_2g'_1}{(xf'_1-1)(2yvg'_2-1)-f'_2g'_1}$, $\frac{\partial v}{\partial x}=\frac{g'_1(xf'_1+uf'_1-1)}{(xf'_1-1)(2yvg'_2-1)-f'_2g'_1}$.

8. 略.

9. (1)$\frac{\partial z}{\partial x}=\frac{\partial z}{\partial y}=\frac{1}{2\ln 2}=\frac{1}{\ln 4}$; (2)$\cos\alpha=\cos\beta=\frac{1}{\sqrt{2+\ln^2 4}}$, $\cos\gamma=\frac{-\ln 4}{\sqrt{2+\ln^2 4}}$.

10. $\frac{1}{5}\{3,4\}$,$\frac{1}{5}\{4,3\}$. **11.** $x+2z=7, x+4y+6z=21$. **12.** 略.

13. $x+y+z=\sqrt{3}$. **14.** 最高点$(0,0,4)$,最低点$(\frac{8}{3},\frac{8}{3},-\frac{4}{3})$. **15.** $x_0+y_0+z_0$.

习题 10.1 答案与提示

(A)

1. $Q=\iint\limits_D \rho(x,y)\mathrm{d}\sigma$.

2. 略.

3. (1) $\iint\limits_D (x+y)^2\mathrm{d}\sigma \geqslant \iint\limits_D (x+y)^3\mathrm{d}\sigma$; (2) $\iint\limits_D (x+y)^2\mathrm{d}\sigma \leqslant \iint\limits_D (x+y)^3\mathrm{d}\sigma$.

4. (1)等于零; (2)大于零; (3)等于零; (4)大于零.

5. $\frac{1}{4}$.

(B)

1. 根据二重积分的性质,比较下列积分的大小:

(1) $\iint\limits_D \ln(x+y)\mathrm{d}\sigma \geqslant \iint\limits_D [\ln(x+y)]^2\mathrm{d}\sigma$; (2) $\iint\limits_D \ln(x+y)\mathrm{d}\sigma \leqslant \iint\limits_D [\ln(x+y)]^2\mathrm{d}\sigma$.

2. (1) 大于零; (2) 小于零.

3. $\frac{100}{51}\leqslant I\leqslant 2$.

4. 利用反证法.

5. 9.876.

6. $a=\frac{1}{2}, b=\frac{1}{2}, c=\frac{1}{2}$,积分值为 0.402.

习题 10.2 答案与提示

(A)

1. (1) 1; (2) $\frac{20}{3}$; (3) $-\frac{3\pi}{2}$.

2. (1) $\frac{6}{55}$; (2) $\frac{64}{15}$; (3) $\frac{13}{6}$.

3. (1) $\int_0^4 \mathrm{d}x\int_x^{2\sqrt{x}} f(x,y)\mathrm{d}y$ 或 $\int_0^4 \mathrm{d}y\int_{\frac{y^2}{4}}^{y} f(x,y)\mathrm{d}x$;

(2) $\int_{-r}^{r} \mathrm{d}x\int_0^{\sqrt{r^2-x^2}} f(x,y)\mathrm{d}y$ 或 $\int_0^r \mathrm{d}y\int_{-\sqrt{r^2-x^2}}^{\sqrt{r^2-x^2}} f(x,y)\mathrm{d}x$;

(3) $\int_1^2 \mathrm{d}x\int_{\frac{1}{x}}^{x} f(x,y)\mathrm{d}y$ 或 $\int_{\frac{1}{2}}^{1} \mathrm{d}y\int_{\frac{1}{y}}^{2} f(x,y)\mathrm{d}x+\int_1^2 \mathrm{d}y\int_y^2 f(x,y)\mathrm{d}x$.

4. (1) $\int_0^1 \mathrm{d}y\int_{e^y}^{e} f(x,y)\mathrm{d}x$; (2) $\int_0^1 \mathrm{d}y\int_{2-y}^{1+\sqrt{1-y^2}} f(x,y)\mathrm{d}x$;

(3) $\int_0^1 dx\int_x^1 f(x,y)dy$；　(4) $\int_0^4 dx\int_{\frac{x}{2}}^{\sqrt{x}} f(x,y)dy$.

5. $\frac{4}{3}$.

6. $\frac{7}{2}$.

7. (1) $\int_0^{2\pi} d\theta\int_0^a f(r\cos\theta,r\sin\theta)rdr$；

(2) $\int_{-\frac{\pi}{2}}^{\frac{\pi}{2}} d\theta\int_0^{2\cos\theta} f(r\cos\theta,r\sin\theta)rdr$；

(3) $\int_0^{2\pi} d\theta\int_a^b f(r\cos\theta,r\sin\theta)rdr$，其中 $0<a<b$；

(4) $\int_0^{\frac{\pi}{2}} d\theta\int_0^{(\sin\theta+\cos\theta)^{-1}} f(r\cos\theta,r\sin\theta)rdr$.

8. (1) $\pi(e^4-1)$；　(2) $\frac{\pi}{4}(2\ln2-1)$；　(3) $\frac{3}{64}\pi^2$.

9. (1) $\int_0^{\frac{\pi}{4}} d\theta\int_0^{\sec\theta} f(r\cos\theta,r\sin\theta)rdr+\int_{\frac{\pi}{4}}^{\frac{\pi}{2}} d\theta\int_0^{\csc\theta} f(r\cos\theta,r\sin\theta)rdr$；

(2) $\int_{\frac{\pi}{4}}^{\frac{\pi}{3}} d\theta\int_0^{2\sec\theta} f(r\cos\theta,r\sin\theta)rdr$；

(3) $\int_0^{\frac{\pi}{2}} d\theta\int_{(\sin\theta+\cos\theta)^{-1}}^1 f(r\cos\theta,r\sin\theta)rdr$；

(4) $\int_0^{\frac{\pi}{4}} d\theta\int_{\sec\theta\tan\theta}^{\sec\theta} f(r\cos\theta,r\sin\theta)rdr$.

10. (1) $\frac{3}{4}\pi a^4$；　(2) $\frac{1}{6}a^3[\sqrt{2}+\ln(1+\sqrt{2})]$；　(3) $\sqrt{2}-1$；　(4) $\frac{1}{8}\pi a^4$.

11. $\frac{1}{40}\pi^5$.

12. $\frac{3}{32}\pi a^4$.

13. (1) $\frac{9}{4}$；　(2) $\frac{\pi}{8}(\pi-2)$；　(3) $14a^4$；　(4) $\frac{2}{3}\pi(b^3-a^3)$.

(B)

1. (1) $\frac{\pi^4}{3}$；　(2) $\frac{7}{3}\ln2$；　(3) $\frac{e-1}{2}$；　(4) $\frac{1}{2}\pi ab$. 提示：作变换 $x=ar\cos\theta, y=br\cos\theta$.

2. $\frac{1}{4}$.

3. $\frac{8}{15}$.

4. (1) $\frac{a^4}{2}$；　(2) $\pi(f(R^2)-f(0))$.

5. $I=F(A,B)-F(a,B)-F(A,b)+F(a,b)$.

6. 提示：利用二重积分证明.

习题 10.3 答案与提示

(A)

1. $\frac{\pi}{e}$.

2. $\frac{5}{144}$.

3. $\frac{1}{2}$.

4. 2π.

(B)

1. $\frac{1}{(p-q)(q-1)}\quad(p>q>1)$.

2. $\frac{1}{p-1}\quad(p>1)$.

3. $-\sqrt{\frac{\pi}{2}}$.

4. $\frac{\pi}{2}$.

习题 10.4 答案与提示

(A)

1. (1) $\int_0^1 dx\int_0^{\frac{1-x}{2}} dy\int_0^{1-x-2y} f(x,y,z)dz$;　(2) $\int_{-R}^{R} dx\int_{-\sqrt{R^2-x^2}}^{\sqrt{R^2-x^2}} dy\int_{\sqrt{x^2+y^2}}^{R} f(x,y,z)dz$;

(3) $\int_{-R/2}^{R/2} dx\int_{-\sqrt{R^2/4-x^2}}^{\sqrt{R^2/4-x^2}} dy\int_{R-\sqrt{R^2-x^2-y^2}}^{\sqrt{R^2-x^2-y^2}} f(x,y,z)dz$.

2. (1) $\int_0^{2\pi} d\theta\int_0^{\sqrt{8}} dr\int_{\frac{r^2}{2}}^{4} F(r,\theta,z)rdz$;　(2) $\int_0^{2\pi} d\theta\int_0^{1} dr\int_{r^2}^{\sqrt{2-r^2}} F(r,\theta,z)rdz$;

(3) $\int_0^{2\pi} d\theta\int_0^{\frac{1}{\sqrt{2}}} dr\int_{r}^{\sqrt{1-r^2}} F(r,\theta,z)rdz$.

3. (1) $\int_0^{2\pi} d\theta\int_0^{\frac{\pi}{4}} d\varphi\int_0^{\frac{1}{\cos\varphi}} F(r,\varphi,\theta)r^2\sin\varphi dr$;　(2) $\int_0^{2\pi} d\theta\int_0^{\frac{\pi}{4}} d\varphi\int_a^{2a} F(r,\varphi,\theta)r^2\sin\varphi dr$.

4. (1) $\frac{1}{364}$;　(2) $\frac{1}{2}(\ln 2-\frac{5}{8})$;　(3) $\frac{1}{48}$;　(4) 0;　(5) $\frac{\pi}{4}h^2R^2$.

5. (1) $5\,440\pi$;　(2) $\frac{3\,367}{3}\pi$.

6. (1) $\frac{4\pi}{5}$;　(2) $\frac{7}{6}\pi a^4$.

7. (1) $\frac{1}{8}$;　(2) $\frac{\pi}{10}$;　(3) 8π;　(4) $\frac{4\pi}{15}(A^5-a^5)$.

8. $\frac{\pi^2 abc}{4}$.

9. $\frac{3}{2}$.

10. $\frac{8\pi}{5}$.

11. 提示:用反证法及积分中值定理.

(B)

1. (1) πa^3; (2) $\frac{\pi}{6}$; (3) $\frac{2}{3}\pi(5\sqrt{5}-4)$.

2. (1) $\frac{3}{35}$; (2) $\frac{abc}{3}$.

3. (1) $\frac{\pi^2 a^3}{4\sqrt{2}}$; (2) $\frac{1}{2}$.

习题 10.5 答案与提示

(A)

1. (1) $\frac{7}{2}$; (2) $\frac{88}{105}$. **2.** (1) $\frac{7}{3}\ln 2$; (2) $\frac{2\pi}{3}(b^3-a^3)$.

3. (1) $\bar{x}=\frac{3}{5}x_0$, $\bar{y}=\frac{3}{8}y_0$; (2) $\bar{x}=0, \bar{y}=\frac{4b}{3\pi}$; (3) $\bar{x}=\frac{35}{48}, \bar{y}=\frac{35}{54}$.

4. (1) $(0,0,\frac{3}{4})$; (2) $\left(0,0,\frac{3(A^4-a^4)}{8(A^3-a^3)}\right)$; (3) $(\frac{2}{5}a,\frac{2}{5}a,\frac{7}{30}a^2)$.

5. (1) $I_y=\frac{1}{4}\pi a^3 b$; (2) $I_x=\frac{1}{3}ab^3, I_y=\frac{1}{3}a^3 b$.

6. $I_l=\frac{1}{2}\rho_0\pi a^2$($\rho_0$ 为薄片密度).

7. $I_x=\frac{2}{3}\rho_0 a^5$($\rho_0$ 为立方体密度).

8. $\frac{1}{2}a^2 M$($M=\pi a^2 h\rho_0$ 为圆柱体的质量).

(B)

1. $F_z=2k\rho_0\pi c\left(\frac{1}{c}-\frac{1}{\sqrt{R^2+c^2}}\right)$($\rho_0$ 为均匀薄片密度).

2. $F_x=0, F_y=0, F_z=2\left(1-\frac{1}{\sqrt{2}}\right)G\pi$($G$ 为引力常数).

3. 设均匀球体的密度为 ρ_0,则 $\rho_0=\frac{3M}{4\pi R^3}$(这里只考虑 $a\geqslant 0$ 的情况,对于 $a<0$ 的情况可同样考虑). 当 $a\geqslant R$ 时,$Z=-\frac{kMm}{a^2}$;当 $0\leqslant a<R$ 时,$Z=-\frac{kMm}{R^3}a$.

总习题 10 答案与提示

1. (1)(A); (2)(C); (3)(B).

2. (1) $\frac{1}{2}(\mathrm{e}-1)$； (2) $\frac{1-\cos 81}{4}$； (3) $\frac{2}{3}\sqrt{3}-\frac{4}{9}\sqrt{2}$； (4) $1-\sin 1$.

3. $\frac{11}{15}$.

4. $\frac{a^2}{2}$.

5. $\pi-\frac{40}{9}$.

6. $\frac{1}{6}[\sqrt{2}+\ln(1+\sqrt{2})]$.

7. $\frac{ab^2}{30}$.

8. $\frac{3\pi}{2}$.

9. $\frac{1}{3}(b-a)\ln\frac{q}{p}$.

10. 略.

11. 略.

12. $\frac{250\pi}{3}$.

13. $\int_0^{\pi}\mathrm{d}\theta\int_0^{\sin\theta}r\mathrm{d}r\int_0^{\sqrt{3}r}f(\sqrt{r^2+z^2})\mathrm{d}z$，$\int_0^{\pi}\mathrm{d}\theta\int_{\pi/3}^{\pi/2}\sin\varphi\mathrm{d}\varphi\int_0^{\frac{\sin\theta}{\sin\varphi}}r^2f(r)\mathrm{d}r$.

14. $\frac{\sqrt{2}}{2}a$.

15. $\frac{365}{105}\rho$.

习题 11.1 答案与提示

1. (1) $1+\ln 2-\ln(1+\mathrm{e})$； (2) $\frac{\pi}{4}$； (3) $8/3$.

2. (1) $\frac{\pi}{8}\ln 2$，提示：利用 $\int_0^1\frac{\ln(1+\alpha x)}{1+x^2}\mathrm{d}x$ 对 α 求导； (2) $\frac{1}{2}\ln\frac{1+(b+1)^2}{1+(a+1)^2}$.

3. (1) $I'(y)=2y\mathrm{e}^{-y^5}-\mathrm{e}^{-y^3}-\int_y^{y^2}x^2\mathrm{e}^{-x^2y}\mathrm{d}x$；

(2) $\left(\frac{1}{y}+\frac{1}{b+y}\right)\sin y(b+y)-\left(\frac{1}{y}+\frac{1}{a+y}\right)\sin y(a+y)$； (3) $3f(x)+2xf'(x)$.

4. (1) $\pi\ln\frac{a+b}{2}$； (2) $\pi\cdot\arcsin a$.

习题 11.2 答案与提示

1. (1)一致收敛； (2)一致收敛； (3)一致收敛； (4)非一致收敛.

2. 略.

3. $\ln\frac{b}{a}$.

4. $\frac{\pi}{2}\cdot\frac{(2n-1)!!}{(2n)!!}a^{-(n+\frac{1}{2})}$.

5. $\frac{\pi}{2}\text{sgn}a(1+|a|-\sqrt{1+a^2})$.

总习题 11 答案与提示

1. (1) $-\frac{\pi}{2}\ln 2$，提示：$\int_{\frac{\pi}{4}}^{\frac{\pi}{2}}\ln\sin x\mathrm{d}x=\int_0^{\frac{\pi}{4}}\ln\cos x\mathrm{d}x$； (2) $\frac{\pi}{4}$，提示：令 $x=\frac{1}{t}$.

2. (1) $-2\int_y^{y^2}xy\mathrm{e}^{-xy^2}\mathrm{d}x+2y\mathrm{e}^{-y^4}-\mathrm{e}^{-y^3}$；

   (2) 若 $x\in(a,b)$，$F''(y)=2f(y)$；若 $x\notin(a,b)$，$F''(y)=0$.

3. $\pi\arcsin a$.

4. 略.

5. (1) 收敛； (2) 收敛.

6. (1)(ⅰ) 在 $p\geqslant p_0>0$ 时，一致收敛；(ⅱ) 在 $p>0$ 时，非一致收敛；

   (2) 一致收敛； (3) 非一致收敛.

7. $\arctan\frac{b}{p}-\arctan\frac{a}{p}$.

8. 提示：$\left(\int_0^{+\infty}\mathrm{e}^{-y^2}\mathrm{d}y\right)^2=\int_0^{+\infty}\mathrm{e}^{-y^2}\mathrm{d}y\int_0^{+\infty}x\mathrm{e}^{-x^2y^2}\mathrm{d}y=\frac{\pi^2}{4}$.

习题 12.1 答案与提示

1. (1)$1+\sqrt{2}$；(2)$2a^2$；(3)$\frac{5\sqrt{5}-1}{3}$；(4)$4\sqrt{2}$；(5)$\frac{1}{3}[(2+t_0^2)^{\frac{3}{2}}-2^{\frac{3}{2}}]$；(6)$\pi$；(7) $-\frac{\pi}{6}a^3$.

3. $2b\left(b+a\frac{\arcsin\varepsilon}{\varepsilon}\right)$，其中 $\varepsilon=\frac{\sqrt{a^2-b^2}}{a}$ 为椭圆的离心率.

4. $3\pi R^2$.

5. $x_0=y_0=\frac{4}{3}a$.

习题 12.2 答案与提示

1. (1) $\frac{2\pi}{3a^2}[(1+a^4)^{\frac{3}{2}}-1]$； (2)$4\pi(3+2\sqrt{3})a^2$； (3)$2a^2$； (4) $\frac{a^2}{9}(20-3\pi)$；

   (5)$S=a(\varphi_2-\varphi_1)[b(\psi_2-\psi_1)+a(\sin\psi_2-\sin\psi_1)]$； $4\pi^2ab$.

2. (1) $\frac{\pi}{2}(1+\sqrt{2})$； (2) $\frac{3-\sqrt{3}}{2}+(\sqrt{3}-1)\ln 2$； (3)$\pi a^3$； (4) $\frac{125\sqrt{5}-1}{420}$；

   (5) $\frac{64}{15}\sqrt{2}a^4$； (6)$\pi^2[a\sqrt{1+a^2}+\ln(a+\sqrt{1+a^2})]$.

3. $\frac{4}{3}\pi\rho_0 a^4$.

4. $\frac{2\pi(1+6\sqrt{3})}{15}$.

5. (1) $\left(\frac{4a}{3\pi},\frac{4a}{3\pi},\frac{4a}{3\pi}\right)$；　(2) $\left(\frac{a}{2},\frac{a}{2},\frac{a}{2}\right)$.

6. $I_{\max}(t)=I(1)=\frac{2}{15}[(8\sqrt{2}-7)\pi]$.

总习题 12 答案与提示

1. (1) $\frac{16\sqrt{2}}{143}$；　(2) $\frac{2}{3}\pi a^3$；　(3) $2a^2(2-\sqrt{2})$；　(4) $\frac{1}{2}(a+b)l$.

2. $\sqrt{2}\pi$.

3. $\frac{\sqrt{2}}{6}$.

4. (1) $\frac{64}{3}\pi a^2$；　(2) $16\pi^2 a^2$；　(3) $\frac{32}{3}\pi a^2$.

5. $4\pi^2 ab$.

6. $\frac{3\pi}{2}$.

7. $I=4\pi a$.

习题 13.1 答案与提示

(A)

1. (1) $-\frac{56}{15}$；　(2) $a^2\pi$；　(3) $-\frac{\pi}{2}a^3$；　(4) 0；　(5) $\frac{1}{2}$；　(6) 13.

2. (1) $\frac{34}{3}$；　(2) 11；　(3) 14；　(4) $\frac{32}{3}$.

3. $\vec{F}=k\sqrt{x^2+y^2}\left(\frac{-x}{\sqrt{x^2+y^2}},\frac{-y}{\sqrt{x^2+y^2}}\right)=(-kx,-ky)(k>0)$，则 $W=\frac{k}{2}(a^2-b^2)$.

4. 力的三个分力为 $P=-\frac{k}{z}\frac{x}{r}$，$Q=-\frac{k}{z}\frac{y}{r}$，$R=-\frac{k}{z}\frac{z}{r}$. $W=\frac{-k}{c}\sqrt{a^2+b^2+c^2}\ln 2$.

(B)

1. (1) $\frac{\sqrt{2}}{16}\pi$；　(2) -4.

2. 略.

3. $\xi=\frac{a}{\sqrt{3}}$，$\eta=\frac{b}{\sqrt{3}}$，$\zeta=\frac{c}{\sqrt{3}}$.

习题 13.2 答案与提示

(A)

1. (1) $\frac{1}{30}$； (2) 8.

2. (1) $-46\frac{2}{3}$； (2) $\frac{m\pi}{8}a^2$.

3. (1) $\frac{3a^2}{8}\pi$； (2) a^2； (3) 12π.

(B)

1. (1) 12； (2) $\frac{\pi^2}{4}$； (3) $-\frac{7}{6}+\frac{1}{4}\sin 2$.

2. $2S$.

3. (1) 当 $R<1$ 时，$I=0$；当 $R>1$ 时，$I=\pi$； (2) $-\pi$.

习题 13.3 答案与提示

(A)

1. (1) 0； (2) $y^2\cos x+x^2\cos y$； (3) $-\frac{3}{2}$； (4) 9； (5) $\int_2^1\varphi(x)\mathrm{d}x+\int_1^2\psi(y)\mathrm{d}y$； (6) -4.

2. (1) $\frac{x^2}{2}+2xy+\frac{y^2}{2}+C$； (2) x^2y+C； (3) $-\cos 2x\sin 3y+C$；

(4) $x^3y+4x^2y^2+12(ye^y-e^y)+C$； (5) $y^2\sin x+x^2\cos y+C$.

3. 积分与路线无关$\Leftrightarrow\frac{\partial Q}{\partial x}=\frac{\partial P}{\partial y}\Leftrightarrow F+xF'_x=F+yF'_y\Leftrightarrow xF'_x(x,y)=yF'_y(x,y)$.

(B)

1. $-\pi$.

2. x^2+2y-1.

3. (1) $\varphi(y)=\sin y+y^2-2,\psi(y)=\cos y+2y$； (2) $\pi^2(1+\frac{\pi^2}{4})$.

习题 13.4 答案与提示

(A)

1. (1) a^4； (2) $\frac{3}{2}\pi$； (3) $\frac{1}{8}$； (4) $\frac{2}{105}\pi R^7$； (5) $\frac{8}{3}\pi R^3(a+b+c)$.

2. $E=\iint_S k\,\mathrm{d}y\mathrm{d}z+y\,\mathrm{d}z\mathrm{d}x=\frac{32}{3}\pi$（其中$\iint_S y\,\mathrm{d}z\mathrm{d}x$ 利用球坐标变换计算）.

(B)

1. (1) $\iint_\Sigma\frac{1}{5}(3P+2Q+2\sqrt{3}R)\mathrm{d}S$； (2) $\iint_\Sigma\frac{1}{\sqrt{1+4x^2+4y^2}}(2xP+2yQ+R)\mathrm{d}S$.

2. 磁通量 $\Phi=\iint_S x\mathrm{d}y\mathrm{d}z+y\mathrm{d}z\mathrm{d}x+z\mathrm{d}x\mathrm{d}y$ 由轮换对称性,并利用球坐标变换知 $\Phi=2\pi a^3$.

习题 13.5 答案与提示

(A)

1. (1)0; (2)$3a^4$; (3)$\frac{\pi}{2}h^4$; (4)$\frac{12}{5}\pi$; (5) $2\pi a^3$; (6) $\frac{2}{5}\pi a^5$; (7) 81π; (8) $\frac{3}{2}$.

2. (1) 0; (2) $a^3(2-\frac{a^2}{6})$.

3. 求下列向量 A 的散度:(1) $2(x+y+z)$; (2) $y\mathrm{e}^{xy}-x\sin xy-2xz\sin(xz^2)$.

(B)

1. $\frac{\pi}{8}$.

2. $-\frac{1}{2}\pi a^3$.

3. 4π.

4. $\frac{11}{24}$.

5. 略.

习题 13.6 答案与提示

(A)

1. (1)0; (2)0; (3)$3a^2$; (4)$-\sqrt{3}\pi a^2$; (5)-20π; (6)9π.

2. (1)$u(x,y,z)=xyz+C$; (2)$u(x,y,z)=\frac{1}{3}(x^3+y^3+z^3)-2xyz+C$.

3. (1)$-53\frac{7}{12}$; (2)0.

4. (1)$(2y-\mathrm{e}^x\sin y)\boldsymbol{i}-2x\boldsymbol{j}-2x\boldsymbol{k}$; (2) 0.

5. (1) 2π; (2)12π.

(B)

1. 由斯托克斯公式及第一、二型曲面积分之间的关系得

$$\text{原式}=\iint_S\begin{vmatrix}\mathrm{d}y\mathrm{d}z & \mathrm{d}z\mathrm{d}x & \mathrm{d}x\mathrm{d}y\\ \frac{\partial}{\partial x} & \frac{\partial}{\partial y} & \frac{\partial}{\partial z}\\ P & Q & R\end{vmatrix}=2S.$$

2. $\frac{\sqrt{2}}{16}\pi$.

3. $-2\pi a(a+b)$.

习题 13.8 答案与提示

1. (1) $-y^3\mathrm{d}x\wedge\mathrm{d}y+6yz\mathrm{d}y\wedge\mathrm{d}z+zy^2\mathrm{d}x\wedge\mathrm{d}z$；　(2) $\mathrm{d}x\wedge\mathrm{d}y\wedge\mathrm{d}z$.

2. (1) $(\sin x-\cos y)\mathrm{d}x\wedge\mathrm{d}y$；　(2) $(y^2-x^2)\mathrm{d}x\wedge\mathrm{d}y$.

3. 由 ω 的形式，此时只需构造 η 如下形式 $\eta=A\mathrm{d}x+B\mathrm{d}y+C\mathrm{d}z$ 而使得 $\omega=\mathrm{d}\eta$. 即

$$\eta=\left[\int_0^z Q(x,0,t_1)\mathrm{d}t_1-\int_0^y R(x,t,z)\mathrm{d}t\right]\mathrm{d}x+\left[\int_0^y R(x,t,z)\mathrm{d}t\right]\mathrm{d}z.$$

习题 14.1 答案与提示

(A)

1. $\dfrac{\mathrm{d}u}{\mathrm{d}t}=-k[u(t)-10)],k>0,u(0)=120$.

2. $y=-\cos x$.

3. (1) $y'=y$；(2) $y^2(y')^2+y^2=1$；(3) $y=xy'+(y')^2$；(4) $(x-1)y''-xy'+y=2x-2-x^2$.

4. 略.

(B)

1. $|y''|=y'[1+(y')^2]$.

2. 以 O 点为极点建立极坐标系，极坐标形式的微分方程为 $\dfrac{\mathrm{d}\rho}{\mathrm{d}\theta}=\pm\dfrac{\rho}{\sqrt{k^2-1}}$.

其中 k 为题目中所提到的正比的比例常数.

3. $\begin{cases}\dfrac{\mathrm{d}^2x}{\mathrm{d}t^2}+\dfrac{k}{m}\dfrac{\mathrm{d}x}{\mathrm{d}t}=g,\\ x(0)=0,\\ x'(0)=0.\end{cases}$

4. $\begin{cases}s''=\dfrac{1}{6}g(1+s),\\ s(0)=1,\\ s'(0)=0.\end{cases}$

习题 14.2 答案与提示

1. (1) $(1+x)\mathrm{e}^y=2x+C$；　(2) $x^3+y^3=Cxy$；
(3) $\sin y=\ln|1+x|-x+C$；　(4) $2^x+2^{-y}=C$.

2. (1) $\sin\dfrac{y}{x}=Cx$；　(2) $y^2=x^2+Cy$；
(3) $y=x(\mathrm{e}^{cx}-1),y=0,y=-x$；　(4) $\arcsin\dfrac{y}{x}=\ln|Cx|$.

3. (1) $y=(x-2)(C+x^2-4x)$；　(2) $y=\cos x(C+\tan x)$；
(3) $x=\dfrac{C}{y}+y\ln y$；　(4) $y=C\mathrm{e}^{-f(x)}+f(x)-1$.

4. (1)$x^2y-\frac{y^3}{3}=C$； (2)$ye^{-x}-x^2=C$； (3)$x+ye^{\frac{x}{y}}=C$； (4)$\frac{x^2}{y^3}-\frac{1}{y}=C$.

5. (1)$(y-2x)^3=C(y-x-1)^2, y=x+1$；

(2)将方程改为$(x-y+1)dx-(x+y^2+3)dy=0$. 令 $P(x,y)=x-y+1, Q(x,y)=-(x+y^2+3)$，则$\frac{\partial P}{\partial y}=-1=\frac{\partial Q}{\partial x}$，这是一个恰当方程. 取 $x_0=0, y_0=0$，得

$$\begin{aligned}U(x,y) &= \int_0^x P(x,y_0)dx+\int_0^y Q(x,y)dy \\ &= \int_0^x (x+1)dx+\int_0^y -(x+y^2+3)dy \\ &= \frac{x^2}{2}+x-xy-\frac{y^3}{3}-3y,\end{aligned}$$

于是方程的隐式通解为$\frac{x^2}{2}+x-xy-\frac{y^3}{3}-3y=C$；

(3)$x^2+y^2-3=C(x^2-y^2-1)^5, y^2=x^2-1$； (4)$\sin\frac{y^2}{x}=Cx$； (5)$y=\frac{1}{Ce^x-\sin x}, y=0$.

6. $a=-2$，$x+2y^2-2x^2=Cxy^2$.

7. (1)$\mu(x)=x, x^3+x^2y^2-x^2y=C$； (2)$\mu(x)=e^x, e^x(xy+\sin y)=C$.

8. 横断面上的曲线是抛物线 $y^2=2C(x+\frac{C}{2})$.

9. $x=-22\,500\sqrt{2}(50+2t)^{-\frac{3}{2}}+2(50+2t)$.

10. $t\approx 1\,311$ 天.

11. 52 分钟.

12. $y=Ce^{-\phi(x)}+\phi(x)-1$.

13. $y=\begin{cases}3(1-e^{-x}), & 0\leqslant x\leqslant 1,\\ (2e-3)e^{-x}+1, & x>1.\end{cases}$

(B)

1. (1)$y^2=Cx-x\ln|x|$；

(2)提示：Riccati 方程，$y=-\frac{1}{x}$是它的一个解，通解为 $y=-\frac{1}{x}+\frac{1}{x(C-\ln|x|)}$；

(3)提示：Riccati 方程，$y=-\frac{2}{x}$是它的一个解，通解为 $y=\frac{1}{x+C}-\frac{2}{x}$；

(4)$\ln|x|-\frac{y^4}{4x^4}=C$； (5)$\ln|y|-\frac{x^3}{3y^3}=C$，$y=0$.

2. (1)$(P'_y-Q'_x)(yQ-xP)^{-1}=f(xy)$； (2)$(P'_y-Q'_x)(\frac{P}{Q}+\frac{Qy}{x^2})^{-1}=f(\frac{y}{x})$；

(3)$(P'_y-Q'_x)(xQ\mp yP)^{-1}=f(x^2\pm y^2)$； (4)$(P'_y-Q'_x)(\frac{\alpha Q}{x}-\frac{\beta P}{y})^{-1}=f(x^\alpha y^\beta)$.

习题 14.3 答案与提示

(A)

1. (1) $y=\frac{1}{2}C_1x^2+C_2$； (2) $y=C_1\mathrm{e}^x-\frac{1}{2}x^2-x+C_2$； (3) $C_1y^2-1=(C_1x+C_2)^2$.

2. $S=\frac{M}{k^2}\ln\operatorname{ch}(k\sqrt{\frac{g}{M}}\cdot t)$.

3. $y=C_1x+C_2\ln x$.

4. $y=C_1\mathrm{e}^x+C_2x\mathrm{e}^x+x\mathrm{e}^x\ln|x|$.

5. (1) $y=C_1\mathrm{e}^{\frac{1}{2}x}+C_2\mathrm{e}^{-x}+\mathrm{e}^x$； (2) $y=C_1+C_2\mathrm{e}^{-\frac{5}{2}x}+\frac{1}{3}x^3-\frac{3}{5}x^2+\frac{7}{25}x$；

(3) $y=\mathrm{e}^x(C_1\cos2x+C_2\sin2x)-\frac{1}{4}x\mathrm{e}^x\cos2x$； (4) $y=C_1\cos x+C_2\sin x+2x^2-7-2x\cos x$.

6. (1) $y=3\mathrm{e}^{-2x}\sin5x$； (2) $y=4\mathrm{e}^x+2\mathrm{e}^{3x}$； (3) $y=\mathrm{e}^{-\frac{1}{2}x}(2+x)$； (4) $y=2\cos5x+\sin5x$.

7. (1)(C)； (2)(D).

8. (1) $y=C_1x+\frac{C_2}{x}$； (2) $y=C_1x^2+C_2x^3+\frac{1}{2}x$； (3) $y=x(C_1\cos\ln x+C_2\sin\ln x)+x\ln x$；

(4) $y=x[C_1\cos(\sqrt{3}\ln x)]+C_2\sin(\sqrt{3}\ln x)+\frac{x}{2}\sin(\ln x)$.

9. $y=x(\ln x+\ln^2x)$.

10. (1) $y=C\mathrm{e}^{\frac{x^2}{2}}+(1+x+\frac{1}{1\cdot3}x^3+\frac{1}{1\cdot3\cdot5}x^5+\cdots+\frac{1}{1\cdot3\cdot5\cdots(2n-1)}x^{2n-1}+\cdots)$；

(2) $y=a_0\mathrm{e}^{-\frac{x^2}{2}}+a_1(x-\frac{1}{1\cdot3}x^3+\frac{1}{1\cdot3\cdot5}x^5-\cdots+(-1)^{n-1}\frac{1}{1\cdot3\cdot5\cdots(2n-1)}x^{2n-1}+\cdots)$.

11. $y=x+\frac{1}{3\cdot4}x^4+\frac{1}{3\cdot4\cdot6\cdot7}x^7+\frac{1}{3\cdot4\cdot6\cdot7\cdot9\cdot10}x^{10}+\cdots$.

12. $T=\frac{3}{\sqrt{g}}\ln(9+4\sqrt{5})\approx2.77(\mathrm{s})$.

(B)

1. $f(x)=-4\cos x+\sin x+3+\cos2x$.

2. $f(x)=\frac{1}{2}\sin x+\frac{x}{2}\cos x$.

3. $f(x)=\frac{1}{4}\mathrm{e}^{-x}+\frac{3}{4}\mathrm{e}^x+\frac{1}{2}x\mathrm{e}^x$.

4. $f(x)=\frac{1}{3}(4\mathrm{e}^{-x}-\mathrm{e}^{-4x})$.

5. $x(t)=C_1\cos\omega t+C_2\sin\omega t+\frac{1}{\omega}\int_0^t f(\tau)\sin(t-\tau)\mathrm{d}\tau$.

6. 提示：先用常数变易法求得通解为 $y=C_1\mathrm{e}^{-2x}+C_2\mathrm{e}^{-x}-\mathrm{e}^{-2x}\int_0^x\mathrm{e}^{2t}f(t)\mathrm{d}t+\mathrm{e}^{-x}\int_0^x\mathrm{e}^tf(t)\mathrm{d}t$

再用 L'Hospital 法则求极限.

7. 提示:通解为 $y(x)=C_1(y_3(x)-y_1(x))+C_2(y_3(x)-y_2(x))+y_1(x)$,再用初始条件求出 C_1、C_2,得 $y(x)=2e^x-2e^{-3x}+e^{x^2}$.

8. 提示:作变换 $s=2x+1$,化为方程:$s^2\dfrac{d^2y}{ds^2}-2s\dfrac{dy}{ds}+2y=0$,答案:$y=C_1(2x+1)+C_2(2x+1)^2$.

9. 提示:作变换 $u=\tan y$,原方程化为 $x^2\dfrac{d^2u}{dx^2}-x\dfrac{du}{dx}-u=0$,答案:$y=\arctan(C_1x+C_2\dfrac{1}{x})$.

10. $y=e^x(2-x-e^x)$.

11. $x=4a[1-\cos(\sqrt{\dfrac{g}{4a}}\cdot t)]$.

12. $T=2\pi\sqrt{\dfrac{2}{g}}$.

13. $x=\dfrac{mg}{k}t-\dfrac{m^2g}{k^2}(1-e^{-\frac{k}{m}t})$.

14. (1)$x(t)=x_1(t)=\dfrac{1}{2}e^t+\dfrac{1}{2}e^{-t}=\mathrm{ch}t$; (2)$x(t)=x_2(t)=\dfrac{1}{2}e^t-\dfrac{1}{2}e^{-t}=\mathrm{sh}t$;

(3)$x(t)=x_3(t)=a\,\mathrm{ch}t+b\,\mathrm{sh}t$.

习题 14.4 答案与提示

(A)

1. $y=C_1x^5+C_2x^3+C_3x^2+C_4x+C_5$.

2. $y=C_1\cos x+C_2\sin x+C_3$.

3. $y=C_1+C_2x+C_3x^2+C_4x^3+C_5e^x$.

4. $y=C_1+C_2x+e^x(C_3\cos2x+C_4\sin2x)$.

5. 提示:特征方程为 $\gamma^4+\beta^4=0$,$\gamma^4+\beta^4=\gamma^4+2\gamma^2\beta^2+\beta^4-2\gamma^2\beta^2=(\gamma^2+\beta^2)-2\gamma^2\beta^2=(\gamma^2-\sqrt{2}\beta\gamma+\beta^2)(\gamma^2+\sqrt{2}\beta\gamma+\beta^2)$,特征根 $\gamma_{1,2}=\dfrac{\beta}{\sqrt{2}}(1\pm i)$,$\gamma_{3,4}=-\dfrac{\beta}{\sqrt{2}}(1\pm i)$,

$$y=e^{\frac{\beta}{\sqrt{2}}}(C_1\cos\frac{\beta}{\sqrt{2}}x+C_2\sin\frac{\beta}{\sqrt{2}}x)+e^{-\frac{\beta}{\sqrt{2}}}(C_3\cos\frac{\beta}{\sqrt{2}}x+C_4\sin\frac{\beta}{\sqrt{2}}x).$$

6. 提示:特征方程为 $\lambda^6-2\lambda^4-\lambda^2+2=0$,因式分解为 $(\lambda-\sqrt{2})(\lambda+\sqrt{2})(\lambda-1)(\lambda+1)(\lambda^2+1)=0$

$$y=C_1e^{\sqrt{2}x}+C_2e^{-\sqrt{2}x}+C_3e^x+C_4e^{-x}+C_5\cos x+C_6\sin x.$$

7. (1)$y=(x-x^2+\dfrac{2}{3}x^3)e^x$; (2)提示:特征根 $\lambda_1=1$,$\lambda_2=-1$,$\lambda_{3,4}=\pm i$,$y=2\cos x-\sin x$;

(3)提示:特征方程 $(\lambda-1)^2(\lambda^2-2\lambda+3)=0$,特征根为 $\lambda_{1,2}=1$,$\lambda_{3,4}=1\pm\sqrt{2}i$,

$$y=e^x(1-3x)+e^x(-\cos\sqrt{2}x+\frac{3}{\sqrt{2}}\sin\sqrt{2}x).$$

8. (1)$y=(C_1+C_2x+C_3x^2)e^{-x}+\dfrac{1}{24}x^3(x-20)e^{-x}$;

(2)$y=(C_1+C_2x)\cos x+(C_3+C_4x)\sin x-\dfrac{1}{8}x^2\sin x$.

(B)

1. $y=e^x$.

2. 提示:由 $y_1=\cos4x$ 是解,可知 $y_2=\sin4x$ 也是解,

事实上,将 $y_2=\sin4x$ 代入 $y^{(4)}+p_1y'''+p_2y''+p_3y'+p_4$,然后,令 $x=t+\dfrac{\pi}{8}$,得

$$\begin{aligned}&y_2^{(4)}+p_1y'''_2+p_2y''_2+p_3y'_2+p_4y_2\\&=4^4\sin4x+p_1(-4^3\cos4x)+p_2(-4^2\sin4x)+p_34\cos4x+p_4\sin4x\\&=4^4\cos4t+p_14^3\sin4t-p_24^2\cos4t-p_34\sin4t+p_4\cos4t\\&=y_1^{(4)}+p_1y'''_1+p_2y''_1+p_3y'_1+p_4y_1=0.\end{aligned}$$

类似地,$y_3=\sin3x$ 是解,可得 $y_4=\cos3x$ 也是解.故方程有通解

$$y(x)=C_1\cos4x+C_2\sin4x+C_3\cos3x+C_4\sin3x.$$

因此 $\pm4i,\pm3i$ 是特征根,故特征方程为 $(\lambda^2+16)(\lambda^2+9)=0$,即 $\lambda^4+25\lambda^2+144=0$.
所以,微分方程为 $y^{(4)}+25y''+144y=0$.

3. $y(x)=C_1x\cos4x+C_2x\sin4x+C_3\cos4x+C_4\sin4x$, $y^{(4)}+32y''+256y=0$.

4. $y=C_1x^3e^{-x}+C_2x^2e^{-x}+C_3xe^{-x}+C_4e^{-x}$, $y^{(4)}+4y'''+6y''+4y'+y=0$.

总习题 14 答案与提示

1. $y'=-\dfrac{x}{3y}$.

2. $y=\begin{cases}-(x-c_2)^2, & \text{当 } x<c_2\leqslant0,\\ 0, & \text{当 } c_2\leqslant x\leqslant c_1\text{,其中,}c_1\geqslant0,c_2\leqslant0\text{ 是任意常数.}\\ (x-c_1)^2, & \text{当 } x>c_1\geqslant0,\end{cases}$

3. 方程的通解为 $\tan4y=2(x+\sin x\cos x)+c$,当 $\cos4y=0$ 时,得 $y=\dfrac{\pi}{8}+\dfrac{n}{4}\pi(n\in N)$,直接验证知它们也是方程的解,但它们未含在通解之中.

4. 提示:$\lim\limits_{x\to+\infty}y(x)=\lim\limits_{x\to+\infty}\dfrac{c+\int_0^x q(t)e^{pt}dt}{e^{px}}=\lim\limits_{x\to+\infty}\dfrac{q(x)e^{px}}{e^{px}p}=\dfrac{q}{p}$.

5. $y=\dfrac{1}{x+c}-\dfrac{2}{x}$ 及 $y=-\dfrac{2}{x}$.

6. $\mu=\mu[\varphi(x,y)]=e^{\int f[\varphi]d\varphi}$ 是积分因子.

7. 方程(1)和(2)的通解分别为

$$y_1(x)=y_0e^{-\int_{x_0}^x\frac{q-t}{p-s}dx}\left[c_1+c_2\int e^{-\int_{x_0}^x p(x)dx}\left(y_0e^{-\int_{x_0}^x\frac{q-t}{p-s}dx}\right)^{-2}dx\right],$$

$$y_2(x)=y_0e^{-\int_{x_0}^x\frac{q-t}{p-s}dx}\left[c_1+c_2\int e^{-\int_{x_0}^x s(x)dx}\left(y_0e^{-\int_{x_0}^x\frac{q-t}{p-s}dx}\right)^{-2}dx\right],$$

其中 c_1,c_2 是任意常数.

8. $y(x)=4e^x-3e^{x^2}\cos x-23x^3$.

9. 方程的通解为 $y=(c_1e^x+c_2e^{-x})e^{x^2}-e^{x^2}$,其中 c_1,c_2 是任意常数.

10. 微分方程为 $y^{(4)}+18y''+81y=0$.

11. $y(x)=c_1e^{2x}+c_2e^{3x}+xe^{2x}$.

12. 该 3 阶方程的通解为 $y=c_1+c_2x^2+c_3(x\sqrt{1-x^2}+\arcsin x)$.

13. 方程通解为 $y=c_1(2x+1)+c_2(2x+1)^2$.

14. 方程的通解为 $y=c_1e^x+c_2x^2e^x+xe^{2x}$.

总习题 15 答案与提示

(A)

1. (1) $\begin{cases} y=C_1e^x+C_2e^{-x}, \\ z=C_1e^x-C_2e^{-x}; \end{cases}$ (2) $\begin{cases} x=3+C_1\cos t+C_2\sin t, \\ y=-C_1\sin t+C_2\cos t; \end{cases}$ (3) $\begin{cases} y_1=C_1e^{-t}+C_3e^t, \\ y_2=C_2e^t, \\ y_3=C_1e^{-t}-C_3e^t; \end{cases}$

(4) $\begin{cases} x=C_1e^t+C_2e^{5t}, \\ y=-C_1e^t+3C_2e^{5t}; \end{cases}$ (5) $\begin{cases} x=C_1e^{2t}\cos t+C_2e^{2t}\sin t, \\ y=C_1e^{2t}(\cos t-\sin t)+C_2e^{2t}(\cos t+\sin t); \end{cases}$

(6) $\begin{cases} x=C_1(\frac{1}{2}\cos 3t-\frac{3}{2}\sin 3t)+C_2(\frac{3}{2}\cos 3t+\frac{1}{2}\sin 3t), \\ y=C_1\cos 3t+C_2\sin 3t; \end{cases}$

(7) $\begin{cases} x=C_1e^t(1+t)+C_2e^t(-1)-2C_3e^t, \\ y=-C_1te^t+C_2e^t, \\ z=C_3e^t; \end{cases}$ (8) $\begin{cases} y_1=C_1e^{2x}+C_2xe^{2x}+C_3\frac{x^2}{2}e^{2x}, \\ y_2=C_2e^{2x}+C_3xe^{2x}, \\ y_3=C_3e^{2x}. \end{cases}$

2. (1) $\begin{cases} x=\frac{1}{2}e^{5t}-\frac{1}{2}e^{-t}, \\ y=\frac{1}{2}e^{5t}+\frac{1}{2}e^{-t}; \end{cases}$ (2) $\begin{cases} x_1=\frac{3}{20}e^{5t}-e^{-t}+\frac{1}{4}e^t-\frac{2}{5}, \\ x_2=\frac{3}{10}e^{5t}+e^{-t}-\frac{1}{2}e^t+\frac{1}{5}; \end{cases}$

(3) $\begin{cases} x_1(t)=(-6\cos 5t-\frac{42}{5}\sin 5t)e^{3t}+e^{3t}+5\cos t, \\ x_2(t)=(-\frac{42}{5}\cos 5t+6\sin 5t)e^{3t}+\frac{2}{5}e^{3t}-\sin t+8\cos t; \end{cases}$

(4) $\begin{cases} x_1(t)=-2-t+e^t+\frac{2}{5}e^{2t}+\frac{3}{5}\cos t+\frac{1}{5}\sin t, \\ x_2(t)=-3-3t+2e^t+\frac{3}{5}e^{2t}+\frac{2}{5}\cos t+\frac{4}{5}\sin t. \end{cases}$

(B)

1. (1) 提示:令 $s=\sqrt{t}$, $\begin{cases} x=C_1\cos\sqrt{t}\,e^{2\sqrt{t}}+C_2\sin\sqrt{t}\,e^{2\sqrt{t}}, \\ y=C_1\sin\sqrt{t}\,e^{2\sqrt{t}}-C_2\cos\sqrt{t}\,e^{2\sqrt{t}}; \end{cases}$ (2) $\begin{cases} x=\frac{t}{3}, \\ y=\frac{4}{3}t^2-1; \end{cases}$

(3) $\begin{cases} x=c_1e^{3\sqrt[3]{t}}+c_2\sqrt[3]{t}\,e^{3\sqrt[3]{t}}, \\ y=\frac{1}{2}(2c_1+c_2+2c_2\sqrt[3]{t})e^{3\sqrt[3]{t}}; \end{cases}$ (4) 提示:令 $t=e^s$, $\begin{cases} x=C_1t+C_2t^{-1}+C_3t^2, \\ y=C_1t+2C_2t^{-1}-C_3t^2, \\ z=2C_1t+C_2t^{-1}+3C_3t^2. \end{cases}$